本教材配有教师授课PPT课件，及·《傅里叶光学——概念题解》

普通高等教育光电信息科学与工程系列教材
普通高等教育"十一五"国家级规划教材
北京高等教育精品教材

傅里叶光学

第 3 版

吕乃光　编著

金国藩　苏显渝　主审

机械工业出版社

本书系统地阐述了傅里叶光学即信息光学的基础理论和主要应用。全书共10章。第1、2章为傅里叶分析和二维线性系统。第3~6章运用线性系统理论讨论光的传播、衍射、经透镜的傅里叶变换、光学成像系统的频率特性和部分相干理论。第7~10章是全息术、光学信息处理、散斑测量术以及傅里叶光学的其他应用。

　　本书内容丰富，基本概念和物理图像清晰，注重基本物理思想及分析方法的讨论。内容深入浅出，循序渐进。各章精选了习题，便于教学和自学，有益于培养学生的创新思维。本书在第2版的基础上修订而成、保持了原书的精华和特色，根据学科发展，重点补充了数字全息术、光学信息处理、散斑测量术等内容。

　　本书可作为高等学校光电信息科学与工程、物理学类、仪器类等专业本科生和研究生的教材，也可供光电信息技术领域的科技人员参考。

　　（编辑邮箱：jinacmp@163.com）

图书在版编目（CIP）数据

傅里叶光学/吕乃光编著.—3版.—北京：机械工业出版社，2016.4
（2024.12重印）

普通高等教育光电信息科学与工程系列教材．普通高等教育"十一五"国家级规划教材．北京高等教育精品教材

ISBN 978-7-111-52994-1

Ⅰ.①傅… Ⅱ.①吕… Ⅲ.①傅里叶光学－高等学校－教材
Ⅳ.①O438.2

中国版本图书馆 CIP 数据核字（2016）第 031006 号

机械工业出版社（北京市百万庄大街22号　邮政编码100037）
策划编辑：吉　玲　　责任编辑：吉　玲　王　康　刘丽敏
版式设计：霍永明　　责任校对：杜雨霏
封面设计：张　静　　责任印制：郜　敏
北京富资园科技发展有限公司印刷
2024年12月第3版第11次印刷
169mm×239mm · 26.25 印张 · 520 千字
标准书号：ISBN 978-7-111-52994-1
定价：59.80元

电话服务　　　　　　　　　网络服务
客服电话：010-88361066　　机　工　官　网：www.cmpbook.com
　　　　　010-88379833　　机　工　官　博：weibo.com/cmp1952
　　　　　010-68326294　　金　书　网：www.golden-book.com
封底无防伪标均为盗版　机工教育服务网：www.cmpedu.com

第3版前言

傅里叶光学也称为信息光学，它采用信息和通信理论中的方法，即傅里叶分析和线性系统理论分析光波携带信息的传播、衍射、成像和变换等，是研究光信息调制、存储、传输和处理的光信息技术的理论基础。

本书是在第2版的基础上修订而成的。本书曾被评为普通高等教育"十一五"国家级规划教材和北京高等教育精品教材，被几十所大学相关学科专业选作教材或参考书。自本书第1版发行以来，二十多年的教学实践表明，本书理论体系严谨，物理图像清晰；内容深入浅出，循序渐进，便于教学和学生自学；注重物理思想和分析方法的讨论，有助于培养学生的创造性思维。

为适应学科的发展，本书第3版增补的内容主要包括：光学传递函数的测量、耦合波理论、相位型体光栅的衍射效率、数字全息术，扩充了计算全息图、体全息相关识别、光电混合图像识别等内容。重写了第9章散斑测量术，重点补充了数字散斑照相、数字散斑相关和数字散斑干涉技术等内容。增加的第10章为傅里叶光学的其他应用，其中包括结构光三维测量技术和布拉格光纤光栅在光通信中的应用。

本书可作为光电信息科学与工程、物理学类、仪器类等专业高年级本科生和研究生的教材。对于本科教学，第1~5章是基础内容（其中第1章对于熟悉傅里叶分析的学生可以从简），第6章部分相干理论可以不列入教学，也可以选讲部分内容，略去准单色光传播和衍射、部分相干场中透镜的傅里叶变换性质和部分相干光成像等内容，第7~10章各章节可根据情况选讲。

《傅里叶光学—概念题解》（吕乃光，周哲海编著，机械工业出版社出版）对各章的习题做了分析解答，可作为本书的配套参考教材。

回到20世纪80年代的华中理工大学，即现在的华中科技大学，作为一名青年教师，怀揣对傅里叶光学新的学科知识的浓厚兴趣，和陈家璧共同学习J. W. Goodman的《Introduction to Fourier Optics》，讨论切磋，合作出版了第1本书：《傅里叶光学（基本概念和习题）》（科学出版社，1985年），并以极大的热情投入本书第1版的撰写，期望有一本凝聚自己体验的教育思想和教学方法的书，本书经投标获得出版机会。书的主审是苏显渝，这是我们清华同班3个同学早期合作的经历。记得当年天津大学张以谟教授精心审阅了全书，并主持了审稿会。每念及此，内心充满感激。生活在华中科技大学的往事渐远，但与许多同事共同创办新专业结成的友谊却日久弥新。

感谢使用本书的教师，是你们和作者共同赋予了本书生命。一本教材的出版仅仅是生命的开端，你们的教学研究实践才使本书的生命得以延续。每每遇到兄弟院校使用本书的教师，交流中不仅有相遇知音的快乐，还有发自内心深处的感谢。

本书由清华大学金国藩院士、四川大学苏显渝教授主审，就此表示由衷的谢意。

特别感谢机械工业出版社自本书第1版（1988年）以来一以贯之给与的鼎力支持。吉玲编辑以及王康、刘丽敏编辑热情和精心的工作，才使本书第3版得以高质量地呈现在广大读者面前，在此深表感谢。

编著者

第2版前言

傅里叶光学是近代光学新的学科分支。它采用傅里叶分析和线性系统理论分析研究光学问题，包括光的传播、衍射、成像和变换等。光学系统本质上是传输和采集信息的系统，傅里叶光学采用通信和信息理论中的方法，在二维空间域及其空间频率域讨论光学系统特性，即空间脉冲响应和传递函数。通常认为它是信息光学的理论基础。

本书是在第1版的基础上修订而成的。自本书第1版出版以来，已历经16年，期间多次重印，被许多高等学校相关学科专业选作教材或参考书，历久不衰。本书曾获得第二届全国高等学校优秀教材二等奖。多年的教学实践表明，本书确有如下特色：理论体系严谨，物理图像清晰；内容深入浅出，循序渐进；理论讨论和图解方法结合，便于教学，也便于学生自学；注重物理思想和分析方法的讨论，有助于培养学生的创造性思维。书中多处注入了作者科研和教学研究的成果。

全书共9章。第1、2章是傅里叶分析和线性系统理论，为在光学中借鉴通信理论中常用的分析方法建立了必要的数学基础。第3~5章运用空间域和频率域方法讨论了光波携带信息在自由空间或经过光学系统的传播问题，以及透镜的傅里叶变换性质。第6章为部分相干理论，目的是使读者了解光场相干性质对干涉、衍射、成像的影响。上述四章可看作是傅里叶光学的物理基础。第7~9章介绍了全息、光学信息处理、激光散斑技术，这些属于傅里叶光学的应用。各章编选了较多习题，解答这些问题不但有助于掌握基本理论和概念，而且能培养分析和解决问题的能力。

为适应学科的发展，本书第2版增补的内容主要包括：分数傅里叶变换和菲涅耳衍射，几种不同类型的全息图（彩虹全息图、模压全息图、合成全息图、彩色全息图）和二元光学，扩充了计算全息图和记录介质两节的内容，以及联合变换相关器，实现空间不变的图像识别方法，维纳滤波器，光学小波变换，光学矩阵运算和散斑剪切干涉等。补充内容主要集中在介绍傅里叶光学应用的后面三章。

本书可作为光信息科学与技术、光电信息工程、光学、光电子技术、测控技术与仪器、光学工程等专业高年级本科生和研究生的教材。对于本科教学，第1~5章是基础内容（其中第1章对于熟悉傅里叶分析的学生可以从简），第6~9章各章节可根据情况选讲。

从《傅里叶光学（基本概念和习题）》一书（吕乃光，陈家璧，毛信强编著。科学出版社，1985）出版算起，笔者从事信息光学领域教学和研究工作已有二十多年。在本书即将完稿时，我不禁衷心感激母校清华大学金国藩院士、夏学江教授。当年正是聆听他们精彩的讲课，从中汲取了丰富的知识，使我加深了对傅里叶光学和现代光学信息处理的理解和认识。我也要表达对上海理工大学顾去吾教授的缅怀之情，他的勉励曾使我坚定了修订本书的想法。

本书由清华大学金国藩院士、四川大学苏显渝教授主审，使作者受益匪浅。谨向他们表示衷心的谢意。感谢我曾工作过二十年的华中科技大学对本书给予的支持；感谢本书第 2 版得到北京信息科技大学北京市重点建设学科基金的资助。感谢周哲海同志协助编写本书电子教案，感谢郎晓萍同志打印部分手稿。

吕乃光

第1版前言

本书是根据高等学校光学仪器专业和光学专业《傅里叶光学》教学大纲编写的。全书共九章。第一、二章是傅里叶分析和线性系统理论，为在光学中借鉴通信理论中常用的分析方法建立了必要的数学基础。第三、四、五章运用空间域和频率域方法讨论了光波携带信息在自由空间或经过光学系统的传播问题，以及透镜的傅里叶变换性质。第六章为部分相干理论，目的是使读者了解光场相干性质对干涉、衍射、成像的影响。安排教学时，这一章可作为选讲内容。上述四章可看作傅里叶光学的物理基础。第七、八、九章介绍了全息、光学信息处理、激光散斑技术，这些属于傅里叶光学的应用。

本书既注意了和经典物理光学的区别和联系，又注意引用通信理论中一些普遍的概念和思想来解释光学现象，以便突出傅里叶光学是光学和通信理论相结合的这一学科特点。尤其强调基本的物理思想以及分析方法，希望使读者能建立清晰的物理图像。在阐述方式上注意内容深入浅出，循序渐进，理论讨论与图解方法结合，以便于自学。各章习题与正文密切配合，解答这些习题不但有助于掌握基本理论和概念，而且能培养分析和解决问题的能力。

本书可作为高等学校光学仪器和光学专业"傅里叶光学"课程的教材，也可供从事现代光学研究的科研人员、光学仪器工作的工程技术人员参考。

本书由四川大学苏显渝副教授主审，他的热忱帮助无疑使本书增色不少。天津大学张以谟教授审阅了全书。参加审稿会的还有：武汉测绘科技大学朱光世、北京工业学院刘培森、清华大学严瑛白、上海机械学院顾坚保、浙江大学项秉琳等同志。他们为本书提出了富有建设性的意见，在此一并致谢。

同时还要感谢华中理工大学光学工程系教师和研究生所给予的多方面的支持和帮助；感谢雷动天同志冲洗了全书的照片。

限于编者水平，书中会有一些缺点和错误，恳请读者不吝指正。

编　者
1987年2月于华中理工大学

目　录

第 3 版前言
第 2 版前言
第 1 版前言
绪论 ·· 1
第 1 章　傅里叶分析 ·· 4
1.1　一些常用函数 ··· 4
1.2　脉冲函数 ··· 7
　　1.2.1　δ 函数的定义与性质 ··· 7
　　1.2.2　梳状函数 ··· 10
1.3　卷积 ·· 11
　　1.3.1　卷积的定义 ·· 11
　　1.3.2　卷积运算定律 ··· 14
　　1.3.3　包含脉冲函数的卷积 ·· 14
1.4　相关 ·· 16
　　1.4.1　互相关 ·· 16
　　1.4.2　自相关 ·· 17
　　1.4.3　有限功率函数的相关 ·· 19
1.5　正交矢量空间和正交函数系 ··· 20
　　1.5.1　正交矢量空间 ··· 20
　　1.5.2　正交函数系 ·· 21
1.6　傅里叶级数 ·· 23
　　1.6.1　三角傅里叶级数 ·· 23
　　1.6.2　指数傅里叶级数 ·· 27
1.7　傅里叶变换 ·· 29
　　1.7.1　傅里叶变换定义及存在条件 ·· 29
　　1.7.2　广义傅里叶变换 ·· 31
　　1.7.3　虚、实、奇、偶函数傅里叶变换的性质 ··· 31
　　1.7.4　傅里叶变换定理 ·· 32
　　1.7.5　可分离变量函数的变换 ··· 33
　　1.7.6　傅里叶-贝塞尔变换 ·· 34
　　1.7.7　周期函数的变换 ·· 35
　　1.7.8　一些常用函数的傅里叶变换式 ··· 36
习题 ·· 39

第2章 二维线性系统 ·· 44

2.1 线性系统 ·· 44
2.1.1 用数学算符表示系统 ·· 44
2.1.2 线性系统的定义 ·· 45
2.1.3 脉冲响应 ·· 45

2.2 线性不变系统 ·· 47
2.2.1 线性不变系统的定义 ·· 47
2.2.2 线性不变系统的传递函数 ·· 48
2.2.3 线性不变系统的本征函数 ·· 50
2.2.4 线性不变系统作为滤波器 ·· 52
2.2.5 级联系统 ·· 54
2.2.6 线响应和直边响应 ·· 56

2.3 抽样定理 ·· 57
2.3.1 函数的抽样 ·· 59
2.3.2 函数的还原 ·· 60
2.3.3 空间带宽积 ·· 61

习题 ·· 62

第3章 标量衍射理论 ·· 65

3.1 光波的数学描述 ·· 65
3.1.1 单色光波场的复振幅表示 ·· 66
3.1.2 球面波 ·· 66
3.1.3 平面波 ·· 69
3.1.4 平面波的空间频率 ·· 70
3.1.5 局部空间频率 ·· 73
3.1.6 复振幅分布的空间频谱（角谱） ·································· 74

3.2 基尔霍夫衍射理论 ·· 75
3.2.1 惠更斯-菲涅耳原理 ·· 75
3.2.2 亥姆霍兹方程 ·· 75
3.2.3 亥姆霍兹和基尔霍夫积分定理 ···································· 76
3.2.4 基尔霍夫衍射公式 ·· 77
3.2.5 光波传播的线性性质 ·· 80

3.3 衍射的角谱理论 ·· 82
3.3.1 角谱的传播 ·· 82
3.3.2 孔径对角谱的影响 ·· 85

3.4 菲涅耳衍射 ·· 87
3.4.1 菲涅耳衍射公式 ·· 87
3.4.2 菲涅耳衍射的例子——泰伯效应 ·································· 90

3.5 夫琅禾费衍射 ·· 93

3.5.1　夫琅禾费衍射公式 ·· 93
3.5.2　一些简单孔径的夫琅禾费衍射 ·· 94
3.6　衍射的巴比涅原理 ··· 101
3.7　衍射光栅 ·· 102
3.7.1　列阵定理 ·· 102
3.7.2　线光栅 ··· 103
3.7.3　余弦型振幅光栅 ··· 107
3.7.4　正弦型位相光栅 ··· 109
3.7.5　矩形位相光栅 ··· 111
3.8　菲涅耳衍射和分数傅里叶变换 ··· 113
3.8.1　分数傅里叶变换的定义和性质 ·· 113
3.8.2　用菲涅耳衍射实现分数傅里叶变换 ··· 114
习题 ·· 117

第4章　透镜的位相调制和傅里叶变换性质

4.1　透镜的位相调制作用 ·· 120
4.1.1　透镜对于入射波前的作用 ·· 120
4.1.2　透镜的厚度函数 ··· 121
4.1.3　透镜的复振幅透过率 ·· 123
4.2　透镜的傅里叶变换性质 ··· 125
4.2.1　物体紧靠透镜放置 ·· 126
4.2.2　物体放置在透镜前方 ·· 127
4.2.3　物体放置在透镜后方 ·· 129
4.2.4　透镜孔径的影响 ··· 131
4.3　光学频谱分析系统 ·· 135
4.3.1　系统 ··· 135
4.3.2　应用 ··· 136
习题 ·· 137

第5章　光学成像系统的频率特性

5.1　透镜的成像性质 ·· 140
5.2　成像系统的一般分析 ·· 144
5.2.1　成像系统的普遍模型 ·· 144
5.2.2　阿贝成像理论 ··· 145
5.2.3　单色光照明的衍射受限系统 ··· 146
5.2.4　非单色光照明 ··· 147
5.3　衍射受限的相干成像系统的频率响应 ·· 148
5.3.1　相干传递函数 ··· 148
5.3.2　相干传递函数计算和运用实例 ·· 150
5.3.3　相干传递函数的角谱解释 ·· 153

5.3.4 相干线响应函数和直边响应函数 ·················· 154
5.4 衍射受限的非相干成像系统的频率响应 ·················· 155
　　5.4.1 非相干照明时的物像关系式 ·················· 155
　　5.4.2 光强的空间频谱 ·················· 156
　　5.4.3 光学传递函数的定义及物理意义 ·················· 157
　　5.4.4 OTF 与 CTF 的联系 ·················· 159
　　5.4.5 衍射受限系统的 OTF ·················· 160
　　5.4.6 衍射受限系统的 OTF 计算和运用实例 ·················· 161
　　5.4.7 非相干线响应和直边响应函数 ·················· 163
5.5 像差对成像系统传递函数的影响 ·················· 165
　　5.5.1 广义光瞳函数 ·················· 165
　　5.5.2 像差对 CTF 的影响 ·················· 166
　　5.5.3 像差对 OTF 的影响 ·················· 166
　　5.5.4 离焦系统的 OTF 分析 ·················· 168
5.6 光学传递函数的测量 ·················· 171
5.7 相干与非相干成像系统的比较 ·················· 172
　　5.7.1 截止频率 ·················· 172
　　5.7.2 两点的分辨率 ·················· 173
　　5.7.3 相干噪声 ·················· 174
　　5.7.4 空间带宽积和自由度 ·················· 175
5.8 光学链 ·················· 176
　　5.8.1 光学链及其频率响应 ·················· 176
　　5.8.2 一些典型环节和器件的传递函数 ·················· 178
习题 ·················· 179

第6章 部分相干理论 183

6.1 实多色场的复值表示 ·················· 184
6.2 光场相干性的一般概念 ·················· 185
　　6.2.1 时间相干性 ·················· 185
　　6.2.2 空间相干性 ·················· 187
6.3 互相干函数 ·················· 188
　　6.3.1 互相干函数和复相干度 ·················· 188
　　6.3.2 互相干函数的谱表示 ·················· 191
6.4 相干度的测量 ·················· 192
　　6.4.1 干涉条纹对比度与复相干度的关系 ·················· 192
　　6.4.2 时间相干性测量 ·················· 193
　　6.4.3 空间相干性测量 ·················· 194
6.5 傅里叶变换光谱学 ·················· 194
　　6.5.1 傅里叶变换光谱学原理 ·················· 194

6.5.2 相干时间与有效谱宽 ··· 196
6.6 准单色光的干涉 ··· 197
6.7 准单色光的传播和衍射 ··· 200
　　6.7.1 互强度的传播 ··· 200
　　6.7.2 薄透明物体对互强度的影响 ··· 204
　　6.7.3 部分相干光的衍射 ··· 205
　　6.7.4 传播现象的空间频率域分析 ··· 209
6.8 范西特-泽尼克定理 ··· 210
　　6.8.1 范西特-泽尼克（Van Cittert-Zernike）定理的推导 ····················· 210
　　6.8.2 均匀圆形光源的例子 ··· 213
　　6.8.3 迈克尔逊测星干涉仪 ··· 216
6.9 部分相干场中透镜的傅里叶变换性质 ··· 217
6.10 部分相干光成像 ··· 221
　　6.10.1 物像平面互强度的关系 ··· 221
　　6.10.2 相干成像与非相干成像的极端情况 ··· 222
　　6.10.3 系统的频率响应 ··· 224
习题 ··· 226

第7章　全息术　　　　　　　　　　　　　　　　　　　　　　　　　228

7.1 引言 ··· 228
7.2 波前记录与重建 ··· 229
　　7.2.1 波前记录 ··· 230
　　7.2.2 波前重建 ··· 231
7.3 同轴全息图和离轴全息图 ··· 232
　　7.3.1 同轴全息图 ··· 232
　　7.3.2 离轴全息图 ··· 234
7.4 基元全息图分析 ··· 237
　　7.4.1 基元光栅 ··· 237
　　7.4.2 基元波带片　点源全息图 ··· 239
7.5 几种不同类型的全息图 ··· 243
　　7.5.1 菲涅耳全息图和夫琅禾费全息图　像全息图 ································· 243
　　7.5.2 傅里叶变换全息图 ··· 245
　　7.5.3 彩虹全息图 ··· 249
　　7.5.4 位相全息图 ··· 251
　　7.5.5 模压全息图 ··· 252
　　7.5.6 合成全息图 ··· 253
　　7.5.7 彩色全息图 ··· 254
7.6 平面全息图的衍射效率 ··· 255
　　7.6.1 振幅全息图的衍射效率 ··· 255

7.6.2 位相全息图的衍射效率 ·················· 256
7.7 体积全息图 ······························ 257
  7.7.1 体全息光栅 ························· 257
  7.7.2 透射体积全息图 ······················ 259
  7.7.3 反射体积全息图 ······················ 260
  7.7.4 耦合波理论 ························· 261
  7.7.5 相位型体光栅的衍射效率 ·············· 263
7.8 计算全息图 ······························ 265
  7.8.1 概述 ······························ 265
  7.8.2 抽样、计算和编码 ···················· 266
  7.8.3 迂回位相全息图 ······················ 269
  7.8.4 改进的离轴计算全息图 ················ 272
  7.8.5 计算全息干涉图 ······················ 273
  7.8.6 相息图 ···························· 275
7.9 二元光学 ································ 276
  7.9.1 衍射光学元件 ······················· 276
  7.9.2 二元光学元件 ······················· 276
  7.9.3 二元光学元件的制作 ·················· 279
7.10 记录介质 ······························· 281
  7.10.1 卤化银乳胶 ························ 281
  7.10.2 重铬酸盐明胶（DCG） ··············· 284
  7.10.3 光致抗蚀剂 ························ 285
  7.10.4 光致聚合物 ························ 285
  7.10.5 光折变材料 ························ 286
  7.10.6 光导热塑料 ························ 287
7.11 全息术的应用 ···························· 288
  7.11.1 全息干涉计量 ······················· 289
  7.11.2 全息光学元件 ······················· 295
  7.11.3 全息显微术 ························ 299
  7.11.4 全息信息存储 ······················· 300
7.12 数字全息术 ······························ 302
  7.12.1 引言 ····························· 302
  7.12.2 数字全息术的基本原理 ··············· 303
  7.12.3 各种数字全息术 ····················· 306
  7.12.4 数字全息干涉术 ····················· 311
习题 ·· 311

第8章 光学信息处理 ·························· 314
8.1 引言 ···································· 314

- 8.1.1 什么是光学信息处理 ⋯⋯ 314
- 8.1.2 简要历史 ⋯⋯ 315
- 8.1.3 光学处理与数字处理的比较 ⋯⋯ 315
- 8.2 相干滤波的基本原理 ⋯⋯ 316
  - 8.2.1 阿贝-波特实验 ⋯⋯ 316
  - 8.2.2 空间滤波的傅里叶分析 ⋯⋯ 317
  - 8.2.3 相干滤波的基本原理和运算 ⋯⋯ 323
  - 8.2.4 系统和滤波器 ⋯⋯ 324
- 8.3 简单振幅滤波的例子 ⋯⋯ 327
  - 8.3.1 低通滤波——消除图像上周期性网格 ⋯⋯ 327
  - 8.3.2 高通滤波——用于边缘增强 ⋯⋯ 327
  - 8.3.3 带通或方向滤波——用于信号或缺陷检测 ⋯⋯ 328
- 8.4 位相滤波——泽尼克相衬法 ⋯⋯ 328
- 8.5 光栅滤波器的应用——图像加减和微分 ⋯⋯ 330
  - 8.5.1 光栅滤波器——用于图像加减 ⋯⋯ 330
  - 8.5.2 复合光栅滤波器——用于图像微分 ⋯⋯ 332
- 8.6 光学图像识别 ⋯⋯ 334
  - 8.6.1 全息滤波器的制作和工作原理 ⋯⋯ 334
  - 8.6.2 匹配滤波器（Matched Filter）⋯⋯ 336
  - 8.6.3 体全息相关识别 ⋯⋯ 338
  - 8.6.4 联合变换相关器（Joint Transform Correlator）⋯⋯ 339
  - 8.6.5 光电混合图像识别系统 ⋯⋯ 340
  - 8.6.6 实现空间不变的图像识别的方法 ⋯⋯ 342
- 8.7 图像复原 ⋯⋯ 344
  - 8.7.1 补偿滤波器 ⋯⋯ 345
  - 8.7.2 逆滤波器（Inverse Filter）⋯⋯ 345
  - 8.7.3 维纳滤波器（Wiener Filter）⋯⋯ 347
- 8.8 非相干光处理 ⋯⋯ 348
  - 8.8.1 相干与非相干光处理的比较 ⋯⋯ 348
  - 8.8.2 基于衍射的非相干空间滤波——OTF 或 PSF 综合 ⋯⋯ 349
  - 8.8.3 基于几何光学的非相干处理 ⋯⋯ 353
- 8.9 白光信息处理 ⋯⋯ 355
  - 8.9.1 白光处理系统及其工作原理 ⋯⋯ 355
  - 8.9.2 假彩色编码 ⋯⋯ 357
  - 8.9.3 θ 调制 ⋯⋯ 361
- 8.10 光学小波变换 ⋯⋯ 363
  - 8.10.1 小波变换的定义 ⋯⋯ 363
  - 8.10.2 几种常用的小波函数 ⋯⋯ 366
  - 8.10.3 光学小波变换的实现 ⋯⋯ 368

8.10.4 小波变换在光学图像识别中的应用 ·················· 369
8.11 光学矩阵运算 ·················· 370
   8.11.1 非相干矩阵-矢量乘法器 ·················· 370
   8.11.2 矩阵-矩阵乘法器 ·················· 372
   8.11.3 处理双极性信号和复数数据 ·················· 373
习题 ·················· 373

第9章 散斑测量术 ·················· 376
9.1 散斑现象及其分类 ·················· 376
9.2 散斑照相术 ·················· 379
   9.2.1 散斑照相术原理 ·················· 379
   9.2.2 数字散斑照相术 ·················· 381
   9.2.3 数字散斑相关术 ·················· 382
   9.2.4 白光散斑照相术 ·················· 383
9.3 散斑干涉术 ·················· 383
   9.3.1 双照明散斑干涉成像系统 ·················· 383
   9.3.2 电子散斑干涉术 数字散斑干涉术 ·················· 384
   9.3.3 剪切散斑干涉术 ·················· 386
   9.3.4 相移散斑干涉术 ·················· 388
   9.3.5 散斑测量振动 ·················· 389
习题 ·················· 390

第10章 傅里叶光学的其他应用 ·················· 392
10.1 结构光三维测量技术 ·················· 392
   10.1.1 相位测量轮廓术 ·················· 392
   10.1.2 傅里叶变换轮廓术 ·················· 394
10.2 布拉格光纤光栅 ·················· 394

附录 贝塞尔函数 ·················· 399
参考文献 ·················· 402

绪 论

一、光学和通信理论的结合

光为我们带来热和光明，是人类赖以生存的重要条件。它不仅是一种重要的能源，也是携带和传递信息的重要载体。正是由于光波携带物体的信息，传播入人的眼睛，人才能对周围事物产生视觉印象。这是人类认识外部世界的最主要的方式。

光波在传递信息过程中，同时伴随着能量的传递。但从应用角度来看，光作为能源利用时，关心的是如何有效利用光辐射的能量；光用于信息传递时，则考虑的是包含光信息的光场分布在传递过程中所发生的变化。正因如此，可以把现代光学工程从能量和信息利用的角度分为两大类：属于光能量技术的如照明工程、激光武器、激光加工、太阳能利用等；属于光信息技术的有光信息的记录、显示和测量，光信息的处理，光纤通信等。

自发光物体或间接发光的物体（物体受光照射产生透射光或漫反射光）依据其本身的形状、明暗、色彩来改变光波的位相、光强、波长等参数，对光波产生空间调制。这种调制和照明光波的性质有关。例如，相干光照明物体，通常产生空间振幅和位相调制；非相干光照明，则产生空间强度调制；部分相干场中，物体将改变光波场的互相干函数；白光照明彩色图像或物体，会使某些波长的光吸收、其他波长的光透射或漫反射，因而产生空间的波长调制。物体本身的信息正是转化为这样一些形式的光信息由光波携带而传递出去的。

把光学系统看作收集和传递信息的系统，它的作用和通信系统在本质上是相同的。只不过在通信系统中，信息是时间性的，如随时间变化的电流和电压信号。而在光学系统中，信息是空间性的，如复振幅或强度的空间分布。正是这种本质上的共同点，导致了光学和通信理论之间的联系。从20世纪30年代后期开始，两者的关系越来越紧密。

此外，光学系统和通信系统还具有相同的基本性质。例如，在一定条件下，可认为光学系统和通信系统一样，也具有线性和不变性。因而可用线性系统理论描述、分析各自的系统；用时间脉冲响应和时间频率响应描述通信系统；用空间脉冲响应和空间频率响应描述光学系统。从频率域考察系统的效应，即频谱分析方法正是线性系统理论和傅里叶分析提供给我们的最重要的方法，它使以往分道扬镳的光学工作者和电气工程师之间有了共同的语言。

傅里叶光学，或称信息光学，正是光学与通信和信息理论相结合而产生的一个现代光学的新分支。它采用傅里叶分析和线性系统理论分析光波的传播、衍射、成像等现象。而光学传递函数、全息术、光学信息处理散斑测量术则是建立在傅里叶光学理论基础上的实践领域。光学和信息科学的相互渗透、相互结合，已经产生了许多重要的成果，它们使光学这一物理学中最古老的学科焕发了青春，呈现出生机勃勃的景象。

二、全书内容概述

本书第 1 章给出了必要的数学基础。由于光学系统通常传递二维信息，所以重点讨论了二维函数的卷积、相关和傅里叶变换。对所涉及的特殊函数及数学定理，着重阐明在光学上的应用，而不追求数学上的严谨。

第 2 章为线性系统理论。讨论了线性系统、线性不变系统的定义和性质。指出了从空间域和频率域讨论系统的两种基本方法。前者着眼于系统脉冲响应，后者着眼于系统的频率响应即传递函数。在后续各章中，正是按这两种方法讨论了单色光场的传播、成像、相干性的传播、光波的波前记录和再现，以及空间滤波等问题。本章实际上为全书建立了一个线性系统分析的基础。

光波既然作为信息的载体，光信息的传递本质上是光波的传播和衍射问题。这正是第 3 章的内容。第 3 章从基尔霍夫衍射理论和角谱理论出发，讨论衍射问题，侧重角谱理论。在频率域讨论了传播现象的传递函数，并由它出发导出菲涅耳衍射和夫琅禾费衍射公式。本章还从线性系统理论上给出了基尔霍夫理论和角谱理论的联系。"夫琅禾费衍射是实现傅里叶变换的光学手段"，这是本章着重强调的重要结论。所列举的衍射图样的计算实例，目的在于使读者了解一些典型物体的空间频谱。本章最后讨论了用分数傅里叶变换表示菲涅耳衍射的方法。

第 4 章从透镜的位相变换入手，根据衍射公式分析了透镜在特定光路中能实现傅里叶变换的作用。介绍了光学频谱分析系统及其应用。

第 5 章用频谱分析方法对相干和非相干成像系统的性质作了充分讨论。分别定义了相应的传递函数，讨论了像差影响和光学传递函数的测量，并从不同角度对两种系统作出比较。本章最后介绍了如何利用光学链这一概念指导系统设计并估计最终的像质。

第 6 章为部分相干理论。从干涉现象作为物理图像入手，介绍了描述光场相干性的物理量：互相干函数和复相干度。讨论了相干度的测量。利用线性系统理论分析了准单色部分相干场的传播、衍射和成像问题。傅里叶光谱学和范西特-泽尼克定理的讨论表明：对干涉图样作傅里叶分析，可以确定点光源的光谱分布或者准单色扩展光源的光强分布。毫无疑问，这些都应该是傅里叶光学的重要内容。

第 7 章通过对波前记录与重建，以及基元全息图的讨论，着重阐明全息术的基本原理。介绍了一些重要类型的全息图以及全息术的主要应用，包括全息干涉计量、全息光学元件、全息存储和全息显微术。本章在介绍计算全息图的同时，阐述了二元光学的原理及制作。随着计算机技术和光电子技术的进步，数字全息术发展迅速，本章阐述了其原理和类型。

第 8 章是光学信息处理。分别讨论了相干光处理、非相干光处理和白光处理的原理；重点放在频域综合上，阐明空间滤波的基本原理以及三种处理之间的本质差别；给出了典型的处理系统。主要内容包括：相衬法、图像加减和微分、图像识别和图像复原、切趾术以及假彩色编码、光学小波变换、光学矩阵运算等，并讨论了光电混合信息处理的优势和应用。

第 9 章介绍了激光散斑现象及其分类，讨论了散斑照相术、散斑干涉术的基本原理及其在位移、形变、振动测量中的应用。

第 10 章重点介绍了傅里叶光学的其他应用，包括结构光三维测量技术和布拉格光纤光栅在光通信中的应用。

第 1 章 傅里叶分析

实验上发现很多物理现象具有所谓的线性性质，即它们对同时作用的几个激励的响应等于每个激励单独作用时引起的响应之和。这种线性性质带来很大方便。它使我们能够用对某种"基元"激励的响应，来完备描述物理现象。只要把任意复杂的激励分解为这些基元激励的线性组合，一旦确定下各个基元激励的响应，再通过相应线性组合就可以求出总的响应。在第 2 章深入讨论线性系统理论之前，首先要解决的问题是：选择什么函数作为基元激励？如何实现任意函数的分解？傅里叶分析正是解决这些问题的重要数学工具。

一个函数在某一区间内可用相互正交的一些函数的线性组合表示。正、余弦函数系和复指数函数系都属于正交函数系。我们将从正交展开引出傅里叶级数、傅里叶变换的概念。

卷积是描述线性不变系统输入-输出关系的基本运算。相关常用来比较两个物理信号的相似程度。本章侧重从定义上讨论这两个重要的积分运算。

在傅里叶光学中，有一些广泛使用的函数，包括脉冲函数，用来描述各种物理量。为方便起见，本章一开始就给出它们的定义。

1.1 一些常用函数

1. 阶跃函数

$$\text{step}(x) = \begin{cases} 1, & x > 0 \\ \dfrac{1}{2}, & x = 0 \\ 0, & x < 0 \end{cases} \tag{1-1}$$

函数图形见图 1-1a。step $(x - x_0)$ 则表示间断点移到 x_0 的阶跃函数。当它和某函数相乘，$x > x_0$ 的部分，乘积等于原函数；$x < x_0$ 的部分，乘积恒为零。因而阶跃函数的作用如同一个"开关"，可在某点"开启"或"关闭"另一个函数。常用它表示直边（或刀口）的透过率。

2. 符号函数

$$\text{sgn}(x) = \begin{cases} 1, & x > 0 \\ 0, & x = 0 \\ -1, & x < 0 \end{cases} \tag{1-2}$$

函数图形见图 1-1b。注意它与阶跃函数的联系

$$\text{sgn}(x) = 2\text{step}(x) - 1 \tag{1-3}$$

sgn $(x - x_0)$ 则表示间断点移到 x_0 的符号函数。当它与某函数相乘，可使 $x < x_0$ 部分函数的极性（正负号）改变。例如某孔径的一半嵌有 π 的位相板，可利用符号函数来描述它的复振幅透过率。

3. 矩形函数

$$\text{rect}\left(\frac{x}{a}\right) = \begin{cases} 1, & |x| \leq \dfrac{a}{2} \\ 0, & \text{其他} \end{cases} \tag{1-4}$$

函数以原点为中心，宽度为 a，高度为 1（见图 1-1c）。当 $a = 1$ 时，矩形函数为 rect (x)。二维矩形函数，可表示成一维矩形函数的乘积

$$\text{rect}\left(\frac{x}{a}\right)\text{rect}\left(\frac{y}{b}\right)$$

式中，$a > 0$，$b > 0$，它在 xy 平面上，以原点为中心，$a \times b$ 的矩形范围内，函数值为 1。其他地方处处为零。当 $a = b = 1$ 时，则二维矩形函数表示成 rect(x) rect(y)。

光学上常常用矩形函数表示狭缝、矩孔的透过率。它与某函数相乘时，可限制函数自变量的范围，起到截取的作用，故又常称之为"门函数"。

4. 三角形函数

$$\text{tri}\left(\frac{x}{a}\right) = \begin{cases} 1 - \dfrac{|x|}{a}, & |x| \leq a \\ 0, & \text{其他} \end{cases} \tag{1-5}$$

式中，$a > 0$，函数以原点为中心，是底边宽 $2a$ 的三角形（图 1-1d）。当 $a = 1$ 时，三角形函数为 tri (x)。二维三角形函数可表示为一维三角形函数的乘积

$$\text{tri}\left(\frac{x}{a}\right)\text{tri}\left(\frac{y}{b}\right)$$

式中，$a > 0$，$b > 0$。当 $a = b = 1$ 时，则三角形函数表示成 tri (x) tri (y)。

三角形函数可用来表示光瞳为矩形的非相干成像系统的光学传递函数。

5. sinc 函数

$$\text{sinc}\left(\frac{x}{a}\right) = \frac{\sin\left(\dfrac{\pi x}{a}\right)}{\dfrac{\pi x}{a}} \tag{1-6}$$

式中，$a > 0$，函数在原点具有最大值 1。零点位置在 $x = \pm na$（$n = 1, 2, 3\cdots$）处，参见图 1-1e。当 $a = 1$ 时，有 sinc $(x) = \dfrac{\sin \pi x}{\pi x}$。它的零点位于 $x = \pm 1$, ± 2, $\pm 3\cdots$。二维 sinc 函数可以表示为

$$\text{sinc}\left(\frac{x}{a}\right)\text{sinc}\left(\frac{y}{b}\right)$$

式中，$a>0$，$b>0$。零点位置在（$\pm na$，$\pm mb$），n 和 m 均为正整数。

sinc 函数常用来描述狭缝或矩孔的夫琅禾费衍射图样。

6. 高斯函数

$$\text{Gaus}\left(\frac{x}{a}\right) = \exp\left[-\pi\left(\frac{x}{a}\right)^2\right] \tag{1-7}$$

见图 1-1f，函数在原点具有最大值 1，曲线下的面积为 a（$a>0$）。当 $a=1$ 时，

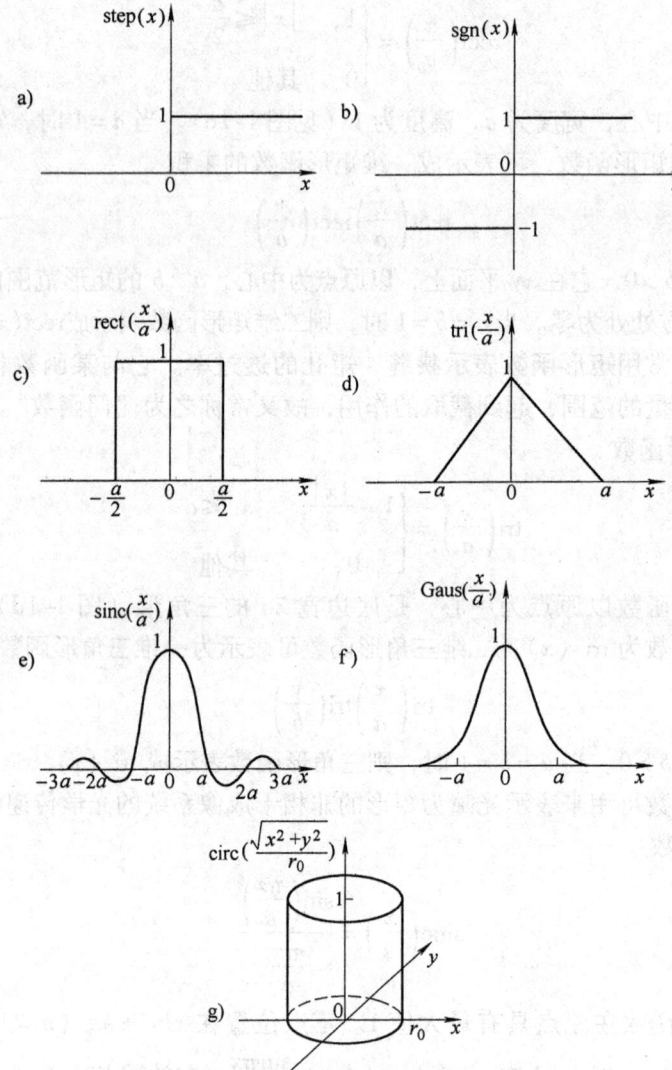

图 1-1　常用函数
a）阶跃函数　b）符号函数　c）矩形函数　d）三角形函数
e）sinc 函数　f）高斯函数　g）圆域函数

$\mathrm{Gaus}(x) = \exp(-\pi x^2)$。

二维高斯函数可以表示为

$$\mathrm{Gaus}\left(\frac{x}{a}\right)\mathrm{Gaus}\left(\frac{y}{b}\right) = \exp\left\{-\pi\left[\left(\frac{x}{a}\right)^2 + \left(\frac{y}{b}\right)^2\right]\right\} \tag{1-8}$$

式中，$a>0$，$b>0$，函数曲面下的体积等于 ab。当 $a=b=1$ 时，高斯函数为

$$\mathrm{Gaus}(x)\mathrm{Gaus}(y) = \exp[-\pi(x^2+y^2)] \tag{1-9}$$

也可用极坐标表示，令 $r^2 = x^2 + y^2$，则

$$\mathrm{Gaus}(r) = \exp(-\pi r^2) \tag{1-10}$$

高斯函数常用来描述激光器发出的高斯光束。

7. 圆域函数

$$\mathrm{circ}\left(\frac{\sqrt{x^2+y^2}}{r_0}\right) = \begin{cases} 1, & \sqrt{x^2+y^2} \leq r_0 \\ 0, & \text{其他} \end{cases} \tag{1-11}$$

参见图 1-1g，函数呈圆柱形，底半径为 r_0，高度为 1。在极坐标系中写作 $\mathrm{circ}\left(\frac{r}{r_0}\right)$。当 $r_0=1$ 时，圆域函数为 $\mathrm{circ}(r)$。

圆域函数常用来表示圆孔的透过率。

1.2 脉冲函数

1.2.1 δ 函数的定义与性质

1930 年狄拉克（P. A. M. Dirac）为了描述一些宽度极为窄小，而幅度趋于无穷大的物理量而引入了 δ 函数，即脉冲函数。由于它超出了普通函数的概念，引起许多数学家的困惑和反对。但注重实效的物理学家却把它看作是有力的数学工具，尽管当时还缺乏严格的证明。δ 函数的严密理论是二十多年后才由施瓦兹（L. Schwartz）发展起来的。

二维空间 δ 函数的一般定义是

$$\begin{aligned} \delta(x,y) &= 0, \quad x \neq 0 \text{ 或 } y \neq 0 \\ \iint_{-\infty}^{\infty} \delta(x,y)\mathrm{d}x\mathrm{d}y &= 1 \end{aligned} \tag{1-12}$$

定义式表明，在原点以外脉冲函数的值恒为零，而在原点附近无限小的范围内，函数积分为 1。

常常用 δ 函数代表点质量、点电荷、点脉冲、点光源或者其他在某一坐标系中高度集中的物理量。对于实际物理量，当然这只是一种理想化处理，其目的在于使许多物理过程的研究更加方便。例如，线性系统的性质可由其对脉冲输

入的响应来决定。任意复杂的输入函数可分解为许多适当分布和加权的 δ 函数，把它们分别作用于系统，各脉冲产生响应的线性叠加就给出系统总的响应。

把真实的物理脉冲理想化为 δ 函数，不仅是为了便于分析，还有物理上的考虑。例如，一个光学成像系统对半径为 r 的圆孔成像。若 r 足够大，像平面上可观察到圆孔的像。若 r 逐渐减小（假定照明光强与圆孔面积的乘积保持为常数），像逐渐变为透镜光瞳的夫琅禾费衍射图样。当 r 小于某一数值 r_0 时，像不再随之改变。换句话说，对于我们研究的成像系统，凡 $r \leq r_0$ 的圆孔的像都是没有区别的。这时圆孔就可以看作 δ 函数（点物）。它说明由于检测仪器的有限分辨能力，并不能区分理想脉冲函数的响应和虽然窄小、但仍具有有限宽度的物理脉冲的响应。故采用 δ 函数来近似实际的物理脉冲，完全是允许的。

δ 函数的另一种定义方式是把它看作一些普通函数构成的序列的极限。图 1-2 给出一维矩形脉冲序列和高斯脉冲序列的例子。函数的宽度逐渐减小，幅度逐渐增大，面积保持为 1。δ 函数定义为它们的极限，即

$$\delta(x) = \lim_{N \to \infty} N \mathrm{rect}(Nx) \tag{1-13}$$

$$\delta(x) = \lim_{N \to \infty} N \exp(-N^2 \pi x^2) \tag{1-14}$$

二维空间 δ 函数可以表示为下列不同的形式

$$\delta(x,y) = \lim_{N \to \infty} N^2 \mathrm{rect}(Nx) \mathrm{rect}(Ny) \tag{1-15}$$

$$\delta(x,y) = \lim_{N \to \infty} N^2 \exp[-N^2 \pi (x^2 + y^2)] \tag{1-16}$$

$$\delta(x,y) = \lim_{N \to \infty} N^2 \mathrm{sinc}(Nx) \mathrm{sinc}(Ny) \tag{1-17}$$

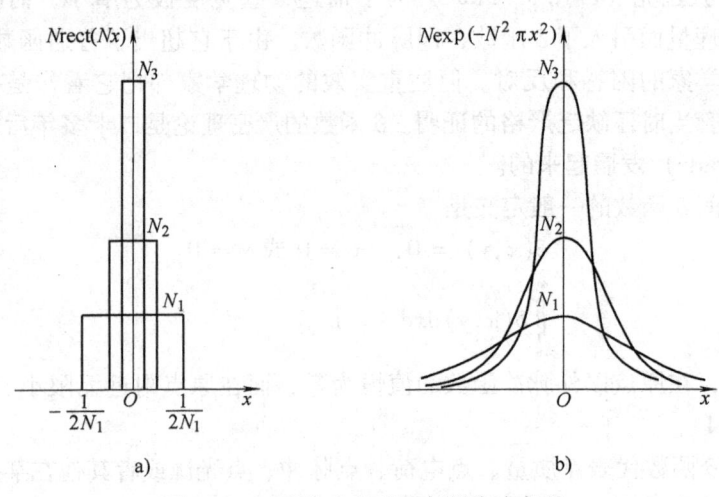

图 1-2 矩形脉冲序列和高斯脉冲序列
a) 矩形脉冲序列　b) 高斯脉冲序列

$$\delta(x,y) = \lim_{N\to\infty} \frac{N^2}{\pi} \mathrm{circ}(N\sqrt{x^2+y^2}) \tag{1-18}$$

$$\delta(x,y) = \lim_{N\to\infty} N \frac{J_1(2\pi N\sqrt{x^2+y^2})}{\sqrt{x^2+y^2}} \tag{1-19}$$

应用时选择哪一种形式，可视方便而定。例如在上述讨论圆孔成像的问题中，显然选择式（1-18）是合适的。

δ 函数的运算要通过积分式作用于另一个函数才能得到定值，它是一种"广义函数"。把 δ 函数当作广义函数给出比较严格的定义

$$\iint_{-\infty}^{\infty} \delta(x,y)\phi(x,y)\mathrm{d}x\mathrm{d}y = \phi(0,0) \tag{1-20}$$

式中，$\phi(x,y)$ 称为检验函数，它是连续的，在一个有限区间外为零，并具有所有阶的连续导数。式（1-20）按通常的积分来说没有意义，但它是由广义函数 $\delta(x,y)$ 赋的数 $\phi(0,0)$ 来定义的，这个数是赋予检验函数 $\phi(x,y)$ 的。这就好比是对于一个实际物理量，需要通过测试仪器的响应（或读数）来感知或表征它，即它赋予检验函数（或测试函数）某一数值。

图 1-3 给出 δ 函数的图示方法，它用带箭头的竖线表示，具有单位长度，相应于 δ 函数的体积。

下面列出 δ 函数的常用性质，这些性质都可由脉冲函数的定义直接导出，本书不予证明。

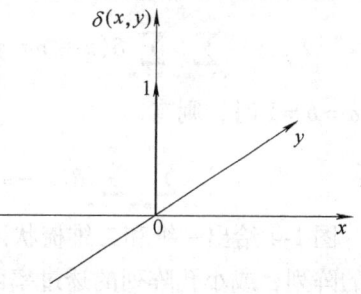

图 1-3　空间 δ 函数的图示方法

（1）筛选性质

$$\iint_{-\infty}^{\infty} \delta(x-x_0, y-y_0)\phi(x,y)\mathrm{d}x\mathrm{d}y = \phi(x_0, y_0) \tag{1-21}$$

在 $\phi(x,y)$ 连续的各点上，可通过位于 (x_0, y_0) 点的脉冲函数对 $\phi(x,y)$ 的作用，筛选出 $\phi(x_0, y_0)$。

（2）比例变化性质

$$\delta(ax, by) = \frac{1}{|ab|}\delta(x,y) \tag{1-22}$$

（3）δ 函数与普通函数的乘积

$$h(x,y)\delta(x-x_0, y-y_0) = h(x_0, y_0)\delta(x-x_0, y-y_0) \tag{1-23}$$

假定 $h(x,y)$ 在 (x_0, y_0) 点连续。

1.2.2 梳状函数

沿 x 轴分布,间隔都等于1的无穷多脉冲函数,可用梳状函数表示

$$\sum_{n=-\infty}^{\infty} \delta(x-n) = \mathrm{comb}(x) \tag{1-24}$$

式中,n 取整数。利用 δ 函数的比例变化性质,可以把间隔为 τ 的等间距脉冲序列表示为下列梳状函数形式

$$\sum_{n=-\infty}^{\infty} \delta(x-n\tau) = \frac{1}{\tau}\sum_{n=-\infty}^{\infty} \delta\left(\frac{x}{\tau}-n\right) = \frac{1}{\tau}\mathrm{comb}\left(\frac{x}{\tau}\right) \tag{1-25}$$

梳状函数与普通函数的乘积是

$$f(x) \cdot \frac{1}{\tau}\mathrm{comb}\left(\frac{x}{\tau}\right) = \sum_{n=-\infty}^{\infty} f(n\tau)\delta(x-n\tau) \tag{1-26}$$

显然,可以利用梳状函数对其他普通函数作等间距抽样。

在 x,y 方向间隔分别等于 a 和 b ($a>0$, $b>0$)的二维脉冲阵列,可以表示为

$$\sum_{n=-\infty}^{\infty}\sum_{m=-\infty}^{\infty} \delta(x-na, y-mb) = \frac{1}{ab}\mathrm{comb}\left(\frac{x}{a}\right)\mathrm{comb}\left(\frac{y}{b}\right) \tag{1-27}$$

当 $a=b=1$ 时,则有

$$\sum_{n=-\infty}^{\infty}\sum_{m=-\infty}^{\infty} \delta(x-n, y-m) = \mathrm{comb}(x)\mathrm{comb}(y) \tag{1-28}$$

图1-4 给出一维和二维梳状函数的图示方法。光学上常用梳状函数表示点光源的阵列,或小孔阵列的透过率函数。

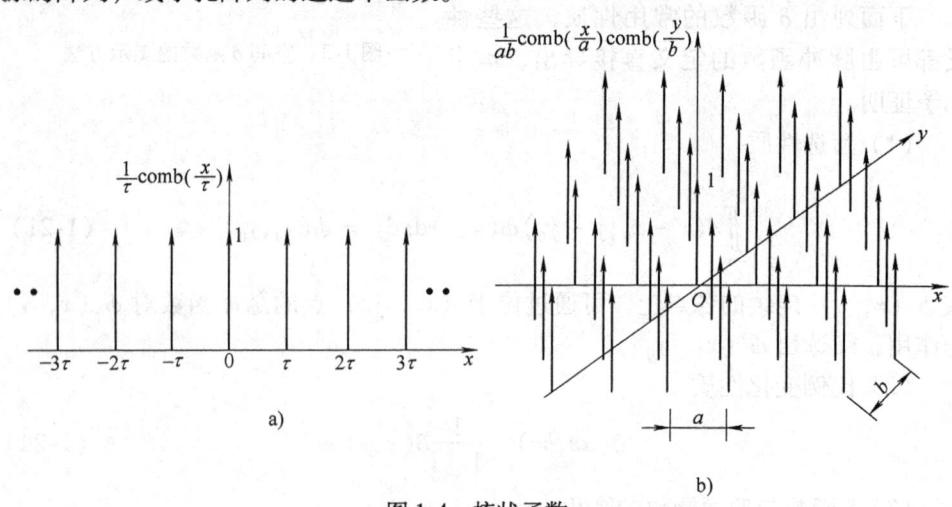

图1-4 梳状函数
a)一维情形 b)二维情形

1.3 卷积

1.3.1 卷积的定义

两个复值函数 $f(x,y)$ 和 $h(x,y)$ 的卷积定义为

$$g(x,y) = \iint_{-\infty}^{\infty} f(\xi,\eta) h(x-\xi, y-\eta) \mathrm{d}\xi \mathrm{d}\eta$$
$$= f(x,y) * h(x,y) \tag{1-29}$$

式中，*号表示卷积运算。$f(x,y)$ 和 $h(x,y)$ 的变量改为 ξ 和 η，作为积分变量。x、y 表示函数之一在 ξ、η 平面上的位移量。采用图解分析有助于理解卷积运算的真实含义。见图 1-5a 中两个一维函数卷积的例子。

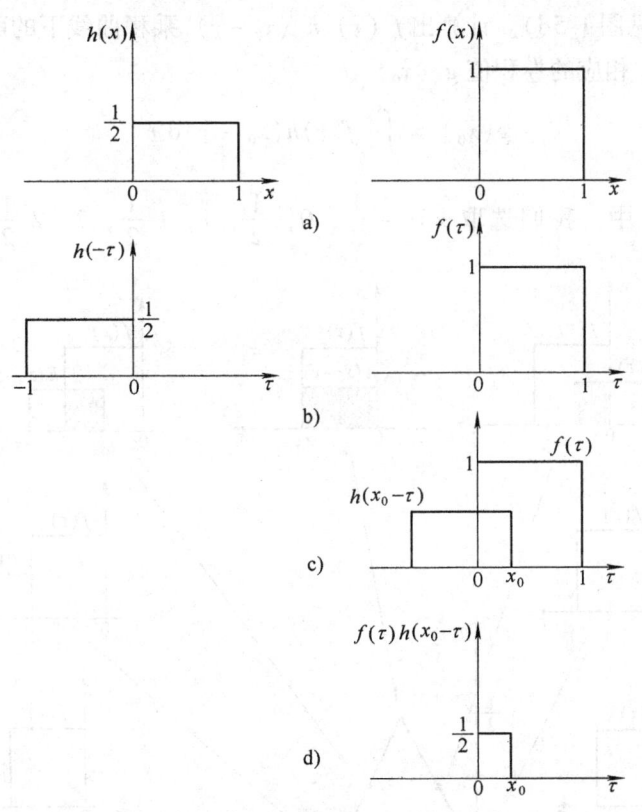

图 1-5 卷积的几个过程
a) 函数 $f(x)$ 和 $h(x)$ b) 折叠
c) 位移   d) 相乘

$$f(x) = \begin{cases} 1, & 0 \leq x < 1 \\ 0, & 其他 \end{cases}$$

$$h(x) = \begin{cases} \dfrac{1}{2}, & 0 \leq x < 1 \\ 0, & 其他 \end{cases}$$

$f(x)$ 和 $h(x)$ 的卷积为

$$g(x) = \int_{-\infty}^{\infty} f(\tau) h(x-\tau) \mathrm{d}\tau \tag{1-30}$$

根据定义,卷积的具体过程是:把自变量改为 τ,画出 $f(\tau)$ 和 $h(-\tau)$(见图 1-5b)。只要将 $h(\tau)$ 相对纵轴折叠便得到其镜像 $h(-\tau)$。再把它沿横轴平移 $x=x_0$,就得到了 $h(x_0-\tau)$(见图 1-5c)。当 $x>0$ 时,$h(-\tau)$ 右移;当 $x<0$ 时,$h(-\tau)$ 左移。

为计算卷积,需对 $-\infty$ 到 $+\infty$ 的每一个 x 值,都有一个 $h(x-\tau)$,使它和 $f(\tau)$ 相乘(见图 1-5d)。计算出 $f(\tau)h(x_0-\tau)$ 乘积曲线下的面积,就得到了与位移量 x_0 相应的卷积值 $g(x_0)$

$$g(x_0) = \int_{-\infty}^{\infty} f(\tau) h(x_0-\tau) \mathrm{d}\tau$$

在图 1-6 中,我们选取 $x = -\dfrac{1}{2}, 0, \dfrac{1}{2}, 1, 1\dfrac{1}{2}, 2, 2\dfrac{1}{2}$,分别算出

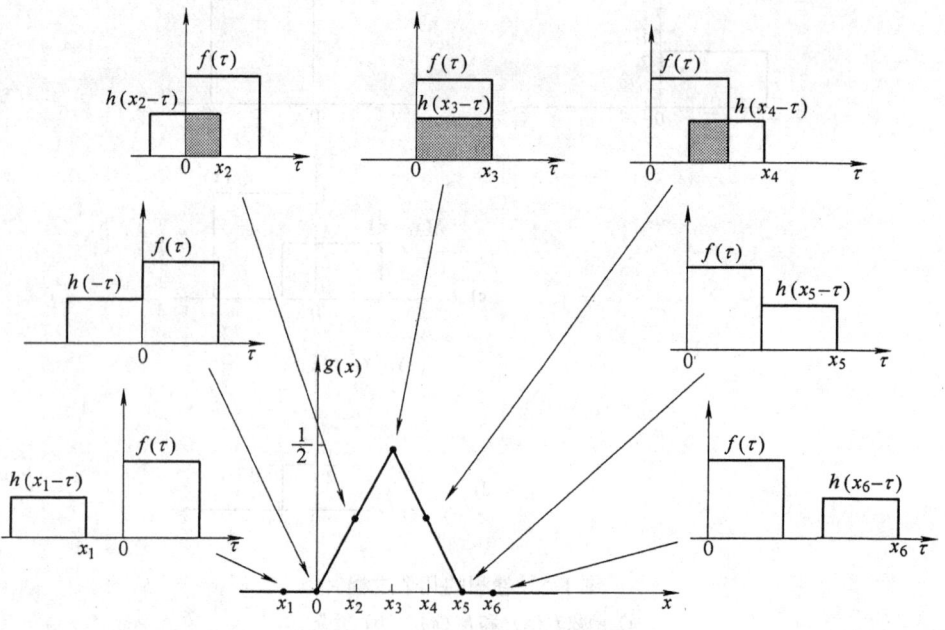

图 1-6 两个矩形函数卷积的图例

$f(\tau)h(x-\tau)$ 乘积曲线下的面积,并利用这些结果画出 $g(x)$ 的完整曲线。

上述卷积的图解方法,概括起来有四个步骤:折叠、位移、相乘、积分。图解方法在系统分析中是很有用的,它使我们能直观理解许多抽象的关系。在直接计算卷积积分时,图解方法也有助于确定积分限。再看图 1-7 所示的例子,做卷积运算的函数是

$$f(x) = \begin{cases} 1, & x \geq 0 \\ 0, & \text{其他} \end{cases}$$

$$h(x) = \begin{cases} e^{-x}, & x \geq 0 \\ 0, & \text{其他} \end{cases}$$

若 $x \leq 0$,乘积 $f(\tau)h(x-\tau)$ 为零,结果使 $g(x) = 0$。

若 $x > 0$,计算 $f(\tau)h(x-\tau)$ 乘积曲线下的面积

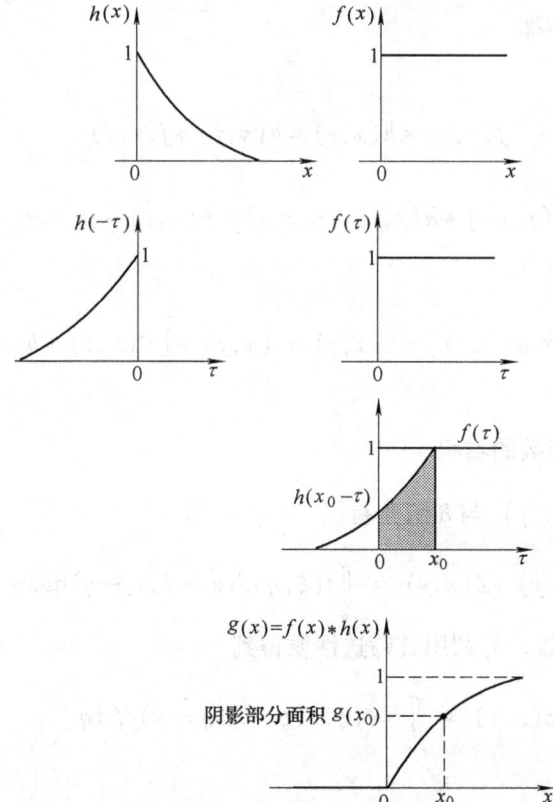

图 1-7 阶跃函数与负指数函数的卷积

$$g(x) = \int_{-\infty}^{\infty} f(\tau)h(x-\tau)d\tau = \int_0^x 1 \cdot e^{-(x-\tau)} d\tau$$
$$= e^{-x}(e^x - 1) = 1 - e^{-x}$$

应当注意卷积运算的如下两个效应：

（1）展宽　假如函数只在一个有限区间内不为零，这个区间可称为函数的宽度。一般说来，卷积的宽度等于被卷积函数的宽度之和。例如图1-6中卷积得到的三角形函数宽度就等于两个参与卷积的矩形函数宽度之和。

（2）平滑化　被卷积的函数经过卷积运算，其细微结构在一定程度上被消除，函数本身的起伏振荡变得平缓圆滑。当然，平滑化的程度取决于被卷函数的结构。举一个实例说明这点：用矩形函数表示狭缝的透过率$h(x)$，对光强的空间分布$f(x)$扫描，在狭缝后面用光电探测器记录光强分布$g(x)$。这一扫描记录的物理过程包含了平移、相乘、积分几个环节，$h(x)$是偶函数，折叠不发生变化。因而这是个卷积运算过程。若狭缝很窄，则$g(x)$接近于$f(x)$。狭缝越宽，平滑化越严重，$g(x)$中已失去$f(x)$的细节（见图1-8）。

1.3.2　卷积运算定律

（1）交换律
$$f(x,y) * h(x,y) = h(x,y) * f(x,y) \tag{1-31}$$

（2）分配律
$$[v(x,y) + w(x,y)] * h(x,y) = v(x,y) * h(x,y) + w(x,y) * h(x,y) \tag{1-32}$$

（3）结合律
$$[v(x,y) * w(x,y)] * h(x,y) = v(x,y) * [w(x,y) * h(x,y)] \tag{1-33}$$

1.3.3　包含脉冲函数的卷积

任意函数$f(x,y)$与δ函数卷积

$$f(x,y) * \delta(x,y) = \iint_{-\infty}^{\infty} f(\xi,\eta)\delta(x-\xi, y-\eta) d\xi d\eta$$

注意δ函数是偶函数，并利用其筛选性质得到

$$f(x,y) * \delta(x,y) = \iint_{-\infty}^{\infty} f(\xi,\eta)\delta(\xi-x, \eta-y) d\xi d\eta$$
$$= f(x,y) \tag{1-34}$$

即任意函数$f(x,y)$与δ函数卷积，得出函数$f(x,y)$本身。将上式作简单推广得到

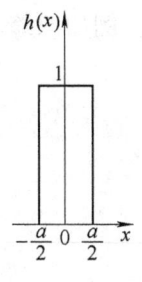
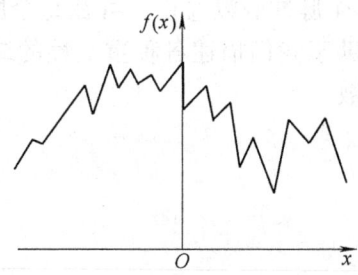
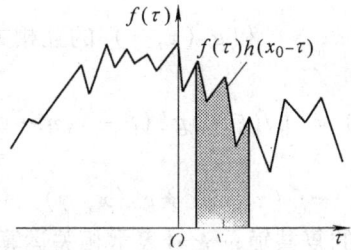
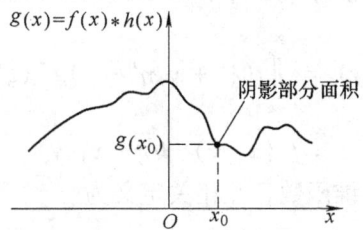

图 1-8　卷积的平滑化

$$f(x,y) * \delta(x - x_0, y - y_0) = f(x - x_0, y - y_0) \tag{1-35}$$

卷积的结果是把函数 $f(x,y)$ 平移到脉冲所在的空间位置。以 1∶1 的成像系统为例，假定 $h(x,y)$ 表示轴上点源经系统所成的像。点源平移时，像斑分布也不发生变化，同样平移。那么物平面上两个点源将在对应位置得到两个像斑（见图 1-9）。这一成像过程可用两个输入脉冲与 $h(x,y)$ 的卷积来描述。

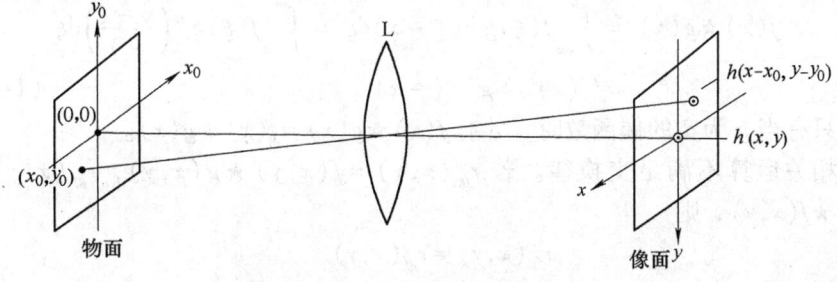

图 1-9　两个点源所成的像

$f(x, y)$ 与多个脉冲函数卷积，可在每个脉冲所在位置产生 $f(x, y)$ 的波形。这一性质有助于我们描述各种重复性的结构，例如双缝、多缝、光栅等衍射屏的透过率函数。

1.4 相关

1.4.1 互相关

两个复函数 $f(x, y)$ 和 $g(x, y)$ 的互相关定义为

$$r_{fg}(x,y) = \iint_{-\infty}^{\infty} f(\xi,\eta) g^*(\xi - x, \eta - y) \mathrm{d}\xi \mathrm{d}\eta$$

$$= f(x, y) \star g(x, y) \tag{1-36}$$

式中，g^* 是函数 g 的复共轭；★号表示相关运算。

若令 $\xi - x = \xi'$，$\eta - y = \eta'$，可以得到互相关定义的另一种形式

$$r_{fg}(x,y) = \iint_{-\infty}^{\infty} f(\xi' + x, \eta' + y) g^*(\xi', \eta') \mathrm{d}\xi' \mathrm{d}\eta'$$

$$= f(x, y) \star g(x, y) \tag{1-37}$$

若 f 和 g 是一维函数，互相关定义为

$$r_{fg}(x) = \int_{-\infty}^{\infty} f(\xi) g^*(\xi - x) \mathrm{d}\xi = f(x) \star g(x) \tag{1-38}$$

与卷积相比较差别仅在于：相关运算中函数 g 应取复共轭，但不需要折叠。而位移、相乘、积分的三个步骤是同样的。图 1-10 对两个实函数（阶跃函数和负指数函数）的互相关给出图解分析，与图 1-7 相比较，相关与卷积的结果完全不同。

互相关也可用卷积符号表示，即

$$f(x) \star g(x) = \int_{-\infty}^{\infty} f(\xi) g^*(\xi - x) \mathrm{d}\xi = \int_{-\infty}^{\infty} f(\xi) g^*\left(\frac{x - \xi}{-1}\right) \mathrm{d}\xi$$

$$= f(x) * g^*(-x) \tag{1-39}$$

显然，只有当 g 为实的偶函数时，才有 $f(x) \star g(x) = f(x) * g(x)$。

互相关运算不满足交换律。若 $r_{fg}(x,y) = f(x,y) \star g(x,y)$，$r_{gf}(x,y) = g(x,y) \star f(x,y)$，则

$$r_{fg}(x,y) \neq r_{gf}(x,y)$$

不难证明

$$r_{fg}(x,y) = r_{gf}^*(-x,-y) \tag{1-40}$$

因此，相关计算时应注意两个函数的顺序，以及哪一个函数取复共轭，这一点和卷积很不同。

互相关是两个信号之间存在多少相似性的量度。两个完全不同的、毫无关系的信号，对所有位置，它们互相关的值应为零。假如两个信号由于某种物理上的联系在一些部位存在相似性，在相应位置上就存在非零的互相关。图1-11中给出两个实函数相关的例子，在 $x=x_0$ 处可看到相关峰值。

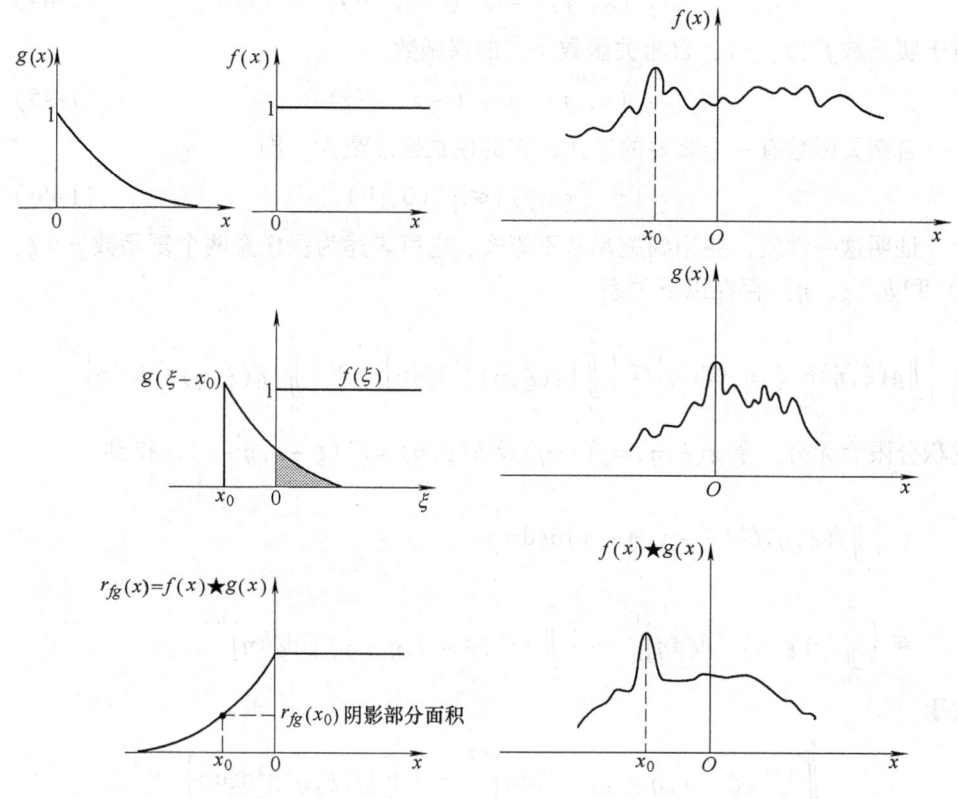

图1-10　相关的图解方法　　图1-11　两个函数相似时存在相关峰值

1.4.2　自相关

复函数 $f(x,y)$ 的自相关定义为

$$r_{ff}(x,y) = \iint_{-\infty}^{\infty} f(\xi,\eta) f^*(\xi-x, \eta-y) \mathrm{d}\xi \mathrm{d}\eta$$

$$= f(x,y) \star f(x,y) \tag{1-41}$$

或者

$$r_{ff}(x,y) = \iint_{-\infty}^{\infty} f(\xi' + x, \eta' + y) f^*(\xi', \eta') \,\mathrm{d}\xi' \mathrm{d}\eta' \tag{1-42}$$

一维自相关函数定义为

$$r_{ff}(x) = \int_{-\infty}^{\infty} f(\xi) f^*(\xi - x) \,\mathrm{d}\xi \tag{1-43}$$

对于复函数 $f(x, y)$，利用公式（1-40）可知其自相关函数是厄米的，即

$$r_{ff}(x, y) = r_{ff}^*(-x, -y) \tag{1-44}$$

对于实函数 $f(x, y)$，自相关函数是实的偶函数

$$r_{ff}(x, y) = r_{ff}(-x, -y) \tag{1-45}$$

自相关函数有一个重要的性质：它的模在原点最大，即

$$|r_{ff}(x, y)| \leq r_{ff}(0, 0) \tag{1-46}$$

证明这一性质，要用到施瓦兹不等式，它可表述为：任意两个复函数 $g(\xi, \eta)$ 和 $h(\xi, \eta)$ 存在以下关系

$$\left| \iint_a^b g(\xi,\eta) h(\xi,\eta) \,\mathrm{d}\xi \mathrm{d}\eta \right| \leq \left[\iint_a^b |g(\xi,\eta)|^2 \,\mathrm{d}\xi \mathrm{d}\eta \right]^{1/2} \times \left[\iint_a^b |h(\xi,\eta)|^2 \,\mathrm{d}\xi \mathrm{d}\eta \right]^{1/2}$$

选积分限为无穷，令 $g(\xi,\eta) = f(\xi,\eta)$ 及 $h(\xi,\eta) = f^*(\xi - x, \eta - y)$，得到

$$\left| \iint_{-\infty}^{\infty} f(\xi,\eta) f^*(\xi - x, \eta - y) \,\mathrm{d}\xi \mathrm{d}\eta \right|$$

$$\leq \left[\iint_{-\infty}^{\infty} |f(\xi,\eta)|^2 \,\mathrm{d}\xi \mathrm{d}\eta \right]^{1/2} \times \left[\iint_{-\infty}^{\infty} |f^*(\xi - x, \eta - y)|^2 \,\mathrm{d}\xi \mathrm{d}\eta \right]^{1/2}$$

由于

$$\left[\iint_{-\infty}^{\infty} |f^*(\xi - x, \eta - y)|^2 \,\mathrm{d}\xi \mathrm{d}\eta \right]^{1/2} = \left[\iint_{-\infty}^{\infty} |f(\xi,\eta)|^2 \,\mathrm{d}\xi \mathrm{d}\eta \right]^{1/2}$$

所以

$$\left| \iint_{-\infty}^{\infty} f(\xi,\eta) f^*(\xi - x, \eta - y) \,\mathrm{d}\xi \mathrm{d}\eta \right| \leq \iint_{-\infty}^{\infty} |f(\xi,\eta)|^2 \,\mathrm{d}\xi \mathrm{d}\eta$$

即证明了 $|r_{ff}(x,y)| \leq r_{ff}(0,0)$。

自相关函数乃是自变量相差某一大小时，函数值间相关的量度。当 $x = y = 0$ 时，$f(\xi, \eta) f^*(\xi - x, \eta - y)$ 就等于 $|f(\xi, \eta)|^2$，对于每个 (ξ, η) 点，这个值总是正的，计算积分 $r_{ff}(0, 0)$ 将有最大值。当信号相对本身有平移时，就改变了位移为零时具有的逐点相似性，自相关的模减小。但是只要信号本身

在不同部位存在相似结构，相应部位还会产生不为零的自相关值。当位移足够大时，自相关值可能趋于零。图1-12给出实函数自相关的例子。

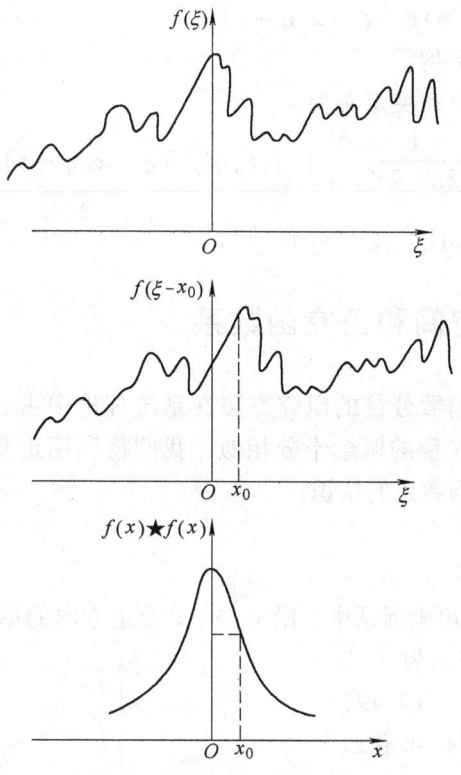

图1-12 信号$f(x)$的自相关

1.4.3 有限功率函数的相关

式（1-36）和式（1-37）给出的互相关定义，适用于两个函数中至少有一个是有限能量函数的情况，即函数是平方可积函数

$$\iint_{-\infty}^{\infty} |f(x,y)|^2 \mathrm{d}x\mathrm{d}y < \infty$$

有些函数如周期函数、平稳随机函数等并不满足这一条件，但却满足下述极限

$$\lim_{X,Y \to \infty} \frac{1}{2X \cdot 2Y} \int_{-X}^{+X} \int_{-Y}^{+Y} |f(x,y)|^2 \mathrm{d}x\mathrm{d}y < \infty$$

当系统中能量传递的平均功率为有限值时，常用到这类函数，称它们为有限功率函数。

当两个复函数是有限功率函数时，互相关定义为

$$R_{fg}(x,y) = \lim_{X,Y\to\infty} \frac{1}{2X \cdot 2Y} \int_{-X}^{+X} \int_{-Y}^{+Y} f(\xi,\eta) g^*(\xi-x, \eta-y) \mathrm{d}\xi \mathrm{d}\eta$$

$$= \langle f(\xi,\eta) g^*(\xi-x, \eta-y) \rangle \tag{1-47}$$

式中,尖括号表示取平均。

有限功率函数的自相关定义为

$$R_{ff}(x,y) = \lim_{X,Y\to\infty} \frac{1}{2X \cdot 2Y} \int_{-X}^{+X} \int_{-Y}^{+Y} f(\xi,\eta) f^*(\xi-x, \eta-y) \mathrm{d}\xi \mathrm{d}\eta$$

$$= \langle f(\xi,\eta) f^*(\xi-x, \eta-y) \rangle \tag{1-48}$$

1.5 正交矢量空间和正交函数系

信号分解为正交函数分量的研究方法在系统理论中占有重要的地位,其原理与矢量分解为正交矢量的概念十分相似,我们将利用正交矢量空间这一形象概念,来加深对正交函数系的认识。

1.5.1 正交矢量空间

在图 1-13 所示直角坐标系中,沿 x、y、z 轴正方向的单位矢量分别是 $\boldsymbol{i}$、$\boldsymbol{j}$、$\boldsymbol{k}$,任意矢量 $\boldsymbol{A}$ 可以表示为

$$\boldsymbol{A} = x_0 \boldsymbol{i} + y_0 \boldsymbol{j} + z_0 \boldsymbol{k} \tag{1-49}$$

式中,x_0、y_0、z_0 分别是 $\boldsymbol{A}$ 沿 x、y、z 轴的分量。即三维矢量空间中任意矢量可用三个单位矢量经适当加权后叠加来表示。这三个单位矢量互相垂直,因而有

$$\begin{aligned} \boldsymbol{i} \cdot \boldsymbol{j} &= \boldsymbol{j} \cdot \boldsymbol{k} = \boldsymbol{k} \cdot \boldsymbol{i} = 0 \\ \boldsymbol{i} \cdot \boldsymbol{i} &= \boldsymbol{j} \cdot \boldsymbol{j} = \boldsymbol{k} \cdot \boldsymbol{k} = 1 \end{aligned} \tag{1-50}$$

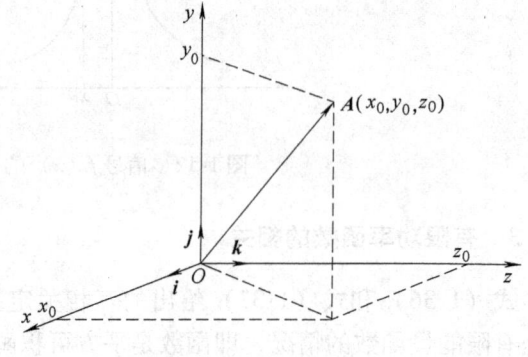

图 1-13 三维矢量空间

满足上述条件时,可把 $\boldsymbol{i}$、$\boldsymbol{j}$、$\boldsymbol{k}$ 看作三维空间中的正交矢量。

扩展到 n 维空间,若 $\boldsymbol{V}_1$、$\boldsymbol{V}_2$、$\cdots$、$\boldsymbol{V}_n$ 分别为沿 n 个互相垂直的坐标轴的具有相同幅度的矢量,n 维空间中任意矢量 $\boldsymbol{A}$ 可通过这 n 个矢量适当加权后叠加表示,即

$$\boldsymbol{A} = c_1 \boldsymbol{V}_1 + c_2 \boldsymbol{V}_2 + \cdots + c_n \boldsymbol{V}_n \tag{1-51}$$

式中,c_1、c_2、$\cdots$、c_n 正比于 $\boldsymbol{A}$ 沿 n 个坐标轴的分量的幅度;$\boldsymbol{V}_1$、$\boldsymbol{V}_2$、$\cdots$、$\boldsymbol{V}_n$ 必须满足正交性条件

第1章 傅里叶分析

$$V_m \cdot V_n = \begin{cases} 0, & m \neq n \\ \mu_m, & m = n \end{cases} \tag{1-52}$$

式中，μ_m 为常数。

满足式（1-52）条件的矢量组（V_1、V_2、$\cdots$、V_n）构成正交矢量空间。若对所有 m，都有 $\mu_m = 1$，则为标准正交矢量空间。

为确定各分矢量 V_i 的系数 c_i，公式（1-51）两端与矢量 V_i 点积

$$A \cdot V_i = c_1 V_1 \cdot V_i + c_2 V_2 \cdot V_i + \cdots + c_i V_i \cdot V_i + \cdots + c_n V_n \cdot V_i$$

由矢量组的正交性，可知上式右端所有 $c_j V_j \cdot V_i$（$j \neq i$）项均等于零，于是

$$A \cdot V_i = c_i V_i \cdot V_i = c_i \mu_i$$

即

$$c_i = \frac{A \cdot V_i}{\mu_i} \tag{1-53}$$

c_i 实际上是矢量 A 沿矢量 V_i 的分量的归一化幅度。

应当指出，在三维空间中矢量 A 不能仅用两个正交分量表示，需用三个分量才是完备的。而对于 n 维空间，必须有 n 个正交矢量才能构成完备的正交矢量空间。任意矢量 A 可以表示为沿这 n 个矢量的分量之和。

1.5.2 正交函数系

把正交矢量空间的概念推广到正交函数系。若定义在（x_1, x_2）区间上的复函数系 $\{\varphi_n(x)\}$ 中的每个函数绝对平方可积，而且满足下述条件时，$\{\varphi_n(x)\}$ 为区间（x_1, x_2）上的正交函数系

$$\int_{x_1}^{x_2} \varphi_n(x) \varphi_m^*(x) \mathrm{d}x = \begin{cases} 0, & n \neq m \\ \mu_m, & n = m \end{cases} \tag{1-54}$$

式中，μ_m 为实常数。

若对所有 m，都有 $\mu_m = 1$，则 $\{\varphi_n(x)\}$ 是区间（x_1, x_2）上的标准正交函数系。

可以用正交函数系 $\{\varphi_n(x)\}$ 中各函数（基元函数）的线性组合表示任一位于区间（x_1, x_2）的复函数 $f(x)$

$$f(x) = c_1 \varphi_1(x) + c_2 \varphi_2(x) + c_3 \varphi_3(x) + \cdots = \sum_{n=1}^{\infty} c_n \varphi_n(x) \tag{1-55}$$

式中，复值系数 c_n 作为级数的每一项的权重因子。

展开式可能包括有限项数或无穷多项，根据具体情况而定。为了确定第 i 项系数 c_i，用函数 $\varphi_i^*(x)$ 乘公式（1-55）两端，并在 x_1 和 x_2 之间积分

$$\int_{x_1}^{x_2} f(x) \varphi_i^*(x) \mathrm{d}x$$

$$= \int_{x_1}^{x_2} c_1 \varphi_1(x) \varphi_i^*(x) \mathrm{d}x + \cdots + \int_{x_1}^{x_2} c_i \varphi_i(x) \varphi_i^*(x) \mathrm{d}x + \cdots$$

由正交函数系定义，可知上式右端除第 i 项外，所有项均等于零。于是

$$\int_{x_1}^{x_2} f(x) \varphi_i^*(x) \mathrm{d}x = c_i \mu_i$$

即
$$c_i = \frac{1}{\mu_i} \int_{x_1}^{x_2} f(x) \varphi_i^*(x) \mathrm{d}x \tag{1-56}$$

显然每一项的系数与其他系数无关，可独立计算，而且对于给定的函数 $f(x)$ 和正交函数系 $\{\varphi_n(x)\}$，这些系数是惟一的。

假如在 $\{\varphi_n(x)\}$ 以外再也找不到一个函数 $g(x)$（它是平方可积函数，在 (x_1, x_2) 区间上不恒为零）能和函数系中所有函数正交，那么 $\{\varphi_n(x)\}$ 就是 (x_1, x_2) 区间上的完备的正交函数系。

满足正交性的函数系很多，但对线性系统最重要的是正、余弦函数系和复指数函数系

$$\varphi_n(x) = \sin 2\pi n f_0 x, \; n = 0, 1, 2, \cdots$$
$$\varphi_n(x) = \cos 2\pi n f_0 x, \; n = 0, 1, 2, \cdots$$

以及

$$\varphi_n(x) = \exp(\mathrm{j} 2\pi n f_0 x), \; n = 0, \pm 1, \pm 2, \cdots$$

这些函数系都在等于周期 $\left(\dfrac{1}{f_0}\right)$ 的整数倍的区间上正交，即

$$x_1 - x_2 = k\left(\frac{1}{f_0}\right), \; k = 1, 2, 3, \cdots$$

以上讨论都限于 $\{\varphi_n(x)\}$ 是可数函数序列，有时必须把函数 $f(x)$ 展开为连续的、非可数的基元函数的线性组合，常需要用 f 取代 nf_0，它可取任意实数值（而 nf_0 仅允许取离散值）。展开式也应改为积分形式

$$f(x) = \int_{-\infty}^{\infty} W(f) \varphi(x; f) \mathrm{d}f \tag{1-57}$$

式中，$W(f)$ 是权重函数，作用类似于公式（1-55）中的 c_n。

函数 $\varphi(x; f)$ 正交性的条件规定为

$$\int_{-\infty}^{\infty} \varphi(x; f) \varphi^*(x; f') \mathrm{d}x = \mu(f) \delta(f - f') \tag{1-58}$$

显然，若 $f \neq f'$，上式积分等于零。这里正交性适用的区间是无穷大。若对所有 f，有 $\mu(f) = 1$，则

$$\int_{-\infty}^{\infty} \varphi(x; f) \varphi^*(x; f') \mathrm{d}x = \delta(f - f') \tag{1-59}$$

$\varphi(x;f)$ 在 $(-\infty, \infty)$ 区间上构成标准正交函数系。为了确定权重函数 $W(f)$，可用 $\varphi^*(x;f')$ 乘公式 (1-57) 两端，然后从 $-\infty$ 到 ∞ 积分，即

$$\int_{-\infty}^{\infty} f(x)\varphi^*(x;f')\mathrm{d}x = \int_{-\infty}^{\infty}\left[\int_{-\infty}^{\infty} W(f)\varphi(x;f)\mathrm{d}f\right]\varphi^*(x;f')\mathrm{d}x$$

交换积分次序，并利用公式 (1-59) 得到

$$\int_{-\infty}^{\infty} f(x)\varphi^*(x;f')\mathrm{d}x = \int_{-\infty}^{\infty} W(f)\left[\int_{-\infty}^{\infty}\varphi(x;f)\varphi^*(x;f')\mathrm{d}x\right]\mathrm{d}f$$

$$= \int_{-\infty}^{\infty} W(f)\delta(f-f')\mathrm{d}f$$

利用 δ 函数筛选性质，有

$$\int_{-\infty}^{\infty} f(x)\varphi^*(x;f')\mathrm{d}x = W(f')$$

去掉撇号对积分没有影响，得到 $W(f)$ 的表达式

$$W(f) = \int_{-\infty}^{\infty} f(x)\varphi^*(x;f)\mathrm{d}x \qquad (1-60)$$

上式与计算无穷级数系数 c_i 的公式 (1-56) 形式上颇为相似。

正、余弦函数系和复指数函数系

$$\varphi(x;f) = \sin 2\pi f x$$
$$\varphi(x;f) = \cos 2\pi f x$$

以及

$$\varphi(x;f) = \exp(\mathrm{j}2\pi f x)$$

分别构成正交完备系。它们是实现函数分解的最主要的基元函数。当然，在做线性系统分析时，究竟选择什么函数作为分解基元，还要考虑系统的物理性质。

1.6 傅里叶级数

19 世纪初，傅里叶在向巴黎科学院呈交的关于热传导的著名论文中提出了傅里叶级数，其意义是无法估量的。今天，傅里叶分析方法已经广泛用于物理学及工程学科的各个领域。

1.6.1 三角傅里叶级数

考察三角函数系：$1, \cos 2\pi f_0 x, \sin 2\pi f_0 x, \cdots, \cos 2\pi n f_0 x, \sin 2\pi n f_0 x, \cdots$ 在区间 $x_2 - x_1 = k\left(\dfrac{1}{f_0}\right)$（$k = 1, 2, 3, \cdots$）上的正交性，不难导出以下关系

$$\int_{x_1}^{x_2} \cos 2\pi n f_0 x \, dx = \int_{x_1}^{x_2} \sin 2\pi n f_0 x \, dx = 0 \quad (n \neq 0)$$

$$\int_{x_1}^{x_2} \cos 2\pi n f_0 x \sin 2\pi m f_0 x \, dx = 0 \quad (\text{任意整数 } m, n)$$

$$\int_{x_1}^{x_2} \cos 2\pi n f_0 x \cos 2\pi m f_0 x \, dx = \begin{cases} \dfrac{k}{2}\left(\dfrac{1}{f_0}\right), & (m = n) \\ 0, & (m \neq n) \end{cases}$$

$$\int_{x_1}^{x_2} \sin 2\pi n f_0 x \sin 2\pi m f_0 x \, dx = \begin{cases} \dfrac{k}{2}\left(\dfrac{1}{f_0}\right), & (m = n) \\ 0, & (m \neq n) \end{cases}$$

$$\int_{x_1}^{x_2} 1^2 \, dx = k\left(\dfrac{1}{f_0}\right)$$

由于函数系中任意两个不同函数的乘积在区间 $x_2 - x_1 = k\left(\dfrac{1}{f_0}\right)$ 上积分等于零,而每个函数(除 1 以外)自乘的积分等于 $\dfrac{k}{2}\left(\dfrac{1}{f_0}\right)$,所以在该区间三角函数系构成正交函数系。任意函数 $g(x)$ 在这一区间内可以由这些函数的线性组合表示。若 $g(x)$ 是周期为 $\tau\left(\tau = \dfrac{1}{f_0}\right)$ 的周期函数,那么在整个区间 $(-\infty, \infty)$ 内都可由三角傅里叶级数表示成

$$g(x) = \dfrac{a_0}{2} + \sum_{n=1}^{\infty} (a_n \cos 2\pi n f_0 x + b_n \sin 2\pi n f_0 x) \tag{1-61}$$

函数 $g(x)$ 应满足狄里赫利条件,即在一个周期内只有有限个极值点和第一类不连续点。式 (1-61) 中 a_0、a_n、b_n 称为傅里叶系数,表示相应频率 nf_0 ($n = 0, 1, 2, \cdots$) 的余弦波分量和正弦波分量的振幅大小。下面来推导它们的计算式。

式 (1-61) 右端级数在 $(0, \tau)$ 区间上一致收敛于 $g(x)$,所以可逐项积分

$$\int_0^\tau g(x) \, dx = \int_0^\tau \dfrac{a_0}{2} dx + \sum_{n=1}^{\infty} \left[a_n \int_0^\tau \cos 2\pi n f_0 x \, dx + b_n \int_0^\tau \sin 2\pi n f_0 x \, dx \right]$$

由于三角函数系的正交性,上式右端除第一项外均等于零。所以

$$\int_0^\tau g(x) \, dx = \dfrac{a_0}{2} \tau$$

再将式 (1-61) 两端同乘以 $\cos 2\pi m f_0 x$ 或者 $\sin 2\pi m f_0 x$,然后逐项积分,因函数系的正交性,右端只剩下 $m = n$ 的项,其他各项均为零,故有

$$\int_0^\tau g(x)\cos 2\pi mf_0 x \mathrm{d}x = \frac{a_0}{2}\tau$$

$$\int_0^\tau g(x)\sin 2\pi mf_0 x \mathrm{d}x = \frac{b_0}{2}\tau$$

于是,傅里叶系数为

$$a_0 = \frac{2}{\tau}\int_0^\tau g(x)\mathrm{d}x$$

$$a_n = \frac{2}{\tau}\int_0^\tau g(x)\cos 2\pi nf_0 x \mathrm{d}x \ (n = 1,2,\cdots) \tag{1-62}$$

$$b_n = \frac{2}{\tau}\int_0^\tau g(x)\sin 2\pi nf_0 x \mathrm{d}x \ (n = 1,2,\cdots)$$

利用三角函数关系式

$$B_n\cos(2\pi nf_0 x + \phi_n) = B_n\cos\phi_n\cos 2\pi nf_0 x - B_n\sin\phi_n\sin 2\pi nf_0 x$$

令 $a_n = B_n\cos\phi_n$,$b_n = -B_n\sin\phi_n$,公式(1-61)可以改写为

$$g(x) = \frac{a_0}{2} + \sum_{n=1}^\infty B_n\cos(2\pi nf_0 x + \phi_n) \tag{1-63}$$

式中,

$$B_n = \sqrt{a_n^2 + b_n^2}$$

$$\phi_n = \arctan\left(-\frac{b_n}{a_n}\right) \tag{1-64}$$

公式表明,周期函数 $g(x)$ 可以表示为无穷多不同频率余弦波分量的线性组合,每一频率余弦波分量的振幅 B_n 和初位相 ϕ_n 由公式(1-64)确定。

下面举出一些函数展开成傅里叶级数的例子。注意对于偶函数,公式(1-61)中只包含余弦函数项;对于奇函数,只包含正弦函数项。若原点的位置对于信号并不重要,可适当选择坐标原点,用偶函数或奇函数表示信号,便于简化运算。

例1 图1-14所示为周期 $\tau = \dfrac{1}{f_0}$ 的矩形波函数。在一个周期内,函数解析式为

$$g(x) = \begin{cases} A, & |x| < \dfrac{\tau}{4} \\ 0, & \dfrac{\tau}{4} < |x| \leqslant \dfrac{\tau}{2} \end{cases}$$

展开成三角傅里叶级数形式

$$g(x) = \frac{A}{2} + \frac{2A}{\pi}$$

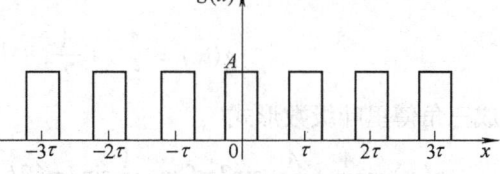

图1-14 矩形波

$$\times\left[\cos 2\pi f_0 x - \frac{1}{3}\cos 2\pi(3f_0)x + \frac{1}{5}\cos 2\pi(5f_0)x - \frac{1}{7}\cos 2\pi(7f_0)x + \cdots\right] \tag{1-65}$$

式中，第一项为零频项（$n=0$）；f_0 为基频，频率为 f_0 的余弦波分量称为基波（$n=1$）；其他各项频率都是 f_0 的整数倍，称为谐波。当仅仅截取有限项数的余弦波分量来近似表示 $g(x)$ 时，项数越多，综合出的波形越接近于原函数 $g(x)$（见图 1-15）。

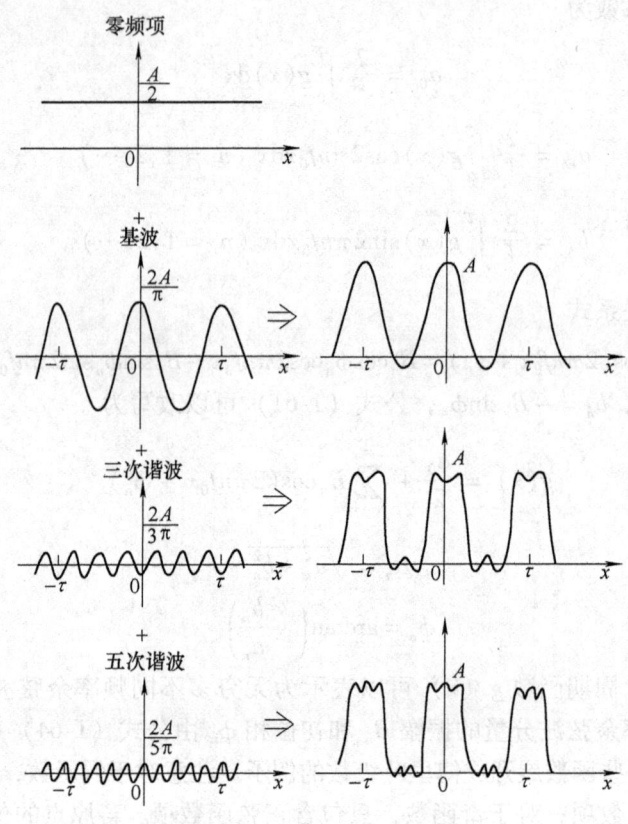

图 1-15 矩形波的傅里叶综合

例 2 图 1-16a 所示为周期 $\tau = \dfrac{1}{f_0}$ 的锯齿波函数。在一个周期内，函数解析式为

$$g(x) = \frac{A}{\tau}x + \frac{A}{2}, \quad |x| < \frac{\tau}{2}$$

展开成三角傅里叶级数形式

$$g(x) = \frac{A}{2} + \frac{A}{\pi}\left[\sin 2\pi f_0 x - \frac{1}{2}\sin 2\pi(2f_0)x + \frac{1}{3}\sin 2\pi(3f_0)x - \cdots\right] \quad (1\text{-}66)$$

例 3 图 1-16b 所示为周期 $\tau = \dfrac{1}{f_0}$ 的三角波函数。在一个周期内，函数解析式为

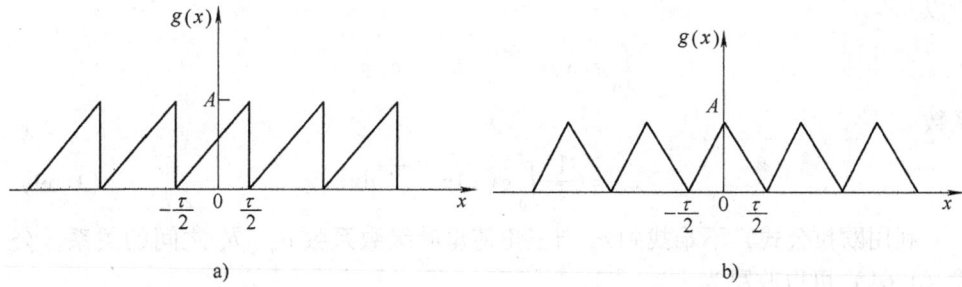

图 1-16
a) 锯齿波 b) 三角波

$$g(x) = -\frac{2A}{\tau}|x| + A, \quad |x| < \frac{\tau}{2}$$

展开成傅里叶级数

$$g(x) = \frac{A}{2} + \frac{4A}{\pi^2}\left[\cos2\pi f_0 x + \frac{1}{3^2}\cos2\pi(3f_0)x + \frac{1}{5^2}\cos2\pi(5f_0)x + \cdots\right] \quad (1\text{-}67)$$

1.6.2 指数傅里叶级数

复指数函数系 $\{e^{j2\pi n f_0 x}\}$ ($n = 0, \pm1, \pm2, \cdots$) 在区间 $x_2 - x_1 = k\left(\frac{1}{f_0}\right)$ 上正交（k 为正整数），因为它满足下述条件

$$\int_{x_1}^{x_2} e^{j2\pi n f_0 x}(e^{j2\pi m f_0 x})^* dx = \int_{x_1}^{x_2} e^{j2\pi(n-m)f_0 x} dx = \begin{cases} 0, & m \neq n \\ k\left(\dfrac{1}{f_0}\right), & m = n \end{cases}$$

满足狄里赫利条件的周期函数 $g(x)$ $\left(\text{周期}\tau = \dfrac{1}{f_0}\right)$ 也可以表示为无限多不同频率的复指数函数的线性组合，即指数傅里叶级数形式

$$g(x) = \sum_{n=-\infty}^{\infty} c_n \exp(j2\pi n f_0 x), \quad (n = 0, \pm1, \pm2, \cdots) \quad (1\text{-}68)$$

为了确定系数 c_n，用 $(e^{j2\pi m f_0 x})^*$ 乘上式两端，然后在 $(0, \tau)$ 区间积分，得到

$$\int_0^\tau g(x) e^{-j2\pi m f_0 x} dx = \sum_{n=-\infty}^{\infty} \int_0^\tau c_n e^{j2\pi(n-m)f_0 x} dx$$

由函数系正交性可知，上式右端 $n \neq m$ 各项积分为零，仅 $n = m$ 项积分不为零

$$\int_0^\tau c_n e^{j2\pi(n-m)f_0 x} dx = c_n \tau, \quad (n = m)$$

所以
$$\int_0^\tau g(x)\mathrm{e}^{-\mathrm{j}2\pi n f_0 x}\mathrm{d}x = c_n\tau$$

系数
$$c_n = \frac{1}{\tau}\int_0^\tau g(x)\mathrm{e}^{-\mathrm{j}2\pi n f_0 x}\mathrm{d}x \tag{1-69}$$

利用欧拉公式，不难找到 c_n 与三角傅里叶级数系数 a_n、b_n 之间的关系。公式 (1-61) 可以改写为

$$g(x) = \frac{a_0}{2} + \sum_{n=1}^{\infty}\left[a_n\left(\frac{\mathrm{e}^{\mathrm{j}2\pi n f_0 x} + \mathrm{e}^{-\mathrm{j}2\pi n f_0 x}}{2}\right) + b_n\left(\frac{\mathrm{e}^{\mathrm{j}2\pi n f_0 x} - \mathrm{e}^{-\mathrm{j}2\pi n f_0 x}}{2\mathrm{j}}\right)\right]$$

$$= \frac{a_0}{2} + \sum_{n=1}^{\infty}\left[\left(\frac{a_n - \mathrm{j}b_n}{2}\right)\mathrm{e}^{\mathrm{j}2\pi n f_0 x} + \left(\frac{a_n + \mathrm{j}b_n}{2}\right)\mathrm{e}^{-\mathrm{j}2\pi n f_0 x}\right]$$

若令
$$c_0 = \frac{a_0}{2}$$
$$c_n = \frac{1}{2}(a_n - \mathrm{j}b_n) \qquad (n = 1,2,3,\cdots) \tag{1-70}$$
$$c_{-n} = \frac{1}{2}(a_n + \mathrm{j}b_n) \qquad (n = 1,2,3,\cdots)$$

则有
$$g(x) = c_0 + \sum_{n=1}^{\infty}(c_n\mathrm{e}^{\mathrm{j}2\pi n f_0 x} + c_{-n}\mathrm{e}^{-\mathrm{j}2\pi n f_0 x})$$
$$= \sum_{n=-\infty}^{\infty} c_n\mathrm{e}^{\mathrm{j}2\pi n f_0 x} \qquad (n = 0, \pm 1, \pm 2,\cdots)$$

显然，指数傅里叶级数和三角傅里叶级数只是同一种级数的两种表示方式，一种系数可由另一种系数导出。

将图 1-14 所示矩形波展开为指数傅里叶级数

$$g(x) = \frac{A}{2}\sum_{n=-\infty}^{\infty}\mathrm{sinc}\left(\frac{n}{2}\right)\mathrm{e}^{\mathrm{j}2\pi n f_0 x}$$

$$= \frac{A}{2} + \frac{A}{\pi}(\mathrm{e}^{\mathrm{j}2\pi f_0 x} + \mathrm{e}^{-\mathrm{j}2\pi f_0 x}) - \frac{A}{3\pi}[\mathrm{e}^{\mathrm{j}2\pi(3f_0)x} + \mathrm{e}^{-\mathrm{j}2\pi(3f_0)x}] +$$

$$\frac{A}{5\pi}[\mathrm{e}^{\mathrm{j}2\pi(5f_0)x} + \mathrm{e}^{-\mathrm{j}2\pi(5f_0)x}] - \cdots \tag{1-71}$$

傅里叶系数 c_n 是频率 nf_0 的函数，称为频谱函数，简称频谱。定义在空间域的函数 $g(x)$，也可以从频率域来研究它。即把函数看作是不同频率的复指数分

量的线性组合，研究系数 c_n 与频率 nf_0 的关系，也就是研究频谱。

当 c_n 是复函数时，可以表示为

$$c_n = A_n e^{j\phi_n}$$

式中，$A_n = |c_n|$，称为振幅频谱；ϕ_n 称为相位频谱。

图 1-17 表示矩形波的频谱，对应每一个频率 nf_0 处有一垂直线段，高度正比于 A_n。通常若 c_n 为实数，ϕ_n 只有零或 π 两个值，就可以仅用一个图表示 c_n，只需记住 c_n 取负值的频率成分与 $\phi_n = \pi$ 相对应。在周期性函数的频谱中，代表各频率成分的谱线仅出现在基频 f_0 的整数倍频率上，是一种离散谱。

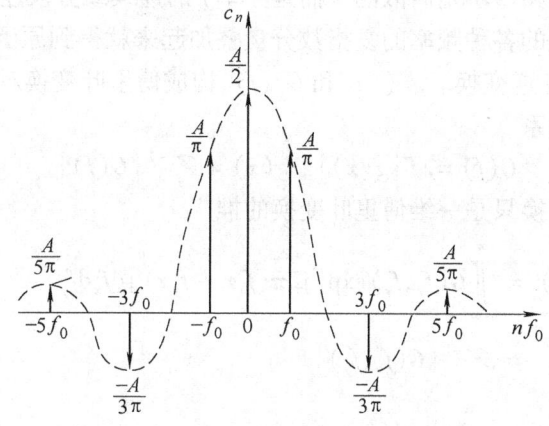

图 1-17 矩形波的频谱

1.7 傅里叶变换

周期函数随着其周期 τ 逐渐增大，谱线间隔（正比于 $\frac{1}{\tau}$）越来越小。若函数周期变为无限大，实质上变为非周期函数（例如矩形波就变为单个矩形函数），基频 f_0 趋于零，频率取值不再是离散的，而是连续的。因而对非周期函数同样可以做傅里叶分析。

1.7.1 傅里叶变换定义及存在条件

利用公式（1-57），对非周期函数 $g(x)$ 作正交展开，即把函数看作复指数函数在整个连续的频率区间上的积分和

$$g(x) = \int_{-\infty}^{\infty} G(f) e^{j2\pi fx} df \tag{1-72}$$

式中，

$$G(f) = \int_{-\infty}^{\infty} g(x) e^{-j2\pi fx} dx \tag{1-73}$$

这两个积分即傅里叶积分。$G(f)$ 称为 $g(x)$ 的傅里叶变换或频谱。若 $g(x)$ 表示某空间域的物理量，$G(f)$ 则是该物理量在频率域的表示形式。$G(f)$ 的作用类似于傅里叶系数 c_n，即作为各种频率成分的权重因子，描述各复指数分量的相对幅值和相移。当 $G(f)$ 是复函数，可以表示为

$$G(f) = A(f) e^{j\phi(f)}$$

式中，$A(f) = |G(f)|$，是 $g(x)$ 的振幅频谱；$\phi(f)$ 是 $g(x)$ 的相位频谱。

非周期函数的频谱不是离散的，而是频率 f 的连续或分段连续的函数。

所有适当加权的各种频率的复指数分量叠加起来就得到原函数 $g(x)$，称它为 $G(f)$ 的傅里叶逆变换。$g(x)$ 和 $G(f)$ 构成傅里叶变换对，常用下列简写记号表示两者的关系

$$G(f) = \mathscr{F}\{g(x)\}, \quad g(x) = \mathscr{F}^{-1}\{G(f)\}$$

二维傅里叶变换只是一维傅里叶变换的推广

$$\begin{aligned} g(x,y) &= \iint_{-\infty}^{\infty} G(f_x, f_y) \exp[j2\pi(f_x x + f_y y)] df_x df_y \\ &= \mathscr{F}^{-1}\{G(f_x, f_y)\} \end{aligned} \tag{1-74}$$

$$\begin{aligned} G(f_x, f_y) &= \iint_{-\infty}^{\infty} g(x,y) \exp[-j2\pi(f_x x + f_y y)] dx dy \\ &= \mathscr{F}\{g(x,y)\} \end{aligned} \tag{1-75}$$

什么情况下傅里叶积分才有意义？或者说傅里叶变换存在的条件是什么？假如函数 $g(x, y)$ 满足下述条件：

(1) $g(x, y)$ 在整个 xy 平面绝对可积，即

$$\iint_{-\infty}^{\infty} |g(x,y)| dx dy < \infty$$

(2) 在任一有限区域里，$g(x, y)$ 必须只有有限个间断点和有限个极大和极小点。

(3) $g(x, y)$ 必须没有无穷大间断点。则函数 $g(x, y)$ 的傅里叶变换存在。R. N. Bracewell 曾指出过，"物理上的可能是一个变换存在的有效的充分条件"。然而，在分析系统时，为了方便，往往用理想化的数学函数来近似实际的物理波形，这些函数常不符合上述条件。例如 δ 函数，正、余弦函数，阶跃函数等。显然，若希望用傅里叶分析讨论更多的有用函数，必须对傅里叶变换定义做些推广。

1.7.2 广义傅里叶变换

若函数可以看作是某个可变换函数所组成的序列的极限,对序列中每一函数进行变换,组成一个新的变换式序列,这个新序列的极限就是原来函数的广义傅里叶变换。

以函数 $g(x,y)=1$ 为例说明广义变换的计算。显然它不符合傅里叶变换存在条件,但可以把它定义为矩形函数序列的极限

$$g(x,y) = \lim_{\tau \to \infty} \text{rect}\left(\frac{x}{\tau}\right) \text{rect}\left(\frac{y}{\tau}\right)$$

不难求出矩形函数的傅里叶变换为

$$\mathscr{F}\left\{\text{rect}\left(\frac{x}{\tau}\right)\text{rect}\left(\frac{y}{\tau}\right)\right\} = \tau^2 \text{sinc}(\tau f_x) \text{sinc}(\tau f_y)$$

根据广义变换定义

$$\mathscr{F}\{g(x,y)\} = \lim_{\tau \to \infty} \tau^2 \text{sinc}(\tau f_x) \text{sinc}(\tau f_y) = \delta(f_x, f_y)$$

即
$$\mathscr{F}\{1\} = \delta(f_x, f_y) \tag{1-76}$$

广义变换可以按照和通常变换相同的规则进行运算,而不再考虑二者的差别。当一个函数显然不满足变换存在的条件,但我们仍说它有一个变换式,这实际上就是指广义变换。

1.7.3 虚、实、奇、偶函数傅里叶变换的性质

利用欧拉公式,可把函数 $g(x)$ 的傅里叶变换改写为

$$\begin{aligned} G(f) &= \int_{-\infty}^{\infty} g(x) e^{-j2\pi fx} dx \\ &= \int_{-\infty}^{\infty} g(x) \cos 2\pi fx dx - j \int_{-\infty}^{\infty} g(x) \sin 2\pi fx dx \end{aligned} \tag{1-77}$$

如果
$$g(x) = g_r(x) + jg_i(x)$$

式中,$g_r(x)$ 和 $g_i(x)$ 分别为复函数 $g(x)$ 的实部和虚部,则公式(1-77)变为

$$\begin{aligned} G(f) &= \left[\int_{-\infty}^{\infty} g_r(x) \cos 2\pi fx dx + \int_{-\infty}^{\infty} g_i(x) \sin 2\pi fx dx\right] + \\ &\quad j\left[\int_{-\infty}^{\infty} g_i(x) \cos 2\pi fx dx - \int_{-\infty}^{\infty} g_r(x) \sin 2\pi fx dx\right] \\ &= R(f) + jI(f) \end{aligned} \tag{1-78}$$

式中,$R(f)$ 和 $I(f)$ 分别为 $G(f)$ 的实部和虚部。若 $g(x)$ 具有某些特殊性

质，则上式可以简化。例如：

(1) $g(x)$ 是实函数，即 $g_i(x) = 0$，$g(x) = g_r(x)$，公式 (1-78) 化为

$$G(f) = \int_{-\infty}^{\infty} g(x)\cos 2\pi fx \, dx - j\int_{-\infty}^{\infty} g(x)\sin 2\pi fx \, dx \qquad (1-79)$$

而

$$R(f) = \int_{-\infty}^{\infty} g(x)\cos 2\pi fx \, dx$$

$$I(f) = -\int_{-\infty}^{\infty} g(x)\sin 2\pi fx \, dx$$

因为 $R(f) = R(-f)$，$I(-f) = -I(f)$，$G(f)$ 的实部为偶函数，虚部为奇函数，$G(f)$ 是厄米型函数。容易证明

$$G(f) = G^*(-f) \qquad (1-80)$$

(2) $g(x)$ 是实值偶函数，公式 (1-79) 中第二项被积函数为奇函数，故该项积分为零，则

$$G(f) = 2\int_0^{\infty} g(x)\cos 2\pi fx \, dx \qquad (1-81)$$

因为 $G(f) = G(-f)$，所以 $G(f)$ 也是实值偶函数。

(3) $g(x)$ 是实值奇函数，公式 (1-79) 中第一项为零，所以

$$G(f) = -2j\int_0^{\infty} g(x)\sin 2\pi fx \, dx \qquad (1-82)$$

因为 $G(-f) = -G(f)$，所以 $G(f)$ 是虚值奇函数。

显然，傅里叶变换并不改变函数的奇偶性，通常把这个性质称为傅里叶变换的对称性。表 1-1 中列出了虚、实、奇、偶函数的傅里叶变换性质，本书不再一一证明。

表 1-1 虚、实、奇、偶函数的傅里叶变换性质

空域 $g(x, y)$	频域 $G(f_x, f_y)$	空域 $g(x, y)$	频域 $G(f_x, f_y)$
实函数	厄米型函数	虚值偶函数	虚值偶函数
虚函数	反厄米型函数①	虚值奇函数	实值奇函数
实值偶函数	实值偶函数	偶函数	偶函数
实值奇函数	虚值奇函数	奇函数	奇函数

① 若实部为奇函数，虚部为偶函数，则函数是反厄米型函数。

1.7.4 傅里叶变换定理

设函数 $g(x, y)$ 和 $h(x, y)$ 的傅里叶变换分别为 $G(f_x, f_y)$ 和 $H(f_x, f_y)$，则有以下定理：

（1）线性定理
$$\mathscr{F}\{\alpha g(x,y)+\beta h(x,y)\} = \alpha G(f_x,f_y)+\beta H(f_x,f_y) \tag{1-83}$$
即两个函数之和的变换等于它们各自变换之和。

（2）相似性定理
$$\mathscr{F}\{g(ax,by)\} = \frac{1}{|ab|}G\left(\frac{f_x}{a},\frac{f_y}{b}\right) \tag{1-84}$$
即空域中坐标 (x,y) 的扩展，导致频域中坐标 (f_x,f_y) 的压缩以及频谱幅度的变化。

（3）位移定理
$$\mathscr{F}\{g(x-a,y-b)\} = G(f_x,f_y)\exp[-j2\pi(f_x a+f_y b)] \tag{1-85}$$
即函数在空域中平移，带来频域中的线性相移。另一方面有
$$\mathscr{F}\{g(x,y)\exp[j2\pi(f_a x+f_b y)]\} = G(f_x-f_a,f_y-f_b) \tag{1-86}$$
即函数在空域中的相移，会导致频谱的位移。

（4）帕色伐（Parseval）定理
$$\iint_{-\infty}^{\infty}|g(x,y)|^2 dxdy = \iint_{-\infty}^{\infty}|G(f_x,f_y)|^2 df_x df_y \tag{1-87}$$
若 $g(x,y)$ 表示一个实际的物理信号，$|G(f_x,f_y)|^2$ 通常称为信号的功率谱（或能量谱）。定理表明信号在空域的能量与其在频域的能量守恒。

（5）卷积定理
$$\mathscr{F}\{g(x,y)*h(x,y)\} = G(f_x,f_y)\cdot H(f_x,f_y) \tag{1-88}$$
即空间域两个函数的卷积，对应在频域得到它们各自变换式的乘积。另一方面有
$$\mathscr{F}\{g(x,y)h(x,y)\} = G(f_x,f_y)*H(f_x,f_y) \tag{1-89}$$
当一个复杂函数可以表示成简单函数的乘积或卷积时，利用卷积定理就可由简单函数的傅里叶变换来确定复杂函数的变换式。而且定理为获得两个函数的卷积提供了另一途径，即将两函数的变换式相乘，再对乘积做逆变换。

（6）自相关定理（维纳-辛钦定理）
$$\mathscr{F}\{g(x,y)\star g(x,y)\} = |G(f_x,f_y)|^2 \tag{1-90}$$
即信号的自相关和功率谱之间存在傅里叶变换关系。另一方面有
$$\mathscr{F}\{|g(x,y)|^2\} = G(f_x,f_y)\star G(f_x,f_y) \tag{1-91}$$

（7）傅里叶积分定理　在 g 的各个连续点上
$$\mathscr{F}\mathscr{F}^{-1}\{g(x,y)\} = \mathscr{F}^{-1}\mathscr{F}\{g(x,y)\} = g(x,y) \tag{1-92}$$
即对函数相继进行变换和逆变换，又重新得到原函数。

1.7.5　可分离变量函数的变换

在某个坐标系中，一个二维函数如能表示为两个一维函数的乘积，则称此

函数在这种坐标系中是可分离变量的。例如，若
$$g(x,y) = g_x(x) \cdot g_y(y)$$
则函数 g 在直角坐标系中是可分离变量的。它的傅里叶变换式为

$$\mathscr{F}\{g(x,y)\} = \iint_{-\infty}^{\infty} g(x,y)\exp[-\mathrm{j}2\pi(f_x x + f_y y)]\mathrm{d}x\mathrm{d}y$$

$$= \int_{-\infty}^{\infty} g_x(x)\exp(-\mathrm{j}2\pi f_x x)\mathrm{d}x \cdot \int_{-\infty}^{\infty} g_y(y)\exp(-\mathrm{j}2\pi f_y y)\mathrm{d}y$$

$$= \mathscr{F}_x\{g_x\} \cdot \mathscr{F}_y\{g_y\} \tag{1-93}$$

即函数 g 的二维傅里叶变换式，只是两个一维傅里叶变换式的乘积。由于函数的可分离性，使复杂的二维计算简化为更简单的一维计算。

1.7.6 傅里叶-贝塞尔变换

极坐标系中的函数 g，若它仅仅是半径 r 的函数，即
$$g(r,\theta) = g_R(r)$$
则称它是圆对称的。由于光学系统通常具有圆对称性，研究圆对称函数如何计算傅里叶变换是十分必要的。

g 在直角坐标系中的傅里叶变换式为

$$G(f_x, f_y) = \iint_{-\infty}^{\infty} g(x,y)\exp[-\mathrm{j}2\pi(f_x x + f_y y)]\mathrm{d}x\mathrm{d}y \tag{1-94}$$

把 xy 平面和 $f_x f_y$ 平面用直角坐标表示的变量变换为极坐标表示的变量，即为

$$r = \sqrt{x^2 + y^2}, \quad x = r\cos\theta$$

$$\theta = \arctan\left(\frac{y}{x}\right), \quad y = r\sin\theta$$

$$\rho = \sqrt{f_x^2 + f_y^2}, \quad f_x = \rho\cos\phi$$

$$\phi = \arctan\left(\frac{f_y}{f_x}\right), \quad f_y = \rho\sin\phi$$

则公式 (1-94) 变为

$$G(\rho,\phi) = \int_0^{2\pi} \mathrm{d}\theta \int_0^{\infty} r g_R(r)\exp[-\mathrm{j}2\pi r\rho(\cos\theta\cos\phi + \sin\theta\sin\phi)]\mathrm{d}r$$

$$= \int_0^{\infty} r g_R(r)\mathrm{d}r \int_0^{2\pi} \exp[-\mathrm{j}2\pi r\rho\cos(\theta - \phi)]\mathrm{d}\theta \tag{1-95}$$

利用贝塞尔恒等式

$$J_0(a) = \frac{1}{2\pi} \int_0^{2\pi} \exp[-\mathrm{j}a\cos(\theta - \phi)]\mathrm{d}\theta \tag{1-96}$$

式中，J_0 是零阶第一类贝塞尔函数，把它代入公式（1-95），得到

$$G(\rho) = 2\pi \int_0^\infty r \cdot g_R(r) J_0(2\pi r\rho) \mathrm{d}r \tag{1-97}$$

由于变换式不再依赖于角度 ϕ，而仅仅是半径 ρ 的函数，我们可用 $G(\rho)$ 替代 $G(\rho,\phi)$。即圆对称函数的傅里叶变换式本身也是圆对称的，它可通过一维计算求出。我们称傅里叶变换的这种特殊形式为傅里叶-贝塞尔变换或零阶汉克尔变换，用符号 $\mathscr{B}\{\ \}$ 表示。

用完全类似的方法可证明圆对称函数 $G(\rho)$ 的逆变换为

$$g_R(r) = 2\pi \int_0^\infty \rho \cdot G(\rho) J_0(2\pi r\rho) \mathrm{d}\rho = \mathscr{B}^{-1}\{G(\rho)\} \tag{1-98}$$

因此，对于圆对称函数变换和逆变换运算并没有差别。

傅里叶-贝塞尔变换只不过是二维傅里叶变换用于圆对称函数的一个特殊情况，因而傅里叶变换的有关定理完全适用于傅里叶-贝塞尔变换，只不过这些定理有不同的表述方式。例如，相似性定理为

$$\mathscr{B}\{g_R(ar)\} = \frac{1}{a^2} G\left(\frac{\rho}{a}\right) \tag{1-99}$$

傅里叶积分定理为：在 $g_R(r)$ 连续的每一 r 值上有

$$\mathscr{B}\mathscr{B}^{-1}\{g_R(r)\} = \mathscr{B}\mathscr{B}\{g_R(r)\} = g_R(r) \tag{1-100}$$

1.7.7 周期函数的变换

引入广义函数概念后，可以直接对周期函数进行傅里叶变换。先把周期函数 $g(x)$ 表示为傅里叶级数形式

$$g(x) = \sum_{n=-\infty}^{\infty} c_n \exp(\mathrm{j}2\pi n f_0 x)$$

式中，f_0 是函数 $g(x)$ 的基频。根据傅里叶变换定义

$$G(f) = \int_{-\infty}^{\infty} g(x) \exp(-\mathrm{j}2\pi fx) \mathrm{d}x$$

$$= \int_{-\infty}^{\infty} \left[\sum_{n=-\infty}^{\infty} c_n \exp(\mathrm{j}2\pi n f_0 x)\right] \exp(-\mathrm{j}2\pi fx) \mathrm{d}x$$

交换求和与积分的先后次序，得到

$$G(f) = \sum_{n=-\infty}^{\infty} c_n \int_{-\infty}^{\infty} \exp[-\mathrm{j}2\pi(f - nf_0)x] \mathrm{d}x$$

利用公式（1-76）和变换的位移定理可得

$$G(f) = \sum_{n=-\infty}^{\infty} c_n \delta(f - nf_0) \tag{1-101}$$

结果表明，周期函数的频谱由一系列适当加权的 δ 函数构成，是频率间隔为 f_0

的离散谱。

显然,傅里叶级数可以看作是傅里叶变换的一种特殊情况。

1.7.8 一些常用函数的傅里叶变换式

(1) δ 函数 利用 δ 函数筛选性质

$$\int_{-\infty}^{\infty} \delta(x) e^{-j2\pi fx} dx = e^0 = 1$$

因此

$$\mathscr{F}\{\delta(x)\} = 1$$

同理可证对于二维 δ 函数有

$$\mathscr{F}\{\delta(x,y)\} = 1 \tag{1-102}$$

(2) 梳状函数 梳状函数可以看作是周期函数,把它展开为傅里叶级数

$$g(x) = \frac{1}{\tau}\mathrm{comb}\left(\frac{x}{\tau}\right) = \sum_{n=-\infty}^{\infty} \delta(x - n\tau) = \sum_{n=-\infty}^{\infty} c_n \exp(j2\pi n f_0 x)$$

式中,$f_0 = \frac{1}{\tau}$;傅里叶系数

$$\begin{aligned} c_n &= \frac{1}{\tau}\int_{-\tau/2}^{\tau/2} f(x) \exp(-j2\pi n f_0 x) dx \\ &= \frac{1}{\tau}\int_{-\tau/2}^{\tau/2} \delta(x) \exp(-j2\pi n f_0 x) dx \\ &= \frac{1}{\tau} e^0 = \frac{1}{\tau} \end{aligned}$$

因此

$$g(x) = \frac{1}{\tau} \sum_{n=-\infty}^{\infty} \exp(j2\pi n f_0 x)$$

$$\begin{aligned} \mathscr{F}\{g(x)\} &= \frac{1}{\tau} \sum_{n=-\infty}^{\infty} \mathscr{F}\{\exp(j2\pi n f_0 x)\} \\ &= \frac{1}{\tau} \sum_{n=-\infty}^{\infty} \delta(f - n f_0) \\ &= \frac{1}{\tau} \sum_{n=-\infty}^{\infty} \delta\left(f - \frac{n}{\tau}\right) = \mathrm{comb}(\tau f) \end{aligned}$$

即

$$\mathscr{F}\left\{\sum_{n=-\infty}^{\infty} \delta(x - n\tau)\right\} = \frac{1}{\tau} \sum_{n=-\infty}^{\infty} \delta\left(f - \frac{n}{\tau}\right) \tag{1-103}$$

或者

$$\mathscr{F}\left\{\frac{1}{\tau}\mathrm{comb}\left(\frac{x}{\tau}\right)\right\} = \mathrm{comb}(\tau f) \tag{1-104}$$

当 $\tau = 1$ 时，有
$$\mathscr{F}\{\text{comb}(x)\} = \text{comb}(f)$$
对于二维梳状函数有
$$\mathscr{F}\{\text{comb}(x)\text{comb}(y)\} = \text{comb}(f_x)\text{comb}(f_y) \tag{1-105}$$

(3) 矩形函数
$$\mathscr{F}\{\text{rect}(x)\} = \int_{-1/2}^{1/2} e^{-j2\pi fx} dx = \frac{1}{j2\pi f}(e^{j\pi f} - e^{-j\pi f})$$
$$= \frac{\sin\pi f}{\pi f} = \text{sinc}(f)$$

二维矩形函数是可分离的函数，不难求出
$$\mathscr{F}\{\text{rect}(x)\text{rect}(y)\} = \text{sinc}(f_x)\text{sinc}(f_y) \tag{1-106}$$

(4) 高斯函数
$$\mathscr{F}\{\text{Gaus}(x)\} = \int_{-\infty}^{\infty} e^{-\pi x^2} e^{-j2\pi fx} dx = \int_{-\infty}^{\infty} e^{-\pi(x^2 + j2fx)} dx$$
$$= e^{-\pi f^2} \int_{-\infty}^{\infty} e^{-\pi(x+jf)^2} dx = e^{-\pi f^2} \int_{-\infty}^{\infty} e^{-\pi(x+jf)^2} d(x+jf)$$

由于
$$\int_{-\infty}^{\infty} e^{-\pi \xi^2} d\xi = 1$$

所以
$$\mathscr{F}\{\text{Gaus}(x)\} = e^{-\pi f^2} = \text{Gaus}(f) \tag{1-107}$$

即高斯函数的傅里叶变换仍然是一个高斯函数。由函数的可分离性，可以证明二维高斯函数的变换式为
$$\mathscr{F}\{\text{Gaus}(x)\text{Gaus}(y)\} = \text{Gaus}(f_x)\text{Gaus}(f_y) \tag{1-108}$$

(5) 余弦函数
$$\mathscr{F}\{\cos 2\pi f_a x\} = \int_{-\infty}^{\infty} \cos 2\pi f_a x e^{-j2\pi fx} dx$$
$$= \frac{1}{2} \int_{-\infty}^{\infty} (e^{j2\pi f_a x} + e^{-j2\pi f_a x}) e^{-j2\pi fx} dx$$
$$= \frac{1}{2} \left[\int_{-\infty}^{\infty} e^{-j2\pi(f-f_a)x} dx + \int_{-\infty}^{\infty} e^{-j2\pi(f+f_a)x} dx \right]$$
$$= \frac{1}{2} [\delta(f-f_a) + \delta(f+f_a)]$$

同理可证
$$\mathscr{F}\{\cos[2\pi(f_a x + f_b y)]\} = \frac{1}{2}[\delta(f_x - f_a, f_y - f_b) + \delta(f_x + f_a, f_y + f_b)] \tag{1-109}$$

（6）三角形函数　三角形函数可以看作两个矩形函数的卷积。利用卷积定理和矩形函数的傅里叶变换式可以很方便地计算三角形函数的傅里叶变换。

$$\begin{aligned}\mathscr{F}\{\mathrm{tri}(x)\} &= \mathscr{F}\{\mathrm{rect}(x) * \mathrm{rect}(x)\} \\ &= \mathscr{F}\{\mathrm{rect}(x)\} \cdot \mathscr{F}\{\mathrm{rect}(x)\} \\ &= \mathrm{sinc}(f) \cdot \mathrm{sinc}(f) \\ &= \mathrm{sinc}^2(f)\end{aligned} \qquad (1\text{-}110)$$

图 1-18 为利用卷积定理的图解方法。这种方法，用图形表示出函数在空间域和频率域的对应关系，分析思路直观又便于记忆。

（7）圆域函数　由于函数是圆对称的，利用傅里叶-贝塞尔变换式

$$\mathscr{B}\{\mathrm{circ}(r)\} = 2\pi \int_0^1 r J_0(2\pi r\rho)\mathrm{d}r$$

做变量置换，令 $r' = 2\pi r\rho$，并利用恒等式

$$\int_0^x \xi J_0(\xi)\mathrm{d}\xi = x J_1(x) \qquad (1\text{-}111)$$

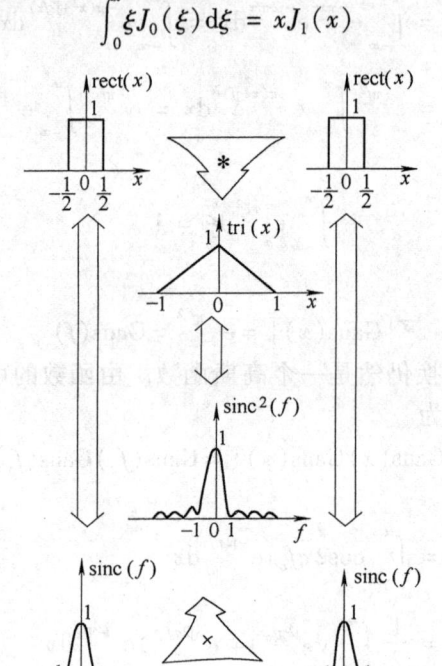

图 1-18　计算 $\mathscr{F}\{\mathrm{tri}(x)\}$ 的图解过程

则有

$$\mathscr{B}\{\mathrm{circ}(r)\} = \frac{1}{2\pi\rho^2} \int_0^{2\pi\rho} r' J_0(r')\mathrm{d}r' = \frac{J_1(2\pi\rho)}{\rho} \qquad (1\text{-}112)$$

式中，J_1 是一阶第一类贝塞尔函数。图 1-19 给出了圆域函数变换的结果，它也是圆对称函数，中央峰值为 π，零点位置是不等距的。

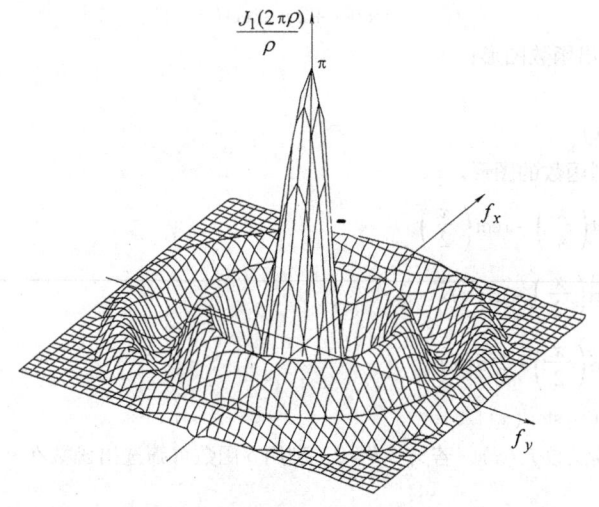

图 1-19 圆域函数的变换

一些常用的傅里叶变换对列在表 1-2 中。

表 1-2 常用傅里叶变换对

原函数	频谱函数	原函数	频谱函数
1	$\delta(f_x,f_y)$	$\mathrm{sgn}(x)\mathrm{sgn}(y)$	$\dfrac{1}{\mathrm{j}\pi f_x}\cdot\dfrac{1}{\mathrm{j}\pi f_y}$
$\delta(x,y)$	1	$\mathrm{rect}(x)\mathrm{rect}(y)$	$\mathrm{sinc}(f_x)\mathrm{sinc}(f_y)$
$\exp[\mathrm{j}2\pi(f_a x+f_b y)]$	$\delta(f_x-f_a,f_y-f_b)$	$\mathrm{tri}(x)\mathrm{tri}(y)$	$\mathrm{sinc}^2(f_x)\mathrm{sinc}^2(f_y)$
$\delta(x-a,y-b)$	$\exp[-\mathrm{j}2\pi(f_x a+f_y b)]$	$\mathrm{comb}(x)\mathrm{comb}(y)$	$\mathrm{comb}(f_x)\mathrm{comb}(f_y)$
$\cos 2\pi f_0 x$	$\dfrac{1}{2}[\delta(f_x-f_0)+\delta(f_x+f_0)]$	$\exp[-\pi(x^2+y^2)]$	$\exp[-\pi(f_x^2+f_y^2)]$
$\mathrm{step}(x)$	$\dfrac{1}{2}\delta(f_x)+\dfrac{1}{\mathrm{j}2\pi f_x}$	$\mathrm{circ}(r)$	$\dfrac{J_1(2\pi\rho)}{\rho}$

习 题

1.1 已知函数

$$U(x)=A\exp(\mathrm{j}2\pi f_0 x)$$

求下列函数,并画出函数图形:

(1) $|U(x)|^2$

(2) $U(x)+U^*(x)$

(3) $|U(x)+U^*(x)|^2$

1.2 已知函数

$$f(x) = \text{rect}(x+2) + \text{rect}(x-2)$$

求下列函数，并画出函数图形：

(1) $f(x-1)$

(2) $f(x)\,\text{sgn}(x)$

1.3 画出下列函数的图形。

(1) $f(x) = \text{rect}\left(\dfrac{x}{4}\right) - \text{rect}\left(\dfrac{x}{2}\right)$

(2) $g(x) = 2\text{tri}\left(\dfrac{x}{2}\right) - \text{tri}(x)$

(3) $h(x) = 2\text{tri}\left(\dfrac{x}{2}\right) - 2\text{tri}(x)$

(4) $p(x) = \text{tri}(x)\,\text{step}(x)$

1.4 已知连续函数 $f(x)$，若 $x_0 > b > 0$，利用 δ 函数可筛选出函数在 $x = x_0 \pm b$ 的值，试写出运算式。

1.5 $f(x)$ 为任意连续函数，$a > 0$，求函数

$$g(x) = f(x)[\delta(x+a) - \delta(x-a)]$$

并画出示意图。

1.6 已知连续函数 $f(x)$，$a > 0$ 和 $b > 0$，求出下列函数：

(1) $h(x) = f(x)\delta(ax - x_0)$

(2) $g(x) = f(x)\,\text{comb}\left(\dfrac{x - x_0}{b}\right)$

1.7 画出下列函数的图形：

(1) $f_1(x) = \left[\dfrac{1}{a}\text{comb}\left(\dfrac{x}{a}\right)\right]\text{rect}\left(\dfrac{x}{5a}\right)$

(2) $f_2(x) = \left[\dfrac{1}{a}\text{comb}\left(\dfrac{x}{a}\right)\right]\text{rect}\left(\dfrac{x-a}{5a}\right)$

1.8 用宽度为 a 的狭缝，对平面上光强分布

$$f(x) = 2 + \cos(2\pi f_0 x)$$

扫描，在狭缝后用光电探测器记录。求输出强度分布。

1.9 已知函数

$$f(x) = \begin{cases} \dfrac{2}{3}x, & 0 \leqslant x \leqslant 3 \\ 0, & \text{其他} \end{cases}$$

以及

$$h(x) = \begin{cases} 1, & -1 < x < 3 \\ 0, & \text{其他} \end{cases}$$

计算 $f(x) * h(x)$ 并作图。

1.10 利用梳状函数与矩形函数的卷积表示线光栅的透过率。假定缝宽为 a，光栅常数为 d，缝数为 N。

1.11 利用包含脉冲函数的卷积表示图 1-20 所示双圆孔屏的透过率。若在其中任一个圆

孔上嵌入 π 位相板，透过率怎样变化？

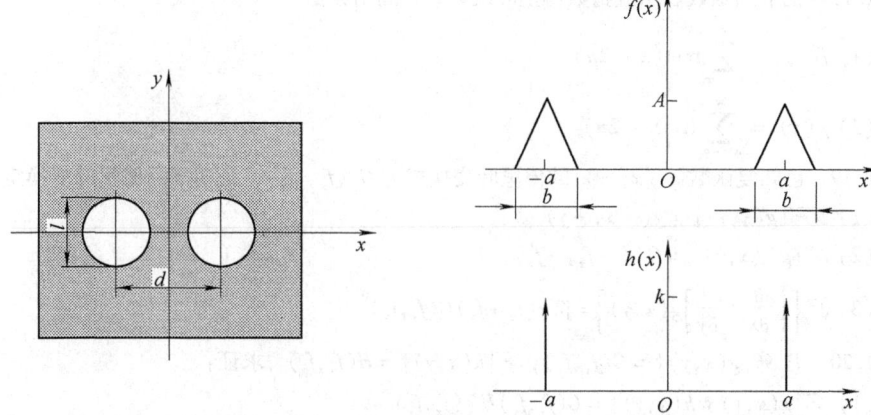

图 1-20　题 1.11 图　　　　　图 1-21　题 1.12 图

1.12　用图解法求图 1-21 所示两个函数的卷积 $f(x) * h(x)$。

1.13　若 $f(x) * h(x) = g(x)$，证明下述卷积的性质：

(1) $f(x - x_0) * h(x) = g(x - x_0)$

(2) $f(x) * h(x) = h(x) * f(x)$

(3) $f\left(\dfrac{x}{b}\right) * h\left(\dfrac{x}{b}\right) = |b| g\left(\dfrac{x}{b}\right)$

1.14　若 $g(x,y) = f(x,y) * h(x,y)$，求证

$$\iint_{-\infty}^{\infty} g(x,y)\,\mathrm{d}x\mathrm{d}y = \left[\iint_{-\infty}^{\infty} f(x,y)\,\mathrm{d}x\mathrm{d}y\right]\left[\iint_{-\infty}^{\infty} h(x,y)\,\mathrm{d}x\mathrm{d}y\right]$$

即卷积下的体积等于两个被卷函数各自体积的乘积。

1.15　已知函数

$$f(x) = \begin{cases} \dfrac{A}{a}x, & 0 \leqslant x \leqslant a \\ 0, & \text{其他} \end{cases}$$

和

$$h(x) = \begin{cases} 1, & 0 < x < a \\ 0, & \text{其他} \end{cases}$$

求下列互相关函数，并画出图形：

(1) $f(x) \star h(x)$

(2) $h(x) \star f(x)$

1.16　证明实函数 $f(x, y)$ 的自相关是实的偶函数，即

$$r_{ff}(x,y) = r_{ff}(-x,-y)$$

1.17　已知函数

$$f(x) = \mathrm{rect}(x+2) + \mathrm{rect}(x-2)$$

求函数的自相关，并画出图形。

1.18 把下列函数表示成指数傅里叶级数，并画出频谱：

(1) $f(x) = \sum_{n=-\infty}^{\infty} \text{rect}(x - 2n)$

(2) $g(x) = \sum_{n=-\infty}^{\infty} \text{tri}(x - 2n)$

1.19 已知复函数 $g(x,y)$ 的傅里叶变换式为 $G(f_x, f_y)$，证明下列傅里叶变换定理：

(1) $\mathscr{F}\mathscr{F}\{g(x,y)\} = g(-x,-y)$

(2) $\mathscr{F}\{g^*(x,y)\} = G^*(-f_x, -f_y)$

(3) $\mathscr{F}\left\{\left[\dfrac{\partial}{\partial x} + \dfrac{\partial}{\partial y}\right]g(x,y)\right\} = j2\pi(f_x + f_y)G(f_x, f_y)$

1.20 若 $\mathscr{F}\{g(x,y)\} = G(f_x, f_y)$，$\mathscr{F}\{h(x,y)\} = H(f_x, f_y)$，求证：

(1) $\mathscr{F}\{g(x,y) \star h(x,y)\} = G(f_x, f_y)H^*(f_x, f_y)$

(2) $\iint_{-\infty}^{\infty} g(x,y)h^*(x,y)\,\mathrm{d}x\mathrm{d}y = \iint_{-\infty}^{\infty} G(f_x, f_y)H^*(f_x, f_y)\,\mathrm{d}f_x\mathrm{d}f_y$

1.21 函数的等效面积 Δ_{xy} 和等效带宽 Δ_{fxfy} 分别定义为

$$\Delta_{xy} = \left|\dfrac{\iint_{-\infty}^{\infty} g(x,y)\,\mathrm{d}x\mathrm{d}y}{g(0,0)}\right|$$

$$\Delta_{fxfy} = \left|\dfrac{\iint_{-\infty}^{\infty} G(f_x, f_y)\,\mathrm{d}f_x\mathrm{d}f_y}{G(0,0)}\right|$$

证明：$\Delta_{xy}\Delta_{fxfy} = 1$。即函数的等效面积与等效带宽成反比。

1.22 求下列函数的傅里叶变换式：

(1) $\text{rect}\left(\dfrac{x-a}{b}\right)$

(2) $\text{tri}\left(\dfrac{x}{a}\right)\text{tri}\left(\dfrac{y}{b}\right)$

1.23 求下列函数的广义傅里叶变换：

(1) $\text{step}(x)$

(2) $\text{sgn}(x)$

(3) $\sin(2\pi f_0 x)$

1.24 已知函数

$$h(x) = \int_{-\infty}^{x} g(\xi)\,\mathrm{d}\xi$$

而且 $\mathscr{F}\{g(x)\} = G(f)$。求 $h(x)$ 的傅里叶变换。

提示：利用变换式

$$\mathscr{F}\{\text{step}(x)\} = \dfrac{1}{j2\pi f} + \dfrac{1}{2}\delta(f)$$

1.25 利用卷积定理的图解方法求下列函数的傅里叶变换：

(1) $h(x) = A\cos^2(2\pi f_0 x)$

(2) $g(x) = A\sin^2(2\pi f_0 x)$

(3) $f(x) = \left(\dfrac{\sin 2\pi x}{2\pi x}\right)^2$

1.26 已知函数
$$g(x) = \exp[j\phi(x)]$$
而且 $\mathscr{F}\{g(x)\} = G(f)$。计算：

(1) $\mathscr{F}\{\cos\phi(x)\}$

(2) $\mathscr{F}\{\sin\phi(x)\}$

1.27 若 $\mathscr{F}\{g(x,y)\} = G(f_x, f_y)$，$x_0, y_0, f_a, f_b$ 为实常数，证明：

(1) $\mathscr{F}\{g(x,y)\delta(x-x_0, y-y_0)\} = g(x_0, y_0)\exp[-j2\pi(x_0 f_x + y_0 f_y)]$

(2) $g(x,y) * \exp[j2\pi(f_a x + f_b y)] = G(f_a, f_b)\exp[j2\pi(f_a x + f_b y)]$

1.28 求下列函数的傅里叶逆变换，画出函数及其逆变换式的图形：

(1) $H(f) = \text{tri}(f+1) - \text{tri}(f-1)$

(2) $G(f) = \text{rect}\left(\dfrac{f}{3}\right) - \text{rect}(f)$

1.29 利用卷积定理的图解方法，计算卷积：
$$g(x) = \text{sinc}(3x) * \text{sinc}(2x)$$

1.30 利用卷积定理的图解方法，求下列函数的傅里叶变换：

(1) $f(x) = \dfrac{1}{5}\text{comb}\left(\dfrac{x}{5}\right) * \text{rect}(x)$

(2) $h(x) = \left[\dfrac{1}{5}\text{comb}\left(\dfrac{x}{5}\right) * \text{rect}(x)\right]\cos(60\pi x)$

第 2 章

二维线性系统

　　一个物理系统是指某一个装置,当施加一个激励时,它呈现某种响应。激励常称为系统的输入,而响应则称为系统的输出。于是,我们广义地定义系统为一个变换,它把输入函数变换成输出函数。对于电路网络,输入和输出都是一维的实值函数,即随时间变化的电压或电流信号。对于光学系统来说,输入和输出可能是二维的实值函数——随空间位置变化的光强分布;也可能是二维的复值函数——随空间位置变化的复振幅分布。究竟是以强度还是以复振幅作为系统变量,与系统的空间相干性有关。

　　一个系统可以有多个输入和输出端,并且各自的数目不一定相同。但是我们将主要讨论一个输入端和一个输出端的系统。此外,我们并不关心系统内部的结构和工作情况,而只关心系统的边端性质,即输入-输出关系。

　　与经典光学的方法不同,在傅里叶光学中,通常是以线性系统理论为基础去分析各种光学问题的。在一定的限制条件下,光波的传播、衍射、成像等现象都可以看作是线性的、空间不变的。对于它们的讨论就可以采用线性系统分析的典型方法。特别是傅里叶分析法(频谱分析法),它不仅能简化问题的讨论,而且能更清晰地揭示出这些现象的物理实质。

2.1　线性系统

2.1.1　用数学算符表示系统

　　可以用一个数学算符 $\mathscr{L}\{\ \}$ 来描述系统的作用。若函数 $f(x,y)$ 表示一个系统的输入,$g(x,y)$ 表示与之相应的输出,系统的作用则可由下式表示

$$g(x,y) = \mathscr{L}\{f(x,y)\} \tag{2-1}$$

它表明输入函数 $f(x,y)$ 由算符 $\mathscr{L}\{\ \}$ 映射或变换成输出函数 $g(x,y)$。图 2-1 形象地给出系统的算符表示。

　　更具体地指出算符 $\mathscr{L}\{\ \}$ 的形式和性质是有困难的,因为这取决于

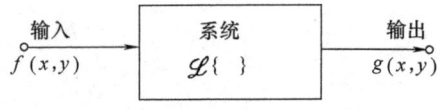

图 2-1　系统的算符表示

系统本身的物理性质。以下我们将讨论系统中重要的一种类型,即线性系统。由于它具有线性性质,从而可以对它做更深入的讨论,而得出有确切物理含义

的输入-输出关系式。

2.1.2 线性系统的定义

考虑一个用算符 $\mathscr{L}\{\ \}$ 表示的系统，对任意两个输入函数 $f_1(x,y)$ 和 $f_2(x,y)$，有

$$\mathscr{L}\{f_1(x,y)\} = g_1(x,y)$$
$$\mathscr{L}\{f_2(x,y)\} = g_2(x,y)$$

若对于任意复数常数 a_1 和 a_2，当输入函数为 $[a_1f_1(x,y) + a_2f_2(x,y)]$ 时，输出函数为

$$\begin{aligned}\mathscr{L}\{a_1f_1(x,y) + a_2f_2(x,y)\} &= \mathscr{L}\{a_1f_1(x,y)\} + \mathscr{L}\{a_2f_2(x,y)\} \\ &= a_1\mathscr{L}\{f_1(x,y)\} + a_2\mathscr{L}\{f_2(x,y)\} \\ &= a_1g_1(x,y) + a_2g_2(x,y)\end{aligned} \quad (2-2)$$

则此系统是线性系统。公式（2-2）表明了线性系统具有叠加性质，即系统对几个激励的线性组合的整体响应就等于各单个激励所产生的响应的线性组合。图 2-2 是激励为两个一维函数的例子。不仅电阻、电容、电感所组成的电路系统，而且包括光学系统，在一定条件下都可以看作是线性系统。

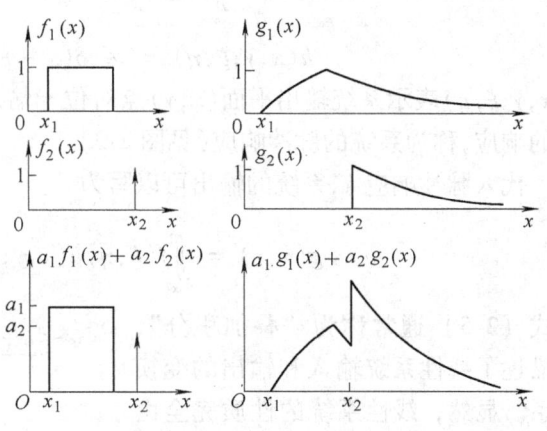

图 2-2　线性系统的叠加性质

利用线性系统的叠加性质，可以方便地求出系统对于任意复杂输入的响应。我们首先把复杂输入分解成许多更加基本的函数，即"基元"函数的线性组合。而基元函数的响应是较容易单独确定的。这些基元函数的响应再经线性组合，就可以得到复杂输入所对应的输出。基元函数（或基元激励）通常是指不能再进行分解的基本函数单元。在线性系统分析中，常用的基元函数有 δ 函数、阶跃函数、余弦函数、复指数函数等。

2.1.3 脉冲响应

首先研究 δ 函数作为基元函数的情况。δ 函数的筛选性质，为我们提供了对输入进行分解的方法

$$f(x,y) = \iint_{-\infty}^{\infty} f(\xi,\eta)\delta(x-\xi,y-\eta)\mathrm{d}\xi\mathrm{d}\eta \tag{2-3}$$

上式表明，函数 $f(x,y)$ 可以看作是 xy 坐标平面上不同位置处的许多 δ 函数的线性组合。每一个位于 (ξ,η) 坐标的 δ 函数的权重因子是 $f(\xi,\eta)$，我们把这种分解方法叫作脉冲分解。

系统的作用可用算符表示，于是相应的输出为

$$g(x,y) = \mathscr{L}\{f(x,y)\}$$

$$= \mathscr{L}\left\{\iint_{-\infty}^{\infty} f(\xi,\eta)\delta(x-\xi,y-\eta)\mathrm{d}\xi\mathrm{d}\eta\right\}$$

由于线性系统具有叠加性质，允许我们先把算符 $\mathscr{L}\{\ \}$ 作用到各个基元函数上，再把基元函数响应叠加起来。因此，上式中算符 $\mathscr{L}\{\ \}$ 可移进积分号内，得到

$$g(x,y) = \iint_{-\infty}^{\infty} f(\xi,\eta)\mathscr{L}\{\delta(x-\xi,y-\eta)\}\mathrm{d}\xi\mathrm{d}\eta$$

令
$$h(x,y;\xi,\eta) = \mathscr{L}\{\delta(x-\xi,y-\eta)\} \tag{2-4}$$

$h(x,y;\xi,\eta)$ 表示系统输出平面 (x,y) 点对位于输入平面坐标 (ξ,η) 点的 δ 函数激励的响应，称为系统的脉冲响应（见图 2-3）。

代入脉冲响应 h，系统的输出可以写为

$$g(x,y) = \iint_{-\infty}^{\infty} f(\xi,\eta)h(x,y;\xi,\eta)\mathrm{d}\xi\mathrm{d}\eta \tag{2-5}$$

公式（2-5）通常称为"叠加积分"，它描述了线性系统输入和输出的变换关系。显然，线性系统的性质完全由它对单位脉冲的响应表征。只要知道

图 2-3 线性系统的脉冲响应

系统对位于输入平面上所有可能点上的脉冲的响应，就可以通过叠加积分而完全确定系统的输出。另一方面，假若系统的输入函数 $f(x,y)$ 和输出函数 $g(x,y)$ 之间存在着叠加积分所描述的关系，就可以认为这是一个线性系统。

为了更好地理解叠加积分的物理含义，我们以线性光学成像系统为例：一幅输入图像或者说物体可以看作是点物的一个集合，只要能确定所有点物的像，就可以完备描述这一成像系统的效应。必须强调指出，只有把所有点物的像叠加起来，才能得到输出图像。即完全确定一个线性系统的性质，需要知道系统对于输入平面所有可能位置上的 δ 函数输入的脉冲响应。显然，要做到这一点，仍然是困难的。只是对于线性系统的一个重要子类——线性不变系统，分析才变得十分简单。

2.2 线性不变系统

2.2.1 线性不变系统的定义

一个线性系统的性质可能是随时间（或空间位置）变化的。例如，一个电路系统，不同时刻 τ 输入的时间脉冲信号，其响应 h 的波形可能并不相同。其函数形式与输入时刻 τ 有关，记为 $h(t,\tau)$，即

$$\mathscr{L}\{\delta(t-\tau)\} = h(t,\tau)$$

若输入脉冲延迟时间 τ，其响应 h 仅仅有相应的时间延迟 τ，而函数形式不变，即

$$\mathscr{L}\{\delta(t-\tau)\} = h(t-\tau)$$

我们称这样的线性系统是时不变系统。这种系统输入与输出之间的变换关系是确定的，不随时间变化。固定电阻、电容、电感的特性在一段时间内，可看作是不随时间变化的，由它们组成的电路是时不变的。

一个空间脉冲在输入平面位移，线性系统的响应函数形式不变，只是产生相应位移，即

$$\mathscr{L}\{\delta(x-\xi,y-\eta)\} = h(x-\xi,y-\eta) \tag{2-6}$$

这样的系统称为空间不变系统或位移不变系统。对于空间不变的线性系统，其脉冲响应

$$h(x,y;\xi,\eta) = h(x-\xi;y-\eta) \tag{2-7}$$

显然 h 仅仅依赖于观察点与脉冲输入点坐标在 x 和 y 方向的相对间距 $(x-\xi)$ 和 $(y-\eta)$，而与坐标本身的绝对数值无关。对于空间不变系统，其输入和输出的变换关系是不随空间位置而变化的。图 2-4 中以一维函数为例表明了这一平移性质；输入位置的移动所引起的惟一效应是输出发生同样的位移。即对空间不变系统，若有

$$\mathscr{L}\{f(x,y)\} = g(x,y)$$

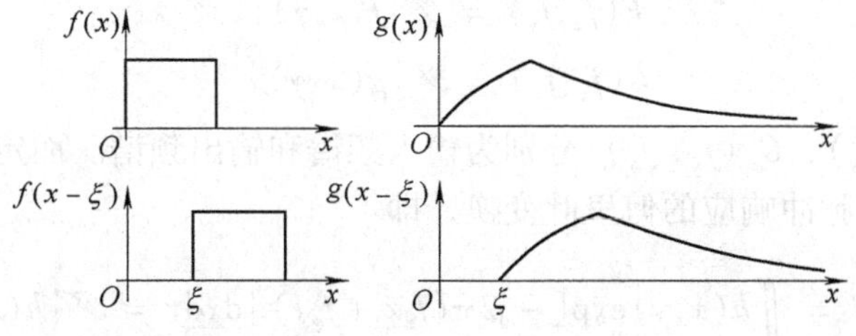

图 2-4 空间不变系统的输入-输出关系

则
$$\mathscr{L}\{f(x-\xi, y-\eta)\} = g(x-\xi, y-\eta)$$

当点光源在物平面移动时，点光源的像只相应改变位置，而不改变它的函数形式，这样的成像系统就是空间不变的。当然，把实际的物理系统当作线性不变系统，这只是一种理想化。但在一定条件下，可以看作是很好的近似。例如，实际成像系统虽然在整个物面上不可能是等晕的，但可以把物面划分成许多小的等晕区，在每一个小的等晕区内，认为系统是空间不变的。完备地描述成像系统，必须对每块等晕区分别指出其脉冲响应。如果仅讨论近轴的成像问题，则只要考虑系统轴上的等晕区就足够了。

对于线性不变系统，叠加积分式（2-5）变为

$$g(x,y) = \iint_{-\infty}^{\infty} f(\xi,\eta) h(x-\xi, y-\eta) \mathrm{d}\xi \mathrm{d}\eta = f(x,y) * h(x,y) \qquad (2\text{-}8)$$

即系统的输出是输入函数与系统脉冲响应的卷积。公式（2-8）被称为"卷积积分"，它描述了线性不变系统的输入与输出间的变换特性。这个卷积积分的物理含义仍然是指：把输入函数 $f(x,y)$ 分解为许多 δ 函数的线性组合，每个脉冲都按其位置加权，然后把系统对于各个脉冲的响应叠加在一起就得出对于 $f(x,y)$ 的整体响应。因此，式（2-8）仍然如式（2-5）那样反映了线性系统的叠加性质，所不同的仅在于不论输入脉冲的位置如何，系统脉冲响应的函数形式均是相同的。因而系统的作用，可以用统一的一个脉冲响应函数来表征，这种系统的分析就简单多了。另一方面，假如系统的输入-输出关系可由式（2-8）的卷积积分描述，就可以认为这个系统是线性不变系统。

2.2.2 线性不变系统的传递函数

对于线性空间不变系统，随空间位置变化的输入函数 $f(x,y)$、输出函数 $g(x,y)$ 在空间域的关系由式（2-8）的卷积积分所确定。利用傅里叶变换的卷积定理，可以找到二者在频率域的关系，即

$$G(f_x, f_y) = F(f_x, f_y) H(f_x, f_y) \qquad (2\text{-}9)$$

式中，

$$F(f_x, f_y) = \mathscr{F}\{f(x,y)\}$$
$$G(f_x, f_y) = \mathscr{F}\{g(x,y)\}$$

我们称 $F(f_x, f_y)$、$G(f_x, f_y)$ 分别为输入频谱和输出频谱。而定义 $H(f_x, f_y)$ 为线性不变系统脉冲响应的傅里叶变换，即

$$H(f_x, f_y) = \iint_{-\infty}^{\infty} h(x,y) \exp[-\mathrm{j}2\pi(f_x x + f_y y)] \mathrm{d}x\mathrm{d}y = \mathscr{F}\{h(x,y)\} \qquad (2\text{-}10)$$

函数 $H(f_x, f_y)$ 称为系统的传递函数或频率响应。它表示系统在频域中的效应。

即它决定了输入频谱中各种频率成分通过系统时将发生什么样的变化。式 (2-9) 表明输出频谱就等于输入频谱与传递函数的乘积。当我们一旦知道了输出频谱，就可通过傅里叶逆变换确定输出函数本身

$$g(x,y) = \mathscr{F}^{-1}\{G(f_x,f_y)\} = \mathscr{F}^{-1}\{F(f_x,f_y)H(f_x,f_y)\}$$

从空间域入手直接计算系统的输出，要经过复杂的卷积积分运算，而在频率域仅是简单的代数运算。虽然除了乘法运算以外，还要做傅里叶正变换和逆变换运算，但只要熟悉傅里叶变换性质和有一个好的傅里叶变换对偶表，做这样的运算远比作卷积运算简单得多。因此，我们常常采用频率域分析方法，利用系统的传递函数来确定输出频谱，再经傅里叶逆变换，还原到空间域得到输出函数。这样处理，不仅简单，而且可以更深入地把握系统的物理实质。

下面进一步讨论传递函数 $H(f_x, f_y)$ 的物理意义。前一节中曾把线性系统的输入 $f(x, y)$ 分解成 δ 函数的线性组合，而对于线性不变系统，可以找到更为合适的基元函数，即复指数函数。显然，傅里叶逆变换提供了对于输入函数进行分解的方法，即

$$f(x,y) = \iint_{-\infty}^{\infty} F(f_x,f_y) \exp[j2\pi(f_xx + f_yy)] df_x df_y \tag{2-11}$$

上式表明函数 $f(x, y)$ 可以看作是许多不同频率的复指数函数的线性组合，$F(f_x, f_y)$ 表示各种频率成分的权重。这种分解方法通常称为傅里叶分解。

系统的作用可用算符表示，于是，相应的输出为

$$g(x,y) = \mathscr{L}\{f(x,y)\}$$
$$= \mathscr{L}\left\{\iint_{-\infty}^{\infty} F(f_x,f_y) \exp[j2\pi(f_xx + f_yy)] df_x df_y\right\}$$

根据线性叠加性质，可以把算符先作用在基元函数上，然后再把基元函数响应叠加起来。因而上式中的算符可以移入积分号内，即

$$g(x,y) = \iint_{-\infty}^{\infty} F(f_x,f_y) \mathscr{L}\{\exp[j2\pi(f_xx + f_yy)]\} df_x df_y \tag{2-12}$$

另一方面，我们也可以直接把输出函数 $g(x, y)$ 分解成不同频率的复指数函数的线性组合，各种频率成分的权重是 $G(f_x, f_y)$，即

$$g(x,y) = \iint_{-\infty}^{\infty} G(f_x,f_y) \exp[j2\pi(f_xx + f_yy)] df_x df_y \tag{2-13}$$

把式 (2-9) 代入上式，得到

$$g(x,y) = \iint_{-\infty}^{\infty} F(f_x,f_y) H(f_x,f_y) \exp[j2\pi(f_xx + f_yy)] df_x df_y \tag{2-14}$$

比较式 (2-12) 与式 (2-14)，可知

$$\mathscr{L}\{\exp[j2\pi(f_x x + f_y y)]\} = H(f_x, f_y)\exp[j2\pi(f_x x + f_y y)] \qquad (2\text{-}15)$$

上式表明，把输入函数分解为各种不同频率的复指数函数的线性组合，各个基元复指数函数在通过线性不变系统后，仍然还是同频率的复指数函数。但是可能产生与频率有关的幅值变化和相移，这些变化决定于系统的传递函数。因此，传递函数又称为频率响应，它描述了系统在频率域的特性。图 2-5 表示出传递函数的作用。

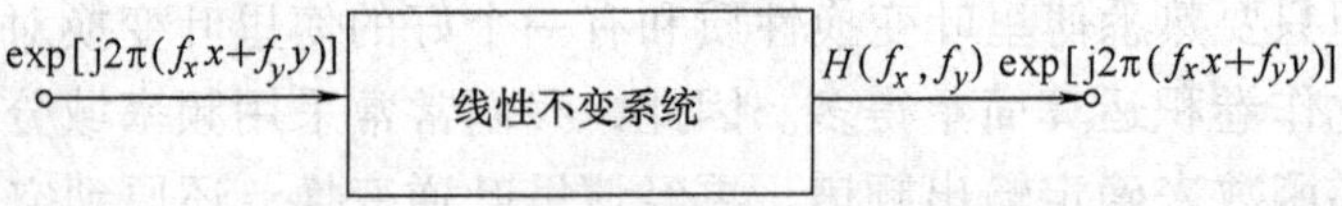

图 2-5 线性不变系统的传递函数

2.2.3 线性不变系统的本征函数

对于线性不变系统，输入某一函数，如果相应的输出函数仅等于输入函数与一个复比例常数的乘积，这个输入函数就称为这种系统的本征函数。也就是说，若 $f(x,y;f_a,f_b)$ 是线性不变系统 $\mathscr{L}\{\ \}$ 的一个本征函数输入，其中 f_a、f_b 是任意实常数，则系统的输出为

$$\mathscr{L}\{f(x,y;f_a,f_b)\} = H(f_a,f_b)f(x,y;f_a,f_b) \qquad (2\text{-}16)$$

式中，$H(f_a,f_b)$ 为复值比例常数，叫作本征函数 $f(x,y;f_a,f_b)$ 的本征值。

显然，一个线性不变系统的本征函数，通过系统时不改变其函数形式，而仅仅可能被衰减或放大，以及产生相移。其变化量取决于相应本征值。

复指数函数可以形式不变地通过线性不变系统。显然，它正是系统的本征函数。下面，可根据本征函数定义，进一步验证这一结论。假若线性不变系统 $\mathscr{L}\{\ \}$ 的传递函数为 $H(f_x,f_y)$，输入函数为

$$f(x,y) = \exp[j2\pi(f_a x + f_b y)]$$

输入频谱则为

$$F(f_x,f_y) = \delta(f_x - f_a, f_y - f_b)$$

线性不变系统的输出频谱是

$$\begin{aligned} G(f_x,f_y) &= H(f_x,f_y)F(f_x,f_y) \\ &= H(f_x,f_y)\delta(f_x - f_a, f_y - f_b) \\ &= H(f_a,f_b)\delta(f_x - f_a, f_y - f_b) \end{aligned}$$

系统的输出函数

$$\begin{aligned} g(x,y) &= \mathscr{F}^{-1}\{G(f_x,f_y)\} \\ &= \mathscr{F}^{-1}\{H(f_a,f_b)\delta(f_x - f_a, f_y - f_b)\} \\ &= H(f_a,f_b)\exp[j2\pi(f_a x + f_b y)] \end{aligned}$$

即
$$\mathscr{L}\{\exp[j2\pi(f_a x + f_b y)]\} = H(f_a, f_b)\exp[j2\pi(f_a x + f_b y)]$$

从而再次证明了复指数函数是线性不变系统的本征函数。其本征值为 $H(f_a, f_b)$，通常它是一个复值常数，它随输入本征函数的频率 (f_a, f_b) 变化。由于频率可以是任意实常数，我们可以把本征值改写为一般频率 (f_x, f_y) 的函数，即 $H(f_x, f_y)$。于是

$$\mathscr{L}\{\exp[j2\pi(f_x x + f_y y)]\} = H(f_x, f_y)\exp[j2\pi(f_x x + f_y y)]$$

上式与式（2-15）完全相同。这说明，表示各种频率本征值的函数 $H(f_x, f_y)$ 就是系统的传递函数（频率响应）。它描述一个复指数本征函数在通过系统时所产生的幅度变化和相移，它是本征函数频率的函数。

下面再来讨论一类特殊的线性不变系统，其脉冲响应是实函数。这种系统可以把一个实值输入变换成一个实值输出，因此是最常遇到的一类系统，例如，非相干成像系统。这类系统传递函数 $H(f_x, f_y)$ 是厄米的，即有

$$H(f_x, f_y) = H^*(-f_x, -f_y) \tag{2-17}$$

若用 $A(f_x, f_y)$ 和 $\phi(f_x, f_y)$ 分别表示传递函数的模和辐角（分别称之为振幅传递函数和相位传递函数），则

$$H(f_x, f_y) = A(f_x, f_y)\exp[-j\phi(f_x, f_y)] \tag{2-18}$$

而

$$H^*(-f_x, -f_y) = A(-f_x, -f_y)\exp[j\phi(-f_x, -f_y)] \tag{2-19}$$

把式（2-18）、式（2-19）代入式（2-17）两端，得到

$$A(f_x, f_y)\exp[-j\phi(f_x, f_y)] = A(-f_x, -f_y)\exp[j\phi(-f_x, -f_y)]$$

必然有

$$A(f_x, f_y) = A(-f_x, -f_y) \tag{2-20}$$
$$-\phi(f_x, f_y) = \phi(-f_x, -f_y) \tag{2-21}$$

即振幅传递函数应为偶函数，相位传递函数应为奇函数。

下面我们来证明余弦（或正弦）函数是这类系统的本征函数。令系统的传递函数为 $H(f_x, f_y)$，输入函数

$$f(x, y) = \cos[2\pi(f_a x + f_b y)]$$

输入频谱为

$$F(f_x, f_y) = \frac{1}{2}[\delta(f_x - f_a, f_y - f_b) + \delta(f_x + f_a, f_y + f_b)]$$

线性不变系统的输出频谱为

$$G(f_x, f_y) = H(f_x, f_y)F(f_x, f_y)$$
$$= \frac{1}{2}H(f_a, f_b)\delta(f_x - f_a, f_y - f_b)$$

$$+ \frac{1}{2}H(-f_a, -f_b)\delta(f_x + f_a, f_y + f_b)$$

系统的输出函数为

$$g(x,y) = \mathscr{F}^{-1}\{G(f_x, f_y)\}$$

$$= \frac{1}{2}H(f_a, f_b)\exp[j2\pi(f_a x + f_b y)] +$$

$$\frac{1}{2}H(-f_a, -f_b)\exp[-j2\pi(f_a x + f_b y)]$$

根据式 (2-20)、式 (2-21)，可把上式改写为

$$g(x,y) = \frac{1}{2}A(f_a, f_b)\exp[j2\pi(f_a x + f_b y) - j\phi(f_a, f_b)] +$$

$$\frac{1}{2}A(f_a, f_b)\exp[-j2\pi(f_a x + f_b y) + j\phi(f_a, f_b)]$$

$$= A(f_a, f_b)\cos[2\pi(f_a x + f_b y) - \phi(f_a, f_b)]$$

即

$$\mathscr{L}\{\cos[2\pi(f_a x + f_b y)]\} = A(f_a, f_b)\cos[2\pi(f_a x + f_b y) - \phi(f_a, f_b)]$$

由于频率可以是任意实常数 (f_x, f_y)，上式可改写为

$$\mathscr{L}\{\cos[2\pi(f_x x + f_y y)]\} = A(f_x, f_y)\cos[2\pi(f_x x + f_y y) - \phi(f_x, f_y)] \quad (2\text{-}22)$$

这样就证明了对于具有实值脉冲响应的线性不变系统，余弦输入将产生同频率的余弦输出。但可能产生与频率有关的衰减和相移，这种变化的大小分别取决于传递函数的模和辐角。

事实上，为了检验一个系统是不是线性不变的，只要输入一个余弦信号，然后考察其输出中是否包含其他频率成分。如果除了输入频率的余弦信号之外，还包含其他频率的余弦信号，则系统不是线性不变的。对于线性不变系统，测量传递函数的直接方法是对系统输入不同频率的正（余）弦信号，并测量输出的振幅衰减或增益以及相移，从而得到振幅传递函数和相位传递函数在相应频率处的值。

虽然输入到系统的并非总是复指数函数、正（余）弦函数，但是可以根据系统的物理本质，把输入函数分解为适当的本征函数的线性组合。由于本征函数通过系统时，函数形式不变，讨论起来十分方便。不同频率的本征函数其幅度和相位的变化量取决于相应频率的本征值，即传递函数在该频率处的数值。所有受到传递函数影响而发生幅度或相位变化的本征函数在输出平面的线性组合，给出系统的输出。

2.2.4 线性不变系统作为滤波器

对于给定系统，输入函数 $f(x,y)$，输出为 $f(x,y) * h(x,y)$，这就是依据系

的特性来处理 $f(x,y)$。从频率域考察,输入频谱 $F(f_x,f_y)$,输出频谱为 $H(f_x,f_y) \times F(f_x,f_y)$,系统改变了输入函数频谱。因此,线性不变系统的功能类似于一种滤波器,它使某些频率分量被滤除,某些频率分量通过,在通过系统的各频率分量之间还可能引入与频率有关的衰减和相移。系统的滤波特性取决于系统对各种频率分量的响应即传递函数。图 2-6 表示出线性不变系统在空间域和频率域的作用。

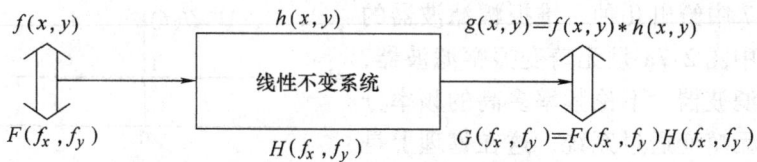

图 2-6 线性不变系统的作用

从信息传递考虑,当然希望输出函数尽可能逼真于输入函数(允许有不同的幅值和位移)。即系统的输入若为 $f(x,y)$,要求输出为

$$g(x,y) = kf(x-\xi, y-\eta)$$

式中,ξ、η 为实常数,通常 $0 < k \leq 1$ 表示常数衰减。若输入频谱为 $F(f_x,f_y)$,由傅里叶变换的位移定理,输出频谱为

$$G(f_x,f_y) = kF(f_x,f_y)\exp[-j2\pi(f_x\xi + f_y\eta)]$$

显然,系统的传递函数必须是

$$H(f_x,f_y) = k\exp[-j2\pi(f_x\xi + f_y\eta)] \tag{2-23}$$

输入函数所包含的所有频率分量在通过系统时被同等衰减,因而相对强度保持不变。同时,它们还受到正比于频率的线性相移。

系统的脉冲响应则是

$$h(x,y) = \mathscr{F}^{-1}\{H(f_x,f_y)\} = k\delta(x-\xi, y-\eta) \tag{2-24}$$

系统对脉冲输入的响应仍然是脉冲函数。可以验证系统的输出函数为

$$\begin{aligned}g(x,y) &= f(x,y) * h(x,y) \\ &= f(x,y) * k\delta(x-\xi, y-\eta) \\ &= kf(x-\xi, y-\eta)\end{aligned}$$

于是,所有经同等衰减和线性相移的频率分量叠加起来给出的总响应,除了衰减和平移以外,可看作是输入函数的准确复现。这种系统可认为是无畸变滤波器。

然而,这样的系统实际上并不存在,它仅仅是一种理想化的模型。例如,使点物成点像,从而像与物完全相同的成像系统仅仅是几何光学的理想情况,并没有考虑由于孔径有限大小所造成的衍射效应,限制了系统的分辨能力,不可能传递物体全部细节。实际的物理系统常常会引起振幅和位相畸变,输出将

不再是输入的准确复现，即产生畸变或失真。假若系统对于输入的各频率分量产生均匀的位相延迟，仅改变其相对的振幅大小，这种系统可看作是振幅滤波器。假若系统对于输入的各频率分量产生均匀的振幅衰减，仅改变相对的位相分布，这种系统可看作是位相滤波器。前面提到的产生线性相移的滤波器，也可以看作是无畸变的位相滤波器。实际系统常常是两种滤波器的组合，但我们可以分别考虑振幅传递函数和相位传递函数的作用。

图 2-7 中给出几种一维振幅滤波器的例子。其中图 2-7a 是无畸变振幅滤波器，或称全通滤波器。不论频率多高的频率分量都可以无畸变通过系统，这在物理上是不能实现的。我们遇到的实际系统常常是图 2-7b 所示的低通滤波器，它只允许通过（衰减或不衰减）频率低于某一上限的频率分量，这个频率上限称为系统的截止频率。超过这一极限值的频率分量被系统完全滤除。光学成像系统不论在相干还是非相干照明情况下，都表现出低通滤波器的性质。图 2-7c 所示为高通滤波器，它可以传递频率高于某一特定值的一切频率分量，而滤除低于它的一切成分。这也是一种理想化情况。图 2-7d 所示为带通滤波器，它允许通过某特定频带内的频率分量而滤除其他成分。

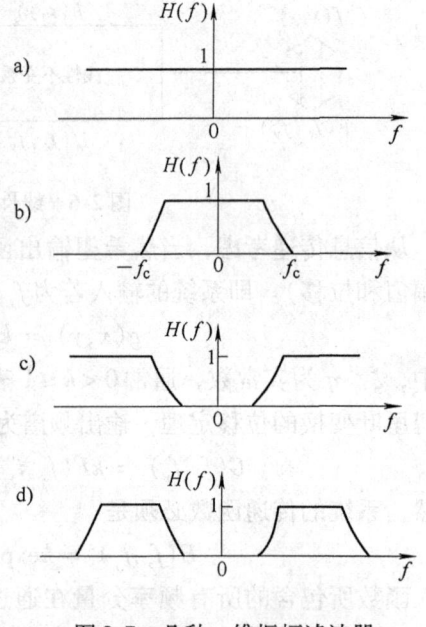

图 2-7 几种一维振幅滤波器
a) 全通滤波器 b) 低通滤波器
c) 高通滤波器 d) 带通滤波器

对于位相滤波器，当相位传递函数不是频率的线性函数时，系统一般就将引入位相畸变。即使所有频率分量都毫无衰减地传递到输出平面，由于相位传递函数的影响，各频率分量之间产生相对相移，输出也可能大大偏离输入而发生严重畸变。

2.2.5 级联系统

图 2-8 表示出两个级联在一起的线性不变系统。前一系统的输出恰是后一系统的输入。下面来考虑能否用一个总的系统来等效其作用。对于总的系统，$f_1(x,y)$ 和 $g_2(x,y)$ 分别是其输入和输出。由于

$$f_2(x,y) = g_1(x,y) = f_1(x,y) * h_1(x,y) \tag{2-25}$$

$$g_2(x,y) = f_2(x,y) * h_2(x,y) \tag{2-26}$$

式中，h_1 和 h_2 分别为级联的两个系统的脉冲响应。

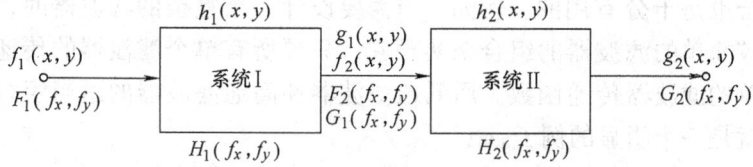

图 2-8 级联的两个线性不变系统

把式（2-25）代入式（2-26），并根据卷积运算满足结合律的性质，有

$$g_2(x,y) = [f_1(x,y) * h_1(x,y)] * h_2(x,y)$$
$$= f_1(x,y) * [h_1(x,y) * h_2(x,y)] \tag{2-27}$$

上式表明，总的系统仍是空间不变的线性系统。总的脉冲响应为

$$h(x,y) = h_1(x,y) * h_2(x,y) \tag{2-28}$$

如果 H_1 和 H_2 分别表示级联的两个系统的传递函数，总的系统的传递函数则可以表示为

$$H(f_x,f_y) = H_1(f_x,f_y) \cdot H_2(f_x,f_y) \tag{2-29}$$

若 $F_1(f_x,f_y)$ 为系统输入频谱，最终得到的系统输出频谱为

$$G_2(f_x,f_y) = F_1(f_x,f_y) H(f_x,f_y)$$
$$= F_1(f_x,f_y) \cdot [H_1(f_x,f_y) \cdot H_2(f_x,f_y)] \tag{2-30}$$

把这一结果推广到 n 个线性不变系统级联的情况，总的等效系统的脉冲响应和传递函数分别为

$$h(x,y) = h_1(x,y) * h_2(x,y) * \cdots * h_n(x,y) \tag{2-31}$$

$$H(f_x,f_y) = H_1(f_x,f_y) \cdot H_2(f_x,f_y) \cdot \cdots \cdot H_n(f_x,f_y) \tag{2-32}$$

由于卷积和乘法运算都符合交换律和结合律，计算时可以不按级联次序，而依照方便决定先后顺序。若传递函数用它的模和辐角表示，即

$$H(f_x,f_y) = A(f_x,f_y)\exp[-j\phi(f_x,f_y)] \tag{2-33}$$

则由式（2-32），总的振幅传递函数和相位传递函数分别为

$$A(f_x,f_y) = A_1(f_x,f_y) \cdot A_2(f_x,f_y) \cdot \cdots \cdot A_n(f_x,f_y) \tag{2-34}$$

$$\phi(f_x,f_y) = \phi_1(f_x,f_y) + \phi_2(f_x,f_y) + \cdots + \phi_n(f_x,f_y) \tag{2-35}$$

级联系统总的传递函数满足相乘律，简单地是各子系统传递函数的乘积，这一事实为我们分析系统提供了很大方便。一个复杂的物理过程常常由多个环节构成，或者说受到多种因素的影响。例如，拍摄一个运动物体的照片，不仅要考虑成像系统的传递函数，还要考虑运动造成的模糊和记录胶片分辨率的影响。这多个环节或因素实际上构成了一个级联系统或称光学链。假如每个环节都可以看作是线性不变的，就可分别单独确定它们的传递函数，然后按相乘律计算出总链的传递函数，以便掌握系统的特性。除了用于系统分析，这一点对

于系统综合也是十分有用的。例如,当需要设计一个复杂的滤波器时,可以通过几个比较简单的滤波器的组合来实现它,只要所有单个滤波器的传递函数的乘积等于总的滤波器传递函数。用低通滤波器和高通滤波器的适当组合来实现带通滤波就是一个明显的例子。

2.2.6 线响应和直边响应

1. 线响应

根据前文的讨论,可以用两个方法确定系统的传递函数。一种方法是计算或测量出系统的脉冲响应,然后对它做傅里叶变换以确定传递函数。但在有些情况中,得不到脉冲响应的精确表达式,就不能采用这一方法。另一种方法则是把大量频率不同的本征函数逐个输入系统,并确定每个本征函数所受到的衰减(或增益)以及相移,从而得到传递函数。这种方法较第一种方法直接,但测量工作量大,有时实现起来也相当困难和费时。由线响应函数确定传递函数是我们要介绍的另一种方法。

系统的输入是线脉冲,例如平行于 y 轴的线光源,即

$$f(x,y) = \delta(x)$$

线性不变系统对于线脉冲的输出响应称为线响应,写作

$$L(x) = \mathscr{L}\{\delta(x)\} = \delta(x) * h(x,y) = \int_{-\infty}^{\infty} h(x,\xi)\mathrm{d}\xi \qquad (2\text{-}36)$$

式中,h 为系统脉冲响应。上式表明,线响应仅仅依赖于 x,它等于脉冲响应沿 y 方向的线积分。假若把线光源看作由许多点光源构成的集合,线响应不过是这些沿 y 方向排列的点源脉冲响应的叠加。

线响应 $L(x)$ 的一维傅里叶变换等于系统传递函数沿 f_x 轴的截面分布,即

$$\mathscr{F}\{L(x)\} = \mathscr{F}\left\{\int_{-\infty}^{\infty} h(x,\xi)\mathrm{d}\xi\right\} = H(f_x,0) \qquad (2\text{-}37)$$

由图2-9可见,线响应 $L(x)$ 和传递函数截面 $H(f_x,0)$ 构成一维傅里叶变换对。类似地,对于 $\delta(y)$ 的线脉冲,线响应 $L(y)$ 的一维傅里叶变换为 $H(0,f_y)$。

于是,改变输入线脉冲的方向,分别对每一取向测量线响应函数,然后做一维傅里叶变换,就可确定相应各个方向的传递函数截面。对脉冲响应是圆对称的情况,传递函数也是圆对称的。它只需要一个截面就可完全确定。假如脉冲响应对 x、y 是可分离变量的函数,传递函数也是可分离变量的。确定它只需要两个截面 $H(f_x,0)$ 和 $H(0,f_y)$。利用若干线响应的一维傅里叶变换来确定传递函数,有时比由脉冲响应作二维傅里叶变换得到传递函数更为方便。

2. 直边响应

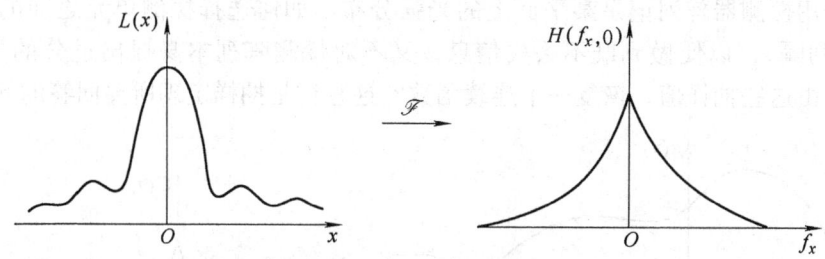

图 2-9 线响应函数与传递函数的关系

对系统输入一个阶跃函数，例如均匀照明的直边或刀口形成的光分布。系统的输出叫作阶跃响应或直边响应，写成

$$E(x) = \mathscr{L}\{\text{step}(x)\} = \text{step}(x) * h(x,y) = \iint_{-\infty}^{\infty} h(\xi,\eta)\text{step}(x-\xi)\text{d}\xi\text{d}\eta$$

$$= \int_{-\infty}^{\infty} \Big[\int_{-\infty}^{\infty} h(\xi,\eta)\text{d}\eta\Big]\text{step}(x-\xi)\text{d}\xi = \int_{-\infty}^{\infty} L(\xi)\text{step}(x-\xi)\text{d}\xi$$

$$= L(x) * \text{step}(x) = \int_{-\infty}^{x} L(\xi)\text{d}\xi \tag{2-38}$$

结果表明，线响应 $L(x)$ 等于直边响应 $E(x)$ 的导数，即

$$L(x) = \frac{\text{d}}{\text{d}x}E(x) \tag{2-39}$$

图 2-10 给出直边响应函数和线响应函数的关系。我们也可以由直边响应函数，通过求导数确定 $L(x)$，再按上面讲过的方法确定传递函数截面。

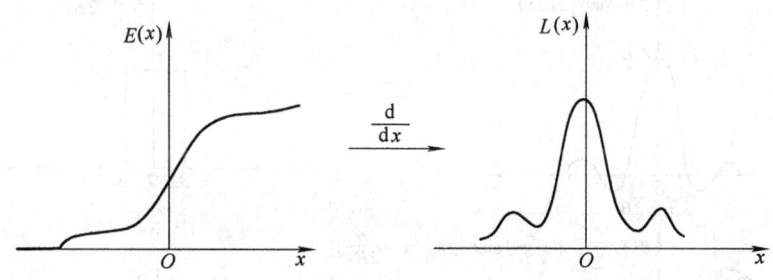

图 2-10 直边响应函数和线响应函数的关系

2.3 抽样定理

在实现信息记录、存储、发送和处理时，由于物理器件有限的信息容量，一个连续函数往往要用它在一些分立的取样点上的函数值，即抽样值来表示。

例如，用探测器阵列记录某平面上的光强分布。如何选择探测单元之间的间隔（抽样间隔），以便做到既不丢失信息，又不对探测阵列本身提出过分的要求。是否能由这些抽样值，恢复一个连续函数？这些正是抽样定理所要回答的问题。

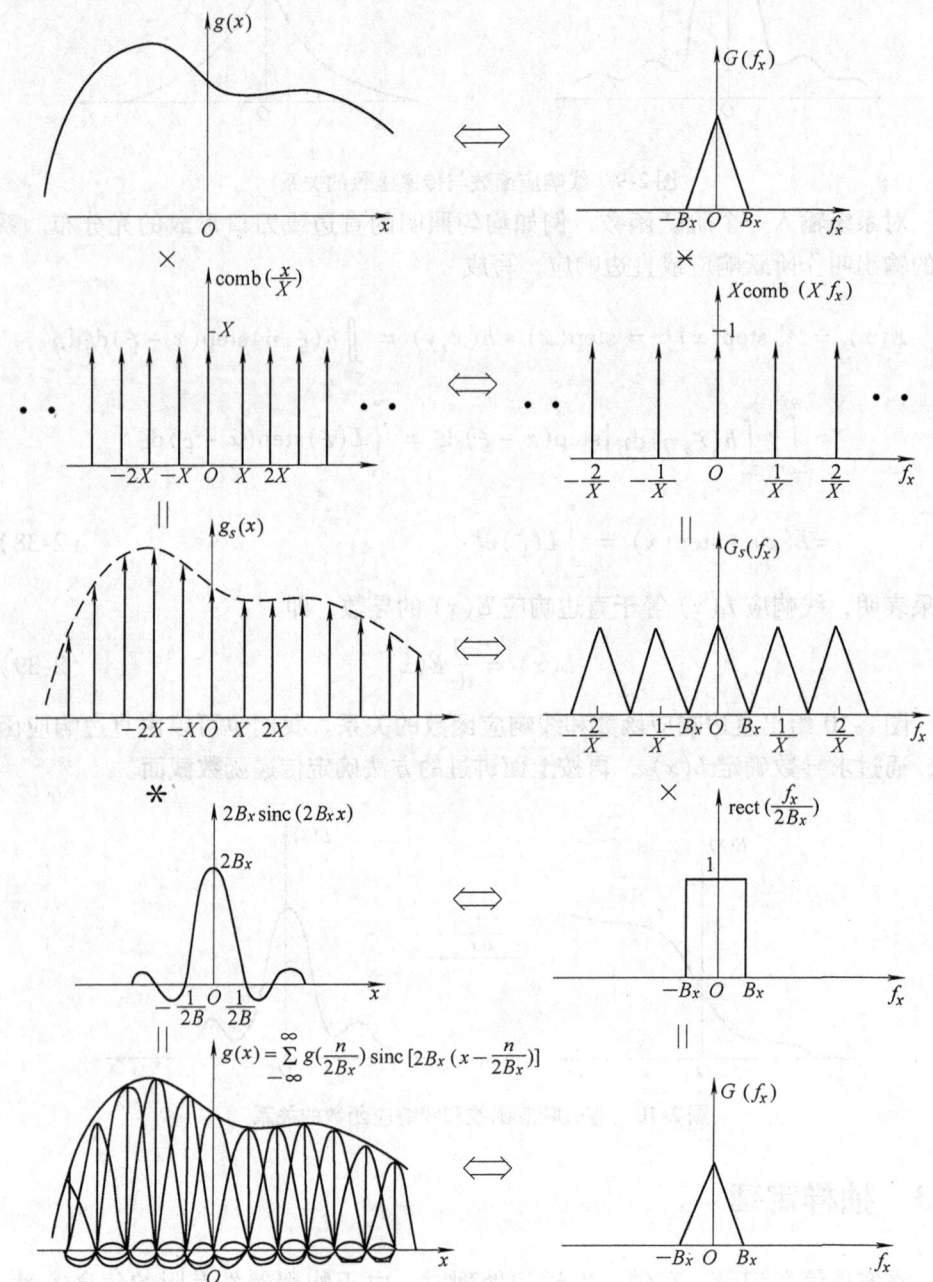

图 2-11　推导抽样定理的图解分析

下面就来推导二维的抽样定理。图 2-11 所示的一维图解分析便于直观了解函数抽样和还原的过程以及在频域产生的相应变化。

2.3.1 函数的抽样

利用梳状函数对连续函数 $g(x,y)$ 抽样，得

$$g_s(x,y) = \text{comb}\left(\frac{x}{X}\right)\text{comb}\left(\frac{y}{Y}\right)g(x,y) \tag{2-40}$$

抽样函数 g_s 由 δ 函数的阵列构成，各个空间脉冲在 x 方向和 y 方向的间距分别为 X 和 Y。每个 δ 函数下的体积正比于该点 g 的函数值。利用卷积定理，抽样函数 g_s 的频谱为

$$\begin{aligned} G_s(f_x,f_y) &= \mathscr{F}\left\{\text{comb}\left(\frac{x}{X}\right)\text{comb}\left(\frac{y}{Y}\right)\right\} * G(f_x,f_y) \\ &= XY\text{comb}(Xf_x)\text{comb}(Yf_y) * G(f_x,f_y) \\ &= \sum_{n=-\infty}^{\infty}\sum_{m=-\infty}^{\infty}\delta\left(f_x - \frac{n}{X}, f_y - \frac{m}{Y}\right) * G(f_x,f_y) \\ &= \sum_{n=-\infty}^{\infty}\sum_{m=-\infty}^{\infty} G\left(f_x - \frac{n}{X}, f_y - \frac{m}{Y}\right) \end{aligned} \tag{2-41}$$

空间域函数的抽样，导致函数频谱 G 的周期性复现，以频率平面上 $\left(\dfrac{n}{X}, \dfrac{m}{Y}\right)$ 点为中心重复 G（见图 2-12）。

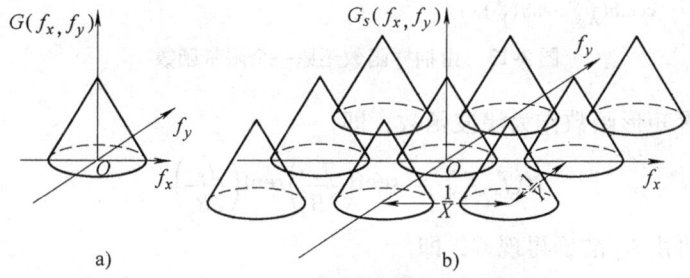

图 2-12　原函数和抽样函数的频谱
a) 原函数的频谱　b) 抽样函数的频谱

假定 $g(x,y)$ 是限带函数，其频谱仅在频率平面一个有限区域 $\mathscr{R}$ 上不为零。若 $2B_x$ 和 $2B_y$ 分别表示包围 $\mathscr{R}$ 的最小矩形在 f_x 和 f_y 方向上的宽度，则只要

$$\frac{1}{X} \geq 2B_x, \frac{1}{Y} \geq 2B_y$$

或抽样间隔

$$X \leq \frac{1}{2B_x}, Y \leq \frac{1}{2B_y} \tag{2-42}$$

G_s 中各个频谱区域就不会出现混叠现象。这样就有可能用滤波的方法，从 G_s 中抽取出原函数频谱 G，而滤除其他各项，再由 G 求出原函数。

因而，能由抽样值还原原函数的条件是：

1) $g(x,y)$ 是限带函数。

2) 在 x、y 方向抽样点最大允许间隔分别为 $\dfrac{1}{2B_x}$、$\dfrac{1}{2B_y}$。通常称为奈奎斯特（Nyquist）间隔。显然，当函数起伏变化大、包含的细节多、频带范围较宽时，抽样间隔就应当较小。

2.3.2 函数的还原

把抽样函数 $g_s(x,y)$ 作为输入，施加到低通滤波器上，如图 2-13 所示。选择适当的滤波函数 $H(f_x,f_y)$ 使 G_s 中 ($n=0$，$m=0$) 项无畸变通过，而摒弃其他各项，只要频谱不混叠，是可以做到的。滤波器的输出将给出还原的原函数。

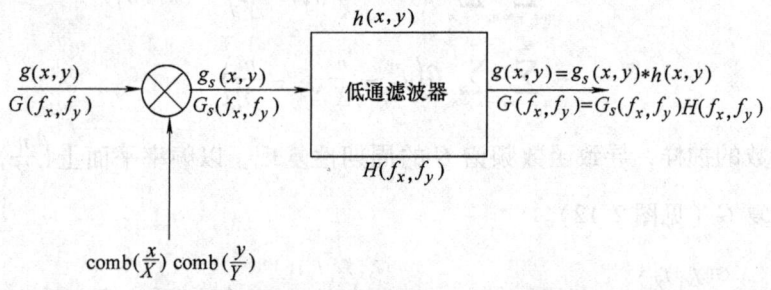

图 2-13 由抽样函数还原一个限带函数

假如选择矩形函数作为滤波函数，即

$$H(f_x,f_y) = \mathrm{rect}\left(\frac{f_x}{2B_x}\right)\mathrm{rect}\left(\frac{f_y}{2B_y}\right) \qquad (2\text{-}43)$$

经过滤波，可由 G_s 准确再现 G，即

$$G_s(f_x,f_y)\mathrm{rect}\left(\frac{f_x}{2B_x}\right)\mathrm{rect}\left(\frac{f_y}{2B_y}\right) = G(f_x,f_y) \qquad (2\text{-}44)$$

根据卷积定理，在空间域得到

$$g_s(x,y) * h(x,y) = g(x,y) \qquad (2\text{-}45)$$

式中

$$g_s(x,y) = \mathrm{comb}\left(\frac{x}{X}\right)\mathrm{comb}\left(\frac{y}{Y}\right)g(x,y)$$

$$= XY\sum_{n=-\infty}^{\infty}\sum_{m=-\infty}^{\infty} g(nX,mY)\delta(x-nX,y-mY)$$

$$h(x,y) = \mathscr{F}\left\{\text{rect}\left(\frac{f_x}{2B_x}\right)\text{rect}\left(\frac{f_y}{2B_y}\right)\right\} = 4B_xB_y\,\text{sinc}(2B_xx)\,\text{sinc}(2B_yy)$$

把它们代入式（2-45），得到

$$g(x,y) = 4B_xB_yXY\sum_{n=-\infty}^{\infty}\sum_{m=-\infty}^{\infty}g(nX,mY)\,\text{sinc}[2B_x(x-nX)]\,\text{sinc}[2B_y(y-mY)]$$

若取最大允许的抽样间隔，即 $X = \dfrac{1}{2B_x}$，$Y = \dfrac{1}{2B_y}$，则

$$g(x,y) = \sum_{n=-\infty}^{\infty}\sum_{m=-\infty}^{\infty}g\left(\frac{n}{2B_x},\frac{m}{2B_y}\right)\text{sinc}\left[2B_x\left(x-\frac{n}{2B_x}\right)\right]\text{sinc}\left[2B_y\left(y-\frac{m}{2B_y}\right)\right] \quad (2\text{-}46)$$

这样就证明了：只要抽样间隔满足公式（2-42）所给的条件，就可以准确还原一个限带的连续函数。办法是在每一个抽样点上放置一个以抽样值为权重的 sinc 函数作为内插函数，由这些 sinc 函数的线性组合可复原原函数。公式（2-46）称为惠特克-香农（Whittaker-Shannon）抽样定理。当然，若不选择方形的抽样格点，或选择别种滤波函数，将导出其他形式的抽样定理。

抽样定理给出一个重要结论：一个连续的限带函数可由其离散的抽样序列代替，而并不丢失任何信息。换句话说，这个连续函数具有的信息内容等效于一些离散的信息抽样。抽样定理指出了重新产生连续函数所必须的离散值的最低数目，以及由抽样值恢复原函数的方法，即在空域插值或在频域滤波的方法。

严格说来，频带有限的函数在物理上并不存在，例如光学中涉及到的光分布，仅存在于有限的空间范围内，属非周期函数，其频率范围可能扩展到无穷。但这些函数的频谱随着频率高到一定程度，总是大大减小的。大部分能量总是由一定频率范围内的分量所携带。实际应用时，可以把它们近似看作限带函数，而忽略高频分量引入的误差。

2.3.3 空间带宽积[1]

若限带函数 $g(x,y)$ 在频域 $|f_x|\leq B_x$、$|f_y|\leq B_y$ 以外恒等于零，考虑函数在空域 $|x|\leq X$、$|y|\leq Y$ 的区间上抽样数目最少应为

$$\left(\frac{2X}{1/(2B_x)}\right)\left(\frac{2Y}{1/(2B_y)}\right) = (4XY)(4B_xB_y) = 16XYB_xB_y$$

式中，$4XY$ 表示函数在空域中的面积；$4B_xB_y$ 表示函数在频域中的面积。在该区间，函数可由数目为 $16XYB_xB_y$ 个抽样值来近似表示。当然，这只是一种近似。根据抽样定理，xy 平面上任一点的准确的函数值应等于整个空间域所有抽样点上内插的 sinc 函数在该点的贡献之和。由于 sinc 函数衰减很快，离该点足够远

的位置上的 sinc 函数的贡献趋于零。因而在一定精度内，只需要该点周围有限数目的抽样值就可近似确定这一点的函数值。

空间带宽积 SW 就定义为函数在空域和频域中所占面积之积，即
$$SW = 16XYB_xB_y \tag{2-47}$$
它不仅用来描述空间信号（如图像、光学像）的信息容量，也可用来描述成像系统、信息处理系统的信息传递或处理能力。例如，成像系统的空间带宽积就等于有效视场和由系统截止频率所确定的通带面积的乘积。

对于一个空间物体（如图像），SW 决定了可分辨像元的数目，即空间物体的自由度或自由参数 N。当 $g(x,y)$ 是实函数时，每一个抽样值为一个实数
$$N = SW = 16XYB_xB_y$$
当 $g(x,y)$ 是复函数时，每一个抽样值为一个复数，可由两个实数确定。物体的独立参数增大 1 倍，即
$$N = 2SW = 32XYB_xB_y \tag{2-48}$$

图 2-14 给出一维空间带宽积的图示，当函数在空间位移或产生频移时，SW 不变。若空间大小变化，带宽依反比关系变化，SW 仍具有不变性。所以，假如没有外来因素的限制，物体的空间带宽积具有不变性，或者说物体的信息容量是不变的。当物体信息经由系统传递或处理时，为了不损失信息，系统的 SW 应大于物体本身的 SW。当然，系统 SW 越大，设计和制造越困难。

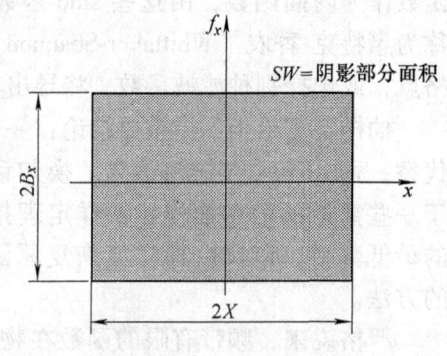

图 2-14 空间带宽积 SW

习 题

2.1 已知线性不变系统的输入为
$$g(x) = \text{comb}(x)$$
系统的传递函数为 $\text{rect}\left(\dfrac{f}{b}\right)$。若 b 取下列值，求系统的输出 $g'(x)$，并画出输出函数及其频谱的图形：

(1) $b = 1$

(2) $b = 3$

2.2 已知线性不变系统的输入为
$$g(x) = \text{comb}(x)$$
系统的传递函数为 $\text{tri}\left(\dfrac{f}{b}\right)$。若 b 取下列值，求系统的输出 $g'(x)$，并画出输出函数及其频谱

的图形：

(1) $b = 0.5$

(2) $b = 1.5$

2.3 给定正实常数 f_0 和实常数 a 与 b，求证：

(1) 若 $|b| < \dfrac{1}{2f_0}$，则
$$\dfrac{1}{|b|}\mathrm{sinc}\left(\dfrac{x}{b}\right) * \cos 2\pi f_0 x = \cos 2\pi f_0 x$$

(2) 若 $|b| > \dfrac{1}{2f_0}$，则
$$\dfrac{1}{|b|}\mathrm{sinc}\left(\dfrac{x}{b}\right) * \cos 2\pi f_0 x = 0$$

(3) 若 $|b| < |a|$，则
$$\mathrm{sinc}\left(\dfrac{x}{b}\right) * \mathrm{sinc}\left(\dfrac{x}{a}\right) = |b|\,\mathrm{sinc}\left(\dfrac{x}{a}\right)$$

(4) 若 $|b| < |0.5a|$，则
$$\mathrm{sinc}\left(\dfrac{x}{b}\right) * \mathrm{sinc}^2\left(\dfrac{x}{a}\right) = |b|\,\mathrm{sinc}^2\left(\dfrac{x}{a}\right)$$

2.4 若限带函数 $f(x)$ 的傅里叶变换在宽度 W 之外恒为零，问：

(1) 如果 $|b| < \dfrac{1}{W}$，证明
$$\dfrac{1}{|b|}\mathrm{sinc}\left(\dfrac{x}{b}\right) * f(x) = f(x)$$

(2) 如果 $|b| > \dfrac{1}{W}$，还能得出以上结论吗？

2.5 对一个线性不变系统，脉冲响应为
$$h(x) = 7\mathrm{sinc}(7x)$$
用频率域方法对下列每一个输入 $f_i(x)$，求其输出 $g_i(x)$（必要时，可取合理近似）：

(1) $f_1(x) = \cos 4\pi x$

(2) $f_2(x) = \cos(4\pi x)\,\mathrm{rect}\left(\dfrac{x}{75}\right)$

(3) $f_3(x) = [1 + \cos(8\pi x)]\,\mathrm{rect}\left(\dfrac{x}{75}\right)$

(4) $f_4(x) = \mathrm{comb}(x) * \mathrm{rect}(2x)$

2.6 给定一个线性不变系统，输入函数为有限延伸的三角波
$$g(x) = \left[\dfrac{1}{2}\mathrm{comb}\left(\dfrac{x}{2}\right)\mathrm{rect}\left(\dfrac{x}{50}\right)\right] * \mathrm{tri}(x)$$
对下述传递函数利用图解方法确定系统的输出：

(1) $H(f) = \mathrm{rect}\left(\dfrac{f}{2}\right)$

(2) $H(f) = \mathrm{rect}\left(\dfrac{f}{4}\right) - \mathrm{rect}\left(\dfrac{f}{2}\right)$

2.7　给定一个线性不变系统，输入函数为有限延伸的矩形波

$$g(x) = \left[\frac{1}{2}\text{comb}\left(\frac{x}{2}\right)\text{rect}\left(\frac{x}{50}\right)\right] * \text{rect}(x)$$

对下述传递函数确定输出，并分别绘出传递函数、脉冲响应、输出及其频谱的图形：

(1) $H(f) = \exp(-\text{j}\pi f)$

(2) $H(f) = \exp(-\text{j}\pi)$

(3) $H(f) = \exp[-\text{j}\pi\text{rect}(2f)]$

2.8　给定一个线性不变系统，输入为有限延伸的矩形波

$$g(x) = \left[\frac{1}{3}\text{comb}\left(\frac{x}{3}\right)\text{rect}\left(\frac{x}{100}\right)\right] * \text{rect}(x)$$

若系统脉冲响应

$$h(x) = \text{rect}(x-1)$$

求系统的输出，并绘出传递函数、脉冲响应、输出及其频谱的图形。

2.9　若对函数

$$h(x) = a\text{sinc}^2(ax)$$

抽样，求允许的最大抽样间隔。

2.10　若只能用 $a \times b$ 表示的有限区间上的脉冲点阵对函数进行抽样，即

$$g_s(x,y) = g(x,y)\left[\text{comb}\left(\frac{x}{X}\right)\text{comb}\left(\frac{y}{Y}\right)\right]\text{rect}\left(\frac{x}{a}\right)\text{rect}\left(\frac{y}{b}\right)$$

试说明，即使采用奈奎斯特间隔抽样，也不再能用一个理想低通滤波器精确恢复 $g(x,y)$。

2.11　如果用很窄的矩形脉冲阵列对函数抽样（物理上并不可能在一些严格的点上抽样一个函数），即

$$g_s(x,y) = g(x,y)\left[\text{comb}\left(\frac{x}{X}\right)\text{comb}\left(\frac{y}{Y}\right) * \text{rect}\left(\frac{x}{L_x}\right)\text{rect}\left(\frac{y}{L_y}\right)\right]$$

式中，L_x、L_y 为每个脉冲在 x、y 方向的宽度。若抽样间隔合适，说明能否由 g_s 还原函数 $g(x,y)$。

第3章 标量衍射理论

傅里叶光学主要研究以光波作为载波，实现信息的传递、变换、记录和再现问题。描述光的传播规律的标量衍射理论，显然正是研究这些问题的物理基础。

索末菲曾把不能用反射或折射来解释的光线对于直线光路的任何偏离称为光的衍射。它是光的波动性的表现，是光波传播时遇到障碍物，波面受到限制时表现出来的现象。

事实上，光波传播时总会受到这样那样的限制。譬如，光波照明一个物体，会受到它的有限尺寸和细节结构的限制。光波通过光学系统传播，会受到系统有限大小光瞳的限制。所以，衍射现象是普遍存在的。只是由于光的波长很短，光通过小孔或狭缝时才能明显观察到衍射现象。可以说，衍射理论实际上就是讨论光波传播的规律。

光波是矢量波。完备描述光波，应当考虑光波场的矢量性质。然而在光的干涉、衍射等许多现象中，允许把光波近似作为标量波处理。当满足下述条件时，标量衍射理论所给出的结果与实际十分相符，虽然它只是一种近似理论：

1）衍射孔径比波长大得多。

2）不在太靠近孔径的地方观察衍射场。幸而，对于我们一般所遇到的问题，尤其是在通常的光学仪器中，这种条件常常是满足的。对于高分辨率衍射光栅等不满足上述条件的情况，衍射场的能量分布与光的偏振状态密切相关，必须考虑矢量衍射理论。

本章将从基尔霍夫衍射理论和角谱理论出发讨论衍射问题。可以分别把它们看作是衍射的球面波理论和平面波理论。我们将把衍射这一物理现象看作线性不变系统，分别讨论其脉冲响应和传递函数。两种衍射理论分别从空间域和频率域讨论衍射现象，它们本质上是统一的。本章最后讨论了用分数傅里叶变换表示菲涅尔衍射的方法。

3.1 光波的数学描述

球面波、平面波都是波动方程的基本解。由波动方程的线性性质，任何复杂的波都能用球面波或平面波的线性组合表示。因此有必要讨论这些波如何从数学上来描述。在此之前，我们首先要介绍复振幅这一重要物理量的概念。

3.1.1 单色光波场的复振幅表示

单色光波场中某点 P 在 t 时刻的光振动 $u(P,t)$ 的表达式为

$$u(P,t) = a(P)\cos[2\pi\nu t - \varphi(P)] \tag{3-1}$$

式中,ν 是光波的时间频率;$a(P)$ 和 $\varphi(P)$ 分别是 P 点光振动的振幅和初位相。

根据欧拉公式,一个余弦函数可以表示为相应复指数函数的实部。因此 $u(P,t)$ 也可以表示为

$$\begin{aligned}u(P,t) &= \mathrm{Re}\{a(P)\mathrm{e}^{-\mathrm{j}[2\pi\nu t - \varphi(P)]}\}\\&= \mathrm{Re}\{a(P)\mathrm{e}^{\mathrm{j}\varphi(P)}\mathrm{e}^{-\mathrm{j}2\pi\nu t}\}\end{aligned}$$

式中,符号 Re{ } 表示对括号内的复函数取实部。显然,利用复指数函数表示光振动,便于把位相中由空间位置决定的部分 $\varphi(P)$ 和由时间变量决定的部分 $2\pi\nu t$ 分开来。

定义一个新的物理量 $U(P)$ 为

$$U(P) = a(P)\mathrm{e}^{\mathrm{j}\varphi(P)} \tag{3-2}$$

$U(P)$ 就称为单色光波场中 P 点的复数振幅,简称复振幅。它包含了 P 点光振动的振幅 $a(P)$ 和初位相 $\varphi(P)$,与时间 t 无关,而仅仅是空间位置坐标的函数。对于单色光波,由于频率 ν 恒定,由时间变量确定的位相因子 $\mathrm{e}^{-\mathrm{j}2\pi\nu t}$ 对于光场中的各点来说均是相同的。光场中光振动的空间分布完全由复振幅 U 随空间位置的变化所决定。

利用复振幅 $U(P)$,光振动的表达式可改写为

$$u(P,t) = \mathrm{Re}\{U(P)\mathrm{e}^{-\mathrm{j}2\pi\nu t}\} \tag{3-3}$$

在单色光波的线性运算(加、减、积分和微分等)中,可直接利用复振幅计算,导出所需结果的复振幅。例如,N 个同频率单色光波叠加,叠加后光场的复振幅直接等于 N 个光波复振幅之和。这显然比直接用余弦表达式(3-1)计算方便得多。必要时,把所得结果复振幅乘以 $\mathrm{e}^{-\mathrm{j}2\pi\nu t}$ 并取实部,就得到所需结果的实数表达式。

由复振幅计算光强也十分方便,可按照下式计算

$$I = |U|^2 = UU^* \tag{3-4}$$

3.1.2 球面波

从点光源发出的光,其波面表现为球面波。我们常把一个复杂的光源看作是许多点光源的集合,所以点光源是一个重要的基本光源,球面波是基本的波面形式。单色的发散球面波在光场中任意一点 P 所产生的复振幅为

$$U(P) = \frac{a_0}{r}\mathrm{e}^{\mathrm{j}kr} \tag{3-5}$$

式中，波数 $k = \frac{2\pi}{\lambda}$，表示单位长度上产生的位相变化；r 表示观察点 $P(x,y,z)$ 离开点光源的距离；a_0 表示距点光源单位距离处的振幅。

对于会聚球面波，则有

$$U(P) = \frac{a_0}{r} e^{-jkr} \tag{3-6}$$

当点光源或会聚点位于坐标原点时

$$r = (x^2 + y^2 + z^2)^{1/2} \tag{3-7}$$

当点光源或会聚点位于空间任意一点 $S(x_0, y_0, z_0)$ 时

$$r = [(x - x_0)^2 + (y - y_0)^2 + (z - z_0)^2]^{1/2} \tag{3-8}$$

在许多光学问题中，所关心的往往是某个选定平面上的光场分布。例如衍射场中的孔径平面、观察平面，成像系统中的物平面和像平面等。因而有必要讨论光波在某一特定平面上产生的复振幅分布的数学描述。如图3-1所示，点光源 $S(x_0, y_0, o)$ 位于 $x_0 y_0$ 平面，考察与其相距 z ($z > o$) 的 xy 平面上的光场分布。r 可以写为

$$r = [z^2 + (x - x_0)^2 + (y - y_0)^2]^{1/2} = z\left[1 + \frac{(x - x_0)^2 + (y - y_0)^2}{z^2}\right]^{1/2} \tag{3-9}$$

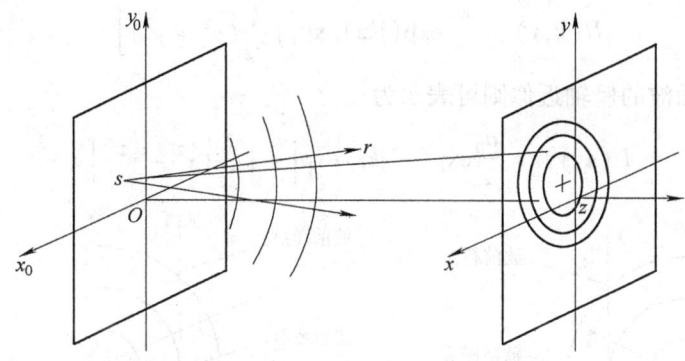

图 3-1　球面波在 xy 平面上的等位相线

当 xy 平面上只考虑一个对 S 点张角不大的范围，这时有

$$\frac{(x - x_0)^2 + (y - y_0)^2}{z^2} \ll 1$$

可利用二项式展开，并略去高阶项，得到

$$r \approx z + \frac{(x - x_0)^2 + (y - y_0)^2}{2z} \tag{3-10}$$

把式（3-10）代入式（3-5），得到发散球面波在 xy 平面上产生的复振幅分布为

$$U(x,y) = \frac{a_0}{z}\exp(jkz)\exp\left\{j\frac{k}{2z}[(x-x_0)^2 + (y-y_0)^2]\right\} \quad (3\text{-}11)$$

式中，分母上的 r 已用 z 近似，由于所考察的区域相对 z 很小，可认为各点光振动的振幅近似相等。但在位相因子中，由于光的波长 λ 极短，$k = \frac{2\pi}{\lambda}$ 数值很大，以致 r 误差对位相值影响较大，所以 r 的近似式中应多取一项。

在位相因子中包括两项：$\exp(jkz)$ 是常量位相因子；$\exp\left\{j\frac{k}{2z}[(x-x_0)^2 + (y-y_0)^2]\right\}$ 描述了位相随 xy 平面坐标的变化，我们称之为球面波的（二次）位相因子。当平面上复振幅分布的表达式中包含有这一因子时，就可近似认为距离该平面 z 处有一个点光源发出的球面波经过这个平面。

xy 平面上位相相同的点的轨迹，即等位相线方程为

$$(x-x_0)^2 + (y-y_0)^2 = C \quad (3\text{-}12)$$

式中，C 表示某一常量。不同 C 值所对应的等位相线构成一族同心圆，它们是球形波面与 xy 平面的交线。注意位相值相隔 2π 的同心圆之间的间隔并不相等，而是由中心向外越来越密集。

当光源位于 $x_0 y_0$ 平面的坐标原点上，傍轴近似下，发散球面波在 xy 平面上复振幅分布为

$$U(x,y) = \frac{a_0}{z}\exp(jkz)\exp\left[j\frac{k}{2z}(x^2+y^2)\right] \quad (3\text{-}13)$$

会聚球面波的傍轴近似则可表示为

$$U(x,y) = \frac{a_0}{z}\exp(-jkz)\exp\left[-j\frac{k}{2z}(x^2+y^2)\right] \quad (3\text{-}14)$$

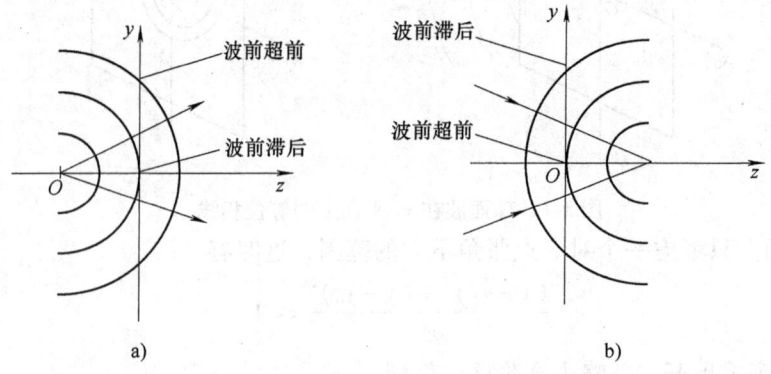

图 3-2 说明球面波位相正负符号的示意图
a) 发散球面波 b) 会聚球面波

上式表示经过 xy 平面向距离为 z 处（$z>0$）会聚的球面波在该平面产生的复振幅分布。

式（3-13）和式（3-14）代表一对共轭球面波，它们在 xy 平面上等位相线的分布形式上相同。但是对发散球面波，作为等位相线的同心圆，在时间上外圈对应的波前超前，内圈对应的波前滞后。而会聚球面波情形相反。参看图 3-2，不难理解。

3.1.3 平面波

平面波也是光波最简单的一种形式。点光源发出的光经透镜准直，或者把点光源移到无穷远，可以近似获得平面波。

沿 k 方向传播的单色平面波，在光场中 $P(x,y,z)$ 点产生的复振幅可以表示为

$$U(x,y,z) = a\exp[jk(x\cos\alpha + y\cos\beta + z\cos\gamma)] \tag{3-15}$$

式中，a 表示常量振幅；$\cos\alpha$、$\cos\beta$、$\cos\gamma$ 为传播方向的方向余弦。它们之间存在着下述关系

$$\cos^2\alpha + \cos^2\beta + \cos^2\gamma = 1$$

式（3-15）可以改写为

$$\begin{aligned}U(x,y,z) &= a\exp(jkz\cos\gamma)\exp[jk(x\cos\alpha + y\cos\beta)]\\&= a\exp(jkz\sqrt{1-\cos^2\alpha-\cos^2\beta})\exp[jk(x\cos\alpha + y\cos\beta)]\end{aligned} \tag{3-16}$$

对于在确定方向传播的平面波，以及所选定的垂直 z 轴的 xy 平面，上式中第一个位相因子 $\exp(jkz\sqrt{1-\cos^2\alpha-\cos^2\beta})$ 是常量位相因子，不随 xy 平面坐标变化。因此，可引入一个复数常数 A，令

$$A = a\exp(jkz\sqrt{1-\cos^2\alpha-\cos^2\beta}) \tag{3-17}$$

式中，位相因子表示平面波在 xy 平面上产生的均匀相移，其大小随着 xy 平面位置 z 以及平面波传播方向余弦 $\cos\alpha$、$\cos\beta$ 而变化。

xy 平面上复振幅分布则可以表示为

$$U(x,y) = A\exp[jk(x\cos\alpha + y\cos\beta)] \tag{3-18}$$

通常称 $\exp[jk(x\cos\alpha + y\cos\beta)]$ 为平面波（线性）位相因子。若平面上复振幅分布的表达式中包含这一因子，可知它代表一个方向余弦为 $\cos\alpha$、$\cos\beta$ 的平面波经过该平面。

等位相线的方程是

$$x\cos\alpha + y\cos\beta = C \tag{3-19}$$

式中，C 为某一常量。不同 C 值所对应的等位相线是一些平行斜线。

图 3-3 中用虚线表示出位相值相差 2π 的一组波面与 xy 平面的交线，即等位

相线，它们是一组等距的平行斜线。由于位相值相差 2π 的点光振动实际相同，所以平面上复振幅分布的基本特点是以位相值 2π 为周期的周期分布。这是平面波传播的空间周期性特点在 xy 平面上的具体表现。它是下面讨论平面波空间频率概念的基础。

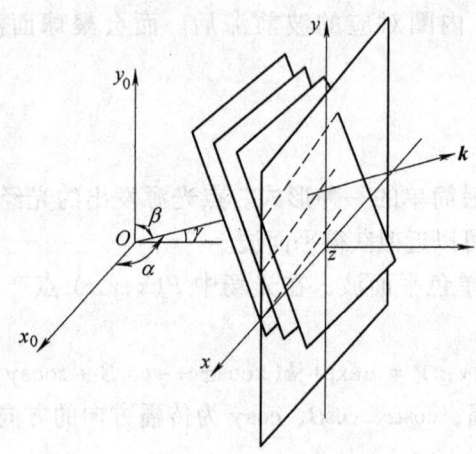

图 3-3 平面波在 xy 平面上的等位相线

3.1.4 平面波的空间频率

平面波的空间频率是傅里叶光学中常用的基本物理量。透彻理解这个概念的物理含义是十分重要的。

参看图 3-4，我们首先研究传播矢量位于 x_0z 平面的简单情况。由于 $\cos\beta = 0$，xy 平面上复振幅分布为

$$U(x,y) = A\exp(jkx\cos\alpha) \quad (3\text{-}20)$$

等位相线方程为

$$x\cos\alpha = C \quad (3\text{-}21)$$

与不同 C 值相对应的等位相线是一些垂直于 x 轴的平行线。图 3-4 画出了位相依次相差 2π 的几个波

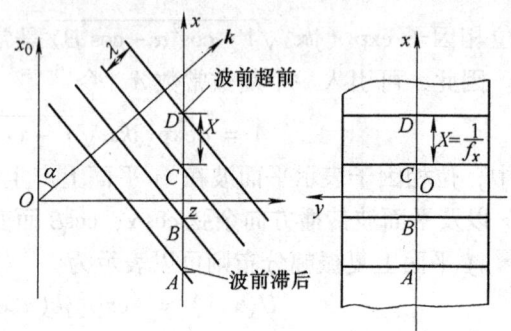

图 3-4 传播矢量 k 位于 x_0z 平面的平面波在 xy 平面上的空间频率

面与 xy 平面相交得出的等位相线。这些等位相线的间距相等。由于等位相线上的光振动相同，所以复振幅在 xy 平面周期分布的空间周期可以用位相相差 2π 的两相邻等位相线的间隔 X 表示。由式（3-21）可知

$$kX\cos\alpha = 2\pi$$

所以
$$X = \frac{2\pi}{k\cos\alpha} = \frac{\lambda}{\cos\alpha} \tag{3-22}$$

式中，λ 为光波波长。用空间周期的倒数表示 x 方向单位长度内变化的周期数，即
$$f_x = \frac{1}{X} = \frac{\cos\alpha}{\lambda} \tag{3-23}$$

式中，f_x 称为复振幅分布在 x 方向的空间频率，单位为周/mm。

因为等位相线平行于 y 轴，复振幅分布沿 y 方向不变，可认为沿 y 方向空间周期 $Y = \infty$，因此，y 方向的空间频率为
$$f_y = \frac{1}{Y} = 0$$

这样一来，传播方向余弦为 $(\cos\alpha, 0)$ 的单色平面波在 xy 平面上复振幅的周期分布就可用 x、y 方向的空间频率 $\left(f_x = \frac{\cos\alpha}{\lambda}, f_y = 0\right)$ 来描述。因此式 (3-20) 可以改写为
$$U(x, y) = A\exp(j2\pi f_x x) \tag{3-24}$$

上式直接通过空间频率表示 xy 平面上的复振幅分布。由空间频率与传播方向余弦之间的对应关系，可以认为该式代表一个传播方向余弦为 $\cos\alpha = \lambda f_x$、$\cos\beta = 0$ 的单色平面波。

在图 3-4 的情况中，α 为锐角，$\cos\alpha > 0$，空间频率 $f_x = \frac{\cos\alpha}{\lambda}$ 为正值。xy 平面上位相值沿 x 正向增加。如果传播矢量与 x_0 轴成钝角，如图 3-5 所示，$\cos\alpha < 0$，空间频率 $f_x = \frac{\cos\alpha}{\lambda}$ 为负值。xy 平面上位相值沿 x 正向减小。在两种情况中，光波传播到 xy 平面时，沿 x 方向各点光振动发生的先后次序是相反的，因此空间频率的正负，仅表示平面波不同的传播方向。

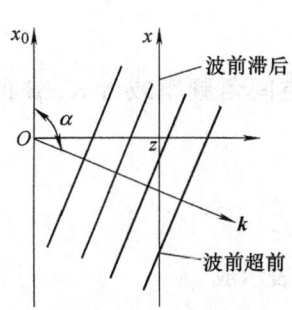

图 3-5　空间频率为负值的平面波

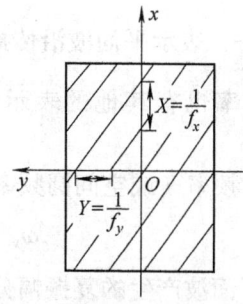

图 3-6　任意方向传播的平面波在 xy 平面上的空间频率

在传播方向余弦为（$\cos\alpha$，$\cos\beta$）的一般情况下，xy 平面上的等位相线是一些平行斜线。图 3-6 表示位相值依次相差 2π 的等位相线。这时，xy 平面上沿 x 方向和 y 方向的复振幅分布都是周期性变化的。其空间周期 X、Y 分别为

$$X = \frac{\lambda}{\cos\alpha}, \quad Y = \frac{\lambda}{\cos\beta}$$

x、y 方向相应的空间频率分别为

$$f_x = \frac{1}{X} = \frac{\cos\alpha}{\lambda}$$
$$f_y = \frac{1}{Y} = \frac{\cos\beta}{\lambda} \tag{3-25}$$

把式（3-25）代入式（3-18），得到

$$U(x,y) = A\exp[j2\pi(f_x x + f_y y)] \tag{3-26}$$

该式直接通过空间频率 (f_x, f_y) 表示 xy 平面上的复振幅分布。由空间频率与传播方向余弦之间的对应关系，可认为公式（3-26）代表一个传播方向余弦为（$\cos\alpha = \lambda f_x$，$\cos\beta = \lambda f_y$）的单色平面波。

假如我们的注意力不是集中在某一平面上，而在于平面波在空间的传播，可以类似地定义 z 方向的空间频率为

$$f_z = \frac{\cos\gamma}{\lambda} \tag{3-27}$$

公式（3-15）则可以利用空间频率表示

$$U(x,y,z) = a\exp[j2\pi(f_x x + f_y y + f_z z)] \tag{3-28}$$

根据 $\cos^2\alpha + \cos^2\beta + \cos^2\gamma = 1$，可得到 x、y、z 方向空间频率的关系是

$$f_x^2 + f_y^2 + f_z^2 = \frac{1}{\lambda^2} = f^2 \tag{3-29}$$

式中，$f = \frac{1}{\lambda}$，表示平面波沿传播方向的空间频率。

空间频率也有其他的表示方法，例如通过空间角频率或者 α、β 的余角表示。

空间角频率（或空间圆频率）定义为

$$\omega_x = 2\pi f_x, \quad \omega_y = 2\pi f_y \tag{3-30}$$

xy 平面上平面波产生的复振幅分布可利用 ω_x、ω_y 表示成

$$U(x,y) = A\exp[j(\omega_x x + \omega_y y)] \tag{3-31}$$

如果用 α、β 的余角，即

$$\theta_x = \frac{\pi}{2} - \alpha, \quad \theta_y = \frac{\pi}{2} - \beta \tag{3-32}$$

表示空间频率，则有

$$f_x = \frac{\sin\theta_x}{\lambda}, \quad f_y = \frac{\sin\theta_y}{\lambda} \tag{3-33}$$

当传播矢量在 x_0z 平面内时，θ_x 就是平面波传播方向与 z 轴的夹角。当分析光波在共轴球面光学系统中的传播时，通常把 z 轴作为系统的光轴。采用 θ_x 表示子午面内传播的平面波的方向较为方便。当然，这时 $\theta_y = 0$。

最后必须指出，空间频率的概念同样可以描述其他物理量的空间周期分布。但应当严格区别它们截然不同的物理含义。例如，对于非相干照明的平面上的光强分布，也可以通过傅里叶分析利用空间频率来描述。但空间频率 (f_x, f_y) 不再和单色平面波有关，$\exp[j2\pi(f_x x + f_y y)]$ 也就不再对应沿某一方向传播的平面波。

3.1.5 局部空间频率

在傅里叶分析中，构成函数的每一频率成分（正、余弦函数或复指数函数）都是扩展到整个 xy 空间域的基元函数，因而无法把空间位置与特定空间频率联系在一起。但在实践中存在空间频率局域化的现象。例如，图像的某一局部由类似光栅的一组平行线段构成。图像在局部表现出的周期性特点可以引入与位置关联的局部空间频率来描述。

对于复函数

$$g(x,y) = a(x,y) \exp[j\phi(x,y)]$$

式中，$a(x,y)$ 和 $\phi(x,y)$ 分别是振幅分布和位相分布，它们都是实函数。光学上我们常常更关心光波的位相分布，故假定振幅分布是 (x, y) 的缓变函数，函数 g 的局部空间频率定义为 $\phi(x,y)$ 沿 x 和 y 方向的变化率为

$$f_{lx} = \frac{1}{2\pi}\frac{\partial}{\partial x}\phi(x,y) \quad f_{ly} = \frac{1}{2\pi}\frac{\partial}{\partial y}\phi(x,y) \tag{3-34}$$

对 $g(x,y)$ 为零的区域，f_{lx} 和 f_{ly} 定义为零。

例如，空间频率 (f_x, f_y) 的单色平面波

$$g(x,y) = \exp[j2\pi(f_x x + f_y y)]$$

局部空间频率为

$$f_{lx} = \frac{1}{2\pi}\frac{\partial}{\partial x}[2\pi(f_x x + f_y y)] = f_x$$

$$f_{ly} = \frac{1}{2\pi}\frac{\partial}{\partial y}[2\pi(f_x x + f_y y)] = f_y$$

显然，当 xy 平面上只有单一频率成分时，局部空间频率在整个 xy 平面处处

相等，并等于 (f_x, f_y)。

又如，对二次位相函数

$$g(x,y) = \exp[j\pi\alpha(x^2 + y^2)]$$

由定义式（3-34），求出局部空间频率

$$f_{lx} = \alpha x \qquad f_{ly} = \alpha y$$

上式表明，局部空间频率与位置有密切关系。对用二次位相函数表示的单色球面波，局部空间频率随空间坐标线性增大。当函数为空间有限时，在边缘处局部空间频率达到最大。

3.1.6 复振幅分布的空间频谱（角谱）

利用傅里叶变换这一数学工具对位于单色光场中的 xy 平面上的复振幅分布 $U(x,y)$ 进行傅里叶分析，得

$$U(x,y) = \iint_{-\infty}^{\infty} A(f_x, f_y) \exp[j2\pi(f_x x + f_y y)] \mathrm{d}f_x \mathrm{d}f_y \tag{3-35}$$

这里把平面上复振幅分布 $U(x,y)$ 看作频率不同的复指数分量的线性组合，各频率分量的权重因子是 $A(f_x, f_y)$，且

$$A(f_x, f_y) = \iint_{-\infty}^{\infty} U(x,y) \exp[-j2\pi(f_x x + f_y y)] \mathrm{d}x \mathrm{d}y \tag{3-36}$$

前面已经指出 $\exp[j2\pi(f_x x + f_y y)]$ 代表一个传播方向余弦为 $(\cos\alpha = \lambda f_x, \cos\beta = \lambda f_y)$ 的单色平面波。因此，式（3-35）有了进一步的物理解释。即复振幅分布 $U(x,y)$ 可以看作为不同方向传播的单色平面波分量的线性叠加。这些平面波分量的传播方向和频率 (f_x, f_y) 相对应，其相对的振幅和常量位相取决于频谱 $A(f_x, f_y)$，即复振幅分布的空间频谱。因为

$$f_x = \frac{\cos\alpha}{\lambda}, \quad f_y = \frac{\cos\beta}{\lambda}$$

$A(f_x, f_y)$ 也可以利用方向余弦来表示，即

$$A\left(\frac{\cos\alpha}{\lambda}, \frac{\cos\beta}{\lambda}\right) = \iint_{-\infty}^{\infty} U(x,y) \exp\left[-j2\pi\left(\frac{\cos\alpha}{\lambda}x + \frac{\cos\beta}{\lambda}y\right)\right] \mathrm{d}x \mathrm{d}y \tag{3-37}$$

这时 $A\left(\frac{\cos\alpha}{\lambda}, \frac{\cos\beta}{\lambda}\right)$ 就称作 xy 平面上复振幅分布的角谱。引入角谱的概念有助于进一步理解复振幅分解的物理含义：单色光波场中某一平面上的场分布可看作不同方向传播的单色平面波的叠加，在叠加时各平面波成分有自己的振幅和常量位相，它们的值分别取决于角谱的模和辐角。

3.2 基尔霍夫衍射理论

3.2.1 惠更斯-菲涅耳原理

1678年惠更斯为了描述波的传播过程提出关于子波的设想,即波面上每一点可看作次级球面子波的波源,下一时刻新的波前形状由次级子波的包络面决定。1818年菲涅耳引入干涉概念补充了惠更斯原理,考虑到子波源应是相干的,空间光场应是子波干涉的结果。对于在真空中传播的单色光波,惠更斯-菲涅耳原理的数学表达式是

$$U(P) = C\iint_{\Sigma} U(P_0) K(\theta) \frac{e^{jkr}}{r} ds \tag{3-38}$$

参看图3-7,Σ 为光波的一个波面;$U(P_0)$ 为波面上任一点 P_0 的复振幅;$U(P)$ 为光场中任一观察点 P 的复振幅;r 为从 P 到 P_0 的距离;θ 为 $\overline{P_0P}$ 和过 P_0 点的元波面法线 n 的夹角,这里用倾斜因子 $K(\theta)$ 表示子波源 P_0 对 P 的作用与角度 θ 有关;C 为常数。

利用惠更斯-菲涅耳原理计算一些简单孔径衍射图样的强度分布,可得到符合实际的结果。但是由于它是建立在"子波源"的假说之上的,缺乏严格的以波动理论为基础的根据。为了符

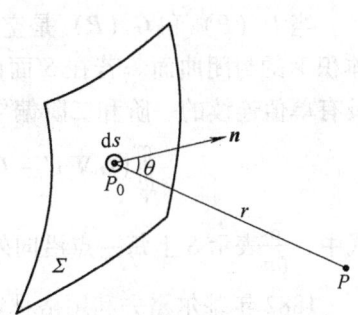

图3-7 计算波面 Σ 在 P 点产生的复振幅的几何图形

合实际,必须假定子波源振动位相比实际光波在该点的振动超前 $\frac{\pi}{2}$,即常数 C 中应包含 $e^{-j\frac{\pi}{2}} = \frac{1}{j}$ 这一因子。仅由惠更斯-菲涅耳原理无法解释子波源的这一特殊性质,$K(\theta)$ 的具体函数形式也难以确定。

3.2.2 亥姆霍兹方程

单色光波场中任意一点 P 的光振动 u 应满足标量波动方程

$$\nabla^2 u - \frac{1}{c^2}\frac{\partial^2 u}{\partial t^2} = 0 \tag{3-39}$$

∇^2 是拉普拉斯算子,在直角坐标系中

$$\nabla^2 = \frac{\partial^2}{\partial x^2} + \frac{\partial^2}{\partial y^2} + \frac{\partial^2}{\partial z^2}$$

实扰动 u 又可以表示为

$$u(P,t) = \text{Re}\{U(P)e^{-j2\pi\nu t}\} \tag{3-40}$$

式（3-40）代入式（3-39），可以得到不含时间的方程

$$(\nabla^2 + k^2)U(P) = 0 \tag{3-41}$$

式中，k 为波数，$k = \dfrac{2\pi\nu}{c} = \dfrac{2\pi}{\lambda}$。式（3-41）就称为亥姆霍兹方程。可把它看作是自由空间传播的单色光扰动的复振幅必须满足的波动方程。

3.2.3　亥姆霍兹和基尔霍夫积分定理

衍射理论所要解决的问题是：光场中任一点 P 的复振幅能否用光场中其他各点的复振幅表示出来（例如由孔径平面场分布计算孔径后面任一点的复振幅）。显然，这是一个根据边界值求解波动方程的问题。

计算 $U(P)$ 的主要数学工具是格林定理，它可作如下表述：

当 $U(P)$ 和 $G(P)$ 是空间位置坐标的两个任意复函数，S 为包围空间某体积 V 的封闭曲面。若在 S 面内和 S 面上，$U(P)$ 和 $G(P)$ 均单值连续，且具有单值连续的一阶和二阶偏导数，则有

$$\iiint_V (G\nabla^2 U - U\nabla^2 G)\mathrm{d}V = \iint_S \left(U\dfrac{\partial G}{\partial n} - G\dfrac{\partial U}{\partial n}\right)\mathrm{d}S \tag{3-42}$$

式中，$\dfrac{\partial}{\partial n}$ 表示 S 上每一点沿向外的法线方向上的偏导数。

1882 年基尔霍夫利用格林定理求解波动方程。完成这一工作需要慎重选择格林函数 G 和封闭曲面 S。

选择包围观察点 P 的任意封闭曲面 S，如图 3-8 所示。期望用封闭面 S 上的光场计算 P 点的光场。像基尔霍夫那样选择格林函数为由 P 点向外发散的单位振幅的球面波。在任意点 P_0 上 G 的值为

$$G(P_0) = \dfrac{e^{jkr}}{r}$$

式中，r 表示 P 指向 P_0 的矢量 $\boldsymbol{r}$ 的长度。

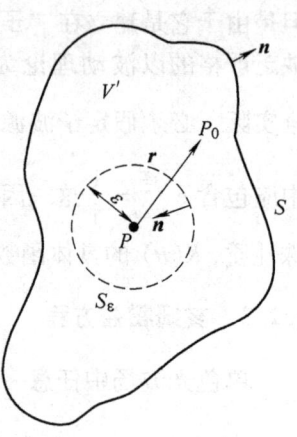

函数 G 及其一阶、二阶偏导数在被包围的体积 V 内必须是连续的。为了排除在 P 点的不连续性，用半径为 ε 的小球面 S_ε 嵌在 P 点周围，然后应用格林定理。积分的体积 V' 为介于 S 和 S_ε 之间的那部分空间，积分曲面是复合曲面 $S' = S + S_\varepsilon$。注意图 3-8 中表示出曲面 S 和 S_ε 上的外向法线方向。

图 3-8　积分曲面

在体积 V' 内，球面波 G 满足亥姆霍兹方程

$$(\nabla^2 + k^2)G = 0 \tag{3-43}$$

把式（3-41）和式（3-43）这两个亥姆霍兹方程式代入格林定理表达式的左端，得到

$$\iiint_{V'}(G\nabla^2 U - U\nabla^2 G)\mathrm{d}V = -\iiint_{V'}(GUk^2 - UGk^2)\mathrm{d}V \equiv 0$$

于是，格林定理简化为

$$\iint_{S'}\left(G\frac{\partial U}{\partial n} - U\frac{\partial G}{\partial n}\right)\mathrm{d}S = 0$$

或

$$\iint_{S}\left(G\frac{\partial U}{\partial n} - U\frac{\partial G}{\partial n}\right)\mathrm{d}S = -\iint_{S_\varepsilon}\left(G\frac{\partial U}{\partial n} - U\frac{\partial G}{\partial n}\right)\mathrm{d}S \tag{3-44}$$

对于 S 上的任意一点 P_0，有

$$G(P_0) = \frac{\mathrm{e}^{\mathrm{j}kr}}{r}$$

$$\frac{\partial G(P_0)}{\partial n} = \frac{\partial G(P_0)}{\partial r}\cdot\frac{\partial r}{\partial n} = \left(\mathrm{j}k - \frac{1}{r}\right)\frac{\mathrm{e}^{\mathrm{j}kr}}{r}\cdot\cos(\boldsymbol{n},\boldsymbol{r})$$

式中，$\cos(\boldsymbol{n},\boldsymbol{r})$ 代表外向法线 $\boldsymbol{n}$ 与矢量 $\boldsymbol{r}$ 之间夹角的余弦。对于 S_ε 上的 P_0 点的特殊情况，$\cos(\boldsymbol{n},\boldsymbol{r}) = -1$，此时

$$G(P_0) = \frac{\mathrm{e}^{\mathrm{j}k\varepsilon}}{\varepsilon}$$

$$\frac{\partial G(P_0)}{\partial n} = \left(\frac{1}{\varepsilon} - \mathrm{j}k\right)\frac{\mathrm{e}^{\mathrm{j}k\varepsilon}}{\varepsilon}$$

令 $\varepsilon\to 0$，由 U 及其导数在 P 点的连续性得到

$$\lim_{\varepsilon\to 0}\iint_{S_\varepsilon}\left(G\frac{\partial U}{\partial n} - U\frac{\partial G}{\partial n}\right)\mathrm{d}S = \lim_{\varepsilon\to 0}4\pi\varepsilon^2\left[\frac{\partial U(P)}{\partial n}\frac{\mathrm{e}^{\mathrm{j}k\varepsilon}}{\varepsilon} - U(P)\frac{\mathrm{e}^{\mathrm{j}k\varepsilon}}{\varepsilon}\left(\frac{1}{\varepsilon} - \mathrm{j}k\right)\right]$$

$$= -4\pi U(P)$$

把这一结果代入式（3-44），得到

$$U(P) = \frac{1}{4\pi}\iint_{S}\left[\frac{\partial U}{\partial n}\left(\frac{\mathrm{e}^{\mathrm{j}kr}}{r}\right) - U\frac{\partial}{\partial n}\left(\frac{\mathrm{e}^{\mathrm{j}kr}}{r}\right)\right]\mathrm{d}S \tag{3-45}$$

上式称之为亥姆霍兹和基尔霍夫积分定理。它的意义在于衍射场中任意点 P 的复振幅分布 $U(P)$ 可以用包围该点的任意封闭曲面 S 上各点扰动的边界值 U 和 $\dfrac{\partial U}{\partial n}$ 计算得出。

3.2.4 基尔霍夫衍射公式

现在我们可用亥姆霍兹和基尔霍夫积分定理来研究无限大不透明屏上一个

孔径的衍射问题。如图3-9所示，假定光波从左侧照射屏和孔径，要计算孔径后面一点 P 处的光场。

选择的封闭面由两部分组成，即由紧靠屏幕后的平面 S_1 和中心在观察点 P、半径为 R 的大球形罩 S_2 组成。根据积分定理式（3-45）

$$U(P) = \frac{1}{4\pi}\iint_{S_1+S_2}\left(G\frac{\partial U}{\partial n} - U\frac{\partial G}{\partial n}\right)\mathrm{d}S$$

(3-46)

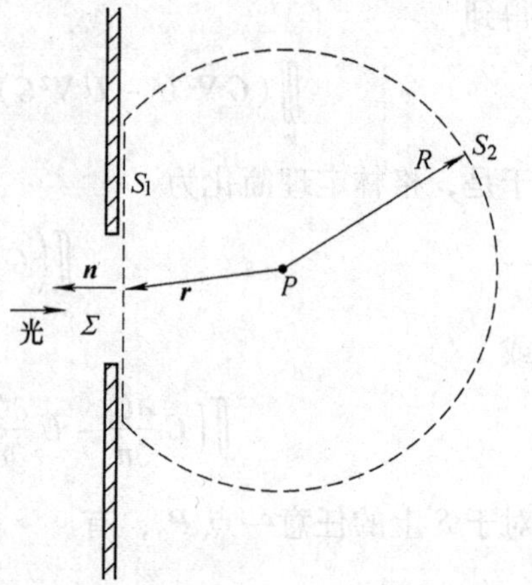

式中，G 仍代表球面波

$$G = \frac{\mathrm{e}^{jkr}}{r}$$

先看 S_2 面上的积分值。当 R 增大时，S_2 趋于一个大的半球壳，在 S_2 面上有

$$G = \frac{\mathrm{e}^{jkR}}{R}$$

图3-9 讨论平面屏衍射的示意图

$$\frac{\partial G}{\partial n} = \left(jk - \frac{1}{R}\right)\frac{\mathrm{e}^{jkR}}{R} \approx jkG \quad （当 R 很大时）$$

于是，S_2 面上积分可以简化为

$$\iint_{S_2}\left(G\frac{\partial U}{\partial n} - U\frac{\partial G}{\partial n}\right)\mathrm{d}S = \iint_{\Omega}G\left(\frac{\partial U}{\partial n} - jkU\right)R^2\mathrm{d}\omega$$

式中，Ω 是 S_2 对 P 点所张的立体角。由于 $|RG| = |\mathrm{e}^{jkR}| = 1$，这个量在 S_2 上是一致有界的。所以，只要满足所谓的索末菲辐射条件

$$\lim_{R\to\infty}R\left(\frac{\partial U}{\partial n} - jkU\right) = 0$$

则 S_2 面上整个积分将随着 R 趋于无穷大而消失为零。当扰动趋于零的速度至少像发散球面波一样快时，则此条件满足。S_2 上仅仅是孔径出射光波，当 $R\to\infty$，实际上这个要求总会满足。

现在 P 点的扰动可以只用紧靠屏幕后的无穷大平面 S_1 上的扰动及其法向导数表示，即

$$U(P) = \frac{1}{4\pi}\iint_{S_1}\left(G\frac{\partial U}{\partial n} - U\frac{\partial G}{\partial n}\right)\mathrm{d}S \qquad (3-47)$$

屏幕上除了透光孔径 Σ 之外，均是不透明的。所以，直觉上可认为对积分的贡献应主要来自 S_1 上位于孔径 Σ 内的那些点，预期被积函数在那里最大。基尔霍夫采用以下假定：

1)在孔径 Σ 上,场分布 U 及其偏导数 $\dfrac{\partial U}{\partial n}$ 与没有屏幕时完全相同。

2)在 S_1 位于屏幕几何阴影区的那一部分上,场分布 U 及其偏导数 $\dfrac{\partial U}{\partial n}$ 恒为零。

上述假定被称为基尔霍夫边界条件。在该条件下,式(3-47)化简为

$$U(P) = \frac{1}{4\pi}\iint_{\Sigma}\left(G\frac{\partial U}{\partial n} - U\frac{\partial G}{\partial n}\right)\mathrm{d}S \tag{3-48}$$

式(3-48)表明,孔径后观察点 P 的光场可以由孔径内的点的场分布及其法向导数表示。

采用基尔霍夫边界条件使结果大大简化,但应该认识到,这两个条件中没有一条是严格成立的。屏幕的存在必然会在一定程度上干扰孔径 Σ 上的场,其在屏幕后的阴影处也不可能完全为零,场总要扩展到屏幕后孔径 Σ 之外几个波长的距离。如果孔径的线度远大于波长,观察点又离孔径较远,那么孔径边缘上的精细效应可以忽略不计,由这两个边界条件得到的结果与实验相符。

注意从孔径到观察点的距离 r 通常远大于波长,故 $k \gg \dfrac{1}{r}$,于是有

$$\frac{\partial G(P_0)}{\partial n} = \left(\mathrm{j}k - \frac{1}{r}\right)\frac{\mathrm{e}^{\mathrm{j}kr}}{r} \approx \mathrm{j}k\frac{\mathrm{e}^{\mathrm{j}kr}}{r}\cos(\boldsymbol{n},\boldsymbol{r})$$

把这个近似式及 $G(P_0) = \dfrac{\mathrm{e}^{\mathrm{j}kr}}{r}$ 代入式(3-48),得到

$$U(P) = \frac{1}{4\pi}\iint_{\Sigma}\frac{\mathrm{e}^{\mathrm{j}kr}}{r}\left[\frac{\partial U}{\partial n} - \mathrm{j}kU\cos(\boldsymbol{n},\boldsymbol{r})\right]\mathrm{d}S \tag{3-49}$$

假设孔径是由位于 P' 点的点源产生的单个球面波照明,P' 与 P_0 点的距离 r' 也远大于光波长(见图3-10),则

$$U(P_0) = A\frac{\mathrm{e}^{\mathrm{j}kr'}}{r'}$$

$$\frac{\partial U}{\partial n} = \mathrm{j}k\frac{A\mathrm{e}^{\mathrm{j}kr'}}{r'}\cos(\boldsymbol{n},\boldsymbol{r})$$

于是式(3-49)可以改写为

$$U(P) = \frac{A}{\mathrm{j}\lambda}\iint_{\Sigma}\frac{\mathrm{e}^{\mathrm{j}kr'}}{r'}\left[\frac{\cos(\boldsymbol{n},\boldsymbol{r}) - \cos(\boldsymbol{n},\boldsymbol{r}')}{2}\right]\frac{\mathrm{e}^{\mathrm{j}kr}}{r}\mathrm{d}S \tag{3-50}$$

上式称为菲涅耳-基尔霍夫衍射公式。把它改写为

$$U(P) = \frac{1}{\mathrm{j}\lambda}\iint_{\Sigma}U(P_0)K(\theta)\frac{\mathrm{e}^{\mathrm{j}kr}}{r}\mathrm{d}S \tag{3-51}$$

并将它与惠更斯-菲涅耳原理的数学表达式相比较,可看出二者是一致的。基尔霍夫利用格林定理,通过假定衍射屏的边界条件,求解波动方程,导出更严格

的衍射公式，从而把惠更斯-菲涅耳原理置于更为可靠的波动理论的基础上。进一步明确了常数 C 和倾斜因子 $K(\theta)$ 应该是

$$C = \frac{1}{j\lambda} \tag{3-52}$$

$$K(\theta) = \frac{\cos(\boldsymbol{n},\boldsymbol{r}) - \cos(\boldsymbol{n},\boldsymbol{r}')}{2} \tag{3-53}$$

虽然这里仅仅是就单个球面波照明孔径的情况作出的讨论，但是衍射公式却适用于更普遍的任意单色光波照明的情况。因为总可以把任意复杂的光波分解为简单的球面波的线性组合。波动方程的线性性质允许对每一单个球面波分别应用上述原理，再把它们在 P 点产生的作用叠加起来。

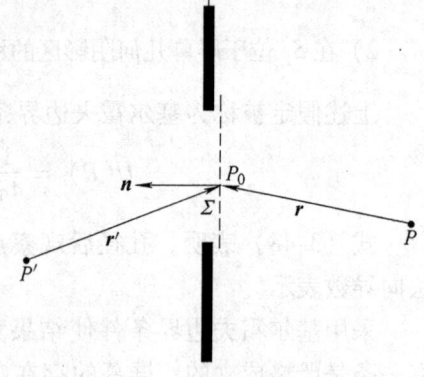

图 3-10 点光源照明平面屏幕

3.2.5 光波传播的线性性质

根据基尔霍夫对平面屏幕假定的边界条件，孔径以外的阴影区内 $U(P_0) = 0$，因此公式（3-51）的积分限可以扩展到无穷。从而有

$$U(P) = \frac{1}{j\lambda} \iint_{-\infty}^{\infty} U(P_0) K(\theta) \frac{e^{jkr}}{r} dS$$

令

$$h(P,P_0) = \frac{1}{j\lambda} K(\theta) \frac{e^{jkr}}{r} \tag{3-54}$$

则

$$U(P) = \iint_{-\infty}^{\infty} U(P_0) h(P,P_0) dS \tag{3-55}$$

假如孔径位于 $x_0 y_0$ 平面，观察点位于 xy 平面，上式又可以表示为

$$U(x,y) = \iint_{-\infty}^{\infty} U(x_0,y_0) h(x,y;x_0,y_0) dx_0 dy_0 \tag{3-56}$$

不难看出，这正是一个描述线性系统输入-输出关系的叠加积分。孔径平面上的透射复振幅分布是输入函数 $U(x_0, y_0)$，观察平面上的复振幅分布是输出函数 $U(x, y)$。因而光波的传播现象可以看作是一个线性系统。系统的脉冲响应 $h(x, y; x_0, y_0)$ 正是位于 (x_0, y_0) 点的子波源发出的球面子波在观察平面上产生的复振幅分布。叠加积分式（3-55）和式（3-56）恰恰说明了惠更斯-菲涅耳原理，即观察点的光场应该是带有不同权重的相干球面子波的线性叠加。由

于描述光波传播规律的波动方程本身的线性性质,导出这一结论并不奇怪。

光波传播的这一线性性质不仅存在于单色光波在自由空间的传播,也同样存在于孔径和观察平面之间是非均匀媒质的情况。例如,两者间存在光学系统。只是线性系统的脉冲响应 h 应考虑不同系统的透射特性。

当点光源 P' 足够远,而且入射光在孔径面上各点的入射角都不大时,有 $\cos(\boldsymbol{n}, \boldsymbol{r}') \approx -1$。进一步如果观察平面与孔径的距离 z 远大于孔径,而且观察平面上仅考虑一个对孔径上各点张角不大的范围,即在傍轴近似下,又有 $\cos(\boldsymbol{n}, \boldsymbol{r}) \approx 1$。在这些条件下,可认为倾斜因子
$$K(\theta) \approx 1$$
式(3-54)变为
$$h(P, P_0) = \frac{1}{j\lambda} \frac{e^{jkr}}{r} \tag{3-57}$$
如图 3-11 所示,观察点 P 到孔径上任意一点 P_0 的距离为
$$r = \sqrt{z^2 + (x - x_0)^2 + (y - y_0)^2}$$

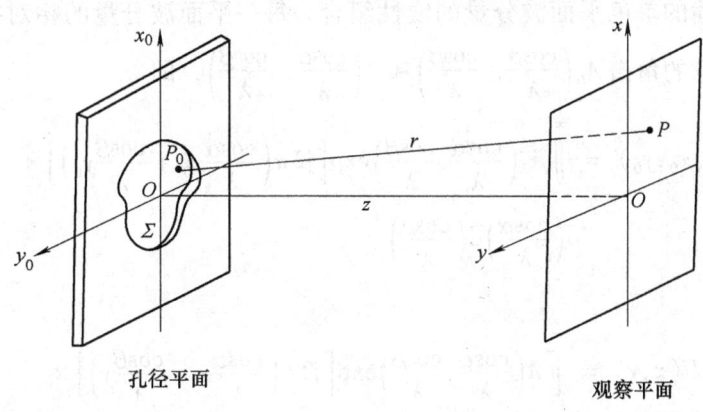

图 3-11 衍射孔径和观察平面

因而,式(3-57)又可以写为
$$h(x, y; x_0, y_0) = \frac{\exp[jk \sqrt{z^2 + (x - x_0)^2 + (y - y_0)^2}]}{j\lambda \sqrt{z^2 + (x - x_0)^2 + (y - y_0)^2}}$$
$$= h(x - x_0, y - y_0) \tag{3-58}$$

显然,脉冲响应具有空间不变的函数形式。也就是说,无论孔径平面上子波源的位置如何,所产生的球面子波的形式都是一样的。叠加积分式(3-56)可以改写为
$$U(x, y) = \iint_{-\infty}^{\infty} U(x_0, y_0) h(x - x_0, y - y_0) \mathrm{d}x_0 \mathrm{d}y_0 \tag{3-59}$$

上式表明孔径平面上透射光场 $U(x_0, y_0)$ 和观察平面上光场 $U(x, y)$ 之间存在着一个卷积积分所描述的关系。这样在忽略了倾斜因子的变化以后，就可以把光波在衍射孔径后的传播现象看作是线性不变系统。系统在空间域的特性惟一地由其空间不变的脉冲响应式（3-58）所确定。前文已经指出，这一脉冲响应就是位于孔径平面的子波源发出的球面子波在观察平面所产生的复振幅分布。$U(x_0, y_0)$ 可看作不同位置的子波源所赋予球面子波的权重因子。所有球面子波的相干叠加，就可以得到观察平面的光场分布。上述结论为用线性系统理论分析衍射现象提供了根本依据。

3.3 衍射的角谱理论

3.3.1 角谱的传播

如本章 3.1 节所述，孔径平面和观察平面上的光场都可以分别看作是许多不同方向传播的单色平面波分量的线性组合。每一平面波分量的相对振幅和位相取决于相应的角谱 $A_0\left(\frac{\cos\alpha}{\lambda}, \frac{\cos\beta}{\lambda}\right)$ 和 $A\left(\frac{\cos\alpha}{\lambda}, \frac{\cos\beta}{\lambda}\right)$，即

$$U(x_0, y_0) = \iint_{-\infty}^{\infty} A_0\left(\frac{\cos\alpha}{\lambda}, \frac{\cos\beta}{\lambda}\right) \exp\left[j2\pi\left(\frac{\cos\alpha}{\lambda}x_0 + \frac{\cos\beta}{\lambda}y_0\right)\right] \times$$
$$\mathrm{d}\left(\frac{\cos\alpha}{\lambda}\right) \mathrm{d}\left(\frac{\cos\beta}{\lambda}\right) \tag{3-60}$$

以及

$$U(x, y) = \iint_{-\infty}^{\infty} A\left(\frac{\cos\alpha}{\lambda}, \frac{\cos\beta}{\lambda}\right) \exp\left[j2\pi\left(\frac{\cos\alpha}{\lambda}x + \frac{\cos\beta}{\lambda}y\right)\right] \times$$
$$\mathrm{d}\left(\frac{\cos\alpha}{\lambda}\right) \mathrm{d}\left(\frac{\cos\beta}{\lambda}\right) \tag{3-61}$$

假如我们能够找到 $A_0\left(\frac{\cos\alpha}{\lambda}, \frac{\cos\beta}{\lambda}\right)$ 和 $A\left(\frac{\cos\alpha}{\lambda}, \frac{\cos\beta}{\lambda}\right)$ 之间的关系，就知道了每一平面波分量在传播过程中振幅和位相发生的变化，自然也就可以确定整个光场由孔径平面传播到观察平面所发生的变化。

讨论角谱传播规律的基础仍然是标量的波动方程。对于单色光波场，着眼点在复振幅这一物理量，可以把式（3-61）代入式（3-41）的亥姆霍兹方程，导出 $A\left(\frac{\cos\alpha}{\lambda}, \frac{\cos\beta}{\lambda}\right)$ 必须满足的微分方程

$$\frac{\mathrm{d}^2}{\mathrm{d}z^2} A\left(\frac{\cos\alpha}{\lambda}, \frac{\cos\beta}{\lambda}\right) + k^2(1 - \cos^2\alpha - \cos^2\beta) A\left(\frac{\cos\alpha}{\lambda}, \frac{\cos\beta}{\lambda}\right) = 0 \tag{3-62}$$

解这个微分方程,得到方程的一个基本解是

$$A\left(\frac{\cos\alpha}{\lambda},\frac{\cos\beta}{\lambda}\right) = C\left(\frac{\cos\alpha}{\lambda},\frac{\cos\beta}{\lambda}\right)\exp(\mathrm{j}kz\sqrt{1-\cos^2\alpha-\cos^2\beta})$$

式中,$C\left(\frac{\cos\alpha}{\lambda},\frac{\cos\beta}{\lambda}\right)$ 由初始条件决定。$z=0$ 处即为孔径平面,角谱是 $A_0\left(\frac{\cos\alpha}{\lambda},\frac{\cos\beta}{\lambda}\right)$。因此

$$C\left(\frac{\cos\alpha}{\lambda},\frac{\cos\beta}{\lambda}\right) = A_0\left(\frac{\cos\alpha}{\lambda},\frac{\cos\beta}{\lambda}\right)$$

最后得到

$$A\left(\frac{\cos\alpha}{\lambda},\frac{\cos\beta}{\lambda}\right) = A_0\left(\frac{\cos\alpha}{\lambda},\frac{\cos\beta}{\lambda}\right)\exp(\mathrm{j}kz\sqrt{1-\cos^2\alpha-\cos^2\beta}) \quad (3\text{-}63)$$

上述公式正是衍射的角谱理论的最重要的结果,它给出了角谱传播的规律。在确定了观察平面光场的角谱以后,可通过傅里叶逆变换求出复振幅分布。因而,式(3-63)具有与基尔霍夫衍射公式同等的价值。

对于式(3-63)必须做更深入的讨论,才能了解其物理意义。当传播方向余弦($\cos\alpha$,$\cos\beta$)满足

$$\cos^2\alpha + \cos^2\beta < 1$$

时,上式表明各平面波分量传播一段距离 z 仅仅是引入一定的相移,而振幅不受影响。由于不同方向上传播的平面波分量在到达观察平面时走过的距离各不相同,因而产生的相移与传播方向有关。这和前面讨论单色平面波传播时式(3-16)所给出的结果是一致的。

注意当传播方向余弦($\cos\alpha$,$\cos\beta$)满足

$$\cos^2\alpha + \cos^2\beta > 1$$

时,式(3-63)中的平方根成为虚数,可以把公式改写为

$$A\left(\frac{\cos\alpha}{\lambda},\frac{\cos\beta}{\lambda}\right) = A_0\left(\frac{\cos\alpha}{\lambda},\frac{\cos\beta}{\lambda}\right)\exp(-\mu z) \quad (3\text{-}64)$$

式中

$$\mu = k\sqrt{\cos^2\alpha + \cos^2\beta - 1} \quad (3\text{-}65)$$

μ 是正实数。式(3-64)表明,满足上述条件的平面波分量在 z 方向按负指数规律迅速衰减。这些角谱分量称为倏逝波。注意极限情况下

$$\cos^2\alpha + \cos^2\beta = 1$$

这时 $\cos\gamma = 0$,该平面波分量的传播方向垂直于 z 轴。因此,沿 z 方向实际上并没有能量传播。应当说明,对于倏逝波的讨论,标量理论是不可靠的。采用矢量理论才更为适宜。

把式(3-63)改写为

$$A(f_x, f_y) = A_0(f_x, f_y) H(f_x, f_y) \tag{3-66}$$

把 $A_0(f_x, f_y)$ 和 $A(f_x, f_y)$ 分别看作一个系统的输入和输出频谱，由上式给出的输入-输出频谱关系再次说明该系统是线性不变系统。系统在频域的效应由传递函数表征

$$H(f_x, f_y) = \frac{A(f_x, f_y)}{A_0(f_x, f_y)} = \exp[jkz\sqrt{1-(\lambda f_x)^2-(\lambda f_y)^2}] \tag{3-67}$$

当观察平面与孔径平面之间的距离 z 至少大于几个波长时，倏逝波已衰减到极小，可以忽略。传递函数就可以表示为

$$H(f_x, f_y) = \begin{cases} \exp[jkz\sqrt{1-(\lambda f_x)^2-(\lambda f_y)^2}], & f_x^2 + f_y^2 < \frac{1}{\lambda^2} \\ 0, & \text{其他} \end{cases} \tag{3-68}$$

公式表明，可以把光波的传播现象看作一个空间滤波器。它具有有限的空间带宽（见图 3-12）在频率平面上半径为 $\frac{1}{\lambda}$ 的圆形区域内，传递函数的模为 1，对各频率分量的振幅没有影响，但引入了与频率有关的相移。在这一圆形区域之外，传递函数为零。这一结论提醒我们，对孔径中比波长还小的精细结构，或者说空间频率大于 $\frac{1}{\lambda}$ 的信息，在单色光波照明下不能沿 z 方向向前传递。

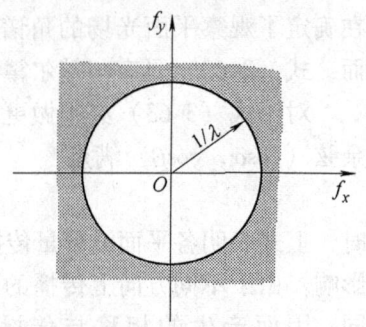

图 3-12 传播现象的有限空间带宽

以上就是衍射的角谱理论。如果把描述球面子波相干叠加的基尔霍夫理论称为衍射的球面波理论，角谱理论则可以称作衍射的平面波理论。它描述孔径平面上不同方向传播的平面波分量（与系统的本征函数——复指数函数相对应）在传播距离 z 后，各自引入与频率有关的相移，然后再线性叠加，产生观察平面上的场分布。即

$$U(x, y) = \iint_{-\infty}^{\infty} A_0(f_x, f_y) \exp[jkz\sqrt{1-(\lambda f_x)^2-(\lambda f_y)^2}] \times$$
$$\exp[j2\pi(f_x x + f_y y)] df_x df_y \tag{3-69}$$

上式与式（3-59）比较，二者似乎毫无共同之处。但是输入频谱为

$$A_0(f_x, f_y) = \iint_{-\infty}^{\infty} U(x_0, y_0) \exp[-j2\pi(f_x x_0 + f_y y_0)] dx_0 dy_0 \tag{3-70}$$

把它代入式（3-69），并改换积分的次序，得到

$$U(x, y) = \iint_{-\infty}^{\infty} U(x_0, y_0) dx_0 dy_0 \iint_{-\infty}^{\infty} \exp[jkz\sqrt{1-(\lambda f_x)^2-(\lambda f_y)^2}] \times$$

第 3 章 标量衍射理论

$$\exp\{j2\pi[f_x(x-x_0)+f_y(y-y_0)]\}df_xdf_y \qquad (3-71)$$

式中后一项积分就是系统传递函数的傅里叶逆变换。

令
$$h(x-x_0,y-y_0) = \mathscr{F}^{-1}\{H(f_x,f_y)\}$$

$$= \iint_{-\infty}^{\infty} \exp[jkz\sqrt{1-(\lambda f_x)^2-(\lambda f_y)^2}] \times$$

$$\exp\{j2\pi[f_x(x-x_0)+f_y(y-y_0)]\}df_xdf_y \qquad (3-72)$$

当 $z \gg \lambda$,并且 z 远大于孔径和观察区域的最大线度,即在傍轴近似下时,上式的结果是

$$h(x-x_0,y-y_0) = \frac{\exp[jk\sqrt{z^2+(x-x_0)^2+(y-y_0)^2}]}{j\lambda\sqrt{z^2+(x-x_0)^2+(y-y_0)^2}} \qquad (3-73)$$

该式与式(3-58)给出的脉冲响应完全一致。把它代入式(3-71),得到

$$U(x,y) = \iint_{-\infty}^{\infty} U(x_0,y_0)h(x-x_0,y-y_0)dx_0dy_0$$

上式与式(3-59)相同。由此可见,基尔霍夫理论与角谱理论完全是统一的,它们都证明了光的传播现象可看作线性不变系统。基尔霍夫理论是在空间域讨论光的传播,是把孔径平面光场看作点源的集合,观察平面上的场分布则等于它们所发出的带有不同权重因子的球面子波的相干叠加。球面子波在观察平面上的复振幅分布就是系统的脉冲响应。角谱理论是在频率域讨论光的传播,是把孔径平面场分布看作许多不同方向传播的平面波分量的线性组合。观察平面上场分布仍然等于这些平面波分量相干叠加,但每个平面波分量引入相移。相移的大小决定于系统的传递函数,它是系统脉冲响应的傅里叶变换。两种衍射理论的一致性,根本原因还在于标量的波动方程是它们共同的物理基础。

3.3.2 孔径对角谱的影响

前面提到的孔径平面的光场分布 $U(x_0,y_0)$ 实际上是指紧靠孔径平面后方的透射光场的分布。因此迄今为止,我们仅讨论了光波在自由空间传播时光场及其角谱发生的变化。这里则要讨论照明孔径的入射光场和透射光场之间的关系,特别是角谱之间的关系。

假定无穷大的不透明平面屏幕上有一个孔径 Σ,其复振幅透过率为

$$t(x_0,y_0) = \begin{cases} 1, & 在 \Sigma 以内 \\ 0, & 其他 \end{cases} \qquad (3-74)$$

根据基尔霍夫假定的边界条件,屏幕对投射到孔径 Σ 上的光场不发生影响。而屏后几何阴影区内光场恒为零。于是,紧靠屏幕后的平面上透射光场的复振幅分布可以表示为

$$U_t(x_0,y_0) = U_i(x_0,y_0)t(x_0,y_0) \quad (3-75)$$

式中，$U_i(x_0,y_0)$ 表示紧靠孔径之前的平面上的入射光场复振幅分布（见图3-13）。

假定入射光场的角谱和透射光场的角谱分别为 $A_i\left(\dfrac{\cos\alpha}{\lambda},\dfrac{\cos\beta}{\lambda}\right)$ 和 $A_t\left(\dfrac{\cos\alpha}{\lambda},\dfrac{\cos\beta}{\lambda}\right)$。由傅里叶变换的卷积定理可确定二者的关系为

$$A_t\left(\frac{\cos\alpha}{\lambda},\frac{\cos\beta}{\lambda}\right) = A_i\left(\frac{\cos\alpha}{\lambda},\frac{\cos\beta}{\lambda}\right) * T\left(\frac{\cos\alpha}{\lambda},\frac{\cos\beta}{\lambda}\right) \quad (3-76)$$

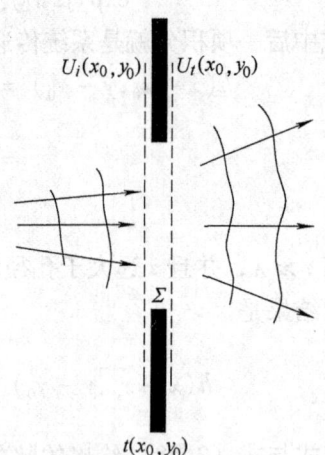

图3-13 孔径对于入射光波场的影响

式中，$T\left(\dfrac{\cos\alpha}{\lambda},\dfrac{\cos\beta}{\lambda}\right)$ 是孔径透过率函数的傅里叶变换，即

$$T\left(\frac{\cos\alpha}{\lambda},\frac{\cos\beta}{\lambda}\right) = \iint_{-\infty}^{\infty} t(x_0,y_0)\exp\left[-\mathrm{j}2\pi\left(\frac{\cos\alpha}{\lambda}x_0 + \frac{\cos\beta}{\lambda}y_0\right)\right]\mathrm{d}x_0\mathrm{d}y_0 \quad (3-77)$$

式（3-76）表明孔径后透射光场的角谱等于孔径之前入射光场的角谱与孔径的傅里叶变换式的卷积。

为了理解衍射孔径对于入射光场角谱的效应，我们举矩形孔径为例

$$t(x_0,y_0) = \mathrm{rect}\left(\frac{x_0}{a}\right)\mathrm{rect}\left(\frac{y_0}{b}\right)$$

采用单位振幅平面波垂直照明孔径，入射光场为

$$U_i(x_0,y_0) = 1$$

入射光场的角谱则是

$$A_i\left(\frac{\cos\alpha}{\lambda},\frac{\cos\beta}{\lambda}\right) = \mathscr{F}\{U_i(x_0,y_0)\} = \delta\left(\frac{\cos\alpha}{\lambda},\frac{\cos\beta}{\lambda}\right)$$

根据式（3-76），透射光场的角谱为

$$A_t\left(\frac{\cos\alpha}{\lambda},\frac{\cos\beta}{\lambda}\right) = \delta\left(\frac{\cos\alpha}{\lambda},\frac{\cos\beta}{\lambda}\right) * T\left(\frac{\cos\alpha}{\lambda},\frac{\cos\beta}{\lambda}\right)$$

$$= T\left(\frac{\cos\alpha}{\lambda},\frac{\cos\beta}{\lambda}\right) = ab\,\mathrm{sinc}\left(\frac{a\cos\alpha}{\lambda}\right)\mathrm{sinc}\left(\frac{b\cos\beta}{\lambda}\right)$$

显然，$A_t\left(\dfrac{\cos\alpha}{\lambda},\dfrac{\cos\beta}{\lambda}\right)$ 较之入射光场角谱所实际包含的角谱分量大大增加了。因此，从空间域来看，孔径的作用是限制了入射波面的大小范围；而从频率域看来，则是展宽了入射光场的角谱。根据傅里叶变换的相似性性质，孔径越小，透射光场的角谱就越宽，或者说包含的高频成分就越多。

3.4 菲涅耳衍射

3.4.1 菲涅耳衍射公式

实际的衍射现象可以分为两种类型：菲涅耳衍射与夫琅禾费衍射。它们的衍射图样具有不同的性质。为了简化这两类衍射图样的数学计算，通常都要对衍射理论所给出的结果做出某种近似，而对菲涅耳衍射和夫琅禾费衍射所采用的近似的程度是不同的。本节首先讨论菲涅耳衍射。

仍然参看图 3-11，由式 (3-59)，观察平面上复振幅分布为

$$U(x,y) = \iint_{-\infty}^{\infty} U(x_0,y_0) h(x-x_0, y-y_0) \mathrm{d}x_0 \mathrm{d}y_0 \tag{3-78}$$

式中

$$h(x-x_0, y-y_0) = \frac{1}{\mathrm{j}\lambda r} \mathrm{e}^{\mathrm{j}kr} \tag{3-79}$$

通常假定观察平面和孔径平面之间的距离 z 远远大于孔径 Σ 以及观察区域的最大线度，即采用傍轴近似。这时上式分母中的 r 可以用 z 来近似，但因 k 值很大，为避免产生大的位相误差，复指数中的 r 必须做更为精确的近似。

当 z 大于某一尺度时，计算 r 的根式的二项式展开式中二次方以上项可以略去，即有菲涅耳近似

$$r = \sqrt{z^2 + (x-x_0)^2 + (y-y_0)^2} \approx z\left[1 + \frac{1}{2}\left(\frac{x-x_0}{z}\right)^2 + \frac{1}{2}\left(\frac{y-y_0}{z}\right)^2\right] \tag{3-80}$$

于是脉冲响应

$$h(x-x_0, y-y_0) = \frac{1}{\mathrm{j}\lambda z}\exp(\mathrm{j}kz)\exp\left\{\mathrm{j}\frac{k}{2z}[(x-x_0)^2 + (y-y_0)^2]\right\} \tag{3-81}$$

显然，菲涅耳近似的物理实质是用二次曲面来代替球面的惠更斯子波。把它代入式 (3-78)，我们就得到菲涅耳衍射的计算公式

$$U(x,y) = \frac{1}{\mathrm{j}\lambda z}\exp(\mathrm{j}kz)\iint_{-\infty}^{\infty} U(x_0,y_0) \times$$
$$\exp\left\{\mathrm{j}\frac{k}{2z}[(x-x_0)^2 + (y-y_0)^2]\right\}\mathrm{d}x_0\mathrm{d}y_0 \tag{3-82}$$

在基尔霍夫理论的基础上，通过对脉冲响应 h 做出近似，导出了菲涅耳衍射公式。这正是传统物理光学教材中采用的方法，这里不打算作更详尽的讨论。下面将从衍射的角谱理论出发，对描述光波传播的传递函数 H 做出近似，来导

出菲涅耳衍射公式。

由公式 (3-63), 观察平面上光扰动角谱 $A\left(\dfrac{\cos\alpha}{\lambda}, \dfrac{\cos\beta}{\lambda}\right)$ 与孔径平面上光扰动角谱 $A_0\left(\dfrac{\cos\alpha}{\lambda}, \dfrac{\cos\beta}{\lambda}\right)$ 之间关系为

$$A\left(\frac{\cos\alpha}{\lambda}, \frac{\cos\beta}{\lambda}\right) = A_0\left(\frac{\cos\alpha}{\lambda}, \frac{\cos\beta}{\lambda}\right) H\left(\frac{\cos\alpha}{\lambda}, \frac{\cos\beta}{\lambda}\right) \tag{3-83}$$

式中, 描述传播现象在频域效应的传递函数

$$H\left(\frac{\cos\alpha}{\lambda}, \frac{\cos\beta}{\lambda}\right) = \exp(jkz\sqrt{1 - \cos^2\alpha - \cos^2\beta}) \tag{3-84}$$

当 $\cos^2\alpha + \cos^2\beta < 1$ 时, 可对位相因子中的根式作二项式展开

$$\sqrt{1 - (\cos^2\alpha + \cos^2\beta)} = 1 - \frac{1}{2}(\cos^2\alpha + \cos^2\beta) - \frac{1}{8}(\cos^2\alpha + \cos^2\beta)^2 - \cdots \tag{3-85}$$

假定展开式中第三项所贡献的位相变化远小于 1rad, 则上式中二次方以上的项都可忽略不计, 即 z 应满足

$$\frac{kz}{8}(\cos^2\alpha + \cos^2\beta)_{\max}^2 \ll 1 \tag{3-86}$$

平面波分量的传播方向实际上依赖于观察平面上观察区域相对孔径的张角。参看图 3-14 表示的几何关系, 有

$$\cos\alpha = \sin\theta_x \approx \frac{x - x_0}{z}$$

$$\cos\beta = \sin\theta_y \approx \frac{y - y_0}{z}$$

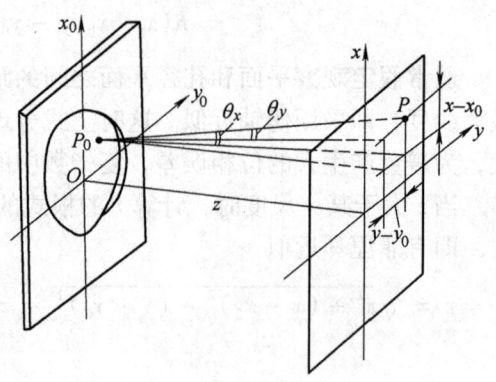

图 3-14 讨论菲涅耳衍射的几何图形

把它们代入不等式 (3-86), 整理后得到

$$z^3 \gg \frac{\pi}{4\lambda}[(x - x_0)^2 + (y - y_0)^2]_{\max}^2 \tag{3-87}$$

满足上述条件时, 观察平面所在的区域称为菲涅耳区⊖。

⊖ 这个条件是充分的, 然而不是必要的。实际上距离 z 很小时, 虽然不能满足这一条件, 也能观察到菲涅耳衍射, 其原因可以用所谓稳相原理来解释。当 z 很小时, 式 (3-87) 的条件不满足, 此时 $\dfrac{k}{2z}$ 的值一般很大, 式 (3-81) 中二次位相因子将会振荡很快, 以致对衍射积分主要贡献仅来自 $(x_0 = x, y_0 = y)$ 附近的点, 该处位相变化速率最小。在这些"稳相"点附近, 次高阶位相项的大小可完全忽略, 故菲涅耳衍射仍然能够实现。

在菲涅耳区内

$$\sqrt{1 - \cos^2\alpha - \cos^2\beta} \approx 1 - \frac{1}{2}(\cos^2\alpha + \cos^2\beta) \tag{3-88}$$

把上式代入式（3-84），得

$$H\left(\frac{\cos\alpha}{\lambda}, \frac{\cos\beta}{\lambda}\right) = \exp(jkz)\exp\left[-j\frac{k}{2}z(\cos^2\alpha + \cos^2\beta)\right] \tag{3-89}$$

由于

$$\cos\alpha = \lambda f_x, \quad \cos\beta = \lambda f_y$$

传递函数也可以表示为

$$H(f_x, f_y) = \exp(jkz)\exp[-j\pi\lambda z(f_x^2 + f_y^2)] \tag{3-90}$$

上式中第一项位相因子表示各角谱分量在距离为 z 的两个平面之间传播时都要受到的一个均匀的位相延迟。第二项位相因子表示各角谱分量将产生与频率有关的相移。

对式（3-83）可以应用傅里叶变换的卷积定理得到

$$\mathscr{F}^{-1}\{A(f_x, f_y)\} = \mathscr{F}^{-1}\{A_0(f_x, f_y)\} * \mathscr{F}^{-1}\{H(f_x, f_y)\}$$

即

$$U(x,y) = \iint_{-\infty}^{\infty} U(x_0, y_0) h(x - x_0, y - y_0) dx_0 dy_0 \tag{3-91}$$

式中

$$h(x - x_0, y - y_0) = \iint_{-\infty}^{\infty} \exp(jkz)\exp[-j\pi\lambda z(f_x^2 + f_y^2)] \times$$
$$\exp\{j2\pi[f_x(x - x_0) + f_y(y - y_0)]\} df_x df_y$$
$$= \frac{1}{j\lambda z}\exp(jkz)\exp\left\{j\frac{k}{2z}[(x - x_0)^2 + (y - y_0)^2]\right\} \tag{3-92}$$

这一表达式恰恰就是式（3-81）的 h。这说明根据角谱理论得到的一个近似的传递函数，其傅里叶逆变换正好是基尔霍夫理论所给出的一个经过近似的脉冲响应函数。两种近似，一个在频率域，一个在空间域，但最终的效果是一致的。把式（3-92）代入式（3-78）的卷积积分得到的结果与采用基尔霍夫理论做出的讨论完全相同，即

$$U(x,y) = \frac{1}{j\lambda z}\exp(jkz)\iint_{-\infty}^{\infty} U(x_0, y_0) \times$$
$$\exp\left\{j\frac{k}{2z}[(x - x_0)^2 + (y - y_0)^2]\right\} dx_0 dy_0 \tag{3-93}$$

上式即卷积形式的菲涅耳衍射公式，它表明位于菲涅耳区的观察平面上的复振

幅分布可看作是孔径平面上透射光场复振幅分布 $U(x_0, y_0)$ 与惠更斯球面子波 h 的卷积。

展开指数中的二次项，则有

$$U(x,y) = \frac{1}{j\lambda z}\exp(jkz)\exp\left[j\frac{k}{2z}(x^2+y^2)\right] \times$$

$$\iint_{-\infty}^{\infty} U(x_0,y_0)\exp\left[j\frac{k}{2z}(x_0^2+y_0^2)\right] \times$$

$$\exp\left[-j\frac{2\pi}{\lambda z}(xx_0+yy_0)\right]\mathrm{d}x_0\mathrm{d}y_0$$

$$= \frac{1}{j\lambda z}\exp(jkz)\exp\left[j\frac{k}{2z}(x^2+y^2)\right] \times$$

$$\mathscr{F}\left\{U(x_0,y_0)\exp\left[j\frac{k}{2z}(x_0^2+y_0^2)\right]\right\}_{f_x=\frac{x}{\lambda z}, f_y=\frac{y}{\lambda z}} \tag{3-94}$$

上式可看作是傅里叶变换形式的菲涅耳衍射公式。它表明菲涅耳区内的观察平面上的场分布，除了与 (x_0, y_0) 坐标无关的振幅和位相因子以外，恰是函数 $U(x_0, y_0)\exp\left[j\frac{k}{2z}(x_0^2+y_0^2)\right]$ 的傅里叶变换，频率取值与观察平面坐标的关系是

$$f_x = \frac{x}{\lambda z}, \quad f_y = \frac{y}{\lambda z} \tag{3-95}$$

式（3-93）所给出的卷积关系再次说明了菲涅耳衍射现象仍然可以看作是线性不变系统。孔径平面上透射场分布 $U(x_0, y_0)$ 和观察平面场分布 $U(x, y)$ 分别作为系统的输入和输出函数。经过近似的系统的脉冲响应 h，仍然保持了空间不变的函数性质。因此，观察平面上的场分布等于孔径 Σ 上各子波源发出的带有不同权重的球面子波的相干叠加。在菲涅耳区内可用傍轴近似形式表示惠更斯球面子波（脉冲响应）。公式（3-90）则给出了系统的传递函数，它表示菲涅耳衍射在频率域的效应。把孔径平面上的光场看作是不同方向传播的角谱分量的线性组合，这些角谱分量即平面波分量传播到观察平面上，各自产生一个由 H 决定的与频率有关的相移，变化了的各角谱分量再线性叠加起来就得到观察平面的场分布。从基尔霍夫理论或从角谱理论去分析菲涅耳衍射，效果是一致的。在实际工作中，有时从空间域去分析，有时从频率域去分析，视方便而定。在第 4、第 5 章讨论透镜傅里叶变换性质和成像性质时，提供了菲涅耳衍射两种分析方法的实例。而在本节中仅给出频率域方法分析泰伯效应的例子。

3.4.2 菲涅耳衍射的例子——泰伯效应

1830 年泰伯（Talbot）发现一个有趣的现象：用单色平面波垂直照射一个周期性物体（例如透射光栅）时，在物体后面周期性距离上出现物体的像。这种

自成像效应就称为泰伯效应。它不是一种透镜成像，而是衍射成像。

一维的周期性物体，其复振幅透过率为

$$g(x) = \sum_{n=-\infty}^{\infty} c_n \exp\left(j2\pi \frac{n}{d} x\right) \quad (n = 0, \pm 1, \pm 2, \cdots) \tag{3-96}$$

式中，d 为周期。当采用单位振幅平面波垂直照明时，紧靠物体后的光场分布即为 $g(x)$。它可以看作频率取离散值 $\left(\frac{n}{d}, 0\right)$ 的无穷多平面波分量的线性叠加。c_n 表示各平面波分量的相对振幅和位相分布。

讨论与物体相距 z 的观察平面上的光场分布，这是一个菲涅耳衍射问题。对于周期结构从频率域分析是很方便的。物场分布的空间频谱为

$$G(f_x) = \sum_{n=-\infty}^{\infty} c_n \delta\left(f_x - \frac{n}{d}\right) \tag{3-97}$$

各平面波分量传播过程中仅产生相移，根据菲涅耳衍射的传递函数，可写出

$$H(f_x) = \exp(-j\pi\lambda z f_x^2)\exp(jkz)$$

观察平面上得到场分布的频谱为

$$\begin{aligned} G'(f_x) &= G(f_x)H(f_x) \\ &= \sum_{n=-\infty}^{\infty} c_n \delta\left(f_x - \frac{n}{d}\right) \cdot \exp(-j\pi\lambda z f_x^2)\exp(jkz) \end{aligned}$$

频率取值是离散的，根据 δ 函数与普通函数乘积的性质，上式可以改写为

$$G'(f_x) = \sum_{n=-\infty}^{\infty} c_n \delta\left(f_x - \frac{n}{d}\right)\exp\left[-j\pi\lambda z\left(\frac{n}{d}\right)^2\right]\exp(jkz)$$

对于频率为 $\left(\frac{n}{d}, 0\right)$ 的平面波分量，在观察平面仅引入相移 $\exp\left[-j\pi\lambda z\left(\frac{n}{d}\right)^2\right]\exp(jkz)$。

若距离 z 满足条件

$$z = \frac{2md^2}{\lambda} \quad (m = 1, 2, 3, \cdots) \tag{3-98}$$

则有

$$\exp\left[-j\pi\lambda z\left(\frac{n}{d}\right)^2\right] = 1$$

不同频率 $\left(\frac{n}{d}, 0\right)$ 成分在观察平面上引入的相移除一个常数因子外，都是 2π 的整数倍。在这一特殊情况下

$$G'(f_x) = \sum_{n=-\infty}^{\infty} c_n \delta\left(f_x - \frac{n}{d}\right) \cdot \exp(jkz) = G(f_x)\exp(jkz)$$

做傅里叶逆变换得到观察平面的光场复振幅分布为

$$g'(x) = g(x)\exp(jkz)$$

强度分布则与物体相同

$$I(x) = |g'(x)|^2 = |g(x)|^2$$

于是在 $z_T = \dfrac{2d^2}{\lambda}$ 的整数倍的距离上，可以观察到物体的像。z_T 可称为泰伯距离。

例如，物体是周期 $d = 0.1\text{mm}$ 的光栅，照明光波长 $\lambda = 5 \times 10^{-4}\text{mm}$，可计算出 $z_T = 40\text{mm}$。在 $z = 40\text{mm}$，80mm，120mm，…等位置可观察到自成像效应。

以周期为 d 的余弦型振幅光栅为例，物体的振幅透过率为

$$t(x) = \frac{1}{2}\left[1 + \beta\cos\left(\frac{2\pi x}{d}\right)\right]$$

当观察距离 $z = \dfrac{2md^2}{\lambda}$（$m$ 为整数）时，观察到泰伯像的强度为

$$I(x) = \frac{1}{4}\left[1 + \beta\cos\left(\frac{2\pi x}{d}\right)\right]^2$$

读者可自行证明（参见习题 3.3）当 $z = \dfrac{(2m+1)d^2}{\lambda}$（比如 $z = \dfrac{d^2}{\lambda}$），得到像的强度为

$$I(x) = \frac{1}{4}\left[1 - \beta\cos\left(\frac{2\pi x}{d}\right)\right]^2$$

仍得到余弦光栅的像，只是产生 π 相移，是对比度反转的泰伯像。

当 $z = \dfrac{\left(m - \dfrac{1}{2}\right)d^2}{\lambda}$（比如 $z = \dfrac{d^2}{2\lambda}$），像的强度为

$$I(x) = \frac{1}{4}\left[1 + \beta^2\cos^2\left(\frac{2\pi x}{d}\right)\right]$$

$$= \frac{1}{4}\left[\left(1 + \frac{\beta^2}{2}\right) + \frac{\beta^2}{2}\cos\left(\frac{4\pi x}{d}\right)\right]$$

得到余弦光栅的像，但频率为原来的两倍，且条纹对比降低，将这种像称之为泰伯子像。

图 3-15 表示出不同观察距离处得到的不同类型的光栅自成像。

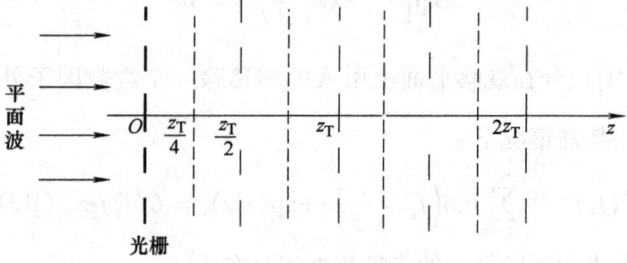

图 3-15 泰伯自成像的位置

如果在光栅所产生的泰伯自成像后面放置一块周期相同的检测光栅，可以观察到清晰的莫尔条纹。在两个光栅之间若存在位相物体，由莫尔条纹的改变可测量物体的位相起伏。这就是泰伯干涉仪的简单原理。它是泰伯效应的重要应用之一。

3.5 夫琅禾费衍射

3.5.1 夫琅禾费衍射公式

若使观察平面离开孔径平面的距离 z 进一步增大，使其不仅满足菲涅耳近似条件，而且满足

$$\frac{k(x_0^2+y_0^2)_{\max}}{2z} \ll 1 \tag{3-99}$$

或

$$z \gg \frac{k}{2}(x_0^2+y_0^2)_{\max} \tag{3-100}$$

这时，观察平面所在的区域可称为夫琅禾费区。例如，对于直径为 d 的圆孔，$(x_0^2+y_0^2)_{\max} = \frac{d^2}{4}$。因此

$$\frac{k}{2}(x_0^2+y_0^2)_{\max} = \frac{\pi d^2}{4\lambda}$$

为简单起见，我们把夫琅禾费区的条件规定为

$$z \gg \frac{d^2}{\lambda} \tag{3-101}$$

当不等式（3-99）的条件满足时，式（3-80）所给出的 r 的计算式中可进一步略去 $\left(\frac{x_0^2+y_0^2}{2z}\right)$ 项，故

$$r \approx z + \frac{x^2+y^2}{2z} - \frac{xx_0+yy_0}{z} \tag{3-102}$$

这一近似即为夫琅禾费近似。把它代入脉冲响应的表达式中，然后再把 h 代入式（3-78），可导出夫琅禾费衍射公式

$$U(x,y) = \frac{1}{j\lambda z}\exp(jkz)\exp\left[j\frac{k}{2z}(x^2+y^2)\right] \times$$

$$\iint_{-\infty}^{\infty} U(x_0,y_0)\exp\left[-j\frac{2\pi}{\lambda z}(xx_0+yy_0)\right]dx_0dy_0$$

$$= \frac{1}{j\lambda z}\exp(jkz)\exp\left[j\frac{k}{2z}(x^2+y^2)\right] \times$$

$$\mathscr{F}\{U(x_0,y_0)\}_{f_x=\frac{x}{\lambda z}, f_y=\frac{y}{\lambda z}} \qquad (3\text{-}103)$$

上式表明,观察平面上的场分布正比于孔径平面上透射光场分布的傅里叶变换。频率取值与观察平面坐标的关系为$\left(f_x=\frac{x}{\lambda z}, f_y=\frac{y}{\lambda z}\right)$。考虑到积分号前的位相因子,这一变换关系还不是准确的,但它并不影响观察平面上衍射图样的强度分布,即

$$I(x,y) = \left(\frac{1}{\lambda z}\right)^2 |\mathscr{F}\{U(x_0,y_0)\}|^2 = \left(\frac{1}{\lambda z}\right)^2 \left|A_0\left(\frac{x}{\lambda z},\frac{y}{\lambda z}\right)\right|^2 \qquad (3\text{-}104)$$

式中,A_0表示孔径平面透射光场复振幅分布的频谱。略去常系数,衍射图样的强度分布直接等于孔径透射光场分布的功率谱。

式(3-103)与式(3-94)相比较,可以看出菲涅耳衍射图样的复振幅分布正比于$U(x_0, y_0)\exp\left[j\frac{k}{2z}(x_0^2+y_0^2)\right]$的傅里叶变换。因此,随着距离$z$增大,观察平面光场的函数分布会发生变化。仅考察轴上观察点,沿z方向是亮暗交替变化的。夫琅禾费衍射图样的复振幅分布正比于$U(x_0, y_0)$的傅里叶变换。其强度分布单纯与方向有关。当z变化时,仅产生尺度变化。

由于光波长λ值很小,夫琅禾费区所要求的条件实际上相当苛刻。例如,对于$\lambda=0.6\mu m$(红光),直径2mm的圆孔,根据式(3-101),观察距离应满足$z \gg 6.66m$。有时在实验中难于满足这一条件。为了在较近距离上观察到孔径的夫琅禾费衍射图样,关键是要消除菲涅耳衍射公式(3-94)的积分号内位相因子$\exp\left[j\frac{k}{2z}(x_0^2+y_0^2)\right]$的影响。例如,我们可以采用向观察平面会聚的球面波照明孔径,或者利用会聚透镜的性质(见第4章)来实现这一点。

应当指出,数学上采用夫琅禾费近似之后,脉冲响应h的空间不变性质已不复存在。似乎夫琅禾费衍射现象已不再是线性不变系统,也没有所谓传递函数。但是,通常我们把夫琅禾费衍射仅仅作为菲涅耳衍射的极限情况,可以认为传递函数式(3-90)仍然有效。

3.5.2 一些简单孔径的夫琅禾费衍射

我们已经知道了观察平面场分布正比于孔径平面上透射光场分布$U(x_0, y_0)$的傅里叶变换。而$U(x_0, y_0)$又等于照明孔径的入射场分布与孔径复振幅透过率的乘积[见式(3-75)]。因此实际影响衍射现象的因素必然包括两个方面:照明光波的性质以及孔径的特点。在分析夫琅禾费衍射图样时,除考虑孔径而外,不应忽略照明光波的影响。

孔径的概念可以推广到一般透明或半透明的平面型物体。其透过率函数一般是复函数,光波通过物体时,其振幅和位相分布都要受到物体的调制,使透

射光波携带物体信息向前传播。在特殊情况下,例如物体是一幅仅有光密度变化的透明片,它只改变入射光波的振幅分布,而不改变其位相分布,我们称它为振幅型物体。如果物体由于折射率不均匀或厚度起伏,只改变入射光波的位相分布,而不改变其相对振幅分布,则称之为位相型物体。显然,物体的透过率直接反映了物体的结构特点。为了能够从衍射图样直接了解物体透过率的性质,或者对不同物体的衍射图样作出比较,有必要排除复杂照明光波的影响,一致采用单色平面波垂直照明物体的方式。假如平面波的振幅为 A,则

$$U(x_0,y_0) = At(x_0,y_0)$$

由夫琅禾费衍射公式,观察平面场分布为

$$U(x,y) = \frac{A}{j\lambda z}\exp(jkz)\exp\left[j\frac{k}{2z}(x^2+y^2)\right]\mathscr{F}\{t(x_0,y_0)\}_{f_x=\frac{x}{\lambda z},f_y=\frac{y}{\lambda z}}$$

$$= \frac{A}{j\lambda z}\exp(jkz)\exp\left[j\frac{k}{2z}(x^2+y^2)\right]T\left(\frac{x}{\lambda z},\frac{y}{\lambda z}\right) \quad (3\text{-}105)$$

式中,$T(f_x,f_y)$ 是物体复振幅透过率的傅里叶变换,或称物体的频谱,且

$$T(f_x,f_y) = \iint_{-\infty}^{\infty} t(x_0,y_0)\exp[-j2\pi(f_x x_0+f_y y_0)]\mathrm{d}x_0\mathrm{d}y_0 \quad (3\text{-}106)$$

所以观察平面上夫琅禾费衍射图样的复振幅分布正比于物体的频谱。实际的辐射探测器,包括人眼在内,都仅能对光强产生响应。因此,我们更为关心的是衍射图样的强度分布

$$I(x,y) = |U(x,y)|^2 = \left(\frac{A}{\lambda z}\right)^2 \left|T\left(\frac{x}{\lambda z},\frac{y}{\lambda z}\right)\right|^2 \quad (3\text{-}107)$$

观察平面上直接得到物体的功率谱。

夫琅禾费衍射是实现傅里叶变换运算的物理手段,这一重要事实是我们对物体作频谱分析的基础。下面将具体分析一些简单孔径的夫琅禾费衍射,目的也就在于使大家了解一些典型物体的频谱。读者将注意到,傅里叶变换及其性质的应用大大简化了这一分析。

1. 圆孔衍射

圆孔的复振幅透过率可以表示为

$$t(r_0) = \mathrm{circ}\left(\frac{r_0}{a}\right)$$

式中,a 为圆孔半径;r_0 表示孔径平面的径向坐标(见图 3-16)。

由于孔径是圆对称的,利用傅里叶-贝塞尔变换及其相似性定理得到

$$\mathscr{B}\left\{\mathrm{circ}\left(\frac{r_0}{a}\right)\right\} = \pi a^2 \left[\frac{2J_1(2\pi a\rho)}{2\pi a\rho}\right]$$

采用单位振幅的单色平面波垂直照明孔径,观察平面上的夫琅禾费衍射图

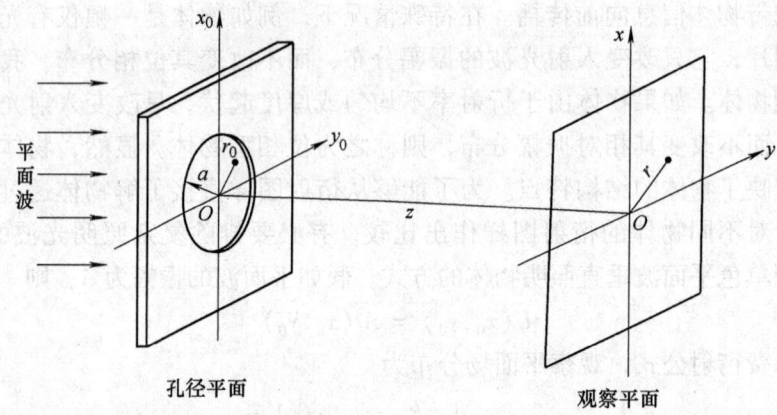

图 3-16 圆孔衍射

样也是圆对称的。任意径向坐标 r 处的复振幅分布为

$$U(r) = \frac{1}{j\lambda z}\exp(jkz)\exp\left(j\frac{kr^2}{2z}\right)\mathscr{B}\{t(r_0)\}_{\rho=\frac{r}{\lambda z}}$$

$$= \frac{1}{j\lambda z}\exp(jkz)\exp\left(j\frac{kr^2}{2z}\right)\pi a^2\left[\frac{2J_1(2\pi ar/\lambda z)}{2\pi ar/\lambda z}\right]$$

$$= \frac{ka^2}{j2z}\exp(jkz)\exp\left(j\frac{kr^2}{2z}\right)\left[\frac{2J_1(kar/z)}{kar/z}\right] \quad (3\text{-}108)$$

其强度分布为

$$I(r) = \left(\frac{ka^2}{2z}\right)^2\left[\frac{2J_1(kar/z)}{kar/z}\right]^2$$

当 $r=0$ 时,有

$$\lim_{r\to 0}\frac{J_1(kar/z)}{kar/z} = \frac{1}{2}$$

所以观察平面的轴上点的光强可以表示为

$$I(0) = \left(\frac{ka^2}{2z}\right)^2$$

强度分布也可以写为

$$I(r) = I(0)\left[\frac{2J_1(kar/z)}{kar/z}\right]^2 \quad (3\text{-}109)$$

图 3-17 中给出了圆孔夫琅禾费衍射图样和 $I/I(0)$ 的截面图。可以看出,光能主要集中在中央亮斑。周围是一些亮暗相间的圆环,通常称之为爱里图样。中央亮斑(爱里斑)的半径取决于强度分布第一个零点的位置。可算出

$$\Delta r = 0.61\frac{\lambda z}{a}$$

显然,若圆孔越小,中央亮斑就越大。

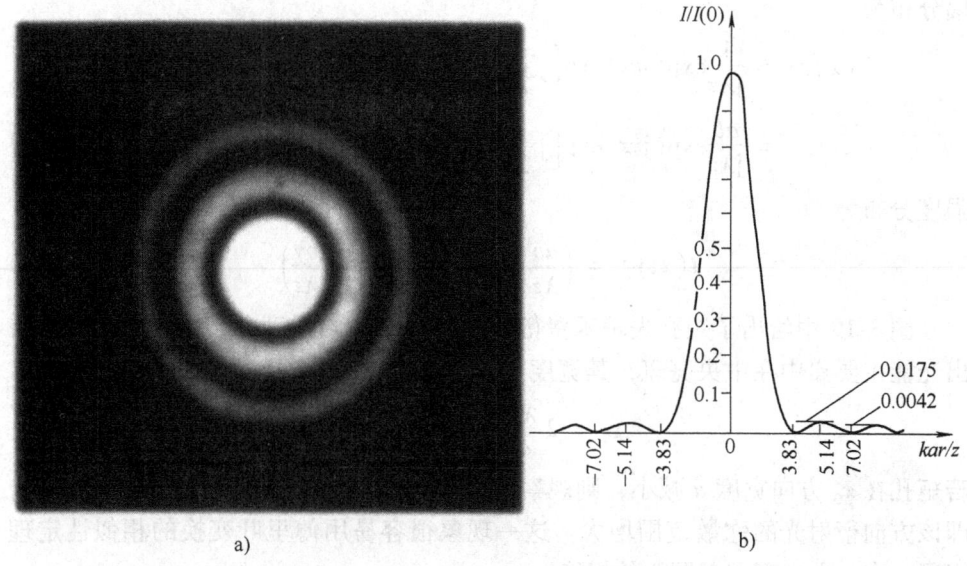

图 3-17　圆孔夫琅禾费衍射图样
a）爱里图样　b）截面图

2. 矩孔衍射与单缝衍射

矩孔的复振幅透过率可以表示为

$$t(x_0,y_0) = \mathrm{rect}\left(\frac{x_0}{a}\right)\mathrm{rect}\left(\frac{y_0}{b}\right)$$

式中，常数 a、b 分别为孔径在 x_0 和 y_0 方向上的宽度（见图 3-18）。

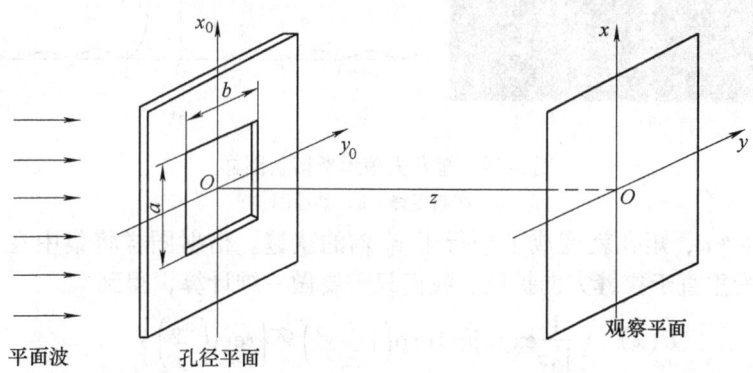

图 3-18　矩孔衍射

实值偶函数 $t(x_0,y_0)$ 的傅里叶变换也是实值偶函数。由相似性定理

$$\mathscr{F}\{t(x_0,y_0)\} = ab\,\mathrm{sinc}(af_x)\mathrm{sinc}(bf_y)$$

当采用单位振幅的单色平面波垂直照明孔径时，夫琅禾费衍射图样的复振

幅分布为

$$U(x,y) = \frac{1}{j\lambda z}\exp(jkz)\exp\left[j\frac{k}{2z}(x^2+y^2)\right]\cdot\mathscr{F}\{t(x_0,y_0)\}\Big|_{f_x=\frac{x}{\lambda z},f_y=\frac{y}{\lambda z}}$$

$$= \frac{ab}{j\lambda z}\exp(jkz)\exp\left[j\frac{k}{2z}(x^2+y^2)\right]\cdot\mathrm{sinc}\left(\frac{ax}{\lambda z}\right)\mathrm{sinc}\left(\frac{by}{\lambda z}\right) \quad (3\text{-}110)$$

强度分布为

$$I(x,y) = \left(\frac{ab}{\lambda z}\right)^2\mathrm{sinc}^2\left(\frac{ax}{\lambda z}\right)\mathrm{sinc}^2\left(\frac{by}{\lambda z}\right) \quad (3\text{-}111)$$

图 3-19 中给出了矩孔夫琅禾费衍射图样和沿 x 轴强度分布的截面图。可看出光能主要集中在中央亮斑，其宽度

$$\Delta x = 2\frac{\lambda z}{a}, \quad \Delta y = 2\frac{\lambda z}{b}$$

若矩孔在 x_0 方向宽度 a 减小，则观察平面上 x 方向所有衍射斑的宽度都将增大，即该方向衍射光的弥散范围增大。这一现象很容易用傅里叶变换的相似性定理解释。在 y 方向存在着同样的规律。

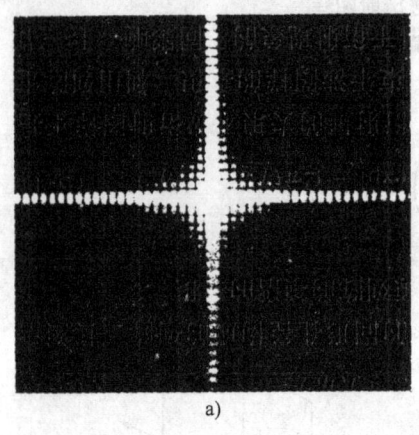
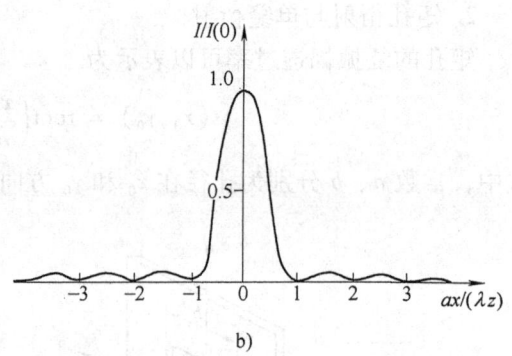

图 3-19 矩孔夫琅禾费衍射图样
a) 衍射图样 b) 截面图

假若 $b\gg a$，矩孔就变成了平行于 y_0 轴的狭缝。衍射图样将集中在 x 轴上，衍射光仅沿垂直于狭缝方向扩展。我们只需要做一维计算，得到

$$U(x) = \frac{1}{j\lambda z}\exp(jkz)\exp\left(j\frac{k}{2z}x^2\right)\mathscr{F}\left\{\mathrm{rect}\left(\frac{x_0}{a}\right)\right\}\Big|_{f_x=\frac{x}{\lambda z}}$$

$$= \frac{a}{j\lambda z}\exp(jkz)\exp\left(j\frac{k}{2z}x^2\right)\mathrm{sinc}\left(\frac{ax}{\lambda z}\right) \quad (3\text{-}112)$$

强度分布为

$$I(x) = \left(\frac{a}{\lambda z}\right)^2\mathrm{sinc}^2\left(\frac{ax}{\lambda z}\right) = I(0)\mathrm{sinc}^2\left(\frac{ax}{\lambda z}\right) \quad (3\text{-}113)$$

式中，$I(0) = \left(\dfrac{a}{\lambda z}\right)^2$。注意狭缝的长度 b 也会影响 $I(0)$ 的值，这里为简便起见，仅做一维分析而没有写入。图 3-20 为单缝夫琅禾费衍射图样。

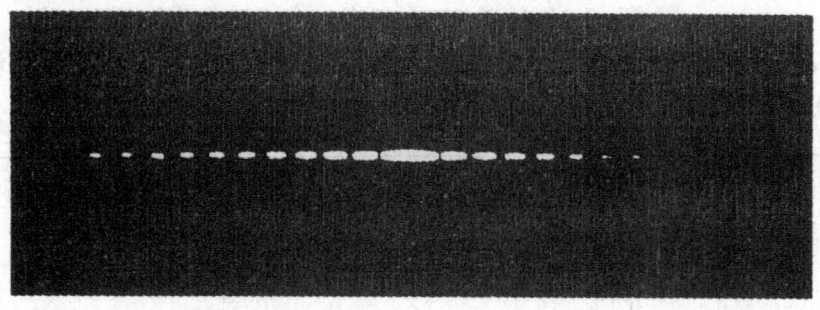

图 3-20　单缝夫琅禾费衍射图样

3. 双缝衍射

图 3-21 中衍射孔径由双狭缝构成，狭缝宽度为 a，中心相距为 d。它的复振幅透过率可以表示为

$$t(x_0) = \mathrm{rect}\left(\frac{x_0 - \dfrac{d}{2}}{a}\right) + \mathrm{rect}\left(\frac{x_0 + \dfrac{d}{2}}{a}\right)$$

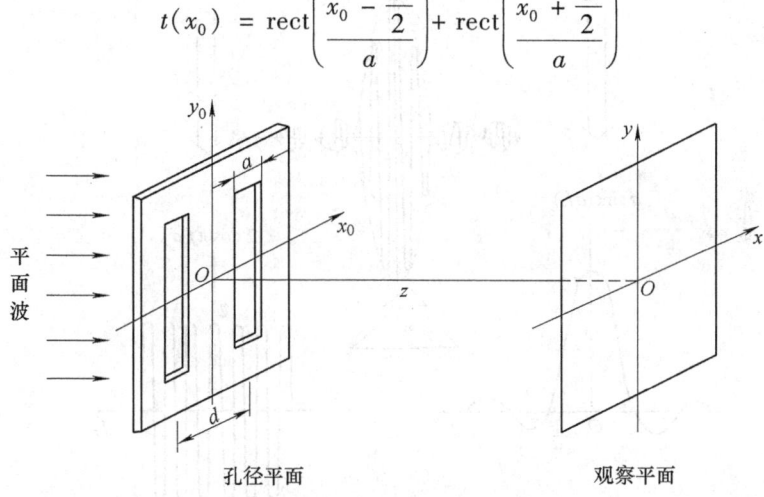

图 3-21　双缝衍射

利用傅里叶变换的位移定理，可以分别求出每个偏离中心的狭缝的衍射光场，与式（3-112）相比较，只是多了一个线性相移。两个狭缝的衍射光场叠加起来，就得到了观察平面的光场分布。这里我们却采用了等效的另一种途径进行计算。双缝函数可以表示为单缝函数与两个偏离中心的 δ 函数的卷积

$$t(x_0) = \mathrm{rect}\left(\frac{x_0}{a}\right) * \left[\delta\left(x_0 - \frac{d}{2}\right) + \delta\left(x_0 + \frac{d}{2}\right)\right]$$

利用傅里叶变换的卷积定理和位移定理，可求出

$$\mathscr{F}\{t(x_0)\} = \mathscr{F}\left\{\text{rect}\left(\frac{x_0}{a}\right)\right\} \cdot \mathscr{F}\left\{\delta\left(x_0 - \frac{d}{2}\right) + \delta\left(x_0 + \frac{d}{2}\right)\right\}$$

$$= a\text{sinc}(af_x)[\exp(-j\pi f_x d) + \exp(j\pi f_x d)]$$

$$= 2a\text{sinc}(af_x)\cos(\pi f_x d)$$

图 3-22 所示为利用卷积定理求解双缝函数傅里叶变换式的示意图。实际上我们常常直接采用这一图解方法，方便而直观地分析物体频谱。

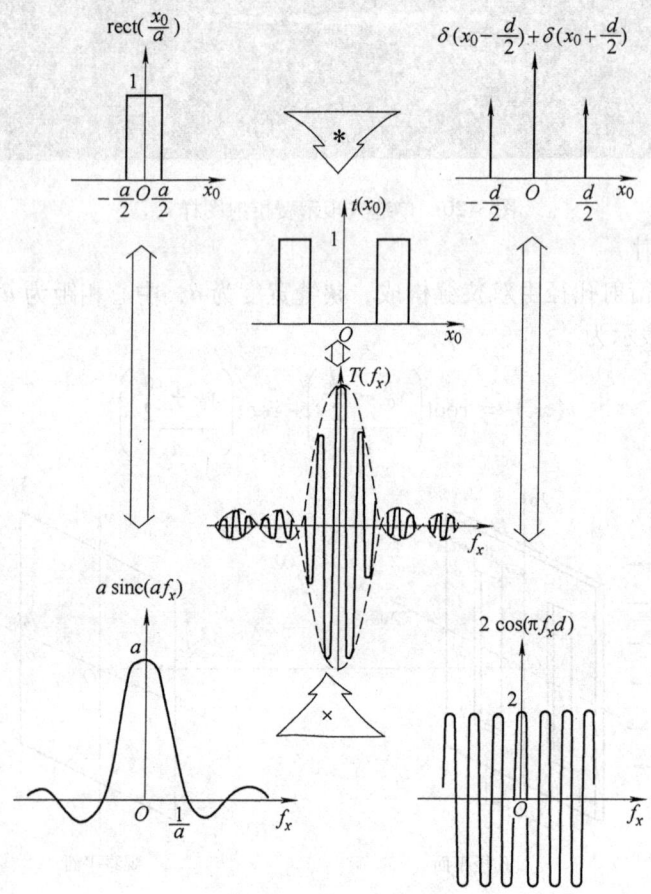

图 3-22 求双缝函数傅里叶变换式的图解方法

若采用单位振幅的单色平面波垂直照明孔径，观察平面上夫琅禾费衍射的复振幅分布为

$$U(x) = \frac{1}{j\lambda z}\exp(jkz)\exp\left(j\frac{k}{2z}x^2\right)\mathscr{F}\{t(x_0)\}\big|_{f_x = \frac{x}{\lambda z}}$$

$$= \frac{2a}{j\lambda z}\exp(jkz)\exp\left(j\frac{kx^2}{2z}\right)\text{sinc}\left(\frac{ax}{\lambda z}\right)\cos\left(\frac{\pi dx}{\lambda z}\right) \tag{3-114}$$

第 3 章 标量衍射理论

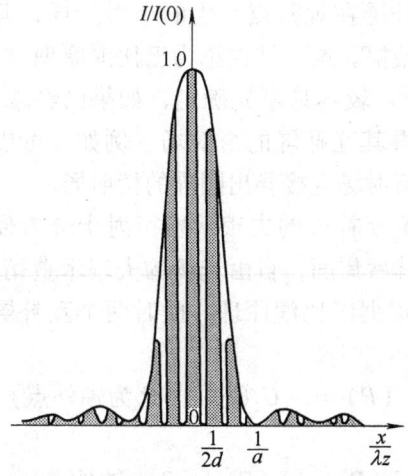

图 3-23 双缝夫琅禾费衍射图样的强度分布

强度分布为

$$I(x) = \left(\frac{2a}{\lambda z}\right)^2 \text{sinc}^2\left(\frac{ax}{\lambda z}\right)\cos^2\left(\frac{\pi dx}{\lambda z}\right) \tag{3-115}$$

图 3-23 表示出双缝夫琅禾费衍射图样的强度分布。不难看出，它正是单缝衍射图样与双光束干涉图样相互调制的结果。

3.6 衍射的巴比涅原理

如图 3-24 所示，若有两个衍射屏 Σ_1 和 Σ_2，其中一个衍射屏的开孔部分与另一个衍射屏的不透明部分准确对应，反之亦然，则称这对衍射屏为互补屏。设 $U_1(P)$ 和 $U_2(P)$ 分别表示由 Σ_1 和 Σ_2 在观察平面上 P 点产生的衍射光场。$U(P)$ 表示无衍射屏时 P 点的光场。由衍射公式可知，$U_1(P)$ 和 $U_2(P)$ 可表示为对衍射屏 Σ_1 和 Σ_2 开孔部分的积分运算，两个屏的开孔部分相加恰等于整个平面，不存在不透明区域，所以有

$$U_1(P) + U_2(P) = U(P) \tag{3-116}$$

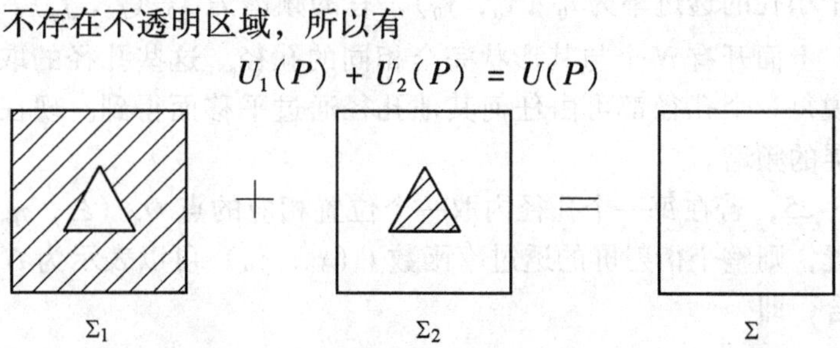

图 3-24 互补屏

上式表明，两个互补屏在观察点产生的衍射光场，其复振幅之和等于光波自由传播时在该点的复振幅。这一结论称为巴比涅原理（Babinet Principle）。

由于自由光场 $U(P)$ 较容易事先确定，如果已经求得某一孔径的衍射场，则可应用巴比涅原理求得其互补屏的衍射场。例如，可以由单缝衍射场直接导出细丝衍射场；由圆孔衍射场直接导出圆屏的衍射场。

应用巴比涅原理讨论互补屏的夫琅禾费衍射十分方便。采用单色平面波垂直照明，经透镜聚焦在其后焦面，自由光场的夫琅禾费衍射正比于 $\delta(P)$。对于轴外点，有 $U(P)=0$，根据巴比涅原理，此时两个互补屏在后焦面上的夫琅禾费衍射场的关系是

$$U_1(P) = -U_2(P) \quad (P\text{ 为轴外点})$$

进而可知

$$I_1(P) = I_2(P) \quad (P\text{ 为轴外点})$$

结论：对于互补屏产生的夫琅禾费衍射分布，除轴上点以外，强度分布完全相同；在每一轴外点互补屏产生的光场复振幅分布位相相差 π。

容易犯的错误：当一个衍射屏在某处衍射强度为亮时，就认为其互补屏在该处的衍射强度是暗的，即认为衍射图样的强度互补。

3.7 衍射光栅

衍射光栅具有周期性重复排列的结构。它可以对入射光波的振幅或位相，或者对二者同时施加周期性的空间调制。它是光学仪器中或者光学信息处理系统中常用的重要光学元件。本节将利用傅里叶变换及其性质来分析几种典型光栅的衍射图样以及它们对光谱的分辨本领。在开始讨论之前，让我们先介绍一下分析多个同形光孔衍射时常用的列阵定理。

3.7.1 列阵定理

假定某个小孔的透过率为 $t_0(x_0, y_0)$，它的频谱为 $T_0(f_x, f_y)$。现在讨论一种衍射屏，上面开有 N 个与其形状完全相同的孔径。这些孔径的取向完全一致，也就是说每一个孔径都可由任何其他孔径通过平移而得到。现在来分析这样一个衍射屏的频谱。

参看图 3-25，若在每一个孔径内取一个位置相应的点 $O_n(\xi_n, \eta_n)$ 来代表该孔径的位置，则整个衍射屏的透过率函数 $t(x_0, y_0)$ 可以表示为 N 个单孔径透过率的组合，即

$$t(x_0, y_0) = \sum_{n=1}^{N} t_0(x_0 - \xi_n, y_0 - \eta_n)$$

利用 δ 函数的筛选性质，上式可以改写为

$$t(x_0,y_0) = t_0(x_0,y_0) * \sum_{n=1}^{N} \delta(x_0 - \xi_n, y_0 - \eta_n)$$

(3-117)

即整个衍射屏的透过率可用两个函数的卷积表示：式中，$t_0(x_0,y_0)$ 描述每一单孔径的透过率，而 δ 函数的二维阵列中每一个 δ 函数的位置代表各单孔径所在的位置。

根据卷积定理，不难求出衍射屏的频谱 $T(f_x,f_y)$ 为

$$T(f_x,f_y) = \mathscr{F}\{t_0(x_0,y_0)\} \cdot \mathscr{F}\{\sum_{n=1}^{N} \delta(x_0 - \xi_n, y_0 - \eta_n)\}$$

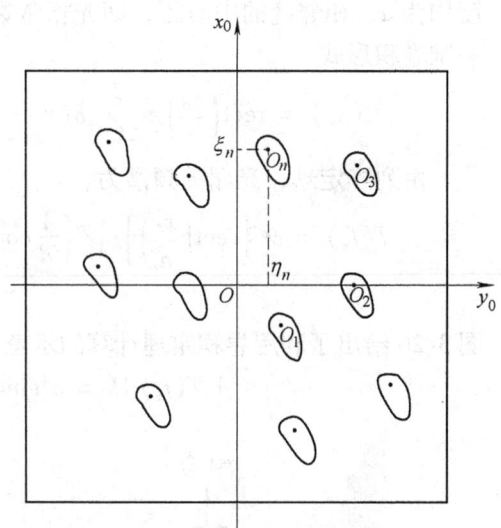

图 3-25　多个取向相同的同形光孔构成的衍射屏

$$= T_0(f_x,f_y) \cdot \sum_{n=1}^{N} \exp[-j2\pi(f_x\xi_n + f_y\eta_n)] \quad (3\text{-}118)$$

上式即所谓列阵定理。它说明取向相同的同形孔径构成的列阵，其频谱等于单个基元孔径频谱与排列成同样组态的点源列阵的频谱的乘积。

衍射屏的功率谱为

$$|T(f_x,f_y)|^2 = |T_0(f_x,f_y)|^2 \cdot \left|\sum_{n=1}^{N} \exp[-j2\pi(f_x\xi_n + f_y\eta_n)]\right|^2 \quad (3\text{-}119)$$

因此，当采用单色平面波垂直照明时，整个衍射屏的夫琅禾费衍射图样正是单个孔径衍射图样与 N 个点源列阵产生的多光束干涉图样的乘积。利用列阵定理便于人们分别分析单个孔径以及列阵的布局对于衍射现象的不同影响。上一节中关于双缝衍射的讨论，正是列阵定理应用的一个实例，只不过对于双缝，$N=2$。

3.7.2　线光栅

通常的原制光栅是在一块玻璃片上刻上大量等宽度、等间隔的平行线条（刻痕或条纹），刻痕部位不透光，刻痕之间的光滑部位透光，相当于许多等宽度的狭缝等间隔地平行排列。由于这种交替的透明和不透明的结构使入射波前的振幅受到调制，所以它是最简单的透射型振幅光栅，称为线光栅。

为了透彻理解光栅结构对于其衍射图样的影响，先假定一种理想情况，即不考虑光栅的有限大小，认为光栅是由无穷多平行狭缝构成的。每条狭缝的宽

度均为 a，相邻缝的中心距，即光栅常数为 d $(d>a)$。光栅透过率可以表示为一维卷积形式

$$t(x_0) = \text{rect}\left(\frac{x_0}{a}\right) * \sum_{n=-\infty}^{\infty} \delta(x_0 - nd) = \text{rect}\left(\frac{x_0}{a}\right) * \frac{1}{d}\text{comb}\left(\frac{x_0}{d}\right) \quad (3\text{-}120)$$

由列阵定理，光栅的频谱为

$$T(f_x) = \mathscr{F}\left\{\text{rect}\left(\frac{x_0}{a}\right)\right\} \cdot \mathscr{F}\left\{\frac{1}{d}\text{comb}\left(\frac{x_0}{d}\right)\right\} = a\,\text{sinc}(af_x)\,\text{comb}(df_x)$$

$$(3\text{-}121)$$

图 3-26 给出了利用卷积定理计算的示意图。光栅的功率谱为

$$|T(f_x)|^2 = a^2 \text{sinc}^2(af_x)\,\text{comb}^2(df_x) \quad (3\text{-}122)$$

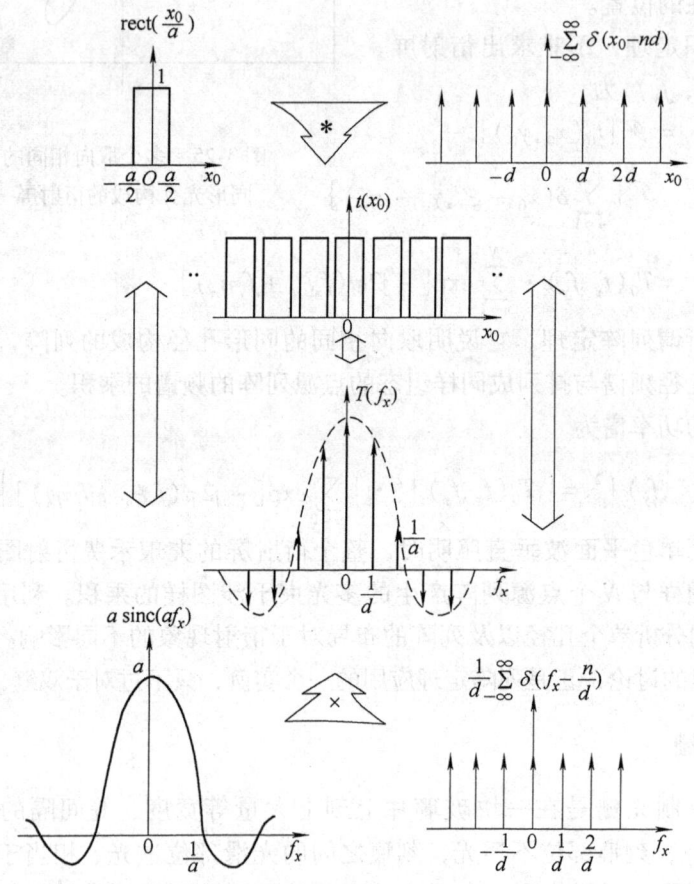

图 3-26 求无穷多狭缝构成的光栅频谱的图解方法

上式中梳状函数的平方指数实际上可以略去，为了表明它是以强度为物理量的点阵，而和以上情况区别，所以特意保留下来。显然，当采用单色平面波

垂直照明光栅时，其夫琅禾费衍射图样是单缝衍射图样与多光束干涉图样相互调制的结果。观察平面上得到一排谱点，各谱点的相对强度取决于 $\text{sinc}^2(af_x)$。

实际光栅大小总是有限的，即狭缝数目也是有限的。若光栅整体孔径是边长为 L 的正方形，可以用矩形函数表示其对透过率的限制

$$t(x_0,y_0) = \left[\text{rect}\left(\frac{x_0}{a}\right) * \frac{1}{d}\text{comb}\left(\frac{x_0}{d}\right)\right] \cdot \text{rect}\left(\frac{x_0}{L}\right)\text{rect}\left(\frac{y_0}{L}\right) \quad (3\text{-}123)$$

光栅的频谱为

$$\begin{aligned} T(f_x,f_y) &= \left[a\,\text{sinc}(af_x)\text{comb}(df_x)\right] * L^2\text{sinc}(Lf_x)\text{sinc}(Lf_y) \\ &= \frac{a}{d}\sum_{n=-\infty}^{\infty}\text{sinc}\left(\frac{an}{d}\right)\delta\left(f_x-\frac{n}{d}\right) * L^2\text{sinc}(Lf_x)\text{sinc}(Lf_y) \\ &= \frac{aL^2}{d}\sum_{n=-\infty}^{\infty}\text{sinc}\left(\frac{an}{d}\right)\text{sinc}\left[L\left(f_x-\frac{n}{d}\right)\right]\text{sinc}(Lf_y) \quad (3\text{-}124) \end{aligned}$$

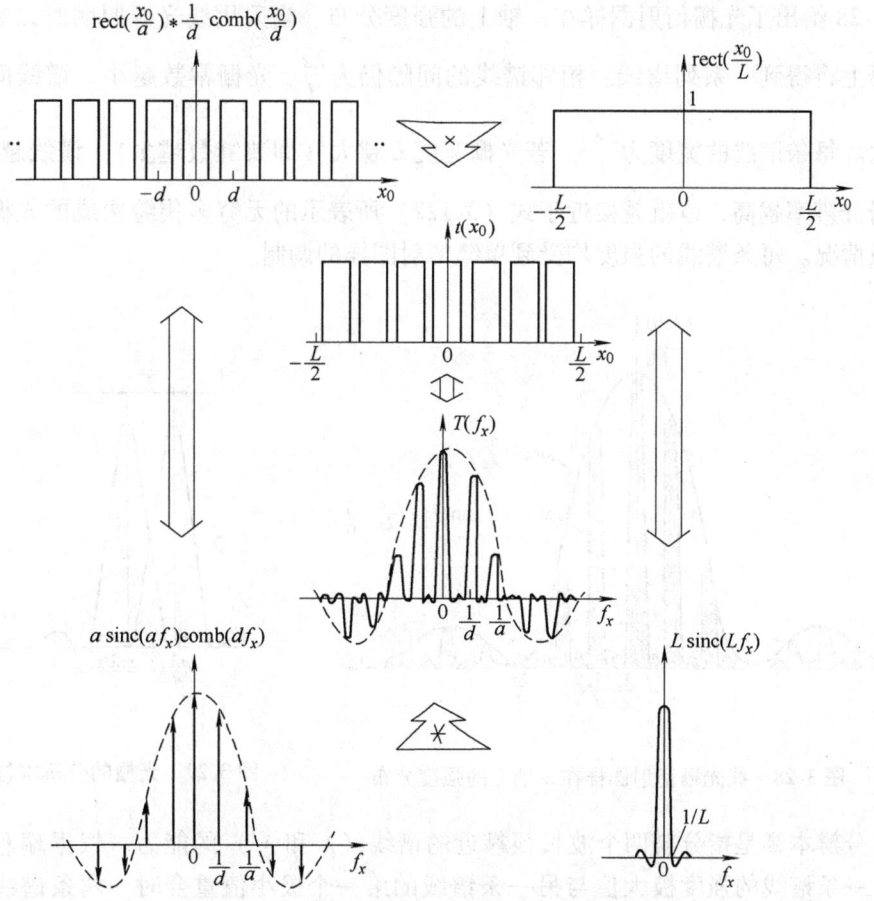

图 3-27　求有限缝数的光栅频谱的图解方法

图 3-27 给出利用卷积定理求有限缝数光栅频谱的图解方法。若采用单位振幅的单色平面波垂直照明光栅，夫琅禾费衍射图样的复振幅分布为

$$U(x,y) = \frac{1}{j\lambda z}\exp(jkz)\exp\left[j\frac{k}{2z}(x^2+y^2)\right]\mathscr{F}\{t(x_0,y_0)\}\big|_{f_x=\frac{x}{\lambda z}, f_y=\frac{y}{\lambda z}}$$

$$= \frac{aL^2}{j\lambda zd}\exp(jkz)\exp\left[j\frac{k}{2z}(x^2+y^2)\right] \times$$

$$\sum_{n=-\infty}^{\infty} \operatorname{sinc}\left(\frac{an}{d}\right)\operatorname{sinc}\left[L\left(\frac{x}{\lambda z}-\frac{n}{d}\right)\right]\operatorname{sinc}\left(\frac{Ly}{\lambda z}\right) \tag{3-125}$$

强度分布为

$$I(x,y) = \left(\frac{aL^2}{\lambda zd}\right)^2 \sum_{n=-\infty}^{\infty} \operatorname{sinc}^2\left(\frac{an}{d}\right)\operatorname{sinc}^2\left[L\left(\frac{x}{\lambda z}-\frac{n}{d}\right)\right]\operatorname{sinc}^2\left(\frac{Ly}{\lambda z}\right) \tag{3-126}$$

式中假定谱点之间的间隔 $\frac{\lambda z}{d}$ 足够大，以至可以不考虑各个衍射项之间的交叠。图 3-28 给出了光栅衍射图样在 x 轴上的强度分布。当采用线光源照明时，观察平面上将得到一系列谱线。相邻谱线的间隔仍为 $\frac{\lambda z}{d}$。光栅常数越小，谱线间隔越大。每条谱线的宽度为 $\frac{2\lambda z}{L}$。若光栅宽度 L 越大（即狭缝数越多），谱线越窄，光栅分辨率越高，也就越接近于式（3-122）所表示的无穷多狭缝构成的光栅的理想情况。每条谱线的强度均受到单缝衍射图样的调制。

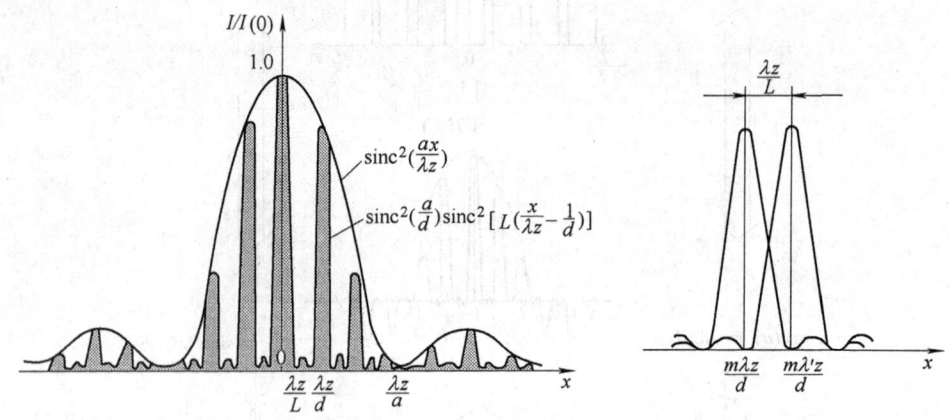

图 3-28 线光栅衍射图样在 x 轴上的强度分布　　图 3-29 光栅的分辨本领

分辨本领是指分辨两个波长很靠近的谱线（λ 和 λ'）的能力。根据瑞利判据，一条谱线的强度极大值与另一条谱线的第一个极小值重合时，两条谱线刚好能够分辨（见图 3-29）。

波长 λ 和 λ' 的第 m 级谱线光强极大值分别位于 $\dfrac{m\lambda z}{d}$ 和 $\dfrac{m\lambda' z}{d}$。由瑞利判据，刚能分辨的条件是

$$\frac{m\lambda' z}{d} - \frac{m\lambda z}{d} = \frac{\lambda z}{L}$$

整理后得到

$$\frac{\lambda}{\lambda' - \lambda} = \frac{mL}{d}$$

令 $\lambda' - \lambda = \Delta\lambda$，$\dfrac{L}{d} = N$。显然 N 正是光栅上狭缝的数目。通常把波长 λ 与该波长附近最小可分辨的波长差 $\Delta\lambda$ 的比值作为光栅分辨本领的量度，即

$$R = \frac{\lambda}{\Delta\lambda} = mN \tag{3-127}$$

所以光栅的分辨本领正比于谱线的级数 m 以及光栅的总缝数 N。

3.7.3 余弦型振幅光栅

在线光栅中，透过率 $t(x_0, y_0)$ 的取值为 1 或 0，因而是以矩形波的形式对入射光波产生振幅调制的。而薄余弦型振幅光栅的透过率函数可以是 0 到 1 之间、或者其中的某一区间上的全部实数值，它是以余弦波的形式对入射光波产生振幅调制的。其复振幅透过率为

$$t(x_0, y_0) = \left[\frac{1}{2} + \frac{m}{2}\cos(2\pi f_0 x_0)\right]\mathrm{rect}\left(\frac{x_0}{L}\right)\mathrm{rect}\left(\frac{y_0}{L}\right) \tag{3-128}$$

式中，$\dfrac{m}{2}$ 表示透过率呈余弦变化的幅度；f_0 是光栅频率（$f_0 \gg 2/L$）；光栅的整体尺寸受到边长为 L 的正方形孔径的限制。

图 3-30 给出了透过率函数在 x_0 方向的截面图。

可利用卷积定理计算光栅的频谱

$$T(f_x, f_y) = \mathscr{F}\left\{\frac{1}{2} + \frac{m}{2}\cos(2\pi f_0 x_0)\right\} *$$

$$\mathscr{F}\left\{\mathrm{rect}\left(\frac{x_0}{L}\right)\mathrm{rect}\left(\frac{y_0}{L}\right)\right\}$$

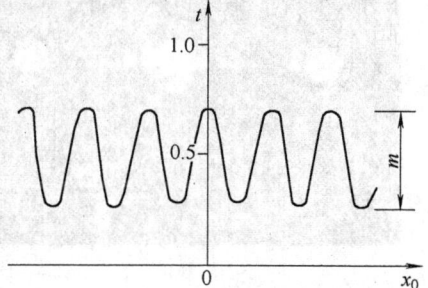

图 3-30 余弦型振幅光栅的透过率函数

式中，

$$\mathscr{F}\left\{\frac{1}{2} + \frac{m}{2}\cos(2\pi f_0 x_0)\right\} = \frac{1}{2}\delta(f_x, f_y) + \frac{m}{4}\delta(f_x + f_0, f_y) + \frac{m}{4}\delta(f_x - f_0, f_y)$$

$$\mathscr{F}\left\{\text{rect}\left(\frac{x_0}{L}\right)\text{rect}\left(\frac{y_0}{L}\right)\right\} = L^2 \text{sinc}(Lf_x)\text{sinc}(Lf_y)$$

所以
$$T(f_x, f_y) = \frac{L^2}{2}\text{sinc}(Lf_y)\left\{\text{sinc}(Lf_x) + \frac{m}{2}\text{sinc}[L(f_x + f_0)] + \frac{m}{2}\text{sinc}[L(f_x - f_0)]\right\} \tag{3-129}$$

若采用单位振幅的单色平面波垂直照射光栅, 夫琅禾费衍射图样的复振幅分布为

$$U(x,y) = \frac{1}{j\lambda z}\exp(jkz)\exp\left[j\frac{k}{2z}(x^2+y^2)\right] \cdot T(f_x,f_y)_{f_x=\frac{x}{\lambda z}, f_y=\frac{y}{\lambda z}}$$

$$= \frac{L^2}{j2\lambda z}\exp(jkz)\exp\left[j\frac{k}{2z}(x^2+y^2)\right] \cdot \text{sinc}\left(\frac{Ly}{\lambda z}\right)\left\{\text{sinc}\left(\frac{Lx}{\lambda z}\right) + \frac{m}{2}\text{sinc}\left[\frac{L}{\lambda z}(x+f_0\lambda z)\right] + \frac{m}{2}\text{sinc}\left[\frac{L}{\lambda z}(x-f_0\lambda z)\right]\right\} \tag{3-130}$$

在计算强度分布时, 由于 $f_0 \gg 2/L$, 三个 sinc 函数之间的重叠可以忽略不计, 于是

$$I(x,y) = \left(\frac{L^2}{2\lambda z}\right)^2 \text{sinc}^2\left(\frac{Ly}{\lambda z}\right)\left\{\text{sinc}^2\left(\frac{Lx}{\lambda z}\right) + \frac{m^2}{4}\text{sinc}^2\left[\frac{L}{\lambda z}(x+f_0\lambda z)\right] + \frac{m^2}{4}\text{sinc}^2\left[\frac{L}{\lambda z}(x-f_0\lambda z)\right]\right\} \tag{3-131}$$

图 3-31 给出了光栅衍射图样以及强度分布沿 x 轴的截面图。

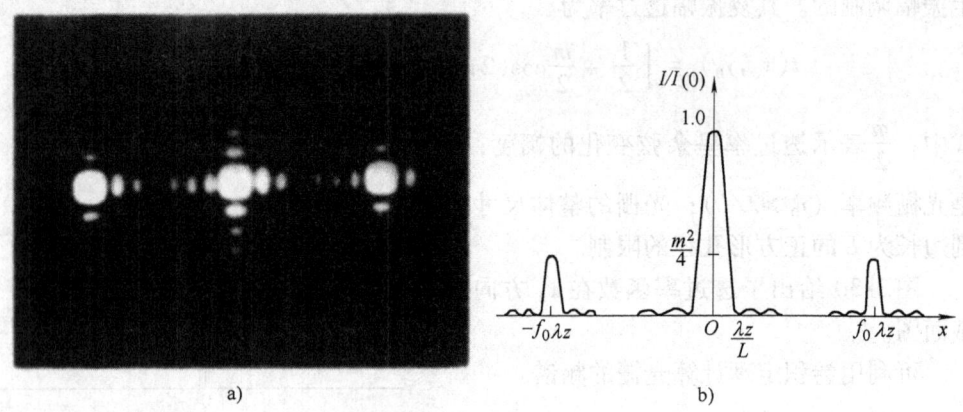

图 3-31 余弦型振幅光栅的夫琅禾费衍射图样
a) 衍射图样 b) 强度分布沿 x 轴截面图

在余弦型振幅光栅的夫琅禾费衍射图样中, 只包含 0 级和 ±1 级谱, 而没有更高级次的谱, 这是和线光栅的主要区别。零级谱与两个一级谱之间的空间间隔是 $f_0\lambda z$, 每级谱中央亮斑的半宽度为 $\frac{\lambda z}{L}$。

现在来讨论这种光栅的分辨本领。波长 λ 和 λ' 的一级谱的峰值分别位于

$f_0\lambda z$ 和 $f_0\lambda' z$ 处。由瑞利判据，刚好能分辨的情况应是一种波长的一级谱的强度极大值与另一种波长一级谱的第一个强度极小值位置重合，即

$$f_0\lambda' z - f_0\lambda z = \frac{\lambda z}{L}$$

整理后得到

$$\frac{\lambda}{\lambda' - \lambda} = f_0 L$$

令 $\lambda' - \lambda = \Delta\lambda$，$f_0 L = N$，$N$ 即为光栅上余弦条纹的数目。于是余弦型振幅光栅的分辨本领与光栅上的条纹数目成正比，即

$$R = \frac{\lambda}{\Delta\lambda} = N \tag{3-132}$$

它与 $m = 1$ 级时的线光栅的分辨本领相同。

3.7.4 正弦型位相光栅

当光栅完全透明时，振幅调制可以忽略不计。但光栅上的光学厚度有规则变化产生周期性的位相调制，这就是所谓透射位相光栅。对于薄的正弦型位相光栅，其复振幅透过率可以表示为

$$t(x_0, y_0) = \exp\left[j\frac{m}{2}\sin(2\pi f_0 x_0)\right]\text{rect}\left(\frac{x_0}{L}\right)\text{rect}\left(\frac{y_0}{L}\right) \tag{3-133}$$

式中，$\frac{m}{2}$ 是位相呈正弦变化的幅变；f_0 是变化频率 $\left(f_0 \gg \frac{2}{L}\right)$。通过适当选取位相参考点，可以弃去平均位相延迟；光栅的整体孔径是边长为 L 的正方形。

图 3-32 表示出这一光栅的外形。假定折射率均匀，而厚度呈正弦型变化，但它与厚度保持均匀，折射率呈正弦型变化的位相光栅的作用是一样的。

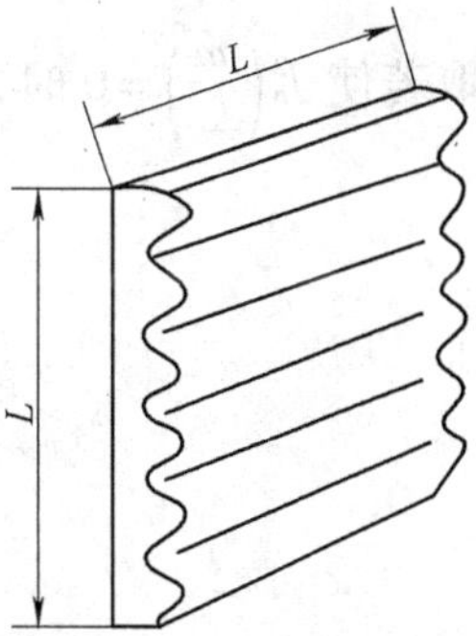

利用卷积定理，先求出光栅的频谱

$$T(f_x, f_y) = \mathscr{F}\left\{\exp\left\{j\frac{m}{2}\sin(2\pi f_0 x_0)\right\}\right\} *$$
$$\mathscr{F}\left\{\text{rect}\left(\frac{x_0}{L}\right)\text{rect}\left(\frac{y_0}{L}\right)\right\}$$

利用贝塞尔函数恒等式

图 3-32 正弦型位相光栅

$$\exp\left[j\frac{m}{2}\sin(2\pi f_0 x_0)\right] = \sum_{q=-\infty}^{\infty} J_q\left(\frac{m}{2}\right)\exp(j2\pi q f_0 x_0) \tag{3-134}$$

式中，J_q 是 q 阶第一类贝塞尔函数。因此

$$\mathscr{F}\left\{\exp\left[j\frac{m}{2}\sin(2\pi f_0 x_0)\right]\right\} = \sum_{q=-\infty}^{\infty} J_q\left(\frac{m}{2}\right)\delta(f_x - qf_0, f_y) \quad (3\text{-}135)$$

而
$$\mathscr{F}\left\{\mathrm{rect}\left(\frac{x_0}{L}\right)\mathrm{rect}\left(\frac{y_0}{L}\right)\right\} = L^2 \mathrm{sinc}(Lf_x)\mathrm{sinc}(Lf_y)$$

于是
$$T(f_x, f_y) = \sum_{q=-\infty}^{\infty} L^2 J_q\left(\frac{m}{2}\right)\mathrm{sinc}[L(f_x - qf_0)] \cdot \mathrm{sinc}(Lf_y) \quad (3\text{-}136)$$

若采用单位振幅的单色平面波垂直照明光栅，夫琅禾费衍射图样的复振幅分布为

$$\begin{aligned}U(x,y) &= \frac{1}{j\lambda z}\exp(jkz)\exp\left[j\frac{k}{2z}(x^2+y^2)\right] \cdot T(f_x,f_y)_{f_x=\frac{x}{\lambda z}, f_y=\frac{y}{\lambda z}} \\ &= \frac{L^2}{j\lambda z}\exp(jkz)\exp\left[j\frac{k}{2z}(x^2+y^2)\right] \times \\ &\quad \sum_{q=-\infty}^{\infty} J_q\left(\frac{m}{2}\right)\mathrm{sinc}\left[\frac{L}{\lambda z}(x - qf_0\lambda z)\right]\mathrm{sinc}\left(\frac{Ly}{\lambda z}\right)\end{aligned} \quad (3\text{-}137)$$

因假定 $f_0 \gg \frac{2}{L}$，各衍射项之间交叠可忽略不计，因而强度分布为

$$I(x,y) = \left(\frac{L^2}{\lambda z}\right)^2 \sum_{q=-\infty}^{\infty} J_q^2\left(\frac{m}{2}\right)\mathrm{sinc}^2\left[\frac{L}{\lambda z}(x - qf_0\lambda z)\right]\mathrm{sinc}^2\left(\frac{Ly}{\lambda z}\right) \quad (3\text{-}138)$$

图 3-33 为当 $m=8\mathrm{rad}$ 时强度分布沿 x 轴的截面图。可以看出它包含多个衍射级，每个衍射级的中央亮斑的半宽度为 $\frac{\lambda z}{L}$，q 级分量峰值强度为 $\left(\frac{L^2}{\lambda z}\right)^2 J_q^2\left(\frac{m}{2}\right)$，它与衍射图样中心距离为 $qf_0\lambda z$。图中还表明，某些高级分量强度可能大于零级分量，或者说零级分量的能量转移到一些更高级分量上去了。注意，当 $\frac{m}{2}$ 的选取若使 $J_0^2\left(\frac{m}{2}\right)=0$ 时，零级谱可以完全消失。但是对于已确定的 $\frac{m}{2}$ 值，q 大到一

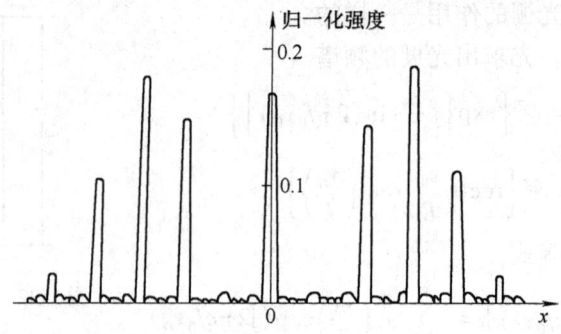

图 3-33 正弦型位相光栅（$m=8$）的夫琅禾费
衍射图样沿 x 轴截面图

定程度，总有 $J_q^2\left(\dfrac{m}{2}\right)$ 趋近于零，所以会限制任意高的衍射级的使用。图 3-34 表示出 $q=0$，1，2，时 $J_q^2\left(\dfrac{m}{2}\right)$ 相对 $\left(\dfrac{m}{2}\right)$ 的曲线。

下面来讨论位相光栅的分辨本领。波长 λ 和 λ' 的 q 级分量峰值强度分别位于 $qf_0\lambda z$ 和 $qf_0\lambda' z$ 处，根据瑞利判据，刚好能够分辨的条件是

$$qf_0\lambda' z - qf_0\lambda z = \frac{\lambda z}{L}$$

整理后得到

$$\frac{\lambda}{\lambda' - \lambda} = qf_0 L$$

令 $\lambda' - \lambda = \Delta\lambda$，$f_0 L = N$，$N$ 即为位相条纹的数目。于是正弦型位相光栅的分辨本领

$$R = \frac{\lambda}{\Delta\lambda} = qN \tag{3-139}$$

上式表明该光栅的分辨本领与测量中所用衍射级数 q 以及位相条纹的数目成正比。这个特点与线光栅十分相似。

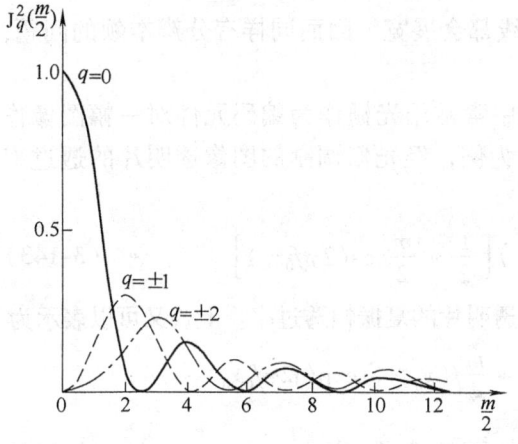

图 3-34　$q=0$，1，2 时 $J_q^2\left(\dfrac{m}{2}\right)$ 相对 $\left(\dfrac{m}{2}\right)$ 的曲线

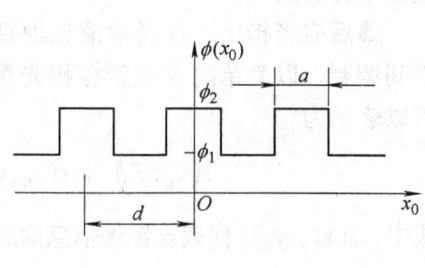

图 3-35　矩形位相光栅的位相延迟

3.7.5　矩形位相光栅

如图 3-35 所示，薄矩形位相光栅周期为 d，位相条纹宽度为 a，每个周期内两部分之位相延迟分别为 ϕ_1 和 ϕ_2。为便于分析，不考虑光栅的有限尺寸。

矩形位相光栅的复振幅透过率可以表示为

$$t(x_0, y_0) = (e^{j\phi_2} - e^{j\phi_1})\mathrm{rect}\left(\frac{x_0}{a}\right) * \frac{1}{d}\mathrm{comb}\left(\frac{x_0}{a}\right) + e^{j\phi_1} \tag{3-140}$$

利用卷积定理，可以求出光栅的频谱为

$$T(f_x,f_y) = (e^{j\phi_2} - e^{j\phi_1})a\,\mathrm{sinc}(af_x)\mathrm{comb}(df_x)\delta(f_y) + e^{j\phi_1}\delta(f_x,f_y) \quad (3\text{-}141)$$

若采用单位振幅的单色平面波垂直照明光栅，夫琅禾费衍射图样的复振幅分布为

$$U(x,y) = \frac{1}{j\lambda z}\exp(jkz)\exp\left[j\frac{k}{2z}(x^2+y^2)\right]T(f_x,f_y)\bigg|_{f_x=\frac{x}{\lambda z},f_y=\frac{y}{\lambda z}}$$

$$= \frac{1}{j\lambda z}\exp(jkz)\exp\left[j\frac{k}{2z}(x^2+y^2)\right]\times$$

$$\left[(e^{j\phi_2}-e^{j\phi_1})\frac{a}{d}\sum_{n=-\infty}^{\infty}\mathrm{sinc}\left(\frac{an}{d}\right)\delta\left(\frac{x}{\lambda z}-\frac{n}{d},\frac{y}{\lambda z}\right)+\right.$$

$$\left. e^{j\phi_1}\delta\left(\frac{x}{\lambda z},\frac{y}{\lambda z}\right)\right] \quad (3\text{-}142)$$

忽略各衍射项之间的交叠，强度分布为

$$I(x,y) = \left(\frac{1}{\lambda z}\right)^2\left\{2[1-\cos(\phi_2-\phi_1)]\left(\frac{a}{d}\right)^2\sum_{n=-\infty}^{\infty}\mathrm{sinc}^2\left(\frac{an}{d}\right)\times\right.$$

$$\left.\delta\left(\frac{x}{\lambda z}-\frac{n}{d},\frac{y}{\lambda z}\right)+\delta\left(\frac{x}{\lambda z},\frac{y}{\lambda z}\right)\right\}$$

如果考虑光栅的有限尺寸，每一级谱线都会展宽，因而同样有分辨本领的问题，这里不再赘述。

最后应当指出，在光学信息处理中常常用光栅作为编码元件对一幅图像作空间调制。以简单的余弦型振幅光栅为例，经光栅调制的图像透明片的透过率可以表示为

$$t(x_0,y_0) = f(x_0,y_0)\left[\frac{1}{2}+\frac{m}{2}\cos(2\pi f_0 x_0)\right] \quad (3\text{-}143)$$

式中，$f(x_0,y_0)$ 代表含图像信息的原透明片的复振幅透过率。上式又可以表示为

$$t(x_0,y_0) = \frac{1}{2}f(x_0,y_0)+\frac{m}{4}f(x_0,y_0)\exp(j2\pi f_0 x_0)+$$

$$\frac{m}{4}f(x_0,y_0)\exp(-j2\pi f_0 x_0) \quad (3\text{-}144)$$

显然，t 被某个方向的单色平面波照明，透射光波将携带图像信息向三个不同方向传播。光栅调制的结果是对原物体施加了不同方向的空间载波，增加了信息传递的通道。而在频率域，由卷积定理可知

$$T(f_x,f_y) = F(f_x,f_y)*\left[\frac{1}{2}\delta(f_x,f_y)+\frac{m}{4}\delta(f_x+f_0,f_y)+\frac{m}{4}\delta(f_x-f_0,f_y)\right]$$

$$= \frac{1}{2}F(f_x,f_y)+\frac{m}{4}F(f_x+f_0,f_y)+\frac{m}{4}F(f_x-f_0,f_y) \quad (3\text{-}145)$$

由于光栅的调制使物体频谱重复出现，频率平面上除了原点附近仍有物体

频谱以外,物体频谱还频移到 ($\pm f_0$, 0) 附近。

本节介绍的几种振幅和位相光栅都具有类似的作用。当然在不同载波方向上传递的能量可能并不相同,这取决于光栅各衍射级的能量比。

3.8 菲涅耳衍射和分数傅里叶变换

对孔径平面透射光场进行傅里叶变换,可以在观察平面上得到夫琅禾费衍射的场分布。本节将讨论分数傅里叶变换和菲涅耳衍射之间的联系。

Namias 于 1980 年建立了完整的分数傅里叶变换理论,20 世纪 90 年代初分数傅里叶变换被引入光学领域。研究的主要方面是如何用光学方法实现分数傅里叶变换,以及分数傅里叶变换在光学信息处理中的应用等。

3.8.1 分数傅里叶变换的定义和性质

一维函数的分数傅里叶变换定义为

$$G(\xi) = \mathscr{F}_\alpha\{g(x)\} = \left\{\frac{\exp\left[-j\left(\frac{\pi}{2} - \alpha\right)\right]}{2\pi\sin\alpha}\right\}^{1/2} \int_{-\infty}^{\infty} \exp\left[\frac{j(\xi^2 + x^2)}{2\tan\alpha} - \frac{j\xi x}{\sin\alpha}\right] g(x)\,\mathrm{d}x$$

(3-146)

式中,$G(\xi)$ 称为 $g(x)$ 的 α 阶分数傅里叶变换或分数傅里叶谱($|\alpha| \leq \pi$)。由于阶数 α 可以是整数,也可以是分数,也有人把分数傅里叶变换称为广义傅里叶变换。

当 $\alpha = \pi/2$ 和 $-\pi/2$ 时,可由上式得到常规傅里叶变换和逆变换。常规傅里叶变换只是分数傅里叶变换的特殊情况。

当 $\alpha = 0$ 和 π 时,式(3-146)没有意义。可在极限意义下,即 $\alpha \to 0$ 和 $\alpha \to \pi$ 时,证明得到

$$\mathscr{F}_0\{g(x)\} = g(\xi) \tag{3-147}$$

$$\mathscr{F}_\pi\{g(x)\} = g(-\xi) \tag{3-148}$$

以上两式表明,0 阶分数傅里叶变换给出函数本身;π 阶分数傅里叶变换则给出它的倒像。

分数傅里叶变换具有下述基本性质:

1. 线性性质

分数傅里叶变换仍然是线性变换,即有

$$\mathscr{F}_\alpha\{Ag(x) + Bh(x)\} = A\mathscr{F}_\alpha\{g(x)\} + B\mathscr{F}_\alpha\{h(x)\} \tag{3-149}$$

式中,A、B 为常数。

2. 位移性质

$$\mathscr{F}_\alpha\{g(x+a)\} = \exp\left[ja\sin\alpha\left(\xi + \frac{a\cos\alpha}{2}\right)\right] G(\xi + a\cos\alpha) \tag{3-150}$$

式中，$G(\xi)$ 为 $g(x)$ 的 α 阶分数傅里叶变换。

3. 可加性

$$\mathscr{F}_\alpha\{\mathscr{F}_\beta[g(x)]\} = \mathscr{F}_\alpha\mathscr{F}_\beta\{g(x)\} = \mathscr{F}_{\alpha+\beta}\{g(x)\} \tag{3-151}$$

即 α 阶和 β 阶变换依次作用的结果相当于 $(\alpha+\beta)$ 阶的一次变换。

4. 可交换性

$$\mathscr{F}_\alpha\mathscr{F}_\beta\{g(x)\} = \mathscr{F}_\beta\mathscr{F}_\alpha\{g(x)\} \tag{3-152}$$

即分数傅里叶变换是可对易的。

5. 周期性

分数傅里叶变换关于阶数 α 有周期性，周期为 2π。即

$$\mathscr{F}_{2n\pi+\alpha}\{g(x)\} = \mathscr{F}_\alpha\{g(x)\} \tag{3-153}$$

以上分数傅里叶变换的定义和性质都可直接推广到二维函数。注意，关于分数傅里叶变换的阶数可有不同的表示方式，设 $p = \dfrac{\alpha}{\pi}$，则 α 阶的分数傅里叶变换还可表示为 $\mathscr{F}^p\{g(x)\}$，p 的变化范围是 $-1 \leqslant p \leqslant 1$。

3.8.2 用菲涅耳衍射实现分数傅里叶变换[27]

将一维形式的分数傅里叶变换改写为矢量表示的二维形式，并把不参与积分的变量提到积分号外，式 (3-146) 改写为

$$G(s) = \left\{\frac{\exp\left[-j\left(\frac{\pi}{2}-\alpha\right)\right]}{2\pi\sin\alpha}\right\}^{1/2} \exp\left(j\frac{s^2}{2\tan\alpha}\right)\int_{-\infty}^{\infty}\exp\left(j\frac{r^2}{2\tan\alpha}\right)\exp\left(-j\frac{s\cdot r}{\sin\alpha}\right)$$

$$\times g(r)\mathrm{d}r \tag{3-154}$$

在菲涅耳衍射公式 (3-94) 中，用矢量 r 表示衍射孔径坐标 (x_0, y_0)，用矢量 s 表示距孔径平面为 z 处的观察平面坐标 (x, y)，则有

$$U(s) = \frac{1}{j\lambda z}\exp(jkz)\exp\left[j\frac{k}{2z}s^2\right]\int_{-\infty}^{\infty}U(r)\exp\left(j\frac{k}{2z}r^2\right)\exp\left(-j\frac{2\pi}{\lambda z}s\cdot r\right)\mathrm{d}r \tag{3-155}$$

为了找到菲涅耳衍射公式与分数傅里叶变换式之间的关系，对上式做变量代换

$$\boldsymbol{\rho} = \mu\boldsymbol{r} = \sqrt{2\pi\tan\alpha/(\lambda z)}\,\boldsymbol{r}$$

$$\boldsymbol{\sigma} = v\boldsymbol{s} = \sqrt{2\pi\sin\alpha\cos\alpha/(\lambda z)}\,\boldsymbol{s}$$

则有

$$U\!\left(\frac{\boldsymbol{\sigma}}{v}\right) = \frac{1}{j\lambda z\mu}\exp(jkz)\exp\left(j\frac{\tan\alpha}{2}\sigma^2\right)\exp\left(j\frac{\sigma^2}{2\tan\alpha}\right)\times$$

$$\int_{-\infty}^{\infty} U\!\left(\frac{\boldsymbol{\rho}}{\mu}\right)\exp\left(j\frac{\rho^2}{2\tan\alpha}\right)\exp\left(-j\frac{\boldsymbol{\rho}\cdot\boldsymbol{\sigma}}{\sin\alpha}\right)\mathrm{d}\boldsymbol{\rho} \tag{3-156}$$

当 z 和 α 确定后,相关的系数用复数常数 C 表示,上式变为

$$U\left(\frac{\boldsymbol{\sigma}}{v}\right) = C\exp\left(\mathrm{j}\frac{\tan\alpha}{2}\sigma^2\right)\mathscr{F}_\alpha\left\{U\left(\frac{\boldsymbol{\rho}}{\mu}\right)\right\} \tag{3-157}$$

公式表明,在观察平面 Σ_1 上的菲涅耳衍射分布等于孔径平面 Σ_0 透射场分布的 α 阶分数傅里叶变换与一个二次位相因子的乘积。

注意缩放因子 μ 和 v 提供了满足变换关系的条件。对不同的阶数 α 和距离 z,μ 和 v 是不同的,或者说不同的缩放因子 μ(v)对应分数傅里叶变换的阶数不同。例如,$\mu=1$,可直接观察孔径平面场分布 $U(x_0,y_0)$ 的分数傅里叶变换。当波长 λ 和观察距离 z 再确定后,所实现的分数傅里叶变换的阶数 α 和观察平面的缩放因子 v 就是确定的。于是,在观察平面上经过坐标缩放后的菲涅耳衍射场分布 $U(\boldsymbol{\sigma})$ 代表孔径平面 Σ_0 上透射场分布 $U(x_0,y_0)$ 的 α 阶分数傅里叶变换。

二次位相因子并不影响强度探测。观察平面上菲涅耳衍射的光强分布正比于孔径平面透射场分布 $U(x_0,y_0)$ 的 α 阶分数傅里叶变换的模的平方,即

$$I\left(\frac{\boldsymbol{\sigma}}{v}\right) = C'\left|\mathscr{F}_\alpha\left\{U\left(\frac{\boldsymbol{\rho}}{\mu}\right)\right\}\right|^2 \tag{3-158}$$

式中,C' 为正常数。

变量代换的过程可以看作是在做分数傅里叶变换前的归一化,其结果使得函数自变量成为无量纲的数,将光的波长和观察距离的影响分离出去。当用傅里叶变换关系表示夫琅禾费衍射时,令 $f_x=\dfrac{x}{\lambda z}$,$f_y=\dfrac{y}{\lambda z}$,对观察平面坐标进行变换,它们的意义是同样的。

分数傅里叶变换对其阶数具有连续性,即当阶数 β 趋于阶数 α 时,分数傅里叶变换 $\mathscr{F}_\beta\{\}$ 趋近于 $\mathscr{F}_\alpha\{\}$。当距离 z 趋近于零时,阶数 α 趋近于零。变换的结果给出函数本身。当距离 z 趋近于无穷远时,阶数 α 将趋近于 $\pi/2$,分数傅里叶变换转化为常规傅里叶变换,变换结果给出函数傅里叶频谱,即角谱。所以,分数傅里叶变换的连续性对应光的传播的全过程:从孔径平面透射的原始光场经菲涅耳衍射区一直到无穷远夫琅禾费衍射区。

用经典的菲涅耳衍射公式试图计算距离 z_1 和距离 z_2 连续两次衍射的结果是十分困难的,利用分数傅里叶变换的可加性可直接计算距离 (z_1+z_2) 上一次衍射的结果。总之,用分数傅里叶变换描述衍射全过程是很合适的。

类似利用透镜实现夫琅禾费衍射的方法,也可以借助透镜实现准确的 α 阶分数傅里叶变换。如图 3-36a 所示,在观察平面处放置一个焦距为 f 的正透镜,即

$$f = \frac{z}{\sin^2\alpha}$$

透镜恰好补偿式（3-157）中的二次位相弯曲，在透镜后的观察面 Σ_1 上得到孔径平面透射光场分布的 α 阶分数傅里叶变换

$$U(\boldsymbol{\sigma}) = C\mathscr{F}_\alpha\{U(\boldsymbol{\rho})\} \tag{3-159}$$

注意这一准确的分数傅里叶变换关系只有在变量代换考虑两个平面的缩放因子的条件下才能满足。

图 3-36b 所示为实现准确的 α 阶分数傅里叶变换的另一种方案。正透镜 ($f = z/\sin^2\alpha$) 紧靠孔径平面放置，这时式（3-155）变为

$$U(s) = \frac{\exp(jkz)}{j\lambda z}\exp\left(j\frac{k}{2z}s^2\right)\int_{-\infty}^{\infty}U(r)\exp\left(-j\frac{k}{2f}r^2\right)\exp\left(j\frac{k}{2z}r^2\right)\times$$

$$\exp\left(-j\frac{2\pi}{\lambda z}s\cdot r\right)\mathrm{d}r \tag{3-160}$$

注意坐标变换与前文的差别，令

$$\boldsymbol{\rho} = \mu r = \sqrt{2\pi\sin\alpha\cos\alpha/(\lambda z)}\,r$$

$$\boldsymbol{\sigma} = vs = \sqrt{2\pi\tan\alpha/(\lambda z)}\,s$$

代入式（3-160），得到

$$U\left(\frac{\boldsymbol{\sigma}}{v}\right) = C\exp\left(j\frac{\sigma^2}{2\tan\alpha}\right)\int_{-\infty}^{\infty}U\left(\frac{\boldsymbol{\rho}}{\mu}\right)\exp\left(j\frac{\rho^2}{2\tan\alpha}\right)\exp\left(-j\frac{\boldsymbol{\rho}\cdot\boldsymbol{\sigma}}{\sin\alpha}\right)\mathrm{d}\boldsymbol{\rho}$$

$$= C\mathscr{F}_\alpha\left\{U\left(\frac{\boldsymbol{\rho}}{\mu}\right)\right\}$$

这表明透镜置于衍射孔径平面处，其后方观察平面上的菲涅耳衍射也是准确的 α 阶分数傅里叶变换。若距离 z 不同，分数傅里叶变换的阶数也不同。$z = f$ 时，$\alpha = \frac{\pi}{2}$。在透镜后焦面上得到常规傅里叶变换，即夫琅禾费衍射。当距离 z 由 $0 \to f$，阶数 α 由 $0 \to \frac{\pi}{2}$ 时，光的传播从孔径平面的原始光场经菲涅耳衍射（不同阶数 α 的分数傅里叶变换）连续变化为夫琅禾费衍射（常规傅里叶变换）。

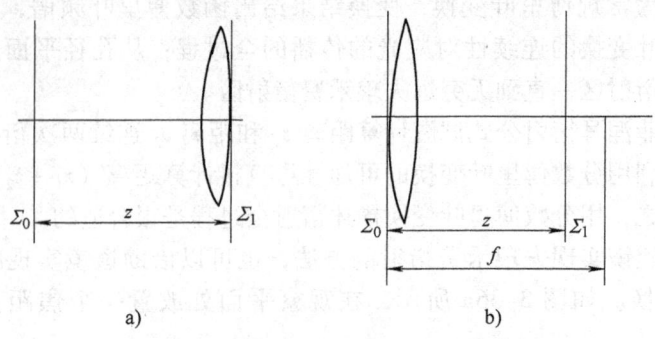

图 3-36 有透镜的菲涅尔衍射与分数傅里叶变换

a）透镜置于观察平面 b）透镜置于衍射孔径平面

习 题

3.1 尺寸为 $a \times b$ 的不透明矩形屏被单位振幅的单色平面波垂直照明,求出紧靠屏后的平面上透射光场的角谱。

3.2 采用单位振幅的单色平面波垂直照明具有下述透过率函数的孔径,求菲涅耳衍射图样在孔径轴上的强度分布:

(1) $t(x_0, y_0) = \text{circ}(\sqrt{x_0^2 + y_0^2})$

(2) $t(x_0, y_0) = \begin{cases} 1, & a \leq \sqrt{x_0^2 + y_0^2} \leq 1 \\ 0, & \text{其他} \end{cases}$

式中,$0 < a < 1$。

3.3 余弦型振幅光栅的复振幅透过率为

$$t(x_0) = a + b\cos\left(2\pi \frac{x_0}{d}\right)$$

式中,d 为光栅的周期,$a > b > 0$。观察平面与光栅相距 z。当 z 分别取下述值时,确定单色平面波垂直照明光栅,在观察平面上产生的强度分布。

(1) $z = z_T = \dfrac{2d^2}{\lambda}$

(2) $z = \dfrac{z_T}{2} = \dfrac{d^2}{\lambda}$

(3) $z = \dfrac{z_T}{4} = \dfrac{d^2}{2\lambda}$

式中,z_T 为泰伯距离。

3.4 参看图 3-37,用向 P 点会聚的单色球面波照明孔径 Σ。P 点位于孔径后面距离为 z 的观察平面上,坐标为 $(0, b)$。假定观察平面相对孔径的位置是在菲涅耳区内。证明观察平面上强度分布是以 P 点为中心的孔径的夫琅禾费衍射图样。

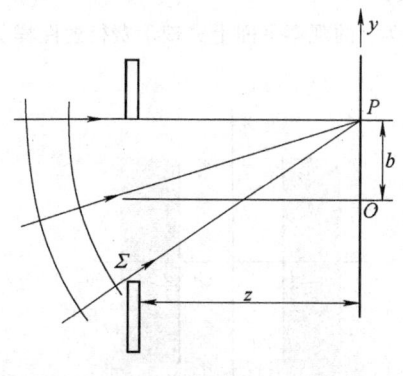

图 3-37 题 3.4 图

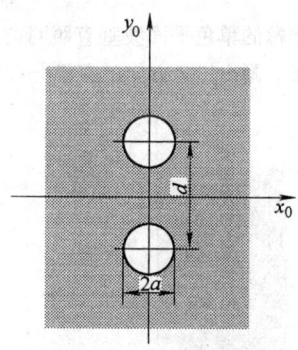

图 3-38 题 3.7 图

3.5 方向余弦为 $\cos\alpha$、$\cos\beta$,振幅为 A 的倾斜单色平面波照明一个半径为 a 的圆孔。观察平面位于夫琅禾费区,与孔径相距为 z。求衍射图样的强度分布。

3.6 环形孔径的外径为 $2a$,内径为 $2\varepsilon a$ ($0 < \varepsilon < 1$)。其透过率可以表示为

$$t(r_0) = \begin{cases} 1, \varepsilon a \leqslant r_0 \leqslant a \\ 0, \text{其他} \end{cases}$$

用单位振幅的单色平面波垂直照明孔径，求距离为 z 的观察屏上夫琅禾费衍射图样的强度分布。

3.7 图 3-38 所示孔径由两个相同的圆孔构成。它们的半径都为 a，中心距为 d（$d \gg a$）。采用单位振幅的单色平面波垂直照明孔径，求出相距孔径为 z 的观察平面上夫琅禾费衍射图样的强度分布并画出沿 y 方向截面图。

3.8 参看图 3-39，边长为 $2a$ 的正方形孔径内再放置一个边长为 a 的正方形掩模，其中心落在 (ξ, η) 点。采用单位振幅的单色平面波垂直照明，求出与它相距为 z 的观察平面上夫琅禾费衍射图样的光场分布。画出 $\xi = \eta = 0$ 时，孔径频谱在 x 方向上的截面图。

3.9 图 3-40 所示孔径由两个相同的矩孔构成，它们的宽度为 a，长度为 b，中心相距 d。采用单位振幅的单色平面波垂直照明，求相距为 z 的观察平面上夫琅禾费衍射图样的强度分布。假定 $b = 4a$ 及 $d = 1.5a$，画出沿 x 和 y 方向上强度分布的截面图。

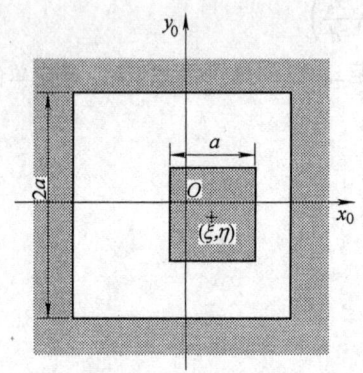

图 3-39 题 3.8 图

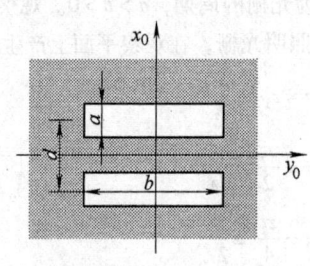

图 3-40 题 3.9 图

3.10 图 3-41 所示半无穷不透明屏的复振幅透过率可以用阶跃函数表示，即

$$t(x_0) = \text{step}(x_0)$$

采用单位振幅的单色平面波垂直照明衍射屏，求相距为 z 的观察平面上夫琅禾费衍射图样的复振幅分布。画出沿 x 方向的振幅分布曲线。

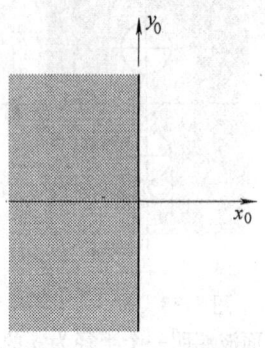

图 3-41 题 3.10 图

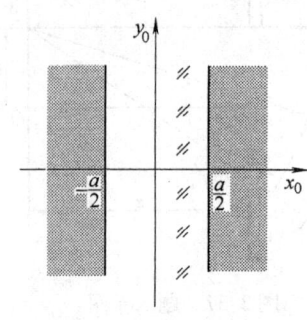

图 3-42 题 3.11 图

3.11 图3-42所示为宽度为 a 的单狭缝,它的两半部分之间通过位相介质引入位相差 π。采用单位振幅的单色平面波垂直照明,求相距为 z 的观察平面上夫琅禾费衍射图样的强度分布。画出沿 x 方向的截面图。

3.12 线光栅的缝宽为 a,光栅常数为 d,光栅整体孔径是边长 L 的正方形。试对下述条件,分别确定 a 和 d 之间的关系:
(1)光栅的夫琅禾费衍射图样中缺少偶数级。
(2)光栅的夫琅禾费衍射图样中第三级为极小。

3.13 衍射屏由两个错开的网格构成,其透过率可以表示为

$$t(x_0, y_0) = \text{comb}\left(\frac{x_0}{a}\right)\text{comb}\left(\frac{y_0}{a}\right)$$
$$+ \text{comb}\left(\frac{x_0 - 0.1a}{a}\right)\text{comb}\left(\frac{y_0}{a}\right)$$

采用单位振幅的单色平面波垂直照明,求相距为 z 的观察平面上夫琅禾费衍射图样的强度分布。画出沿 x 方向的截面图。

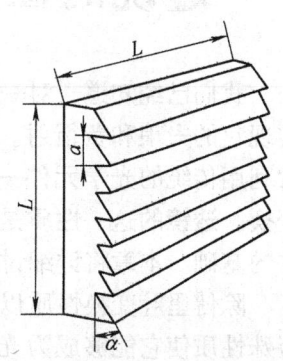

图3-43 题3.14图

3.14 图3-43所示为透射式锯齿形位相光栅。其折射率为 n,齿宽为 a,齿形角为 α,光栅的整体孔径为边长 L 的正方形。采用单位振幅的单色平面波垂直照明,求相距光栅为 z 的观察平面上夫琅禾费衍射图样的强度分布。若使衍射图样中某个一级谱幅值最大,α 角应如何选择?

3.15 衍射屏是由 $m \times n$ 个小圆孔构成的方形列阵,它们的半径都为 a,其中心在 x_0 方向间距为 d_x,在 y_0 方向间距为 d_y,采用单位振幅的单色平面波垂直照明衍射屏,求相距为 z 的观察平面上的夫琅禾费衍射图样的强度分布。

3.16 在透明玻璃板上有大量(N 个)无规则分布的不透明小圆颗粒,它们的半径都是 a。采用单位振幅的单色平面波垂直照明,求相距为 z 的观察平面上夫琅禾费衍射图样的强度分布。

第4章 透镜的位相调制和傅里叶变换性质

我们已经知道，对一个平面的透射物体进行傅里叶变换运算的物理手段是实现它的夫琅和费衍射。为了能在较近的距离观察到物体的远场衍射图样，通常利用传统的光学元件——透镜。也就是说，透镜可以用来实现物体的傅里叶变换。透镜的这一性质是光学模拟计算方法的基础，也是相干光学信息处理方法的基础。本章将详细讨论透镜的傅里叶变换性质。

除傅里叶变换性质以外，透镜还具有下一章将要讨论的成像性质。透镜的特殊性质使它能够成为光学成像系统以及光学信息处理系统的最基本的、最重要的元件。透镜之所以能够具有这些性质，根本原因在于它能够改变光波的空间位相分布，即透镜具有对透射光波进行空间位相调制的能力。

4.1 透镜的位相调制作用

4.1.1 透镜对于入射波前的作用

为了研究透镜对于入射波前的作用，引入透镜的复振幅透过率 $t_l(x,y)$ 这一概念。它定义为

$$t_l(x,y) = \frac{U_l'(x,y)}{U_l(x,y)} \tag{4-1}$$

式中，$U_l(x,y)$ 和 $U_l'(x,y)$ 分别是紧靠透镜前、后的平面上的光场复振幅分布。

图 4-1 中表示出一个会聚透镜对点光源的成像。如果不考虑透镜有限孔径的衍射效应，也不考虑像差，一个位于光轴上 P 点的单色点光源通过会聚透镜在光轴上 P' 点得到它的点像。从波面传播过程中发生的变化来看，透镜的作用是使一个发散球面波变换为会聚球面波。

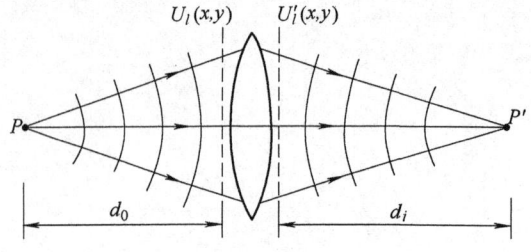

图 4-1 会聚透镜对点光源成像

傍轴近似下，位于 P 点的单色点光源发射出的发散球面波在紧靠透镜之前的平面上产生的复振幅分布可以表示为

第4章 透镜的位相调制和傅里叶变换性质

$$U_l(x,y) = A\exp(jkd_0)\exp\left[j\frac{k}{2d_0}(x^2+y^2)\right] \tag{4-2}$$

式中，常数 A 表示傍轴近似下该平面上均匀的振幅分布；d_0 表示点光源到透镜的距离。

考虑薄透镜的情况，并忽略透镜对于光波振幅的影响，傍轴近似下，向 P' 点会聚的单色球面波在紧靠透镜之后的平面上产生的复振幅分布可以表示为

$$U_l'(x,y) = A\exp(-jkd_i)\exp\left[-j\frac{k}{2d_i}(x^2+y^2)\right] \tag{4-3}$$

式中，d_i 表示点光源的像到透镜的距离。

式（4-2）和式（4-3）中的位相因子 $\exp(jkd_0)$ 和 $\exp(-jkd_i)$ 仅表示常量位相变化，它们并不影响平面上位相的相对空间分布，分析时可以略去。把式（4-2）和式（4-3）代入式（4-1），则透镜的位相调制为

$$t_l(x,y) = \frac{U_l'(x,y)}{U_l(x,y)} = \exp\left[-j\frac{k}{2}(x^2+y^2)\left(\frac{1}{d_i}+\frac{1}{d_0}\right)\right]$$

物、像距 d_0 和 d_i 满足成像的透镜定律

$$\frac{1}{d_i}+\frac{1}{d_0}=\frac{1}{f} \tag{4-4}$$

式中，f 为透镜的焦距。于是透镜的位相调制可以简单地表示为

$$t_l(x,y) = \exp\left[-j\frac{k}{2f}(x^2+y^2)\right] \tag{4-5}$$

显然，透镜能够对点物成像，即能把发散球面波变换为会聚球面波，正是由于它具有这一位相调制的能力。

以上是从透镜的功能，或者说从透镜能够实际改变波面的形状来认识透镜的位相调制作用的。但是，透镜为什么会具有这种能力呢？从根本上讲，还是由于透镜本身的厚度变化，使得入射光波在通过透镜的不同部位时，经过的光程不同，即所受时间延迟不同。在不同位置，相对来说有的超前，有的滞后。在这一点上，透镜的作用类似一个位相物体，因而能够对入射波前施加空间位相调制。下面我们就从透镜本身厚度的变化去研究其位相调制作用。

4.1.2 透镜的厚度函数

仍然考虑薄透镜的情况。在这一假设下，认为由任一点入射的光线在透镜中的传播距离恰等于该点沿光轴方向透镜的厚度，而忽略实际上由于折射引起的传播距离的差值。这样，我们就可以认为光线在透镜上的入射点与出射点具有相同的坐标，从而大大简化问题的分析。

同时，我们忽略光在透镜表面的反射以及透镜内部的吸收，即认为通过透镜的光波，其振幅分布不发生变化，仅仅是产生一个大小正比于透镜各点厚度

的位相变化。于是透镜的位相调制可以表示为

$$t_l(x,y) = \exp[j\phi(x,y)] = \exp[jkL(x,y)]] \tag{4-6}$$

式中，$L(x,y)$ 表示光线在紧靠透镜之前的平面上入射点 Q 与紧靠透镜之后的平面上出射点 Q' 之间所走过的光程（见图 4-2）。

若透镜中心厚度为 Δ_0，坐标 (x,y) 点的厚度为 $\Delta(x,y)$，则 $L(x,y)$ 包括两部分：透镜内部的光程 $n\Delta(x,y)$ 和透镜与前后紧靠的两个平面之间的空气中的光程 $[\Delta_0 - \Delta(x,y)]$。即

$$L(x,y) = n\Delta(x,y) + [\Delta_0 - \Delta(x,y)] = \Delta_0 + (n-1)\Delta(x,y) \tag{4-7}$$

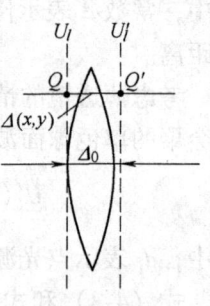

图 4-2 透镜的厚度函数

式中，n 为透镜材料的折射率。

把上式代入式（4-6），则得到

$$t_l(x,y) = \exp(jk\Delta_0)\exp[jk(n-1)\Delta(x,y)] \tag{4-8}$$

式（4-8）具有普遍意义。对于任意面形的薄的位相物体，一旦知道其厚度函数 $\Delta(x,y)$，就可以根据该式得到其位相调制。对于透镜来说，还需要找出厚度函数与透镜主要结构参数（构成透镜的两个球面的曲率半径 R_1 和 R_2）之间的关系，才能最终确定透镜的位相调制。

我们把透镜一剖为二，以便于分析计算。总的厚度函数由两部分厚度函数之和构成

$$\Delta(x,y) = \Delta_1(x,y) + \Delta_2(x,y) \tag{4-9}$$

参看图 4-3 所示几何关系，分别推导两部分厚度函数。其中，Δ_{01}、Δ_{02} 分别是两部分透镜的中心厚度。所采用的符号规则是：当光线由左向右传播时，遇到的凸面曲率半径为正，遇到的凹面曲率半径为负。因此，图中 R_1 为正，R_2 为负。

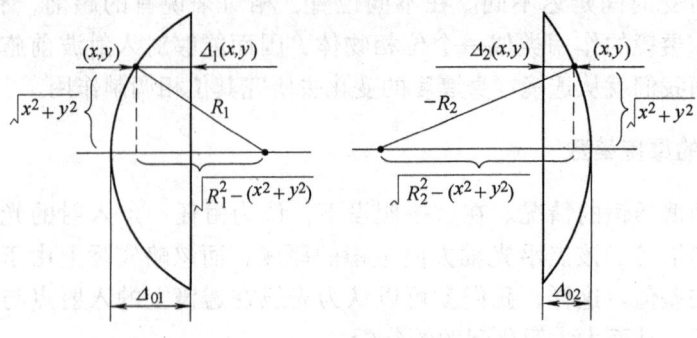

图 4-3 计算透镜厚度函数的几何图形

第 4 章 透镜的位相调制和傅里叶变换性质

$$\Delta_1(x,y) = \Delta_{01} - \left[R_1 - \sqrt{R_1^2 - (x^2+y^2)}\right] = \Delta_{01} - R_1\left(1 - \sqrt{1 - \frac{(x^2+y^2)}{R_1^2}}\right)$$
(4-10)

以及

$$\Delta_2(x,y) = \Delta_{02} - \left[-R_2 - \sqrt{R_2^2 - (x^2+y^2)}\right] = \Delta_{02} + R_2\left[1 - \sqrt{1 - \frac{(x^2+y^2)}{R_2^2}}\right]$$
(4-11)

注意,因为 $R_2 < 0$,上式中提出根号外的只能是正数($-R_2$)。于是总的厚度函数可以表示为

$$\Delta(x,y) = \Delta_1(x,y) + \Delta_2(x,y)$$
$$= \Delta_0 - R_1\left(1 - \sqrt{1 - \frac{x^2+y^2}{R_1^2}}\right) + R_2\left(1 - \sqrt{1 - \frac{x^2+y^2}{R_2^2}}\right) \quad (4\text{-}12)$$

式中,$\Delta_0 = \Delta_{01} + \Delta_{02}$,假定仅仅考虑傍轴光束,对于透镜中心区域 x、y 值足够小,以致满足下列近似

$$\left.\begin{array}{l}\sqrt{1 - \dfrac{x^2+y^2}{R_1^2}} \approx 1 - \dfrac{x^2+y^2}{2R_1^2} \\[2mm] \sqrt{1 - \dfrac{x^2+y^2}{R_2^2}} \approx 1 - \dfrac{x^2+y^2}{2R_2^2}\end{array}\right\} \quad (4\text{-}13)$$

上述近似的物理实质是用抛物面来近似透镜傍轴区域的球面。把近似式(4-13)代入式(4-12)最后得到

$$\Delta(x,y) = \Delta_0 - \frac{(x^2+y^2)}{2}\left(\frac{1}{R_1} - \frac{1}{R_2}\right) \quad (4\text{-}14)$$

只要我们知道透镜的中心厚度 Δ_0,以及构成透镜的两个球面的曲率半径 R_1、R_2,就可以由上式计算任意 (x,y) 点的厚度。

4.1.3 透镜的复振幅透过率

把厚度函数的表达式代入式(4-8),可得到傍轴近似下,光波通过透镜时在 (x,y) 点发生的位相延迟

$$t_l(x,y) = \exp(jkn\Delta_0)\exp\left[-jk(n-1)\frac{x^2+y^2}{2}\left(\frac{1}{R_1} - \frac{1}{R_2}\right)\right]$$
(4-15)

由上式第二个位相因子可看出透镜对于光波的位相延迟与透镜材料折射率 n、结构参数 R_1、R_2 直接有关。对于薄透镜,可以引入一个综合的参数——焦距 f,其定义为

$$\frac{1}{f} = (n-1)\left(\frac{1}{R_1} - \frac{1}{R_2}\right) \tag{4-16}$$

于是式（4-15）可以简化为

$$t_l(x,y) = \exp(jkn\Delta_0)\mathrm{epx}\left[-j\frac{k}{2f}(x^2+y^2)\right] \tag{4-17}$$

上式正是光波通过透镜时，所受到的位相调制的表达式。其中第一项位相因子仅表示透镜对于入射光波的常量位相延迟，并不影响位相的空间相对分布。即它不会改变光波波面的形状，故常常略去不予考虑。第二项位相因子正是我们所需要的透镜位相因子，它与式（4-5）完全相同。它表明光波通过透镜时(x,y)点的位相延迟与该点到透镜中心的距离的平方成正比，而且与透镜的焦距密切相关。

以上结果虽然是根据双凸透镜推导出来的，但只要按照所规定的符号规则，正确确定焦距的正负符号，就可以适用于各种形式的薄透镜。例如双凸透镜、平凸透镜、正弯月形透镜的焦距$f>0$，称它们为正透镜；双凹透镜、平凹透镜、负弯月形透镜的焦距$f<0$，称它们为负透镜。

在实际光学系统中，我们所遇到的透镜常常不是单个薄透镜，而可能是更复杂的多镜片结构。只要这种复杂透镜具有能把一个入射球面波变换为另一个球面波或平面波的性能，就可以采用本节最初的分析方法，导出透镜位相因子。

现在，我们来进一步讨论透镜位相因子的物理意义。本节第一部分已讨论过会聚透镜位相调制的作用，它可以把一个发散球面波变换为一个会聚球面波。对于单位振幅的平面波垂直入射情况，紧靠透镜之前的平面上的复振幅分布

$$U_l(x,y) = 1$$

略去透镜的常量位相延迟，紧靠透镜之后的平面上的复振幅分布为

$$U_l'(x,y) = U_l(x,y) \cdot t_l(x,y)$$
$$= \exp\left[-j\frac{k}{2f}(x^2+y^2)\right]$$

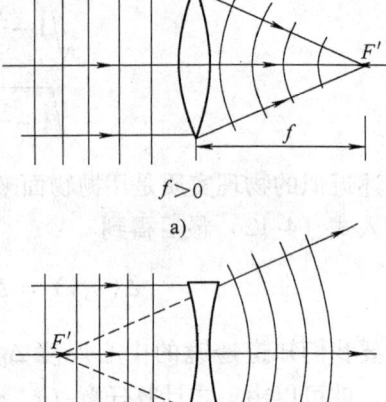

图 4-4　正透镜和负透镜对于入射平面波的效应
a) 正透镜　b) 负透镜

傍轴近似下，这是一个球面波的表达式。对于正透镜（见图4-4a），$f>0$，这是一个向透镜后方距离f处的焦点F'会聚的球面波。对于负透镜（见图4-4b），$f<0$，这是一个由透镜前方距离$|f|$处的虚焦点F'发散的球面波。

第4章 透镜的位相调制和傅里叶变换性质

可以看出波面发生了变化,即由入射平面波变换为球面波,这正是由于透镜具有 $\exp\left[-j\dfrac{k}{2f}(x^2+y^2)\right]$ 的位相因子,能够对入射波前施加位相调制的结果。当然,这一结论是在傍轴近似下作出的。在非傍轴条件下,即使透镜表面是理想球面,透射光波也将偏离理想球面波,即透镜产生波像差。

引入光瞳函数 $P(x,y)$ 来表示透镜的有限孔径,其定义为

$$P(x,y) = \begin{cases} 1, & \text{透镜孔径内} \\ 0, & \text{其他} \end{cases} \tag{4-18}$$

于是,透镜的复振幅透过率可以完整地表示为

$$t_l(x,y) = \exp\left[-j\frac{k}{2f}(x^2+y^2)\right] \cdot P(x,y) \tag{4-19}$$

式 (4-19) 中已略去了透镜的常量位相因子。$\exp\left[-j\dfrac{k}{2f}(x^2+y^2)\right]$ 表示透镜对于入射波前的位相调制,光瞳函数 $P(x,y)$ 则表示透镜对于入射波前大小范围的限制。

4.2 透镜的傅里叶变换性质

一定方向传播的平面波经过凸透镜后,能够会聚在后焦面某一点上,显然该点的振幅和位相与这个平面波的振幅和位相密切相关。而且这个点在后焦面上的位置和平面波的传播方向是一一对应的。从而不难设想透镜后焦面上复振幅分布与入射波前的角谱之间存在着某种确定的关系。

透镜之所以能够用于作傅里叶变换,根本原因在于它具有能对入射波前施加位相调制的能力,或者说是透镜的二次位相因子在起作用。本节将就最常用的单色平面波照明下的傅里叶变换光路作出讨论。观察平面都选在透镜的后焦面。而物体相对于会聚透镜,可位于三种不同位置:紧靠透镜放置、在透镜前方相距 d_0 处放置、在透镜后方相距后焦面 d 处放置。讨论时暂不考虑透镜孔径的有限大小,以便我们把注意力集中在透镜的傅里叶变换性质上。在本节最后再来考虑透镜有限孔径的影响。

所有讨论都是在衍射理论的基础上展开的。从光波照明物体开始,沿光波传播方向,逐面分析光场复振幅分布的变化。有时采用空间域分析方法,通过菲涅耳衍射公式计算各个平面上的光场分布。有时则采用频率域分析方法,利用光波在自由空间传播的传递函数,计算各个平面上场分布的频谱,然后可通过傅里叶逆变换求出所需的光场分布。两种分析方法,有时单独使用,有时交替使用,视方便而定。在研究单色光波传播、衍射、成像的各种实际问题中,这种分析方法是颇具典型意义的。所以,本节的目的就不仅仅在于使读者了解到透镜的傅里叶变换性质,而且应通过这一问题的讨论,学会分析计算携带物

体信息的光波传播问题的典型方法。

下面对三种傅里叶变换光路分别进行讨论。

4.2.1 物体紧靠透镜放置

图 4-5 表示出物体紧靠透镜放置的傅里叶变换光路。所谓物体是指透射型的薄的平面物体,例如记录有二维信息的透明片。它可能产生振幅吸收,也可能引入空间相移。采用振幅为 A 的单色平面波垂直照明。

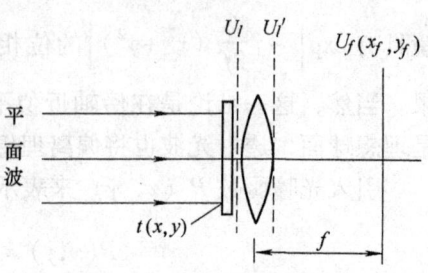

图 4-5 物体紧靠透镜的傅里叶变换光路

为了求出透镜后焦面上的光场分布 $U_f(x_f, y_f)$,我们沿光波传播方向逐一求出三个特定平面上的场分布:物体与透镜之间的平面上的复振幅分布 $U_l(x, y)$、紧靠透镜之后的平面上的复振幅分布 $U_l'(x, y)$、后焦面上的复振幅分布 $U_f(x_f, y_f)$。

物体的复振幅透过率为 $t(x, y)$,所以

$$U_l(x, y) = At(x, y)$$

假定不考虑透镜的有限孔径,它的复振幅透过率可以表示为

$$t_l(x, y) = \exp\left[-j\frac{k}{2f}(x^2 + y^2)\right]$$

式中已略去了透镜的常量位相延迟。于是有

$$U_l'(x, y) = U_l(x, y) \cdot t_l(x, y) = At(x, y)\exp\left[-j\frac{k}{2f}(x^2 + y^2)\right] \tag{4-20}$$

光波从透镜传播 f 距离,到达后焦面上所产生的场分布可根据菲涅耳衍射公式 (3-94) 计算

$$U_f(x_f, y_f) = \frac{1}{j\lambda f}\exp\left[j\frac{k}{2f}(x_f^2 + y_f^2)\right] \times$$

$$\mathscr{F}\left\{U_l'(x, y)\exp\left[j\frac{k}{2f}(x^2 + y^2)\right]\right\}_{f_x = \frac{x_f}{\lambda f}, f_y = \frac{y_f}{\lambda f}} \tag{4-21}$$

式中已弃去常量位相因子。把式 (4-20) 代入式 (4-21),显然透镜位相因子可以消去变换函数中的二次位相因子,因而得到

$$U_f(x_f, y_f) = \frac{A}{j\lambda f}\exp\left[j\frac{k}{2f}(x_f^2 + y_f^2)\right] \cdot \mathscr{F}\{t(x, y)\}_{f_x = \frac{x_f}{\lambda f}, f_y = \frac{y_f}{\lambda f}}$$

$$= \frac{A}{j\lambda f}\exp\left[j\frac{k}{2f}(x_f^2 + y_f^2)\right] \cdot T\left(\frac{x_f}{\lambda f}, \frac{y_f}{\lambda f}\right) \tag{4-22}$$

式中,

$$T(f_x, f_y) = \mathscr{F}\{t(x,y)\}$$

式（4-22）给出了一个重要结果，即透镜后焦面上的光场分布正比于物体的傅里叶变换。其频率取值与后焦面坐标的关系是 $\left(f_x = \dfrac{x_f}{\lambda f}, f_y = \dfrac{y_f}{\lambda f}\right)$。换句话说，后焦面上 (x_f, y_f) 点的振幅和位相正比于物体频谱所包含的频率分量 $\left(f_x = \dfrac{x_f}{\lambda f}, f_y = \dfrac{y_f}{\lambda f}\right)$ 的振幅和位相。

当然，这种傅里叶变换关系不是准确的。由于变换式前存在位相因子 $\exp\left[j\dfrac{k}{2f}(x_f^2 + y_f^2)\right]$，后焦面上的位相分布与物体频谱的位相分布并不相同。通常记录和测量的是观察平面上的强度分布，这一位相弯曲对它并没有影响，所以

$$I_f(x_f, y_f) = \left(\frac{A}{\lambda f}\right)^2 \left| T\left(\frac{x_f}{\lambda f}, \frac{y_f}{\lambda f}\right) \right|^2 \tag{4-23}$$

显然，后焦面上的光强分布恰恰是物体的功率谱。

4.2.2 物体放置在透镜前方

图 4-6 表示出物体放置在透镜前方的傅里叶变换光路。物体的复振幅透过率为 $t(x_0, y_0)$，它与透镜之间的距离为 d_0。由于已在前面导出了紧靠透镜之前的平面上场分布 $U_l(x, y)$ 与透镜后焦面上场分布 $U_f(x_f, y_f)$ 之间的关系，因而只需要沿光波传播方向逐一计算三个特定平面上的场分布：紧靠物体之后的平面上的复振幅分布 $U_0(x_0, y_0)$、紧靠透镜之前的平面上的复振幅分布 $U_l(x, y)$ 和后焦面上的复振幅分布 $U_f(x_f, y_f)$。

用振幅为 A 的单色平面波垂直照明，物体的透射光场为

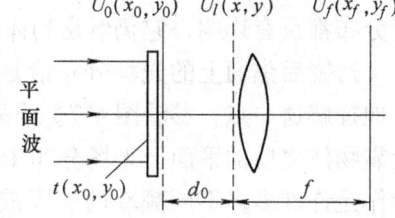

图 4-6 物体放置在透镜前方的傅里叶变换光路

$$U_0(x_0, y_0) = At(x_0, y_0)$$

根据角谱理论来计算光波传播到紧靠透镜之前的平面上场分布的频谱所发生的变化，会是很方便的。即

$$\mathscr{F}\{U_l(x,y)\} = \mathscr{F}\{U_0(x_0, y_0)\} \cdot H(f_x, f_y) \tag{4-24}$$

式中，$H(f_x, f_y)$ 为描述菲涅耳衍射在频域效应的传递函数。略去常量位相延迟，则

$$H(f_x, f_y) = \exp[-j\pi\lambda d_0 (f_x^2 + f_y^2)] \tag{4-25}$$

而

$$\mathscr{F}\{U_0(x_0, y_0)\} = A\mathscr{F}\{t(x_0, y_0)\} = A \cdot T(f_x, f_y) \tag{4-26}$$

式中，

$$T(f_x, f_y) = \mathscr{F}\{t(x_0, y_0)\}$$

将式（4-25）和式（4-26）代入式（4-24），得到

$$\mathscr{F}\{U_l(x,y)\} = AT(f_x, f_y)\exp[-j\pi\lambda d_0(f_x^2 + f_y^2)] \tag{4-27}$$

暂不考虑透镜的有限孔径，利用本节第一部分导出的重要结论，则有

$$U_f(x_f, y_f) = \frac{1}{j\lambda f}\exp\left[j\frac{k}{2f}(x_f^2 + y_f^2)\right] \cdot \mathscr{F}\{U_l(x,y)\}\bigg|_{f_x = \frac{x_f}{\lambda f}, f_y = \frac{y_f}{\lambda f}} \tag{4-28}$$

把式（4-27）代入式（4-28），可以得到

$$U_f(x_f, y_f) = \frac{A}{j\lambda f}\exp\left[j\frac{k}{2f}\left(1 - \frac{d_0}{f}\right)(x_f^2 + y_f^2)\right] \cdot T\left(\frac{x_f}{\lambda f}, \frac{y_f}{\lambda f}\right) \tag{4-29}$$

可见后焦面上的复振幅分布仍然正比于物体的傅里叶变换，由于变换式前的二次位相因子，使物体的频谱产生一个位相弯曲。当 $d_0 = 0$，物体紧靠透镜，公式给出的结果与式（4-22）完全一致。当物体位于透镜前焦面时，$d_0 = f$，上式变为

$$U_f(x_f, y_f) = \frac{A}{j\lambda f}T\left(\frac{x_f}{\lambda f}, \frac{y_f}{\lambda f}\right) \tag{4-30}$$

显然，这一位相弯曲完全消失，后焦面上的光场分布是物体准确的傅里叶变换。当利用透镜对物体作傅里叶变换运算时，这正是我们通常所选用的光路。

当然，不论物体相对于透镜的距离 d_0 为何值，位相弯曲对于后焦面上的强度分布都没有影响，它仍然是物体的功率谱，其表达式与式（4-23）完全相同。

透镜后焦面上的光场分布恰是置于前焦面的物体的频谱，从角谱传播可更好地理解这一点，参看图4-7。当采用单色平面波垂直照明时，物体的频谱可由紧靠物体之后的平面上光场分布 $U_0(x_0, y_0)$ 的频谱来表征。$U_0(x_0, y_0)$ 可以看作是许许多多不同频率的平面波分量的线性组合。图中画出了其中一个平面波分量，其波矢量位于 $y_0 z$ 平面，传播方向与 z 轴夹角等于 θ，经透镜会聚在后焦面上 $(0, y_f)$ 点，由图中所给几何关系可知

$$\tan\theta = \frac{y_f}{f}$$

傍轴近似下

$$\sin\theta \approx \tan\theta = \frac{y_f}{f}$$

把上式代入平面波分量空间频率的表达式，则

$$f_y = \frac{\sin\theta}{\lambda} = \frac{y_f}{\lambda f}$$

所以，后焦面上 $(0, y_f)$ 点的振幅和位相应该由空间频率为 $\left(f_x = 0, f_y = \frac{y_f}{\lambda f}\right)$ 的

平面波分量的振幅和位相所决定。对于任意的 (x_f, y_f) 点的复振幅，一定对应着空间频率 $\left(f_x = \dfrac{x_f}{\lambda f}, f_f = \dfrac{y_f}{\lambda f}\right)$ 的平面波分量的振幅和位相。所以能在透镜后焦面上得到物体的频谱分布。

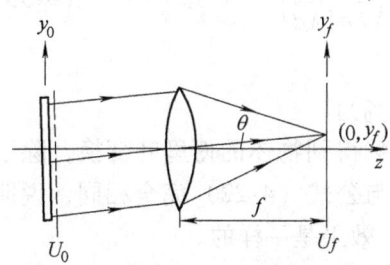

图 4-7 讨论后焦面上某点与物体某频率成分关系的几何图形

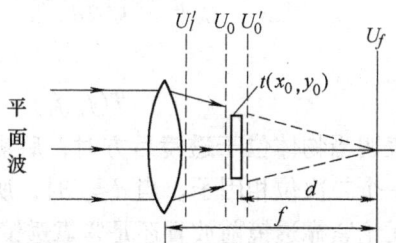

图 4-8 物体放置在透镜后方的傅里叶变换光路

4.2.3 物体放置在透镜后方

图 4-8 表示物体放置在透镜后方的傅里叶变换光路。物体的复振幅透过率仍为 $t(x_0, y_0)$，它离开后焦面的距离为 d。仍然采用振幅为 A 的单色平面波照明。在这一光路中我们关心的是四个特定平面上的场分布：紧靠透镜之后的平面上的复振幅分布 $U'_l(x, y)$、紧靠物体的前后两个平面上的复振幅分布 $U_0(x_0, y_0)$ 和 $U'_0(x_0, y_0)$、后焦面上的复振幅分布 $U_f(x_f, y_f)$。可沿光波传播方向，逐面进行计算。

暂不考虑透镜的有限孔径，光波经过透镜的透射光场是

$$U'_l(x,y) = A \cdot t_l(x,y) = A \cdot \exp\left[-\mathrm{j}\frac{k}{2f}(x^2+y^2)\right] \tag{4-31}$$

几何光学近似下，这一会聚球面波投射到物平面上的场分布可以表示为

$$U_0(x_0, y_0) = \frac{Af}{d}\exp\left[-\mathrm{j}\frac{k}{2d}(x_0^2+y_0^2)\right] \tag{4-32}$$

物体的透射光场则为

$$U'_0(x_0, y_0) = U_0(x_0, y_0) \cdot t(x_0, y_0) = \frac{Af}{d}\exp\left[-\mathrm{j}\frac{k}{2d}(x_0^2+y_0^2)\right] \cdot t(x_0, y_0) \tag{4-33}$$

根据菲涅耳衍射公式（3-94），可计算出后焦面上的场分布

$$U_f(x_f, y_f) = \frac{1}{\mathrm{j}\lambda d}\exp\left[\mathrm{j}\frac{k}{2d}(x_f^2+y_f^2)\right] \times$$

$$\mathscr{F}\left\{U'_0(x_0, y_0) \cdot \exp\left[\mathrm{j}\frac{k}{2d}(x_0^2+y_0^2)\right]\right\}_{f_x=\frac{x_f}{\lambda d}, f_y=\frac{y_f}{\lambda d}} \tag{4-34}$$

式中已弃去常量位相因子。把式（4-33）代入上式，显然照明会聚光波的位相

因子可以消去变换函数中的二次位相因子。于是

$$U_f(x_f, y_f) = \frac{Af}{j\lambda d^2}\exp\left[j\frac{k}{2d}(x_f^2 + y_f^2)\right] \cdot \mathscr{F}\{t(x_0, y_0)\}_{f_x = \frac{x_f}{\lambda d}, f_y = \frac{y_f}{\lambda d}}$$

$$= \frac{Af}{j\lambda d^2}\exp\left[j\frac{k}{2d}(x_f^2 + y_f^2)\right] \cdot T\left(\frac{x_f}{\lambda d}, \frac{y_f}{\lambda d}\right) \tag{4-35}$$

式中，

$$T(f_x, f_y) = \mathscr{F}\{t(x_0, y_0)\}$$

公式表明当物体位于透镜后方时，后焦面上仍然得到物体的傅里叶变换，除了相差一个二次位相因子。当 $d = f$ 时，所得结果与公式（4-22）完全相同，说明物体无论紧靠透镜前放置还是紧靠透镜后放置，效果是一样的。

变换式前的位相因子并不影响强度记录，后焦面上强度分布仍然是物体的功率谱

$$I_f(x_f, y_f) = \left(\frac{Af}{\lambda d^2}\right)^2 \left|T\left(\frac{x_f}{\lambda d}, \frac{y_f}{\lambda d}\right)\right|^2 \tag{4-36}$$

注意，与前两种情况不同，这里频率取值与后焦面上坐标的关系是

$$x_f = \lambda d f_x, \qquad y_f = \lambda d f_y \tag{4-37}$$

对于给定频率 (f_x, f_y)，随着 d 增大，x_f 和 y_f 的绝对值增大；d 减小时，x_f 和 y_f 的绝对值减小。通过改变 d，可以调整物体傅里叶变换的空间尺寸大小。这种灵活性，为相干光空间滤波的应用带来很大方便。

总结以上三种情况，可知单色平面波照明下，无论物体位于透镜前方、后方还是紧靠透镜，在透镜的后焦面上都可以得到物体的功率谱。对于这种照明方式，透镜后焦面常被称为傅里叶变换平面或（空间）频谱面。必须指出的是，当点光源位于有限距离，即采用球面波照明方式时，不论物体位于透镜前还是透镜后，透镜仍然可起傅里叶变换作用。但这种照明方式下，频谱面位于点光源的像面位置，而不再是后焦面上。

若需要对所得的物体频谱 $T\left(\frac{x_f}{\lambda f}, \frac{y_f}{\lambda f}\right)$ 利用透镜再做一次变换，例如物体频谱位于透镜前焦面，观察平面选在透镜后焦面，即 $x'y'$ 平面。透镜的焦距不变，略去常系数，可以得到

$$U(x', y') = \iint_{-\infty}^{\infty} T\left(\frac{x_f}{\lambda f}, \frac{y_f}{\lambda f}\right)\exp\left[-j\frac{2\pi}{\lambda f}(x_f x' + y_f y')\right]dx_f dy_f$$

$$= Ct(-x', -y') \tag{4-38}$$

式中，C 为常数。于是连续两次变换的结果是在空间域还原一个物体，它是原物体的一个倒像。如果采用反射坐标系，即令 $x'' = -x'$，$y'' = -y'$，则

$$U(x'', y'') = Ct(x'', y'')$$

此时，透镜的作用可看作是实现了对物体频谱的傅里叶逆变换。

4.2.4 透镜孔径的影响

迄今为止，对透镜傅里叶变换性质的讨论都假设透镜孔径无限大，并没有考虑有限大小的透镜孔径会限制波面，产生衍射效应。通常用光瞳函数式（4-18）描述透镜的有限孔径，透镜的复振幅透过率则为

$$t_l(x,y) = P(x,y)\exp\left[-j\frac{k}{2f}(x^2+y^2)\right] \quad (4-39)$$

下面将由简而繁地讨论透镜孔径的影响。首先讨论物体紧靠透镜及物体位于透镜后方的情况，最后讨论物体位于透镜前方的情况。

1. 物体紧靠透镜放置

考虑透镜的有限孔径，其透射场分布应为

$$U_l'(x,y) = At(x,y)P(x,y)\exp\left[-j\frac{k}{2f}(x^2+y^2)\right]$$

把它代入式（4-21），后焦面上复振幅分布为

$$\begin{aligned}U_f(x_f, y_f) &= \frac{A}{j\lambda f}\exp\left[j\frac{k}{2f}(x_f^2+y_f^2)\right]\cdot\mathscr{F}\{t(x,y)P(x,y)\}_{f_x=\frac{x_f}{\lambda f}, f_y=\frac{y_f}{\lambda f}} \\ &= \frac{A}{j\lambda f}\exp\left[j\frac{k}{2f}(x_f^2+y_f^2)\right]T\left(\frac{x_f}{\lambda f},\frac{y_f}{\lambda f}\right)*\widetilde{P}\left(\frac{x_f}{\lambda f},\frac{y_f}{\lambda f}\right)\end{aligned} \quad (4-40)$$

式中，

$$\widetilde{P}(f_x,f_y) = \mathscr{F}\{P(x,y)\} \quad (4-41)$$

显然，当透镜孔径大于物体尺度时，$P(x,y)$ 对实际物体不造成限制，可以从公式中略去。但当透镜孔径小于物体尺度时，后焦面上的场分布只是正比于一个有效物体的傅里叶变换。这个有效物体可以表示为 $t(x,y)\cdot P(x,y)$，其傅里叶变换式应该是物体频谱与光瞳函数傅里叶变换式的卷积。

以一维物函数 $t(x)$ 为例，假定透镜孔径是宽度为 l 的矩形函数，即

$$P(x) = \mathrm{rect}\left(\frac{x}{l}\right)$$

其傅里叶变换式为

$$\widetilde{P}\left(\frac{x_f}{\lambda f}\right) = l\,\mathrm{sinc}\left(\frac{lx_f}{\lambda f}\right)$$

图 4-9 是 $T\left(\dfrac{x_f}{\lambda f}\right)*\widetilde{P}\left(\dfrac{x_f}{\lambda f}\right)$ 的示意图，可以看出卷积的效果是使物体频谱图像产生某种程度的失真。透镜孔径愈小，这种失真愈严重。

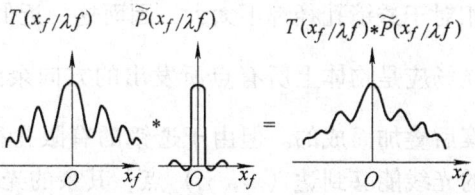

图 4-9 物体频谱与 $\widetilde{P}\left(\dfrac{x_f}{\lambda f}\right)$ 卷积运算示意图

2. 物体放置在透镜后方

考虑透镜具有直径为 l 的圆形孔径，其出射波前应该是受到孔径限制的会聚球面波。在几何光学近似下，假定投射到物体表面的光波仍然是会聚球面波。照明的区域是直径为 ld/f 的圆形区域，它是透镜孔径沿会聚光锥在物平面上的投影，可用一个投影光瞳函数即 $P\left(x_0\dfrac{f}{d},y_0\dfrac{f}{d}\right)$ 来表示。

于是，物体的透射光场变为

$$U_0'(x,y) = U_0(x_0,y_0)t(x_0,y_0)$$

$$= \dfrac{Af}{d}\exp\left[-j\dfrac{k}{2d}(x_0^2+y_0^2)\right]P\left(x_0\dfrac{f}{d},y_0\dfrac{f}{d}\right)t(x_0,y_0)$$

上式代入式（4-34），可求出后焦面上的复振幅分布

$$U_f(x_f,y_f) = \dfrac{Af}{j\lambda d^2}\exp\left[j\dfrac{k}{2d}(x_f^2+y_f^2)\right]\times$$

$$\mathscr{F}\left\{t(x_0,y_0)P\left(x_0\dfrac{f}{d},y_0\dfrac{f}{d}\right)\right\}_{f_x=\frac{x_f}{\lambda d},f_y=\frac{y_f}{\lambda d}}$$

$$= \dfrac{Af}{j\lambda d^2}\exp\left[j\dfrac{k}{2d}(x_f^2+y_f^2)\right]\cdot T\left(\dfrac{x_f}{\lambda d},\dfrac{y_f}{\lambda d}\right)*\widetilde{P}'\left(\dfrac{x_f}{\lambda d},\dfrac{y_f}{\lambda d}\right) \quad (4\text{-}42)$$

式中，

$$\widetilde{P}'(f_x,f_y) = \mathscr{F}\left\{P\left(x_0\dfrac{f}{d},y_0\dfrac{f}{d}\right)\right\} \quad (4\text{-}43)$$

显然，与第一种情况是类似的。若物体被完全照明，则投影光瞳函数可从式中略去。但当物体尺度超出照明的圆形区域时，后焦面上场分布同样只是正比于一个有效物体的傅里叶变换。这个有效物体可以表示为 $t(x_0,y_0)P\left(x_0\dfrac{f}{d},y_0\dfrac{f}{d}\right)$。其傅里叶变换式是物体频谱与投影光瞳函数的傅里叶变换式的卷积。频谱图像也因而产生模糊。

3. 物体放置在透镜前方

为了便于讨论透镜孔径的效应，仍采用几何光学近似，通常物体的距离 d_0 相对于透镜孔径都不太大，因而这一近似就准确成立。后焦面上 (x_f,y_f) 点的光场应是物体上所有点所发出的方向余弦 $\left(\cos\alpha\approx\dfrac{x_f}{f},\cos\beta\approx\dfrac{y_f}{f}\right)$ 的光线经透镜会聚后叠加而成的。但由于透镜的有限孔径，物平面上只有一个圆形区域所发出的光线能够到达 (x_f,y_f) 点，其余的光线均受到透镜边框的阻挡。沿 (x_f,y_f) 点与透镜中心连线方向，把透镜孔径投影到物平面上就可确定这个圆形区域。其中心位于 $\left(x_0=-\dfrac{d_0}{f}x_f, y_0=-\dfrac{d_0}{f}y_f\right)$，可用投影光瞳函数 $P\left(x_0+\dfrac{d_0}{f}x_f, y_0+\dfrac{d_0}{f}y_f\right)$ 来

第4章 透镜的位相调制和傅里叶变换性质

表示它。与上一种情况不同,此处投影光瞳函数的中心位置是随 (x_f, y_f) 坐标变化的。因此,后焦面上的复振幅分布实际上正比于有效物体

$$t(x_0, y_0) \cdot P\left(x_0 + \frac{d_0}{f}x_f,\ y_0 + \frac{d_0}{f}y_f\right)$$

的傅里叶变换,即

$$U_f(x_f, y_f) = \frac{A}{j\lambda f}\exp\left[j\frac{k}{2f}\left(1 - \frac{d_0}{f}\right)(x_f^2 + y_f^2)\right] \times$$

$$\mathscr{F}\left\{t(x_0, y_0)P\left(x_0 + \frac{d_0}{f}x_f,\ y_0 + \frac{d_0}{f}y_f\right)\right\}_{f_x = \frac{x_f}{\lambda f},\ f_y = \frac{y_f}{\lambda f}} \tag{4-44}$$

下面以波矢量在 y_0z 平面内传播的平面波分量受透镜孔径限制的情况为例,来说明对于谱面光场的影响。图 4-10a 为透镜孔径投影尚能完全覆盖物体大小的极限情况,物体上所有点发出的在 θ_0 方向传播的光线都可以传播到谱面上某一点,因此该点的光场可准确代表这一频率成分的频谱值。假设物体是直径为 L 的圆透明片,透镜直径为 l,小角度近似下,即

$$\theta_0 \approx \frac{l-L}{2d_0} \tag{4-45}$$

相应空间频率

$$f_0 \approx \frac{\theta_0}{\lambda} \approx \frac{l-L}{2d_0\lambda} \tag{4-46}$$

当 $\theta > \theta_0$ 时,空间频率超过 f_0,物体仅被透镜孔径的投影所部分覆盖(见图 4-10b)。物体上所有点发出的在这一方向上传播的光线只有一部分可传播到谱面上相应点,因而该点的光场会偏离这一频率成分的频谱值。空间频率愈高,误差愈大。当 $\theta = \theta_M$ 时,物体完全落在透镜孔径投影以外,物体上所有点发出的在该方向传播的光线完全被透镜边框阻挡(见图 4-10c)。小角度近似下,即

$$\theta_M \approx \frac{l+L}{2d_0} \tag{4-47}$$

相应空间频率

$$f_M \approx \frac{\theta_M}{\lambda} \approx \frac{l+L}{2d_0\lambda} \tag{4-48}$$

物体尽管有空间频率大于 f_M 的频率成分,谱面上却不再能得到它们的频谱值。

上述讨论表明,透镜孔径形成了对于参与变换的有效物体的限制,实际上也就是对于各种频率成分传播的限制:低频成分可以通过;稍高频率成分可以部分通过;高频成分完全被滤除。因而由于透镜孔径的影响,后焦面上不能得到准确的物体频谱,给傅里叶变换结果带来误差。频率愈高,误差愈大。我们把这种现象称为渐晕效应。显然,采用尽可能大的透镜孔径,或物体尽可能靠

近透镜（减小 d_0），都可以减小渐晕的影响。

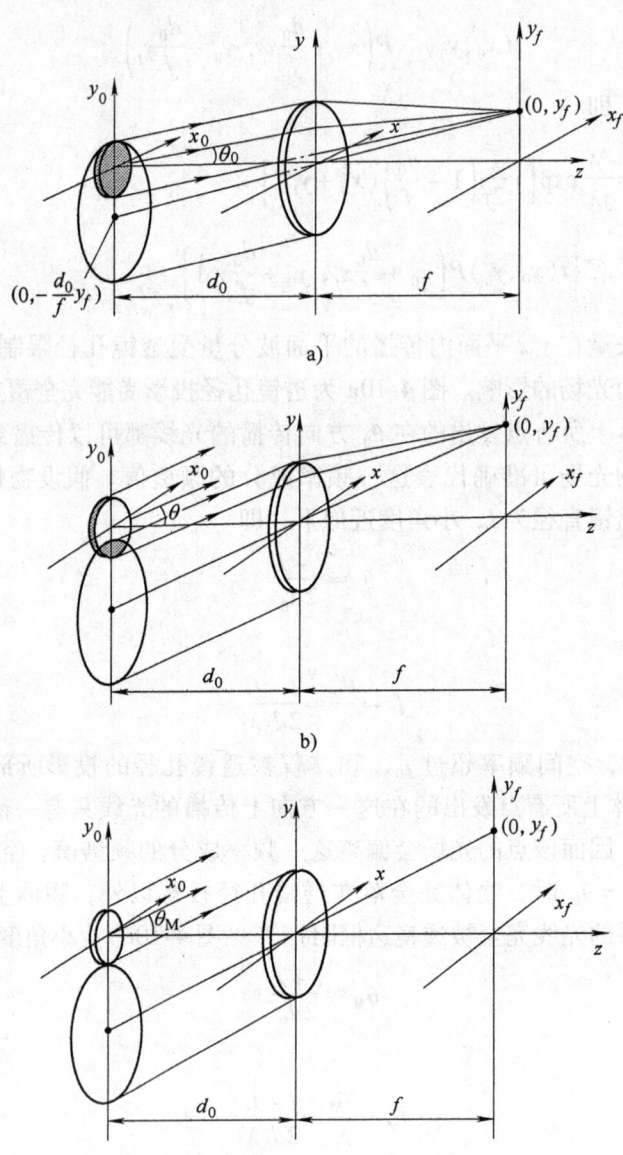

图 4-10 透镜孔径对于物体不同频率成分传播的限制
a) $\theta = \theta_0$　b) $\theta_0 < \theta < \theta_M$　c) $\theta = \theta_M$

4.3 光学频谱分析系统

4.3.1 系统

光学频谱分析的基本原理正是利用透镜的傅里叶变换性质来产生物体的空间频谱,通过对它进行测量、分析来研究物体的空间结构。图 4-11 所示为二维光学频谱分析系统的光路。S 为相干点光源,L_1 为准直透镜,L_2 为傅里叶变换透镜。经准直的平面波照明位于 L_2 前焦面(P_1 平面)的输入透明片,其复振幅透过率为 $t(x_1, y_1)$。在 L_2 的后焦面(P_2 平面)上,输出光场分布正比于物体的空间频谱 $T(f_x, f_y)$,即

$$U(f_x, f_y) = k \iint_{-\infty}^{\infty} t(x_1, y_1) \exp[-\mathrm{j}2\pi(f_x x_1 + f_y y_1)] \mathrm{d}x_1 \mathrm{d}y_1$$

$$= kT(f_x, f_y) \tag{4-49}$$

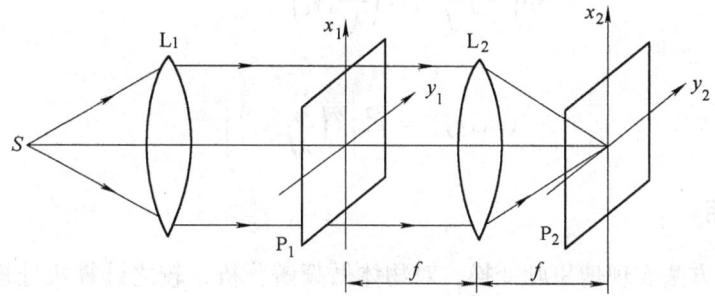

图 4-11 二维光学频谱分析系统

或者

$$U(x_2, y_2) = k \iint_{-\infty}^{\infty} t(x_1, y_1) \exp\left[-\mathrm{j}\frac{2\pi}{\lambda f}(x_2 x_1 + y_2 y_1)\right] \mathrm{d}x_1 \mathrm{d}y_1$$

$$= kT\left(\frac{x_2}{\lambda f}, \frac{y_2}{\lambda f}\right) \tag{4-50}$$

式中,k 为常数。强度记录得到物体的功率谱为

$$I(x_2, y_2) = k^2 \left| T\left(\frac{x_2}{\lambda f}, \frac{y_2}{\lambda f}\right) \right|^2 \tag{4-51}$$

如果物函数是由 N 个一维函数构成的阵列 $t(x_1, y_k)$($k = 1, 2, \cdots, N$),若需要对所有 N 个函数在 x 方向做傅里叶变换,得出变换式的阵列,可采用图 4-12 所示的一维多通道频谱分析系统。它在装置中增加了柱面透镜 L_c,与球面透镜 L_2

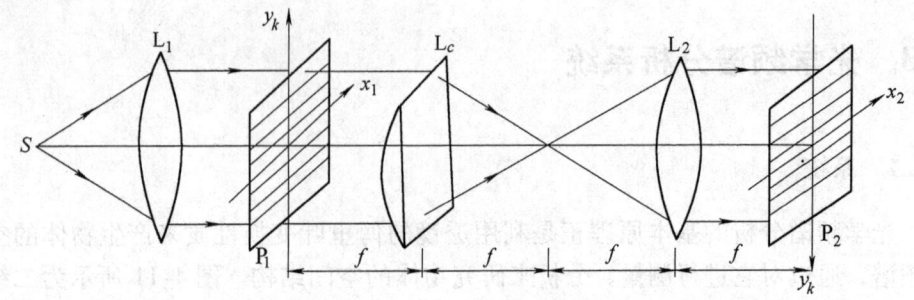

图 4-12　一维多通道光学频谱分析系统

组合，在 y 方向实现了两次傅里叶变换。根据傅里叶积分定理，两次变换的结果相当于成像。而在 x 方向，柱面透镜只产生均匀相位延迟，只有球面透镜实现一次傅里叶变换。因而输出光场分布正比于 $t(x_1,y_k)$ 的变换式阵列 $T(f_x,y_k)$，即

$$U(x_2,y_k) = k\exp\left(-\mathrm{j}\frac{k}{f}x_2^2\right)\int_{-\infty}^{\infty} t(x_1,y_k)\exp\left(-\mathrm{j}2\pi\frac{x_2}{\lambda f}x_1\right)\mathrm{d}x_1$$

$$= k\exp\left(-\mathrm{j}\frac{k}{f}x_2^2\right)T\left(\frac{x_2}{\lambda f},y_k\right) \tag{4-52}$$

强度记录为

$$I(x_2,y_2) = k^2\left|T\left(\frac{x_2}{\lambda f},y_k\right)\right|^2 \tag{4-53}$$

4.3.2　应用

用光学方法实现傅里叶变换，对物体做频谱分析，较之计算机处理速度快，信息容量大，装置简单。它可以同时完成二维或多通道的运算。虽然它只是一种模拟运算，精度不高，但对于许多应用，其运算精度已经合乎需要。

人们很早就认识到可通过对物体的夫琅禾费衍射图样的测量来确定物体的形状尺寸，尤其对于尺寸很小的物体，直接测量常有困难，需要高精密的光学系统把它放大后测量。然而物体愈小（或结构愈精细），其频谱愈展宽，衍射图样的几何尺寸愈大，测量频谱就容易多了。早期应用包括测量羊毛纤维平均直径的杨氏衍射测微计等。发展到今天，光学频谱分析系统已是实用性很强的系统。

光学频谱分析系统可用来对悬浮微粒、粉尘做尺寸分析。粒子尺寸愈小，频谱愈扩展。由于傅里叶变换的位移性质，粒子在测量期间移动，不会影响衍射图的位置和强度分布，因此为探测提供了很大方便。

该系统已经推广到工业应用中用来检测产品的质量。例如表面粗糙度检测、针尖缺陷检查、掩模线宽测量、织物疵病检查等等。利用计算机还可在完成数据分析的同时，根据检测结果对生产过程加以实时控制。

光学频谱分析系统还适于用作图像分析。例如，由于城市照片中包含建筑物、街道等大量细节和人工建造的规则性结构，频谱中所含高频成分远较乡村照片为多。因此，对航摄照片进行光学频谱分析，将频谱面上的采样数据送入计算机分析、判断，容易把城市与非城市照片迅速区分开来。类似方法可用于区别遥感图像中不同自然区域的地貌特点；分析云图和 X 光片。就图像分析来说，它特别适合于对大量数据的快速、非精确分析。

习　题

4.1　图 4-13 所示楔形薄棱镜，楔角为 α，折射率为 n，底边厚度为 Δ_0。求其位相变换函数，并利用它来确定平行光束小角度入射时产生的偏向角 δ。

4.2　点光源 S 与楔形薄棱镜距离为 z_0，它发出倾角为 θ 的傍轴球面波照射棱镜，棱镜楔角为 α，折射率为 n。求透射光波的特征和 S 点虚像的位置（见图 4-14）。

4.3　采用图 4-6 所示光路对某一维物体做傅里叶分析。它所包含的最低空间频率为 $20/\text{mm}$，最高空间频率为 $200/\text{mm}$。照明光的波长 λ 为 $0.6\,\mu\text{m}$。若希望谱面上最低频率成分与最高频率成分之间间隔 50mm，透镜的焦距应取多大？

4.4　对于图 4-8 所示的变换光路，为了消除在物体频谱上附加的位相弯曲，可在紧靠输出平面之前放置一个透镜。问这个透镜的类型以及焦距如何选取？

4.5　参看图 4-15，单色点光源 S 通过一个会聚透镜成像在光轴上 S' 位置。物体（透明片）位于透镜后方，相距 S' 的距离为 d，被完全照明。求证物体的频谱出现在点光源的像平面上。

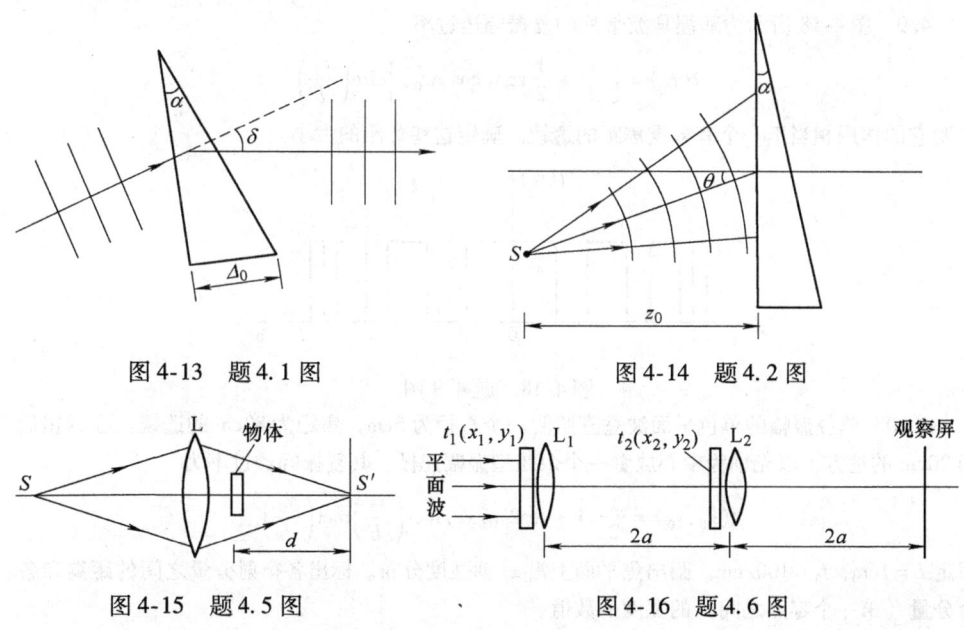

图 4-13　题 4.1 图　　　　图 4-14　题 4.2 图

图 4-15　题 4.5 图　　　　图 4-16　题 4.6 图

4.6　如图 4-16 所示，透明片 $t_1(x_1, y_1)$ 和 $t_2(x_2, y_2)$ 分别紧贴在焦距为 $f_1 = 2a$，$f_2 = a$ 的两个透镜之前。透镜 L_1、L_2 和观察屏三者间隔相等，都等于 $2a$。如果用单位振幅单色平面波垂直照明，求观察屏上的复振幅分布。

4.7 一个被直径为 d 的圆形孔径限制的物函数 U_0，把它放在直径为 D 的圆形会聚透镜的前焦面上，测量透镜后焦面上的强度分布。假定 $D > d$。

（1）写出所测强度准确代表物体功率谱的最大空间频率的表达式，并计算 $D = 6\text{cm}$，$d = 2.5\text{cm}$，焦距 $f = 50\text{cm}$ 以及 $\lambda = 0.6\mu\text{m}$ 时，这个频率的数值（单位：/mm）。

（2）在多大的频率以上测得的频谱为零？尽管物体可以在更高的频率上有不为零的频率分量。

4.8 一个衍射屏具有下述圆对称的复振幅透过率函数（见图 4-17）：

$$t(r_0) = \left(\frac{1}{2} + \frac{1}{2}\cos\alpha r_0^2\right)\text{circ}\left(\frac{r_0}{l}\right)$$

（1）这个屏的作用类似于透镜，为什么？
（2）给出此屏的焦距表达式。
（3）这种屏用作成像元件会受到它的什么性质的限制（特别对于多色物体成像）？

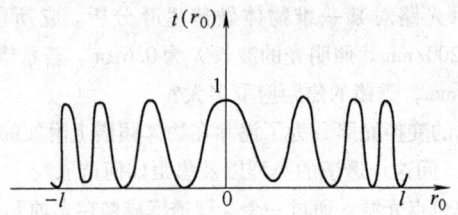

图 4-17 题 4.8 图

4.9 图 4-18 所示为菲涅耳波带片的复振幅透过率

$$t(r_0) = \left[\frac{1}{2} + \frac{1}{2}\text{sgn}(\cos\alpha r_0^2)\right]\text{circ}\left(\frac{r_0}{l}\right)$$

证明它的作用相当于一个有多重焦距的透镜。确定这些焦距的大小。

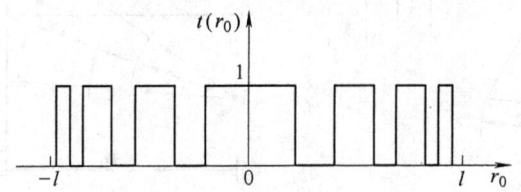

图 4-18 题 4.9 图

4.10 单位振幅的单色平面波垂直照明一个直径为 5cm、焦距为 80cm 的透镜。在透镜后面 20cm 的地方，以光轴为中心放置一个余弦型振幅光栅，其复振幅透过率为

$$t(x_0, y_0) = \frac{1}{2}(1 + \cos 2\pi f_0 x_0)\text{rect}\left(\frac{x_0}{L}\right)\text{rect}\left(\frac{y_0}{L}\right)$$

假定 $L = 1\text{cm}$，$f_0 = 100/\text{cm}$。画出焦平面上沿 x_f 轴强度分布。标出各衍射分量之间的距离和各个分量（第一个零点之间）的宽度的数值。

光学成像系统的频率特性

光学成像系统是信息传递的系统。光波携带输入图像信息（图像的细节、对比、色彩等）从物平面传播到像平面，输出像的质量完全取决于光学系统的传递特性。在一定条件下，成像系统可以看作空间不变的线性系统，因而可以用线性系统理论来研究它的性能。对于相干与非相干照明的成像系统可分别给出其本征函数，把输入信息分解为由本征函数构成的频率分量，研究这些空间频率分量在系统传递过程中丢失、衰减、相移等变化，即研究系统的空间频率特性或传递函数。显然，这是一种全面评价光学系统成像质量的科学方法。

传统的光学系统像质评价方法是星点法和鉴别率法。星点法指检验点光源经过光学系统所产生的像斑，由于像差、玻璃材料不均匀和内应力以及加工、装配的工艺缺陷会使像斑不规则。很难对它做定量计算和测量，检验者的主观判断将明显影响客观评价像质。鉴别率法虽能定量评价系统分辨景物细节的能力，但并不能对可分辨范围内的像质好坏给予全面评价。

为了改进鉴别率评价方法，早在1938年弗里塞就提出改用亮度呈正弦分布的鉴别率板来检验光学系统。1946年杜弗（P. M. Duffieux）在他的专著《傅里叶变换及其在光学中的应用》中用傅里叶方法分析光学系统，开拓了新的成像理论。1948年电气工程师塞德（O. Schade）第一次利用线性系统理论方法分析并改进了电视摄像机透镜组。这是光学传递函数的萌芽时期。

20世纪50年代霍普金斯（H. H. Hopkins）在一系列文章中发展了杜弗的理论，完整提出了光学传递函数的概念和处理方法。1954年林特贝格提出用扫描方法测量光学传递函数的几种可能性，为光学传递函数的测量打下基础，光学传递函数的概念从此得到普遍的重视，进入了迅速发展的时期。特别是进入20世纪70年代以后，由于大容量高速度数字计算机以及高精度光电测试技术的发展，使光学传递函数的计算和测量日趋完善，并逐渐向实际应用推广。

传递函数方法不仅是一种成像系统像质评价方法，它已成为成像理论的重要基础，并对光学滤波或光学信息处理的发展起了很大推动作用。

为了撇开一些次要因素，揭示最基本的物理规律，本章在讨论方法上首先从简单的理想情况入手，然后过渡到复杂的实际情况。例如，从单透镜的成像性质过渡到一般成像系统的特性；从严格单色光过渡到非单色光照明；从不考虑像差过渡到考虑像差的影响。

5.1 透镜的成像性质

所谓成像，是指照明一个置于透镜之前的物体，使其经由透镜在另一位置出现与物体非常相似的光场强度分布。这个强度分布称为该物体的像。如果在透镜后面某一位置得到实际的光强分布，它可以用屏接收，称之为实像。如果透镜后的光看来好像是从透镜前面一个新的位置上的光强分布所发出的，该光强分布称之为虚像。

先讨论单色光照明下，一个薄的无像差的正透镜对透射物成实像的简单情况。如图5-1所示，物体放在透镜前距离为 d_0 的输入平面 x_0y_0 上，在透镜后距离为 d_i 的输出平面 x_iy_i 上观察成像。假定紧靠物体后的复振幅分布为 $U_0(x_0, y_0)$，沿光波传播方向，

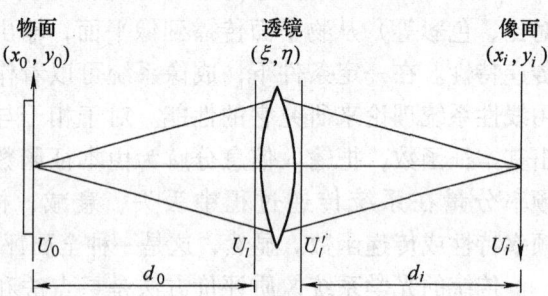

图5-1 推导透镜成像性质的简图

逐面计算三个特定平面上的场分布：紧靠透镜前后的两个平面上复振幅分布 $U_l(\xi, \eta)$ 和 $U'_l(\xi, \eta)$，观察平面场分布 $U_i(x_i, y_i)$。这样就可最终导出系统的输入-输出关系。

利用菲涅耳衍射公式 (3-94)，可写出

$$U_l(\xi,\eta) = \frac{1}{\mathrm{j}\lambda d_0}\exp(\mathrm{j}kd_0)\exp\left[\mathrm{j}\frac{k}{2d_0}(\xi^2+\eta^2)\right] \cdot \iint_{-\infty}^{\infty} U_0(x_0,y_0) \times$$

$$\exp\left[\mathrm{j}\frac{k}{2d_0}(x_0^2+y_0^2)\right]\exp\left[-\mathrm{j}\frac{2\pi}{\lambda d_0}(x_0\xi+y_0\eta)\right]\mathrm{d}x_0\mathrm{d}y_0 \tag{5-1}$$

上式中积分域形式上是无穷大，对于物平面上没有光传播到像空间去的位置，$U_0(x_0, y_0)$ 为零。

透镜的复振幅透过率为

$$t_l(\xi,\eta) = P(\xi,\eta)\exp\left[-\mathrm{j}\frac{k}{2f}(\xi^2+\eta^2)\right] \tag{5-2}$$

式中，$P(\xi, \eta)$ 为光瞳函数；f 为透镜焦距。

显然，透镜后的透射场分布为

$$U'_l(\xi,\eta) = U_l(\xi,\eta)t_l(\xi,\eta) \tag{5-3}$$

光波传播距离 d_i，需要再次运用菲涅耳衍射公式计算 U_i，

第 5 章 光学成像系统的频率特性

$$U_i(x_i, y_i) = \frac{1}{j\lambda d_i}\exp(jkd_i)\exp\left[j\frac{k}{2d_i}(x_i^2 + y_i^2)\right] \cdot \iint_{-\infty}^{\infty} U_l'(\xi, \eta) \times$$

$$\exp\left[j\frac{k}{2d_i}(\xi^2 + \eta^2)\right]\exp\left[-j\frac{2\pi}{\lambda d_i}(\xi x_i + \eta y_i)\right]\mathrm{d}\xi\mathrm{d}\eta \tag{5-4}$$

将式(5-1) ～ 式(5-3) 代入式(5-4)，弃去常数位相因子，整理后得到

$$U_i(x_i, y_i) = \frac{1}{\lambda^2 d_0 d_i}\exp\left[j\frac{k}{2d_i}(x_i^2 + y_i^2)\right]\iiiint_{-\infty}^{\infty} U_0(x_0, y_0) P(\xi, \eta) \times$$

$$\exp\left[j\frac{k}{2}\left(\frac{1}{d_0} + \frac{1}{d_i} - \frac{1}{f}\right)(\xi^2 + \eta^2)\right]\exp\left[j\frac{k}{2d_0}(x_0^2 + y_0^2)\right] \times$$

$$\exp\left[-j\frac{2\pi}{\lambda d_0}(x_0\xi + y_0\eta)\right] \times \exp\left[-j\frac{2\pi}{\lambda d_i}(\xi x_i + \eta y_i)\right]\mathrm{d}x_0\mathrm{d}y_0\mathrm{d}\xi\mathrm{d}\eta$$

$$\tag{5-5}$$

这是一个复杂的四重积分，必须做进一步的简化。来看三个含有二次位相因子的项：积分号前的位相因子 $\exp\left[j\frac{k}{2d_i}(x_i^2 + y_i^2)\right]$ 不影响最终探测的强度分布，可以弃去。积分号内的两个二次位相因子和积分变量 (ξ, η) 或 (x_0, y_0) 有关，只有在一定条件下才能弃去。

假定点物产生的响应是一个很小的像斑，那么能够对于像面上 (x_i, y_i) 点光场产生有意义的贡献的，必定只是物面上以几何成像所对应的物点为中心的微小区域。如果在这个微小区域内 $\exp\left[j\frac{k}{2d_0}(x_0^2 + y_0^2)\right]$ 的位相变化远小于 1 弧度，则可做以下近似

$$\exp\left[j\frac{k}{2d_0}(x_0^2 + y_0^2)\right] \approx \exp\left[j\frac{k}{2d_0}\left(\frac{x_i^2 + y_i^2}{M^2}\right)\right] \tag{5-6}$$

式中，$M = \frac{d_i}{d_0}$，是系统的放大倍数。经过近似后的位相因子不再依赖于 (x_0, y_0)，它同样不会影响 $x_i y_i$ 平面的强度探测，因此可以弃去。

假定选择观察平面，使它与透镜距离 d_i 满足

$$\frac{1}{d_0} + \frac{1}{d_i} - \frac{1}{f} = 0 \tag{5-7}$$

则积分号内关于 (ξ, η) 的二次位相因子将消失。公式（5-7）正是几何光学的透镜定律。

现在式（5-5）已大为简化。我们先对 (x_0, y_0) 积分，即

$$U_i(x_i, y_i) = \frac{1}{\lambda^2 d_0 d_i}\iint_{-\infty}^{\infty}\left\{\iint_{-\infty}^{\infty} U_0(x_0, y_0)\exp\left[-j\frac{2\pi}{\lambda d_0}(x_0\xi + y_0\eta)\right]\mathrm{d}x_0\mathrm{d}y_0\right\} \times$$

$$P(\xi,\eta)\exp\left[-j\frac{2\pi}{\lambda d_i}(\xi x_i + \eta y_i)\right]d\xi d\eta$$

$$= \frac{1}{\lambda^2 d_0 d_i}\iint_{-\infty}^{\infty} G_0\left(\frac{\xi}{\lambda d_0},\frac{\eta}{\lambda d_0}\right)P(\xi,\eta)\exp\left[-j\frac{2\pi}{\lambda d_i}(\xi x_i + \eta y_i)\right]d\xi d\eta \quad (5\text{-}8)$$

式中，G_0 是 U_0 的傅里叶变换。上式表明成像过程经历了两次傅里叶变换，物的频率成分在传递过程中将受到有限大小的光瞳的截取。由于

$$\frac{1}{\lambda^2 d_0 d_i}\iint_{-\infty}^{\infty} G_0\left(\frac{\xi}{\lambda d_0},\frac{\eta}{\lambda d_0}\right)\exp\left[-j\frac{2\pi}{\lambda d_i}(\xi x_i + \eta y_i)\right]d\xi d\eta$$

$$= \frac{1}{M}U_0\left(-\frac{x_i}{M},-\frac{y_i}{M}\right) \quad (5\text{-}9)$$

令 $\tilde{h}$ 为光瞳函数的傅里叶变换，即

$$\iint_{-\infty}^{\infty} P(\xi,\eta)\exp\left[-j\frac{2\pi}{\lambda d_i}(\xi x_i + \eta y_i)\right]d\xi d\eta = \tilde{h}(x_i,y_i) \quad (5\text{-}10)$$

对式(5-8)运用卷积定理，得到

$$U_i(x_i,y_i) = \frac{1}{M}U_0\left(-\frac{x_i}{M},-\frac{y_i}{M}\right)*\tilde{h}(x_i,y_i)$$

$$= \iint_{-\infty}^{\infty} \frac{1}{M}U_0\left(-\frac{\tilde{x}_0}{M},-\frac{\tilde{y}_0}{M}\right)\tilde{h}(x_i - \tilde{x}_0, y_i - \tilde{y}_0)d\tilde{x}_0 d\tilde{y}_0 \quad (5\text{-}11)$$

获得这一结果并非偶然，由于光波传播的线性性质，U_i 本来就可以由下述叠加积分表示

$$U_i(x_i,y_i) = \iint_{-\infty}^{\infty} U_0(x_0,y_0)h(x_i,y_i;x_0,y_0)dx_0 dy_0 \quad (5\text{-}12)$$

比较式（5-11）与式（5-12）可知，$\tilde{h}$ 可看作是系统的脉冲响应，且

$$\tilde{h} = \frac{1}{M}h \quad (5\text{-}13)$$

$(\tilde{x}_0, \tilde{y}_0)$ 正是几何光学理想像点的坐标，且

$$\tilde{x}_0 = -Mx_0, \quad \tilde{y}_0 = -My_0 \quad (5\text{-}14)$$

可以定义一个新函数 U_g 表示几何光学的理想像，即

$$U_g(x_i,y_i) = \frac{1}{M}U_0\left(-\frac{x_i}{M},-\frac{y_i}{M}\right) \quad (5\text{-}15)$$

假如不考虑衍射效应，即透镜孔径为无限大，恒有 $P(\xi,\eta)=1$，由式（5-8）得

$$U_i(x_i,y_i) = \frac{1}{M}U_0\left(-\frac{x_i}{M},-\frac{y_i}{M}\right) = U_g(x_i,y_i)$$

注意此时由式（5-10）确定的系统的脉冲响应 $\tilde{h}$ 为 δ 函数，即点物能产生严格的点像。所以几何光学的理想像是物体的准确复现，它在像平面是倒立的，而

且尺寸经过缩放。

事实上必须考虑透镜有限孔径产生的衍射效应，则 $\tilde{h}$ 应是一个衍射斑

$$\tilde{h}(x_i - \tilde{x}_0, y_i - \tilde{y}_0)$$
$$= \iint\limits_{-\infty}^{\infty} P(\xi,\eta) \exp\left\{-j\frac{2\pi}{\lambda d_i}[\xi(x_i - \tilde{x}_0) + \eta(y_i - \tilde{y}_0)]\right\} d\xi d\eta \qquad (5\text{-}16)$$

显然，脉冲响应就等于透镜孔径的夫琅禾费衍射图样，其中心位于理想像点 $(\tilde{x}_0, \tilde{y}_0)$。

把公式（5-11）改写为

$$U_i(x_i, y_i) = U_g(x_i, y_i) * \tilde{h}(x_i, y_i) \qquad (5\text{-}17)$$

即像的光场分布就等于几何光学理想像和系统脉冲响应的卷积。

上述结论表明，由透镜构成的成像系统可看作是线性空间不变系统。其输入物和输出像之间的关系由式 (5-17) 的卷积积分确定。可以从叠加性质和不变性两方面理解卷积成像的物理含义。把输入物体看作点源的集合，它们在像平面上以几何光学理想像点为中心产生各自的衍射斑，这些衍射斑的函数形式相同，都是透镜孔径的夫琅禾费衍射图样，但受到对应物点光场的适当加权。这些脉冲响应的相干叠加给出像面的复振幅分布。系统的作用正是把物面上点的集合变换为像面上重叠的衍射斑的集合。因而像不再是物体的准确复现，而是物体的平滑变形，孔径愈小，脉冲响应愈宽，变形就愈严重。这种平滑化使像中失去物体的精细结构，尤其是当这种细节变化的周期小于脉冲响应的宽度时。图5-2是卷积成像的示意图。

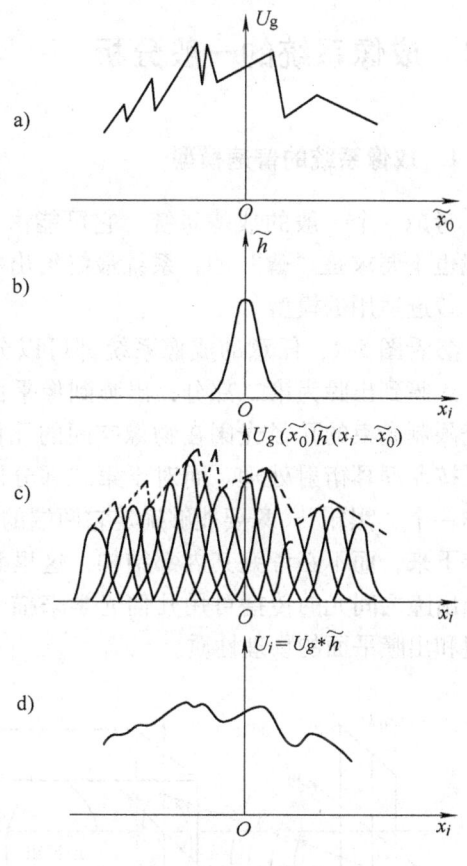

图 5-2　卷积成像的示意图
a) 物函数　b) 脉冲响应　c) 像面上衍射斑的集合　d) 像函数

可以用图 5-3 所示的框图描述成像过程。输入物场 U_0 首先通过几何定标器产生一个放大或缩小的几何像 U_g，这一过程中并不丢失信息。然后这个几何像

再通过线性不变系统，由于衍射效应几何像变为衍射斑的叠加，实际上得到的是经平滑变形的像 U_i，在后一过程中损失了信息，我们把注意力放在这里，且直接称 U_g 为输入。

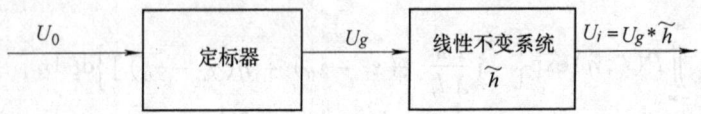

图 5-3 光学成像过程的框图

5.2 成像系统的一般分析

5.2.1 成像系统的普遍模型

考虑一个一般的成像系统，它可能由几个透镜（正透镜或负透镜）组成，透镜也不要求是"薄"的，系统最终给出一个实像。我们将为这样的系统建立一个普遍适用的模型。

参看图 5-4，任意的成像系统都可以分成三部分：物平面到入瞳为第一部分；入瞳到出瞳为第二部分；出瞳到像平面为第三部分。这里入瞳和出瞳是指系统限制光束的孔径光阑在物像空间的几何像。光波在一、三两个部分内的传播可按菲涅耳衍射处理。而对于第二部分即透镜系统，在等晕条件下，可把它看作一个"黑箱"。只要能够确定它两端的边端性质，整个透镜组的性质就可以确定下来，而不必考究其内部结构。这里黑箱的两端是入瞳和出瞳。假定在入瞳和出瞳之间光的传播可用几何光学来描述。所谓边端性质应是指成像光波在入瞳和出瞳平面的物理性质。

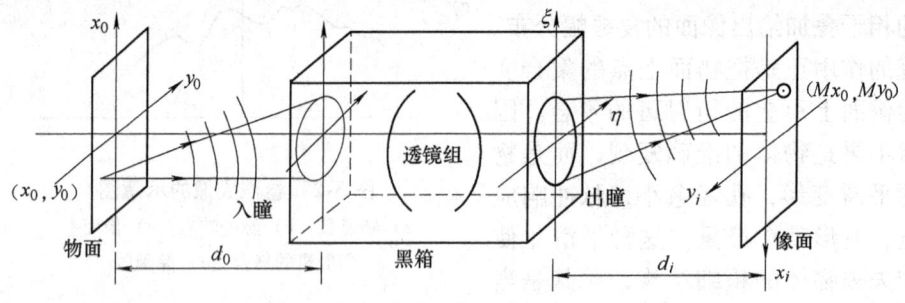

图 5-4 成像系统的普遍模型

为了确定系统的脉冲响应，需要知道这个黑箱对于点光源发出的球面波的变换作用，即当入瞳平面输入发散球面波时，在出瞳平面透射波前的性质。对于实际的透镜组，这一边端性质千差万别，但总可以分为两类：衍射受限系统和有像差系统。

衍射受限系统是指系统可以不考虑像差影响，仅仅考虑光瞳产生的衍射限制。当像差很小，或者系统的孔径和视场都不大时，实际光学系统就可以近似看作是衍射受限的系统。它的边端性质是：物面上任一点光源发出的发散球面波投射到入瞳上，被透镜组变换为出瞳上的会聚球面波。

有像差系统的边端性质则是：点光源发出的发散球面波投射到入瞳上，出瞳处的波前明显偏离理想球面波。偏离的程度可由波像差描述，它取决于透镜组本身的物理结构。

5.2.2 阿贝成像理论

阿贝（Abbe）基于对显微镜成像的研究，1873年提出其衍射成像理论。他认为成像过程包含了两次衍射过程。参见图5-5，它表示显微物镜的成像系统。采用相干光波垂直照明物体，可以把物体看作一个复杂的衍射光栅，衍射光波在透镜后焦面形成物体的夫琅禾费衍射图样。事实上，光波在传播中，还要受到物镜孔径的限制，经过第二次衍射才能传播到像面。把后焦面上的点看作相干的次级波源，发出惠更斯子波，在像面相干叠加产生物体的像。

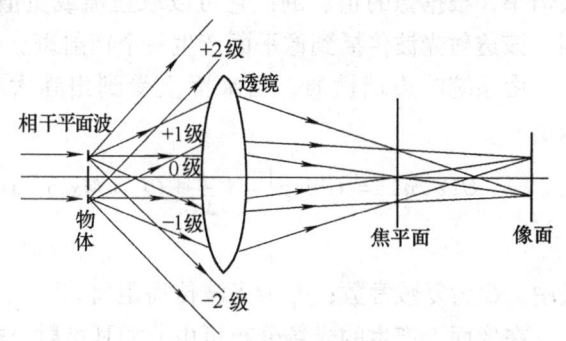

图5-5 阿贝成像原理

参考式（5-8），这两次衍射过程也就是两次傅里叶变换的过程：由物面到后焦面，物体衍射光波分解为各种频率的角谱分量，即不同方向传播的平面波分量，在后焦面上得到物体的频谱。这是一次傅里叶变换过程。由后焦面到像面、各角谱分量又合成为像，这是一次傅里叶逆变换过程。

当不考虑有限光瞳的限制时，物体所有频率分量都参与成像，所得的像应逼真于物。但实际上，由于物镜有限大小光瞳的限制，物体的频率分量只有一部分能参与成像。一些高频成分被丢失，因而产生像的失真，即影响像的清晰度或分辨率。若高频分量具有的能量很弱，或者物镜光瞳足够大，丢失的高频分量的影响就较小，像也就更近似于物。因此，光学系统的作用类似于一个低通滤波器，它滤掉了物体的高频成分，而只允许一定范围内的低频成分通过系统，这正是任何光学系统不能传递物面全部细节的根本原因。

阿贝认为衍射效应是由于有限的入瞳引起的，1896年瑞利提出衍射效应来自有限的出瞳。由于一个光瞳只不过是另一个光瞳的几何像，这两种看法是等价的。衍射效应可以归结为有限大小的入瞳（或出瞳）对于成像光波的限制。

5.2.3 单色光照明的衍射受限系统

单色光照明时，由于光波传播的线性性质，像面复振幅分布可以用叠加积分表示

$$U_i(x_i,y_i) = \iint_{-\infty}^{\infty} U_0(x_0,y_0)h(x_i,y_i;x_0,y_0)\mathrm{d}x_0\mathrm{d}y_0 \tag{5-18}$$

式中，U_0是物面复振幅分布；h是系统的脉冲响应，它表示位于(x_0,y_0)处的点源在像平面(x_i,y_i)点产生的复振幅。对衍射受限系统来说，h是由从出瞳向理想像点(Mx_0,My_0)会聚的球面波产生的（见图5-4）。这里M为系统放大倍率，根据像的正、倒，它可以取正值或负值。由于受有限大小的光瞳的限制，该透射光波传播到像平面产生一个衍射斑。

由系统的边端性质，出瞳面上受到出瞳大小限制的会聚球面波的傍轴近似是

$$U(\xi,\eta) = C'\exp\left\{-\mathrm{j}\frac{k}{2d_i}[(\xi-Mx_0)^2+(\eta-My_0)^2]\right\}P(\xi,\eta) \tag{5-19}$$

式中，C'为复数常数；d_i为光波传播距离。

在像面上产生的光场分布可由菲涅耳衍射公式写出

$$h(x_i,y_i;x_0,y_0) = \frac{1}{\mathrm{j}\lambda d_i}\exp(\mathrm{j}kd_i)\exp\left[\mathrm{j}\frac{k}{2d_i}(x_i^2+y_i^2)\right]\times$$

$$\iint_{-\infty}^{\infty} U(\xi,\eta)\exp\left[\mathrm{j}\frac{k}{2d_i}(\xi^2+\eta^2)\right]\times$$

$$\exp\left[-\mathrm{j}\frac{2\pi}{\lambda d_i}(\xi x_i+\eta y_i)\right]\mathrm{d}\xi\mathrm{d}\eta \tag{5-20}$$

将式（5-19）代入上式，整理后得到

$$h(x_i,y_i;x_0,y_0) = \frac{C'}{\mathrm{j}\lambda d_i}\exp(\mathrm{j}kd_i)\exp\left[\mathrm{j}\frac{k}{2d_i}(x_i^2+y_i^2)\right]\times$$

$$\exp\left[-\mathrm{j}\frac{k}{2d_i}M^2(x_0^2+y_0^2)\right]\cdot\iint_{-\infty}^{\infty}P(\xi,\eta)\times$$

$$\exp\left\{-\mathrm{j}\frac{2\pi}{\lambda d_i}[\xi(x_i-Mx_0)+\eta(y_i-My_0)]\right\}\mathrm{d}\xi\mathrm{d}\eta \tag{5-21}$$

根据与5.1节所述完全相似的理由可以把位相因子

第5章 光学成像系统的频率特性

$$\exp\left[j\frac{k}{2d_i}(x_i^2+y_i^2)\right] \quad 和 \quad \exp\left[-j\frac{k}{2d_i}M^2(x_0^2+y_0^2)\right]$$

弃去。同时弃去常数位相因子，把系数合并入 C，并令

$$Mx_0 = \tilde{x}_0 \quad 以及 \quad My_0 = \tilde{y}_0 \tag{5-22}$$

则最终得到

$$h(x_i, y_i, \tilde{x}_0, \tilde{y}_0)$$

$$= C\iint_{-\infty}^{\infty} P(\xi,\eta)\exp\left\{-j\frac{2\pi}{\lambda d_i}[\xi(x_i-\tilde{x}_0)+\eta(y_i-\tilde{y}_0)]\right\}d\xi d\eta \tag{5-23}$$

结果表明，单色光照明时，衍射受限系统的脉冲响应是光学系统出瞳的夫琅禾费衍射图样，其中心在几何光学的理想像点 $(\tilde{x}_0, \tilde{y}_0)$。略去积分号前的系数，脉冲响应就是光瞳函数的傅里叶变换，即

$$h(x_i, y_i) = \mathscr{F}\{P(\xi,\eta)\}\Big|_{f_x=\frac{x_i}{\lambda d_i}, f_y=\frac{y_i}{\lambda d_i}} \tag{5-24}$$

例如，对于矩形或圆形孔径的光瞳，成像系统的脉冲响应分别是 sinc 函数和爱里图样。

由式（5-23）给出的脉冲响应具有空间不变性，即物点在物平面平移，像平面上脉冲响应仅改变位置，函数形式不变。把它代入式（5-18）的叠加积分，则有

$$U_i(x_i, y_i) = \iint_{-\infty}^{\infty} \frac{1}{M^2}U_0\left(\frac{\tilde{x}_0}{M}, \frac{\tilde{y}_0}{M}\right)h(x_i-\tilde{x}_0, y_i-\tilde{y}_0)d\tilde{x}_0 d\tilde{y}_0$$

$$\tag{5-25}$$

定义

$$\tilde{h} = \frac{1}{M}h \tag{5-26}$$

$$U_g(x_i, y_i) = \frac{1}{M}U_0\left(\frac{x_i}{M}, \frac{y_i}{M}\right) \tag{5-27}$$

U_g 正是几何光学预言的理想像。最后得到

$$U_i(x_i, y_i) = \iint_{-\infty}^{\infty} U_g(\tilde{x}_0, \tilde{y}_0)\tilde{h}(x_i-\tilde{x}_0, y_i-\tilde{y}_0)d\tilde{x}_0 d\tilde{y}_0$$

$$= U_g(x_i, y_i) * \tilde{h}(x_i, y_i) \tag{5-28}$$

这一卷积积分表明，不仅对于薄的单透镜系统，而且对更普遍的情形，衍射受限的成像系统仍可以看作是线性空间不变系统。像的复振幅分布是几何光学理想像和系统出瞳所确定的脉冲响应的卷积。

5.2.4 非单色光照明

实际的照明光源绝不会是理想单色的。事实上，照明光束的振幅和位相随

时间变化的统计性质，将会对成像系统的性能产生重要影响。

非单色光照明时，xy 平面光扰动随时间变化，可以用复值函数 $u(x, y; t)$ 表示

$$u(x,y;t) = U(x,y;t)\exp(-j2\pi\bar{\nu}t) \tag{5-29}$$

式中，$\bar{\nu}$ 是光波的平均频率；$U(x, y; t)$ 称为相幅矢量，它既与空间坐标又与时间坐标有关。若采用准单色光照明，相幅矢量是随时间缓慢变化的函数，可以把它的模看作频率为 $\bar{\nu}$ 的光波的包络。

用非单色光照明物体时，每一物点的振幅和位相随时间作无规则变化。在像平面，与每一物点相应的脉冲响应也将随时间作无规则变化。最终像的强度分布将取决于这些脉冲响应之间的统计关系，也正是取决于物面上被照明各点振幅和位相的统计关系。

考虑两种类型的物体照明方式：空间相干和非相干照明。相干照明下物面上每一点光的振幅和位相尽管都随时间作无规则变化，但所有点随时间变化的方式都是相同的，各点之间相对位相差并不随时间变化。因而，各物点在像平面上的脉冲响应也以同一方式随时间作无规则变化，相对的位相关系恒定。总的光场应按复振幅叠加。这里我们把复振幅理解为相幅矢量 U 中的空间因子，它描述光场的相对振幅和位相，不随时间变化。所以相干成像系统对复振幅是线性的，可直接利用单色光照明的分析结果。按照相干理论，单一点光源发出的光是空间相干的。通常采用激光器或普通光源配上针孔来得到相干照明。

非相干照明下，物面上所有点的振幅和位相随时间变化的方式是统计无关的或无关联的。因此像平面上各个脉冲响应的变化也是统计无关的，它们必须按强度相叠加。这就是说，非相干成像系统对强度这一物理量是线性的。而且强度变换的脉冲响应正比于点源在像平面产生的光强分布，即正比于相干系统脉冲响应的模的平方。从扩展光源（独立的点光源的集合）发出的光束可看作是空间非相干的。

这一问题的更严格的讨论涉及到部分相干理论，读者可参看 6.10 节。

5.3 衍射受限的相干成像系统的频率响应

衍射受限的相干成像系统对于复振幅的传递是线性空间不变系统。这同时意味着系统给出的强度变换是非线性的。所以，本节对于相干成像系统所做的频域分析，仅适用于线性的复振幅变换。

5.3.1 相干传递函数

相干成像系统的物像关系由卷积积分描述，即

第 5 章 光学成像系统的频率特性

$$U_i(x_i,y_i) = \iint_{-\infty}^{\infty} U_g(\tilde{x}_0,\tilde{y}_0)\tilde{h}(x_i - \tilde{x}_0, y_i - \tilde{y}_0)\mathrm{d}\tilde{x}_0\mathrm{d}\tilde{y}_0 \tag{5-30}$$

式中，U_g 是几何光学理想像的复振幅分布；$\tilde{h}$ 是复振幅脉冲响应（或称相干脉冲响应）。

卷积成像是把点物看作基元物，像是点物产生的衍射图样的相干叠加。系统的特性完全由点物所成的像斑的复振幅分布所决定。

也可以从频域来分析成像过程。选择复指数函数作为基元物分布，考察系统对于各种频率成分的传递特性。定义系统的输入频谱 $G_g(f_x,f_y)$ 和输出频谱 $G_i(f_x,f_y)$ 分别为

$$G_g(f_x,f_y) = \mathscr{F}\{U_g(\tilde{x}_0,\tilde{y}_0)\} \tag{5-31}$$

$$G_i(f_x,f_y) = \mathscr{F}\{U_i(x_i,y_i)\} \tag{5-32}$$

把相干脉冲响应的傅里叶变换定义为相干传递函数（CTF），即

$$H_c(f_x,f_y) = \mathscr{F}\{\tilde{h}(x_i,y_i)\} \tag{5-33}$$

对式（5-30）运用卷积定理，得到

$$G_i(f_x,f_y) = G_g(f_x,f_y)H_c(f_x,f_y) \tag{5-34}$$

显然，H_c 表征了衍射受限的相干成像系统在频域中的作用。它使输入频谱 G_g 转化为输出频谱 G_i。

$H_c(f_x,f_y)$ 决定于系统本身的物理结构。注意到脉冲响应 $\tilde{h}$ 正比于光瞳函数的傅里叶变换，则可以找出系统结构参数与相干传递函数的关系为

$$\begin{aligned}H_c(f_x,f_y) &= \iint_{-\infty}^{\infty} \tilde{h}(x_i,y_i)\exp[-\mathrm{j}2\pi(f_x x_i + f_y y_i)]\mathrm{d}x_i\mathrm{d}y_i\\ &= \frac{C}{M}\iiint_{-\infty}^{\infty} P(\xi,\eta)\exp\left[-\mathrm{j}\frac{2\pi}{\lambda d_i}(\xi x_i + \eta y_i)\right]\times \exp[-\mathrm{j}2\pi(f_x x_i + f_y y_i)]\mathrm{d}\xi\mathrm{d}\eta\mathrm{d}x_i\mathrm{d}y_i\\ &= \frac{C}{M}\iint_{-\infty}^{\infty} P(\xi,\eta)\mathrm{d}\xi\mathrm{d}\eta \iint_{-\infty}^{\infty}\exp\left\{-\mathrm{j}2\pi\left[x_i\left(\frac{\xi}{\lambda d_i}+f_x\right)+y_i\left(\frac{\eta}{\lambda d_i}+f_y\right)\right]\right\}\mathrm{d}x_i\mathrm{d}y_i\\ &= \frac{C}{M}\iint_{-\infty}^{\infty} P(\xi,\eta)\delta\left(\frac{\xi}{\lambda d_i}+f_x,\frac{\eta}{\lambda d_i}+f_y\right)\mathrm{d}\xi\mathrm{d}\eta\end{aligned}$$

利用 δ 函数的比例变化性质和筛选性质，并略去常系数得

$$H_c(f_x,f_y) = \iint_{-\infty}^{\infty} P(\xi,\eta)\delta(\xi+\lambda d_i f_x,\eta+\lambda d_i f_y)\mathrm{d}\xi\mathrm{d}\eta = P(-\lambda d_i f_x,-\lambda d_i f_y) \tag{5-35}$$

式中，光瞳函数的自变量带有负号，这意味着相干传递函数正比于经过坐标反

射的光瞳函数，只要在一个反射坐标系中来定义 P，则可以去掉负号的累赘，把上式改写为

$$H_c(f_x,f_y) = P(\lambda d_i f_x, \lambda d_i f_y) \tag{5-36}$$

通常所遇到的光瞳都具有对称性，上式自然成立。

假如不考虑光瞳的有限大小，认为恒有 $P=1$，则在整个频率平面内都有 $H_c(f_x,f_y)=1$。这时像是物的准确复现，没有任何信息丢失。这正是几何光学理想成像情况。

实际上光瞳函数总是取 1 和 0 两个值，所以相干传递函数的值也是如此。这就是说在频域中存在一个有限通频带，此通带内全部频率分量可以通过系统而没有振幅和位相畸变。而通带以外的频率分量完全被衰减掉。

5.3.2 相干传递函数计算和运用实例

例1 衍射受限的相干成像系统，其出瞳是边长为 l 的正方形（图 5-6a），光瞳函数是

$$P(\xi,\eta) = \mathrm{rect}\left(\frac{\xi}{l}\right)\mathrm{rect}\left(\frac{\eta}{l}\right)$$

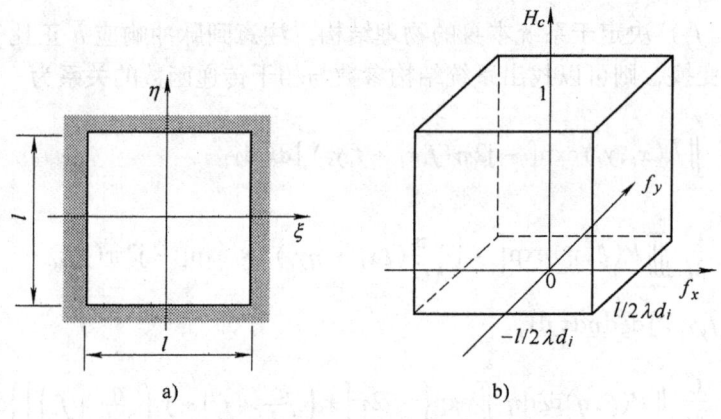

图 5-6　正方形出瞳的衍射受限系统的相干传递函数
a）正方形出瞳　b）相干传递函数

根据式（5-36），相干传递函数（图 5-6b）为

$$H_c(f_x,f_y) = \mathrm{rect}\left(\frac{\lambda d_i f_x}{l}\right)\mathrm{rect}\left(\frac{\lambda d_i f_y}{l}\right) = \mathrm{rect}\left(\frac{f_x}{2f_0}\right)\mathrm{rect}\left(\frac{f_y}{2f_0}\right)$$

(5-37)

式中，f_0 是沿 f_x 和 f_y 轴方向的截止频率，写成

$$f_0 = \frac{l}{2\lambda d_i} \tag{5-38}$$

应当指出,对于非圆对称光瞳的系统在频率平面不同方向上截止频率数值常常不等。例如对矩形出瞳,在 $\tilde{x}_0$、$\tilde{y}_0$ 方向频率高于 f_0 的信息不能通过系统,但若适当取向却可能被系统通过。

这里 f_0 是指高斯像面的截止频率。实际物面的截止频率还应乘以放大倍率 M。

例2 衍射受限的相干成像系统,其出瞳是直径为 l 的圆形孔径(图5-7a),光瞳函数是

$$P(\xi,\eta) = \mathrm{circ}\left(\frac{\sqrt{\xi^2+\eta^2}}{l/2}\right)$$

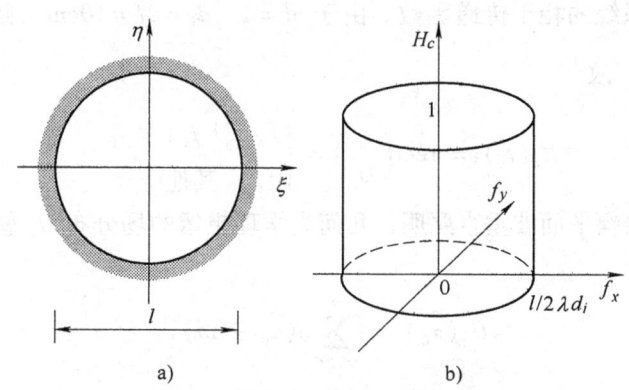

图5-7 圆形出瞳的衍射受限系统的相干传递函数
a) 圆形出瞳 b) 相干传递函数

根据式(5-36),相干传递函数(图5-7b)为

$$H_c(f_x, f_y) = \mathrm{circ}\left(\frac{\sqrt{(\lambda d_i f_x)^2 + (\lambda d_i f_y)^2}}{l/2}\right) = \mathrm{circ}\left(\frac{\sqrt{f_x^2+f_y^2}}{f_0}\right) \tag{5-39}$$

在各个方向上截止频率都是 f_0,且

$$f_0 = \frac{l}{2\lambda d_i} \tag{5-40}$$

例如当 $l=2\mathrm{cm}$,$d_i=10\mathrm{cm}$,$\lambda=10^{-4}\mathrm{cm}$ 时,截止频率 $f_0=100/\mathrm{mm}$。

例3 图5-8所示为衍射受限的相干成像系统,光阑缝宽 $l=3\mathrm{cm}$,透镜焦距 $f=5\mathrm{cm}$,照明光波长 $\lambda=10^{-4}\mathrm{cm}$,成像倍率 $M=1$,如果物体是振幅透过率

$t_0(x_0) = \sum_{n=-\infty}^{\infty} \delta(x_0 - nd)$ 的理想光栅，周期 $d = 0.01\mathrm{mm}$ 求像的强度分布。

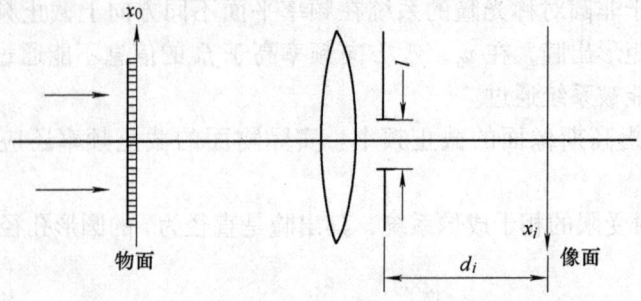

图 5-8 衍射受限的相干成像系统的例子

首先确定系统的相干传递函数。由于 $M = 1$，$d_i = 2f = 10\mathrm{cm}$，截止频率 $f_0 = \dfrac{l}{2\lambda d_i} = 150/\mathrm{mm}$，故

$$H_c(f_x) = \mathrm{rect}\left(\dfrac{f_x}{2f_0}\right) = \begin{cases} 1, & |f_x| < f_0 \\ 0, & \text{其他} \end{cases}$$

采用单位振幅平面波垂直照明，几何光学理想像的场分布 U_g 就等于物体的透过率，即

$$U_g(\tilde{x}_0) = \sum_{n=-\infty}^{\infty} \delta(\tilde{x}_0 - nd)$$

输入频谱为

$$G_g(f_x) = \dfrac{1}{d}\sum_{n=-\infty}^{\infty} \delta\left(f_x - \dfrac{n}{d}\right)$$

式中，$\dfrac{1}{d} = 100/\mathrm{mm}$。输出频谱为

$$G_i(f_x) = G_g(f_x)H_c(f_x) = \dfrac{1}{d}\left[\delta(f_x) + \delta\left(f_x - \dfrac{1}{d}\right) + \delta\left(f_x + \dfrac{1}{d}\right)\right]$$

略去常系数，像的光场分布为

$$U_i(x_i) = 1 + \exp\left(\mathrm{j}2\pi\dfrac{x_i}{d}\right) + \exp\left(-\mathrm{j}2\pi\dfrac{x_i}{d}\right) = 1 + 2\cos 2\pi\dfrac{x_i}{d}$$

成像系统在空域和频域的作用表示在图 5-9 中，图 5-10 则为像面的强度分布。可以看出光栅仍能分辨。像与物具有相同的周期，但在两个主极大之间出现次极大，光栅条纹已经平滑变形。系统通频带愈宽，像与物愈相似。假如 $f_0 < \dfrac{1}{d}$，物的基频成分也不能传递到像面，将看不到光栅的像。

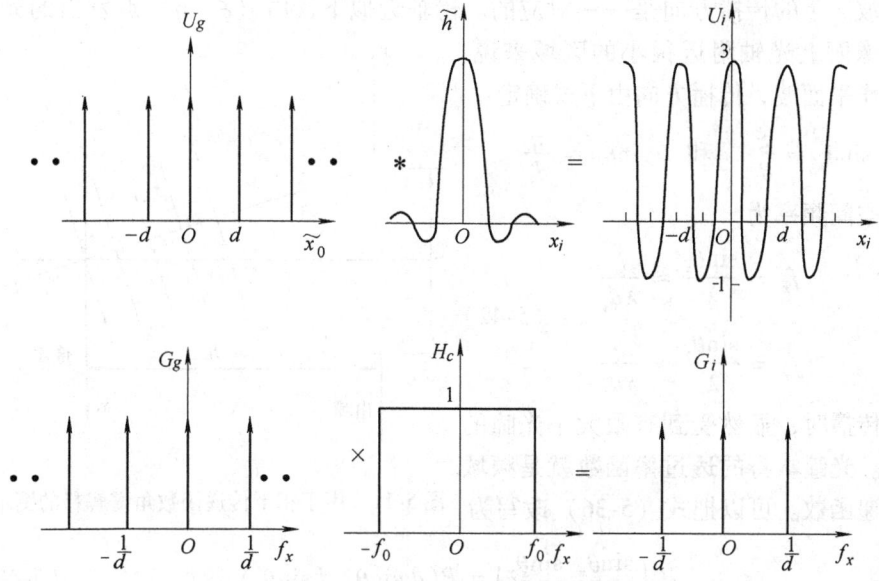

图 5-9 光栅相干成像在空域和频域的运算结果

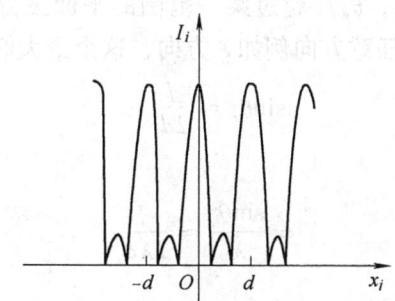

图 5-10 光栅成像的强度分布

5.3.3 相干传递函数的角谱解释

相干成像系统对于复振幅的变换是线性的，所以可借用单色光场传播的角谱方法来解释其在频域的效应。

式 (5-34) 可以改写为

$$G_i\left(\frac{\sin\theta_x}{\lambda}, \frac{\sin\theta_y}{\lambda}\right) = G_g\left(\frac{\sin\theta_x}{\lambda}, \frac{\sin\theta_y}{\lambda}\right) H_c\left(\frac{\sin\theta_x}{\lambda}, \frac{\sin\theta_y}{\lambda}\right) \quad (5\text{-}41)$$

式中，$\sin\theta_x = \lambda f_x$，$\sin\theta_y = \lambda f_y$，表示平面波分量的传播方向；$G_g$ 和 G_i 表示物和像的角谱；H_c 描述系统对于各平面波分量（系统的本征信息）在传递过程中的影响。

如图 5-11 所示，出瞳平面是物体的频谱面，其坐标 (ξ, η) 与空间频率或平面波分量的传播方向是一一对应的。傍轴近似下，由 (ξ, η) 点发出的光波对于像面上光轴附近很小的区域来说，可看作平面波，传播方向由下式确定

$$\sin\theta_x \approx \frac{\xi}{d_i} \quad \text{和} \quad \sin\theta_y \approx \frac{\eta}{d_i}$$

对应空间频率为

$$f_x = \frac{\sin\theta_x}{\lambda} \approx \frac{\xi}{\lambda d_i}$$

和

$$f_y = \frac{\sin\theta_y}{\lambda} \approx \frac{\eta}{\lambda d_i} \tag{5-42}$$

角谱传播时，显然受到有限大小光瞳的截取。光瞳本身的透过率函数就是频域的传递函数。可以把式（5-36）改写为

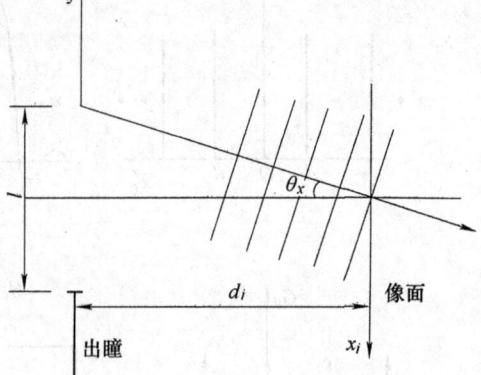

图 5-11 用于相干传递函数角谱解释的图示

$$H_c\left(\frac{\sin\theta_x}{\lambda}, \frac{\sin\theta_y}{\lambda}\right) = P(d_i\sin\theta_x, d_i\sin\theta_y) \tag{5-43}$$

式（5-43）表明倾角 (θ_x, θ_y) 超过某一范围的平面波分量将被系统滤除。对于直径为 l 的圆形出瞳沿任意方向例如 ξ 方向，这个最大倾角应满足

$$\sin\theta_x \approx \frac{l}{2d_i}$$

因而截止频率

$$f_0 = \frac{\sin\theta_x}{\lambda} \approx \frac{l}{2\lambda d_i}$$

在不同方向上 f_0 数值相同。

5.3.4 相干线响应函数和直边响应函数[12]

由式（2-37），平行于 y_0 轴的缝光源在像面产生的相干线响应函数为

$$L(x_i) = \mathscr{F}^{-1}\{H_c(f_x, 0)\} \tag{5-44}$$

它是相干传递函数沿 f_x 轴截面的一维傅里叶逆变换。由于相干传递函数在通频带内为常数，无论孔径形状如何，CTF 的截面总是矩形函数，因而 $L(x_i)$ 将呈 sinc 函数变化。

对于衍射受限系统，$L(x_i)$ 可表示为

$$L(x_i) = \mathscr{F}^{-1}\{P(\lambda d_i f_x, 0)\} \tag{5-45}$$

例如对于直径 l 的圆形出瞳，垂直于孔径的任意截面，都是矩形函数，即

$$P(\lambda d_i f_x, 0) = \text{rect}\left(\frac{\lambda d_i f_x}{l}\right) \tag{5-46}$$

线响应函数为

$$L(x_i) = \mathscr{F}^{-1}\left\{\text{rect}\left(\frac{\lambda d_i f_x}{l}\right)\right\} = \frac{l}{\lambda d_i}\text{sinc}\left(\frac{lx_i}{\lambda d_i}\right) \tag{5-47}$$

由式（2-38），物面上放置一个刀口（或直边），相干光均匀照明，像面上得到相干直边响应

$$E(x_i) = \int_{-\infty}^{x_i} L(\xi)\text{d}\xi \tag{5-48}$$

对于式（5-47）给出的 $L(x_i)$，则

$$E(x_i) = \int_{-\infty}^{x_i} \frac{l}{\lambda d_i}\text{sinc}\left(\frac{l}{\lambda d_i}\xi\right)\text{d}\xi$$

可以把它表示为展开式

$$E(x_i) = 0.5 + \frac{1}{\pi}\left[\frac{\pi l x_i}{\lambda d_i} - \frac{1}{18}\left(\frac{\pi l x_i}{\lambda d_i}\right)^3 + \frac{1}{600}\left(\frac{\pi l x_i}{\lambda d_i}\right)^5 - \cdots\right] \tag{5-49}$$

图 5-12 给出了衍射受限的相干线响应与直边响应函数。注意直边响应的振荡性质。直边的像不再是亮暗严格分明的，在亮区与暗区都会产生一些亮暗交替的条纹。

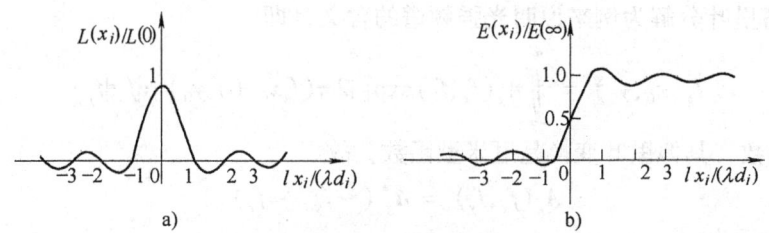

图 5-12 相干线响应和直边响应函数
a）相干线响应 b）相干直边响应

5.4 衍射受限的非相干成像系统的频率响应

5.4.1 非相干照明时的物像关系式

非相干成像系统是强度变换的线性系统，物像关系满足下述卷积积分

$$I_i(x_i, y_i) = k\iint_{-\infty}^{\infty} I_g(\tilde{x}_0, \tilde{y}_0) h_I(x_i - \tilde{x}_0, y_i - \tilde{y}_0)\text{d}\tilde{x}_0\text{d}\tilde{y}_0 \tag{5-50}$$

式中，k 是实常数；I_g 是几何光学理想像的强度分布；I_i 为像的强度分布；h_I 为光强脉冲响应（或称非相干脉冲响应、点扩散函数），它是点物产生的衍射斑的强度分布，所以

$$h_I(x_i,y_i) = |\tilde{h}(x_i,y_i)|^2 \qquad (5\text{-}51)$$

对于衍射受限系统，略去常系数 h_I 可表示为

$$h_I(x_i,y_i) = |\mathscr{F}\{P(\xi,\eta)\}|^2_{f_x=\frac{x_i}{\lambda d_i},f_y=\frac{y_i}{\lambda d_i}} \qquad (5\text{-}52)$$

式 (5-50) 意味着把点源作为输入的基元物，它将在像面上产生以几何光学理想像点为中心的像斑，物体上所有点源产生的像斑按强度叠加的结果就给出像面的强度分布。

5.4.2 光强的空间频谱

由于光强脉冲响应 h_I 是实函数，余弦函数是非相干成像系统的本征函数。因而也可以选择余弦的光强分量作为基元物，事实上也可以把它看作强度透过率呈余弦型变化的光栅。

定义 $A_g(f_x,f_y)$ 和 $A_i(f_x,f_y)$ 分别为输入光强频谱和输出光强频谱，即

$$A_g(f_x,f_y) = \mathscr{F}\{I_g(\tilde{x_0},\tilde{y_0})\} \qquad (5\text{-}53)$$

$$A_i(f_x,f_y) = \mathscr{F}\{I_i(\tilde{x_i},\tilde{y_i})\} \qquad (5\text{-}54)$$

以 I_g 的傅里叶分解为例来说明光强频谱的含义，即

$$I_g(\tilde{x_0},\tilde{y_0}) = \iint_{-\infty}^{\infty} A_g(f_x,f_y)\exp[\mathrm{j}2\pi(f_x\tilde{x_0}+f_y\tilde{y_0})]\mathrm{d}f_x\mathrm{d}f_y \qquad (5\text{-}55)$$

I_g 是实函数，其傅里叶变换是厄米型函数。故

$$A_g(f_x,f_y) = A_g^*(-f_x,-f_y) \qquad (5\text{-}56)$$

A_g 可以表示为

$$A_g(f_x,f_y) = a(f_x,f_y)\exp[\mathrm{j}\theta_g(f_x,f_y)] \qquad (5\text{-}57)$$

式中，$a(f_x,f_y)$ 和 $\theta_g(f_x,f_y)$ 分别是 A_g 的模和辐角。

利用式 (5-56) 不难证明

$$I_g(\tilde{x_0},\tilde{y_0}) = \iint_0^{\infty} 2a(f_x,f_y)\cos[2\pi(f_x\tilde{x_0}+f_y\tilde{y_0})+\theta_g(f_x,f_y)]\mathrm{d}f_x\mathrm{d}f_y \qquad (5\text{-}58)$$

于是物面的光强分布可以看作是不同空间频率的余弦的光强分量的线性组合。各频率成分的振幅和初位相分别由光强频谱的模和辐角确定。

对于呈余弦函数变化的强度分布，很自然地要讨论其"对比度"或"调制度"，其定义为

$$V = \frac{I_M - I_m}{I_M + I_m} \qquad (5\text{-}59)$$

式中，I_M 和 I_m 分别是光强分布的最大值和最小值。例如对于 $I_g(\tilde{x_0}) = I_0 + a\cos 2\pi f \tilde{x_0}$，可计算出 $V = \dfrac{a}{I_0}$。即对比度等于余弦分布的振幅和背景光强（零频

分量或称直流分量）的比值。当 $a = I_0$ 时，$V = 1$ 为最大值，条纹看起来最清晰。当 $a \ll I_0$ 时，$V \ll 1$，这时因背景光太强，条纹看起来很不清晰，就像我们在阳光直射下看电视，不会有令人满意的收看效果。

所以，从图像的视觉效果考虑，我们更关心各频率余弦分量的对比度。为此，可用零频分量的频谱值对光强频谱做归一化。输入和输出的归一化光强频谱定义为

$$\mathscr{A}_g(f_x, f_y) = \frac{A_g(f_x, f_y)}{A_g(0,0)} = \frac{\iint_{-\infty}^{\infty} I_g(\tilde{x}_0, \tilde{y}_0) \exp[-j2\pi(f_x \tilde{x}_0 + f_y \tilde{y}_0)] d\tilde{x}_0 d\tilde{y}_0}{\iint_{-\infty}^{\infty} I_g(\tilde{x}_0, \tilde{y}_0) d\tilde{x}_0 d\tilde{y}_0}$$

(5-60)

$$\mathscr{A}_i(f_x, f_y) = \frac{A_i(f_x, f_y)}{A_i(0,0)} = \frac{\iint_{-\infty}^{\infty} I_i(x_i, y_i) \exp[-j2\pi(f_x x_i + f_y y_i)] dx_i dy_i}{\iint_{-\infty}^{\infty} I_i(x_i, y_i) dx_i dy_i}$$

(5-61)

5.4.3 光学传递函数的定义及物理意义

对式（5-50）运用卷积定理，得到

$$A_i(f_x, f_y) = H_I(f_x, f_y) \cdot A_g(f_x, f_y) \tag{5-62}$$

式中，H_I 是光强脉冲响应的傅里叶变换，对于零频成分则有

$$A_i(0,0) = H_I(0,0) A_g(0,0) \tag{5-63}$$

非相干成像系统的归一化传递函数定义为

$$\mathscr{H}(f_x, f_y) = \frac{H_I(f_x, f_y)}{H_I(0,0)} = \frac{\iint_{-\infty}^{\infty} h_I(x_i, y_i) \exp[-j2\pi(f_x x_i + f_y y_i)] dx_i dy_i}{\iint_{-\infty}^{\infty} h_I(x_i, y_i) dx_i dy_i}$$

(5-64)

利用式（5-62）和式（5-63），得到

$$\mathscr{A}_i(f_x, f_y) = \mathscr{H}(f_x, f_y) \mathscr{A}_g(f_x, f_y) \tag{5-65}$$

通常把 $\mathscr{H}(f_x, f_y)$ 称为非相干成像系统的光学传递函数（OTF）。它描述非相干成像系统在频域的效应。

对于实际系统，$\mathscr{H}$ 常常是复函数，可以表示为

$$\mathcal{H}(f_x,f_y) = m(f_x,f_y)\exp[j\phi(f_x,f_y)] \tag{5-66}$$

式中，$m(f_x,f_y)$ 和 $\phi(f_x,f_y)$ 分别为 $\mathcal{H}$ 的模和辐角。

$$m(f_x,f_y) = \frac{|H_I(f_x,f_y)|}{H_I(0,0)} \tag{5-67}$$

$m(f_x,f_y)$ 常称为调制传递函数（MTF），$\phi(f_x,f_y)$ 则称为相位传递函数（PTF）。如果把归一化光强频谱表示为

$$\mathcal{A}_g(f_x,f_y) = |\mathcal{A}_g(f_x,f_y)|\exp[j\theta_g(f_x,f_y)] \tag{5-68}$$

$$\mathcal{A}_i(f_x,f_y) = |\mathcal{A}_i(f_x,f_y)|\exp[j\theta_i(f_x,f_y)] \tag{5-69}$$

根据式（5-65），可知

$$m(f_x,f_y) = \frac{|\mathcal{A}_i(f_x,f_y)|}{|\mathcal{A}_g(f_x,f_y)|} \tag{5-70}$$

$$\phi(f_x,f_y) = \theta_i(f_x,f_y) - \theta_g(f_x,f_y) \tag{5-71}$$

这说明 MTF 描述系统对各频率分量对比度的传递特性，而 PTF 描述系统对各频率分量施加的相移。

作为系统的本征函数，强度的余弦分量在通过系统后仍为同频率的余弦输出，其对比度和位相的变化决定于系统传递函数的模和辐角。换句话说，如果把输入物看作强度透过率呈余弦变化的不同频率的光栅的线性组合，在成像过程中，OTF 惟一的影响是改变这些基元物的对比和相对位相。

例如，对一个余弦的光强输入

$$I_g(\tilde{x}_0,\tilde{y}_0) = I_0 + a(f_a,f_b)\cos[2\pi(f_a\tilde{x}_0 + f_b\tilde{y}_0) + \theta_g(f_a,f_b)]$$

由于 h_I 是实函数，H_I 是厄米型函数。按照与推导式（2-22）完全类似的方法，可证明像面光强分布为

$$\begin{aligned}I_i(x_i,y_i) &= I_0 \cdot H_I(0,0) + a(f_a,f_b)|H_I(f_a,f_b)| \times \\ &\quad \cos[2\pi(f_ax_i + f_by_i) + \theta_g(f_a,f_b) + \phi(f_a,f_b)] \\ &= H_I(0,0)\{I_0 + a(f_a,f_b)m(f_a,f_b) \\ &\quad \times \cos[2\pi(f_ax_i + f_by_i) + \theta_i(f_a,f_b)]\}\end{aligned}$$

物和像的对比度分别为

$$V_g(f_a,f_b) = \frac{a(f_a,f_b)}{I_0}, \quad V_i(f_a,f_b) = \frac{a(f_a,f_b)}{I_0}m(f_a,f_b)$$

显然

$$V_i(f_a,f_b) = V_g(f_a,f_b)m(f_a,f_b) \tag{5-72}$$

$$\theta_i(f_a,f_b) = \theta_g(f_a,f_b) + \phi(f_a,f_b) \tag{5-73}$$

即像的对比度等于物的对比度与相应频率 MTF 的值的乘积，PTF 给出相应相移，当 $\phi = 2\pi$ 时表示余弦条纹错开一个周期。图 5-13 以一维余弦型物体成像为例表

示出 MTF 和 PTF 的作用。为方便计，背景光强假定不变。

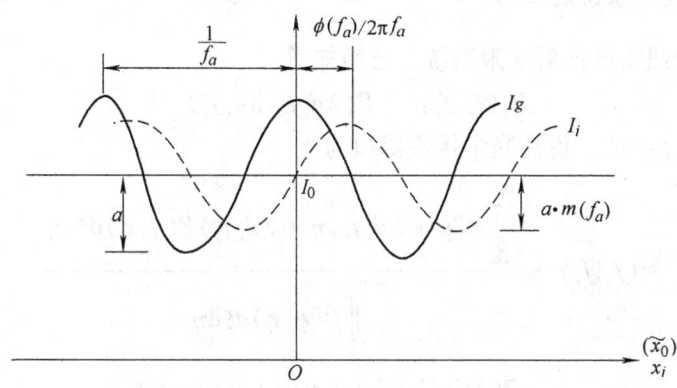

图 5-13　光学传递函数的作用图示

5.4.4　OTF 与 CTF 的联系

CTF 与 OTF 分别是描述同一个成像系统采用相干照明和非相干照明时的传递函数，它们都取决于系统本身的物理性质，应该可以找到两者的联系。沟通两者的桥梁是公式 (5-51)，即

$$h_I = |\tilde{h}|^2 \tag{5-74}$$

CTF 和 OTF 分别定义为

$$H_c(f_x, f_y) = \mathscr{F}|\tilde{h}| \tag{5-75}$$

$$\mathscr{H}(f_x, f_y) = \frac{\mathscr{F}\{h_I\}}{\mathscr{F}\{h_I\}_{f_x=f_y=0}} \tag{5-76}$$

利用傅里叶变换的自相关定理得到

$$\mathscr{H}(f_x, f_y) = \frac{\mathscr{F}\{|\tilde{h}|^2\}}{\mathscr{F}\{|\tilde{h}|^2\}_{f_x=f_y=0}} = \frac{\iint_{-\infty}^{\infty} H_c(\xi+f_x, \eta+f_y) H_c^*(\xi, \eta) \mathrm{d}\xi\mathrm{d}\eta}{\iint_{-\infty}^{\infty} |H_c(\xi, \eta)|^2 \mathrm{d}\xi\mathrm{d}\eta}$$

$$= \frac{H_c(f_x, f_y) \star H_c(f_x, f_y)}{\iint_{-\infty}^{\infty} |H_c(\xi, \eta)|^2 \mathrm{d}\xi\mathrm{d}\eta} \tag{5-77}$$

因此，对于同一系统来说光学传递函数 $\mathscr{H}$ 等于相干传递函数 H_c 的归一化自相关函数。这一结论是在式 (5-74) 基础上导出的，所以它对有像差的系统和没有像差的系统都完全成立。

5.4.5 衍射受限系统的 OTF

对于相干照明的衍射受限系统，已经知道
$$H_c(f_x,f_y) = P(\lambda d_i f_x, \lambda d_i f_y)$$
把它代入式（5-77），得到光学传递函数为

$$\mathcal{H}(f_x,f_y) = \frac{\iint_{-\infty}^{\infty} P(\xi + \lambda d_i f_x, \eta + \lambda d_i f_y) P(\xi,\eta) \mathrm{d}\xi \mathrm{d}\eta}{\iint_{-\infty}^{\infty} P(\xi,\eta) \mathrm{d}\xi \mathrm{d}\eta}$$

$$= \frac{P(\lambda d_i f_x, \lambda d_i f_y) \star P(\lambda d_i f_x, \lambda d_i f_y)}{\iint_{-\infty}^{\infty} P(\xi,\eta) \mathrm{d}\xi \mathrm{d}\eta} \tag{5-78}$$

由于光瞳函数只有 1 和 0 两个值，分母积分中的 P^2 可以写作 P。公式表明衍射受限系统的 OTF 是光瞳函数的归一化自相关函数。

研究式（5-78），可得到 OTF 的重要几何解释。式中，分母是光瞳的总面积 S_0，分子代表中心位于 $(-\lambda d_i f_x, -\lambda d_i f_y)$ 的经过平移的光瞳与原光瞳的重叠面积 $S(f_x, f_y)$，求衍射受限的 OTF 只不过是归一化的重叠面积计算问题，即

$$\mathcal{H}(f_x,f_y) = \frac{S(f_x,f_y)}{S_0} \tag{5-79}$$

参看图 5-14，重叠面积取决于两个错开光瞳的相对位置，也就是和频率 (f_x, f_y) 有关。对于简单几何形状的光瞳，不难求出归一化重叠面积的数学表达式。对于复杂的光瞳，可用计算机计算 OTF 在一系列分立频率上的值。

从上述几何解释，不难了解衍射受限系统 OTF 的一些性质：

（1）$\mathcal{H}(f_x, f_y)$ 是实的非负的函数。因此衍射受限的非相干成像系统只改变各频率余弦光强分量的对比，而不改变它们的位相。即只需要考虑 MTF，不必考虑 PTF。

（2）$\mathcal{H}(0, 0) = 1$。当 $f_x = f_y = 0$ 时，两个光瞳完全重叠，归一化重叠面积为 1。零频时传递函数等于 1，这正是对 OTF 归一化的结果。但这并不意味着像和物的背景光强相同。由于吸收、反射、散射及光阑挡光等原因，像面背景光强总要弱于物面。但从对比度考虑，物、像方零频成分的对比度都是零，无所谓衰减，所以 $\mathcal{H}(0, 0) = 1$。

（3）$\mathcal{H}(f_x, f_y) \leqslant \mathcal{H}(0, 0)$。这一结论很容易从两个光瞳错开后重叠面积小于完全重叠面积得出。严格证明要用到施瓦兹不等式，类似于证明式（1-46）的方法。

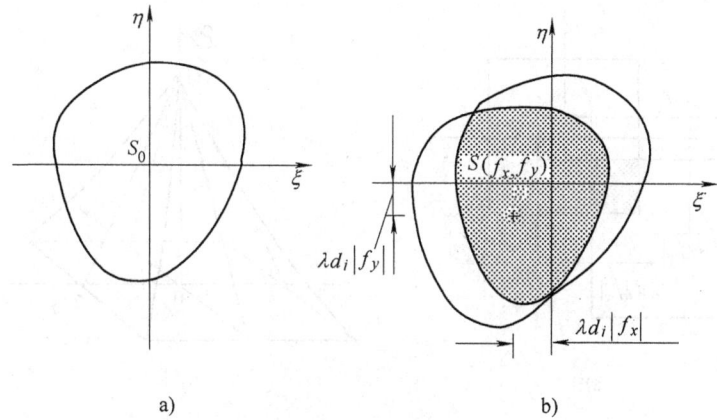

图 5-14　衍射受限系统 OTF 的几何解释
a) 光瞳函数——总面积是 OTF 的分母
b) 两个错开的光瞳函数——重叠面积是 OTF 的分子

当 f_x、f_y 足够大，两光瞳完全分离时，重叠面积为零。此时 $\mathcal{H}(f_x, f_y) = 0$。即在截止频率所规定的范围之外，光学传递函数为零。此时无论物的对比度多大，像面上没有这些频率成分。

假如把光接收器考虑在系统内，接收器有一个能感知的对比度阈值 V_c。当像的对比度高于 V_c 时，才能被分辨。与对比度阈值 V_c 相对应的空间频率才是成像系统的分辨极限。

5.4.6　衍射受限系统的 OTF 计算和运用实例

例 1　衍射受限的非相干成像系统，其出瞳为边长为 l 的正方形，光瞳总面积 $S_0 = l^2$。重叠面积应该是

$$S(f_x, f_y) = \begin{cases} (l - \lambda d_i |f_x|)(l - \lambda d_i |f_y|), & |f_x| \leq \dfrac{l}{\lambda d_i},\ |f_y| \leq \dfrac{l}{\lambda d_i} \\ 0, & \text{其他} \end{cases}$$

光学传递函数为

$$\mathcal{H}(f_x, f_y) = \frac{S(f_x, f_y)}{S_0} = \mathrm{tri}\left(\frac{f_x}{2f_0}\right)\mathrm{tri}\left(\frac{f_y}{2f_0}\right) \tag{5-80}$$

式中，$f_0 = \dfrac{l}{2\lambda d_i}$，是同一系统采用相干照明时的截止频率。非相干系统沿 f_x 和 f_y 轴方向上截止频率是 $2f_0 = \dfrac{l}{\lambda d_i}$。图 5-15 表示重叠面积的计算和系统的 OTF。

例 2　衍射受限的非相干成像系统，其出瞳是直径为 l 的圆形孔径，光瞳总面积 $S_0 = \dfrac{\pi}{4}l^2$。由于是圆形光瞳，OTF 应是圆对称的，只要沿 f_x 轴正向计算 $\mathcal{H}$

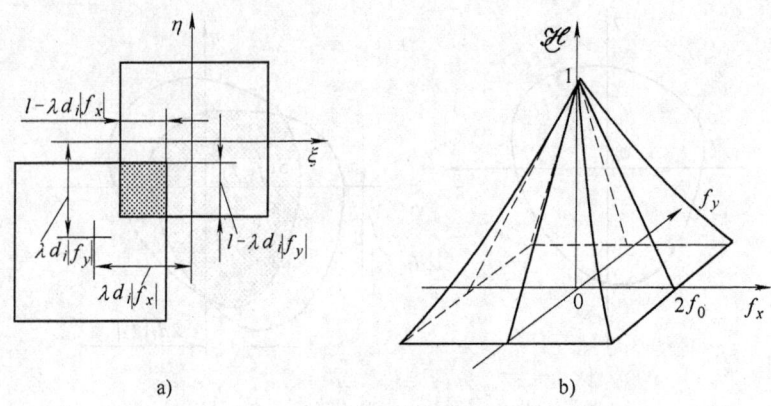

图 5-15 正方形出瞳的衍射受限系统的 OTF 计算
a) 重叠面积的计算　b) OTF 图形

即可。如图 5-16a 所示，重叠面积是两个相同的弓形面积之和。由几何公式得到

$$S(f_x,0) = \left(\frac{l}{2}\right)^2 (2\theta - 2\sin\theta\cos\theta)$$

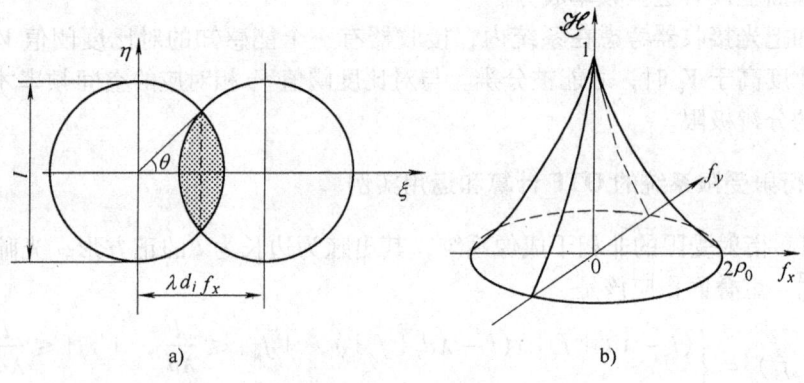

图 5-16 圆形出瞳的衍射受限系统的 OTF 计算
a) 重叠面积计算　b) OTF 图形

式中，θ 的单位为弧度，$\cos\theta = \dfrac{\lambda d_i f_x}{l}$。显然

$$\mathscr{H}(f_x,0) = \frac{S(f_x,0)}{S_0} = \frac{2}{\pi}(\theta - \sin\theta\cos\theta)$$

对于频率平面任意方向上的径向坐标 ρ，有

$$\mathscr{H}(\rho) = \begin{cases} \dfrac{2}{\pi}\left[\arccos\left(\dfrac{\rho}{2\rho_0}\right) - \dfrac{\rho}{2\rho_0}\sqrt{1-\left(\dfrac{\rho}{2\rho_0}\right)^2}\right], & \rho \leq 2\rho_0 \\ 0, & \text{其他} \end{cases} \quad (5\text{-}81)$$

式中，$\rho_0 = \dfrac{l}{2\lambda d_i}$ 是相干照明时系统的截止频率，由图 5-16b 可看出，OTF 截止频率是相干截止频率的两倍。

例3 把图 5-8 所示的衍射受限的成像系统改为非相干照明，光阑缝宽 $l = 2\text{cm}$，透镜焦距 $f = 5\text{cm}$，照明光波长 $\lambda = 10^{-4}\text{cm}$，成像倍率 $M = 1$，如果物体是强度透过率 $\tau_0(x_0) = \sum\limits_{n=-\infty}^{\infty} \delta(x_0 - nd)$ 的理想光栅，周期 $d = 0.01\text{mm}$，求像的强度分布。

首先确定系统的 OTF。由于 $M = 1$，$d_i = 2f = 10\text{cm}$，截止频率 $2f_0 = \dfrac{l}{\lambda d_i} = 200/\text{mm}$，故

$$\mathscr{H}(f_x) = \text{tri}\left(\frac{f_x}{2f_0}\right)$$

采用单位强度的平面波垂直照明光栅，几何光学理想像的强度分布 I_g 就等于物体的强度透过率，即

$$I_g(\tilde{x}_0) = \sum_{n=-\infty}^{\infty} \delta(\tilde{x}_0 - nd)$$

输入的归一化强度频谱为

$$\mathscr{A}_g(f_x) = \sum_{n=-\infty}^{\infty} \delta\left(f_x - \frac{n}{d}\right)$$

因 $\dfrac{1}{d} = 100/\text{mm}$，归一化输出频谱为

$$\mathscr{A}_i(f_x) = \mathscr{A}_g(f_x)\mathscr{H}(f_x) = \delta(f_x) + \frac{1}{2}\left[\delta\left(f_x - \frac{1}{d}\right) + \delta\left(f_x + \frac{1}{d}\right)\right]$$

略去常系数，像面光强分布为

$$I_i(x_i) = 1 + \frac{1}{2}\left[\exp\left(\text{j}2\pi\frac{x_i}{d}\right) + \exp\left(-\text{j}2\pi\frac{x_i}{d}\right)\right] = 1 + \cos 2\pi\frac{x_i}{d}$$

非相干成像系统在空域和频域的效应表示在图 5-17 中。像面条纹的周期与输入光栅相同，但由于仅有零频和基频成分传递到像面，所以像已是平滑变化的余弦强度条纹。当截止频率 $2f_0 < \dfrac{1}{d}$ 时，像面将得不到光栅的像。

5.4.7 非相干线响应和直边响应函数[12]

平行于 y_0 轴的缝光源在像面产生的非相干线响应通常叫线扩散函数，它与光学传递函数的关系是

$$L_I(x_i) = \mathscr{F}^{-1}\{\mathscr{H}(f_x, 0)\} \tag{5-82}$$

它是 OTF 沿 f_x 截面分布的一维傅里叶逆变换。虽然线响应与传递函数之间的关

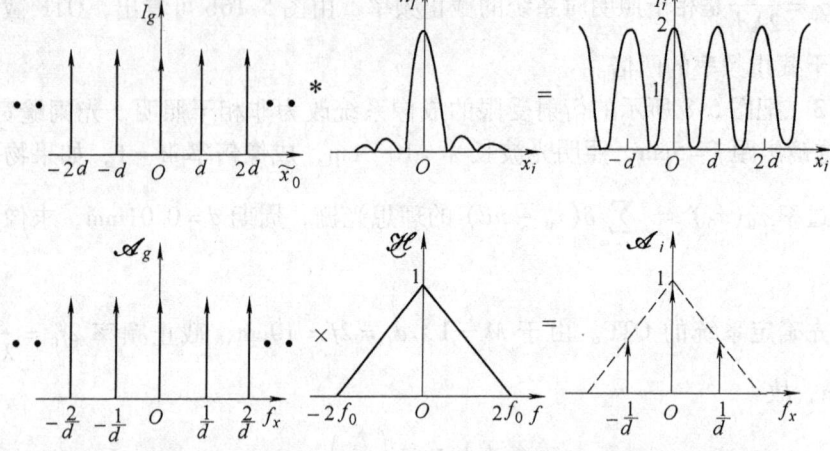

图 5-17　光栅非相干成像在空域和频域的运算结果

系，在相干与非相干照明时都是相同的，但由于 OTF 与 CTF 的明显不同，线响应函数的性质有着重大差别。相干线响应与孔径形状无关，总呈 sinc 函数特点。由于 OTF 是光瞳自相关的结果，非相干线扩散函数就密切依赖于孔径的形状。

图 5-18a 给出直径为 l 的圆形出瞳的系统的线扩散函数。注意它与图 5-12 的相干线响应的区别，它没有零点。

非相干直边响应（或称直边扩散函数）由非相干线响应函数的积分给出，即

$$E_I(x_i) = \int_{-\infty}^{x_i} L_I(\xi) \mathrm{d}\xi \tag{5-83}$$

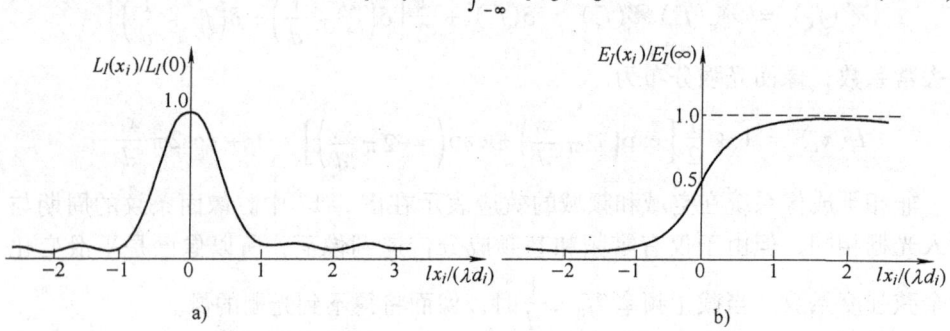

图 5-18　归一化线扩散函数和非相干直边响应曲线
a) 归一化线扩散函数　b) 归一化非相干直边响应

图 5-18b 为归一化非相干直边响应的曲线，可看出它没有相干直边响应中的振荡现象。

5.5 像差对成像系统传递函数的影响

我们已经知道衍射受限的成像系统,在相干照明下传递函数 H_c 只有 1 和 0 两个值,各种空间频率成分或者无畸变通过系统,或者被完全滤掉。在非相干照明下的光学传递函数 $\mathcal{H}$ 是非负的实函数,即系统只改变各频率成分的对比,不产生相移。当像差必须考虑时,系统的传递函数则不同,在相干或非相干照明下,往往都是复函数。系统对于各频率成分的位相发生影响。

5.5.1 广义光瞳函数

光学成像系统的像差,可以由各种原因引起,从聚焦不良等缺陷,到理想球面透镜的固有性质如球面像差等。但不论产生像差的原因如何,其效果都是使出瞳上的出射波前偏离理想球面(见图 5-19)。仍然从透镜系统的边端性质出发进行讨论。出瞳平面光场分布表示为

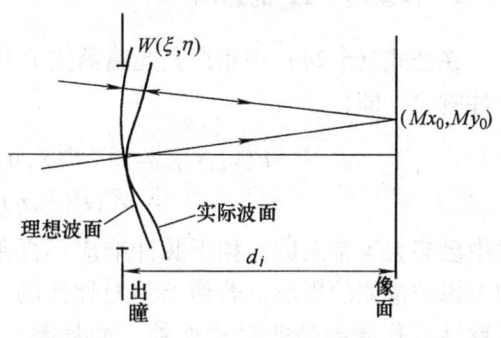

图 5-19 像差对于出瞳平面波前的影响

$$U(\xi,\eta) = C'\exp\left\{-\mathrm{j}\frac{k}{2d_i}[(\xi - Mx_0)^2 + (\eta - My_0)^2]\right\} \times$$
$$\exp[\mathrm{j}kW(\xi,\eta)] \cdot P(\xi,\eta) \tag{5-84}$$

式中,$W(\xi,\eta)$ 表示实际波面偏离理想球面的光程差,称为波像差,与式(5-19)比较,多了一项 $\exp[\mathrm{j}kW(\xi,\eta)]$,它表示出瞳平面上 (ξ,η) 点位相相对于理想球面波的偏差。它的具体函数形式,由像差的具体内容确定。

若定义复函数

$$\mathbf{P}(\xi,\eta) = P(\xi,\eta)\exp[\mathrm{j}kW(\xi,\eta)] \tag{5-85}$$

式(5-84)则可以写为

$$U(\xi,\eta) = C'\exp\left\{-\mathrm{j}\frac{k}{2d_i}[(\xi - Mx_0)^2 + (\eta - My_0)^2]\right\}\mathbf{P}(\xi,\eta) \tag{5-86}$$

由上式可以更简单地理解像差的影响。当存在波前偏差时,可以设想照射出瞳的仍是一个向几何光学理想像点会聚的理想球面波,而全部像差影响归结为孔径内一个移相板的作用,它使离开孔径的波前变形,这样一个孔径用广义光瞳函数 $\mathbf{P}(\xi,\eta)$ 描述。比较式(5-86)与式(5-19),可看出它们完全相似,只是在 $\mathbf{P}(\xi,\eta)$ 中除包含孔径大小形状的限制,也包含了系统像差的作用。这便于我们利用前面一整套推理方法,导出有像差系统的脉冲响应和传递函数。

应当再次指出，对于孔径和视场较大的光学系统，不同视场像差不同。位于不同位置的物点可能产生不同的脉冲响应。但对名义上已作过像差校正的光学系统，像差随物点位置的变化非常缓慢。这样就可以在物像平面上对应地划分出一些小区域，认为像平面每个小区域内，像斑分布是相同的，这样的小区域称为"等晕区"。把等晕区内的成像看作线性不变系统分别确定它们的脉冲响应和传递函数。在处理许多"空间变"或"时间变"的问题时，这种方法有其普遍意义。

5.5.2 像差对 CTF 的影响

在公式（5-24）中用广义光瞳函数 $\tilde{P}$ 代替 P 就可以得到有像差系统的相干脉冲响应，即

$$\tilde{h}(x_i, y_i) = \mathscr{F}\{\tilde{P}(\xi, \eta)\} \\ = \mathscr{F}\{P(\xi, \eta)\exp[jkW(\xi,\eta)]\}_{f_x = \frac{x_i}{\lambda d_i}, f_y = \frac{y_i}{\lambda d_i}} \quad (5\text{-}87)$$

式中已略去了常系数。相干脉冲响应不再单纯是孔径的夫琅禾费衍射图样，必须考虑波像差的影响。若像差为对称性的，如球差和离焦，点物的像斑仍具有对称性。若像差是非对称性的，如彗差、像散等，点物的像斑就不具有圆对称性。

相干传递函数定义为相干脉冲响应的傅里叶变换，利用式（5-36）的推导方法，得到

$$H_c(f_x, f_y) = \tilde{P}(\lambda d_i f_x, \lambda d_i f_y) = P(\lambda d_i f_x, \lambda d_i f_y)\exp[jkW(\lambda d_i f_x, \lambda d_i f_y)] \quad (5\text{-}88)$$

显然，系统通频带的范围仍由光瞳的形状大小决定，截止频率和无像差情况相同。像差的惟一影响是在通频带内引入与频率有关的位相畸变，使像质变坏。

5.5.3 像差对 OTF 的影响

非相干照明下，强度脉冲响应仍然是相干脉冲响应模的平方，即

$$h_I = |\tilde{h}|^2$$

对于圆形出瞳，h_I 不再是爱里图样的强度分布。由于像差的影响，点扩散函数的峰值明显小于没有像差时系统点扩散函数的峰值。可以把这两个峰值之比作为像差大小的指标，称为斯特列尔（Strehl）清晰度。图 5-20 中对几何光学理想成像、衍射受限系统和有像差系统的点扩散函数作了比较。

借助于式（5-77），由 H_c 与 $\mathscr{H}$ 的关系可知，有像差系统的 OTF 应该是广义光瞳函数的归一化自相关函数，即

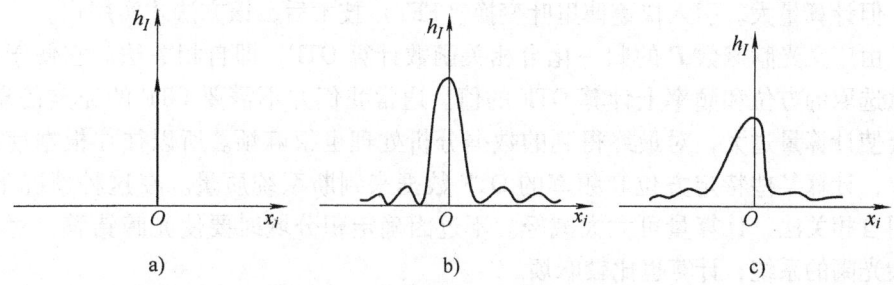

图 5-20 成像系统的点扩散函数
a) 几何光学成像 b) 衍射受限系统 c) 有像差系统

$$\mathcal{H}(f_x, f_y) = \frac{P(\lambda d_i f_x, \lambda d_i f_y) \star P(\lambda d_i f_x, \lambda d_i f_y)}{\iint_{-\infty}^{\infty} P(\xi, \eta) \mathrm{d}\xi \mathrm{d}\eta}$$

$$= \frac{\iint_{-\infty}^{\infty} P(\xi + \lambda d_i f_x, \eta + \lambda d_i f_y) \exp[jkW(\xi + \lambda d_i f_x, \eta + \lambda d_i f_y)] \times P(\xi, \eta) \exp[-jkW(\xi, \eta)] \mathrm{d}\xi \mathrm{d}\eta}{\iint_{-\infty}^{\infty} P(\xi, \eta) \times \mathrm{d}\xi \mathrm{d}\eta} \tag{5-89}$$

式 (5-89) 给出了波前偏差与 OTF 的直接联系。当波像差为零时，所得结果与式 (5-78) 一致，是衍射受限系统的 OTF。对于波像差不为零的一般情况，显然 OTF 是复函数。有像差的系统不仅影响输入各频率成分的对比度，也对位相产生影响。利用施瓦兹不等式，不难证明

$$|\mathcal{H}(f_x, f_y)|_{\text{有像差}} \leq |\mathcal{H}(f_x, f_y)|_{\text{无像差}} \tag{5-90}$$

因此像差会进一步降低成像的质量。

由于 h_I 是实函数，无论有无像差，$\mathcal{H}$ 都是厄米型的，$\mathcal{H}(f_x, f_y) = \mathcal{H}^*(-f_x, -f_y)$。它的模和辐角分别为偶函数和奇函数，即

$$m(f_x, f_y) = m(-f_x, -f_y) \tag{5-91}$$

$$\phi(f_x, f_y) = -\phi(-f_x, -f_y) \tag{5-92}$$

了解这一特点后，在画 MTF 或 PTF 截面曲线时可以只画出曲线的正频率部分。

在根据光学成像系统的结构设计参数计算系统 OTF 时，可通过若干光线的追迹，描摹出瞳处波面的形状，求出波像差。再由广义光瞳函数 P 出发计算 OTF。

利用式 (5-87) 和式 (5-51)，由 P 先求出点扩散函数 h_I，再根据定义式 (5-64) 计算 OTF。通常称之为两次变换法。这种方法可以给出 OTF 的完整信

息，但计算量大。引入快速傅里叶变换（FFT）技术后，该方法才实用化。

由广义光瞳函数 P 的归一化自相关函数计算 OTF，即自相关法。它便于在任意选取的方位和频率上计算 OTF 的值。通常我们并不需要 OTF 的完整信息，那会使计算量过大，对最终得到的数据分析处理也很麻烦。所以往往根据使用要求，计算某些特定方位和频率的 OTF 数据来判断系统质量。在这种情况下，采用自相关法，计算量可大大减轻。不过因确定积分域时要使光瞳错移，对于复杂光阑的系统，计算也比较麻烦。

上述两种方法计算时都考虑了系统光瞳的衍射效应，统称之为波动光学方法。如果像差很大，由它引起的像面能量弥散远大于衍射引起的弥散，可用大量光线追迹而得到的像面光线分布来近似表示像面能量分布，作为点扩散函数 h_I，再经傅里叶变换计算出 OTF。这是所谓点列图法。它没有考虑光瞳的衍射效应，是几何光学的近似方法。

5.5.4 离焦系统的 OTF 分析

下面以离焦系统为例来具体说明像差对 OTF 的影响。像面位置没有选择在过 S 点的高斯像面，而是偏离了 Δ，选择了过 S' 的平面（见图 5-21）。这种情况称为离焦。从另一角度可以理解为：应该向 S' 会聚的球面波 Σ'，由于像差影响变为向 S 会聚的球面波 Σ 了，因而在过 S' 的面上产生离焦像。像差可看作是广义光瞳函数的作用。$\exp[jkW(\xi,\eta)]$ 应等于两个球面波的位相偏差，即

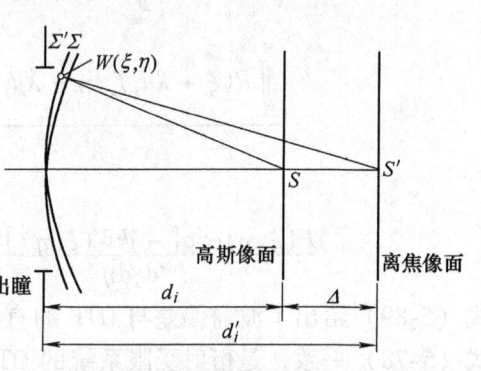

图 5-21　离焦系统的波像差

$$\exp[jkW(\xi,\eta)] = \exp\left\{-j\frac{k}{2d_i}(\xi^2+\eta^2) - \left[-j\frac{k}{2d_i'}(\xi^2+\eta^2)\right]\right\}$$

$$= \exp\left[j\frac{k\varepsilon}{2}(\xi^2+\eta^2)\right] \tag{5-93}$$

式中，ε 表征离焦的程度，且

$$\varepsilon = \frac{1}{d_i'} - \frac{1}{d_i} \approx \frac{\Delta}{d_i^2} \tag{5-94}$$

广义光瞳函数为

$$P(\xi,\eta) = p(\xi,\eta)\exp\left[j\frac{k\varepsilon}{2}(\xi^2+\eta^2)\right] \tag{5-95}$$

对于边长为 l 的正方形光瞳，沿 ξ 或 η 轴的最大光程差 w 为

第 5 章 光学成像系统的频率特性

$$w = \frac{\varepsilon l^2}{8} \tag{5-96}$$

f_0 为系统相干截止频率,$f_0 = \frac{l}{2\lambda d_i}$,故 $l = 2\lambda d_i f_0$。

$$W(\xi, \eta) = \frac{\varepsilon}{2}(\xi^2 + \eta^2) = \frac{w(\xi^2 + \eta^2)}{(\lambda d_i f_0)^2}$$

把它们代入式(5-89),注意到分母仍为光瞳总面积 l^2,则

$$\mathcal{H}(f_x, f_y) = \frac{1}{l^2} \sum_{-\infty}^{\infty} P(\xi + \lambda d_i f_x, \eta + \lambda d_i f_y) P(\xi, \eta) \times$$

$$\exp\left\{ j \frac{kw}{(\lambda d_i f_0)^2} \left[(\xi + \lambda d_i f_x)^2 + (\eta + \lambda d_i f_y)^2 - (\xi^2 + \eta^2) \right] \right\} d\xi d\eta$$

做简单的变量置换,可把它改写为对称形式,即

$$\mathcal{H}(f_x, f_y) = \frac{1}{l^2} \sum_{-\infty}^{\infty} P\left(\xi + \frac{\lambda d_i f_x}{2}, \eta + \frac{\lambda d_i f_y}{2}\right) P\left(\xi - \frac{\lambda d_i f_x}{2}, \eta - \frac{\lambda d_i f_y}{2}\right) \times$$

$$\exp\left\{ j \frac{kw}{(\lambda d_i f_0)^2} \left[\left(\xi + \frac{\lambda d_i f_x}{2}\right)^2 + \left(\eta + \frac{\lambda d_i f_y}{2}\right)^2 - \right.\right.$$

$$\left.\left. \left(\xi - \frac{\lambda d_i f_x}{2}\right)^2 - \left(\eta - \frac{\lambda d_i f_y}{2}\right)^2 \right] \right\} d\xi d\eta$$

两个错开的光瞳的重叠区域为 $(l - \lambda d_i |f_x|)(l - \lambda d_i |f_y|)$ 的矩形,所以

$$\mathcal{H}(f_x, f_y) = \frac{1}{l^2} \sum_{-\infty}^{\infty} \text{rect}\left(\frac{\xi}{l - \lambda d_i |f_x|}\right) \text{rect}\left(\frac{\eta}{l - \lambda d_i |f_y|}\right) \times$$

$$\exp\left\{ -j2\pi \left[\left(\frac{-2f_x w}{\lambda^2 d_i f_0^2}\right)\xi + \left(\frac{-2f_y w}{\lambda^2 d_i f_0^2}\right)\eta \right] \right\} d\xi d\eta$$

$$= \frac{1}{l^2}(l - \lambda d_i |f_x|)(l - \lambda d_i |f_y|) \text{sinc}\left[(l - \lambda d_i |f_x|)\left(\frac{-2f_x w}{\lambda^2 d_i f_0^2}\right) \right] \times$$

$$\text{sinc}\left[(l - \lambda d_i |f_y|)\left(\frac{-2f_x w}{\lambda^2 d_i f_0^2}\right) \right]$$

sinc 函数是偶函数,所以上式可写为

$$\mathcal{H}(f_x, f_y) = \text{tri}\left(\frac{f_x}{2f_0}\right) \text{tri}\left(\frac{f_y}{2f_0}\right) \text{sinc}\left[\frac{8w}{\lambda}\left(\frac{f_x}{2f_0}\right)\left(1 - \frac{|f_x|}{2f_0}\right)\right] \times$$

$$\text{sinc}\left[\frac{8w}{\lambda}\left(\frac{f_y}{2f_0}\right)\left(1 - \frac{|f_y|}{2f_0}\right)\right] \tag{5-97}$$

图 5-22 给出像差大小不同时离焦系统的 OTF 曲线。由图可以看出:当 $w = 0$ 时,得到衍射受限系统的 OTF。$w = \frac{\lambda}{4}$ 时,OTF 曲线接近于理想情况。这说明光程差最大值不超过 $\frac{\lambda}{4}$ 时,像差对成像质量没有大的影响,可把它作为成像系统

的像差容限，这符合瑞利的四分之一波长规则。由曲线可看出 $|\mathcal{H}(f_x,f_y)|_{\text{有像差}}$ $\leq |\mathcal{H}(f_x,f_y)|_{\text{无像差}}$。像差进一步降低了各频率成分的对比度，而使像质变坏。虽然系统的截止频率不变，但像差严重时，OTF 的高频部分大大衰减，以至有效传递的频带大大缩小。当 $w > \dfrac{\lambda}{2}$ 时，OTF 出现负值。对应频率成分产生 π 相移，这些频率分量会出现对比反转的现象，即所谓伪分辨。

图 5-23 给出了用严重离焦系统记录的辐射线条目标的像。可观察到高频成分对比度减弱以及 OTF 为负值时出现的对比反转。

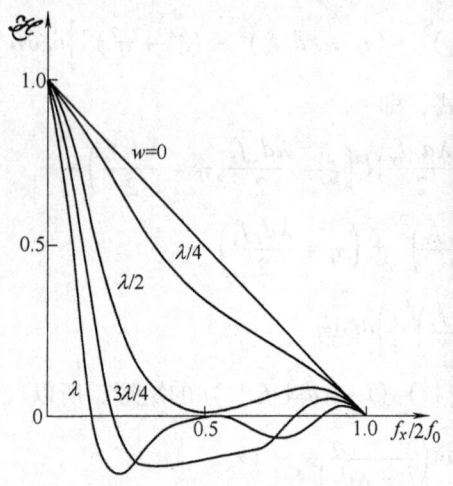

图 5-22　光瞳为方形的离焦系统的 OTF 截面图

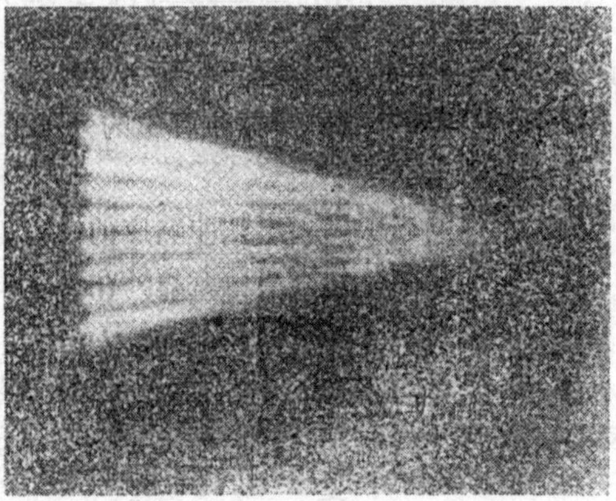

图 5-23　用严重离焦系统记录的辐射线条目标的像[28]

当聚焦误差很大（即 $w \gg \lambda$）时，对于 $f_x/(2f_0)$ 和 $f_y/(2f_0)$ 相对较小的值，OTF 已开始趋于零。因而有

$$1 - \frac{|f_x|}{2f_0} \approx 1, \quad 1 - \frac{|f_y|}{2f_0} \approx 1$$

代入式 (5-97)，得到 OTF 的近似式

$$H(f_x,f_y) \approx \operatorname{sinc}\left[\frac{8w}{\lambda}\left(\frac{f_x}{2f_0}\right)\right] \operatorname{sinc}\left[\frac{8w}{\lambda}\left(\frac{f_y}{2f_0}\right)\right]$$

这正是采用几何光学近似方法给出的 OTF。参看图 5-24，在严重离焦的情况下，几何光学近似的点扩散函数是系统出瞳在像平面的几何投影。若出瞳为方孔，则点扩散函数是均匀亮度的方形光斑，它的傅里叶变换正是上式给出的光学传递函数。这说明当像差严重时，光强的点扩散函数基本上由几何光学方法确定，而可忽略衍射效应。再对它做傅里叶变换可得到系统 OTF 的良好近似。

这和前文提到的"点列图法"是一致的。

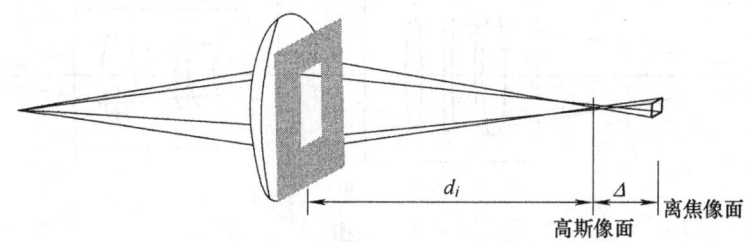

图 5-24 严重离焦时几何光学近似的点扩散函数（出瞳为方孔）

5.6 光学传递函数的测量[4]

光学传递函数的测量方法基于它的定义和物理原理。本节介绍两种主要的方法。

1. 光栅法

见 5.4.3 节，待测光学成像系统的输入为余弦光栅，光强分布为

$$I_g(\tilde{x_0},\tilde{y_0}) = I_0 + a(f_a,f_b)\cos[2\pi(f_a\tilde{x_0}+f_b\tilde{y_0})]$$

其像面光强分布是同频率的余弦条纹

$$I_i(x_i,y_i) = H_I(0,0)I_0 + a(f_a,f_b)m(f_a,f_b)\cos[2\pi(f_ax_i+f_by_i)+\phi(f_a,f_b)]$$

由像相对物的余弦条纹对比度的变化可得到相应频率的 MTF 值，而由条纹的相移测定 PTF 值。为了测量完整的光学传递函数曲线，需要对不同频率的余弦光栅的成像进行多次测量。

这是光学传递函数测量的早期方法。主要缺点是每次只能测量一个空间频率，需要变换光栅频率，进行许多次测量。当成像系统 MTF 曲线变化较大，需要更多的测量次数。

2. 狭缝法

随着 CCD 和 CMOS 等光电成像器件和数字图像处理技术的快速发展，测量光学传递函数的最简捷的方法是先精确测定线扩散函数 $L_I(x_i)$，然后对其进行傅里叶变换，得到完整的光学传递函数曲线，即

$$\mathcal{H}(f_x,0) = \mathcal{F}\{L_I(x_i)\}$$

图 5-25 所示为光学传递函数测量系统。S 为受到非相干照明的狭缝，经被测透镜 L_1 成像在中间像面 P，得到其线扩散函数 $L_I(x_i)$，再通过精密校正的显微物镜 L_0，把它放大成像到线阵 CCD 上。记录的数据经计算机快速傅里叶变换 FFT，得到一维光学传递函数 OTF 曲线。狭缝旋转 90°，可测量正交的另一维方

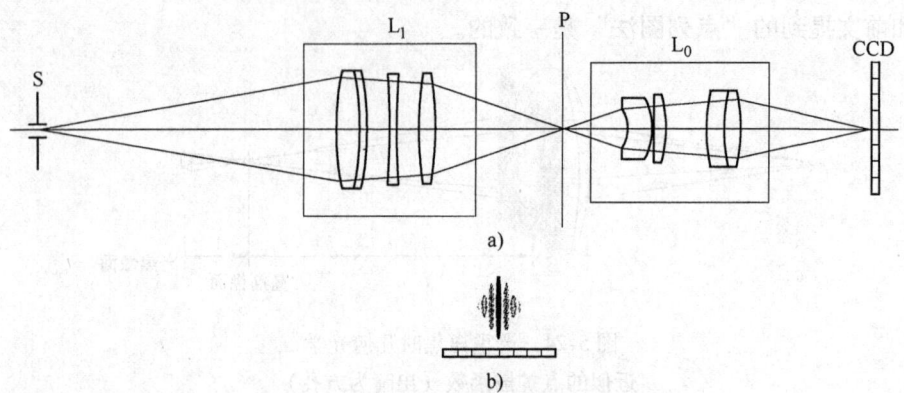

图 5-25　光学传递函数测量系统[4]

a) 光学传递函数测量系统　b) 放大后的 $L_I(x_i)$ 图像和线阵 CCD 器件

向 OTF。

需要注意狭缝宽度的影响，若忽略显微物镜的像差，假定狭缝经过透镜成像和显微物镜放大的几何像宽度为 a，狭缝的像实际上是其几何像和线扩散函数的卷积，即

$$s(x_i) = \text{rect}\left(\frac{x_i}{a}\right) * L_I(x_i)$$

在频域可以表示为

$$S(f_x, 0) = a\text{sinc}(af_x) \cdot \mathcal{H}(f_x, 0)$$

很明显，传递函数受到 sinc 函数包络的影响。当狭缝越窄，sinc 函数包络在中央越平缓，影响越小。也可以通过软件解卷积对狭缝的影响进行修正。sinc 函数的第一个零点位于 $1/a$ 处，CCD 或 CMOS 像素尺寸为 P，系统的极限频率为 $f_c \approx 1/2P$，为减小 sinc 函数的影响，f_c 应远离 sinc 函数零点的位置，狭缝的影响才能充分校正。所以，

$$\frac{1}{2P} \ll \frac{1}{a} \quad \text{即} \quad a \ll 2P$$

通常要求狭缝几何像的宽度小于 1 个像素，比物镜的最小分辨长度小得多。

5.7　相干与非相干成像系统的比较

从下述方面对相干与非相干成像系统所做的比较，往往不能给出孰优孰劣的结论，但可以进一步了解两种类型照明的一些本质差异。

5.7.1　截止频率

OTF 的截止频率是 CTF 截止频率的两倍。假若由此得出非相干比相干照明

一定更好的结论是轻率的。因为不同系统的截止频率是对不同物理量传递而言的。对非相干系统,它是指能够传递的强度呈余弦变化的最高频率。对相干系统却是指能够传递的复振幅呈周期变化的最高频率。显然二者从数值上简单比较是不适宜的。

因为最终观察的是像的强度,可以由这个统一的物理量对两个系统做出比较。由于

$$A_g(f_x,f_y) = \mathscr{F}\{|U_g|^2\} = G_g(f_x,f_y) \star G_g(f_x,f_y) \tag{5-98}$$

输入强度频谱的谱宽扩展到复振幅频谱 G_g 谱宽的两倍。OTF 的通频带也必须扩大到 CTF 的两倍,才能传递适当的频率成分,而不更多地丢失信息。另外,对通频带内各频率成分,CTF 不加衰减,而 OTF 往往给予程度不等的衰减,降低像的对比。

成像结果不仅依赖于系统的结构与照明光的相干性,而且与物体空间结构特点密切相关。读者可对习题 5.8 和 5.9 中给出的两个不同物体,分别采用相干和非相干成像系统讨论像强度的频谱,将会发现对一种物体相干照明好,而对另一种物体非相干照明好。所以,除非指定系统使用的条件,不然谈论成像系统的好坏,可能毫无意义。实际上并不存在一个普遍适用的质量判据。

5.7.2 两点的分辨率

通常把分辨率,即光学系统分辨两个十分靠近的点光源的能力作为系统成像质量的重要指标。

根据瑞利分辨率判据,对两个等强度的非相干点光源,若一个点光源产生的爱里斑中心恰好与第二个点光源产生爱里斑的第一个零点重合,则认为这两个点光源刚好能够分辨。对于衍射受限系统,归一化像面坐标中 x 方向观察的像的强度分布为

$$I(x) = \left\{\frac{2J_1[\pi(x-0.61)]}{\pi(x-0.61)}\right\}^2 + \left\{\frac{2J_1[\pi(x+0.61)]}{\pi(x+0.61)}\right\}^2 \tag{5-99}$$

图 5-26 给出刚能分辨的两点所产生的爱里斑强度叠加后的曲线,其中心凹陷大小为峰值的 27%。

显然,系统分辨率决定于脉冲响应的宽度,脉冲响应愈窄,分辨本领愈高。在高斯像面的最小可分辨间隔是

$$\delta = 1.22 \frac{\lambda d_i}{l} \tag{5-100}$$

式中,l 是出瞳的直径。

相干照明时,两个点光源产生的爱里斑按复振幅叠加。叠加的结果强烈地依赖于物点之间相对位相关系。若两个点的距离仍取瑞利间隔,归一化像面坐

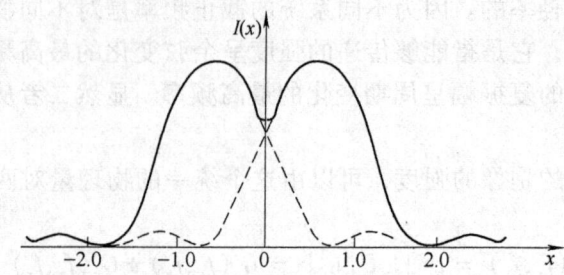

图 5-26 刚能分辨的两个非相干点源的像的强度分布

标中 x 方向所观察的像的强度分布为

$$I(x) = \left| 2\frac{J_1[\pi(x-0.61)]}{\pi(x-0.61)} + e^{j\phi} \times 2\frac{J_1[\pi(x+0.61)]}{\pi(x+0.61)} \right|^2 \quad (5\text{-}101)$$

式中，ϕ 为两个点源的相对位相差。图 5-27 中对于 ϕ 分别为 0、$\frac{\pi}{2}$ 和 π 的三种情况给出最终的像的强度分布。当 $\phi=0$ 时，两个点光源位相相同，$I(x)$ 不出现中心凹陷，因而两点完全不能分辨，当 $\phi=\frac{\pi}{2}$ 时，$I(x)$ 与非相干照明情况完全相同，刚好能够分辨。当 $\xi=\pi$ 时，两个点光源反相，$I(x)$ 的中心凹陷远远大于 19%，这两点比非相干照明时分辨得更为清楚。

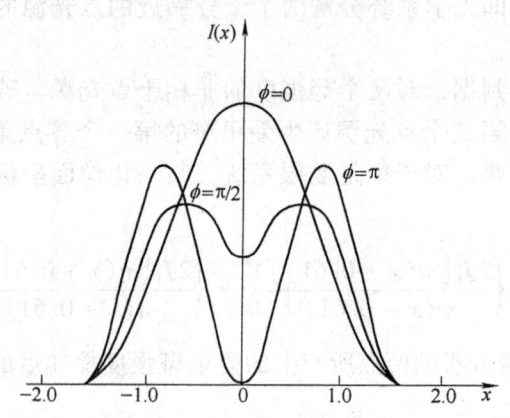

图 5-27 相距为瑞利间隔的两个相干点光源的像的强度分布

因而，实际上瑞利分辨率判据仅适用于非相干成像系统，对于相干成像系统能否分辨两个点光源要考虑它们的位相关系。

5.7.3 相干噪声

用激光照明具有粗糙表面的物体，由于光波的高度相干性，各点源产生的相干脉冲响应之间可能产生相长或相消干涉,在像面上出现亮暗斑纹,即散斑。斑纹的平均尺度约为系统所能分辨的单元大小。当观察的物体接近光学系统分辨极限时,斑纹可能淹没有用的像。此外,光路中灰尘或其他缺陷产生的衍射图样也会叠加到像上,这些都可称为"相干噪声",它们对成像都是不利的。

非相干照明时,点扩散函数是非负的实函数,它们按强度叠加的值总大于单一脉冲响应在该点的值,不会产生散斑效应或其他相干噪声。

5.7.4 空间带宽积和自由度

可用系统空间带宽积来描述成像系统传递信息的能力,它决定了像面上可分辨像元的数目。所以,系统的空间带宽积实际上等于可接收的光学像的空间带宽积,考虑一维情况,为

$$SW_{系统} = SW_{像} = \frac{2h'}{1/(2f_c)} = 4h'f_c \tag{5-102}$$

式中,$2h'$为像的宽度;f_c为系统截止频率。

参看图5-28,讨论单透镜成像的简单情况。孔径宽为l,相干照明下,$f_c = \frac{l}{2\lambda d_i}$,所以

$$SW_{系统} = \frac{2h'l}{\lambda d_i} \tag{5-103}$$

非相干照明下,$f_c = \frac{l}{\lambda d_i}$,所以

$$SW_{系统} = \frac{4h'l}{\lambda d_i} \tag{5-104}$$

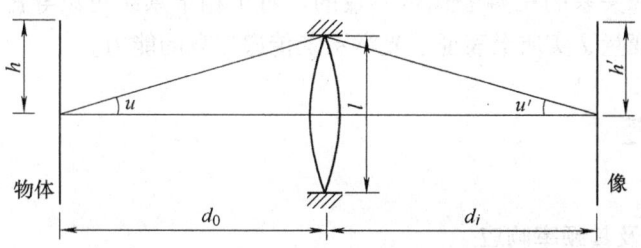

图5-28 单透镜成像系统

结果似乎表明,非相干照明下系统具有更高的信息传递能力。这一结论同样也是轻率的。因为相干系统的SW描述系统传递复振幅信息(复函数)的能力;而非相干系统的SW则描述系统传递光强信息(实函数)的能力,两者不能直接作比较。

我们可以统一来讨论系统传递到像面的信息可由多少个实数来确定，这个数目即系统的自由度 N。相干系统对复振幅是线性的，每个像元的振幅和位相信息均能独立通过系统，因而

$$N = 2SW_{系统} = \frac{4h'l}{\lambda d_i} \tag{5-105}$$

非相干系统对光强是线性的，不考虑位相信息，因而

$$N = SW_{系统} = \frac{4h'l}{\lambda d_i} \tag{5-106}$$

显然两种方式照明下，成像系统自由度相同，即信息传递的能力相同。

傍轴近似下，式(5-104)可以改写为

$$SW_{像} = \frac{8}{\lambda} u'h' \tag{5-107}$$

式中，$u' = \frac{l}{2d_i}$。

注意物方的截止频率应等于 $Mf_c \left(M = \frac{d_i}{d_0} \right)$，物体宽度为 $2h$，系统能够传递的物面的信息量决定于

$$SW'_{物} = \frac{2h}{1/(2f_c M)} = 4hf_c M = \frac{4hl}{\lambda d_0} = \frac{8}{\lambda} uh \tag{5-108}$$

式中，$u = \frac{l}{2d_0}$。

由于信息传递的能力决定于系统本身的性质，$SW'_{物} = SW_{像}$。因此可以导出

$$uh = u'h' = J \tag{5-109}$$

上式和描述物像关系的拉赫公式是一致的。对于相干系统可以导出完全相同的结论。拉赫不变量 J 实质上表征了光学系统传递信息的能力。

5.8 光学链

5.8.1 光学链及其频率响应

实际应用中，光学系统往往只是某个完整系统中的一个环节。完整系统可能包括图像的产生、传递、摄像（记录）、显示和处理等各个环节和因素。这些环节或因素就构成了一个光学链。除了研究光学系统的性能以外，必须研究光学链中各个环节的性能以及它们相互间的影响才能得到系统最终所能给出的像质。

假如在一定条件下，各个环节可以分别看作一些线性不变系统，光学链事

实上就是一个级联系统。可以用简单的相乘律来计算整个链的频率响应。例如用 CCD 摄像机拍摄一个运动物体，把它制成幻灯片用投影仪放映，屏幕上影像的最终质量将受到摄影物镜、物体运动造成的模糊、CCD 器件、投影镜头等因素的影响。若 $\mathscr{H}_1$、$\mathscr{H}_2$、$\mathscr{H}_3$、$\mathscr{H}_4$ 分别是它们的传递函数，则总的传递函数为

$$\mathscr{H}(f_x, f_y) = \mathscr{H}_1 \cdot \mathscr{H}_2 \cdot \mathscr{H}_3 \cdot \mathscr{H}_4 \tag{5-110}$$

对于 MTF 和 PTF 分别可以写出

$$m(f_x, f_y) = m_1 \cdot m_2 \cdot m_3 \cdot m_4 \tag{5-111}$$

$$\phi(f_x, f_y) = \phi_1 + \phi_2 + \phi_3 + \phi_4 \tag{5-112}$$

由式（5-70），即

$$m(f_x, f_y) = \frac{|\mathscr{A}_i(f_x, f_y)|}{|\mathscr{A}_g(f_x, f_y)|} \tag{5-113}$$

根据光学链的 MTF 和输入物体的对比度，可确定输出像的对比度。

光学链的概念不仅用来估计最终的成像质量，也有利于我们在总体设计的要求下分别确定各个环节的设计要求和允差。必须要考虑各环节的匹配，孤立追求单个环节的高度完善是毫无意义的。考虑到各因素的综合效应，应该把注意力集中在最关切的频带内，以提高和改善系统的性能。

可以从光学链出发来分析相干成像系统的传递函数。例如图 5-29 所示的离焦系统，可以看作衍射受限系统和菲涅耳衍射系统的级联，传递函数分别为

$$H_1(f_x, f_y) = P(\lambda d_i f_x, \lambda d_i f_y)$$

$$H_2(f_x, f_y) = \exp[-j\pi\lambda z(f_x^2 + f_y^2)]$$

式中，z 为输出平面偏离高斯像面的距离。整个系统的相干传递函数为

$$H_c(f_x, f_y) = H_1(f_x, f_y) H_2(f_x, f_y) = P(\lambda d_i f_x, \lambda d_i f_y) \times$$
$$\exp[-j\pi\lambda z(f_x^2 + f_y^2)] \tag{5-114}$$

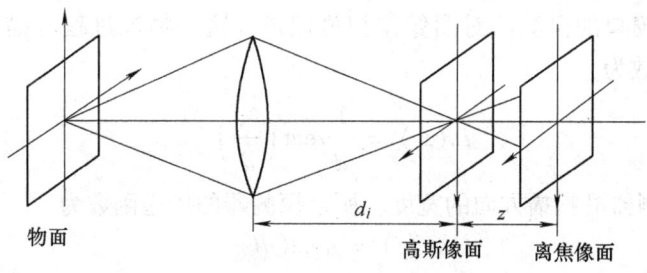

图 5-29 离焦系统

其结论和按广义光瞳函数计算式（5-95）是一致的。它给了我们一个重要启示，即可以把衍射效应和像差效应看作两个级联的系统，分别考虑它们对于总的相干传递函数的影响。

在运用光学链分析方法时，应注意系统传递的基本量的统一性。不能把复

振幅的线性系统和强度的线性系统级联,由 CTF 和 OTF 的乘积去得到总的传递函数。当两个光学成像系统彼此级联时,输入物体若采用非相干照明,在中间像面上严格说来已不再是非相干的场,而变为部分相干的。后一个系统对于强度传递不再是严格线性的。所以,考虑到光波传播过程中光场相干性的变化,光学链分析方法只是一种近似方法。

5.8.2 一些典型环节和器件的传递函数[14]

1. 大气湍流

例如航空摄影,目标为亮线时,假定飞机不动,理想成像仍为一条亮线。但因大气紊流的影响,曝光期间细线像会做无规则晃动,可用高斯函数描写亮线的像。设晃动的摆幅的方均根值为 a,线扩散函数为

$$L_I(x_i) = \frac{1}{\sqrt{2\pi}a}\exp\left(-\frac{x_i^2}{2a^2}\right) \tag{5-115}$$

对 $L_I(x_i)$ 做一维傅里叶变换,得到传递函数的截面分布为

$$\mathcal{H}(f) = \exp(-2\pi^2 a^2 f^2) \tag{5-116}$$

2. 运动模糊

摄影时若目标和相机沿 x 方向有相对位移,一条细线的像就变成宽度为 a 的宽带。a 和运动速度、曝光时间有关。线扩散函数可以用矩形函数表示

$$L_I(x_i) = \frac{1}{a}\mathrm{rect}\left(\frac{x_i}{a}\right) \tag{5-117}$$

运动模糊的传递函数为

$$\mathcal{H}(f) = \mathrm{sinc}(af) \tag{5-118}$$

3. 扫描探测器

常用矩形窗口的探测器对图像作扫描记录,这一物理过程可描写为卷积积分。线扩散函数为

$$L_I(x_i) = \frac{1}{d}\mathrm{rect}\left(\frac{x_i}{d}\right) \tag{5-119}$$

式中,d 为探测器沿扫描方向的宽度。所以探测器的传递函数为

$$\mathcal{H}(f) = \mathrm{sinc}(df) \tag{5-120}$$

4. 照相胶片

胶片的曝光量和光密度之间存在非线性的关系。但是如果把输入光强在底片乳胶层中的散射产生的"有效照射分布"作为输出,就可以把胶片看作线性系统。其线扩散函数是高斯函数

$$L_I(x_i) = \frac{1}{\sqrt{2\pi}q}\exp\left(\frac{-x_i^2}{2q^2}\right) \tag{5-121}$$

式中，q 为常数，它取决于乳胶的种类。胶片的传递函数为

$$\mathcal{H}(f) = \exp(-2\pi^2 q^2 f^2) \tag{5-122}$$

5. 显示器

例如常用阴极射线管 CRT，若认为扫描光点亮度分布为高斯分布，则传递函数也可用高斯函数描写

$$\mathcal{H}(f) = \exp[-2\pi^2 \sigma_m^2 f^2] \tag{5-123}$$

式中，σ_m 为标准偏差。

6. CCD 成像器件

CCD 成像器件的调制传递函数需考虑多个环节，一般可表示为

$$\mathcal{H}(f) = \mathcal{H}_1(f) \cdot \mathcal{H}_2(f) \cdot \mathcal{H}_3(f) \tag{5-124}$$

式中，$\mathcal{H}_1$，$\mathcal{H}_2$，$\mathcal{H}_3$ 分别称为几何、扩散和转移传递函数。

CCD 是离散采样器件，每个光敏元都起积分均化作用，可以用矩形函数描述。因而，

$$\mathcal{H}_1(f) = \mathrm{sinc}\left(\frac{df}{l}\right) \tag{5-125}$$

式中，f 为归一化空间频率，d 为像元尺寸，l 为像元的间隔。

CCD 工作时，若光生载流子产生离耗尽层较远，则在向势阱漂移同时会发生横向扩散。但当光生载流子产生处离相邻光敏元耗尽层距离相对较小时，$\mathcal{H}_2$ 的影响可以忽略。

CCD 工作时电荷包由光敏区向存储区转移，存在电荷损失，取决于转移次数 n 和转移损失率 ε。当 $n\varepsilon$ 很小，转移损失对传递函数的影响 $\mathcal{H}_3$ 也可以忽略。

胶片、毛玻璃屏、荧光屏、纤维面板、电视摄像管、显像管、CCD 器件等各种成像器件，它们的特性曲线往往是非线性的。它们的性质在空间或时间上也不具有不变性。但在一定条件下仍把它们近似看作线性不变系统，用相乘律计算光学链的传递函数，以便对最终所能获得的像质做出估计。

习 题

5.1 图 5-30 所示为两个相干成像系统。所用透镜的焦距都相同。单透镜系统中光阑直径为 D，双透镜系统为了获得相同的截止频率，光阑直径 l 应等于多大（相对于 D 写出关系式）？

5.2 一个余弦型振幅光栅，复振幅透过率为

$$t(x_0, y_0) = \frac{1}{2} + \frac{1}{2}\cos 2\pi \tilde{f} x_0$$

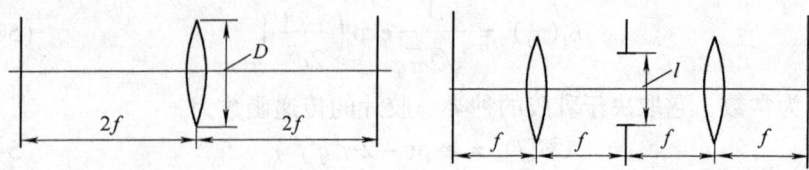

图 5-30　题 5.1 图

放在图 5-31 所示成像系统的物面上,用单色平面波倾斜照明,平面波传播方向在 x_0z 平面内,与 z 轴夹角为 θ。透镜焦距为 f,孔径为 l。

(1) 求物体透射光场的频谱。

(2) 使像平面出现条纹的最大 θ 角等于多少?求此时像面强度分布。

(3) 若 θ 采用上述极大值,使像面上出现条纹的最大光栅频率是多少?与 $\theta=0$ 时截止频率比较,结论如何?

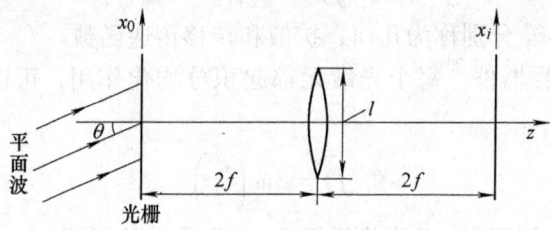

图 5-31　题 5.2 图

5.3　图 5-32 所示相干成像系统中,物体复振幅透过率为

$$t(x,y) = \frac{1}{2}[1 + \cos 2\pi(f_a x + f_b y)]$$

为了使像面能得到它的像,问

(1) 若采用圆形光阑,直径应大于多少?

(2) 若采用矩形光阑,各边边长应大于多少?

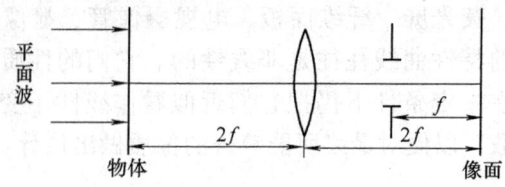

图 5-32　题 5.3 图

5.4　当点扩散函数 $h_I(x_i, y_i)$ 成点对称时,证明 OTF 为实函数,即等于调制传递函数。

5.5　一个非相干成像系统,出瞳由两个正方形孔构成。如图 5-33 所示,正方形孔的边长 $a=1$cm,两孔中心距 $b=3$cm。若光波长 $\lambda=0.5\mu$m,出瞳与像面距离 $d_i=10$cm,求系统的 OTF,画出沿 f_x 和 f_y 轴的截面图。

5.6　物体的复振幅透过率可以用矩形波表示,它的基频是 50/mm。通过圆形光瞳的透镜成像。透镜焦距为10cm，物距为20cm，照明波长为0.6μm。为了使像面出现条纹，在相干照明和非相干照明的条件下，分别确定透镜的最小直径应为多少？

5.7 若余弦振幅光栅的透过率为
$$t(x,y) = a + b\cos 2\pi \tilde{f} x$$
式中，$a > b > 0$。用相干成像系统对它成像。设光栅频率 $\tilde{f}$ 足够低，可以通过系统。忽略放大和系统总体衰减，并不考虑像差。求像面的强度分布，并证明同样的强度分布出现在无穷多个离焦的像平面上。

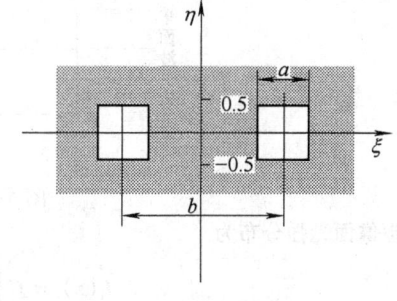

图 5-33 题 5.5 图

5.8 物体的复振幅透过率为
$$t_1(x) = \left|\cos 2\pi \frac{x}{b}\right|$$
通过光学系统成像。系统的出瞳是半径为 a 的圆孔径，且 $\lambda d_i/b < a < 2\lambda d_i/b$。$d_i$ 为出瞳到像面的距离，λ 为波长。问对该物体成像，采用相干照明和非相干照明，哪一种照明方式更好？

5.9 在上题中，如果物体换为 $t_2(x)$，其复振幅透过率为
$$t_a(x) = \cos 2\pi \frac{x}{b}$$
结论如何？

5.10 施瓦兹不等式可以表示为
$$\left|\iint XY \mathrm{d}\xi \mathrm{d}\eta\right|^2 \leq \iint |X|^2 \mathrm{d}\xi \mathrm{d}\eta \cdot \iint |Y|^2 \mathrm{d}\xi \mathrm{d}\eta$$
式中，$X(\xi,\eta)$ 和 $Y(\xi,\eta)$ 是 (ξ,η) 的任意两个复值函数。利用施瓦兹不等式证明OTF的性质：
$$|\mathscr{H}(f_x,f_y)| \leq |\mathscr{H}(0,0)|$$

5.11 一个非相干成像系统，出瞳为宽 $2a$ 的狭缝，它到像面的距离为 d_i。物体的强度分布为
$$g(x) = a + \beta \cos 2\pi \tilde{f} x$$
条纹的方向与狭缝平行。假定物体可以通过系统成像，忽略总体衰减，求像面光强分布（照明光波长为 λ）。

5.12 图 5-34 所示成像系统，光阑为双缝，缝宽为 a，中心间隔为 d，照明光波长为 λ。求下述情况下系统的脉冲响应和传递函数，画出它们的截面图。

（1）相干照明。
（2）非相干照明。

5.13 图 5-35 所示非相干成像系统，光瞳为边长 l 的正方形。透镜焦距 $f = 50$mm，光波长 $\lambda = 0.6 \times 10^{-3}$mm，若物面光强分布为
$$I(x) = 1 + \frac{1}{2}\cos(600\pi x)$$

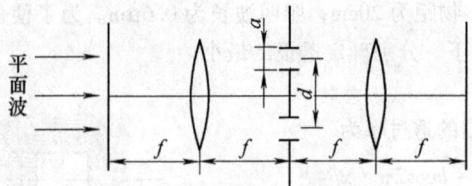

图 5-34　题 5.12 图

希望像面光强分布为

$$I_i(x) = C\left[1 + \frac{1}{4}\cos(600\pi x)\right]$$

式中，C 为总体衰减系数。

(1) 画出系统沿 f_x 轴的 OTF 截面图。
(2) 光瞳尺寸 l 应为多少？
(3) 若物面光强分布改为

$$I'(x) = 1 + \frac{1}{6}\cos(900\pi x)$$

求像面的光强分布 $I'_i(x)$。

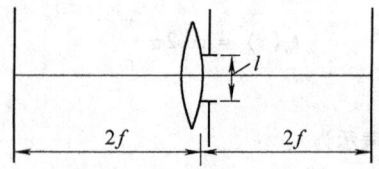

图 5-35　题 5.13 图

5.14　如图 5-36 所示，它表示非相干成像系统的出瞳是由大量无规分布的小孔所组成。小孔的直径都为 $2a$，出瞳到像面距离为 d_i，光波长为 λ，这种系统可用来实现非相干低通滤波。系统的截止频率近似为多大？

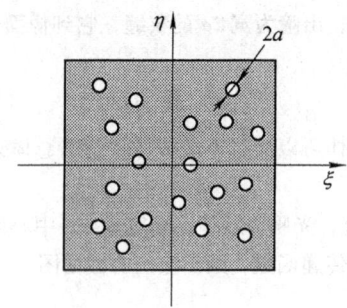

图 5-36　题 5.14 图

5.15　在上题中，出瞳面上小孔改为规则排列，例如构成一个方形列阵，系统的 OTF 发生什么变化？

第 6 章

部分相干理论

在讨论光的传播、衍射等现象时，常常假定照明光是点光源产生的单色光。但实际的热光源总是由大量独立的基元辐射体（原子）组成的。对每一个辐射体来说，光辐射产生的时间、持续的时间间隔以及随时间变化的方式，都是无规则的。光源发出的光波正是所有辐射体发出光的组合。所以，我们所用的都是具有有限谱宽的并在空间有限扩展的光源，并非严格单色点光源。

正因如此，光波场中任意点的光振动 $u(P, t)$ 的振幅和位相都将随时间做无规则变化。其位相取值在 $0 \sim 2\pi$ 之间，完全是随机的。每秒变化次数在 10^8 数量级。

本章的内容包括光场相干性的描述及相干度的测量。考察光场相干性，本质上是考察光场中两个不同点处光振动是否存在某种程度的相关，对于相对时间延迟为 τ 的空间两点 P_1 和 P_2，光振动的关联程度用互相关函数 $\langle u(P_1, t+\tau) u^*(P_2, t) \rangle$ 描述。光场相干性的好坏，亦通过光波叠加时是否产生干涉现象显示出来。因而可用实验方法，由来自 P_1、P_2 点的两束光所产生干涉条纹的清晰程度来确定相关函数，量度光场的相干性。若干涉条纹很清晰，P_1 和 P_2 点的光振动是高度相关的，若完全观察不到条纹，则 P_1 和 P_2 点光振动之间不存在任何相关。我们用"相干"和"非相干"来定义这两种极端情况，更普遍的则是介乎两者之间的"部分相干"。

对干涉图样做傅里叶分析，可以反推出光源的物理性质，即它的光谱分布或光强分布，这是傅里叶光学中又一个富有成果的应用领域。

除此以外，本章还将讨论准单色部分相干场的传播、干涉、衍射、傅里叶变换和成像等问题。从线性系统理论出发，在空域和频域研究这些物理现象。

早在 1865 年，费尔德（Verdet）就认识到，即使是太阳光也不是严格非相干的。当阳光照射杨氏实验中两个十分靠近的针孔（距离约为 0.02mm）时，也能观察到干涉条纹。换句话说，在 0.02mm 数量级的小范围内，太阳产生的光场仍是高度相干的。当然，由于人眼不能直接分辨这一距离，所以认为阳光下人眼接收的还是非相干场。迈克尔逊也认识到宇宙中星体产生的光场也具有一定的相干性，并设计出通过测量干涉条纹对比度来测定星体角直径的测星干涉仪。他定义的条纹对比度概念与后来的相干度概念有着密切联系。迈克尔逊的工作对部分相干理论的发展具有重要意义。但当时还没有从光场的相关性来解释。理论上重大的进展是范西特（Van Cittert）和泽尼克（Zernike）在 20 世纪 30 年代实现的。他们确立了屏上任意两点的复相干度与照明的扩展光源强度分布的关系。到了50年代，霍普金斯（Hopkins）进一步简化了这种方法，用它来研究部分相干光成像。沃耳夫（Wolf）、布朗·拉皮埃尔（Blanc. Lapierre）和迪蒙泰（Dumontet）对上述理论做了推广，导出更严格的理论。此后工作的进展集中在对理论和实验的详细讨论上。

部分相干理论目前仍是一个活跃的研究领域。与理论相比，它在实践中的应用还远远没有跟上。

6.1 实多色场的复值表示

假定 $u^r(t)$ 表示标量光波场中某点光振动随时间的变化，它是实函数。对于线性系统分析，把它表示成一个复函数 $u(t)$ 常常更为方便，即

$$u(t) = u^r(t) + ju^i(t) \tag{6-1}$$

式中，$u^r(t)$ 和 $u^i(t)$ 分别是 $u(t)$ 的实部和虚部。$u(t)$ 就称为实扰动 $u^r(t)$ 的解析信号。本节将讨论如何构成一个解析信号，以及它的频谱与实扰动频谱之间的关系。

假若 $\tilde{u}^r(\nu)$ 是 $u^r(t)$ 的傅里叶谱，则

$$u^r(t) = \int_{-\infty}^{\infty} \tilde{u}^r(\nu) \exp(j2\pi\nu t) d\nu \tag{6-2}$$

因为 $u^r(t)$ 是实函数，$\tilde{u}^r(\nu)$ 应为厄米型函数，即

$$\tilde{u}^r(\nu) = \tilde{u}^{r*}(-\nu) \tag{6-3}$$

若

$$\tilde{u}^r(\nu) = a(\nu) \exp[-j\phi(\nu)] \tag{6-4}$$

式中，$a(\nu)$、$\phi(\nu)$ 均是 ν 的实函数。由式（6-3）可知

$$a(\nu) = a(-\nu) \text{ 和 } -\phi(\nu) = \phi(-\nu) \tag{6-5}$$

即 $a(\nu)$ 是偶函数，$\phi(\nu)$ 是奇函数。利用式（6-4），式（6-2）可以改写为

$$u^r(t) = 2\int_0^{\infty} a(\nu) \cos[2\pi\nu t - \phi(\nu)] d\nu \tag{6-6}$$

上式是包含所有正频率谐波分量的积分。若把这些谐波分量都相移 π/2，则可定义函数 $u^i(t)$ 为

$$u^i(t) = 2\int_0^{\infty} a(\nu) \sin[2\pi\nu t - \phi(\nu)] d\nu \tag{6-7}$$

因而与 $u^r(t)$ 相缔合的解析信号是

$$u(t) = u^r(t) + ju^i(t)$$
$$= 2\int_0^\infty a(\nu)\exp[j2\pi\nu t - j\phi(\nu)]d\nu$$
$$= 2\int_0^\infty \tilde{u}^r(\nu)\exp(j2\pi\nu t)d\nu \quad (6\text{-}8)$$

公式表明,去掉实函数 $u^r(t)$ 的所有负频率分量,并把正频率分量的振幅加倍后叠加起来,就得到了解析信号 $u(t)$。假定 $\tilde{u}(\nu)$ 是 $u(t)$ 的频谱,它和 $\tilde{u}^r(\nu)$ 的关系可以表示为

$$\tilde{u}(\nu) = [1 + \text{sgn}(\nu)]\tilde{u}^r(\nu) = \begin{cases} 2\tilde{u}^r(\nu), & \nu \geq 0 \\ 0, & \nu < 0 \end{cases} \quad (6\text{-}9)$$

实函数 $u^r(t)$,可由它的解析信号 $u(t)$ 惟一确定为

$$u^r(t) = \text{Re}[u(t)] \quad (6\text{-}10)$$

式中,Re 表示取实部。

6.2 光场相干性的一般概念

光场的相干性,既然关系到两个时空点光振动之间的相关,它就既包含时间效应,又包含空间效应。前者是指时间相干性,源于光源的有限谱宽;后者是指空间相干性,源于光源的有限大小。可从两个典型的干涉实验来认识这两种相干性。

6.2.1 时间相干性

图 6-1 所示为迈克尔逊干涉仪的光路简图。点光源 S 发出的光经透镜准直,用滤色片 F 选择具有有限宽度的一条谱线的光照明干涉仪。调节反射镜 M_1,使其与反射镜 M_2 垂直,并使两个干涉光束的光程接近相等,眼睛可观察到干涉条纹。固定 M_2 移动 M_1,逐渐增加光程差时,条纹的对比下降,最后条纹消失。

采用所谓"波列"的模型解释

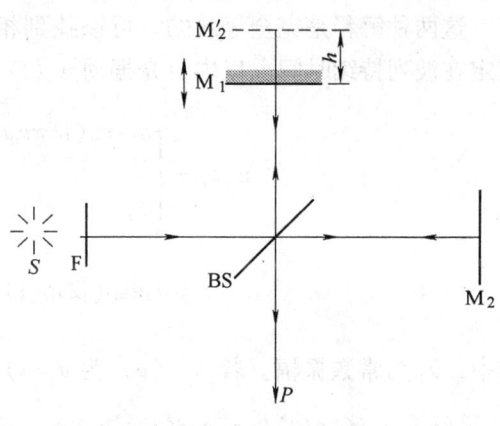

图 6-1 迈克尔逊干涉仪简图

这一现象:假定光源发出的光是由一个个有限长度的波列所组成的。不同波列之间没有确定的位相关系。在一次观测所需时间内,有大量数目的波列以无规的时间间隔通过。每一波列在分束器 BS 受到振幅分割,被分成长度相等的两个孪生波列。它们各自从 M_1 和 M_2 反射回,再经 BS 沿同一方向射出。当两光束光

程近乎相等时,观察点 P 处任何时刻相叠加的光波是来自同一入射波列的孪生波列,位相差恒定,只决定于光程差。因而产生清晰的干涉条纹,这种情况是相干的。当两臂光程差大于波列长度时,在任何时刻,P 点叠加的波列总是属于不同的入射波列。相叠加的波列之间的位相差以 $10^8/s$ 数量级的速率发生变化。在一次观测所需时间内,有大量波列通过,它们对干涉项的贡献相互抵消,因而观察不到稳定的干涉条纹,这种情况是非相干的。当光程差从零开始逐渐增大,在 P 点孪生波列仅是部分重叠,而有一部分则和另外的波列重叠,总的效果是干涉条纹对比下降,这种情况是部分相干的。

假定光在空气中传播,波列的长度称为(纵向)相干长度 L_c。单个波列持续的时间 τ_c($\tau_c = L_c/c$)称为相干时间。通常用相干长度和相干时间来恒量时间相干性的好坏。当时间延迟 τ 远大于 τ_c,或光程差远大于 L_c 时,观察不到干涉效应。若 M_2' 是 M_2 经 BS 所成的虚像,M_2' 和 M_1 间隔为 h,叠加的两束光可看作来自光波传播方向上程差为 $2h$ 的两个点,$2h$ 若远小于 L_c,这两个纵向分开的点的光振动是高度相关的。因而又可以把时间相干性理解为纵向空间相干性。

也可以从另一角度解释干涉条纹对比随光程差的变化:具有有限谱宽的光源,它所发出的光可看作许多不同波长的单色光成分的组合,每个单色成分产生各自的干涉图样。当光程差从零增大时,因波长不同,各单色条纹图样之间的相对位移不断增大,它们按强度叠加的结果,使合成干涉条纹的对比下降。当光程差足够大时,干涉条纹的对比度下降为零,就不再能看到干涉现象。

这两种解释是完全等效的,可以找到相干时间和光源谱宽 $\Delta\nu$ 之间的关系。假定在波列持续时间 τ_c 以内,光振动 $u(t)$ 是频率为 ν_0 的周期函数,即

$$u(t) = \begin{cases} a_0 \exp(j2\pi\nu_0 t), & |t| \leq \dfrac{\tau_c}{2} \\ 0, & |t| > \dfrac{\tau_c}{2} \end{cases}$$

$$= a_0 \exp(j2\pi\nu_0 t)\,\mathrm{rect}\left(\dfrac{t}{\tau_c}\right) \tag{6-11}$$

式中,a_0 为常数振幅。若 $\tilde{u}(\nu)$ 为 $u(t)$ 的时间频谱,即

$$\tilde{u}(\nu) = \mathscr{F}\{u(t)\} = a_0\delta(\nu-\nu_0) * \tau_c\mathrm{sinc}(\tau_c\nu) = a_0\tau_0\mathrm{sinc}[\tau_c(\nu-\nu_0)] \tag{6-12}$$

图 6-2 所示为各频率成分的归一化强度分布。它表明波列持续时间有限是谱线展宽所造成的。sinc 函数的第一个零点出现在 $\nu = \nu_0 \pm \dfrac{1}{\tau_c}$ 位置,取

$$\Delta\nu \approx \dfrac{1}{\tau_c} \tag{6-13}$$

$\nu_0 - \dfrac{\Delta\nu}{2} \leq \nu \leq \nu_0 + \dfrac{\Delta\nu}{2}$ 的频率成分，具有较大的强度，所以有效频率范围近似等于相干时间的倒数。实际光源原子在辐射时能量的损失会导致波列减幅；原子热运动引起多普勒效应，以及原子间的相互碰撞，各波列不会是严格相同的简谐波形式，τ_c 应是各波列的平均持续时间。把式（6-13）改写为

$$\Delta\nu\,\tau_c \approx 1 \qquad (6-14)$$

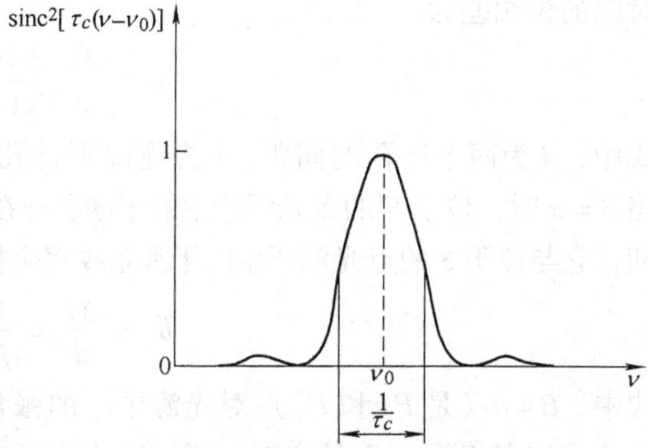

图 6-2　函数 $\mathrm{sinc}^2\left[\tau_c(\nu-\nu_0)\right]$

上式称为时间相干性的反比公式。谱线愈窄，相干时间和相干长度愈长，时间相干性愈好。利用公式（6-14）可以得到

$$L_c = c\,\tau_c \approx \dfrac{c}{\Delta\nu} = \dfrac{\overline{\lambda}^2}{\Delta\lambda} \qquad (6-15)$$

式中，$\overline{\lambda}$ 为平均波长。公式给出了描述时间相干性的诸物理量之间的关系。

6.2.2　空间相干性

图 6-3 为杨氏干涉实验的示意装置，利用它来研究空间相干性。扩展光源照明不透明屏上的两个针孔 P_1 和 P_2，在远离它的观察屏上 P 点附近观察两束光波叠加的结果。假定光源发出波长为 λ 的单色光，每个单独的点光源经 P_1 和 P_2 产生一组余弦的干涉条纹，不同的点光源产生的干涉图样相同，只是沿垂直条纹方向相互错开。强度叠加的结果是使合成干涉条纹的对比下降。当光源足够大时，干涉条纹消失。例如，位于中心的点光源 S 所产生的干涉图样在 O 点是亮条纹。位于 S' 的点光源经 P_1 和 P_2 产生的两束光在 O 点叠加时引入光程差 $\Delta = S'P_2 - S'P_1$，由简单的几何关系

$$\Delta \approx \dfrac{bd}{2l} \qquad (6-16)$$

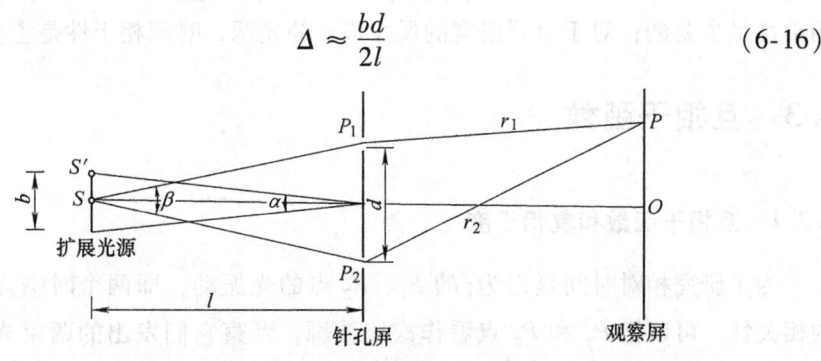

图 6-3　杨氏干涉实验装置

对应的位相差为

$$\delta = \frac{2\pi}{\lambda}\left(\frac{bd}{2l}\right) \tag{6-17}$$

式中，d 为两个针孔的间距，l 为光源到针孔屏的距离，$b/2$ 是 S' 到 S 的距离。当 $\delta = \pi$ 时，位于 S' 的点光源产生的干涉图样在 O 点是暗条纹，条纹平移了半个周期，它与位于 S 的点光源产生的干涉条纹完全相消。由公式（6-17）可知，此时

$$b_c = \frac{\lambda l}{d} = \frac{\lambda}{\beta} \tag{6-18}$$

式中，$\beta = d/l$ 是 P_1 和 P_2 点对光源中心的张角，称为干涉孔径角。若把扩展光源分成许多相距 $b_c/2$ 的点对，每一对点光源产生的干涉图样彼此抵消，在屏上观察不到干涉条纹。所以 b_c 是光源的临界宽度。光源宽度小于 b_c 时，P_1 和 P_2 点的光振动才存在相关，观察屏上才会出现干涉条纹。

从另一角度来说，对于选定的光源尺寸 b，两个针孔的距离 d 愈小，干涉条纹愈清晰，随着 d 增大，干涉条纹对比下降，直至条纹消失。最大允许间隔应为

$$d_c = \frac{\lambda l}{b} = \frac{\lambda}{\alpha} \tag{6-19}$$

式中，$\alpha = b/l$，是扩展光源对 $P_1 P_2$ 连线中点的张角。d_c 称为横向相干宽度。当 α 确定以后，距离超过 d_c 的空间两点，它们的光振动不存在相关。确切说来，空间相干性应理解为横向空间相干性。

式（6-18）和式（6-19）可以改写为

$$b_c \beta = \lambda \tag{6-20}$$
$$d_c \alpha = \lambda \tag{6-21}$$

式（6-20）表示光源极限宽度与干涉孔径角成反比；式（6-21）表示横向相干宽度与光源张角成反比。这两个公式是等效的，称为空间相干性的反比公式。

实际光源总是具有有限频带宽度的扩展光源，其辐射光场的相干性应包含时间相干性和空间相干性的双重影响。只是对于光谱线很窄的扩展光源，空间相干性是主要的；对于有限谱宽的尺寸很小的光源，时间相干性是主要的。

6.3 互相干函数

6.3.1 互相干函数和复相干度

为了研究相对时间延迟为 τ 的 P_1、P_2 点的光振动，即两个时空点的光振动的相关性，可以把 P_1 和 P_2 点看作次级波源，考察它们发出的两束光波在空间另一点 P 所产生的干涉现象。这样时间变量 τ 通过光程差（$P_2 P - P_1 P$）的形式

体现出来。在时间－空间坐标系中研究两个时空点的光振动关联程度，转化为在空间坐标系中研究 P_1、P_2 和 P 三个点的光振动的关系问题。

仍然利用图6-3所示的杨氏干涉实验装置。光源是有限谱宽的扩展光源，针孔 P_1 和 P_2 到观察屏上任一点 P 的距离分别为 r_1 和 r_2，t 时刻 P_1 和 P_2 点的光振动分别用解析信号 $u(P_1,t)$ 和 $u(P_2,t)$ 表示。t 时刻 P 点的光振动是两个光波叠加的结果，即

$$u(P,t) = h(P,P_1)u(P_1,t-t_1) + h(P,P_2)u(P_2,t-t_2) \quad (6\text{-}22)$$

式中，$t_1 = r_1/c$，$t_2 = r_2/c$，c 是真空中的光速。常数因子 $h(P,P_1)$ 和 $h(P,P_2)$ 称为传播因子，它们分别和 r_1 和 r_2 成反比，和针孔大小及实验的几何布局（P_1 和 P_2 处的入射角和衍射角）有关，而与时间无关。因为从 P_1 和 P_2 发出的次级子波位相与初级波位相相差 $\frac{\pi}{2}$，所以 $h(P,P_1)$ 和 $h(P,P_2)$ 都是纯虚数⊖。

由于探测器的响应时间比相干时间长得多，在 P 点探测的光强是时间平均值，即

$$I(P) = \langle u(P,t)u^*(P,t) \rangle \quad (6\text{-}23)$$

式中角括号表示求时间平均，

$$\langle f(t) \rangle = \lim_{T \to \infty} \frac{1}{2T} \int_{-T}^{T} f(t) \, \mathrm{d}t$$

把式（6-22）代入式（6-23），得到

$$\begin{aligned}
I(P) = & |h(P,P_1)|^2 \langle u(P_1,t-t_1)u^*(P_1,t-t_1) \rangle \\
& + |h(P,P_2)|^2 \langle u(P_2,t-t_2)u^*(P_2,t-t_2) \rangle \\
& + h(P,P_1)h^*(P,P_2) \langle u(P_1,t-t_1)u^*(P_2,t-t_2) \rangle \\
& + h^*(P,P_1)h(P,P_2) \langle u^*(P_1,t-t_1)u(P_2,t-t_2) \rangle \quad (6\text{-}24)
\end{aligned}$$

假定光场是平稳的，其统计性质不随时间改变，因而时间原点可以平移而不影响上式中各项平均值。换句话说，所探测的光强 $I(P)$ 与选择时刻无关。因此得出

$$\begin{aligned}
\langle u(P_1,t-t_1)u^*(P_2,t-t_2) \rangle &= \langle u(P_1,t+\tau)u^*(P_2,t) \rangle \\
&= \Gamma_{12}(\tau) \quad (6\text{-}25)
\end{aligned}$$

式中，$\tau = t_2 - t_1$，$\Gamma_{12}(\tau)$ 表示相对时延为 τ 的 P_1 和 P_2 点光振动的相关函数，

⊖ 对于窄带光，假定针孔足够小，可认为在针孔内入射场是常数，根据惠更斯-菲涅耳原理有

$$h(P,P_1) \approx \frac{1}{\mathrm{j}\lambda} \int_{\text{针孔}P_1} \frac{K(\theta_1)}{r_1} \mathrm{d}s_1$$

式中，$K(\theta_1)$ 为倾斜因子。若中心在 P_1 的针孔面积为 ΔS_1，在针孔范围内，被积函数近似为常数，所以

$$h(P,P_1) \approx \frac{-\mathrm{j}}{\lambda r_1} K(\bar{\theta}_1) \Delta S_1$$

称为光场的互相干函数。

显然
$$\langle u^*(P_1,t-t_1)u(P_2,t-t_2)\rangle = \langle u^*(P_1,t+\tau)u(P_2,t)\rangle$$
$$= \Gamma_{12}^*(\tau) \qquad (6\text{-}26)$$

当 P_1 与 P_2 点重合时，该点光振动的自相关函数为
$$\langle u(P_1,t+\tau)u^*(P_1,t)\rangle = \Gamma_{11}(\tau) \qquad (6\text{-}27)$$

或者
$$\langle u(P_2,t+\tau)u^*(P_2,t)\rangle = \Gamma_{22}(\tau) \qquad (6\text{-}28)$$

$\Gamma_{11}(\tau)$ 或 $\Gamma_{22}(\tau)$ 称为光场的自相干函数，这样就有
$$\langle u(P_1,t-t_1)u^*(P_1,t-t_1)\rangle = \langle u(P_1,t)u^*(P_1,t)\rangle$$
$$= \Gamma_{11}(0) \qquad (6\text{-}29)$$

$$\langle u(P_2,t-t_2)u^*(P_2,t-t_2)\rangle = \langle u(P_2,t)u^*(P_2,t)\rangle = \Gamma_{22}(0) \qquad (6\text{-}30)$$

显然 $\Gamma_{11}(0)$ 和 $\Gamma_{22}(0)$ 分别是 P_1 和 P_2 点的光强。单孔 P_1 和 P_2 分别在 P 点产生的光强为
$$I_1(P) = |h(P,P_1)|^2 \Gamma_{11}(0) \qquad (6\text{-}31)$$
$$I_2(P) = |h(P,P_2)|^2 \Gamma_{22}(0)$$

考虑到 $h(P,P_1)$ 和 $h(P,P_2)$ 是纯虚数，公式（6-24）可以简化为
$$I(P) = I_1(P) + I_2(P) + 2|h(P,P_1)h(P,P_2)|Re[\Gamma_{12}(\tau)] \qquad (6\text{-}32)$$

将 $\Gamma_{12}(\tau)$ 归一化得
$$\gamma_{12}(\tau) = \frac{\Gamma_{12}(\tau)}{[\Gamma_{11}(0)\Gamma_{22}(0)]^{1/2}} \qquad (6\text{-}33)$$

称这个归一化的互相干函数为复相干度。公式（6-32）可以最终表示为
$$I(P) = I_1(P) + I_2(P) + 2[I_1(P)I_2(P)]^{1/2} Re[\gamma_{12}(\tau)] \qquad (6\text{-}34)$$

上式正是平稳光场的普遍的干涉定律。它表明两束光在 P 点叠加所引起的光强度与每束光在 P 点的强度以及复相干度实部的值有关。

利用施互兹不等式可以证明
$$|\Gamma_{12}(\tau)| \le [\Gamma_{11}(0)\Gamma_{22}(0)]^{1/2} \qquad (6\text{-}35)$$

再由公式（6-33）可知
$$0 \le |\gamma_{12}(\tau)| \le 1 \qquad (6\text{-}36)$$

为了进一步理解 γ_{12} 的意义，设光的平均频率为 $\bar{\nu}$，并且
$$\gamma_{12}(\tau) = |\gamma_{12}(\tau)|\exp[j\alpha_{12}(\tau) + j2\pi\bar{\nu}\tau] \qquad (6\text{-}37)$$

式中，
$$\alpha_{12}(\tau) = \arg[\gamma_{12}(\tau)] - 2\pi\bar{\nu}\tau \qquad (6\text{-}38)$$

公式（6-34）可以写为

$$I(P) = I_1(P) + I_2(P) + 2[I_1(P)I_2(P)]^{1/2}|\gamma_{12}(\tau)|\cos[\alpha_{12}(\tau) + 2\pi\bar{\nu}\tau]$$
(6-39)

当 $|\gamma_{12}(\tau)|$ 取最大值 1 时，P 点的强度与频率为 $\bar{\nu}$ 的两个单色光波在该点叠加所产生的干涉结果相同，两束光在 P_1 和 P_2 点光振动之间的位相差为 $\alpha_{12}(\tau)$，这种情况下，相对时延 τ 的 P_1 和 P_2 点的光振动是相干的。当 $|\gamma_{12}(\tau)|$ 取最小值 0 时，干涉项为零，P 点强度为两束光波在 P 点产生光强的简单相加，因此 P_1 和 P_2 点的光振动是非相干的。当 $0 < |\gamma_{12}(\tau)| < 1$ 时，P_1 和 P_2 点的光振动是部分相干的，$|\gamma_{12}(\tau)|$ 表示它们的相干度。

互相干函数和复相干度是两个十分重要的物理量，它们表示时空中两个不同点的光振动的关联程度。P_1 和 P_2 点光振动的振幅和位相都随时间无规则涨落，若彼此的涨落完全独立无关，它们乘积的时间平均值 $\langle u(P_1, t+\tau) u^*(P_2, t)\rangle$ 为零，因而 $\Gamma_{12}(\tau)$ 和 $\gamma_{12}(\tau)$ 等于零，这两个不同时空点的光振动是非相干的。如果它们各自随时间无规涨落时，相对位相保持某种联系，场的乘积的时间平均值就不会为零，P_1 和 P_2 点的光振动就会是相干或部分相干的。来自这两点的光波场叠加，才会产生干涉效应。相关程度愈高，干涉效应愈明显。

6.3.2 互相干函数的谱表示

定义截断函数 $u_T(P_1, t)$ 为

$$u_T(P_1, t) = \begin{cases} u(P_1, t), & |t| \leq T \\ 0, & |t| > T \end{cases}$$
(6-40)

$u_T(P_1, t)$ 是与 $u_T^r(P_1, t)$ 相应的解析信号。由式 (6-8)

$$u_T(P_1, t) = \int_0^\infty \tilde{u}_T(P_1, \nu)\exp(j2\pi\nu t)d\nu$$
(6-41)

式中，$\tilde{u}_T(P_1, \nu) = 2\tilde{u}_T^r(P_1, \nu)$。类似有

$$u_T(P_2, t) = \int_0^\infty \tilde{u}_T(P_2, \nu)\exp(j2\pi\nu t)d\nu$$
(6-42)

于是互相干函数可以写为

$$\begin{aligned}\Gamma_{12}(\tau) &= \langle u(P_1, t+\tau) u^*(P_2, t)\rangle \\ &= \lim_{T\to\infty}\frac{1}{2T}\int_{-\infty}^\infty u_T(P_1, t+\tau)u_T^*(P_2, t)dt \\ &= \lim_{T\to\infty}\frac{1}{2T}\int_{-\infty}^\infty dt\int_0^\infty\int_0^\infty \tilde{u}_T(P_1, \nu)\tilde{u}_T^*(P_2, \nu') \\ &\quad \times \exp[j2\pi(\nu-\nu')t]\exp(j2\pi\nu\tau)d\nu d\nu'\end{aligned}$$

由于

$$\int_{-\infty}^\infty \exp[j2\pi(\nu-\nu')t]dt = \delta(\nu-\nu')$$

利用 δ 函数筛选性质，得

$$\Gamma_{12}(\tau) = \int_0^\infty \widetilde{\Gamma}_{12}(\nu)\exp(\mathrm{j}2\pi\nu\tau)\mathrm{d}\nu \tag{6-43}$$

式中，$\widetilde{\Gamma}_{12}(\nu)$ 称为互谱密度函数，且

$$\widetilde{\Gamma}_{12}(\nu) = \lim_{T\to\infty}\left[\frac{\widetilde{u}_T(P_1,\nu)\widetilde{u}_T^*(P_2,\nu)}{2T}\right] \tag{6-44}$$

对于自相干函数，类似有

$$\Gamma_{11}(\tau) = \int_0^\infty \widetilde{\Gamma}_{11}(\nu)\exp(\mathrm{j}2\pi\nu\tau)\mathrm{d}\nu \tag{6-45}$$

式中，$\widetilde{\Gamma}_{11}(\nu)$ 是辐射的功率谱密度函数，且

$$\widetilde{\Gamma}_{11}(\nu) = \lim_{T\to\infty}\left[\frac{\widetilde{u}_T(P_1,\nu)\widetilde{u}_T^*(P_1,\nu)}{2T}\right] = \lim_{T\to\infty}\left[\frac{|\widetilde{u}_T(P_1,\nu)|^2}{2T}\right] \tag{6-46}$$

如果把 P_1 点随时间变化的光扰动看作是频率不同的许多单色扰动的线性组合，频率为 ν 的单色扰动对强度的贡献正比于 $\widetilde{\Gamma}_{11}(\nu)$。因而 $\widetilde{\Gamma}_{11}(\nu)$ 可以直接看作是光源的光谱分布。式（6-45）符合傅里叶变换的自相关定理。

6.4 相干度的测量

6.4.1 干涉条纹对比度与复相干度的关系

光场的相干性质，即两个时空点的光振动的相关程度，可以通过实验由干涉条纹的清晰程度来确定。

迈克尔逊定义干涉条纹对比度为

$$V(P) = \frac{I_\mathrm{M} - I_\mathrm{m}}{I_\mathrm{M} + I_\mathrm{m}} \tag{6-47}$$

式中，I_M、I_m 分别为 P 点附近光强极大值和极小值。由公式（6-39），可得到

$$I_\mathrm{M} = I_1(P) + I_2(P) + 2[I_1(P)I_2(P)]^{1/2}|\gamma_{12}(\tau)|$$

$$I_\mathrm{m} = I_1(P) + I_2(P) - 2[I_1(P)I_2(P)]^{1/2}|\gamma_{12}(\tau)|$$

于是

$$V(P) = \frac{2[I_1(P)I_2(P)]^{1/2}}{I_1(P) + I_2(P)} \cdot |\gamma_{12}(\tau)| \tag{6-48}$$

或者

$$|\gamma_{12}(\tau)| = \frac{I_1(P) + I_2(P)}{2[I_1(P)I_2(P)]^{1/2}} V(P) \tag{6-49}$$

公式表明，只要测定出两束光各自在 P 点产生的光强以及干涉条纹的对比度，就可以得到 $|\gamma_{12}(\tau)|$。当两个光波在 P 点的强度相等，即 $I_1(P) = I_2(P)$ 时，复相干度的模就等于干涉条纹的对比度，即

$$|\gamma_{12}(\tau)| = V(P) \tag{6-50}$$

下面分别讨论如何测定光场的时间相干性和空间相干性。

6.4.2 时间相干性测量

在迈克尔逊干涉仪中光源采用有限谱宽的点光源，时间相干性效应将是主要的。由于是分振幅干涉，可认为 P_1 和 P_2 实际上重合为一点，由该点发出两个光波经历不同光程后，在观察点 P 相叠加，假定两束光的强度相等，P 点光振动为

$$u(t) = u_1(t) + u_1(t + \tau) \tag{6-51}$$

式中，$\tau = 2h/c$，h 为反射镜 M_1 从零程差位置开始移动的距离。

P 点光强随 M_1 位移的变化为

$$I(\tau) = \langle [u_1(t) + u_1(t+\tau)][u_1^*(t) + u_1^*(t+\tau)] \rangle$$
$$= 2I_1 + \Gamma_{11}(\tau) + \Gamma_{11}^*(\tau) \tag{6-52}$$

式中，自相干函数

$$\Gamma_{11}(\tau) = \langle u_1(t+\tau) u_1^*(t) \rangle$$

而 $I_1 = \Gamma_{11}(0)$。归一化的自相干函数定义为

$$\gamma_{11}(\tau) = \frac{\Gamma_{11}(\tau)}{\Gamma_{11}(0)} \tag{6-53}$$

$\gamma_{11}(\tau)$ 称为复时间相干度。它描述 P_1 点相对时延为 τ 的光振动的关联程度，即光场的时间相干性。把公式（6-52）改写为

$$I(\tau) = 2I_1 + 2\text{Re}[\Gamma_{11}(\tau)] \tag{6-54}$$

或者

$$I(\tau) = 2I_1 + 2I_1 \text{Re}[\gamma_{11}(\tau)] \tag{6-55}$$

显然有

$$|\gamma_{11}(\tau)| = V(\tau) \tag{6-56}$$

复时间相干度的模就等于观察点附近干涉条纹的对比度，它们都随着 M_1 的位移，即时延 τ 发生变化。当 $\tau = 0$ 时，$|\gamma_{11}(\tau)| = 1$，干涉条纹最清晰，$V = 1$。随着 τ 逐渐增大，$|\gamma_{11}(\tau)|$ 减小，干涉条纹对比度下降。当 τ 足够大时，$|\gamma_{11}(\tau)|$ 趋于零，输出光强变为均匀常数。这和我们在 6.2 节中的讨论完全一致。

6.4.3 空间相干性测量

在杨氏干涉实验中，采用有限谱宽的扩展光源照明两个针孔，观察屏上从中心向两侧干涉条纹对比度逐渐减小。由式（6-48），对比度的变化与$|\gamma_{12}(\tau)|$有关。这一物理现象中包含了空间相干性效应，也包含了时间相干性效应。只有在零程差或者说$\tau=0$附近，干涉条纹的对比度才反映同一时刻P_1和P_2点光振动的互相关性质，即单纯的空间相干性效应。这时有

$$\Gamma_{12}(0) = \langle u(P_1,t)u^*(P_2,t)\rangle \tag{6-57}$$

及

$$\gamma_{12}(0) = \frac{\Gamma_{12}(0)}{[\Gamma_{11}(0)\Gamma_{22}(0)]^{1/2}} \tag{6-58}$$

$\gamma_{12}(0)$称为复空间相干度，它描述在同一时刻t，光场中两点的空间相干性。根据式（6-49），$|\gamma_{12}(0)|$可通过测量零程差附近干涉条纹的对比度确定。若采用窄谱线的准单色光照明，空间相干性将是主要的。观察区域内干涉条纹对比度近似不变，测量$|\gamma_{12}(0)|$的区域可大大增宽。

6.5 傅里叶变换光谱学

6.5.1 傅里叶变换光谱学原理

在讨论时间相干性测量的迈克尔逊干涉实验中，P点光强随反射镜M_1位移发生变化，即

$$I(\tau) = 2I_1 + \Gamma_{11}(\tau) + \Gamma_{11}^*(\tau) \tag{6-59}$$

记录下这一光强变化，就得到干涉图。干涉图上干涉条纹对比度的变化决定于复时间相干度的模，显然这一变化的根本原因正在于光源特定的光谱分布。由实验获得的干涉图来确定一个未知光源的光谱分布，或者说由干涉条纹的强度分布反推出光源的时间功率谱信息正是傅里叶变换光谱学的任务。

由式（6-45）

$$\Gamma_{11}(\tau) = \int_0^\infty \tilde{\Gamma}_{11}(\nu)\exp(j2\pi\nu\tau)d\nu$$

$$\Gamma_{11}^*(\tau) = \int_0^\infty \tilde{\Gamma}_{11}^*(\nu)\exp(-j2\pi\nu\tau)d\nu$$

把它们代入式（6-59），并注意到$\tilde{\Gamma}_{11}(\nu) = \tilde{\Gamma}_{11}^*(\nu)$，可导出

$$I(\tau) - 2I_1 = 2\int_0^\infty \tilde{\Gamma}_{11}(\nu)\cos2\pi\nu\tau\,\mathrm{d}\nu \tag{6-60}$$

对干涉图的强度分布做余弦傅里叶变换，得

$$\int_{-\infty}^\infty [I(\tau) - 2I_1]\cos2\pi\nu\tau\,\mathrm{d}\tau = \tilde{\Gamma}_{11}(-\nu) + \tilde{\Gamma}_{11}(\nu) \tag{6-61}$$

结果得到光源的功率谱 $\tilde{\Gamma}_{11}(\nu)$ 及其镜像。图6-4给出了典型的干涉图及其余弦傅里叶变换。

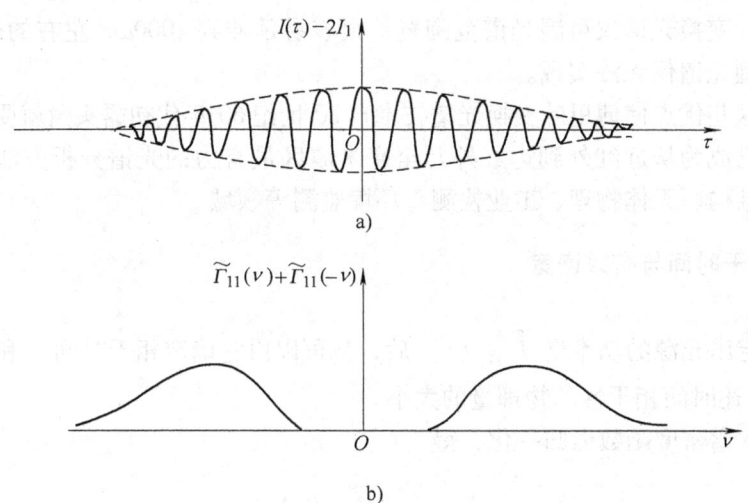

图 6-4 干涉图及其余弦傅里叶变换

a) 干涉图 b) 功率谱 $\tilde{\Gamma}_{11}(\nu)$ 及其镜像

式（6-61）表明，在干涉图的强度分布中包含着光源光谱分布的信息，只要做余弦傅里叶变换可以提取这一信息。

傅里叶变换光谱仪正是根据这个原理设计的。其光路部分就是迈克尔逊干涉仪，可动反射镜 M_1 从零程差位置移动，逐渐加大程差，光电接收器将干涉光强随时间延迟 τ 的变化转化为时间信号。对记录的干涉图做数字化处理，再利用快速傅里叶变换技术得到光谱。光路部分使光源的时间频谱信息转化为容易探测的光强分布信息，计算机部分再把光强分布转化为时间频谱。系统的功能可以看作是时间频率分析器。

与采用棱镜光谱仪、法布里-珀罗干涉仪、光栅光谱仪的传统光谱技术相比较，傅里叶变换光谱技术虽然不是一种直接方法，它需要计算机处理干涉图，但是却有着明显的优点。例如，一般光谱仪采用狭缝光源，光能量较弱，在某一瞬时只能记录一种光谱线。傅里叶变换光谱仪可以使用扩展光源，增大入射光束口径，可获得很大的辐射通量。并由于同时能记录全部光谱成分，光能输出要大得多，因而也具有更高的灵敏度和信噪比。

傅里叶变换光谱仪具有高光谱分辨率。棱镜光谱仪分辨本领 $\lambda/\Delta\lambda$ 受到棱镜底边长度和棱镜材料色散率的限制，一般为 10^3 量级。光栅光谱仪分辨本领 $\lambda/\Delta\lambda$ 受到光栅刻线总数和干涉级次的限制，一般只能做到 $10^3 - 10^6$ 量级。迈克尔逊干涉结构的傅里叶变换光谱仪的分辨本领取决于可测量的最大光程差，即取决于干涉仪的动镜移动范围，因而傅里叶变换光谱仪的光谱分辨本领很容易达到 10^6 量级以上。

傅里叶变换光谱仪可测光谱范围宽，很容易延伸到 $1000\mu m$ 左右的毫米区，普通色散型光谱仪无法实现。

正是这些优点使傅里叶变换光谱技术自 20 世纪 60 年代初露头角就受到高度重视。它已成为从近红外到远红外乃至毫米波区最有力的光谱分析方法，广泛用于物质结构、天体物理、工业检测、环境监测等领域。

6.5.2 相干时间与有效谱宽

当测定出光源的功率谱 $\tilde{\Gamma}_{11}(\nu)$ 后，就可以由它确定相干时间 τ_c 和有效谱宽 $\Delta\nu$ 等描述时间相干性的物理量的大小。

对功率谱密度函数做归一化，得

$$\tilde{\gamma}_{11}(\nu) = \frac{\tilde{\Gamma}_{11}(\nu)}{\int_0^\infty \tilde{\Gamma}_{11}(\nu)\mathrm{d}\nu} \tag{6-62}$$

由式 (6-45) 和式 (6-53) 可知

$$\gamma_{11}(\tau) = \int_0^\infty \tilde{\gamma}_{11}(\nu)\exp(\mathrm{j}2\pi\nu\tau)\mathrm{d}\nu \tag{6-63}$$

注意到 $\tau = 0$ 时，$\gamma_{11}(0) = 1$。因此

$$\gamma_{11}(0) = \int_0^\infty \tilde{\gamma}_{11}(\nu)\mathrm{d}\nu = 1 \tag{6-64}$$

即归一化的功率谱密度具有单位面积。式 (6-63) 指出复时间相干度与光源归一化功率谱密度之间的傅里叶变换关系。

例如低压气体放电灯，其归一化功率谱是高斯型函数，平均频率为 $\bar{\nu}$

$$\tilde{\gamma}_{11}(\nu) = \frac{1}{(2\pi\sigma^2)^{1/2}}\exp\left[-\frac{(\nu-\bar{\nu})^2}{2\sigma^2}\right] \tag{6-65}$$

$\tilde{\gamma}_{11}(\nu)$ 示于图 6-5 中。若选择 $\nu = \bar{\nu} \pm \nu_1$ 的频率值，使得该频率处 $\tilde{\gamma}_{11}(\nu)$ 的值衰减为最大值的 4% 左右，以此确定有效频率范围，则

$$\Delta\nu = 2\nu_1 = 2(2\pi\sigma^2)^{1/2} \tag{6-66}$$

根据式（6-63），复时间相干度也是高斯型函数

$$\gamma_{11}(\tau) = \exp(-2\pi^2\sigma^2\tau^2)\exp(-j2\pi\bar{\nu}\tau) \quad (6\text{-}67)$$

当谱线很窄时，$\gamma_{11}(\tau)$ 变化平缓。这时对于较大的时延 τ（或光程差），$|\gamma_{11}(\tau)|$ 也即干涉条纹的对比度仍保持很高的数值。假定认为 $V > 0.46 \approx \exp(-\pi/4)$ 干涉条纹仍具有良好对比，以此来确定相干时间 τ_c，即

$$\tau_c = \frac{1}{2(2\pi\sigma^2)^{1/2}} \quad (6\text{-}68)$$

式（6-66）和式（6-68）满足时间相干性反比公式

$$\Delta\nu\,\tau_c = 1 \quad (6\text{-}69)$$

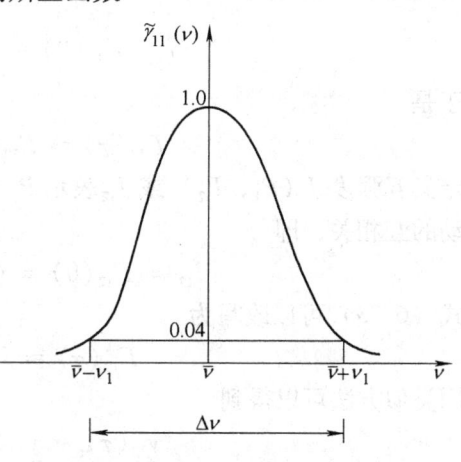

图 6-5　高斯型功率谱分布

$\Delta\nu$ 与 τ_c 乘积的数值与我们选定的有效谱宽 $\Delta\nu$ 以及良好对比度的判据有关。确切地说，$\Delta\nu\,\tau_c$ 应小于或近似等于 1。谱线愈窄，相干时间愈长，反之亦然。

6.6　准单色光的干涉

在杨氏干涉实验中，采用准单色光照明。所谓准单色条件是指：

1）光的谱线很窄，有效谱宽远小于平均频率，即 $\Delta\nu \ll \bar{\nu}$。
2）光路中从光源到干涉区域所涉及到的最大光程差远小于光的相干长度 L_c，或者 $\tau \ll \tau_c$。

根据公式（6-43），互相干函数可以表示为

$$\Gamma_{12}(\tau) = \int_0^\infty \tilde{\Gamma}_{12}(\nu)\exp(j2\pi\nu\tau)\mathrm{d}\nu$$

$$= \exp(j2\pi\bar{\nu}\tau)\int_0^\infty \tilde{\Gamma}_{12}(\nu)\exp[j2\pi(\nu-\bar{\nu})\tau]\mathrm{d}\nu \quad (6\text{-}70)$$

考虑到准单色的第一个条件，在满足 $|\nu-\bar{\nu}|\ll\bar{\nu}$ 的频率上，$\tilde{\Gamma}_{12}(\nu)$ 才有明显的不为零的值，或者说上式中对积分主要的贡献来自 $|\nu-\bar{\nu}|\leq\dfrac{\Delta\nu}{2}$ 的很窄的频带内$\left(\Delta\nu\approx\dfrac{1}{\tau_c}\right)$。准单色的第二个条件意味着 $\tau\ll\dfrac{1}{\Delta\nu}$。在这两个条件下，式（6-70）积分中的复指数函数可近似为 1。因而

$$\Gamma_{12}(\tau) \approx \exp(j2\pi\bar{\nu}\tau)\int_0^\infty \tilde{\Gamma}_{12}(\nu)\mathrm{d}\nu \quad (6\text{-}71)$$

由式 (6-43)，可知

$$\Gamma_{12}(0) \approx \int_0^\infty \tilde{\Gamma}_{12}(\nu)\,d\nu \tag{6-72}$$

于是

$$\Gamma_{12}(\tau) \approx \Gamma_{12}(0)\exp(j2\pi\bar{\nu}\tau) \tag{6-73}$$

定义互强度 $J(P_1, P_2)$ 或 J_{12} 表示 P_1 和 P_2 两点在相对时延 $\tau = 0$ 情况下，光振动的互相关，即

$$J_{12} = \Gamma_{12}(0) = \langle u(P_1,t)u^*(P_2,t) \rangle \tag{6-74}$$

式 (6-73) 可以改写为

$$\Gamma_{12}(\tau) \approx J_{12}\exp(j2\pi\bar{\nu}\tau) \tag{6-75}$$

用类似方法可以得到

$$\gamma_{12}(\tau) \approx \gamma_{12}(0)\exp(j2\pi\bar{\nu}\tau) \tag{6-76}$$

定义 $\mu(P_1, P_2)$ 或 μ_{12} 表示复空间相干度 $\gamma_{12}(0)$，即

$$\mu_{12} = \gamma_{12}(0) = \frac{\Gamma_{12}(0)}{[\Gamma_{11}(0)\Gamma_{22}(0)]^{1/2}} = \frac{J_{12}}{(J_{11} \cdot J_{22})^{1/2}} \tag{6-77}$$

式 (6-76) 可以写成

$$\gamma_{12}(\tau) \approx \mu_{12}\exp(j2\pi\bar{\nu}\tau) \tag{6-78}$$

若

$$\mu_{12} = |\mu_{12}|\exp[j\alpha_{12}(0)] \tag{6-79}$$

准单色近似下，辐射场的干涉定律变为

$$I(P) = I_1(P) + I_2(P) + 2[I_1(P)I_2(P)]^{1/2}|\mu_{12}| \times \cos(\beta_{12} + 2\pi\bar{\nu}\tau) \tag{6-80}$$

式中，$\beta_{12} = \alpha_{12}(0)$。$|\mu_{12}|$ 与 β_{12} 都是与 τ 无关的量。如果 $I_1(P)$ 和 $I_2(P)$ 在观察区域内近似不变，在该区域干涉图样具有几乎恒定的对比度和位相。条纹对比度为

$$V(P) = \frac{2[I_1(P)I_2(P)]^{1/2}}{I_1(P) + I_2(P)}|\mu_{12}| \tag{6-81}$$

若两束光强度相等，$I_1(P) = I_2(P)$，则

$$V(P) = |\mu_{12}| \tag{6-82}$$

测量出干涉条纹的对比度则可以确定复空间相干度的模 $|\mu_{12}|$。干涉条纹的最大值出现在

$$\beta_{12} + 2\pi\bar{\nu}\tau = \beta_{12} + \frac{2\pi}{\bar{\lambda}}(r_2 - r_1) = 2m\pi \quad (m = 0, \pm 1, \pm 2, \cdots)$$

测量出干涉极大值的位置就可以确定复空间相干度的位相 β_{12}。

由式 (6-80) 可以看出，准单色场的特点似乎类似于频率为 $\bar{\nu}$ 的严格单色

场。区别在于准单色光的干涉条纹的对比度和位置分别决定于复空间相干度的模和位相。由于 $0 \leq |\mu_{12}| \leq 1$，当 $|\mu_{12}| = 0$ 时，干涉条纹消失，两个准单色光波是非相干叠加；当 $|\mu_{12}| = 1$ 时，条纹最清晰，对比度最大，是相干情况。当 $0 < |\mu_{12}| < 1$ 时，两个光波是部分相干的。图6-6给出三种典型情况下的强度分布。

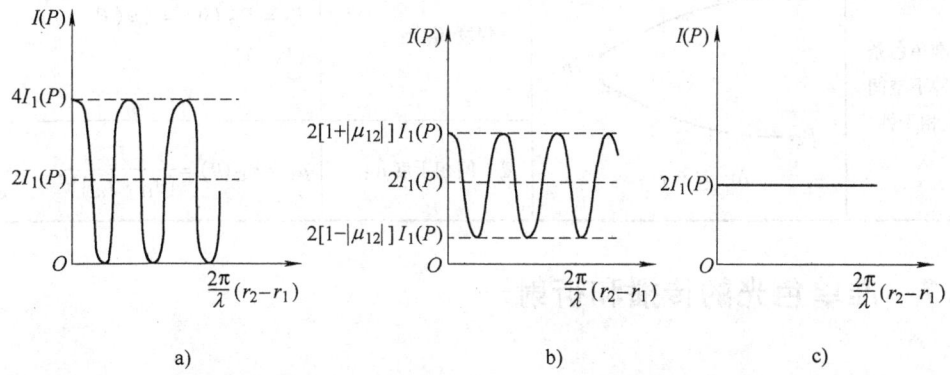

图6-6 强度相同的两束准单色光干涉图样的强度分布
a) 相干叠加（$|\mu_{12}| = 1$） b) 部分相干叠加（$0 < |\mu_{12}| < 1$） c) 非相干叠加（$|\mu_{12}| = 0$）

在描述光场相干性的物理量 $\Gamma_{12}(\tau)$ 和 $\gamma_{12}(\tau)$ 中，既包含时间效应也包含着空间效应。只有在准单色场中才有可能把空间相干性效应分离出来。在许多光学问题中，常常可以满足窄谱线和小光程的准单色假定。这时用更简单的 J_{12} 和 μ_{12} 作为相干性的量度，将会方便得多。

表6-1列出了描述光场相干性的各种参数。

表6-1 描述相干性的各种参数

光场的相干性质	示意图	参数	定义
空间相干性 + 时间相干性	$P_1 \bullet \xrightarrow{t+\tau} \bullet P$ $P_2 \bullet \xrightarrow{t}$	互相干函数 $\Gamma_{12}(\tau)$	$\Gamma_{12}(\tau) = \langle u(P_1, t+\tau) u^*(P_2, t) \rangle$
		复相干度 $\gamma_{12}(\tau)$	$\gamma_{12}(\tau) = \dfrac{\Gamma_{12}(\tau)}{[\Gamma_{11}(0)\Gamma_{22}(0)]^{1/2}}$
时间相干性	$P_1 \bullet \xrightarrow{t+\tau} \bullet P$ $\xrightarrow{t}$	自相干函数 $\Gamma_{11}(\tau)$	$\Gamma_{11}(\tau) = \langle u(P_1, t+\tau) u^*(P_1, t) \rangle$
		复时间相干度 $\gamma_{11}(\tau)$	$\gamma_{11}(\tau) = \dfrac{\Gamma_{11}(\tau)}{\Gamma_{11}(0)}$

(续)

光场的相干性质	示意图	参数	定义
准单色条件下空间相干性	$P_1 \bullet \xrightarrow{t+\tau}$ $\bullet P$ $P_2 \bullet \xrightarrow{t}$ $\Delta \nu \ll \bar{\nu}, \tau \ll \tau_c$	互强度 J_{12}	$J_{12} = \Gamma_{12}(0) = \langle u(P_1,t) u^*(P_2,t) \rangle$
		复空间相干度 μ_{12}	$\mu_{12} = \gamma_{12}(0) = \dfrac{J_{12}}{[J_{11} \cdot J_{22}]^{1/2}}$

6.7 准单色光的传播和衍射

6.7.1 互强度的传播

在单色场中，光场分布可由复振幅分布完备地描述。它是空间任意点坐标的函数。而在非单色场中，空间任一点的光扰动随时间做无规则变化。我们关注的是光场的统计性质，需要在时间-空间坐标系中考察两个不同点的光扰动的关联程度。因而互相干函数是描述光场性质的基本参量。光场中不同位置，互相干函数是不同的。从这个意义上讲，光波在传播过程中光场的相干性亦随之传播。确切地说，当光波在非色散介质内传播时，时间相干性并不发生变化，它由光源的光谱分布所完全确定。只有当光波在色散介质中折射或衍射时，时间相干性才可能变化。对非相干扩展光源，沿着辐射光波传播方向，距离光源愈远，空间相干性愈好。

从实扰动 $u^r(t)$ 满足的标量波动方程出发，可以导出真空中互相干函数所遵循的两个波动方程

$$\nabla_1^2 \Gamma_{12}(\tau) = \frac{1}{c^2} \frac{\partial^2 \Gamma_{12}(\tau)}{\partial \tau^2}$$

$$\nabla_2^2 \Gamma_{12}(\tau) = \frac{1}{c^2} \frac{\partial^2 \Gamma_{12}(\tau)}{\partial \tau^2}$$

(6-83)

式中，∇_1^2 和 ∇_2^2 分别是对 P_1 和 P_2 点的空间直角坐标的拉普拉斯算符。上述每一个方程描述其中一点（P_2 或 P_1）固定而另一点和参量 τ 改变时互相干函数的变化。

光场的相干性质包括时间相干性和空间相干性。互相干函数 $\Gamma_{12}(\tau)$ 满足的波动方程中把时间效应和空间效应联系在一起。一般说来，不可能把时间相

干性和空间相干性分离开[①]。但对准单色场，问题就变得简单了。可以单独研究空间相干性的传播。

准单色条件下

$$\Gamma_{12}(\tau) \approx J_{12}\exp(j2\pi \bar{\nu} \tau) \tag{6-84}$$

J_{12} 与变量 τ 无关，利用式（6-83）和式（6-84）得到互强度传播所满足的两个亥姆霍兹方程

$$\nabla_1^2 J_{12} + \frac{4\pi^2 \bar{\nu}^2}{c^2} J_{12} = 0$$
$$\nabla_2^2 J_{12} + \frac{4\pi^2 \bar{\nu}^2}{c^2} J_{12} = 0 \tag{6-85}$$

它们是准单色场中描述空间相干性传播的基本规律。

由图 6-7，假定在准单色光波传播的路径上曲面 Σ_1 上所有各对点的互强度已知，要确定光波照明的任一曲面 Σ_2 上的所有各对点的互强度。对方程(6-85)求解，将给出所需的关系式。但是以惠更斯-菲涅耳原理为基础进行推导将是更简单的方法。

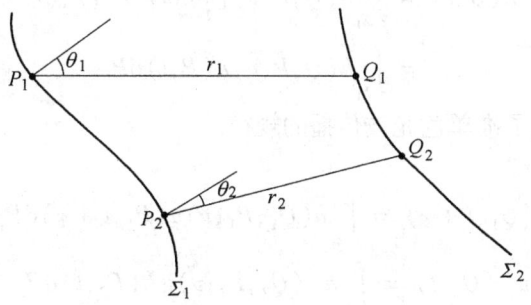

图 6-7 互强度的传播

Σ_1 面上光扰动 $u^r(P,t)$ 及其解析信号 $u(P,t)$ 一般是不可变换的函数。与 6.3 节中作法完全相同，引入截断函数 $u_T^r(P,t)$ 和 $u_T(P,t)$ 来表征它们，即

$$u(P,t) = \lim_{T\to\infty} u_T(P,t) \tag{6-86}$$

如果 $\tilde{u}_T^r(P,\nu)$ 是 $u_T^r(P,t)$ 的傅里叶谱，则

$$u_T(P,t) = 2\int_0^\infty \tilde{u}_T^r(P,\nu)\exp(j2\pi\nu t)d\nu \tag{6-87}$$

公式表明，非单色场可看作许多单色扰动的线性组合。对每一频率为 ν 的单色

[①] 在特殊条件下，光场的复相干度可表示为：
$$\gamma_{12}(\tau) = \gamma_{11}(\tau)\gamma_{12}(0)$$
即时间和空间相干性可以分离。具有这种性质的场称为交叉谱纯的。

光，权重因子为 $\tilde{u}'_T(P,\nu)$。它从 Σ_1 传播到 Σ_2 的规律满足惠更斯-非涅耳原理

$$\tilde{u}'_T(Q,\nu) = \int_{\Sigma_1} \tilde{u}'_T(P,\nu) h(Q,P,\nu) \mathrm{d}P \tag{6-88}$$

式中，h 为系统的透射函数。对 Σ_2 面上的光扰动同样可做傅里叶分析，得到

$$u_T(Q,t) = 2\int_0^\infty \tilde{u}'_T(Q,\nu) \exp(\mathrm{j}2\pi\nu t) \mathrm{d}\nu \tag{6-89}$$

式中，$\tilde{u}'_T(Q,\nu)$ 为 $u'_T(Q,t)$ 的傅里叶谱。把式 (6-88) 代入式 (6-89)。并注意到在准单色条件下，可认为对各种频率 h 都相同，因而可用 $h(Q,P,\bar{\nu})$ 来近似 $h(Q,P,\nu)$（$\bar{\nu}$为中心频率）。我们得到

$$u_T(Q,t) \approx \int_{\Sigma_1} \mathrm{d}P \cdot h(Q,P,\bar{\nu}) \int_0^\infty 2\tilde{u}'_T(P,\nu) \exp(\mathrm{j}2\pi\nu t) \mathrm{d}\nu$$

$$= \int_{\Sigma_1} h(Q,P,\bar{\nu}) u_T(P,t) \mathrm{d}P \tag{6-90}$$

由于

$$u(Q,t) = \lim_{T\to\infty} u_T(Q,t) \tag{6-91}$$

式 (6-90) 代入式 (6-91)，并交换积分和求极限的次序，则有

$$u(Q,t) = \int_{\Sigma_1} h(Q,P,\bar{\nu}) \left[\lim_{T\to\infty} u_T(P,t)\right] \mathrm{d}P$$

$$= \int_{\Sigma_1} h(Q,P,\bar{\nu}) u(P,t) \mathrm{d}P \tag{6-92}$$

公式 (6-92) 描述了准单色光波传播的规律。

由于

$$u(Q_1,t+\tau) = \int_{\Sigma_1} h(Q_1,P_1;\bar{\nu}) u(P_1,t+\tau) \mathrm{d}P_1 \tag{6-93}$$

$$u^*(Q_2,t) = \int_{\Sigma_1} h^*(Q_2,P_2;\bar{\nu}) u^*(P_2,t) \mathrm{d}P_2 \tag{6-94}$$

Σ_2 上互相干函数为

$$\Gamma(Q_1,Q_2;\tau) = \langle u(Q_1,t+\tau) u^*(Q_2,t) \rangle$$

代入式 (6-93) 与式 (6-94)，交换积分与求平均值的次序，得到

$$\Gamma(Q_1,Q_2;\tau) = \int_{\Sigma_1}\int_{\Sigma_1} \langle u(P_1,t+\tau) u^*(P_2,t) \rangle \times$$

$$h(Q_1,P_1;\bar{\nu}) h^*(Q_2,P_2;\bar{\nu}) \mathrm{d}P_1 \mathrm{d}P_2$$

$$= \int_{\Sigma_1}\int_{\Sigma_1} \Gamma(P_1,P_2;\tau) h(Q_1,P_1;\bar{\nu}) h^*(Q_2,P_2;\bar{\nu}) \mathrm{d}P_1 \mathrm{d}P_2 \tag{6-95}$$

上式给出了准单色扩展光源的辐射场中，曲面 Σ_1 和 Σ_2 上互相干函数的关系。因为

$$\Gamma(Q_1,Q_2;\tau) \approx J(Q_1,Q_2) \exp(\mathrm{j}2\pi\bar{\nu}\tau)$$

$$\Gamma(P_1,P_2;\tau) \approx J(P_1,P_2) \exp(\mathrm{j}2\pi\bar{\nu}\tau)$$

式 (6-95) 可以改写为

$$J(Q_1,Q_2) = \int_{\Sigma_1}\int_{\Sigma_1} J(P_1,P_2)h(Q_1,P_1;\bar{\nu})h^*(Q_2,P_2;\bar{\nu})\mathrm{d}P_1\mathrm{d}P_2 \quad (6\text{-}96)$$

公式（6-96）是描述互强度传播的普遍公式。它不仅适用于 Σ_1 和 Σ_2 之间是均匀媒质，也适用于不均匀媒质的情况。例如 Σ_1 和 Σ_2 是一对共轭物像面，之间存在光学系统。若已知物面 Σ_1 上场的互强度，以及系统的透射函数 $h(Q,P,\bar{\nu})$，就可以确定像面 Σ_2 上的互强度。

$h(Q,P;\bar{\nu})$ 代表位于 Σ_1 面上 P 点的频率为 $\bar{\nu}$ 的单色点光源在 Σ_2 面上 Q 点产生的复扰动，这个单色点光源具有单位强度和零位相。如果讨论自由空间的传播问题，由惠更斯-菲涅耳原理和准单色条件就有

$$h(Q,P;\bar{\nu}) = \frac{\exp(\mathrm{j}\bar{k}r)}{\mathrm{j}\lambda r}K(\theta) \quad (6\text{-}97)$$

式中，$\bar{k} = \dfrac{2\pi\bar{\nu}}{c}$ 是平均波数；$K(\theta)$ 为倾斜因子，当倾斜很小时 $K(\theta) \approx 1$。

于是

$$h(Q_1,P_1;\bar{\nu})h^*(Q_2,P_2;\bar{\nu}) = \frac{\exp[\mathrm{j}\bar{k}(r_1-r_2)]}{\lambda^2 r_1 r_2}K(\theta_1)K(\theta_2) \quad (6\text{-}98)$$

式中，r_1 为 P_1 到 Q_1 的距离；r_2 为 P_2 到 Q_2 的距离。r_1 和 r_2 都远大于平均波长 $\bar{\lambda}$。将式 (6-98) 代入式 (6-96)，得到在自由空间的准单色场中互强度传播公式为

$$J(Q_1,Q_2) = \int_{\Sigma_1}\int_{\Sigma_1} J(P_1,P_2)\frac{\exp[\mathrm{j}\bar{k}(r_1-r_2)]}{\lambda^2 r_1 r_2}K(\theta_1)K(\theta_2)\mathrm{d}P_1\mathrm{d}P_2$$

$$(6\text{-}99)$$

式 (6-96) 或式 (6-99) 表明，传播现象可以看作一个线性系统。满足叠加原理的物理量是互强度，每一对点互强度的响应函数是 $h(Q_1,P_1;\bar{\nu})h^*(Q_2,P_2;\bar{\nu})$，由式 (6-98) 给出。将以 $J(P_1,P_2)$ 为权重因子的所有响应函数线性叠加就可以得到 Σ_2 面上的互强度。我们并不必要了解光源的具体性质，只要知道输入面上光扰动的相干性，就可以确定输出面上的相干性。更具体地说，假如知道了 P_1 和 P_2 点产生的干涉条纹的对比，就能确定 Q_1 和 Q_2 点产生的干涉条纹对比。

当 Q_1 和 Q_2 重合为一点 Q 时，可得到 Σ_2 面上强度分布为

$$I(Q) = \int_{\Sigma_1}\int_{\Sigma_1} J(P_1,P_2)\frac{\exp[\mathrm{j}\bar{k}(r_1-r_2)]}{\lambda^2 r_1 r_2}K(\theta_1)K(\theta_2)\mathrm{d}P_1\mathrm{d}P_2$$

$$(6\text{-}100)$$

令 $I(P_1)$ 和 $I(P_2)$ 分别表示 P_1 和 P_2 点的强度，即

$$I(P_1) = \Gamma_{11}(0) = \langle u(P_1,t)u^*(P_1,t)\rangle$$
$$I(P_2) = \Gamma_{22}(0) = \langle u(P_2,t)u^*(P_2,t)\rangle$$

则 $J(P_1, P_2)$ 可以表示为

$$J(P_1,P_2) = [I(P_1)I(P_2)]^{1/2}\mu(P_1,P_2)$$

则式 (6-100) 可以改写为

$$I(Q) = \int_{\Sigma_1}\int_{\Sigma_1}[I(P_1)I(P_2)]^{1/2}\mu(P_1,P_2)\frac{\exp[j\overline{k}(r_1-r_2)]}{\lambda^2 r_1 r_2}K(\theta_1)K(\theta_2)\mathrm{d}P_1\mathrm{d}P_2 \tag{6-101}$$

上式表明 Q 点的光强等于 Σ_1 上每一对点所做的贡献之和（见图6-8）。每一对点产生的响应为 $\dfrac{\exp[j\overline{k}(r_1-r_2)]}{\lambda^2 r_1 r_2}K(\theta_1)K(\theta_2)$，每一对点的贡献依赖于这两点的强度以及相应的复空间相干度 $\mu(P_1,P_2)$。式 (6-101) 可以看作是部分相干场中强度传播的惠更斯-菲涅耳原理。它与描述单色光波场传播的较初等的惠更斯-菲涅耳公式的相似性并不奇怪，因为互强度的传播也遵循亥姆霍兹方程。

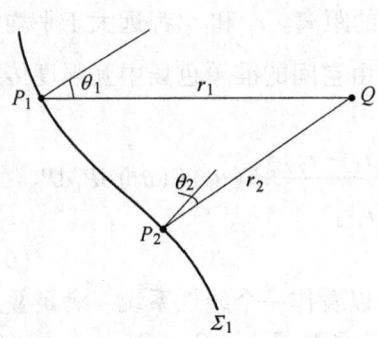

图6-8 计算 $I(Q)$ 的图示

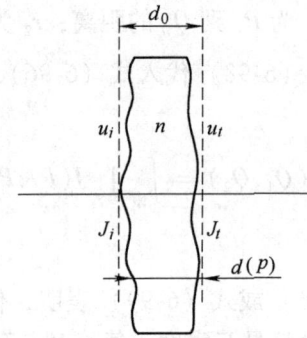

图6-9 薄透明物体

6.7.2 薄透明物体对互强度的影响

下面来讨论光波通过一个薄的透明物体时光场相干性的变化。物体的折射率为 n，用实函数 $A(P)$ 描述物体的吸收作用。它使透射光振幅衰减。为方便起见，设 n 和 $A(P)$ 都与光的波长无关。用 $\delta(P)$ 描述 P 点透过的场所受到的时间延迟，它与 P 点的厚度 $d(P)$ 有关（见图6-9）。

$$\delta(P) = \frac{d(P)}{c/n} + \frac{d_0 - d(P)}{c} = \frac{(n-1)d(P)}{c} + \frac{d_0}{c} \tag{6-102}$$

透射光场 u_t 与入射光场 u_i 之间关系为

$$u_t(P;t) = A(P)u_i[P;t-\delta(P)] \quad (6\text{-}103)$$

互相干函数为

$$\begin{aligned}\Gamma_t(P_1,P_2;\tau) &= \langle u_t(P_1;t+\tau)u_t^*(P_2;t)\rangle \\ &= A(P_1)A(P_2)\langle u_i[P_1;t+\tau-\delta(P_1)]u_i^*[p_2;t-\delta(p_2)]\rangle \\ &= A(P_1)A(P_2)\Gamma_i[P_1,P_2;\tau-\delta(P_1)+\delta(P_2)] \quad (6\text{-}104)\end{aligned}$$

上式给出了入射和透射的互相干函数之间的关系。在准单色条件下，即当谱线很窄以及物体造成的时延差 $|\delta(P_1)-\delta(P_2)|$ 远小于相干时间 τ_c 时，有

$$\Gamma_i[P_1,P_2;\tau-\delta(P_1)+\delta(P_2)]$$
$$= J_i(P_1,P_2)\exp(j2\pi\bar{\nu}\tau)\exp[-j2\pi\bar{\nu}\delta(P_1)]\exp[j2\pi\bar{\nu}\delta(P_2)] \quad (6\text{-}105)$$

$$\Gamma_t(P_1,P_2;\tau) = J_t(P_1,P_2)\exp(j2\pi\bar{\nu}\tau) \quad (6\text{-}106)$$

把它们代入式（6-104），得到

$$J_t(P_1,P_2) = A(P_1)\exp[-j2\pi\bar{\nu}\delta(P_1)] \times$$
$$A(P_2)\exp[j2\pi\bar{\nu}\delta(P_2)]J_i(P_1,P_2) \quad (6\text{-}107)$$

令

$$t(P) = A(P)\exp[-j2\pi\bar{\nu}\delta(P)] \quad (6\text{-}108)$$

$t(P)$ 相当于物体对频率为 $\bar{\nu}$ 的单色光的复振幅透过率。最终有

$$J_t(P_1,P_2) = t(P_1)t^*(P_2)J_i(P_1,P_2) \quad (6\text{-}109)$$

式（6-109）表明，P_1，P_2 两点的互强度在透过物体时受到这两点的振幅及位相透过率的影响。式（6-109）适用于孔径，薄透镜和薄的振幅型或位相型物体，它告诉我们物体本身信息是如何调制载波的互强度变化的。

6.7.3 部分相干光的衍射

下面讨论部分相干光照明孔径的衍射现象。如图 6-10 所示，孔径位于 x_1y_1 平面，观察平面是与之平行的 x_2y_2 平面，它们之间距离为 z。孔径的复振幅透过率可以用 $t(x_1,y_1)$ 表示。若照明光波在孔径前的互强度为 J_1，则孔径后方透射互强度 J'_1 为

$$J'_1(x_1,y_1;x'_1,y'_1) = t(x_1,y_1)t^*(x'_1,y'_1)J_1(x_1,y_1;x'_1,y'_1) \quad (6\text{-}110)$$

注意，对于许多实际情况，非相干光源发出的光波照明孔径时 J_1 可以表示为

$$J_1(x_1,y_1;x'_1,y'_1) = I_0\mu_1(\Delta x_1,\Delta y_1) \quad (6\text{-}111)$$

式中，$\Delta x_1 = x_1 - x'_1$，$\Delta y_1 = y_1 - y'_1$。上式表明复空间相干度仅依赖于孔径平面上两点坐标差。于是

$$J'_1(x_1,y_1;x'_1,y'_1) = t(x_1,y_1)t^*(x_1-\Delta x_1,y_1-\Delta y_1) \times$$
$$I_0\mu_1(\Delta x_1,\Delta y_1) \quad (6\text{-}112)$$

在小角度近似下，有

$$K(\theta_1)K(\theta_2) \approx 1$$

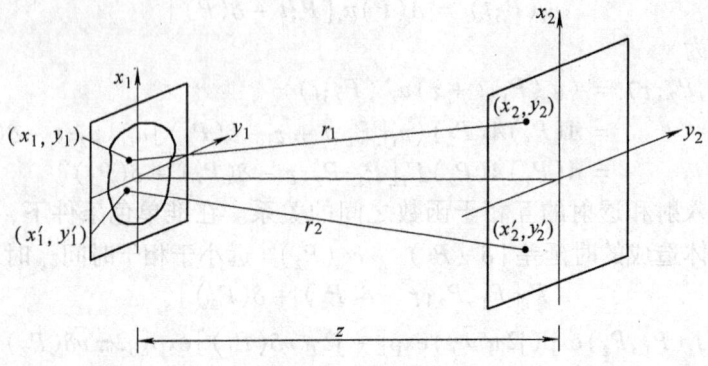

图 6-10 讨论部分相干光衍射的图示

式（6-99）可以写成

$$J_2(x_2,y_2;x'_2,y'_2) = \iiiint_{-\infty}^{\infty} J'_1(x_1,y_1;x'_1,y'_1) \frac{\exp[j\bar{k}(r_1-r_2)]}{\bar{\lambda}^2 r_1 r_2} dx_1 dy_1 dx'_1 dy'_1$$

(6-113)

式中，J_2 为观察平面上的互强度。积分域已扩展到无穷，因为对于孔径平面上所有没有光传播到 $x_2 y_2$ 平面的点对 J'_1 为零。互强度的响应函数是

$$h(x_2,y_2;x_1,y_1)h^*(x'_2,y'_2;x'_1,y'_1) = \frac{\exp[j\bar{k}(r_1-r_2)]}{\bar{\lambda}^2 r_1 r_2} \quad (6\text{-}114)$$

在傍轴近似下，对指数项中的 r_1 可以近似为

$$r_1 = [z^2+(x_2-x_1)^2+(y_2-y_1)^2]^{1/2} \approx z\left[1+\frac{(x_2-x_1)^2}{2z^2}+\frac{(y_2-y_1)^2}{2z^2}\right]$$

(6-115)

对 r_2 可作同样的近似，而分母中的 $r_1 r_2 \approx z^2$。式（6-113）可以改写为

$$J_2(x_2,y_2;x'_2,y'_2) = \frac{e^{j\theta}}{\bar{\lambda}^2 z^2} \iiiint_{-\infty}^{\infty} J'_1(x_1,y_1;x'_1,y'_1) \exp\left\{j\frac{\bar{k}}{2z}[(x_1^2+y_1^2)-(x'^2_1+y'^2_1)]\right\} \times$$

$$\exp\left[-j\frac{\bar{k}}{z}(x_2 x_1+y_2 y_1-x'_2 x'_1-y'_2 y'_1)\right] dx_1 dy_1 dx'_1 dy'_1 \quad (6\text{-}116)$$

式中，

$$\theta = \frac{\bar{k}}{2z}[(x_2^2+y_2^2)-(x'^2_2+y'^2_2)] \quad (6\text{-}117)$$

如果两个平面之间距离增加到足够大，从而满足条件

$$z \gg \frac{\bar{k}(x_1^2+y_1^2)_{max}}{2} \quad \text{和} \quad z \gg \frac{\bar{k}(x'^2_1+y'^2_1)_{max}}{2} \quad (6\text{-}118)$$

则式 (6-116) 变为

$$J_2(x_2,y_2;x'_2,y'_2) = \frac{e^{j\theta}}{\lambda^2 z^2} \iiiint_{-\infty}^{\infty} J'_1(x_1,y_1;x'_1,y'_1) \times$$

$$\exp\left[-j\frac{2\pi}{\lambda z}(x_2 x_1 + y_2 y_1 - x'_2 x'_1 - y'_2 y'_1)\right] dx_1 dy_1 dx'_1 dy'_1 \quad (6\text{-}119)$$

上式表明，在远场条件下，J_2 正比于 J'_1 的四维傅里叶变换。当 Q_1 和 Q_2 点重合，$x_2 = x'_2$ 和 $y_2 = y'_2$ 时，可以得到观察平面上的强度分布为

$$I(x_2,y_2) = \frac{1}{\lambda^2 z^2} \iiiint_{-\infty}^{\infty} J'_1(x_1,y_1;x'_1,y'_1) \times$$

$$\exp\left\{-j\frac{2\pi}{\lambda z}[x_2(x_1 - x'_1) + y_2(y_1 - y'_1)]\right\} dx_1 dy_1 dx'_1 dy'_1 \quad (6\text{-}120)$$

强度分布 $I(x_2,y_2)$ 和孔径平面互强度 J'_1 之间存在着准确的傅里叶变换关系。

式 (6-112) 代入式 (6-120)，得到

$$I(x_2,y_2) = \frac{I_0}{\lambda^2 z^2} \iiiint_{-\infty}^{\infty} t(x_1,y_1) t^*(x_1 - \Delta x_1, y_1 - \Delta y_1) \mu_1(\Delta x_1, \Delta y_1) \times$$

$$\exp\left[-j\frac{2\pi}{\lambda z}(x_2 \Delta x_1 + y_2 \Delta y_1)\right] dx_1 dy_1 d\Delta x_1 d\Delta y_1 \quad (6\text{-}121)$$

令

$$\mathcal{T}(\Delta x_1, \Delta y_1) = \iint_{-\infty}^{\infty} t(x_1,y_1) t^*(x_1 - \Delta x_1, y_1 - \Delta y_1) dx_1 dy_1 \quad (6\text{-}122)$$

$\mathcal{T}(\Delta x_1, \Delta y_1)$ 是孔径透过率的自相关函数。式 (6-121) 可以简单地表示为

$$I(x_2,y_2) = \frac{I_0}{\lambda^2 z^2} \iint_{-\infty}^{\infty} \mathcal{T}(\Delta x_1, \Delta y_1) \mu_1(\Delta x_1, \Delta y_1) \exp\left[-j\frac{2\pi}{\lambda z}(x_2 \Delta x_1 + y_2 \Delta y_1)\right] d\Delta x_1 d\Delta y_1$$

(6-123)

上式表明，衍射图样的强度分布是孔径自相关函数 $\mathcal{T}$ 与入射光波复空间相干度 μ_1 乘积的二维傅里叶变换。

公式 (6-123) 可看作远场条件下部分相干光的普遍的衍射公式。从它可以导出相干和非相干的极端情况下的规律。当采用完全相干的平面波照明孔径时，$\mu_1 = 1$。于是

$$I(x_2,y_2) = \frac{I_0}{\lambda^2 z^2} \iint_{-\infty}^{\infty} \mathcal{T}(\Delta x_1, \Delta y_1) \exp\left[-j\frac{2\pi}{\lambda z}(x_2 \Delta x_1 + y_2 \Delta y_1)\right] d\Delta x_1 d\Delta y_1$$

(6-124)

利用傅里叶变换的自相关定理,得到

$$I(x_2,y_2) = \frac{I_0}{\lambda^2 z^2} \left| \iint_{-\infty}^{\infty} t(x_1,y_1) \exp\left[-j\frac{2\pi}{\lambda z}(x_2 x_1 + y_2 y_1)\right] dx_1 dy_1 \right|^2 \quad (6-125)$$

这和以前讲的单色光波的夫琅和费衍射的强度计算完全一致。

假定照明光波在孔径上产生的相干面积比孔径尺寸小得多,孔径可看作是非相干照明。这时对于 μ_1 不为零的区域说来,自相关函数 $\mathcal{T}(\Delta x_1, \Delta y_1)$ 即错位孔径的重叠面积近似等于最大值 A（孔径面积），所以

$$I(x_2,y_2) = \frac{I_0 A}{\lambda^2 z^2} \iint_{-\infty}^{\infty} \mu_1(\Delta x_1, \Delta y_1) \exp\left[-j\frac{2\pi}{\lambda z}(x_2 \Delta x_1 + y_2 \Delta y_1)\right] d\Delta x_1 d\Delta y_1$$

(6-126)

可看出观察平面上强度分布已和孔径形状没有关系。仅决定于复空间相干度。

在部分相干光照明孔径的一般情况下,衍射图样的强度 $I(x_2,y_2)$ 既然等于乘积 $\mathcal{T}\mu_1$ 的傅里叶变换,由卷积定理,$I(x_2,y_2)$ 就应是 $\mathcal{T}$ 和 μ_1 各自变换式的卷积。卷积的效应是使衍射图样平滑化。照明光的相干面积越小,平滑化越明显。图 6-11 给出不同相干面积时,部分相干光照明圆孔所产生的衍射图样的强度分布。

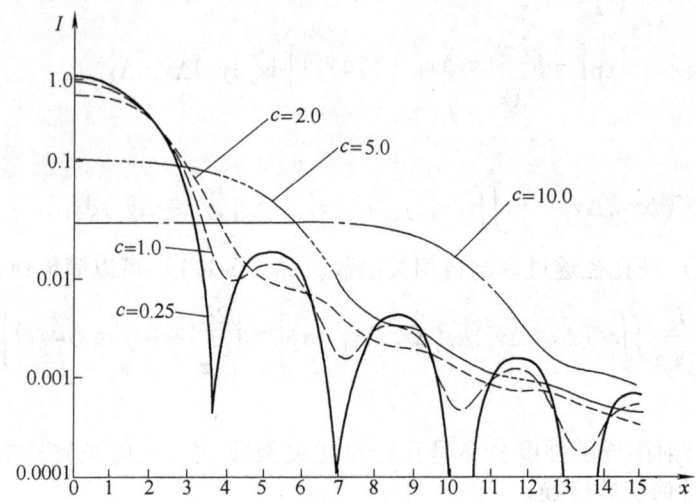

图 6-11 照明光相干面积不同时圆孔衍射图样的强度分布
假定采用圆形非相干光源照明
（参量 c 表示圆孔面积和相干面积之比。I 和 x 都经归一化）

对这种平滑化可以作更直观的解释。采用非相干光源照明孔径时,每个光源上的点发出的光可认为对孔径给与完全相干照明,产生相应的衍射图样。每

个衍射图样的中心取决于相应点源的位置。对于非相干光源来说，所有衍射图样按强度叠加，产生的合成衍射图样是平滑的。

6.7.4 传播现象的空间频率域分析

由于

$$r_1 = [z^2 + (x_2 - x_1)^2 + (y_2 - y_1)^2]^{1/2}$$
$$r_2 = [z^2 + (x'_2 - x'_1)^2 + (y'_2 - y'_1)^2]^{1/2}$$

所以

$$h(x_2,y_2;x_1,y_1)h^*(x'_2,y'_2;x'_1,y'_1)$$
$$= h(x_2 - x_1, y_2 - y_1)h^*(x'_2 - x'_1, y'_2 - y'_1) \tag{6-127}$$

上式表明，把传播现象看作线性系统，这个系统在空间域对于互强度的响应函数是空间不变的。式（6-96）可以写为

$$J_2(x_2,y_2;x'_2,y'_2) = \iiiint_{-\infty}^{\infty} J'_1(x_1,y_1;x'_1,y'_1)h(x_2 - x_1, y_2 - y_1) \times$$
$$h^*(x'_2 - x'_1, y'_2 - y'_1)\mathrm{d}x_1\mathrm{d}y_1\mathrm{d}x'_1\mathrm{d}y'_1 \tag{6-128}$$

上述卷积积分表明互强度的传播现象可看作空间不变的线性系统。这使我们能够在空间频率域讨论部分相干光的传播。

令 J'_1、J_2 和 hh^* 的四维傅里叶变换分别为 $\mathscr{J}_1\mathscr{J}_2$ 和 $\mathscr{M}$，则

$$\mathscr{J}_1(f_x,f_y;f'_x,f'_y) = \iiiint_{-\infty}^{\infty} J'_1(x_1,y_1;x'_1,y'_1) \times$$
$$\exp[-\mathrm{j}2\pi(f_x x_1 + f_y y_1 + f'_x x'_1 + f'_y y'_1)]\mathrm{d}x_1\mathrm{d}y_1\mathrm{d}x'_1\mathrm{d}y'_1 \tag{6-129}$$

$$\mathscr{J}_2(f_x,f_y;f'_x,f'_y) = \iiiint_{-\infty}^{\infty} J_2(x_2,y_2;x'_2,y'_2) \times$$
$$\exp[-\mathrm{j}2\pi(f_x x_2 + f_y y_2 + f'_x x'_2 + f'_y y'_2)]\mathrm{d}x_2\mathrm{d}y_2\mathrm{d}x'_2\mathrm{d}y'_2 \tag{6-130}$$

$$\mathscr{M}(f_x,f_y;f'_x,f'_y) = \iiiint_{-\infty}^{\infty} h(x,y)h^*(x',y') \times$$
$$\exp[-\mathrm{j}2\pi(f_x x + f_y y + f'_x x' + f'_y y')]\mathrm{d}x\mathrm{d}y\mathrm{d}x'\mathrm{d}y' \tag{6-131}$$

对式（6-128）运用卷积定理，得到

$$\mathscr{J}_2(f_x,f_y;f'_x,f'_y) = \mathscr{J}_1(f_x,f_y;f'_x,f'_y)\mathscr{M}(f_x,f_y;f'_x,f'_y) \tag{6-132}$$

上式意味着，可以把互强度分布表示为不同空间频率组合 $(f_x, f_y; f'_x, f'_y)$ 的四维谐波分量的叠加，每个谐波分量从 x_1y_1 平面传播到 x_2y_2 平面时要受到频率响应 $\mathscr{M}(f_x, f_y; f'_x, f'_y)$ 的调制。传播现象相当于一个四维的线性滤波器。$\mathscr{M}$ 称为准单色照明下自由空间的部分相干传递函数。

$$h(x,y) = \iint_{-\infty}^{\infty} H(f_x,f_y)\exp[\mathrm{j}2\pi(f_x x + f_y y)]\mathrm{d}f_x\mathrm{d}f_y \tag{6-133}$$

式中，$H(f_x, f_y)$ 可近似认为是频率为 $\bar{\nu}$ 的单色光在自由空间的传递函数。式（6-131）就可以写为

$$\mathcal{M}(f_x, f_y; f'_x, f'_y)$$
$$= H(f_x, f_y) H^*(-f'_x, -f'_y)$$
$$= \exp[\mathrm{j}\bar{k}z\sqrt{1-(\bar{\lambda}f_x)^2-(\bar{\lambda}f_y)^2}]\exp[-\mathrm{j}\bar{k}z\sqrt{1-(\bar{\lambda}f'_x)^2-(\bar{\lambda}f'_y)^2}]$$
(6-134)

式中，$\bar{k}$ 为平均波数，$\bar{k}=\dfrac{2\pi}{\bar{\lambda}}$。参看式（3-68），对于空间频率 $(f_x, f_y; f'_x, f'_y)$ 满足

$$f_x^2+f_y^2>\frac{1}{\bar{\lambda}^2} \quad \text{或} \quad f_x'^2+f_y'^2>\frac{1}{\bar{\lambda}^2} \tag{6-135}$$

的互强度谐波分量，不能透过系统传播到 $x_2 y_2$ 平面。

当满足菲涅耳近似条件时

$$H(f_x, f_y) = \exp(\mathrm{j}\bar{k}z)\exp[-\mathrm{j}\pi\bar{\lambda}z(f_x^2+f_y^2)] \tag{6-136}$$

于是式（6-134）给出的普遍的部分相干传递函数化为近似形式

$$\mathcal{M}(f_x, f_y; f'_x, f'_y) = \exp[-\mathrm{j}\pi\bar{\lambda}z(f_x^2+f_y^2)] \times$$
$$\exp[\mathrm{j}\pi\bar{\lambda}z(f_x'^2+f_y'^2)] \tag{6-137}$$

6.8 范西特-泽尼克定理

6.8.1 范西特-泽尼克（Van Cittert-Zernike）定理的推导

下面我们来确定一个扩展的准单色平面光源照明的平面屏幕上 Q_1 和 Q_2 两点的互强度和复空间相干度。见图 6-12，为简单起见，假定光源 σ 仅是平面 Σ_1

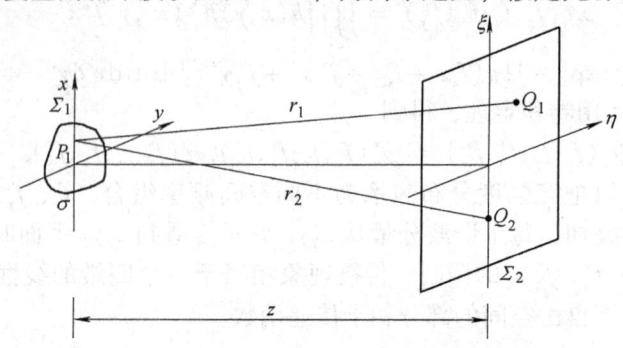

图 6-12　扩展的准单色光源照明平面屏幕

的一部分，它与屏幕平面 Σ_2 平行，距离为 z。

扩展光源上 P_1 和 P_2 点的互强度

$$J(P_1, P_2) = \langle u(P_1, t) u^*(P_2, t) \rangle \tag{6-138}$$

对非相干光源，两个不同点的光振动是统计无关的，因而

$$J(P_1, P_2) = I(P_1) \delta(P_1 - P_2) \tag{6-139}$$

把它代入式（6-96），并利用 σ 函数筛选性质，得到屏幕上互强度为

$$J(Q_1, Q_2) = \int_\sigma I(P_1) h(Q_1, P_1, \bar{\nu}) h^*(Q_2, P_1, \bar{\nu}) dP_1 \tag{6-140}$$

式中已把积分域改为光源面积 σ。复空间相干度为

$$\mu(Q_1, Q_2) = \frac{1}{[I(Q_1) I(Q_2)]^{1/2}} \int_\sigma I(P_1) h(Q_1, P_1, \bar{\nu}) h^*(Q_2, P_1, \bar{\nu}) dP_1 \tag{6-141}$$

式（6-140）和式（6-141）给出了准单色扩展光源照明的平面屏幕上两点的互强度和复空间相干度。它们适用于媒质均匀或非均匀的普遍情况。h 决定于系统的透射性质，若光源和屏之间的媒质是均匀的，则

$$h(Q_1, P_1, \bar{\nu}) = \frac{\exp(j \bar{k} r_1)}{j \bar{\lambda} r_1} K(\theta_1) \tag{6-142}$$

假定光源线度以及 Q_1 和 Q_2 点的距离远小于光源与屏的距离 z，则

$$\frac{1}{\bar{\lambda}^2} K(\theta_1) K(\theta_2) \approx \frac{1}{\bar{\lambda}^2} = C_0$$

式（6-140）和式（6-141）变为

$$J(Q_1, Q_2) = C_0 \int_\sigma I(P_1) \frac{\exp[j \bar{k}(r_1 - r_2)]}{r_1 r_2} dP_1 \tag{6-143}$$

$$\mu(Q_1, Q_2) = \frac{C_0}{[I(Q_1) I(Q_2)]^{1/2}} \int_\sigma I(P_1) \frac{\exp[j \bar{k}(r_1 - r_2)]}{r_1 r_2} dP_1 \tag{6-144}$$

式中，$I(Q_1)$ 和 $I(Q_2)$ 是 Q_1 和 Q_2 点的强度，分别为

$$I(Q_1) = J(Q_1, Q_1) = C_0 \int_\sigma \frac{I(P_1)}{r_1^2} dP_1$$

$$I(Q_2) = J(Q_2, Q_2) = C_0 \int_\sigma \frac{I(P_1)}{r_2^2} dP_1 \tag{6-145}$$

若光源在 xy 平面，则式（6-144）变为

$$\mu(Q_1, Q_2) = \frac{C_0}{[I(Q_1) I(Q_2)]^{1/2}} \iint_\sigma I(x, y) \frac{\exp[j \bar{k}(r_1 - r_2)]}{r_1 r_2} dx dy \tag{6-146}$$

在 6.5 节中我们曾由点光源的功率谱分布确定光场的复时间相干度，而这里则是由准单色扩展光源的强度分布来确定光场中 Q_1 和 Q_2 点的复空间相干度。

为了更好地理解式（6-146），可以作一个简单类比。图 6-13 所示为波长 $\bar{\lambda}$ 的单色光波场照明孔径的衍射问题。孔径形状大小等于光源 σ，假定孔径的振幅透过率 $t(x, y)$ 正比于 $I(x, y)$，用向 Q_2 点会聚的球面波照明孔径，傍轴近似下，Q_1 点的场为

$$U(Q_1) = \frac{1}{j\bar{\lambda}} \iint_\sigma U(x,y) \frac{\exp(j\bar{k}r_1)}{r_1} dxdy$$

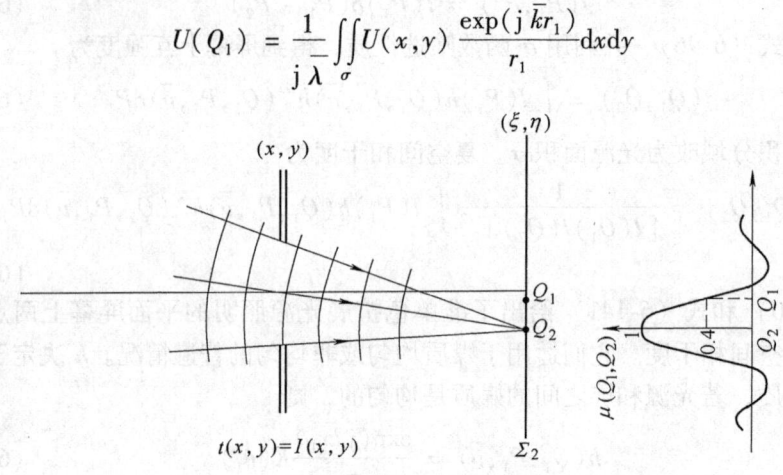

图6-13　类比于衍射问题讨论式（6-146）的图示

式中，

$$U(x, y) = t(x, y) \frac{\exp(-j\bar{k}r_2)}{r_2}$$

显然，中心在 Q_2 的衍射图样在 Q_1 点产生的复振幅分布的归一化数值，就等于 $\mu(Q_1, Q_2)$。在多数场合，可假定光源具有均匀辐射强度，因而可由形状大小与光源相同的孔径的衍射计算来确定复空间相干度。当然，这纯粹是数学上的类比，两个积分的物理含义完全不同。式（6-146）于 1934 年由范西特确定，1938 年泽尼克又以较简单的方式得出。我们称它为范西特-泽尼克定理。

若 (ξ_1, η_1) 和 (ξ_2, η_2) 分别表示 Q_1 和 Q_2 点的坐标，在傍轴近似下，有

$$r_1 = [(\xi_1 - x)^2 + (\eta_1 - y)^2 + z^2]^{1/2} \approx z\left[1 + \frac{(\xi_1 - x)^2}{2z^2} + \frac{(\eta_1 - y)^2}{2z^2}\right] \tag{6-147}$$

对 r_2 做完全类似的近似后，得到

$$r_1 - r_2 \approx \frac{(\xi_1^2 + \eta_1^2) - (\xi_2^2 + \eta_2^2)}{2z} - \frac{(\xi_1 - \xi_2)x + (\eta_1 - \eta_2)y}{z} \tag{6-148}$$

式（6-146）被积函数的分母 $r_1 r_2$ 可用 z^2 作适当近似，并令

$$\Delta\xi = \xi_1 - \xi_2, \quad \Delta\eta = \eta_1 - \eta_2 \tag{6-149}$$

$$\psi = \frac{\bar{k}[(\xi_1^2 + \eta_1^2) - (\xi_2^2 + \eta_2^2)]}{2z} = \frac{\bar{k}}{2z}(\rho_1^2 - \rho_2^2) \tag{6-150}$$

式中，ρ_1 和 ρ_2 分别表示 Q_1 和 Q_2 点到原点的距离。对于光源范围 σ 以外的点，$I(x, y)$ 为零。所以，式（6-146）中积分限可扩展到无穷，于是得到傍轴近似下范西特-泽尼克定理的最终表达式为

$$\mu(Q_1, Q_2) = \frac{e^{j\psi} \iint\limits_{-\infty}^{\infty} I(x,y) \exp\left[-j\frac{2\pi}{\lambda z}(\Delta\xi x + \Delta\eta y)\right] dx dy}{\iint\limits_{-\infty}^{\infty} I(x,y) dx dy} \tag{6-151}$$

上式给出十分重要的结论：即当光源本身线度以及观察区域线度都比二者距离 z 小得多时，观察区域上复空间相干度正比于光源强度分布的归一化傅里叶变换。

位相因子 $e^{j\psi}$ 并不影响复空间相干度的模 $|\mu(Q_1, Q_2)|$，也就是说不影响我们判断 Q_1 和 Q_2 两点在杨氏实验中产生的干涉条纹的对比度。$|\mu(Q_1, Q_2)|$ 只和观察平面上选定的 Q_1 和 Q_2 两点的坐标差（$\Delta\xi, \Delta\eta$）有关。注意，当这两点到原点距离相等时，$\psi = 0$；或者当 $z \gg \frac{2}{\lambda}(\rho_1^2 - \rho_2^2)$ 时，$\psi \ll \frac{\pi}{2}$，这种情况下，式（6-151）中就可直接弃去位相因子 $e^{j\psi}$。

$|\mu(Q_1, Q_2)|$ 和 $I(x, y)$ 之间存在着傅里叶变换关系，这种运算关系类似于夫琅和费衍射。但是应看到前者在更宽的空间范围内成立，因为式（6-147）所涉及的傍轴近似，在衍射问题中对菲涅耳衍射和夫琅禾费衍射都同样适用。

6.8.2 均匀圆形光源的例子

直径为 b 的均匀亮度的准单色圆形光源，辐射光强分布为

$$I(x, y) = I_0 \text{circ}\left(\frac{\sqrt{x^2 + y^2}}{b/2}\right) \tag{6-152}$$

根据式（6-151）

$$\mu_{12} = \mu(Q_1, Q_2) = \left[\frac{2J_1(\nu)}{\nu}\right] e^{j\phi} \tag{6-153}$$

式中，

$$v = \frac{\pi b}{\lambda z}\sqrt{\Delta\xi^2 + \Delta\eta^2} = \frac{\pi}{\lambda}\alpha d \tag{6-154}$$

式中，$\alpha = b/z$，是光源对 Q_1、Q_2 两点连线中心点的张角，即光源的角直径；$d = \sqrt{\Delta\xi^2 + \Delta\eta^2}$，它等于 Q_1 和 Q_2 点之间的距离。如果令 $\beta = d/z$，它是 Q_1 和 Q_2

点相对光源中心的张角，则有

$$v = \frac{\pi}{\lambda}b\beta \tag{6-155}$$

图 6-14 给出 $|\mu_{12}|$ 相对 v 变化的曲线。显然，v 值很小时，$|\mu_{12}|$ 的值较高。所以减小 α（即减小光源尺寸 b 或增大距离 z），或者减小 Q_1、Q_2 两点的间距 d，都可以使 Q_1、Q_2 两点的空间相干性提高。此时，尽管组成光源的不同点源之间完全是无关联的，但每一个点源在 Q_1 和 Q_2 点产生的光振动的位相差接近于相等，因而 Q_1、Q_2 两点仍是高度相干的。对于点光源或无穷远处光源照明的情况，$|\mu_{12}|$ 接近最大值 1。

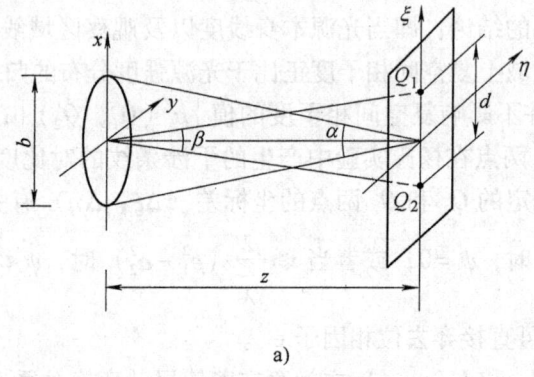

a)

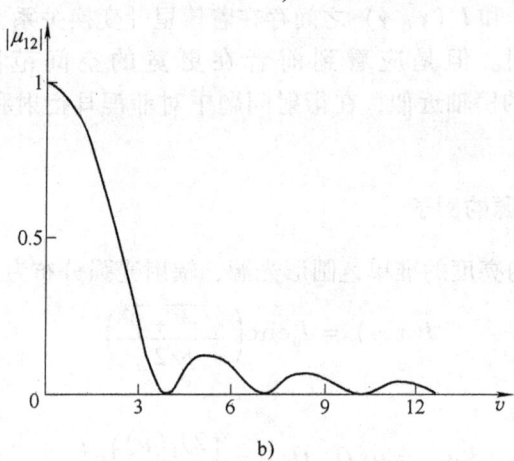

b)

图 6-14 均匀圆形光源照明时屏上的相干度
a) 均匀圆形光源照明平面屏幕 b) $|\mu_{12}|$ 曲线

随着 v 的增大，相干性减小。当 $v = 3.833$ 时，$|\mu_{12}|$ 为第一个零极小，相应孔距

$$d = \frac{3.833\,\bar{\lambda}}{\pi\alpha} = \frac{1.22\,\bar{\lambda}}{\alpha} \tag{6-156}$$

第6章 部分相干理论

或者

$$d\alpha = 1.22\bar{\lambda} \tag{6-157}$$

等效地，可导出

$$b\beta = 1.22\bar{\lambda} \tag{6-158}$$

这时 Q_1 和 Q_2 点的场是完全不相干的。若把观察屏放在这两个针孔后的任一平面，则都看不到干涉条纹。v 进一步增大，又会产生一点相干性。但 $|\mu_{12}|$ 小于 0.14。当 $v = 7.016$ 时，又变为完全不相干。由于 v 通过 $J_1(v)$ 的每个零点时，$J_1(v)$ 改变符号，μ_{12} 将产生 π 的相移。

完全相干或非相干在实际上并不容易实现。我们只是把部分相干的某些情况近似看作是相干或非相干的。比较式（6-157）与式（6-21），系数上的差异反映出有必要选择合适的判据作为相干与非相干区域的界限。若取 $v = 1$ 时，$|\mu_{12}| = 0.88$。它对理想值 1 偏离 12%，可认为是最大允许偏离。此时

$$d_c = \frac{0.32\bar{\lambda}}{\alpha} \tag{6-159}$$

以 d_c 为直径的圆面积 A_c 称为相干面积。准单色均匀圆形光源照明的空间两点，如果位于这一圆形区域内，则可看作近似相干照明的情况。

例如把太阳看作均匀亮度的圆形光源，它对地面张角 α 为 $0°32′ \sim 0.0093\text{rad}$。取 $\bar{\lambda}$ 为 $5.5 \times 10^{-5}\text{cm}$，则相干面积是以 $d_c = 0.019\text{mm}$ 为直径的圆。

汤普逊（Thompson）和沃耳夫 1957 年曾采用图 6-15 所示意的装置研究光源直径变化以及双孔间距变化对 $|\mu_{12}|$ 的影响。S 看作是非相干光源，它位于透镜 L_1 的前焦面，透镜 L_1 和 L_2 焦距相等，在它们中间有个开有两个圆孔（它们对称于光轴）的平面模板，在 L_2 的后焦面上出现两个部分相干光束叠加产生的干涉图样，可用显微镜观察。干涉条纹的对比度取决于 $|\mu_{12}|$。

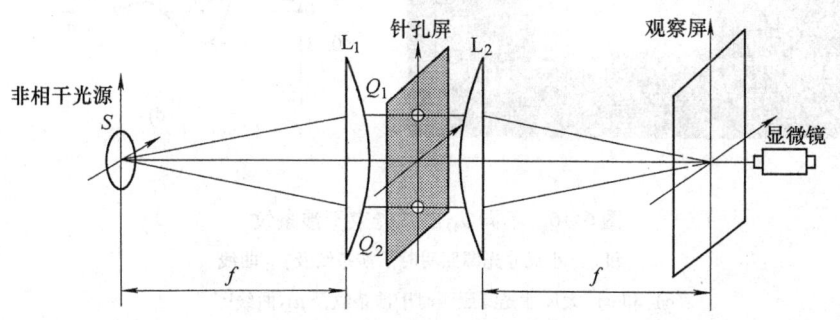

图 6-15　汤普逊和沃耳夫实验装置示意图[29]

图 6-16 对光源直径比为 1∶1.71 的两种情况给出干涉图形照片和相应 μ_{12} 曲

线。保持双孔间距不变,所以干涉条纹间距不变。当光源尺寸小,$\mu_{12}=0.7$,条纹清晰。当光源尺寸大,$\mu_{12}=-0.13$,条纹不清晰。由于 π 相移,中央条纹变为暗纹,条纹对比反转。

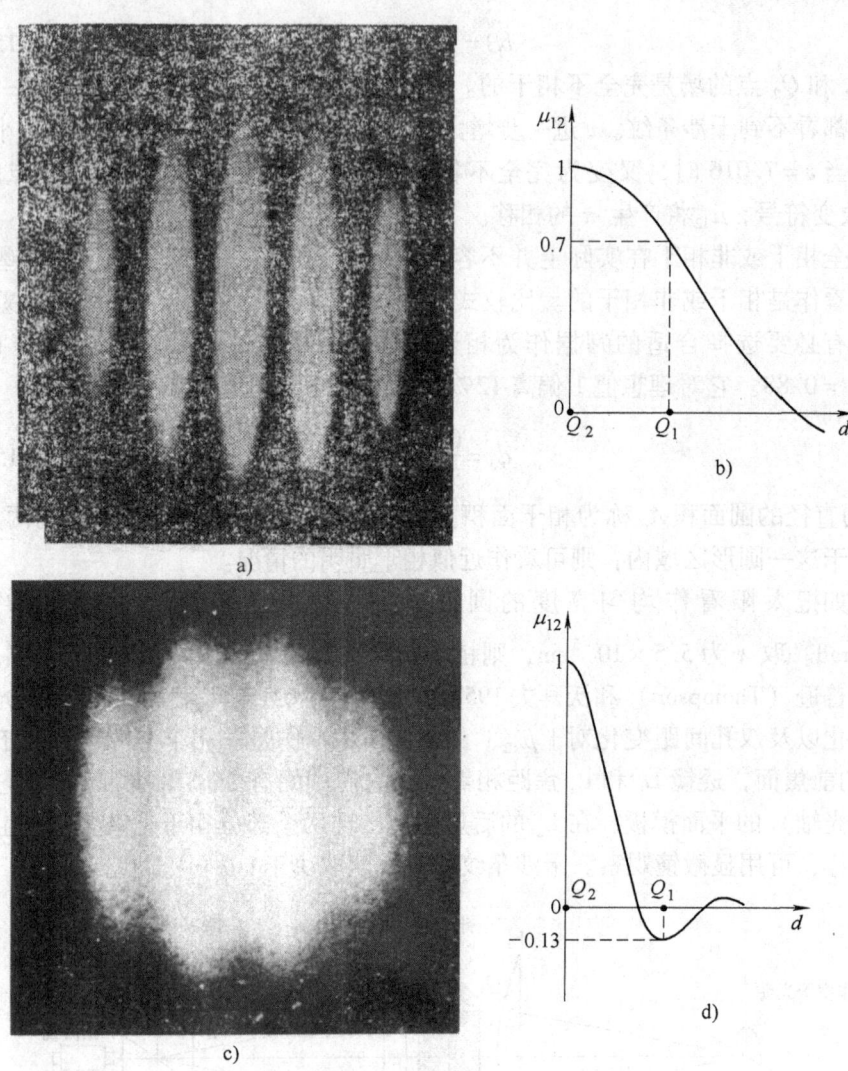

图 6-16 不同 μ_{12} 的双光束干涉条纹
a) 和 b) 小尺寸光源照明时干涉条纹及 μ_{12} 曲线
c) 和 d) 大尺寸光源照明时干涉条纹及 μ_{12} 曲线[28]

6.8.3 迈克尔逊测星干涉仪

范西特-泽尼克定理的一个重要应用是确定星体的角直径。假定星体可以看作是准单色的均匀圆形光源，我们可以测出干涉条纹对比度由最大降为零时的 d 值，即光扰动互不相干的两点的距离，由式（6-157），星体角直径

$$\alpha = \frac{1.22\,\bar{\lambda}}{d} \tag{6-160}$$

这正是迈克尔逊测星干涉仪的工作原理。

图 6-17 给出了干涉仪的光路。在望远物镜前放置了一块开有双孔 Q_1、Q_2 的挡光板，小孔位置对称于光轴。用两个相距很远的可移动反射镜 M_1 和 M_2 收集来自遥远星体的光线，反射光再经反射镜 M_3 和 M_4 反射，分别穿过两个小孔进入物镜，在透镜后焦面上产生干涉图样。反射镜 M_1 和 M_2 之间的距离就相当于式（6-154）中的 d。在迈克尔逊装置中，两块反射镜可在一根长梁上移

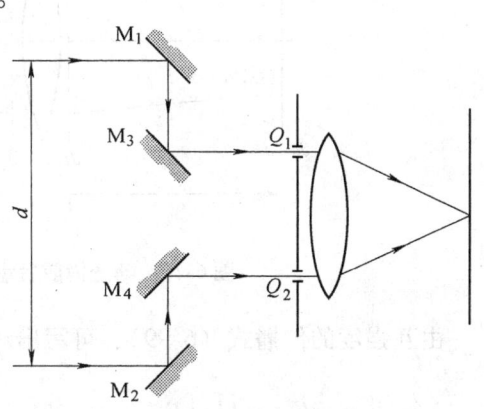

图 6-17　迈克尔逊测星干涉仪

动。这根长梁装在威尔逊天文台 100in 的反射望远镜上。改变 M_1 和 M_2 间距，干涉条纹对比将发生变化。1920 年 12 月迈克尔逊首先用这个装置测量了猎户座上方一颗橙色的星，即参宿四。当调到 $d = 121$ in（307.33cm）时，干涉条纹消失，$|\mu_{12}| = 0$。取 $\bar{\lambda} = 570$nm，可计算出

$$\alpha = \frac{1.22 \times 5700 \times 10^{-8}}{307.33}\text{rad} = 22.6 \times 10^{-8}\text{rad} = 0.047''$$

它的直径大约是太阳直径的 280 倍。为了测量更小的星体，反射镜的间距就必须更大，这是测星干涉仪结构上的主要限制。迈克尔逊测星干涉仪也可用来测双星的角间距。

光场的相干性质既然可通过干涉现象反映出来，在干涉图样中就包含着光源本身的信息。傅里叶变换光谱学告诉我们，可以由干涉图的对比，或者说时间相干度测定点光源的光谱分布。而范西特-泽尼克定理则告诉我们，可以由干涉图样的对比，或者说空间相干度测定准单色扩展光源的光强分布。若光源具有均匀亮度，则可直接测定光源的尺寸。

6.9　部分相干场中透镜的傅里叶变换性质

下面讨论准单色光场中薄的凸透镜前后焦面上互强度的关系。见图 6-18，

若已知前焦面上互强度为 $J_0'(x_0, y_0, x_0', y_0')$，可沿光波传播方向逐面计算三个特定平面上的互强度：紧靠透镜前后的平面上的互强度 $J_l(x, y; x', y')$ 和 $J_l'(x, y; x', y')$ 以及后焦面上互强度 $J_f(x_f, y_f; x_f', y_f')$。

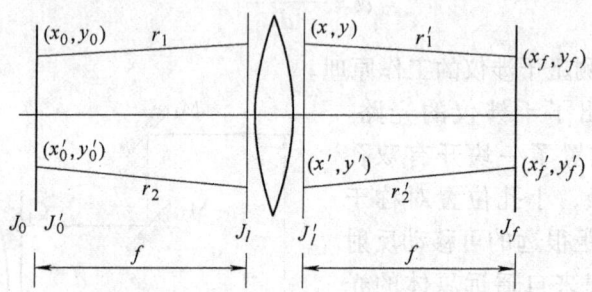

图 6-18 薄透镜前后焦面上互强度的关系

由互强度的传播式（6-99），可写出

$$J_l(x,y;x',y') = \iiiint_{-\infty}^{\infty} J_0'(x_0, y_0; x_0', y_0') \frac{\exp[j\bar{k}(r_1 - r_2)]}{\lambda^2 r_1 r_2}$$

$$K(\theta_1)K(\theta_2) dx_0 dy_0 dx_0' dy_0' \quad (6-161)$$

在傍轴近似下

$$K(\theta_1)K(\theta_2) \approx 1, \quad \frac{1}{r_1 r_2} \approx \frac{1}{f^2}$$

式中，f 为透镜的焦距。

$$r_1 - r_2 \approx \frac{(x-x_0)^2 + (y-y_0)^2 - (x'-x_0')^2 - (y'-y_0')^2}{2f} \quad (6-162)$$

将上式代入式（6-161），整理后得

$$J_l(x,y;x',y') = \frac{1}{(\lambda f)^2} \exp\left\{j\frac{\bar{k}}{2f}[(x^2+y^2) - (x'^2+y'^2)]\right\}$$

$$\iiiint_{-\infty}^{\infty} J_0'(x_0, y_0; x_0', y_0') \times \exp\left\{j\frac{\bar{k}}{2f}[(x_0^2+y_0^2) - (x_0'^2+y_0'^2)]\right\} \times$$

$$\exp\left[j\frac{\bar{k}}{f}(x'x_0' + y'y_0' - xx_0 - yy_0)\right] dx_0 dy_0 dx_0' dy_0' \quad (6-163)$$

根据式（6-109），薄透镜的效应是

$$J_l'(x,y;x',y') = t_l(x,y)t_l^*(x',y')J_l(x,y;x',y') \quad (6-164)$$

不考虑透镜孔径的有限大小，透镜的位相变换因子是

$$t_l(x,y) = \exp\left[-j\frac{\bar{k}}{2f}(x^2 + y^2)\right]$$

所以

$$J'_l(x,y;x',y') = \exp\left\{-j\frac{\bar{k}}{2f}[(x^2+y^2)-(x'^2+y'^2)]\right\}J_l(x,y;x',y')$$

(6-165)

傍轴近似下，类似于式（6-161）得到后焦面上的互强度为

$$J_f(x_f,y_f;x'_f,y'_f) = \frac{1}{(\bar{\lambda}f)^2}\exp\left\{j\frac{\bar{k}}{2f}[(x_f^2+y_f^2)-(x'^2_f+y'^2_f)]\right\}$$

$$\iiiint_{-\infty}^{\infty} J'_l(x,y;x',y')] \times \exp\left\{j\frac{\bar{k}}{2f}[(x^2+y^2)-(x'^2+y'^2)]\right\} \times$$

$$\exp\left[j\frac{\bar{k}}{f}(x'_f x' + y'_f y' - x_f x - y_f y)\right]\mathrm{d}x\mathrm{d}y\mathrm{d}x'\mathrm{d}y'$$

$$= \frac{1}{(\bar{\lambda}f)^2}\exp\left\{j\frac{\bar{k}}{2f}[(x_f^2+y_f^2)-(x'^2_f+y'^2_f)]\right\}$$

$$\iiiint_{-\infty}^{\infty} J_l(x,y;x',y') \times \exp\left[j\frac{2\pi}{\bar{\lambda}f}(x'_f x' + y'_f y' - x_f x - y_f y)\right] \times$$

$$\mathrm{d}x\mathrm{d}y\mathrm{d}x'\mathrm{d}y'$$

(6-166)

将式（6-161）代入上式，将得到一个八重积分。可先计算对 x、y、x'、y' 的积分

$$\iiiint_{-\infty}^{\infty} \exp\left\{j\frac{\bar{k}}{2f}[(x^2+y^2)-(x'^2+y'^2)]\right\} \times$$

$$\exp\left\{j\frac{2\pi}{\bar{\lambda}f}[(x'_0+x'_f)x' + (y'_0+y'_f)y' - (x_0+x_f)x - (y_0+y_f)y]\right\}$$

$$\mathrm{d}x\mathrm{d}y\mathrm{d}x'\mathrm{d}y' = (\bar{\lambda}f)^2\exp\left\{j\frac{\bar{k}}{2f}[(x'_0+x'_f)^2\right.$$

$$\left.+(y'_0+y'_f)^2 - (x_0+x_f)^2 - (y_0+y_f)^2]\right\}$$

(6-167)

这里分别对变量 x、y、x'、y' 利用了下述傅里叶变换关系

$$\int_{-\infty}^{\infty}\exp\left(j\frac{\pi}{\bar{\lambda}f}x^2\right)\exp\left[-j2\pi\left(\frac{x_0+x_f}{\bar{\lambda}f}\right)x\right]\mathrm{d}x = \sqrt{\frac{\bar{\lambda}f}{-j}}\exp\left[-\frac{j\pi}{\bar{\lambda}f}(x_0+x_f)^2\right]$$

$$\int_{-\infty}^{\infty}\exp\left(-j\frac{\pi}{\bar{\lambda}f}x'^2\right)\exp\left[j2\pi\left(\frac{x'_0+x'_f}{\bar{\lambda}f}\right)x'\right]\mathrm{d}x' = \sqrt{\frac{\bar{\lambda}f}{j}}\exp\left[\frac{j\pi}{\bar{\lambda}f}(x_0+x_f)^2\right]$$

式 (6-166) 最终变为

$$J_f(x_f,y_f;x'_f,y'_f) = \frac{1}{(\lambda f)^2}\iiiint_{-\infty}^{\infty} J'_0(x_0,y_0;x'_0,y'_0) \times$$

$$\exp\left[j\frac{2\pi}{\lambda f}(x'_0 x'_f + y'_0 y'_f - x_0 x_f - y_0 y_f)\right]dx_0 dy_0 dx'_0 dy'_0 \quad (6\text{-}168)$$

若令

$$f_x = \frac{x_f}{\lambda f},\ f_y = \frac{y_f}{\lambda f}\ \text{及}\ f'_x = \frac{-x'_f}{\lambda f},\ f'_y = \frac{-y'_f}{\lambda f} \quad (6\text{-}169)$$

则

$$J_f(x_f,y_f;x'_f,y'_f) = \frac{1}{(\lambda f)^2}\iiiint_{-\infty}^{\infty} J'_0(x_0,y_0;x'_0,y'_0) \times$$

$$\exp[-j2\pi(f_x x_0 + f_y y_0 + f'_x x'_0 + f'_y y'_0)]dx_0 dy_0 dx'_0 dy'_0 \quad (6\text{-}170)$$

上式表明，薄的凸透镜前后焦面上互强度之间构成一个四维的傅里叶变换对。注意这一重要结论是在准单色近似条件下才成立的。即要求窄谱线以及从(x_0,y_0)到(x_f,y_f)和从(x'_0,y'_0)到(x'_f,y'_f)总的时间延迟差远小于光的相干时间。

式 (6-168) 中，若 $x_f = x'_f$，$y_f = y'_f$，两点合为一点，则得到后焦面上光强分布为

$$I_f(x_f,y_f) = \frac{1}{(\lambda f)^2}\iiiint_{-\infty}^{\infty} J'_0(x_0,y_0;x'_0,y'_0) \times$$

$$\exp\left\{-j\frac{2\pi}{\lambda f}[x_f(x_0-x'_0)+y_f(y_0-y'_0)]\right\}dx_0 dy_0 dx'_0 dy'_0 \quad (6\text{-}171)$$

如果透镜前焦面上放置一个薄透明物体，则由式 (6-109)，可写出

$$J'_0(x_0,y_0;x'_0,y'_0) = t(x_0,y_0)t^*(x'_0,y'_0)J_0(x_0,y_0;x'_0,y'_0) \quad (6\text{-}172)$$

式中，J_0 表示照明物体的光场的互强度，t 表示物体的振幅和位相透过率。将式 (6-172) 代入式 (6-170) 则有

$$J_f(x_f,y_f;x'_f,y'_f) = \frac{1}{(\lambda f)^2}\iiiint_{-\infty}^{\infty} t(x_0,y_0)t^*(x'_0,y'_0)J_0(x_0,y_0;x'_0,y'_0) \times$$

$$\exp[-j2\pi(f_x x_0 + f_y y_0 + f'_x x'_0 + f'_y y'_0)]dx_0 dy_0 dx'_0 dy'_0 \quad (6\text{-}173)$$

显然后焦面上光场所包含的信息，包括物体本身信息以及照明光场相干性的信息。

6.10 部分相干光成像

6.10.1 物像平面互强度的关系

考虑图 6-19 所示的成像系统，用平均频率为 $\bar{\nu}$ 的准单色光照明，讨论系统对于互强度的传递特性。

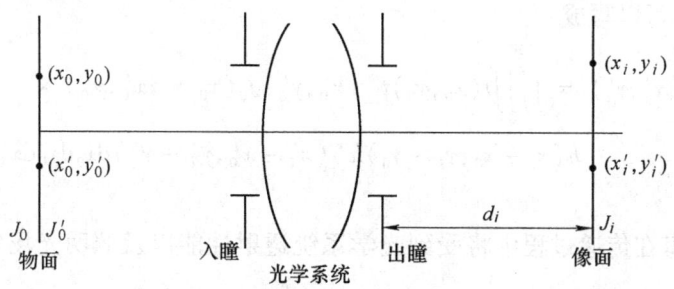

图 6-19 部分相干光成像系统

假定物点与几何光学理想像点坐标数值相同。$J'_0(x_0, y_0; x'_0, y'_0)$ 是物平面内 (x_0, y_0) 点与 (x'_0, y'_0) 点的互强度。$h(x_0, y_0; x_i, y_i)$ 是系统对于位于 (x_0, y_0) 点的频率为 $\bar{\nu}$ 的单色点光源的响应函数。由式 (6-96)，像平面 (x_i, y_i) 和 (x'_i, y'_i) 两点的互强度为

$$J_i(x_i, y_i; x'_i, y'_i) = \iiiint_{-\infty}^{\infty} J'_0(x_0, y_0; x'_0, y'_0) h(x_0, y_0; x_i, y_i) \times$$
$$h^*(x'_0, y'_0; x'_i, y'_i) dx_0 dy_0 dx'_0 dy'_0 \tag{6-174}$$

式中已把积分域扩展到无穷，因为物面上所有没有光传播到像面的各点对，其 J'_0 为零。

对于整个物平面，系统不会是等晕的，可以把它分割成等晕区。若只考虑一个等晕区内，对其中所有各点可用 $h(x_i - x_0, y_i - y_0)$ 近似 $h(x_0, y_0; x_i, y_i)$，得到

$$J_i(x_i, y_i; x'_i, y'_i) = \iiiint_{-\infty}^{\infty} J'_0(x_0, y_0; x'_0, y'_0) h(x_i - x_0, y_i - y_0) \times$$
$$h^*(x'_i - x'_0, y'_i - y'_0) dx_0 dy_0 dx'_0 dy'_0 \tag{6-175}$$

这是一个四维的卷积积分。因而成像系统可看作是互强度传递的空间不变的线性系统。系统在空间域对于相干性传播的响应函数为 $h(x,y)h^*(x',y')$ 与输入互强度 J'_0 的卷积可得到输出互强度 J_i。

当像面两点合并为一点时，可计算像面光强分布为

$$I_i(x_i,y_i) = \iiiint_{-\infty}^{\infty} J'_0(x_0,y_0;x'_0,y'_0) h(x_i - x_0, y_i - y_0) \times$$
$$h^*(x_i - x'_0, y_i - y'_0) \mathrm{d}x_0 \mathrm{d}y_0 \mathrm{d}x'_0 \mathrm{d}y'_0 \qquad (6\text{-}176)$$

若物平面上放置透过率为 t 的薄透明物体，照明光的互强度为 J_0，则式（6-176）中的 J'_0 应为

$$J'_0(x_0,y_0;x'_0,y'_0) = t(x_0,y_0) t^*(x'_0,y'_0) J_0(x_0,y_0;x'_0,y'_0)$$

式（6-175）可以写成

$$J_i(x_i,y_i;x'_i,y'_i) = \iiiint_{-\infty}^{\infty} t(x_0,y_0) t^*(x'_0,y'_0) J_0(x_0,y_0;x'_0,y'_0) \times$$
$$h(x_i - x_0, y_i - y_0) h^*(x'_i - x'_0, y'_i - y'_0) \mathrm{d}x_0 \mathrm{d}y_0 \mathrm{d}x'_0 \mathrm{d}y'_0$$
$$(6\text{-}177)$$

物体信息在传递过程中将受到光学系统透射性能以及照明光场空间相干性的联合影响。

6.10.2 相干成像与非相干成像的极端情况

由互强度的定义

$$J'_0(x_0,y_0;x'_0,y'_0) = \langle u(x_0,y_0;t) u^*(x'_0,y'_0;t) \rangle \qquad (6\text{-}178)$$

对于完全相干照明，物面各点光振动随时间做无规变化的方式是一致的。任意点光振动的位相随时间变化方式均与原点相同，因而两个物点的光振动可以表示为

$$u(x_0,y_0;t) = U_0(x_0,y_0) \frac{u(0,0;t)}{\langle |u(0,0;t)|^2 \rangle^{1/2}}$$
$$u(x'_0,y'_0;t) = U_0(x'_0,y'_0) \frac{u(0,0;t)}{\langle |u(0,0;t)|^2 \rangle^{1/2}} \qquad (6\text{-}179)$$

式中，$U_0(x_0,y_0)$、$U_0(x'_0,y'_0)$ 表示这两点相对于原点光振动的振幅和相对位相，它们不随时间变化。将式（6-179）代入式（6-178），得到

$$J'_0(x_0,y_0;x'_0,y'_0) = U_0(x_0,y_0) U_0^*(x'_0,y'_0) \qquad (6\text{-}180)$$

类似地在像面有

$$J_i(x_i,y_i;x'_i,y'_i) = U_i(x_i,y_i) U_i^*(x'_i,y'_i) \qquad (6\text{-}181)$$

当像面两点合并为一点时，由式（6-176）得到该点的强度为

$$I_i(x_i,y_i) = U_i(x_i,y_i) U_i^*(x_i,y_i)$$
$$= \iint_{-\infty}^{\infty} U_0(x_0,y_0) h(x_i - x_0, y_i - y_0) \mathrm{d}x_0 \mathrm{d}y_0 \times$$

$$\iint_{-\infty}^{\infty} U_0^*(x_0',y_0') h^*(x_i - x_0', y_i - y_0') \mathrm{d}x_0' \mathrm{d}y_0'$$

$$= \left| \iint_{-\infty}^{\infty} U_0(x_0,y_0) h(x_i - x_0; y_i - y_0) \mathrm{d}x_0 \mathrm{d}y_0 \right|^2 \tag{6-182}$$

因此

$$U_i(x_i,y_i) = \iint_{-\infty}^{\infty} U_0(x_0,y_0) h(x_i - x_0; y_i - y_0) \mathrm{d}x_0 \mathrm{d}y_0 \tag{6-183}$$

公式表明，相干成像系统对于复振幅的传递是线性的，其脉冲响应可用频率为 $\bar{\nu}$ 的单色光照明时的脉冲响应来近似。

如果一个非相干光源通过聚光系统成像在物平面上，照明物体。当照明区域比单个点源经聚光系统产生的衍射斑的有效大小大得多时，物体可看作是非相干照明的。复空间相干度不为零的区域很小（例如半径为 a 的圆）。所以

$$J_0'(x_0,y_0;x_0',y_0') = \begin{cases} I_0(x_0,y_0), & (x_0' - x_0)^2 + (y_0' - y_0)^2 < a^2 \\ 0, & \text{其他} \end{cases} \tag{6-184}$$

令 $x_i' = x_i$，$y_i' = y_i$，$h^*(x_i - x_0', y_i - y_0')$ 用 $h^*(x_i - x_0, y_i - y_0)$ 近似，利用式 (6-184)，式 (6-176) 变为

$$I_i(x_i,y_i) = k \iint_{-\infty}^{\infty} I_0(x_0,y_0) |h(x_i - x_0, y_i - y_0)|^2 \mathrm{d}x_0 \mathrm{d}y_0$$

式中，$k = \pi a^2$，等于某一常数。定义光强脉冲响应

$$h_I(x_i - x_0, y_i - y_0) = |h(x_i - x_0, y_i - y_0)|^2 \tag{6-185}$$

则

$$I_i(x_i,y_i) = k \iint_{-\infty}^{\infty} I_0(x_0,y_0) h_I(x_i - x_0, y_i - y_0) \mathrm{d}x_0 \mathrm{d}y_0 \tag{6-186}$$

因而非相干成像系统对于强度传递是线性的，而且光强脉冲响应等于复振幅脉冲响应的模的平方。

为了说明照明的相干性对于成像的影响，图 6-20 给出了复空间相干度 μ 取不同值时，两个点物成像的强度分布。两个几何像点的距离为

$$\delta = 1.2672 \frac{\bar{\lambda} d_i}{l}$$

式中，d_i 为出瞳到像面的距离，l 为圆形出瞳直径。图中，$\mu = 1.0$ 对应完全相干照明，两个点不能分辨；$\mu = 0$，对应非相干照明，两个点可以分辨；当 $\mu = -1.0$ 时，两个点物完全相干，但位相差为 π，像面两点中央部位光强降为零，得到最佳分辨情况。这一结果说明，在部分相干成像时，不能简单运用瑞利分

辨率判据，应考虑照明光相干性的影响。

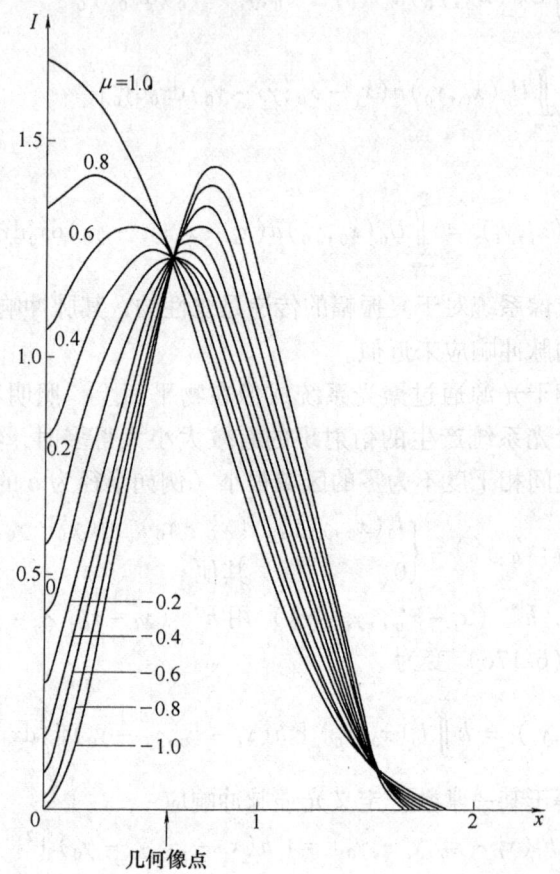

图 6-20　两个点物成像的强度分布（曲线相对于 $x=0$ 对称，只画出一半）
参数 μ 表示不同的复空间相干度，I 和 x 经归一化

6.10.3　系统的频率响应

对 J_0'，J_i 和响应函数 hh^* 分别写出它们的四维傅里叶变换式为

$$\mathscr{F}_0(f_x,f_y;f_x',f_y') = \iiiint_{-\infty}^{\infty} J_0'(x_0,y_0;x_0',y_0')\exp[-\mathrm{j}2\pi(f_xx_0+f_yy_0+f_x'x_0'+f_y'y_0')]$$
$$\times \mathrm{d}x_0\mathrm{d}y_0\mathrm{d}x_0'\mathrm{d}y_0' \tag{6-187}$$

$$\mathscr{F}_i(f_x,f_y;f_x',f_y') = \iiiint_{-\infty}^{\infty} J_i(x_i,y_i;x_i',y_i')\exp[-\mathrm{j}2\pi(f_xx_i+f_yy_i+f_x'x_i'+f_y'y_i')]\times$$
$$\mathrm{d}x_i\mathrm{d}y_i\mathrm{d}x_i'\mathrm{d}y_i' \tag{6-188}$$

$$\mathcal{M}_i(f_x,f_y;f'_x,f'_y) = \iiiint_{-\infty}^{\infty} h(x,y)h^*(x',y')\exp[-j2\pi(f_x x + f_y y + f'_x x' + f'_y y')]$$
$$\times dxdydx'dy' \tag{6-189}$$

对式（6-175）运用卷积定理，得到

$$\mathcal{J}_i(f_x,f_y;f'_x,f'_y) = \mathcal{J}_0(f_x,f_y;f'_x,f'_y)\mathcal{M}(f_x,f_y;f'_x,f'_y) \tag{6-190}$$

类似于自由空间传播所作的讨论，把互强度分解为许多不同频率组合 $(f_x, f_y; f'_x, f'_y)$ 的四维谐波分量，每个谐波分量从物面传播到像面受到频率响应 $\mathcal{M}$ 的影响。$\mathcal{M}$ 称为准单色照明时成像系统的部分相干传递函数。它描述系统对于互强度在频域的传递特性。不难找出它和相干传递函数 H_c 的关系为

$$h(x,y) = \iint_{-\infty}^{\infty} H_c(f_x,y_y)\exp[j2\pi(f_x x + f_y y)]df_x df_y \tag{6-191}$$

把它代入式（6-189），则有

$$\mathcal{M}(f_x,f_y;f'_x,f'_y) = H_c(f_x,f_y)H_c^*(-f'_x,-f'_y) \tag{6-192}$$

显然，$\mathcal{M}$ 决定于系统本身的物理结构。由于

$$H_c(f_x,f_y) = \boldsymbol{P}(\bar{\lambda}d_i f_x, \bar{\lambda}d_i f_y)$$
$$= P(\bar{\lambda}d_i f_x, \bar{\lambda}d_i f_y)\exp[jkW(\bar{\lambda}d_i f_x, \bar{\lambda}d_i f_y)] \tag{6-193}$$

式中，P 为光瞳函数；W 表示波像差；$\boldsymbol{P}$ 为广义光瞳函数。所以

$$\mathcal{M}(f_x,f_y;f'_x,f'_y) = \boldsymbol{P}(\bar{\lambda}d_i f_x, \bar{\lambda}d_i f_y)\boldsymbol{P}^*(-\bar{\lambda}d_i f'_x, -\bar{\lambda}d_i f'_y) \tag{6-194}$$

对于衍射受限系统，$\mathcal{M}$ 与系统光瞳函数的关系为

$$\mathcal{M}(f_x,f_y;f'_x,f'_y) = P(\bar{\lambda}d_i f_x, \bar{\lambda}d_i f_y)P(-\bar{\lambda}d_i f'_x, -\bar{\lambda}d_i f'_y) \tag{6-195}$$

在出瞳面积以外各点，光瞳函数 P 为零。假如出瞳是直径为 l 的圆，对于频率为 $(f_x, f_y; f'_x, f'_y)$ 的互强度的谱分量，当

$$f_x^2 + f_y^2 > \left(\frac{l}{2\bar{\lambda}d_i}\right)^2 \quad \text{或} \quad f'^2_x + f'^2_y > \left(\frac{l}{2\bar{\lambda}d_i}\right)^2 \tag{6-196}$$

时，系统将不予透过。

至此，我们已经可以对不同照明情况下光学成像系统在空域和频域的作用做一个小结，见表6-2。

表 6-2 光学成像系统的作用

照明	相干	非相干	部分相干
基本量	复振幅 $U(x,y)$	强度 $I(x,y)$	互强度 $J(x,y;x',y')$
空间响应函数	$h(x,y)$	$h_I(x,y) = \|h(x,y)\|^2$	$h(x,y)h^*(x',y')$
频率响应函数	$H_c(f_x,f_y)$	$\mathscr{H}(f_x,f_y)$ $= \dfrac{H_c(f_x,f_y) \star H_c(f_x,f_y)}{\iint_{-\infty}^{\infty} \|H_c(\xi,\eta)\|^2 d\xi d\eta}$	$\mathscr{M}(f_x,f_y;f'_x,f'_y)$ $= H_c(f_x,f_y)H_c^*(-f'_x,-f'_y)$
空域物像关系	$U_i(x,y)$ $= U_0(x,y) * h(x,y)$	$I_i(x,y) = I_0(x,y) * h_I(x,y)$	$J_i(x,y;x',y')$ $= J'_0(x,y;x',y')$ $* [h(x,y)h^*(x',y')]$
频域物像关系	$G_i(f_x,f_y)$ $= G_0(f_x,f_y) \times H_c(f_x,f_y)$	$\mathscr{A}_i(f_x,f_y)$ $= \mathscr{A}_0(f_x,f_y) \times \mathscr{H}(f_x,f_y)$	$\mathscr{J}_i(f_x,f_y;f'_x,f'_y)$ $= \mathscr{J}_0(f_x,f_y;f'_x,f'_y)$ $\times \mathscr{M}(f_x,f_y;f'_x,f'_y)$

习　题

6.1 光源的光谱是具有一定的谱线宽度且均匀分布的。平均波长 $\lambda_0 = 600\text{nm}$，波长范围 $\Delta\lambda = 0.2\text{nm}$。

(1) 求光源的时间相干度 $|r_{11}(\tau)|$。

(2) 干涉条纹对比度下降到 0.5 之前，采用该光源的迈克尔逊干涉仪中能形成多少条纹?

6.2 傅里叶变换光谱仪中移动反射镜的最大位移受到限制。它决定了时延 τ 的变化范围为 $-\tau_0 \ll \tau \leqslant \tau_0$。

(1) 求仪器能够分辨的两条谱线的最小间隔 $\delta\nu$。

(2) 分辨本领定义为

$$R = \left|\frac{\bar{\nu}}{\delta\nu}\right| = \left|\frac{\bar{\lambda}}{\delta\lambda}\right|$$

式中，$\bar{\nu}$ 和 $\bar{\lambda}$ 为平均频率和平均波长。写出 R 和 τ_0 的关系式。

(3) 动反射镜偏离零程差位置的最大位移量是 d_0，证明 R 等于 $2d_0$ 中包含的半波数目，即

$$R = \frac{2d_0}{\lambda/2}$$

6.3 假定气体激光器以 N 个等强度的纵模振荡。其归一化功率谱密度可以表示为

$$\tilde{r}_{11}(\nu) = \frac{1}{N}\sum_{n=-(N-1)/2}^{(N-1)/2} \delta(\nu - \bar{\nu} + n\Delta\nu)$$

式中，$\Delta\nu$ 是模间距 $\left(\Delta\nu = \dfrac{c}{2L}, c\text{ 为光速}, L\text{ 为谐振腔长度}\right)$；$\bar{\nu}$ 为中心频率。

为简单起见，假定 N 是奇数。

(1) 证明复时间相干度的模为

$$|r_{11}(\tau)| = \left|\frac{\sin(N\pi\Delta\nu\tau)}{N\sin(\pi\Delta\nu\tau)}\right|$$

（2）若 $N=3$，且 $0 \leqslant \tau \leqslant 1/\Delta\nu$，画出 $|r_{11}(\tau)|$ 与 $\Delta\nu\tau$ 的关系曲线。

6.4　在衍射实验中采用一个均匀非相干光源，波长 $\overline{\lambda}=550\text{nm}$，紧靠光源之前放置一个直径 1mm 的小圆孔，若希望对远处直径为 1mm 的圆孔产生近似相干的照明，求衍射孔径到光源的最小距离。

6.5　直径 1mm 的圆形均匀光源前放置红色滤光片，其透射波长 λ 为 $0.6\mu\text{m}$。在离开光源 20m 处安放一对小孔，若期望得到对比度好的杨氏干涉条纹，这对小孔的间距如何确定？

6.6　用迈克尔逊测星干涉仪测量相距地面 1 光年（约 10^{16}m）的一颗星的直径，当反射镜 M_1 和 M_2 之间距离调到 6m 时，干涉条纹消失。若平均波长 $\overline{\lambda}=0.5\mu\text{m}$，求这颗星的直径。

6.7　在图 6-21 所示的杨氏干涉实验中，采用宽度为 a 的准单色缝光源，辐射光强均匀分布为 I_0，$\overline{\lambda}=0.6\mu\text{m}$。试：

（1）写出计算 Q_1 和 Q_2 两点空间相干度 $|\mu_{12}|$ 的公式。

（2）若 $a=0.1\text{mm}$，$z=1\text{m}$，$d=3\text{mm}$，求观察屏上杨氏干涉条纹对比度的大小。

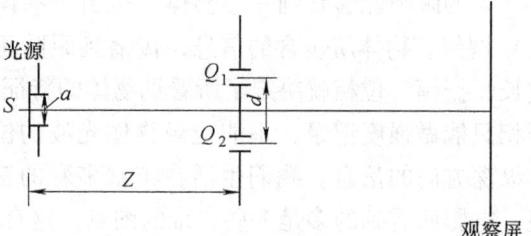

图 6-21　题 6.7 图

（3）若 z 和 d 仍取上述值，欲使观察屏上干涉条纹对比度为 0.4，求缝光源宽度 a 应为多少？

6.8　图 6-22 所示为记录全息图的光路。非相干光源的强度在直径为 b 的圆孔内是均匀的。$\beta=10°$。为使物体漫反射光与反射镜反射的参考光在 H 上的空间相干度 $|\mu_{12}|$ 不小于 0.88，光源前所加小孔的最大允许直径是多少（$\overline{\lambda}=0.6\mu\text{m}$）？

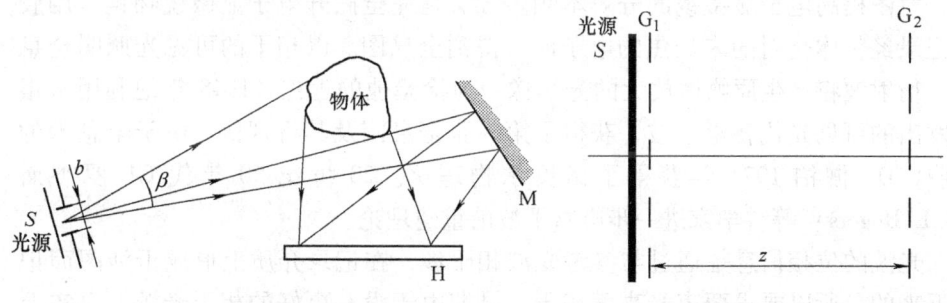

图 6-22　题 6.8 图　　　　图 6-23　题 6.9 图

6.9　图 6-23 表示利用线光栅 G_1 对一个扩展的准单色光源 S 编码。光源辐射强度均匀，波长为 $\overline{\lambda}$。线光栅 G_2 与 G_1 平行，相距为 z。假定两个光栅都是由无限细的狭缝构成的，光栅常数都为 d，并不考虑它们的有限孔径。求：

（1）G_2 所在平面上的空间相干度 $|\mu_{12}|$。

（2）若要求 G_2 透射的光波沿垂直栅线方向完全相干，z 应取多大？

第 7 章

全 息 术

7.1 引言

人的眼睛能够看到一个物体，是由于物体所发出的光波（自发光或漫反射光）携带着物体所包含的信息，传播到眼睛里，在视网膜上成像所致。光波的波长、振幅、位相就决定了所看见物体的特征（颜色、亮暗和形状）。然而普通照相只能做强度记录，不能记录物体光波的位相，因而在照相过程中丢失了物体纵深方向的信息。我们生活在丰富多彩的三维世界中，但通过普通照片、电视、电影所看到的多是一些二维的图景，这自然不能令人满意。

"全息"来自希腊字"holos"，意即完全的信息——不仅包括光的振幅信息，还包括位相信息。利用干涉原理，将物光波前以干涉条纹的形式记录下来，由于物光波前的振幅和位相即全部信息都储存在记录介质中，故被称为"全息图"。光波照明全息图，由于衍射效应能重建出原始物光波，该光波将产生包含物体全部信息的三维像。这个波前记录和重建的过程就是全息术。

1947 年匈牙利出生的英国物理学家 D·伽柏（D. Gabor）提出全息术的设想，意图提高电子显微镜的分辨本领。方法是完全撤开电子显微镜物镜，用胶片记录经物体衍射的未聚焦的电子波，得到全息图。以相干的可见光照明全息图，衍射波将产生原物体放大的光学像。为检验他的理论，1948 年他利用水银灯发出的可见光代替电子波，获得了第一张全息图及其再现像。由于全息术的发明，D. 伽柏 1971 年获得了诺贝尔物理奖。20 世纪 50 年代 GL 罗杰斯（G. L. Rogers）等科学家进一步丰富了波前重建理论。

光波的位相信息是通过与参考光波相干涉，在记录介质上形成干涉图而记录下来的，所以要求两束光高度相干。早期由于没有更好的相干光源，事实上不能制作任何有一定深度的物体的全息图。伽柏全息图再现时，在两侧同轴方向产生不可分离的"孪生像"。观察者对虚像聚焦时，会看到由实像引起的离焦像；对实像聚焦时，伴随有离焦的虚像。从而像质大大降低。由于光源相干性的限制以及"孪生像"的问题，全息术研究的进展极大受阻。

1960 年，激光的出现为全息术的迅速发展开辟了道路。激光是一种单色性很强的光，是制作全息图最理想的相干光源。1962 年美国密执安大学雷达实验室的 E. N. 利思（E. N. Leith）和 J. 乌帕特尼克斯（J. Upatnieks）借鉴雷达中的载频技术，提出"斜参考光法"。这种方法不像伽柏全息图那样以物体直接透射光作为参考光，而是单独引入分离的倾斜照射的参考光波。依据这种方法采用氦氖激光器拍摄成功第一张三维物体的激光透射全息图。激光照明全息图，可看到清晰的三维像。产生孪生像的衍射波在方向上分离，不再互相干扰。1962年苏联科学家 U. 丹尼苏克（Denisyuk）提出了反射全息图的方法，第一次用普通的白炽灯照明全息图观察到全息像。由于脉冲红宝石激光器可辐射持续时间很短（短到几个纳秒）的强脉冲激光，研究人员开始用脉冲激光全息图记录运动的物体，如飞行子弹、喷射微粒、飞虫等，该方法后来开创了脉冲激光全息人物肖像的特殊应用领域。1965 年，R. L. 鲍威尔、K. A. 斯泰特森提出全息干涉术。物体在施加应力前后经两次全息曝光，再现的全息像上的等高线显示物体变形的状况。全息干涉术可用于材料的无损检测、流场分析等。1968 年，S. A. 本顿发明彩虹全息术，由于可用白光观察全息图，看到记录物体的彩虹像，成为显示全息术的重要进展。它使后来通过模压技术批量生产全息图成为现实。从此全息术才真正走出实验室，出现在公众的面前。

除了可用光学干涉方法记录全息图外，还可以用计算机和绘图设备画出全息图，这种技术称为计算全息术。计算全息术利用数字计算机来综合全息图，甚至不需要物体的实际存在，只需要物光波的数学描述，因此，具有很大的灵活性。

数字全息术采用 CCD 等光电成像器件记录物光和参考光的干涉图，然后在计算机中通过数字重建，由数字全息图获得全息像。随着 CCD 和 CMOS 等数字化光电成像器件的分辨率和解析度的不断提高，以及计算机技术的飞速发展，数字全息术发展迅速，已在三维形貌测量、振动测量、全息显微术等许多领域获得应用。

全息术不仅可用于光波波段，也可用于电子波、X 射线、声波和微波波段。

本章侧重讨论全息术的基本原理，介绍一些重要类型的全息图以及全息术的主要应用。

7.2 波前记录与重建

物体通过成像系统所成的像中包含着物体的信息，对这一点不会有人提出异议。事实上这种信息存在于物像之间光波经过的任一平面上。正是光波承载着物体信息经过这些平面而向像面传递的。因而在该平面把携带信息的光波波前记录下来，将可以在另一时间和场所，采用适当方法把波前重建或再现出来，使之继续传播，以产生一个可观察的像。光波传递信息，构成物体的像这一过程被分为两步：波前记录与波前重建，这正是全息术的基本思想。

7.2.1 波前记录

所有的记录介质都只对光强有响应,属于能量探测器,不能记录波前携带的位相信息。只有使位相的空间调制转换为强度的空间调制才有可能实现完整信息的波前记录。干涉法可实现这一转换。

如图 7-1 所示,假定记录介质 H 位于 xy 平面上,物光波前在 H 上产生的复振幅分布为

$$\boldsymbol{O}(x,y) = o_0(x,y)\mathrm{e}^{-\mathrm{j}\phi_0(x,y)} \tag{7-1}$$

引入相干的参考波,它在 H 上产生的复振幅分布为

$$\boldsymbol{R}(x,y) = r_0(x,y)\mathrm{e}^{-\mathrm{j}\phi_r(x,y)} \tag{7-2}$$

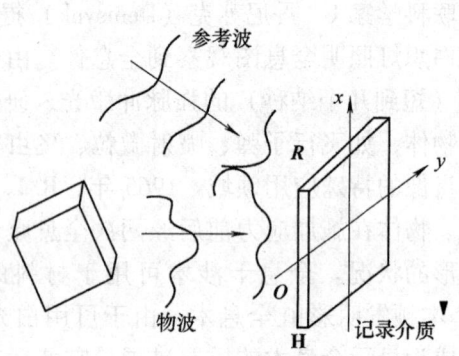

图 7-1 波前记录

上面两式中,$o_0(x,y)$ 和 $r_0(x,y)$ 分别表示物波和参考波的振幅分布,$\phi_0(x,y)$ 和 $\phi_r(x,y)$ 分别表示物波和参考波的位相分布,它们都是实函数。H 上总光场为

$$U(x,y) = \boldsymbol{O}(x,y) + \boldsymbol{R}(x,y) \tag{7-3}$$

强度分布为

$$\begin{aligned}I(x,y) &= |U(x,y)|^2 \\ &= |\boldsymbol{O}(x,y)|^2 + |\boldsymbol{R}(x,y)|^2 + \boldsymbol{O}(x,y)\boldsymbol{R}^*(x,y) + \boldsymbol{O}^*(x,y)\boldsymbol{R}(x,y)\end{aligned} \tag{7-4}$$

或者

$$\begin{aligned}I(x,y) = &|\boldsymbol{O}(x,y)|^2 + |\boldsymbol{R}(x,y)|^2 + 2o_0(x,y)r_0(x,y) \\ &\times \cos[\phi_r(x,y) - \phi_0(x,y)]\end{aligned} \tag{7-5}$$

常用的记录介质是银盐感光胶片(或干板),对两个波前的干涉图样曝光后,经显影处理得到全息图。因此,全息图实际上就是一幅干涉图。式(7-5)中前两项是物光和参考光的强度分布;最后一项是干涉项。在干涉条纹的幅值(或衬度)以及条纹位置信息中,包含有物光振幅和位相的信息,它们分别受到参考光振幅和位相的调制。

记录介质的作用相当于线性变换器,它把曝光时的入射光强线性地变换为显影后负片的复振幅透过率。假定曝光量在胶片 t-E 曲线(见图 7-34)的线性区内变化,而且胶片具有足够的分辨率来记录物体所有的信息,则全息图的复振幅透过率为

$$t(x,y) = t_0 + \beta' I(x,y) \tag{7-6}$$

式中，t_0 和 β' 为常数；β' 等于 t-E 曲线在偏置点的斜率 β 和曝光时间的乘积。

负片 $\beta' < 0$。把式(7-4)代入上式，并假定参考光强在 H 表面是均匀的，则

$$t(x,y) = t_b + \beta'|O|^2 + \beta' OR^* + \beta' O^* R \tag{7-7}$$

式中，$t_b = t_0 + \beta'|R|^2$，表示均匀的偏置透过率。

7.2.2 波前重建

用相干光波照射全息图，假定它在全息图平面上的复振幅分布为 $C(x,y)$，全息图的透射光场分布为

$$U_t(x,y) = Ct_b + \beta' C|O|^2 + \beta' COR^* + \beta' CO^* R = U_1 + U_2 + U_3 + U_4 \tag{7-8}$$

若就采用原参考波照射全息图，即 $C(x,y) = R(x,y)$，则透射光波中的第三项为

$$U_3(x,y) = \beta'|R|^2 O(x,y) \tag{7-9}$$

式中，$|R|^2$ 是均匀的参考光强度。

因此除了一个常数因子外，U_3 就是原始物光波前的准确复现（见图 7-2a）。当这一光波传播到观察者眼睛里时，和真实物体发出的光波作用完全相同，尽管

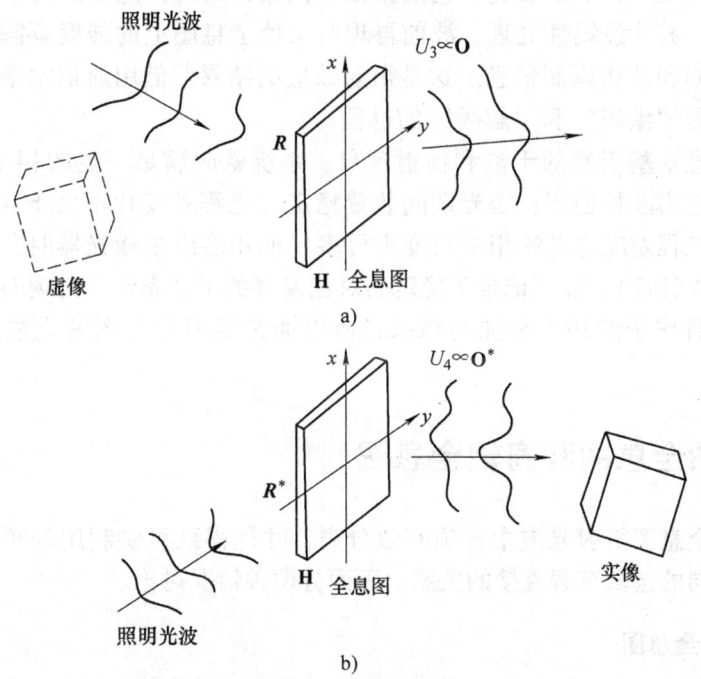

图 7-2 波前重建
a) 用原参考波照明　b) 用共轭参考波照明

物体已经移开，但仍可以看到物体的虚像。透射光波中的第四项为

$$U_4(x,y) = \beta' R^2 O^*(x,y) \tag{7-10}$$

式中，O^* 是物光波前的共轭。

若原始物波是发散的，共轭光波则是会聚的，所以 U_4 的传播将给出物体的一个实像。由于 R^2 的调制，实像会有变形。

若改用参考光的共轭照明全息图，即 $C(x,y) = R^*(x,y)$，则三、四两项分别为

$$U_3(x,y) = \beta' R^* R^* \cdot O \tag{7-11}$$
$$U_4(x,y) = \beta' |R|^2 O^* \tag{7-12}$$

U_3 和 U_4 仍正比于物光波前或其共轭，将分别产生虚像和实像。但这种情况下，虚像有变形，实像不存在变形（见图 7-2b）。

由于波前重建产生了物体的虚像或实像，全息术是一个两步成像过程，它不需要使用透镜。当胶片曝光量的变化范围在 t-E 曲线的线性区内，若把记录时物光波前作为输入，重建时式 (7-9) 给出的 U_3 或式 (7-12) 给出的 U_4 作为输出，这样定义的系统就是线性的。我们将利用叠加原理去分析它。当然，这必须使成像光波之间以及和其他透射光波能有效分离，而不互相干扰。

波前记录是一种干涉效应，它使振幅和位相调制的信息变换为干涉图的强度调制信息。胶片经线性处理，波前再现时又使全息图上的强度调制信息还原为波前的振幅和位相调制信息。这是衍射效应的结果。借用通信术语，波前记录和再现也是"编码"和"解码"的过程。

既然全息术基于光的干涉和衍射现象，系统就应满足一定的相干性要求。例如，激光输出波长稳定；曝光期间装置稳定（光程差变化不大于 $\lambda/10$）；两束光的最大光程差应比光的相干长度小得多（使用多纵模激光器时，最大光程差应小于 1/4 管长），以便记录下稳定的对比度好的干涉条纹。再现时衍射光波产生的像可看作子波相干叠加的结果，所以通常照明全息图的光波也应是相干的。

7.3 同轴全息图和离轴全息图

只有使全息图衍射光波中各项有效分离，才能得到可供利用的再现像，这和参考光方向的选取有着直接的关系。下面分两种情况讨论。

7.3.1 同轴全息图

伽柏全息图正是一种同轴全息图。记录光路见图 7-3a，相干平面波照明一个高度透明的物体（例如透明片上有一些不透光的字），其复振幅透过率可以表

示为

$$t(x_0,y_0) = t_0 + \Delta t(x_0,y_0) \tag{7-13}$$

式中，t_0 为平均透过率；Δt 表示在平均值附近的变化，$|\Delta t| \ll |t_0|$。

由 t_0 项透过的均匀的较强平面波 r_0 作为参考光，而 Δt 所产生的弱的衍射光作为物光 $O(x,y)$，显然 $|O(x,y)| \leqslant r_0$。在距离物体为 z_0 的位置，放置底片记录物体直接透射光与衍射光所产生的干涉图，曝光光强为

$$\begin{aligned} I(x,y) &= |r_0 + O(x,y)|^2 \\ &= r_0^2 + |O(x,y)|^2 + r_0 O(x,y) + r_0 O^*(x,y) \end{aligned} \tag{7-14}$$

若显影后，负片的复振幅透过率正比于曝光光强，即

$$t(x,y) = t_b + \beta'(|O|^2 + r_0 O + r_0 O^*) \tag{7-15}$$

用振幅为 C_0 的平面波垂直照明全息图，透射光场为

$$U_t(x,y) = C_0 t_b + \beta' C_0 |O(x,y)|^2 + \beta' C_0 r_0 O(x,y) + \beta' C_0 r_0 O^*(x,y) \tag{7-16}$$

式中，第一项为透过全息图的均匀衰减的平面波；第二项正比于弱的衍射光光强，可忽略不计；第三项和第四项分别再现出原始物光波前及其共轭。它们的传播将在全息图两侧距离为 z_0 的对称位置产生物体的虚像和实像，称之为孪生像（图7-3b）。

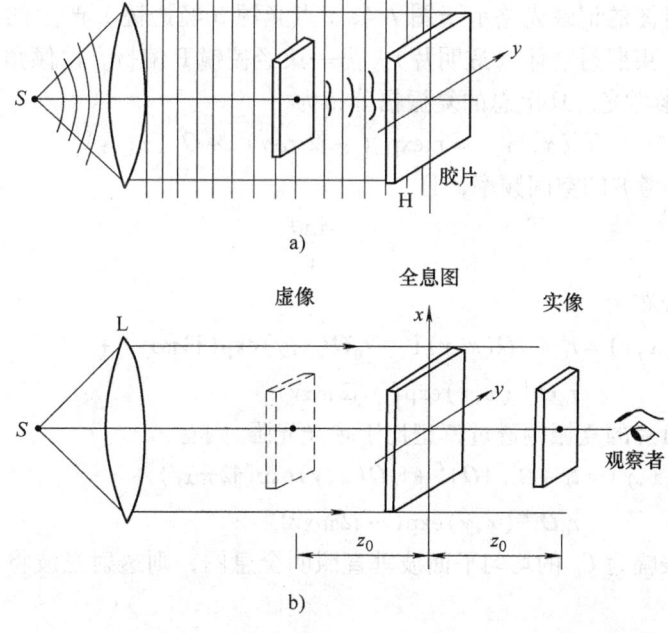

图7-3 同轴全息图的记录与再现
a) 波前记录 b) 波前再现

由于参考光和物光都来自同轴方向，全息图透射光波中包含的四项，都在同一方向传播，无法分离。直接透射光大大降低了像的衬度。观察某一个像时，会受到另一个离焦的孪生像的干扰。伽柏全息图的另一缺点是对物体的限制，它必须高度透明，否则式（7-16）中第二项将不能忽略，而可能淹没较弱的像。同轴全息图的这些局限，限制了它的应用。

在本章数字全息术一节，对伽柏全息术和一般同轴全息术做了进一步的区分，指出伽柏全息术的参考光和物光来自同一光束，没有分离的参考光。这种技术可用于运动粒子场或微生物的全息显微成像。一般同轴全息术物光和参考光是分离的两束光，但沿同轴方向照射记录全息图的平面。与离轴全息术比较，同轴全息术虽有上述缺点，但降低了记录带宽要求，可充分利用全息图的像素数是其优点。

7.3.2 离轴全息图

在全息术发展的早期，大部分工作致力于消除同轴全息图孪生像的相互干扰。直到1962年美国密执安大学雷达实验室的利思和乌帕特尼克斯提出离轴全息图方法才有效克服了这一障碍。他们把通信工程中的载频技术用于波前再现，实现孪生像的分离。这一事实生动地表明，把某一学科的原理运用到另一学科，常会获得出乎意料的成功。

离轴全息图的记录光路示于图7-4a。点光源 S 经透镜 L 产生的准直光束被分成两束，一束照射物体（透明片），另一束经棱镜 P 偏折，以倾角 θ 投射到底片 H 上作为参考光。H 上总的复振幅分布为

$$U(x, y) = r_0 \exp(-j2\pi\alpha y) + \mathbf{O}(x, y) \tag{7-17}$$

式中，α 为参考波的空间频率，且

$$\alpha = \frac{\sin\theta}{\lambda} \tag{7-18}$$

底片上强度分布为

$$I(x,y) = r_0^2 + |\mathbf{O}(x,y)|^2 + r_0\mathbf{O}(x,y)\exp(j2\pi\alpha y) + $$
$$r_0\mathbf{O}^*(x,y)\exp(-j2\pi\alpha y) \tag{7-19}$$

假设显影后负片的复振幅透过率正比于曝光光强，则有

$$t(x,y) = t_b + \beta'[\,|\mathbf{O}|^2 + r_0\mathbf{O}(x,y)\exp(j2\pi\alpha y) + $$
$$r_0\mathbf{O}^*(x,y)\exp(-j2\pi\alpha y)\,] \tag{7-20}$$

如果用振幅为 C_0 的均匀平面波垂直照明全息图，则透射光波将由下面四个分量构成

$$U_t(x,y) = C_0 t_b + \beta' C_0|\mathbf{O}(x,y)|^2 + \beta' C_0 r_0\mathbf{O}(x,y)\exp(j2\pi\alpha y) + $$
$$\beta' C_0 r_0\mathbf{O}^*(x,y)\exp(-j2\pi\alpha y) = U_1 + U_2 + U_3 + U_4 \tag{7-21}$$

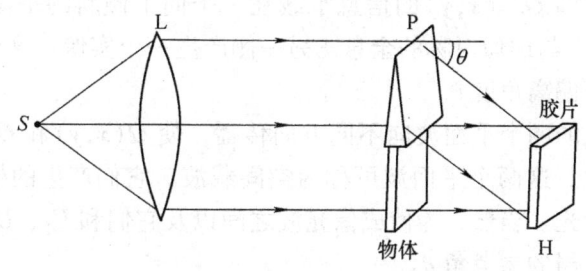

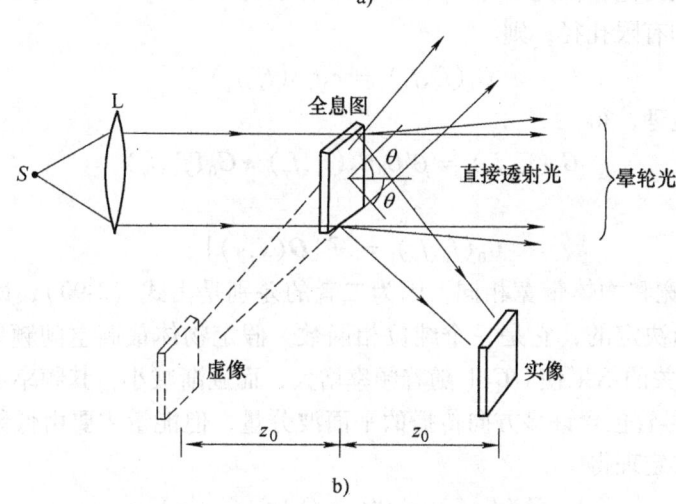

图 7-4 离轴全息图的记录和再现

a) 波前记录　b) 波前再现

为了弄清楚全息图透射光波的具体物理内涵,我们从空间域(图 7-4b)和频率域两个角度进行讨论。

$$U_1 = C_0 t_b \tag{7-22}$$

这是经过衰减的照明光波。

$$U_2 = \beta' C_0 \mid O(x,y) \mid^2 \tag{7-23}$$

这一项是一个透射光锥,主要能量靠近光轴方向传播,形成晕轮光。在频域讨论中将对它认识得更清楚。

$$U_3 = \beta' C_0 r_0 O(x,y) \exp(j2\pi\alpha y) \tag{7-24}$$

它表示物光波前的信息承载在一个向上倾斜的平面波 $\beta' C_0 r_0 \exp(j2\pi\alpha y)$ 上传播,它在离开全息图距离 z_0 处产生物体的一个虚像,但不在光轴方向上,而是偏离角度 θ。

$$U_4 = \beta' C_0 r_0 O^*(x,y) \exp(-j2\pi\alpha y) \tag{7-25}$$

它表示物光共轭波前 $O^*(x,y)$ 的信息承载在一个向下倾斜的平面波 $\beta' C_0 r_0 \exp(-j2\pi\alpha y)$ 上，它在与虚像对称的全息图另一侧产生一个实像。这个实像也不在光轴上，而是向下偏离角度 θ。

由于承载信息的两个平面波向不同方向传播，使 $O(x,y)$ 和 $O^*(x,y)$ 产生的孪生像互不干扰。这两个平面波可称为空间载波。它们产生的根本原因还在于引入了倾斜参考光。当然，为使成像光波之间以及它们和 U_1、U_2 之间能成功分离，需要选择适当的参考角 θ。

从频率域讨论，假定 G_1、G_2、G_3、G_4 分别为 U_1、U_2、U_3、U_4 的空间频谱。忽略全息图的有限孔径，则

$$G_1(f_x,f_y) = c_0 t_b \delta(f_x,f_y) \tag{7-26}$$

利用自相关定理，得

$$G_2(f_x,f_y) = \beta' C_0 G_0(f_x,f_y) \star G_0(f_x,f_y) \tag{7-27}$$

式中，

$$G_0(f_x,f_y) = \mathscr{F}\{O(x,y)\} \tag{7-28}$$

注意 G_0 的带宽和物体带宽相同，因为二者的差别是由式（3-90），即传播现象的传递函数所决定的，它是一个纯位相函数。假定物体最高空间频率为 f_M 周/mm，G_0 自相关的结果使 $|G_2|$ 随着频率增大，而逐渐减小，其频率成分扩展到 $2f_M$。所以它尽管包含许多方向传播的平面波分量，但能量主要由低频分量所携带。利用位移定理得

$$G_3(f_x,f_y) = \beta' C_0 r_0 G_0(f_x,f_y-\alpha) \tag{7-29}$$

$$G_4(f_x,f_y) = \beta' C_0 r_0 G_0^*(-f_x,-f_y-\alpha) \tag{7-30}$$

$|G_3|$ 和 $|G_4|$ 互成镜像，中心位于 $(0, \pm\alpha)$。图 7-5 表示出 U_t 的频谱。利用透镜的傅里叶变换性质，很容易观察到这一频谱。

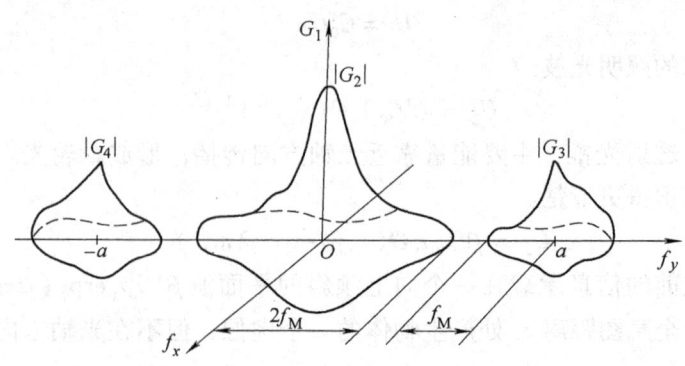

图 7-5 全息图透射光波的频谱

为使成像光波和晕轮光 U_2 有效分离，$|G_3|$、$|G_4|$ 和 $|G_2|$ 之间不能重叠，即要使它们不包含同一方向传播的平面波分量。从图 7-5 中可看出，对空间载频的要求是

$$\alpha \geq 3f_M \tag{7-31}$$

或者

$$\sin\theta \geq 3f_M\lambda \tag{7-32}$$

这正是记录离轴全息图时参考角应满足的条件。

离轴全息图所给出的再现像由于不受其他各项的干扰，像的衬度好。像上没有叠加背景光，无论负片或正片都能得到和原物衬度正反相同的像。记录物体也不必是高度透明的。

虽然这里选用了垂直照明的平面波实现再现，事实上，也可选用任意方向的平面波照明全息图，而无须做严格规定。只有当乳胶厚度大到必须考虑全息图的体积效应时，对再现光波的方向才有严格要求。

7.4 基元全息图分析

全息图可看作是许多基元全息图的线性组合，了解基元全息图的结构和作用对于深入理解整个全息图记录和再现机理是十分有益的。空域方法是把物体看作一些相干点源的集合，物光波前是所有点源发出的球面波的线性叠加。每一个点源发出的球面波与参考波干涉，记录的基元全息图称为基元波带片。频域方法是把物光波看作由许多不同方向传播的平面波分量的线性叠加，每一个平面波分量与参考平面波干涉而记录的基元全息图称为基元光栅。当然，由于有 7-2 节中指出的系统的线性性质，才使我们能运用叠加原理来进行讨论。

7.4.1 基元光栅

参看图 7-6a，两个平面波在底片上产生的复振幅分布为

$$U = r_0\exp(jky\sin\theta_r) + o_0\exp(jky\sin\theta_0) \tag{7-33}$$

式中，第一项为参考光，第二项可认为是物光波的某个平面波分量。r_0、o_0 表示它们的振幅，θ_r 和 θ_0 表示它们的传播方向与 z 轴的夹角。

记录的光强分布为

$$I = r_0^2 + o_0^2 + r_0o_0\exp[jky(\sin\theta_0 - \sin\theta_r)] + r_0o_0\exp[-jky(\sin\theta_0 - \sin\theta_r)]$$
$$= r_0^2 + o_0^2 + 2r_0o_0\cos[ky(\sin\theta_0 - \sin\theta_r)] \tag{7-34}$$

显影后负片的复振幅透过率正比于曝光光强，则

$$t = t_b + \beta'o_0^2 + 2\beta'r_0o_0\cos[ky(\sin\theta_0 - \sin\theta_r)] \tag{7-35}$$

显然，基元全息图的结构可看作是余弦振幅光栅，光栅的频率为

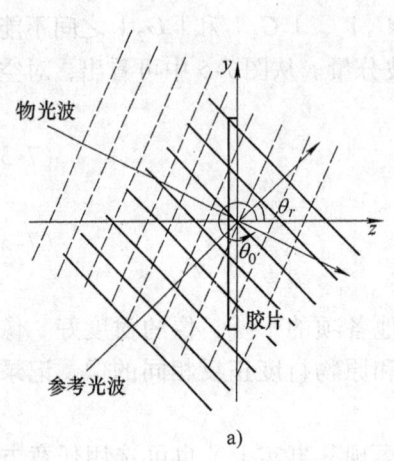 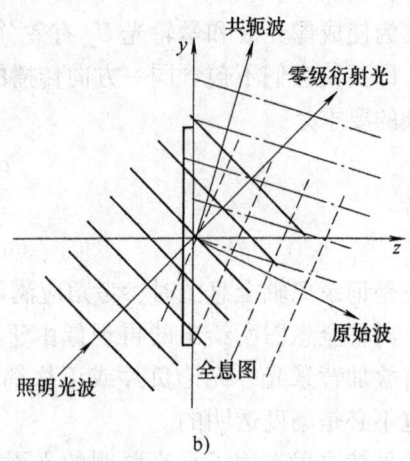

图 7-6 基元光栅的记录和再现
a) 记录 b) 再现

$$\tilde{f} = \left| \frac{\sin\theta_0}{\lambda} - \frac{\sin\theta_r}{\lambda} \right| = |f_0 - f_r| \tag{7-36}$$

式中，f_0 和 f_r 分别为两个平面波的空间频率，当两束光夹角越大时，干涉条纹越密。

用传播方向与 z 轴夹角为 θ_e 的平面波照明基元光栅，将产生零级和正负一级衍射光，即

$$U_t = C_0\exp(jky\sin\theta_e) \cdot t = (t_b + \beta'o_0^2)C_0\exp(jky\sin\theta_e) + \beta'r_0o_0C_0\exp[jky(\sin\theta_0 - \sin\theta_r + \sin\theta_e)] + \beta'r_0o_0C_0\exp[-jky(\sin\theta_0 - \sin\theta_r - \sin\theta_e)] \tag{7-37}$$

若 $\theta_e = \theta_r$，即沿原参考光方向照明全息图（图7-6b），则

$$U_t = (t_b + \beta'o_0^2)C_0\exp(jky\sin\theta_r) + \beta'r_0o_0C_0\exp(jky\sin\theta_0) + \beta'r_0o_0C_0\exp[-jky(\sin\theta_0 - 2\sin\theta_r)] \tag{7-38}$$

透射的三个光波向不同方向传播，其中第二项是原始物光波平面波分量的准确复现。若进一步假定 $\theta_e = \theta_r = 0$，即参考光与照明全息图光波都沿 z 方向传播，则

$$U_t = (t_b + \beta'o_0^2)C_0 + \beta'r_0o_0C_0\exp(jky\sin\theta_0) + \beta'r_0o_0C_0\exp(-jky\sin\theta_0) \tag{7-39}$$

正、负一级衍射光分别是物光波平面波分量及其共轭波，在零级光波两侧向 $\pm\theta_0$ 方向传播。

物光波所包含的各个平面波分量都可以和参考平面波干涉产生各自的基元光栅，整个全息图是许多不同频率、条纹取向不同的基元光栅的线性组合。用

原参考光照明全息图,每个基元光栅可在±1级衍射光方向再现其相应的物光波平面波分量及其共轭,这些平面波分量再线性叠加起来,就恢复了原始物光波前及其共轭波前,以产生虚像或实像。

全息记录时,若要不丢失信息,应能记录下物光所有的频率成分。由式(7-36)可知对记录介质分辨率的要求是

$$\nu \geq | f_0 - f_r |_{\max} \tag{7-40}$$

通常记录的是很密的干涉条纹,如采用卤化银乳胶,其分辨率一般在3000/mm以上。

7.4.2 基元波带片 点源全息图

考虑物体上一个点源(x_0, y_0, z_0)的记录和重建过程。为了更具普遍性,先假定参考波和照明全息图光波分别是位于(x_r, y_r, z_r)和(x_c, y_c, z_c)的点光源发出的球面波。记录时波长为λ_1,重建时波长为λ_2。

如图7-7a所示,底片H相对于物体的距离满足菲涅耳近似(得到的将是菲涅耳全息图)。利用二次型近似写出两个球面波在H上的总光场为

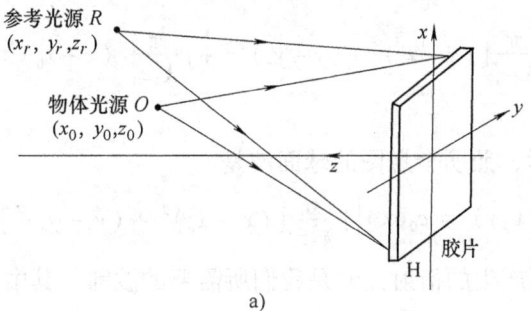

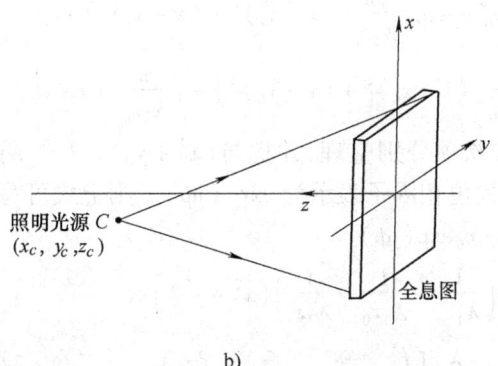

图7-7 点源全息图的记录和重建
a) 记录 b) 重建

$$U(x,y) = r_0 \exp\left\{j\frac{\pi}{\lambda_1 z_r}[(x-x_r)^2 + (y-y_r)^2]\right\} +$$
$$o_0 \exp\left\{j\frac{\pi}{\lambda_1 z_0}[(x-x_0)^2 + (y-y_0)^2]\right\} \tag{7-41}$$

式中，r_0 和 o_0 是两个复常数，代表两个球面波的相对振幅和位相。

干涉图样的强度分布为

$$I(x,y) = |r_0|^2 + |o_0|^2 + r_0 o_0^* \exp\left\{j\frac{\pi}{\lambda_1 z_r}[(x-x_r)^2 + (y-y_r)^2]\right.$$
$$\left. -j\frac{\pi}{\lambda_1 z_0}[(x-x_0)^2 + (y-y_0)^2]\right\} + r_0^* o_0 \exp\left\{-j\frac{\pi}{\lambda_1 z_r}[(x-x_r)^2 + \right.$$
$$\left. (y-y_r)^2] + j\frac{\pi}{\lambda_1 z_0}[(x-x_0)^2 + (y-y_0)^2]\right\} \tag{7-42}$$

显影后全息图的复振幅透过率正比于曝光光强，在透过率中我们关心的是第三项和第四项，即

$$t_3 = \beta' r_0 o_0^* \exp\left\{j\frac{\pi}{\lambda_1 z_r}[(x-x_r)^2 + (y-y_r)^2] - j\frac{\pi}{\lambda_1 z_0}[(x-x_0)^2 + (y-y_0)^2]\right\}$$
$$\tag{7-43}$$

$$t_4 = \beta' r_0^* o_0 \exp\left\{-j\frac{\pi}{\lambda_1 z_r}[(x-x_r)^2 + (y-y_r)^2] + j\frac{\pi}{\lambda_1 z_0}[(x-x_0)^2 + (y-y_0)^2]\right\}$$
$$\tag{7-44}$$

如图 7-7b 所示，照明全息图的球面波是

$$U_c(x,y) = c_0 \exp\left\{j\frac{\pi}{\lambda_2 z_c}[(x-x_c)^2 + (y-y_c)^2]\right\} \tag{7-45}$$

全息图中 t_3 和 t_4 项产生的衍射光波是我们所需要的波前，其中

$$U_3(x,y) = t_3 \cdot U_c(x,y)$$
$$= \beta' r_0 o_0^* c_0 \exp\left\{\frac{j\pi}{\lambda_1 z_r}[(x-x_r)^2 + (y-y_r)^2] - \right.$$
$$\left. j\frac{\pi}{\lambda_1 z_0}[(x-x_0)^2 + (y-y_0)^2] + j\frac{\pi}{\lambda_2 z_c}[(x-x_c)^2 + (y-y_c)^2]\right\}$$

对 x、y 的一次项和二次项分别整理，并把与 $(x_0^2 + y_0^2)$、$(x_r^2 + y_r^2)$、$(x_c^2 + y_c^2)$ 有关而与 x、y 无关的常数位相因子表示为 $\exp(j\phi)$，则上式可写为

$$U_3(x,y) = \beta' r_0 o_0^* c_0 \exp(j\phi) \times$$
$$\exp\left[j\pi\left(\frac{1}{\lambda_1 z_r} - \frac{1}{\lambda_1 z_0} + \frac{1}{\lambda_2 z_c}\right)(x^2 + y^2)\right] \times$$
$$\exp\left\{-j2\pi\left[\left(-\frac{x_0}{\lambda_1 z_0} + \frac{x_r}{\lambda_1 z_r} + \frac{x_c}{\lambda_2 z_c}\right)x + \left(\frac{-y_0}{\lambda_1 z_0} + \frac{y_r}{\lambda_1 z_r} + \frac{y_c}{\lambda_2 z_c}\right)y\right]\right\}$$
$$\tag{7-46}$$

式中，x、y 的二次位相因子说明 U_3 具有球面波的性质，这个球面波不一定是会聚到（或发散自）z 轴上某点，而是向着某个特定方向。该方向由 x、y 的线性位相因子决定。后者如同一个承载球面波信息的空间平面载波。由于全息图能产生二次位相变换，这一性质很像波带片，所以点源全息图可看作基元波带片。严格说来，它的作用等效于球面透镜与棱镜的组合。类似地可写出

$$U_4(x,y) = \beta' r_0^* o_0 c_0 \exp(j\phi') \times$$

$$\exp\left[j\pi\left(-\frac{1}{\lambda_1 z_r} + \frac{1}{\lambda_1 z_0} + \frac{1}{\lambda_2 z_c}\right)(x^2+y^2)\right] \times$$

$$\exp\left\{-j2\pi\left[\left(\frac{x_0}{\lambda_1 z_0} - \frac{x_r}{\lambda_1 z_r} + \frac{x_c}{\lambda_2 z_c}\right)x + \left(\frac{y_0}{\lambda_1 z_0} - \frac{y_r}{\lambda_1 z_r} + \frac{y_c}{\lambda_2 z_c}\right)y\right]\right\} \quad (7\text{-}47)$$

U_3 和 U_4 能够产生实的或虚的像点。物体上每一个点源产生的球面波都与参考波干涉产生各自的基元波带片，全息图是大量结构不同的基元波带片的线性组合。重建时它们各自产生自己的一对像点，从而能综合出物体的原始像和共轭像。

我们关心像的位置和成像过程在轴向及横向的放大倍率。会聚到（或发散自）(x_i, y_i, z_i) 点的倾斜球面波具有位相因子

$$\exp\left[j\frac{\pi}{\lambda_2 z_i}(x^2+y^2)\right]\exp\left[-j\frac{2\pi}{\lambda_2 z_i}(xx_i + yy_i)\right]$$

把它与 U_3 和 U_4 中对应项比较后可确定像点坐标

$$z_i = \left(\frac{1}{z_c} \pm \frac{\lambda_2}{\lambda_1 z_r} \mp \frac{\lambda_2}{\lambda_1 z_0}\right)^{-1} \quad (7\text{-}48)$$

$$x_i = \mp \frac{\lambda_2 z_i}{\lambda_1 z_0}x_0 \pm \frac{\lambda_2 z_i}{\lambda_1 z_r}x_r + \frac{z_i}{z_c}x_c \quad (7\text{-}49)$$

$$y_i = \mp \frac{\lambda_2 z_i}{\lambda_1 z_0}y_0 \pm \frac{\lambda_2 z_i}{\lambda_1 z_r}y_r + \frac{z_i}{z_c}y_c \quad (7\text{-}50)$$

公式正负号中上面一组符号对应于 U_3；下面一组符号对应于 U_4。容易根据像点位置判断像的虚实。z_i 与 z_0 在全息图同一侧为虚像，否则为实像。成像过程的横向放大率为

$$M = \left|\frac{\partial x_i}{\partial x_0}\right| = \left|\frac{\partial y_i}{\partial y_0}\right| = \left|\frac{\lambda_2 z_i}{\lambda_1 z_0}\right| \quad (7\text{-}51)$$

把式 (7-48) 代入上式，M 又可表示为

$$M = \left|1 - \frac{z_0}{z_r} \mp \frac{\lambda_1 z_0}{\lambda_2 z_c}\right|^{-1} \quad (7\text{-}52)$$

轴向放大率为

$$M_a = \left|\frac{\partial z_i}{\partial z_0}\right| = \left|\frac{\partial}{\partial z_0}\left(\frac{1}{z_c} \pm \frac{\lambda_2}{\lambda_1 z_r} \mp \frac{\lambda_2}{\lambda_1 z_0}\right)^{-1}\right| = \frac{\lambda_1}{\lambda_2}M^2 \tag{7-53}$$

通常横向放大率和轴向放大率并不相等。对于三维物体成像,这会导致像的三维畸变。讨论以下特殊情况:

(1) 采用原参考球面波照明全息图,且再现与记录的光波长相同,即 $x_c = x_r$, $y_c = y_r$, $z_c = z_r$, $\lambda_1 = \lambda_2$。

由式 (7-48) ~式 (7-50),得到两个像点 (x_1, y_1, z_1) 和 (x_2, y_2, z_2) 的坐标为

$$z_1 = \frac{z_r z_0}{2z_0 - z_r} \qquad z_2 = z_0$$

$$x_1 = \frac{2z_0 x_r - z_r x_0}{2z_0 - z_r} \quad 及 \quad x_2 = x_0$$

$$y_1 = \frac{2z_0 y_r - z_r y_0}{2z_0 - z_r} \qquad y_2 = y_0$$

结果表明 U_4 产生物点的一个虚像,位置就在原始物点处。U_3 可以产生物点的虚像或实像,这取决于 z_1 的正负。由于这里 $z_0 > 0$, $z_r > 0$, 当 $\frac{z_r}{2} < z_0 < z_r$ 时,$z_1 > 0$ 为虚像;当 $z_0 < \frac{z_r}{2}$ 时,$z_1 < 0$ 为实像。当物体有一定大小时,虚像的放大率 $M_2 = 1$,而一般 $M_1 \neq 1$。

进一步如果 $x_0 = y_0 = x_r = y_r = x_c = y_c = 0$,则两个像点都在轴上。这是点源的同轴全息图情况。图 7-8 给出当 z_0 不同时,再现像虚实的变化。

(2) 参考波与照明全息图的光波都是沿 z 轴传播的平面波,即 $z_r = z_c = \infty$,而且 $\lambda_2 = \lambda_1$。则由式 (7-48) 和式 (7-51)

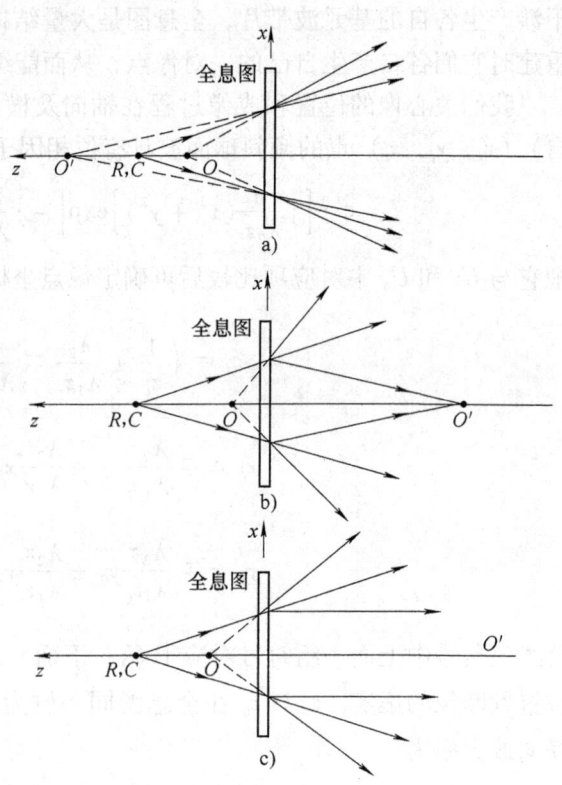

图 7-8 物点位于不同位置时,同轴全息图的再现
a) 当 $\frac{z_r}{2} < z_0 < z_r$,得到两个虚像 b) 当 $0 < z_0 < \frac{z_r}{2}$,得到一个虚像,一个实像 c) 当 $z_0 = \frac{1}{2}z_r$,得到一个虚像和位于无穷远的实像

可知
$$z_i = \mp z_0 \quad 及 \quad M = 1$$
在全息图两侧对称位置得到虚像和实像。当物体有一定大小时，两个像的放大倍率都是1。全息图可以看作离轴的波带片，图7-9给出其再现的情况。若物点在 z 轴上，两个像点也在 z 轴上，全息图的作用更接近于普通的（同轴）波带片。

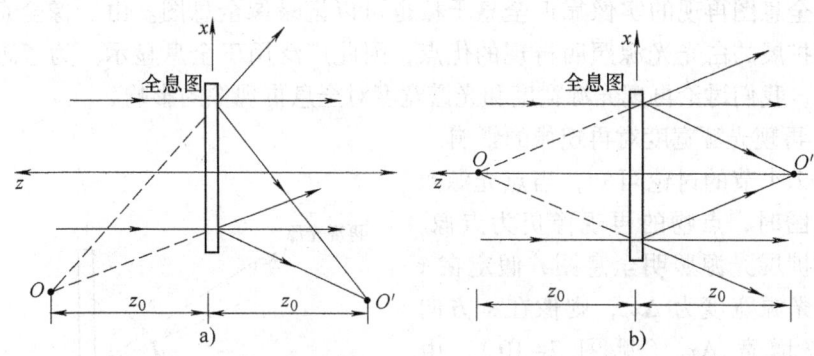

图 7-9　平面波作为参考波和重建光波的情况
a) 离轴全息图重建　b) 同轴全息图重建

7.5　几种不同类型的全息图

全息图的种类繁多，有许多不同的分类方法。譬如，根据记录介质的相对厚度，可分为平面全息图和体全息图；根据对照明光波的调制作用，可分为振幅全息图和位相全息图；根据物光和参考光的相对方位，可分为同轴全息图和离轴全息图；根据再现时照明光源和观察者在全息图的两侧还是同一侧，可分为透射全息图和反射全息图；根据记录物体与照相干板的相对距离，分为菲涅耳全息图和夫琅禾费全息图；根据制作时使用光源的性质，又可分为连续波激光全息图和脉冲激光全息图等等。

7.5.1　菲涅耳全息图和夫琅禾费全息图　像全息图

全息记录时，使全息图平面位于物体衍射光场的菲涅耳衍射区（近场），记录平面上物光分布为物体的菲涅耳衍射，得到的全息图是菲涅耳全息图。7.4.2节中对基元全息图（基元波带片）的讨论适用于菲涅耳全息图。式（7-48）~式（7-53）给出了全息成像的位置和放大倍率。菲涅耳全息图适合记录三维的漫反射物体。全息记录时，激光器发出的激光分成两束，扩束后一束直接照射照相干板，作为参考光。另一束照射物体，产生的漫反射光照射置于近场的照相干板，作为物光与参考光干涉，显影处理后得到菲涅耳全息图，可以再现出物体的三维像。

全息记录时，使全息图平面位于物体衍射光场的夫琅禾费衍射区（远场），记录平面上物光分布为物体的夫琅禾费衍射，得到的全息图是夫琅禾费全息图。

物体的像平面作为全息图平面，所记录的全息图称为像全息图。对三维物体，记录平面应位于其三维像纵深的中间位置。物体尽量靠近全息干板，或使菲涅耳全息图再现的实像靠近全息干板也可以记录像全息图。由于像全息图具有可用扩展的白光光源照明再现的优点，因此广泛用于全息显示。为了理解这一特点，我们讨论再现光源宽度和光谱宽度对全息再现像的影响。

1. 再现光源宽度对再现像的影响

由 7.4 节的讨论可知，当点光源照明全息图时，点物的再现像仍为点像。若采用扩展光源照明全息图，假定在 x 方向上光源宽度为 Δx_c，则像在 x 方向上相应增宽 Δx_i（见图 7-10），由式 (7-49) 可得出线模糊大小为

$$\Delta x_i = \frac{z_i}{z_c}\Delta x_c \approx z_i \Delta \theta \quad (7\text{-}54)$$

式中，$\Delta\theta$ 为再现光源的角宽度。若 $\lambda_1 = \lambda_2$，$z_c = z_r$，对于虚像，由式 (7-48)，

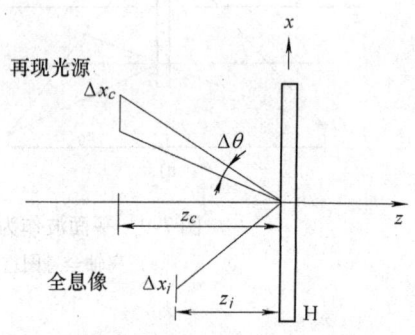

图 7-10 再现光源大小产生的线模糊

可知 $z_i = z_0$。像全息图的 z_0 很小，则 z_i 也很小，靠近全息图。当 $z_i = z_0 = 0$ 时，有 $\Delta x_i = 0$，即线模糊为零。此时，再现光源的宽度不影响再现像的清晰度，可采用扩展光源照明。

对 $z_0 \neq 0$ 的一般情况，线模糊 Δx_i 应小于人眼的分辨极限，不影响对再现像的观察。例如，人眼的视角分辨率平均为 $1'$，若在 1m 距离观察再现像，线模糊允许值为 0.3mm。当 $z_i = z_0 = 10$mm 时，再现光源的角宽度应小于 $1°40'$。

2. 再现光源光谱宽度对再现像的影响

从基元全息图的结构（基元波带片和基元光栅），不难理解全息图的色散效应。

假定全息记录时，采用光的波长为 λ_1。再现光为 $\lambda_1 \sim \lambda_2$，光谱宽 $\Delta\lambda$。而且，再现光波和参考光波相同，均为平面波（$z_c = z_r = \infty$，$x_c = x_r$）。利用式 (7-48) 和式 (7-49)，对再现虚像可求出由于光源谱宽在 z 和 x 方向产生的色模糊（见图 7-11）分别为

$$\Delta z_i = \frac{\Delta \lambda}{\lambda_2} z_0 \quad (7\text{-}55)$$

$$\Delta x_i = \frac{\Delta\lambda}{\lambda_2}\frac{x_c}{z_c}z_0 \approx \frac{\Delta\lambda}{\lambda_2}\theta_c z_0 \qquad (7\text{-}56)$$

式中，θ_c 是再现光的角度。同样可分析 y 方向的色模糊。

对于像全息图，z_0 很小。当 $z_0 = 0$ 时，则有 $\Delta x_i = 0$ 和 $\Delta z_i = 0$，即色模糊为零。再现光源的光谱宽度不影响再现像的清晰度，可用白光再现。

对 $z_0 \neq 0$ 的一般情况，要求色模糊小于人眼的分辨极限，才不影响对像的观察。需对光源的光谱宽度 $\Delta\lambda$ 加以限制。

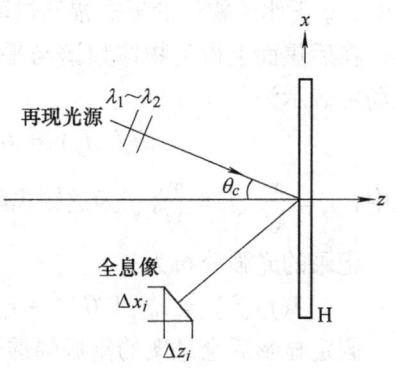

图 7-11　再现光源谱宽产生的色模糊

7.5.2　傅里叶变换全息图

1. 傅里叶变换全息图

利用透镜的傅里叶变换性质产生物体的频谱，并引入参考波与之干涉，就得到了傅里叶变换全息图。通常用于记录透射的平面物体。

记录光路如图 7-12a 所示。平面波照明位于透镜前焦面的物体（透明片），

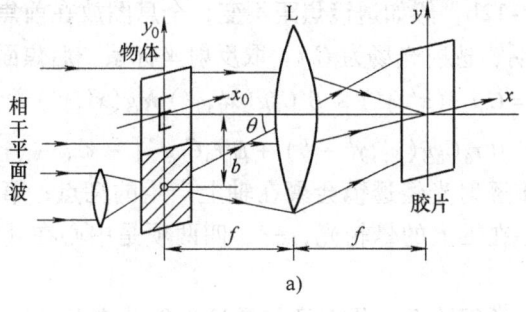

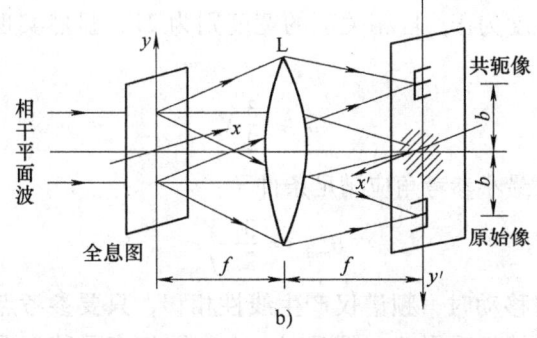

图 7-12　傅里叶变换全息图的记录与再现
a）记录　b）再现

同一平面上，离开光轴距离为 b 处有一相干的参考点源。前焦面上总的光场为

$$U(x_0, y_0) = g(x_0, y_0) + r_0\delta(x_0, y_0 + b) \tag{7-57}$$

式中，g 正比于物体的复振幅透过率。

在后焦面上得到物体频谱与平面参考波相干涉，略去常系数，后焦面上的光场可表示为

$$U(f_x, f_y) = G(f_x, f_y) + r_0\exp(j2\pi bf_y) \tag{7-58}$$

式中，$f_x = \dfrac{x}{\lambda f}$，$f_y = \dfrac{y}{\lambda f}$，$f$ 为透镜焦距。

记录的光强分布为

$$I(f_x, f_y) = r_0^2 + |G|^2 + r_0 G\exp(-j2\pi bf_y) + r_0 G^*\exp(j2\pi bf_y) \tag{7-59}$$

假定显影后全息图的复振幅透过率正比于曝光光强，即

$$t = t_b + \beta'[|G|^2 + r_0 G\exp(-j2\pi bf_y) + r_0 G^*\exp(j2\pi bf_y)] \tag{7-60}$$

傅里叶变换全息图的特点是：每一物点与全息图上一组特定方向、特定空间频率的余弦条纹相对应。和菲涅耳全息图不同，后者每一物点与全息图上基元波带片的条纹对应。

在傅里叶变换全息图中，同样储存了物体的全部信息。平面波照明时，可再现出物体的频谱及其共轭。为得到物体的原始像和共轭像，需再经透镜作一次逆变换。参看图 7-12b，假如透镜焦距不变，全息图放在前焦面上，用振幅为 C_0 的平面波垂直照明，透射光场为 $C_0 t$。取反射坐标系，后焦面上光场分布为

$$U(x', y') = C_0 t_b\delta(x', y') + \beta' C_0 g(x', y') \bigstar g(x', y') +$$
$$\beta' r_0 C_0 g(x', y' - b) + \beta' r_0 C_0 g^*[-x', -(y' + b)] \tag{7-61}$$

式中，第一项为直接透射光经透镜会聚在轴上产生的亮点；第二项为物分布的自相关函数，是中心在轴上的晕轮光；三、四两项是中心在 $(0, \pm b)$ 的物体的原始像和共轭像。

为使观察平面上的原始像、共轭像与晕轮光能分离开，b 的取值应足够大。假定 y 方向物体宽度为 Y，自相关项的宽度则为 $2Y$，显然实现上述空间分离的条件是

$$b \geqslant \frac{3}{2}Y \tag{7-62}$$

换句话说，记录时最小参考角应满足条件

$$\theta_{\min} \approx \frac{3}{2}\frac{Y}{f} \tag{7-63}$$

当物体有横向移动时，频谱仅产生线性相移，只要参考点源与物体相对位置保持不变，记录就不受影响。再现时，全息图如有平移，再现像的强度和位置并不因此发生变化。这种平移不变性为全息图的记录和再现带来许多方便。

尤其便于记录运动物体的全息图。

傅里叶变换全息图可以记录一个物函数的频谱及其共轭，通常它们都是复函数。用这种方法制作的全息复数滤波器，在特征识别等图像处理中有着广泛的应用。傅里叶变换全息图的另一个重要应用是信息存储。

2. 无透镜傅里叶变换全息图

1965年斯特罗克（Stroke）率先研制成无透镜傅里叶变换全息图。顾名思义，这种傅里叶变换全息图的拍摄不需要采用透镜。

记录光路见图7-13。物体的复振幅透过率为 $g(x_0, y_0)$。记录介质与之平行，相距为 d。参考点源与物体位于同一平面，距离物体中心距离为 b。略去常

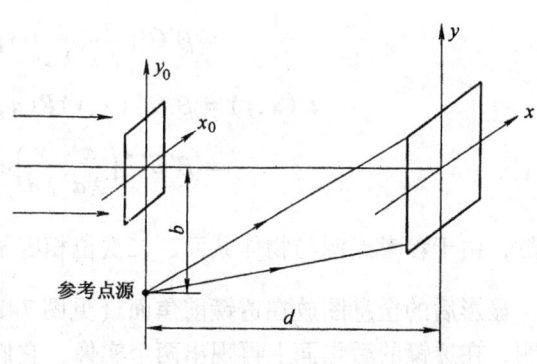

图7-13 无透镜傅里叶变换全息图的记录

数因子，参考光波和物光波在记录介质上的场分布分别为

$$R(x,y) = \exp\left[j\frac{k}{2d}(x^2+y^2)\right]\exp\left(j2\pi\frac{yb}{\lambda d}\right) \tag{7-64}$$

$$O(x,y) = \exp\left[j\frac{k}{2d}(x^2+y^2)\right]\iint_{-\infty}^{\infty} g(x_0,y_0)\exp\left[j\frac{k}{2d}(x_0^2+y_0^2)\right] \times$$

$$\exp\left[-j\frac{2\pi}{\lambda d}(xx_0+yy_0)\right]dx_0 dy_0 \tag{7-65}$$

令
$$g'(x_0,y_0) = g(x_0,y_0)\exp\left[j\frac{k}{2d}(x_0^2+y_0^2)\right]$$

$$G'(f_x,f_y) = \mathscr{F}\{g'(x_0,y_0)\}$$

则式（7-65）可以简写为

$$O(x,y) = \exp\left[j\frac{k}{2d}(x^2+y^2)\right]G'\left(\frac{x}{\lambda d},\frac{y}{\lambda d}\right) \tag{7-66}$$

记录的光强分布为

$$I(x,y) = |O(x,y)+R(x,y)|^2$$
$$= |O(x,y)|^2 + |R(x,y)|^2 +$$
$$O(x,y)R^*(x,y) + O^*(x,y)R(x,y) \tag{7-67}$$

考虑物体是单个点源的情况，物波和参考波是曲率相同的发散球面波。它们相互干涉，产生一组正弦条纹，条纹的空间频率与该物点的位置相对应，这和前文提到的傅里叶变换全息图性质相同。

若显影后全息图的复振幅透过率正比于曝光光强,即

$$t(x,y) = t_0 + \beta' I(x,y) \tag{7-68}$$

把式 (7-67) 代入式 (7-68),透过率 t 中包含四项。我们关心的是第三项和第四项

$$t_3(x,y) = \beta' O(x,y) R^*(x,y)$$

$$= \beta' G'\left(\frac{x}{\lambda d}, \frac{y}{\lambda d}\right) \exp\left(-j2\pi \frac{yb}{\lambda d}\right) \tag{7-69}$$

$$t_4(x,y) = \beta' O^*(x,y) R(x,y)$$

$$= \beta' G'^*\left(\frac{x}{\lambda d}, \frac{y}{\lambda d}\right) \exp\left(j2\pi \frac{yb}{\lambda d}\right) \tag{7-70}$$

显然,由于参考点源与物体共面,二次位相因子 $\exp\left[j\frac{k}{2d}(x^2+y^2)\right]$ 可以消去。

显影后的全息图放在透镜前焦面(见图 7-12b),用振幅为 C_0 的平面波垂直照明,在透镜的后焦面上再现出两个实像,它们的复振幅分布分别为

$$U_3(x',y') = \mathscr{F}^{-1}\{C_0 t_3(x,y)\}$$

$$= C_0 \beta' \iint_{-\infty}^{\infty} G'\left(\frac{x}{\lambda d}, \frac{y}{\lambda d}\right) \exp\left(-j2\pi \frac{yb}{\lambda d}\right) \exp\left[j\frac{2\pi}{\lambda f}(x'x + y'y)\right] dxdy$$

$$= C_0 \beta' (\lambda d)^2 g'\left(\frac{d}{f}x', \frac{d}{f}y' - b\right) \tag{7-71}$$

$$U_4(x',y') = \mathscr{F}^{-1}\{C_0 t_4(x,y)\}$$

$$= C_0 \beta' \iint_{-\infty}^{\infty} G'^*\left(\frac{x}{\lambda d}, \frac{y}{\lambda d}\right) \exp\left(j2\pi \frac{yb}{\lambda d}\right) \exp\left[j\frac{2\pi}{\lambda f}(x'x + y'y)\right] dxdy$$

$$= C_0 \beta' (\lambda d)^2 g'^*\left(-\frac{d}{f}x', -\frac{d}{f}y' - b\right) \tag{7-72}$$

式中,f 为透镜的焦距。

由于 g' 和 g 的差别仅在于位相因子,它们的强度分布是相同的。略去常系数,观察到的两个实像的强度可表示为

$$I_3(x',y') = \left|g'\left(\frac{d}{f}x', \frac{d}{f}y' - b\right)\right|^2 = \left|g\left(\frac{d}{f}x', \frac{d}{f}y' - b\right)\right|^2 \tag{7-73}$$

$$I_4(x',y') = \left|g'^*\left(-\frac{d}{f}x', -\frac{d}{f}y' - b\right)\right|^2 = \left|g^*\left(-\frac{d}{f}x', -\frac{d}{f}y' - b\right)\right|^2 \tag{7-74}$$

于是,由无透镜傅里叶变换全息图也能再现出物体及其共轭的实像。两个实像的放大率 $M = \frac{f}{d}$,中心分别位于 $(0, Mb)$ 和 $(0, -Mb)$。

7.5.3 彩虹全息图

彩虹全息图和像全息图一样，也可用白光照明再现。所不同的是，前者并不要求记录平面位于物体像面位置。用激光记录物体的全息图时，在光路的适当位置加狭缝。照明全息图时，物体的三维像和狭缝像同时再现，观察者需通过狭缝再现像才能观察物体再现像，这种透射全息图即彩虹全息图。采用白光照明，对不同颜色的光，物体的再现像和狭缝再现像位置都不同，随波长连续变化。观察时通过不同的狭缝像可观察到颜色不同的物体像。眼睛沿垂直于狭缝像方向移动，看到的物体像具有连续变化的颜色，如同彩虹一样。

1969 年 S. 本顿发明了彩虹全息图。由于可使用白光照明观察全息像，使全息术在显示应用领域迈出十分重要的一步。本顿提出的两步彩虹全息，包括了两次全息记录过程。第一步先记录三维物体的菲涅耳全息图 H_1，见图 7-14a。第二步用参考光 R_1 的共轭光 R_1^* 照明 H_1，产生赝实像。在紧靠后 H_1 面放置一水平狭缝。用会聚参考光 R_2 和 H_1 产生的实像的光波相干涉，记录第二张全息图 H_2，见图 7-14b。在第二步中，记录平面可以位于赝实像的前方或后方。H_2 上即最终得到彩虹全息图。再现光路见图 7-15a，用 R_2 的共轭光 R_2^* 照射 H_2，仍然得到第二次赝像。由于第二次赝像是相对于 H_1 产生的第一次赝像而言的，所以是原三维物体的正常的实像。同时再现的还有水平狭缝的再现像。它起到一个光阑的作用，眼睛位于狭缝像的位置，才可以观察到物体的像。

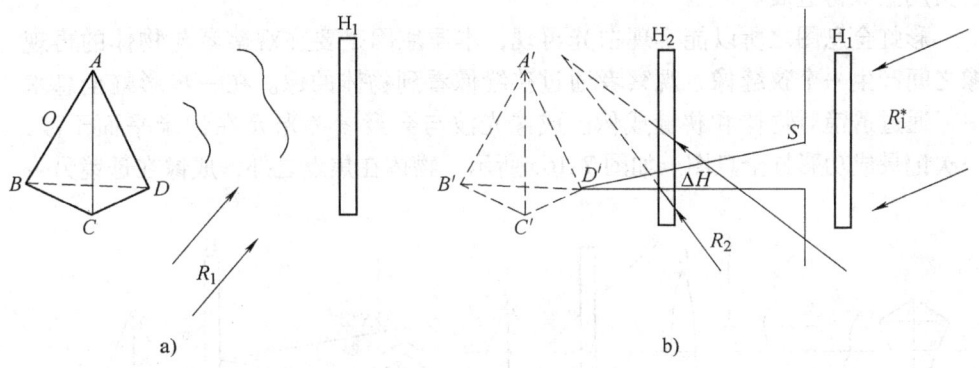

图 7-14 彩虹全息图的记录
a）第一步 b）第二步

若采用白光光源照明再现，由于全息图的色散效应，每一波长的光都会再现一个狭缝像和一个物体的像。其位置可由式（7-48）~式（7-50）计算，在垂直方向并位于不同的位置（且具有不同的成像倍率）。若观察者的眼睛位于狭缝像平面适当位置，由于狭缝对视场的限制，通过某一波长所产生的狭缝像，只能看到该波长所对应的物体像。正是由于这一特点，才使我们可以不考虑色模糊而用白光光源观察全息像。图 7-15b 表示狭缝像的垂直位置和大小随波长颜色变化。

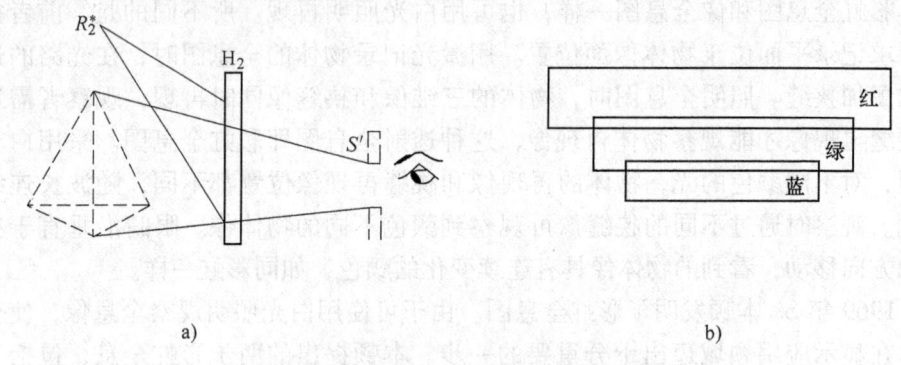

图 7-15 彩虹全息图的再现
a）观察再现像 b）狭缝像随波长变化

记录彩虹全息图 H_2 时，物光束受狭缝的限制，在垂直方向分布在一个较窄的宽度内，所成的全息图可看作线全息图。彩虹全息图再现时，在垂直方向再现像失去了体视感，在水平方向仍有体视效应。由于人的双眼排在水平方向所以不影响观察。

两步彩虹全息的优点是视场大，但因需要两次采用激光光源的记录过程，激光散斑噪声大。1977 年杨振寰等研究成功一步彩虹全息，简化了记录过程，在实用上取得进展。

彩虹全息图之所以能实现白光再现，本质原因是要在观察者与物体的再现像之间产生一个狭缝像，观察者通过狭缝像看到物体的像。在一步彩虹全息术中，通过透镜对物体和狭缝成像。成像光波与会聚参考光 R 在记录平面干涉，一次记录成功彩虹全息图。如图 7-16a 所示，物体在焦点之外，成像在透镜另一

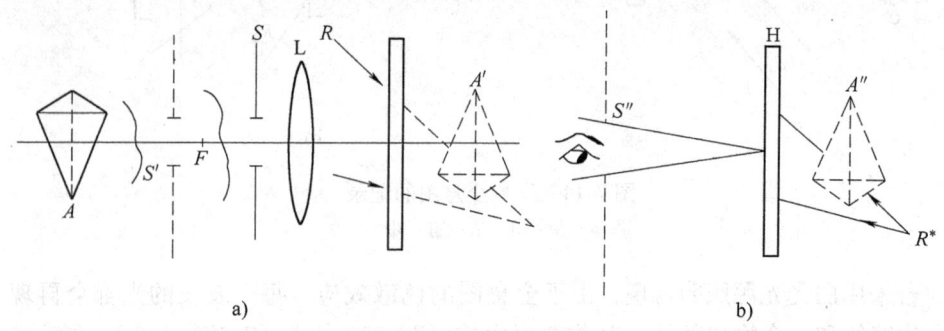

图 7-16 一步彩虹全息图
a）记录 b）再现

侧。狭缝在透镜焦点之内,通过透镜在同侧成虚像。再现时用与参考光共轭的光 R^* 照明,产生狭缝的实像和物体的虚像,眼睛位于狭缝像处可观察到再现的物体虚像,如图 7-16b 所示。当然,把狭缝和物体都置于透镜焦点以外,两者均在透镜另一侧成像,把全息干板置于两个像之间,也可以记录彩虹全息图。一步法较之两步法的散斑噪声小,但视场因受成像系统的限制而较小。

7.5.4 位相全息图

平面全息图的复振幅透过率一般是复函数,它描述照明光波通过全息图传播时振幅和位相所受到的调制。可以表示为

$$t(x,y) = t_0(x,y)\exp[j\varphi(x,y)]$$

式中,$t_0(x,y)$ 为振幅透射因子,$\varphi(x,y)$ 表示位相延迟。

当全息图仅引入常量位相延迟,即

$$t(x,y) = t_0(x,y)\exp(j\varphi_0)$$

照明光波通过全息图时,仅仅是振幅被调制,称之为振幅全息图或吸收全息图。$\exp(j\varphi_0)$ 不影响透射波前的形状,分析时可以略去。通常用照相乳胶做全息记录,经显影处理就得到振幅全息图。

如果 t_0 为常数,则

$$t(x,y) = t_0\exp[j\varphi(x,y)]$$

照明光波通过全息图时,受到均匀吸收,仅仅是位相被调制,称之为位相全息图。

制作位相全息图的最简单的方法是将照相乳胶上记录的振幅全息图经漂白工艺转变为位相全息图。例如,把它放在鞣化漂白槽中,可除去曝光部分的金属银,并使银粒周围的明胶因鞣化而膨胀。膨胀的程度取决于银粒子的数量,致使强曝光部分的明胶较弱曝光部分为厚,记录介质的厚度随曝光量变化,这样得到的是浮雕型位相全息图。靠接触压印、腐蚀光致抗蚀剂材料或用光导热塑料也都可以制作浮雕全息图。

另一种方法是利用氧化剂(如铁氰化钾、氯化汞、氯化铁、重铬酸铵、溴化铜等)将金属银氧化为透明的银盐,其折射率与明胶不同。记录介质内折射率随曝光量变化,这样得到的是折射率型位相全息图。用预硬的重铬酸盐明胶、铁电晶体等材料也可以制作这种全息图。

为了考察位相全息图的性质,我们分析物光波和参考光波都是平面波的情况。两束光干涉产生基元光栅。参考式(7-34),曝光光强为

$$I(x) = r_0^2 + o_0^2 + 2r_0o_0\cos(2\pi\tilde{f}x) \tag{7-75}$$

式中,o_0 和 r_0 分别为物光波、参考光波的振幅;$\tilde{f}$ 为干涉条纹的频率,它决定于两束光的空间频率。

在线性记录条件下,位相变化与曝光光强成正比,因此

$$\varphi(x) \propto r_0^2 + o_0^2 + 2r_0 o_0 \cos(2\pi \tilde{f}x) = \varphi_0 + \varphi_1 \cos(2\pi \tilde{f}x) \quad (7\text{-}76)$$

式中，$\varphi_0 = r_0^2 + o_0^2$，$\varphi_1 = 2r_0 o_0$。

忽略吸收，并略去常量位相延迟，位相全息图的复振幅透过率可以表示为

$$t(x) = \exp[j\varphi_1 \cos(2\pi \tilde{f}x)] \quad (7\text{-}77)$$

这是一个余弦型位相光栅。利用贝塞尔函数积分公式，上式可表示为傅里叶级数形式，即

$$t(x) = \sum_{n=-\infty}^{\infty} j^n J_n(\varphi_1) \exp(j2\pi n \tilde{f}x) \quad (7\text{-}78)$$

式中，J_n 为第一类 n 阶贝塞尔函数。

用振幅为 C_0 的平面波垂直照明全息图。透射光场分布为

$$U_t(x) = C_0 t(x) = C_0 \sum_{n=-\infty}^{\infty} j^n J_n(\varphi_1) \exp(j2\pi n \tilde{f}x) \quad (7\text{-}79)$$

显然，位相全息图不像余弦振幅光栅只有零级和正、负一级衍射，它包含许多衍射级。每一级衍射的平面波空间频率为 $n\tilde{f}$，相对振幅决定于 $J_n(\varphi_1)$。其中，$n=0$ 对应直接透射光，$n=\pm 1$ 对应我们所需的成像光波

$$U_{t(0)} = C_0 J_0(\varphi_1)$$

$$U_{t(+1)} = C_0 j J_1(\varphi_1) \exp(j2\pi \tilde{f}x)$$

$$U_{t(-1)} = C_0 j^{-1} J_{-1}(\varphi_1) \exp(-j2\pi \tilde{f}x) = C_0 j J_1(\varphi_1) \exp(-j2\pi \tilde{f}x)$$

上式中我们利用了关系式 $J_{-1}(\varphi_1) = -J_1(\varphi_1)$。当用原参考光波照明位相全息图时，正、负一级衍射将分别再现原始物光波及其共轭光波。

7.5.5 模压全息图

模压全息术是指用模压方法复制全息图的技术，也称之为全息印刷术。该项技术解决了全息图的大批量复制问题，其成本远比光学复制技术低廉。从而极大促进了全息图的应用，如用于书籍、杂志的封面和包装材料等。由于模压全息术是一种多学科综合的高新技术，制作设备较昂贵，技术工艺复杂，模压全息图较难仿制，因此也广泛用作商品的防伪商标和各种银行卡、有价证券等的防伪标记。

模压全息图的制作过程包括三步：白光再现浮雕全息图制作、电铸金属模板和模压复制。现分述如下：

第一步是白光再现浮雕全息图制作。模压全息图需要在白光下再现观察，所以用作母板的全息图多采用彩虹全息图。同时，考虑作为电铸金属模的母板，必须记录成位相型浮雕全息图。通常采用光致抗蚀剂（光刻胶）作为记录介质，用较大功率的氩离子激光器或氦-镉激光器记录光致抗蚀剂母板全息图。

第二步是电铸金属模板。通过电铸即电成形工艺将光致抗蚀剂母版上的精细浮雕型干涉条纹精确"转移"到金属镍板上,从而得到模压机上使用的压印模板。制作过程中,可先对光致抗蚀剂母板经清洗、敏化处理后,用化学方法镀上薄导电层(银或镍),约 3~5μm 厚。然后把它作为阴极,再放入电铸槽中电解镀镍,金属沉积厚度约 0.1mm。电铸成形产生的金属模板表面上具有了浮雕型条纹,它与光致抗蚀剂剥离并清洗后,即为所需的镍原板。可利用它经钝化处理后第二次电铸,制作第二代的镍板。重复这一过程,即可得到多个工作镍板,供模压使用。

第三步是模压复制。在一定的压力和温度下,利用专用模压机将镍板上的全息干涉条纹压印到热塑性聚酯薄膜、聚乙烯薄膜等材料上,即制成模压全息图。再将模压全息图表面镀铝(或直接将干涉图压印到镀铝的聚酯薄膜上),使之最终成为反射再现的全息图。注意它和反射体积全息图是完全不同的。后者是因体光栅的干涉条纹结构反射衍射再现光,衍射光是单色光。这种全息图的体光栅条纹结构不能采取模压方式复制。

7.5.6 合成全息图

L. Cross 发明的合成全息图可用于实现体视三维显示。合成全息术的基本方法是将一系列从不同角度拍摄物体的普通二维照片通过全息记录的方法记录在一张全息软片或干板上,当用白光再现全息图时,人的双眼观察到的是不同角度拍摄的物体的像,由于人眼双目视差产生立体视觉。

以 360°合成全息图为例介绍它的记录和再现。记录过程分为两步:第一步用相机拍摄三维物体不同角度的二维照片。如图 7-17a 所示,物体置于慢速旋转

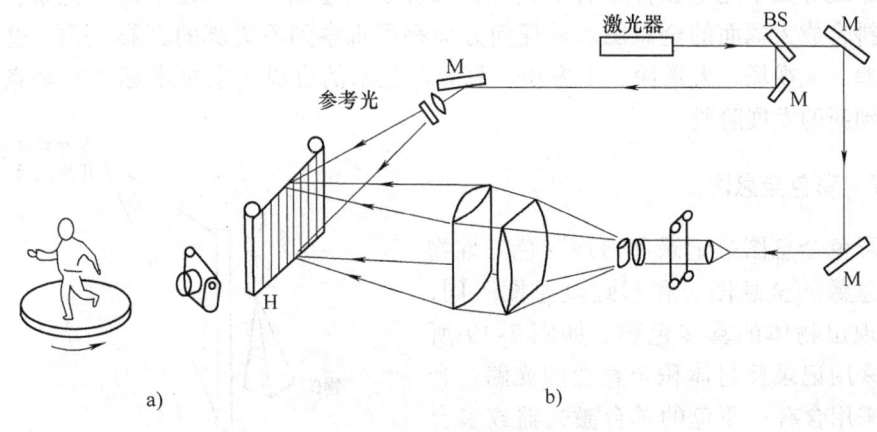

图 7-17 合成全息图的记录过程

a)拍摄一组二维图片 b)逐帧记录窄带全息图

的转台上，可用电影摄影机拍摄。例如选择 3 帧/(°)，360°需记录 1080 帧图片。拍摄过程中物体本身也可在转台上相对运动。第二步是记录合成全息图。如图 7-17b 所示，激光束照射上述获得的二维图片，经柱面镜投射到全息记录软片上作为物光。由于柱面镜的作用，物光束会聚成沿垂直方向的窄带。参考激光束与物光成一角度。自上方也通过柱面镜投射到全息胶片同一窄带上。两束光干涉可记录窄带全息图，移动胶片可逐条记录下一帧图片。经一系列曝光，得到 1080 幅窄带的全息图就是所需的合成全息图，各个窄带全息图上记录有不同视角所拍摄的物体信息。

图 7-18 表示出合成全息图的再现方法。显影处理后把记录合成全息图的软片弯成圆筒形状，白光光源位于圆筒的轴上，其位置需考虑记录时参考光的角度，适当定位。灯丝沿竖直方向或采用白光点光源。进入观察者的左右眼的两个像来自不同的窄条单元。若通过电动机带动全息图旋转，人眼可通过不同的全息单元观察到三维物体的不同侧面，若拍摄的是活动的物体图像，由于人眼的视觉暂留，将观察到活动的三维物体。注意在垂直方向没有视差。由于在垂直方向上全息图的色散效应，人眼所处的水平位置的高低，决定了所观察物体的色彩。

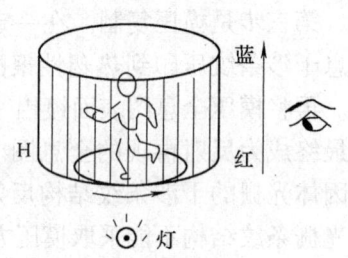

图 7-18 360°合成全息图的再现

近年来出现的数字式合成全息图，利用强大的计算机图形设计功能，产生三维物体的一系列带有视差信息的二维图形，再利用光学合成全息记录技术以及计算机控制的空间光调制器（SLM）、数字微反射镜器件（DMD）、自动曝光伺服系统等数字光电器件综合出白光三维显示全息图。采用逐个像元记录，再整体拼合成大幅面的全息图。从任何方向都可观察到不失真的真彩色像。这种全视差、大视场、大景深、全方位、真彩色显示的合成全息技术标志着全息显示达到新的发展阶段。

7.5.7 彩色全息图

彩色全息图是记录和再现彩色三维物体全息像的全息图。和彩虹全息图不同，它再现出物体的真实色彩。如图 7-19 所示，采用记录反射体积全息图的光路。光源可采用含有三原色的单台激光器或多台单色复合激光器。经扩束后的激光作为参考光直接照射全息干板 H。此光束透过 H

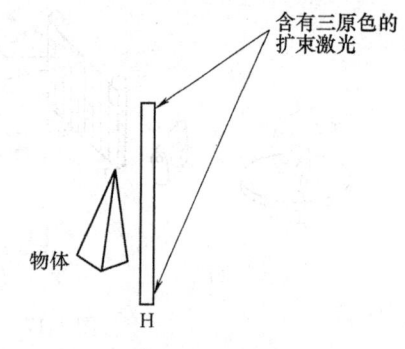

图 7-19 彩色（反射体积）全息图记录

后照明靠近 H 的彩色三维物体 O，物体的漫反射光即是全息记录的物光。物光和参考光从乳胶层正反两侧入射。记录介质层较厚。宜采用全色的全息干板如柯达 649F、Agfa8E56 等以及红敏的重铬酸明胶、全色的光致聚合物。含有三原色的扩束激光在同一张全息干板中记录下三张全息图，它们分别由红、绿、蓝三个波长干涉而成。

彩色全息图采用白光再现，若全息干板显影处理后感光胶层的厚度不变，由于反射体积全息图具有波长选择性，红色激光记录的全息图仅被白光中的红光成分再现，绿色和蓝色激光记录的全息图分别被白光中的绿色和蓝光成分再现，其结果是三原色的全息像被同时再现，在反射光方向观察者可看到真彩色的全息像。

实验制作中应注意使三原色激光的功率，经滤光片调节后使其和记录介质的三原色灵敏度相匹配，或分别控制三次曝光。记录介质经曝光、化学处理后，一般会产生胀缩，使再现波长漂移，造成彩色失真。应采用防收缩工艺。

彩色全息图的另一种制作方法是利用彩虹全息技术。在一张全息记录材料上记录三张彩虹全息图，分别对应三原色的全息图像。使三原色中的每一种颜色对应的狭缝像在空间重合，人眼在狭缝像重合处就能同时观察到三原色的全息像，三原色全息像的复合就形成真彩色全息像。

比较两种方法，前一种方法需要使三色激光和记录材料特性完全匹配，记录过程较复杂，但优点是不存在颜色串扰问题，色保真度好，衍射效率高，在任何方向都能看到真彩色像。第二种方法采用单波长记录，对光源和记录材料限制较少，但存在颜色串扰，而且只能在特定方向观察到真彩色像，偏离此方向，会出现颜色失真。

7.6 平面全息图的衍射效率

全息图的衍射效率直接关系到全息再现像的亮度。通常把它定义为全息图衍射的成像光通量与照明全息图的总光通量之比。平面全息图和体积全息图（见 7.7 节）衍射效率的计算公式是不同的。此处仅限于讨论平面全息图的情况，包括两类：振幅全息图和位相全息图。

7.6.1 振幅全息图的衍射效率

当物光波和参考光波都是平面波时，记录的是余弦振幅全息图。其复振幅透过率一般可以表示为

$$t(x) = t_0 + t_1 \cos(2\pi \tilde{f} x)$$

式中，t_0 为平均透射系数；t_1 为调制幅度；$\tilde{f}$ 是全息图上条纹的频率。

在理想情况下，$t(x)$ 可在 $0 \sim 1$ 之间变化。当 $t_0 = \frac{1}{2}$，$t_1 = \frac{1}{2}$ 时，能达到这一最大变化范围。此时

$$t(x) = \frac{1}{2} + \frac{1}{2}\cos(2\pi \tilde{f} x) = \frac{1}{2} + \frac{1}{4}\exp(\mathrm{j}2\pi \tilde{f} x) + \frac{1}{4}\exp(-\mathrm{j}2\pi \tilde{f} x)$$

假定用振幅为 C_0 的平面波垂直照明全息图，透射光场为

$$U_t(x) = C_0 t(x) = \frac{1}{2}C_0 + \frac{C_0}{4}\exp(\mathrm{j}2\pi \tilde{f} x) + \frac{C_0}{4}\exp(-\mathrm{j}2\pi \tilde{f} x)$$

对于再现像有贡献的是正、负一级衍射光，它们的强度为 $\left(\frac{C_0}{4}\right)^2$。因此，衍射效率为

$$\eta = \frac{\left(\frac{C_0}{4}\right)^2 S_H}{C_0^2 S_H} = \frac{1}{16} = 6.25\% \tag{7-80}$$

式中，S_H 表示全息图上照明光的面积。

事实上，并不存在一种记录介质能使 t 从 0 到 1 之间变化的整个曝光量范围都是线性的。因而，在线性记录的条件下余弦振幅全息图的衍射效率比 6.25% 还要小。

以上分析是对余弦振幅光栅做出的。如果透过率呈矩形波函数变化，也可以经过傅里叶分析，计算正、负一级的衍射效率。η 可达到 10.1%。这说明改变透射函数的波形，可适当提高衍射效率。由计算机制作的全息图可能具有这种性质。

7.6.2 位相全息图的衍射效率

如果位相全息图是两束平面波干涉而产生的余弦型位相光栅，其透过率可以表示为

$$t(x) = \exp[\mathrm{j}\varphi_1 \cos(2\pi \tilde{f} x)] \tag{7-81}$$

式中，φ_1 为调制幅度，$\tilde{f}$ 为位相光栅的频率。

$t(x)$ 可以写成傅里叶级数形式

$$t(x) = \sum_{n=-\infty}^{\infty} \mathrm{j}^n \mathrm{J}_n(\varphi_1) \exp(\mathrm{j}2\pi n \tilde{f} x) \tag{7-82}$$

用振幅为 C_0 的平面波垂直照明全息图，透射光场为

$$U_t(x) = C_0 t(x) = C_0 \sum_{n=-\infty}^{\infty} \mathrm{j}^n \mathrm{J}_n(\varphi_1) \exp(\mathrm{j}2\pi n \tilde{f} x) \tag{7-83}$$

第 n 级的衍射效率为

$$\eta_n = \frac{C_0^2 |J_n(\varphi_1)|^2 S_H}{C_0^2 S_H} = |J_n(\varphi_1)|^2 \qquad (7\text{-}84)$$

式中，S_H 表示全息图上照明光的面积。

对于成像光束，我们通常感兴趣的是正、负一级衍射。注意当 $\varphi_1 = 1.85$ 时 J_1 有最大值，$J_1(1.85) = 0.582$。可计算出理论上的最大衍射效率为 33.9%，这时，零级和其他衍射级的效率都小于正、负一级。由于位相全息图的衍射效率比振幅全息图高得多，能够产生更明亮的全息再现像，从而使人们对位相全息图产生了浓厚的兴趣。

对矩形波位相全息图的衍射效率计算表明，η 也比余弦型位相全息图高，可达到 40.4%。

表 7-1 列出了余弦调制情况下各种全息图最大理论衍射效率。表中同时列出体积透射型和反射型全息图的衍射效率，以供比较。从表中可看出体积型位相全息图的衍射效率最高。

表 7-1 各种全息图最大理论衍射效率

全息图类型	平面透射全息图		体积透射全息图		体积反射全息图	
调制方式	振幅型	位相型	振幅型	位相型	振幅型	位相型
衍射效率	0.0625	0.339	0.037	1.000	0.072	1.000

7.7 体积全息图

在以前的讨论中，没有考虑乳胶厚度的影响。当全息图上记录的干涉条纹的间距大于记录介质厚度时，它可以看作二维平面光栅结构，称为平面全息图。如记录介质厚度比记录干涉条纹间距大得多，干涉条纹在记录介质内形成复杂的三维体光栅结构，称之为体积全息图，或厚全息图。通常把乳胶厚度 h 满足关系式

$$h > \frac{nd^2}{\lambda_0}$$

的全息图看作是体积全息图，不然就是平面全息图或薄全息图。上式中 n 为乳胶经显、定影后的折射率，λ_0 为再现光波在真空中的光波长，d 是干涉条纹的周期。一般的全息干板乳胶层厚度在 15μm 量级。干涉条纹的周期取决于物光波和参考波之间的夹角。可能是几个波长，也可能是半个波长。实际上，一张全息图常常包含不同间隔的条纹结构，它可能同时具有两种全息图的性质。

7.7.1 体全息光栅

考虑物光的某个平面波分量与参考平面波干涉而产生的体全息光栅（基元

全息图)。如图7-20a所示，两个平面波的传播矢量位于 xz 平面。在三维空间物光和参考光产生的总光场分布为

$$U(x,z) = o_0\exp[j2\pi(x\xi_0 + z\eta_0)] + r_0\exp[j2\pi(x\xi_r + z\eta_r)] \quad (7\text{-}85)$$

式中，$\xi_0 = \dfrac{\sin\theta_0}{\lambda}$，$\eta_0 = \dfrac{\cos\theta_0}{\lambda}$，$\xi_r = \dfrac{\sin\theta_r}{\lambda}$，$\eta_r = \dfrac{\cos\theta_r}{\lambda}$，$\theta_0$ 和 θ_r 分别为物光和参考光在记录介质内传播时传播矢量与 z 轴的夹角；λ 为记录介质内光的波长。

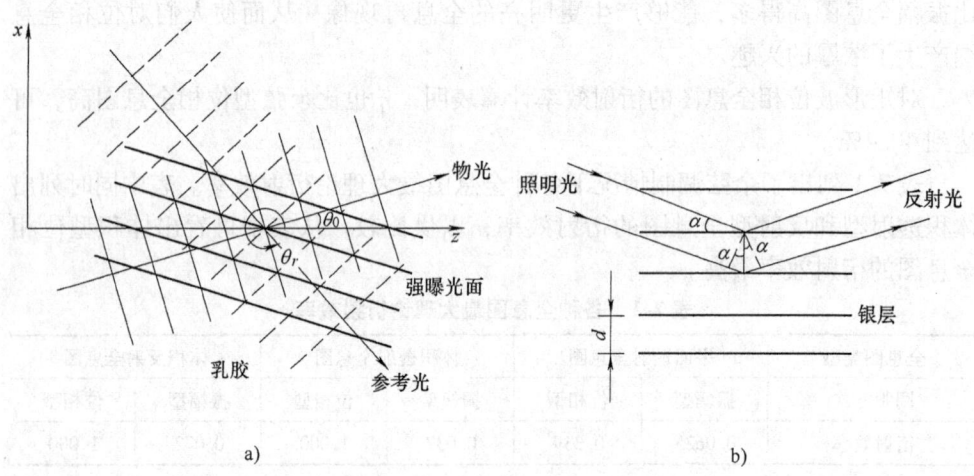

图 7-20　基元体积全息图的记录和再现
a) 记录　b) 再现

强度分布为

$$\begin{aligned}I(x,z) &= r_0^2 + o_0^2 + o_0r_0\exp\{j2\pi[x(\xi_0-\xi_r) + z(\eta_0-\eta_r)]\} + \\ &\quad o_0r_0\exp\{-j2\pi[x(\xi_0-\xi_r) + z(\eta_0-\eta_r)]\} \\ &= r_0^2 + o_0^2 + 2o_0r_0\cos\{2\pi[x(\xi_0-\xi_r) + z(\eta_0-\eta_r)]\}\end{aligned} \quad (7\text{-}86)$$

干涉极大值的条件是

$$x(\xi_0-\xi_r) + z(\eta_0-\eta_r) = m \quad (7\text{-}87)$$

式中，$m = 0$，± 1，± 2，$\cdots$。

上述方程确定一组与 xz 平面垂直的彼此平行等距的平面。这些平面相对 z 轴的倾角为 ϕ，且

$$\tan\phi = \frac{dx}{dz} = -\frac{\eta_0-\eta_r}{\xi_0-\xi_r} = -\frac{\cos\theta_0-\cos\theta_r}{\sin\theta_0-\sin\theta_r} = \tan\left(\frac{\theta_0+\theta_r}{2}\right) \quad (7\text{-}88)$$

即 $\phi = \dfrac{\theta_0+\theta_r}{2}$，结果表明干涉场中具有等强度的平面都平行于两个波矢量夹角的二等分面。强曝光面在显影处理后形成银原子密度最大的面层。它不再是一个平面光栅，而应看作三维的体全息光栅。

考虑最简单的情况，$\theta_r = 2\pi - \theta_0$（即 $\theta_r = -\theta_0$），这时 $\xi_r = -\dfrac{\sin\theta_0}{\lambda}, \eta_r = \dfrac{\cos\theta_0}{\lambda}$。峰值强度面的方程变为

$$2x\sin\theta_0 = m\lambda \tag{7-89}$$

这些平面垂直于 x 轴，与峰值强度面相应的银层的间距 d 为

$$d = \dfrac{\lambda}{2\sin\theta_0} \tag{7-90}$$

再现时用平面波照明全息图，上述每个银层都可看作一面部分反射镜，它按反射定律，使部分入射平面波反射。由不同银层反射的光位相并不相同，它们之间是相长干涉还是相消干涉，取决于位相差。如图7-20b所示，入射平面波以 α 倾角入射，相邻银层反射的光波之间程差为 $2d\sin\alpha$。只有满足条件

$$2d\sin\alpha = \pm\lambda \tag{7-91}$$

反射光波才能同相相加，产生一个最亮的再现像。式（7-91）即为布拉格条件。

比较式（7-90）与式（7-91）可知，要得到最大强度的像，只有

$$\alpha = \pm\theta_0 \quad \text{或者} \quad \alpha = \pm(\pi - \theta_0) \tag{7-92}$$

上式表明，用原参考光或与原参考光反向的光波照明体积全息图，将分别再现出原始物波和其共轭光波。前者给出物体的虚像，后者给出实像。当然，若用原始物波或其共轭波照明全息图，则可分别再现出参考波或共轭参考波。

由布拉格条件可知，体积全息图与平面全息图不同，再现时对于照明光的方向角和波长有严格的选择性。当波长和角度稍有偏离时，衍射光强将大幅下降，并迅速降为零。对波长的选择性，使得体积全息图可用白光再现。在宽光谱中只有一种与记录光波相同波长的光满足布拉格条件，产生衍射极大的像，其余波长都不能出现足够亮度的衍射像，从而避免了色串扰现象。对照明光角度的选择性，使我们可在信息存储时，把不同物体的多个全息图记录在一张全息干板上，每记录一次后改变参考光方向再作第二次记录。再现时，改变照明光方向可分别再现不同物体的像。不同物体的像之间可在一定条件下避免串扰。

7.7.2 透射体积全息图

图7-21所示为透射体积全息图记录与再现的情形。记录时物光和参考光从记录介质的同侧入射，记录介质内干涉面几乎与光入射的介质表面垂直。再现时，对照明光的角度选择性较灵敏。在透射的衍射光方向可观察物体的虚像或产生实像。

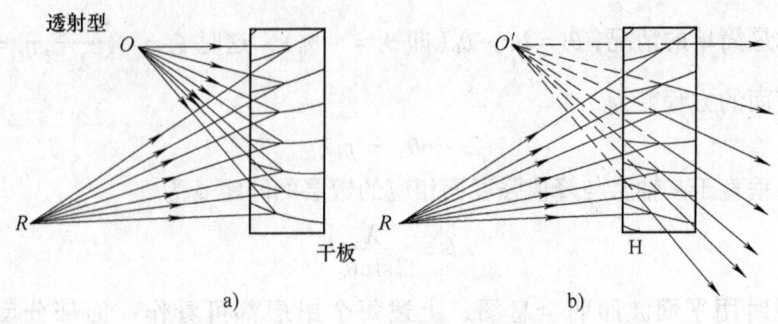

图 7-21 透射体积全息图
a) 记录 b) 再现

7.7.3 反射体积全息图

记录时物光和参考光从记录介质的两侧入射。再现时照明所得到的全息图，在反射光方向观察物体的虚像或产生实像，这种全息图是反射全息图。

1962 年 Y. 丹尼苏克提出一种后来广泛应用的反射全息图。该方法采用一束光透过全息干板照射物体。最初入射到全息干板上的光可看作参考光波，而从物体漫反射回到记录平面的光是物光波，它与参考光波的方向近似相反。如图 7-22a 所示，在照相乳胶中两束光干涉产生驻波的干涉图样。这时 $\theta_0 \approx \dfrac{\pi}{2}$。显影后，在体积全息图中形成的空间光栅的银层面近似平行于乳胶表面。由式（7-90）可计算出银层的间隔（空间光栅的周期）为 $d \approx \dfrac{\lambda}{2}$。

再现时，用与参考光相同的光束照明全息图，可在反射光方向观察到虚像（见图 7-22b）若从背面照射全息图，在反射光方

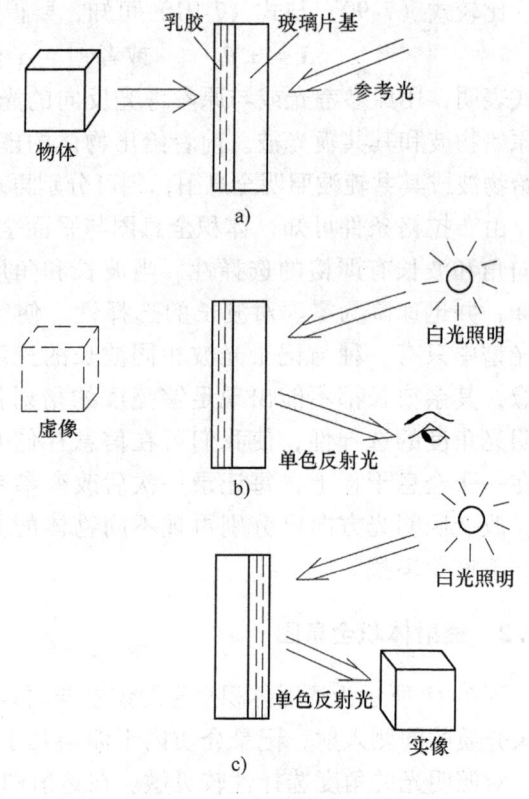

图 7-22 反射体积全息图
a) 记录 b) 再现虚像 c) 再现实像

向可以产生实像（见图7-22c），所以称之为反射全息图。由于对给定的一种照明光路和观察光路，只有一种波长满足布拉格条件，即仅对于记录全息图时采用的光波长才具有高反射率，其余波长的光只能透过乳胶或被部分吸收，因此全息图的性质就像干涉滤光片。这种波长选择性使我们可以采用白光来再现出单色像。其颜色应决定于记录波长。实际上在显影和定影过程中，乳胶常发生皱缩，使银层间隔比预期的更密，再现像的色彩会发生变化。例如，用红光记录，白光照明全息图，反射出绿色的像。利用适当的化学处理使乳胶故意膨胀，可以补偿这一效应。

7.7.4 耦合波理论[1]

体全息图的衍射理论是 Kogelnik 提出的耦合波理论。体全息图是由介电常数和电导率周期性变化的三维光栅构成。当它受到照明，入射光波和重建的一级衍射波之间发生能量耦合。由非均匀介质中麦克斯韦方程组，得到复振幅满足的非均匀介质中亥姆霍茨方程，进而推导耦合波方程。利用相应的边界条件，求解耦合波方程，即可得到不同类型体积全息图衍射波复振幅和衍射效率的解析表达式

如图7-23所示的光路，体光栅周期 $\Lambda = 2\pi/K$，光栅对于记录介质表面法线倾角 ψ，入射照明光与表面法线成 θ 角。标量波动方程是

$$\nabla^2 U + k^2 U = 0 \tag{7-93}$$

最一般的情况下，波数是复值的，

$$k = (2\pi n/\lambda_0) + \mathrm{j}\alpha \tag{7-94}$$

式中，α 是吸收常数；λ_0 是真空中的波长。

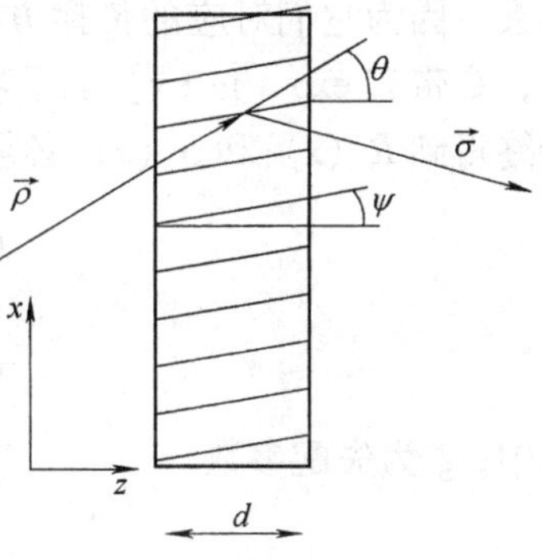

图7-23 分析体全息图的光路

体光栅中折射率 n 和吸收常数 α 以余弦规律变化

$$\begin{aligned} n &= n_0 + n_1 \cos \boldsymbol{K} \cdot \boldsymbol{r} \\ \alpha &= \alpha_0 + \alpha_1 \cos \boldsymbol{K} \cdot \boldsymbol{r} \end{aligned} \tag{7-95}$$

式中，$\boldsymbol{r} \sim (x, y, z)$，$\boldsymbol{K}$ 是光栅矢量。

假设全息图表面与 (x, y) 面平行，z 方向厚度为 d。当全息图足够厚，可假设体光栅中的光场仅由入射波和满足布拉格条件的一级衍射波组成

$$\begin{aligned} U(r) &= U_p(r) + U_i(r) \\ &= R(z)e^{\mathrm{j}\rho \cdot r} + S(z)e^{\mathrm{j}\sigma \cdot r} \end{aligned} \tag{7-96}$$

式中，ρ 和 σ 分别为入射波和衍射波的波矢量。

则

$$\boldsymbol{\sigma} = \boldsymbol{\rho} - \boldsymbol{K} \tag{7-97}$$

假设在波长范围内吸收很小，折射率相对平均值的变化也很小

$$n_0 k_0 \gg \alpha_0$$
$$n_0 k_0 \gg \alpha_1 \tag{7-98}$$
$$n_0 \gg n_1$$

式中，k_0 是真空中的波数，$k_0 = 2\pi/\lambda_0$。

波动方程中的 k^2 可以简化为

$$\begin{aligned} k^2 &= [k_0 n + j\alpha]^2 \\ &= [k_0(n_0 + n_1\cos\boldsymbol{K}\cdot\boldsymbol{r}) + j(\alpha_0 + \alpha_1\cos\boldsymbol{K}\cdot\boldsymbol{r})]^2 \\ &\approx B^2 + 2jB\alpha_0 + 4\kappa B\cos\boldsymbol{K}\cdot\boldsymbol{r} \end{aligned} \tag{7-99}$$

式中，$B = k_0 n_0$；κ 是耦合常数。

有

$$\kappa = \frac{1}{2}(k_0 n_1 + j\alpha_1) \tag{7-100}$$

把式 (7-96) 中的 $U(r)$ 和式 (7-99) 的 k^2 代入波动方程 (7-93)，由于 $R(z)$ 和 $S(z)$ 是 z 的缓变函数，可忽略它们的二阶微分，$\cos\boldsymbol{K}\cdot\boldsymbol{r}$ 项展开成复指数分量，σ 换成式 (7-97)。包含波矢量 $-\boldsymbol{K} = \boldsymbol{\rho} - 2\boldsymbol{K}$ 和 $\boldsymbol{\rho} + \boldsymbol{K} = \boldsymbol{\sigma} + 2\boldsymbol{K}$ 的两项都弃去，因为它们对应的传播方向远不满足布拉格条件。最后，为了满足波动方程，令带有 $\exp[j\boldsymbol{\rho}\cdot\boldsymbol{r}]$ 因子项的和以及带有 $\exp(j\boldsymbol{\sigma}\cdot\boldsymbol{r})$ 因子项的和均为零，最终得到 $R(z)$ 和 $S(z)$ 必须满足的方程是

$$\begin{aligned} C_R \frac{\mathrm{d}R}{\mathrm{d}z} + \alpha_0 R &= j\kappa S \\ C_S \frac{\mathrm{d}S}{\mathrm{d}z} + (\alpha_0 - j\zeta)S &= j\kappa R \end{aligned} \tag{7-101}$$

式中，ζ 为失配参数，

$$\zeta = \frac{B^2 - |\sigma|^2}{2B} \tag{7-102}$$

量 C_R 和 C_S 为

$$C_R = \frac{\rho z}{B} = \cos\theta \tag{7-103}$$

$$C_S = \frac{\sigma z}{B} = \cos(\theta - 2\psi)$$

由布拉格匹配条件式 (7-97)，可推导出

$$\begin{aligned} B^2 - |\sigma|^2 &= B^2 - (\boldsymbol{\rho} - \boldsymbol{K})\cdot(\boldsymbol{\rho} - \boldsymbol{K}) \\ &= B^2 - |\rho|^2 + 2\boldsymbol{\rho}\cdot\boldsymbol{K} - K^2 \\ &= 2\rho K\cos(\psi + \pi/2 - \theta) - K^2 \\ &= 2\rho K\sin(\theta - \psi) - K^2 \end{aligned} \tag{7-104}$$

式中，$K = |K|$，$\rho = |\rho| = B = k_0 n_0$。

于是，失配参数

$$\zeta = K\left[\sin(\theta - \psi) - \frac{K}{2k}\right] \tag{7-105}$$

当布拉格条件满足时，括号中的量为零。若照明角度存在微小失配 $\theta' = \theta_B - \Delta\theta$，波长存在微小失配 $\lambda' = \lambda - \Delta\lambda$，此种情况下，失配参数变为

$$\zeta = K\left[\Delta\theta\cos(\theta_B - \psi) - \frac{\Delta\lambda}{2\Lambda}\right] \tag{7-106}$$

由式（7-106）看出，波长误差引起的失配随光栅周期减小而增大。对于反射全息图，Λ 最小，因而波长选择性最大。

由耦合波方程式（7-101）关于衍射波振幅 S 的方程，可看出当耦合系数为零，入射波和衍射波之间没有耦合。否则，入射波将把能量转移到衍射波中。而且，若失配系数过大，将严重干扰 R 激励项的作用，使耦合区相位失配，破坏耦合现象。关于入射波振幅 R 的方程，也会有衍射波的激励项，导致衍射波又反过来耦合到入射波中。

7.7.5 相位型体光栅的衍射效率[1]

1. 厚相位透射光栅的衍射效率

对纯相位型，有 $\alpha_0 = \alpha_1 = 0$。透射光栅 $\psi = 0$。耦合波方程式（7-101）的边界条件 $R(0) = 1$ 和 $S(0) = 0$，在光栅出射面上衍射波（$z = d$）的解为

$$S(d) = \mathrm{j} e^{\mathrm{j}x} \frac{\sin\left(\phi\sqrt{1 + \frac{x^2}{\phi^2}}\right)}{\sqrt{1 + \frac{x^2}{\phi^2}}} \tag{7-107}$$

式中，

$$\phi = \frac{\pi n_1 d}{\lambda \cos\theta} \tag{7-108}$$

$$x = \frac{\zeta d}{2\cos\theta} = \frac{Kd}{2\cos\theta}\left[\Delta\theta\cos(\theta - \psi) - \frac{\Delta\lambda}{2\Lambda}\right]$$

光栅衍射效率为

$$\eta = \frac{|S(d)|^2}{|R(0)|^2} = \frac{\sin^2(\phi\sqrt{1 + x^2/\phi^2})}{1 + x^2/\phi^2} \tag{7-109}$$

采用与记录波长相同的光，在布拉格角下照明，参数 x 等于零，衍射效率为

$$\eta_B = \sin^2\phi \tag{7-110}$$

衍射效率呈周期性变化。随着光栅厚度增加逐步增大，当 $\phi = \pi/2$，达到第一个

峰值100%。条件也可以表示为

$$\frac{d}{\cos\theta} = \frac{\lambda}{2n_1} \tag{7-111}$$

图 7-24 表示满足布拉格条件时厚相位透射光栅的衍射效率。当照明光波长偏离记录时光的波长或照明角度偏离布拉格角时，x 不等于零，导致衍射效率的损失。图 7-25 给出布拉格条件失配时厚相位透射光栅的衍射效率。

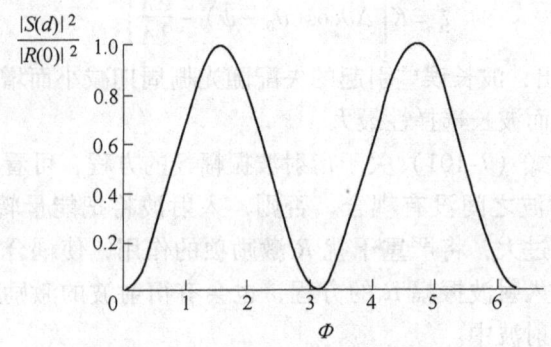

图 7-24　满足布拉格条件时厚相位透射光栅的衍射效率[1]

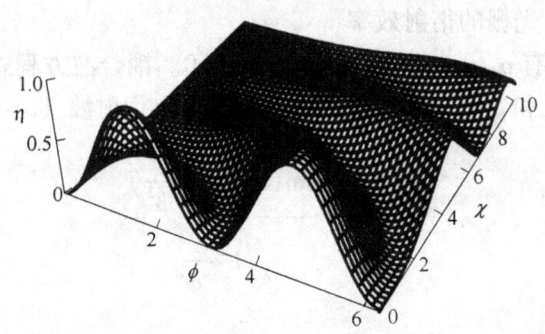

图 7-25　布拉格条件失配时厚相位透射光栅的衍射效率[1]

2. 厚相位反射光栅的衍射效率

对于反射体光栅，光栅平面和记录介质表面假定严格平行（$\psi = 90°$）。方程的边界条件为 $R(0) = 1$ 和 $S(d) = 0$（衍射波沿反射方向传播）。假定光栅是纯相位型，$\alpha_0 = \alpha_1 = 0$，由耦合波方程解出衍射波的振幅为

$$S(0) = -j\left[-j\frac{x}{\phi} + \sqrt{1 - \frac{x^2}{\phi^2}} \coth\left(\phi\sqrt{1 - \frac{x^2}{\phi^2}}\right)\right]^{-1} \tag{7-112}$$

式中，coth 是双曲余切函数。

ϕ 和 x 仍由（7-108）式给出，衍射效率为

$$\eta = \left[1 + \frac{1 - \frac{x^2}{\phi^2}}{\sinh^2\left(\phi\sqrt{1 - \frac{x^2}{\phi^2}}\right)}\right]^{-1} \quad (7\text{-}113)$$

当满足布拉格条件,$x = 0$,衍射效率为

$$\eta_B = \tanh^2\phi \quad (7\text{-}114)$$

式中,tanh 是双曲正切函数。

图 7-26 给出满足布拉格条件时厚相位反射光栅的衍射效率。随着 ϕ 增大,衍射效率趋近于 100%。图 7-27 给出布拉格条件失配时厚相位反射光栅的衍射效率随失配量 x 以及 ϕ 的变化。

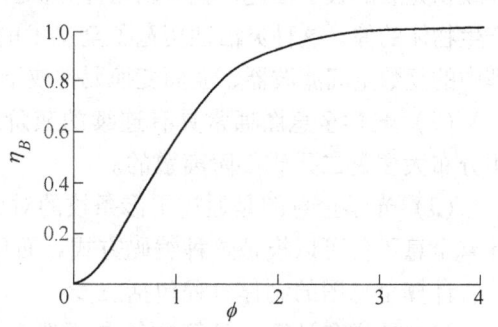

图 7-26 满足布拉格条件时厚相位反射光栅的衍射效率[1]

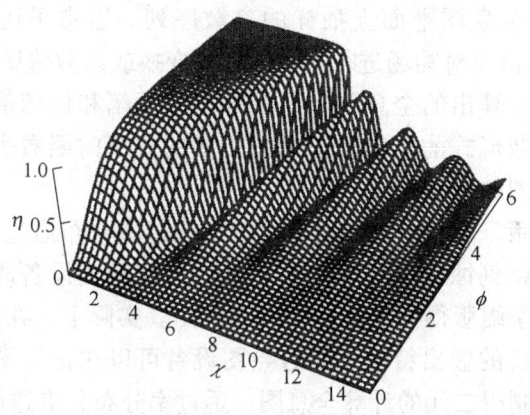

图 7-27 布拉格条件失配时厚相位反射光栅的衍射效率[1]

7.8 计算全息图

7.8.1 概述

制作光学全息图,需利用真实物体产生的物光与参考光干涉来实现。计算全息图是通过计算机的计算和图形输出手段制作的全息图。1965 年 Lohman 在 IBM 工作时,需要制作全息图,可当时激光器坏了,情急之下,他用计算机和计算机控制绘图仪代替激光器制作了全息图,这是世界上第一个计算全息图。

除了制作方法不同，计算全息图与光学全息图相比，还存在下列明显的差别：

（1）光学全息图只能记录真实存在的物体和实际发生的波面，计算全息图不仅可记录真实物体和波面，也可记录重建非物理实在的物体和波面。只要知道物体或物光波的数学描述，就可以用计算机去制作全息图，并用光学手段重建波前，产生物体的像。这种灵活性拓宽了全息术的应用范围，尤其适于制作光学信息处理中的复数空间滤波器、波面变换元件或干涉计量中特殊的参考波面。

（2）光学全息图通常具有连续的灰阶或位相分布，计算全息图的灰度或位相分布大多是二元或多阶离散的。

（3）光学全息图是通过干涉条纹的对比度和位置对物光波振幅和位相编码，计算全息不仅可以模拟这种编码方式，而且采用了多种不同的编码方式。

计算全息图的制作过程包括三步：

（1）抽样和计算 计算物体在所选定的全息图平面上产生的光场复振幅分布。这也正是期望全息图能够再现的物光波前的复振幅分布。在计算过程中，首先必须考虑物体和全息图所需的抽样点数。所要计算的是离散形式表示的物体所发出的光场在全息图平面上抽样的离散序列。通常采用快速傅里叶变换（FFT）算法，根据需要对物场进行离散菲涅耳变换或离散傅里叶变换。

（2）编码 对计算出的全息图上各抽样点的振幅和位相值通过计算机适当编码，目的是把离散形式的空间复值函数用实的非负的函数表示，便于最终记录在作为计算全息图的透明片上。

（3）绘制和缩版 把经过编码的全息图的透过率分布通过高分辨率绘图仪、激光打印机、电子束刻蚀或激光直写装置等计算机输出设备成图。当设备分辨率低，通常需经光学缩版得到最终的计算全息图。实际上，在选择编码方案时，就要考虑到绘图设备的输出特性，多数绘图设备可以在记录平面任意位置写出小方块图形，最终制得二元的计算全息图。透过率分布只有透明（1）和不透明（0）两个取值，如果有灰阶变化，则可制得振幅型计算全息图。目前全息图不仅可以记录在透明片上，还可以加载到空间光调制器上。

全息像的再现可采用单色光或白光照射计算全息图，经由光波的衍射实现。

随着计算机技术和数字图像处理技术的发展，已可以方便地利用计算机数值仿真各种光波，制作复杂物体的全息图。在制作上，既可以实现快速、高分辨和大幅面绘制，也可利用空间光调制器实时显示和直接光学读出。利用计算全息术制作的各种衍射光学元件逐渐得到广泛的应用。

7.8.2 抽样、计算和编码[1]

1. 抽样

计算物体在全息图平面上的光场分布，以便在全息图制成后实现波前再现，首先要对物体和全息图抽样，计算每个抽样点的振幅和位相值。由 2.3 节我们知道，物体抽样数目应等于物体的空间带宽积 SW。

讨论两种情况，如图 7-28 所示，全息图平面上光场分别是物光场的傅里叶变换和菲涅耳变换。$U_0(\xi,\eta)$ 为物光场，$U_h(x,y)$ 为全息图平面光场。

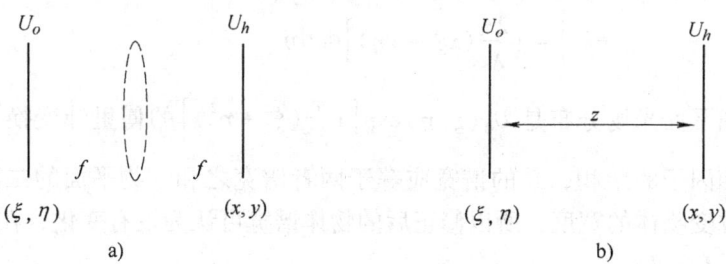

图 7-28　两种光路
a) 全息图平面光场是物光场的傅里叶变换　b) 全息图平面光场是物光场的菲涅耳变换

(1) 傅里叶变换全息图

图 7-28a 中两个光场分别位于透镜前后焦面，是傅里叶变换关系，

$$U_h(x,y) = \frac{1}{\lambda f}\iint_{-\infty}^{\infty} U_0(\xi,\eta)\exp\left[-j\frac{2\pi}{\lambda f}(\xi x+\eta y)\right]d\xi d\eta \quad (7\text{-}115)$$

全息图平面所要求的抽样数目由该光场的带宽决定。显然，物体的大小决定全息图面上光场的带宽。假定物体尺寸为 $L_\xi \cdot L_\eta$，全息图尺寸为 $L_x \cdot L_y$，全息图平面光场的频谱包含在以原点为中心尺寸为 $2B_x \cdot 2B_y$ 的矩形中，其中

$$2B_x = \frac{L_\xi}{\lambda f}$$
$$2B_y = \frac{L_\eta}{\lambda f} \quad (7\text{-}116)$$

根据抽样定理，全息图面上成矩形分布的抽样点间隔为

$$\Delta x = \frac{\lambda f}{L_\xi}$$
$$\Delta y = \frac{\lambda f}{L_\eta} \quad (7\text{-}117)$$

全息图平面总的抽样数为

$$N_x = \frac{L_x}{\Delta x} = \frac{L_x L_\xi}{\lambda f}$$
$$N_y = \frac{L_y}{\Delta y} = \frac{L_y L_\eta}{\lambda f} \quad (7\text{-}118)$$

物面所需的抽样数目与全息图平面的抽样数目一致。

(2) 菲涅耳全息图

图 7-28b 所示为菲涅耳全息图情况。由菲涅耳衍射公式

$$U_h(x,y) = \frac{1}{\lambda z}\exp\left[j\frac{\pi}{\lambda z}(x^2+y^2)\right]\iint_{-\infty}^{\infty} U_0(\xi,\eta)\exp\left[j\frac{\pi}{\lambda z}(\xi^2+\eta^2)\right]$$

$$\exp\left[-j\frac{2\pi}{\lambda z}(x\xi+y\eta)\right]d\xi d\eta \tag{7-119}$$

全息图平面光场分布是 $U_0(\xi,\eta)\exp\left[j\frac{\pi}{\lambda z}(\xi^2+\eta^2)\right]$ 的傅里叶变换与积分号前二次位相因子的乘积，总的谱宽应等于两者谱宽之和。物平面的二次位相因子并没有改变物体的宽度，所以修正后的物体谱宽可认为没有变化，在 x 和 y 方向分别等于 $\frac{L_\xi}{\lambda z}$ 和 $\frac{L_\eta}{\lambda z}$。全息图平面的二次位相因子 $\exp\left[j\frac{\pi}{\lambda z}(x^2+y^2)\right]$ 的谱宽可用局部空间频率近似（参见 3.1.5 节），在 x 和 y 方向分别等于 $\frac{L_x}{\lambda z}$ 和 $\frac{L_y}{\lambda z}$。于是，全息图平面光场总的带宽为

$$2B_x = \frac{L_\xi + L_x}{\lambda z}$$

$$2B_y = \frac{L_\eta + L_y}{\lambda z} \tag{7-120}$$

全息图平面光场的带宽不仅与物光场尺寸有关，而且与全息图面光场尺寸有关。

全息图平面抽样间隔应为

$$\Delta x = \frac{\lambda z}{L_\xi + L_x}$$

$$\Delta y = \frac{\lambda z}{L_\eta + L_y} \tag{7-121}$$

抽样点数目为

$$N_x = \frac{L_x}{\Delta x} = \frac{L_x(L_x+L_\xi)}{\lambda z}$$

$$N_y = \frac{L_y}{\Delta y} = \frac{L_y(L_y+L_\eta)}{\lambda z} \tag{7-122}$$

物面所需的抽样数目与全息图平面的抽样数目一致。显然，对菲涅耳全息图抽样数目大于傅里叶变换全息图所需抽样数目。

由于计算机的存储量、运算速度及绘图仪分辨率的限制，若达不到需要的抽样数目，会丢失物光信息，使再现像质量下降。只有采用高速、大容量计算机和电子束、离子束、激光扫描器等高分辨率绘图设备，才能制出高质量的计

算全息图。

2. 计算

在确定了抽样数和抽样间隔以后，需要计算物体在全息图平面产生的光场分布。利用离散傅里叶变换式，当物体和全息图平面抽样间隔分别为（$\Delta\xi$，$\Delta\eta$）和（Δx，Δy）时，对傅里叶变换全息图有

$$U_h(p\Delta x, q\Delta y) = \sum_{m=0}^{N_x-1} \sum_{n=0}^{N_y-1} U_0(m\Delta\xi, n\Delta\eta) \exp\left[j2\pi\left(\frac{pm}{Nx} + \frac{qn}{Ny}\right)\right] \quad (7\text{-}123)$$

式中，U_0 和 U_h 分别为位于透镜前后焦面的物体和全息图平面光场的二维抽样阵列。采用快速傅里叶变换算法（FFT）可以对式（7-123）进行快速计算。

对菲涅耳全息图，可利用傅里叶变换形式的菲涅耳衍射公式计算。物体的离散二维分布先和一个离散二次位相函数相乘，然后再做离散傅里叶变换。注意变换后的函数再乘一个离散的二次位相因子才得到全息图平面的离散光场分布。

3. 编码

经抽样、计算得到全息图平面的抽样阵列 U_h，下一步的任务就是要把它记录在透明片上。通常经过绘图、缩版得到强度记录，不能直接记录全息图抽样点的振幅和位相值。计算全息图的编码，正是要找到某种方法，使得在透明片上能够通过对振幅透过率的调制，记录每个抽样点的振幅和位相。按选择的编码方法绘图后，照相缩版，可得到最终的计算全息图。再用相干光照明，可重建所期望的物体波前。

将复值函数变换为实值非负函数的编码方法有两种：第一种方法是把复值函数表示为两个实值非负函数。例如，用振幅和相位两个实数表示一个复数，分别对振幅和相位编码。第二种方法是加入离轴参考光，使物光波与参考波干涉产生干涉条纹的强度分布，成为实值非负函数，每个抽样点都是实的非负值，可直接用一个实数表示，没有相位编码问题。第二种方法似乎比第一种方法简便，但因引入倾斜参考波，增加了空间带宽积要求，即增加了全息图上抽样点数目要求。

7.8.3 迂回位相全息图

用光栅光谱仪研究光源的光谱成分时，假如光栅不规则，存在栅距误差，光谱面上将出现所谓"鬼线"，这种现象一度使光谱学家大为困惑和烦恼。但是人们后来发现这种不规则光栅的"缺点"倒是可以用来实现对于光波的位相调制。1965 年布朗恩（Brown）和罗曼（Lohmann）提出的迂回位相型全息图正是在不规则光栅衍射理论的基础上产生的。

若用平面波垂直照射线光栅，假定栅距恒定，每一级衍射波都是平面波，等位相面是垂直这个衍射方向的平面。若栅距为 d，第 m 级的衍射角为 θ_m，由光栅方程可知，在 θ_m 方向上相邻光线的光程差是

$$L_m = d\sin\theta_m = m\lambda$$

如图 7-29a 所示，光栅的栅距有误差。例如在某一位置，栅距增大 Δ，该处沿 θ_m 方向相邻光线的光程差变为

$$L'_m = (d+\Delta)\sin\theta_m$$

θ_m 方向的衍射光波在该位置引入的相应位相延迟为

$$\phi_m = \frac{2\pi}{\lambda}(L'_m - L_m) = \frac{2\pi}{\lambda}\Delta\sin\theta_m = 2\pi m \cdot \frac{\Delta}{d} \tag{7-124}$$

通常称 ϕ_m 为迂回位相。由于光栅不规则错位，栅缝的衍射光波和其他同方向衍射光波在位相上产生差异的效应就称为迂回位相效应。迂回位相值与入射光波的波长 λ 无关，而与栅缝错位量 Δ 成正比。若要在某个衍射方向上得到所需的位相调制，只需要根据这个位相函数调节空间各栅缝的位置就可以了。

迂回位相效应被利用来制作二元计算全息图。图 7-29b 所示为典型的一种。在每个抽样单元中有一个通光孔径，使孔径的面积正比于抽样点的振幅值，即把空间振幅调制转化为空间脉冲面积调制。一般选择矩孔作为通光孔径，令宽度恒定，只要高度随抽样点振幅值变化就行。

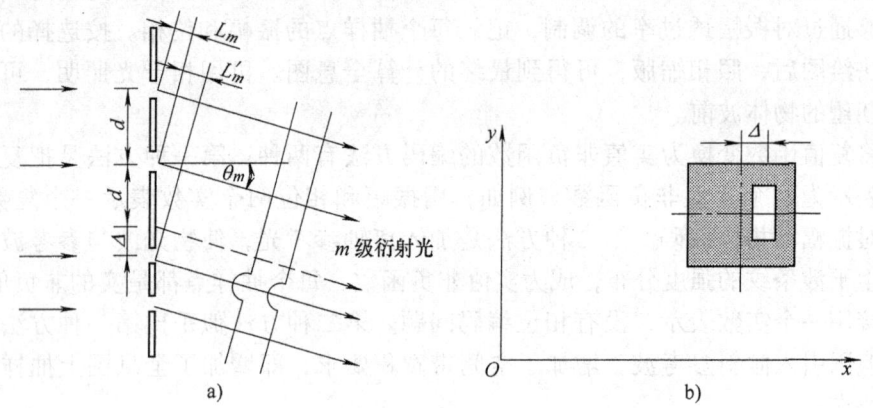

图 7-29　迂回位相型计算全息图原理
a) 不规则光栅的衍射　b) 全息图上一个抽样单元

位相编码则是根据迂回位相效应改变每个通光孔径中心相对该抽样单元中心的位置 Δ，使其正比于抽样点的位相值，也就是把空间位相调制转化为空间脉冲位置调制。这样就可以用实的非负的函数表示离散形式的空间复值函数。

通常的绘图仪可以实现这种编码表示，在每个抽样单元中指定的经量化的

位置，按量化步长控制尺寸，画出黑色小条块。经照相缩版，这些黑色条块就变为透明的矩形透光孔，得到所需分辨率和尺寸的二元计算全息图。图 7-30 是二元迂回位相傅里叶全息图及其再现像的例子。

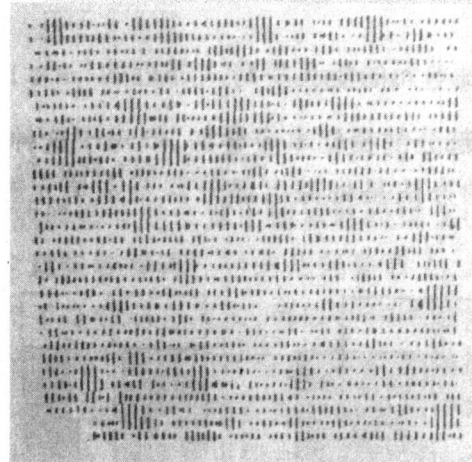 

a)　　　　　　　　　　　　　　　　　　b)

图 7-30　二元迂回位相傅里叶全息图及其再现像[8]

a）二元迂回位相傅里叶全息图　b）再现象

计算全息图的再现方法与光学全息图相似，观察范围应限于某个特定的衍射级，因为仅在这个衍射级方向，全息图才能再现出我们期望的光波前。通常可在频率平面上放置带通滤波器（偏离光轴的小孔），让选定的衍射级通过，而挡掉其余衍射级，以便于观察。再现的过程可看作解码的过程。空间脉冲面积调制（一维情况则是脉冲宽度调制）和空间脉冲位置调制的信息又分别还原为光波前的振幅和位相分布。由此可以看出，把通信系统中的脉冲调制技术移植到光学中来是很有意义的。

二元计算全息图的透过率只有 0 或 1 两个值，制作简单，噪声较弱，抗外界干扰能力强；对于照相底片的非线性效应不敏感；并可多次复制而不失真。因而应用较为广泛。

还有利用迂回位相效应的其他编码方法，如李威汉（Lee Wai-Hon）1970 年提出的四阶迂回位相编码方法，其基本内容为：

复平面上点的复数值可以用它在实轴和虚轴上的投影合成，最多只有两个分量取非零值。正负实轴分别对应位相为 0 和 π；正负虚轴分别对应位相为 $\frac{\pi}{2}$ 和 $\frac{3\pi}{2}$。所以，可以把每个抽样单元等分为四个子单元，它们表示的位相依次相差

$\frac{\pi}{2}$,每个子单元的振幅透过率正比于复数在实轴或虚轴上的投影,可用灰阶或开孔面积调制每个子单元的透过率,图 7-31 表示了复平面上的复数及其编码。

伯克哈特(Burckhardt)进而提出三阶迂回位相编码方法。复平面上的点可以用它在依次相差 $\frac{3\pi}{2}$ 的三个轴上的投影合成,所以每个抽样单元只要等分为三个子单元即可。

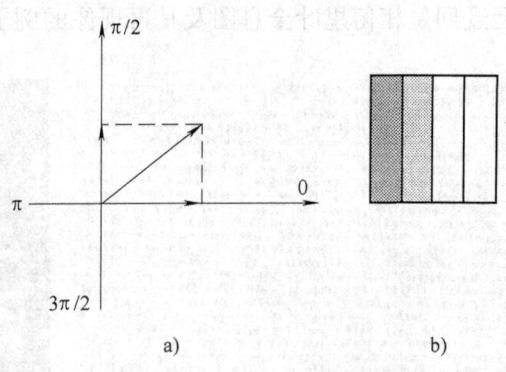

图 7-31 四阶迂回位相编码方法
a) 复平面上点的表示 b) 编码表示

假如用计算机控制有灰阶输出的绘图仪绘制全息图,或者由计算机控制有灰度变化的显微密度计显示,然后再记录在照相底片上,这样可得到灰阶计算全息图。它和光学全息图一样受到底片非线性效应的影响。

7.8.4 改进的离轴计算全息图

离轴光学全息图记录时为了避免孪生像以及直接透射光之间的重叠,引入倾斜参考光。假定物光波的频率范围为 $(f_M \cdot f_M)$,全息图的频谱范围扩大到 $(8f_M \cdot 4f_M)$(见图 7-5)。对于计算全息图,不仅增大了其空间带宽积,即全息图平面上的抽样数目,而且会引入更多的背景噪声。

改进的离轴计算全息图直接去掉全息图函数 $H(x,y)$ 中的直流项 $|O(x,y)|^2$,得到

$$H(x,y) = \frac{1}{2}\left\{1 + O_0(x,y)\cos\left[2\pi\frac{x}{T} - \phi(x,y)\right]\right\} \quad (7\text{-}125)$$

$H(x,y)$ 是非负实函数,可通过抽样和编码制作计算全息图。但避免了相位编码问题。对离散的函数 $H(m,n)$ 编码,若采用灰阶型编码方式,可利用显微密度计或激光束扫描仪的记录设备,通过线性曝光,在感光材料上实现离散化的灰阶记录。若采用面积型编码方式,可利用光绘仪、图形发生器等设备,在每一个抽样单元处开一个矩形孔,使孔径的面积正比于 $H(m,n)$,得到的是二元全息图。

改进的离轴计算全息图的再现像只有 ±1 级,减小了背景噪声。全息图函数的频带宽度为 $(4f_M \cdot 2f_M)$,空间带宽积压缩到原来的 1/4。

7.8.5 计算全息干涉图

光学全息图本质上是物光和参考光的干涉图。若物光波为

$$O(x,y) = o_0(x,y)\exp[j\phi(x,y)] \tag{7-126}$$

参考波为倾斜平面波

$$R(x,y) = r_0\exp\left(j2\pi\frac{x}{T}\right) \tag{7-127}$$

线性记录条件下,全息图的透过率为

$$t(x,y) = r_0^2 + o_0^2(x,y) + 2r_0 o_0(x,y)\cos\left[2\pi\frac{x}{T} - \phi(x,y)\right] \tag{7-128}$$

如果用计算机把干涉条纹的位置计算出来,经绘图、缩版后,就可以得到计算全息干涉图。由于绘图仪的性能,我们需要把余弦条纹的干涉图转化为二元干涉图,才适合绘图。这相当于让一个非线性硬限幅器对其作非线性处理。原理如图 7-32 所示。若输入函数为 $\cos\left(2\pi\frac{x}{T}\right)$,偏置函数为 $\cos\pi q$,输出函数 $h(x)$ 为宽度为 qT 的方波函数。它可以展开成傅里叶级数

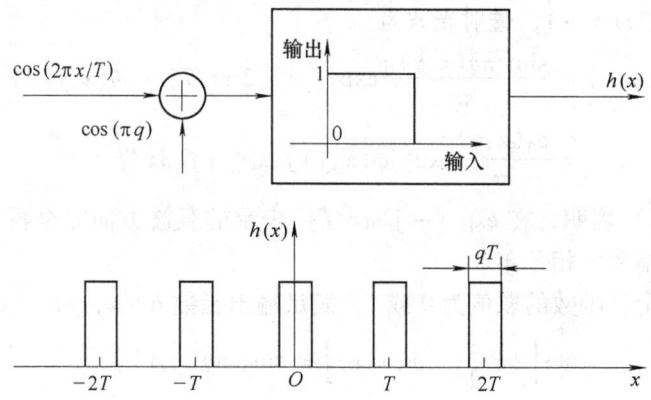

图 7-32 非线性硬限幅器

$$h(x) = \sum_{m=-\infty}^{\infty}\frac{\sin(m\pi q)}{m\pi}\exp\left(jm\frac{2\pi x}{T}\right) \tag{7-129}$$

若硬限幅器的输入为 $\cos[2\pi x/T - \phi(x,y)]$,偏置函数为 $\cos[\pi q(x,y)]$,则输出函数为

$$h(x,y) = \sum_{m=-\infty}^{\infty}\frac{\sin[m\pi q(x,y)]}{m\pi}\exp\{jm[(2\pi x/T) - \phi(x,y)]\} \tag{7-130}$$

式中,$q(x,y) = \frac{1}{\pi}\arcsin[o_0(x,y)]$。

如图 7-33 所示，输出函数为二元的矩形脉冲序列。脉冲宽度调制和脉冲位置调制分别对应于物体的振幅和位相。

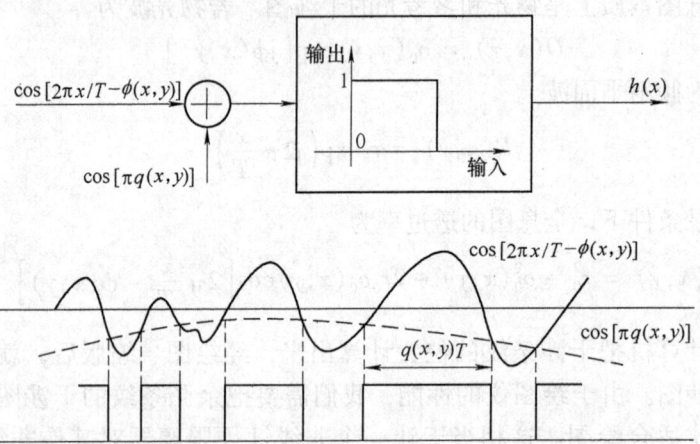

图 7-33　硬限幅器产生的脉冲宽度调制和脉冲位置调制

用单位振幅的平面波垂直照明式 (7-130) 所表示的计算全息干涉图，考虑 1 级衍射光，如 $m = -1$，透射光波为

$$U_t(x,y) = \frac{\sin[\pi q(x,y)]}{\pi}\exp\{-j[(2\pi x/T) - \phi(x,y)]\}$$

$$= \frac{o_0(x,y)}{\pi}\exp[j\phi(x,y)]\exp[-j2\pi x/T] \qquad (7\text{-}131)$$

式 (7-131) 表明，在 $\exp[-j2\pi x/T]$ 表示的载波方向完全再现出物光波前，包括其振幅和位相分布。

二元计算全息函数的取值为 0 或 1，满足输出函数 $h(x,y) = 1$ 的条件是

$$\cos\left[2\pi\frac{x}{T} - \phi(x,y)\right] \geq \cos[\pi q(x,y)]$$

也即

$$-\frac{q(x,y)}{2} \leq \frac{x}{T} - \frac{\phi(x,y)}{2\pi} + n \leq \frac{q(x,y)}{2} \qquad n = 0, \pm 1, \pm 2, \cdots$$

$$(7\text{-}132)$$

式中，n 是整数。

式 (7-132) 确定了计算全息干涉图上条纹的位置和形状，求解这个基本方程，确定画线边界，就可以用计算机控制绘图仪画出干涉图。

当物光波前只有位相变化时，可令 $q = 0$，基本方程简化为

$$2\pi x/T - \phi(x,y) = 2\pi n \qquad n = 0, \pm 1, \pm 2, \cdots \qquad (7\text{-}133)$$

此时，可以用细线条绘制全息图。计算全息干涉图特别适合于再现纯位相变化

的物波。

$\frac{1}{T}$ 等于载波的空间频率，其大小的选择与光学记录的离轴全息图相同，为使各级衍射光有效分离，应使 $\left(\frac{1}{T}\right)$ 大于物光波最高空间频率的 3 倍，见式 (7-31)。

例如，要绘制一个球面波的二元全息图，位相函数为

$$\phi(x,y) = \frac{\pi}{\lambda R}(x^2 + y^2) \tag{7-134}$$

式中，R 是球面波的曲率半径。

x 和 y 方向局部空间频率为

$$f_x(x,y) = \frac{1}{2\pi}\frac{\partial \phi(x,y)}{\partial x} = \frac{x}{\lambda R} \tag{7-135}$$

$$f_y(x,y) = \frac{1}{2\pi}\frac{\partial \phi(x,y)}{\partial y} = \frac{y}{\lambda R} \tag{7-136}$$

上式表明，局部空间频率随 x、y 线性变化，最大空间频率位于边沿。

假定全息图的直径为 5mm，$R = 0.8$m，当 $\lambda = 632.8$nm 时，球面波的最大空间频率近似为 5/mm。若选择载波空间频率为 20/mm（近似 4 倍），则全息图上条纹数为

$$N = 5 \times 20 = 100$$

计算全息干涉图特别适合产生用单纯光学方法难于实现的特殊相位变化的波前。例如，常用于产生抛物面、椭球面、圆锥面和各种自由曲面等复杂曲面，用于光学检验。图 7-34 是用于非球面检验的计算全息干涉图的局部放大图。

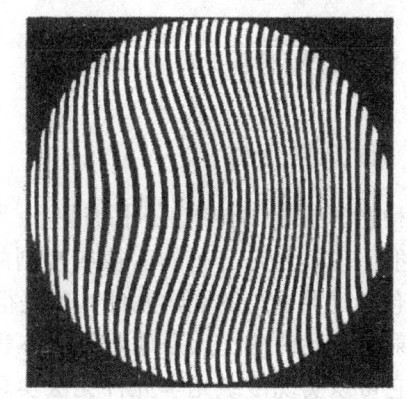

图 7-34　用于非球面检验的计算全息干涉图

7.8.6　相息图

相息图也是一种计算全息图，但它和一般的计算全息图有明显的不同：它只记录物光波的位相，而把物光波的振幅当作常数。由于忽略了振幅信息，这和一般意义上的全息图是有区别的。当物光波在全息图平面上的振幅分布近于常量（如漫射物体的光波场）时，位相是其主要信息，这样是可行的。

假定待记录的物光波是

$$O(x,y) = o_0\exp[j\phi(x,y)]$$

这是一个纯位相函数。一般计算全息是把光波信息转化为全息图的透过率变化或干涉图形记录在胶片上,而相息图则是将光波的位相信息以浮雕形式记录在胶片上。具体的制作过程是:对位相函数抽样,对抽样值取模数 2π 的余数,即在 $0\sim2\pi$ 之间取值。然后,以 M 级灰阶对位相值进行编码。早期成图方法是用精密阴级射线示波器将位相变化以光强形式记录在感光胶片上,曝光后的胶片经显影和漂白处理,可得到相息图。对感光胶片的曝光量、显影和漂白过程均应严格控制,才能使胶片上光学厚度的变化与所需记录的位相分布相匹配。图 7-35 右端是一个球

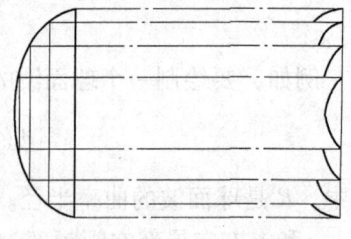

图 7-35 球面波的相息图

面波相息图的示意图,很像光学菲涅耳透镜,它的作用与左端的平凸透镜相同。

其他位相型记录材料,如光导热塑材料、重铬酸明胶等,也可用于制作相息图。另外,用计算机控制的电子束、离子束刻蚀技术,可以产生高质量的相息图。

相息图的优点是衍射效率特别高。照明相息图后再现出单一的波面,没有共轭像或多余的衍射级次。

7.9 二元光学

7.9.1 衍射光学元件

各种光学系统中传统采用的透镜、反射镜、棱镜都是折、反射光学元件。基于衍射原理实现光分布的变换或控制的光学元件称衍射光学元件。全息光学元件(包括计算全息的光学元件)就是衍射光学元件。

衍射光学元件的优点是质量轻,体积小,制造成本低,通常可以有更宽的视场。它可以实现传统光学元件无法实现的一些功能。例如,用单个衍射光学元件同时产生几个不同的焦点。既然基于衍射原理,衍射光学元件的固有缺点是高色散,因此最适合用于单色光的系统。衍射光学元件也可以和其他的折射光学元件或附加的衍射光学元件共用,以便降低色散,使之可用于非高度单色光的系统。

衍射光学元件已有了很多应用,例如光盘光学头、激光光束整形、光栅分束器、干涉测试系统中的参考元件等。

7.9.2 二元光学元件[13]

二元光学(Binary Optics)的概念是美国 MIT 林肯实验室威尔德坎普

（Veldkamp）等于1987年首先提出的，是在计算全息与相息图制作技术基础上发展起来的新兴的光学分支，属微光学范畴。二元光学是指基于光波的衍射理论，通过计算机辅助设计，采用超大规模集成电路（VLSI）制造技术（光刻或微细加工），在片基上刻蚀产生两个或多个台阶深度的浮雕结构（深度1到几个微米），获得纯位相、同轴再现、具有极高衍射效率的一类衍射光学元件，即二元光学元件。

二元光学元件除了具有体积小、质量轻、便于模压复制、制造成本低等优点，还具有下述独特的功能和特点：

1）作为纯相位的衍射光学元件，衍射效率高，而且阶数越高，衍射效率越高，可接近100%。

2）利用其色散特性，与折射光学元件共用，构成混合光学元件。在光学系统中，常规折射光学元件提供主要的聚焦功能，而利用二元光学元件的表面浮雕型位相结构同时校正球差和色差。

3）二元光学元件是将二元浮雕结构刻蚀在玻璃、电介质或金属基底上，可用材料选择范围大。从远紫外到红外材料都可用，从而极大扩展了有用的光学成像的波段。

4）设计二元光学元件时，可通过改变环带的位置、槽宽和槽深、槽形结构达到调制波面的设计要求，设计变量较多。相对于传统折射透镜，它的设计自由度大。

5）二元光学元件可以产生一般折射光学元件所不能实现的光波面。单一元件可能具有多种功能。采用亚波长结构还可以得到宽带、大视场、消反射和偏振等特性。二元光学元件对于光学系统的小型化、集成化意义重大。

图7-36是由折射透镜演变成2π模的连续浮雕及多阶浮雕结构二元光学元件的示意图。对折射透镜的每一点的位相值减去2π的整数倍，可得到连续浮雕衍射透镜的位相分布。二元光学元件则用离散的台阶型位相分布来近似连续位相分布。

衍射效率是二元光学元件的重要性能参数。如图7-37所示，以锯齿型位相变化的闪耀光栅为例进行讨论。当峰—峰值位相差严格为2π时，100%的入射光可衍射到某个1级方向。把位相函数（或厚度函数）量化为$L=2^N$个离散的阶次（可通过N次套刻制成），相邻台阶之间位相差为$2\pi/L$。

一维形式的闪耀光栅的透射函数可以表示为

$$t(x) = \sum_m \delta(x - mT) * \text{rect}\left(\frac{x}{T}\right) e^{j2\pi f_0 x} \tag{7-137}$$

式中，$f_0 = (n-1)d/\lambda T$；λ为波长；T为周期；d为锯齿深度；n为材料折射率；m为整数。

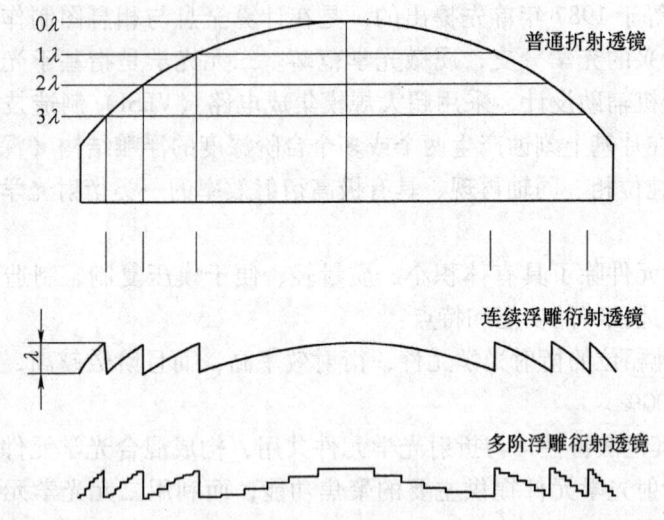

图 7-36 折射透镜到二元光学元件浮雕结构的演变

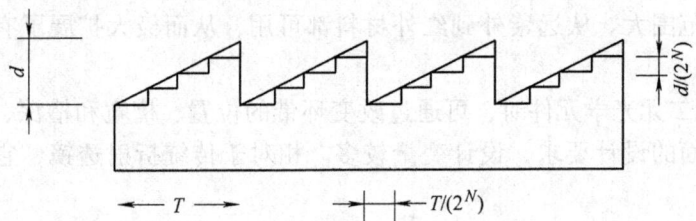

图 7-37 闪耀光栅的锯齿型轮廓及其二元光学近似（$N=2$）

光栅的频谱为

$$T(f) = \sum_m \delta(f - \frac{m}{T}) \operatorname{sinc}[T(f-f_0)] \tag{7-138}$$

采用单位振幅的平面波垂直入射光栅，第 m 级的衍射波的振幅为

$$\alpha_m = \operatorname{sinc}\left[T\left(\frac{m}{T} - f_0\right)\right] \tag{7-139}$$

第 m 级的衍射效率

$$\eta_m = \operatorname{sinc}^2\left[m - \frac{(n-1)d}{\lambda}\right] \tag{7-140}$$

通常令光栅对第 1 级闪耀（$m=1$），即 $\eta_1 = 1$。此时应满足条件 $d = \dfrac{\lambda}{n-1}$。

把它量化为 $L = 2^N$ 个台阶的二元光学光栅器件后，透射函数表示为

$$t'(x) = \sum_m \delta(x - mT) * \left[\sum_{k=0}^{L-1} \exp(j2\pi k f_0 T/L) \cdot \operatorname{rect}\left(\frac{x - kT/L}{T/L}\right)\right]$$

其频谱为

$$T'(f) = \frac{1}{T}\sum_m \delta\left(f - \frac{m}{T}\right) \cdot \sum_{k=0}^{L-1} \frac{T}{L}\mathrm{sinc}\left(\frac{Tf}{L}\right)\exp\left[\mathrm{j}2\pi k \frac{T}{L}(f_0 - f)\right] \quad (7\text{-}141)$$

$$= \frac{1}{L}\sum_m \delta\left(f - \frac{m}{T}\right)\mathrm{sinc}\left(\frac{Tf}{L}\right)\sum_{k=0}^{L-1}\exp\left[\mathrm{j}2\pi k \frac{T}{L}(f_0 - f)\right] \quad (7\text{-}142)$$

采用单位振幅的平面波垂直入射光栅，对 $m = 1$，有 $f = \frac{1}{T}$，若满足条件 $d = \frac{\lambda}{n-1}$，有 $f_0 = \frac{1}{T}$。第 1 级的衍射波振幅为

$$\alpha_1 = \mathrm{sinc}\left(\frac{1}{L}\right) \quad (7\text{-}143)$$

1 级闪耀的衍射效率为

$$\eta_1 = \mathrm{sinc}^2\left(\frac{1}{2^N}\right) \quad (7\text{-}144)$$

公式表明，当 $N\to\infty$ 时，+1 级衍射效率接近 100%，而其他衍射级将趋于零。相位台阶数愈多，性能愈接近连续锯齿型闪耀光栅。

上述分析是基于标量衍射理论讨论的结果。当二元光学元件最小特征尺寸远大于光波波长时，可以采用标量衍射理论进行设计和分析；而当二元光学元件最小特征尺寸可与光波长相比较甚至小于光波长时，用标量衍射理论分析其特性，带有明显的偏差。此时，应该采用更严格的矢量衍射理论，考虑光波的偏振性质以及不同偏振光之间的相互作用。

7.9.3 二元光学元件的制作

二元光学元件是用大规模集成电路的光刻技术加工而成的。图 7-38 表示出作为闪耀光栅的二元光学元件的制作过程。首先，需要在待刻片基（硅或玻璃）上涂敷光刻胶（光致抗蚀剂）感光层，并制作所需的二元掩膜。通常可通过电子束曝光制作精细的高质量掩膜。制作 $L = 2^N$ 个位相台阶的二元光学元件需要 N 个不同的掩膜。图 7-38a 所示为透过掩膜对涂敷有光刻胶的片基曝光。掩膜透光单元宽度为所需制作光栅周期的 $1/2^N$。曝光后通过显影，可去除光照区的光刻胶，留下未受光照区的光刻胶。图 7-38b 所示为通过离子束对已除去光刻胶的区域进行刻蚀，第一次刻蚀的深度为所制作光栅最大深度的 $1/2^N$。图 7-38c 所示为透过第二个掩膜（透光宽度为所制作光栅周期的 $1/2^{N-1}$）对再次涂敷光刻胶的片基曝光。显影后，第二次用离子束刻蚀，刻蚀深度为所制作光栅最大深度的 $1/2^{N-1}$，见图 7-38d。图 7-38 中只给出 4 个位相台阶的元件的制作过程，对于 2^N 个位相台阶的元件，就需要 N 个不同的掩膜，进行 N 次曝光、显影和刻蚀。

如刻蚀轮廓选用薄的金属层，可以制作反射的二元光学元件。采用电子束曝光，掩膜的精度可以控制到 0.1μm。多次套刻时，要求掩膜精确定位和对准，并高精密控制刻蚀深度。这些都影响二元光学元件的制作精度。二元光学元件的衍射效率一般都能达到 80%~90%。

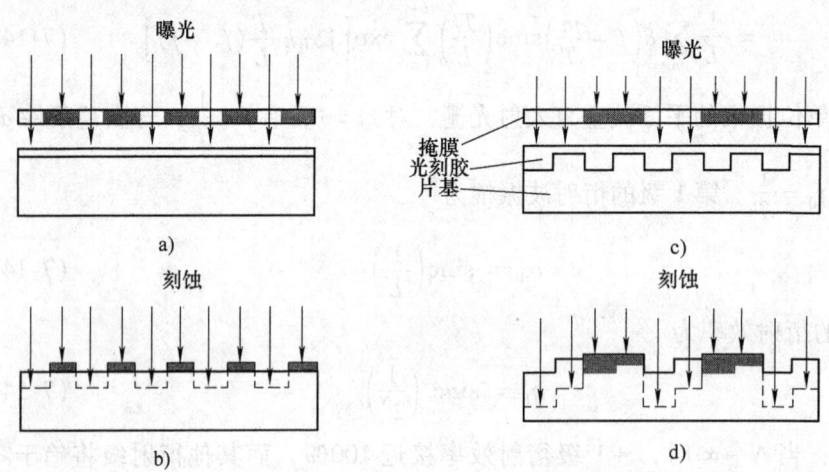

图 7-38　二元光学元件的制作[1]

二元光学元件具有传统折射光学元件不可能具有的特殊功能，应用前景广阔。但因为是衍射光学元件，对波长敏感。由于位相量化引入噪声也不可避免，所以它还不能完全替代传统光学元件，只能作为重要的补充。一些应用的实例包括：

二元光学元件与折射光学元件相配合，校正光学系统像差。例如，利用折射和衍射系统色散特性相反的特点，校正色差。

利用二元光学元件可产生任意波面的灵活性，用于非球面检测及用作光学信息处理中的位相滤波器。

用二元光学元件制作高密度微透镜阵列，用于准直半导体激光器阵列发出的激光束。

制作 Damman 光栅，可产生一系列等光强的衍射级次。用于多光束分束、多重成像、光学互连、光纤星形耦合等。

制作红外辐射聚焦器，用于主动或被动式激光雷达的红外传感器中，或激光加工、热处理和眼科手术中。制作微波辐射聚焦器，可用于核磁聚变。

制作光盘读写头，可同时具备分光、聚焦误差检测、跟踪误差检测三项功能。

近年来，二元光学研究已扩展到亚波长尺度，进入一个崭新的研究领域——纳米光学。电磁波经过纳米光学结构的调制，能产生超衍射传输和纳米尺度的能量局域放大和会聚等现象。纳米光学器件在超衍射分辨成像、X 射线显微成像、新型活性发光器件、无反射表面、隐身吸波技术等方面有了越来越多的应用，显示出强大的生命力。

7.10 记录介质

光学全息和光学信息处理中常用的记录介质有卤化银乳胶（照相胶片）、重铬酸盐明胶、光致抗蚀剂、光致聚合物、光折变材料、光导热塑料等。本节介绍这些记录介质的工作机理和性能。

7.10.1 卤化银乳胶

卤化银乳胶是一种广泛使用的记录材料。在全息照相中用来记录波前，产生全息图；在散斑照相中用来记录散斑图；在光学信息处理中则可用来制作输入信号透明片、滤波器（频率平面模片）及记录输出信息。下面从应用角度给出它的一些基本性质。

1. H—D 曲线

通常照相底片由片基和乳胶层组成。片基可以是玻璃或醋酸盐胶片。乳胶层则由大量微小的卤化银晶粒均匀分布在明胶衬底上构成。曝光时，吸收光能量的晶粒形成一些金属银的小斑点（显影中心）。在显影过程中，这些细小的显影中心会促使整个卤化银晶粒变成金属银沉积下来。而没曝光或没有吸收足够能量的晶粒保持不变。定影时可除去未曝光的卤化银晶粒，而留下金属银。金属银粒在可见光波段是不透明的，显影后胶片或干板的透过率取决于透明片上银粒的密度分布。

用曝光量 E 表示入射到胶片上单位面积的能量，则

$$E = IT \tag{7-145}$$

式中，I 为曝光光强；T 为曝光时间。

显影后胶片的强度透过率 τ 为

$$\tau(x,y) = \left\langle \frac{I_t(x,y)}{I_i(x,y)} \right\rangle \tag{7-146}$$

式中，I_t、I_i 分别为 (x, y) 点的透射光强和入射光强；〈 〉表示局域平均。

照片光密度 D 定义为

$$D = \log_{10}\left(\frac{1}{\tau}\right) \tag{7-147}$$

通常用 H—D 曲线描述照片光密度与曝光量对数之间的关系。图 7-39 为负

片的典型 $H-D$ 曲线，显然它是非线性的。当曝光量小于 E_{TN} 时，密度与曝光量无关，有极小值 D_{Nmin}，称为灰雾。超过曲线趾部时，密度随 $\log_{10}E$ 线性增大。在线性区密度与曝光量关系可以表示为

$$D_N = \gamma_N \log_{10} E - D_0 \qquad (7\text{-}148)$$

式中，γ_N 是曲线在线性区的斜率；$-D_0$ 是直线区段延长线与 D 轴交点的密度值；下标 N 均表示负片。

当曲线达到肩部，即曝光量超过 E_{SN} 时，进入饱和区，光密度达最大值 D_{Nmax}。曝光量继续增大，D 不再变化。

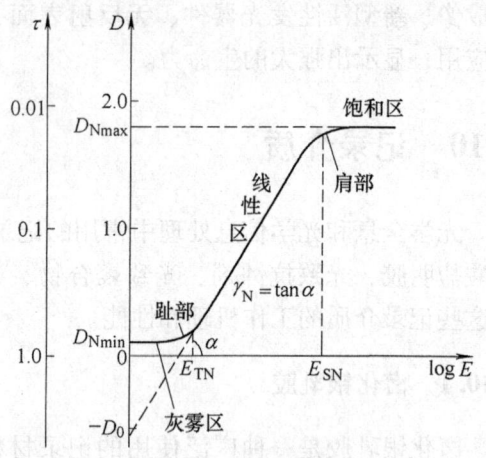

图 7-39 负片的 $H-D$ 曲线

γ_N 值大的胶片，称为高反差胶片；γ_N 值小的则称为低反差胶片。γ_N 值的大小与乳胶的类型、显影剂以及显影时间有关。若胶片、显影剂和显影时间选择得当，可相当精确地得到预定 γ 值。

笔者曾提出在远离肩部和趾部的区域，胶片的非线性 $H-D$ 曲线可用下述数学模型近似：

$$D_N \approx \gamma_N \log_{10} \sqrt{\frac{1+(E/E_{TN})^2}{1+(E/E_{SN})^2}} + D_{Nmin} \qquad (7\text{-}149)$$

2. 胶片作为线性变换元件

（1）胶片用于非相干光学系统　非相干系统以强度作为系统传递的基本量，要求胶片将曝光时的入射光强 I 线性变换为显影后透明片的光强透过率。

假定胶片是在 $H-D$ 曲线的线性区内记录，密度可以改写为

$$D_N = \gamma_N \log_{10}(IT) - D_0$$

根据光密度定义式（7-117），可得到

$$\log_{10} \tau_N = -\gamma_N \log_{10}(IT) + D_0$$

因而

$$\tau_N = 10^{D_0}(IT)^{-\gamma_N} = K_N I^{-\gamma_N} \qquad (7\text{-}150)$$

式中，$K_N = 10^{D_0}(T)^{-\gamma_N}$，是正常数。

无论 γ_N 取何正值，式（7-150）给出的负片的强度透过率与曝光光强之间的关系总是非线性的。为得到线性关系，需要通过接触翻印，得到一张正片。办法是用第一张负片紧贴在另一张未曝光的胶片上，用强度为 I_0 的非相干光照

射。第二张胶片上的曝光光强为 $\tau_{N1} I_0$，它的强度透过率

$$\begin{aligned} \tau_P &= K_{N2} (I_0 \tau_{N1})^{-\gamma_{N2}} \\ &= K_{N2} I_0^{-\gamma_{N2}} \cdot K_{N1}^{-\gamma_{N2}} I^{\gamma_{N1}\gamma_{N2}} \\ &= K_P I^{-\gamma_P} \end{aligned} \tag{7-151}$$

式中，$K_P = K_{N2} K_{N1}^{-\gamma_{N2}} I_0^{-\gamma_{N2}}$，是正常数；$\gamma_P = -\gamma_{N1}\gamma_{N2}$ 是负数，但是两步过程中总的指数 $(-\gamma_P)$ 为正值。

显然，只有在 $(-\gamma_P) = 1$ 的特殊情况下，正片的强度透过率与曝光光强成正比。把它放入非相干系统，就实现了对强度的线性变换。

(2) 胶片用于相干光学系统　在相干光学系统中，复振幅是系统传递的基本量。要求胶片将曝光光强 I 线性变换为显影后透明片的复振幅透过率。

利用图 7-40 所示液门消除胶片（片基和乳胶）厚度变化造成的位相起伏。可以把胶片的复振幅透过率表示为

$$t(x,y) = \sqrt{\tau(x,y)} \tag{7-152}$$

于是有

$$t(x,y) = K I^{-\gamma/2} = K |U|^{-\gamma} \tag{7-153}$$

式中，U 是曝光期间入射光场的复振幅；K 为常数；对负片 γ 为正，正片 γ 为负。

显然，只要使正片总 γ 值等于 (-2)，胶片的复振幅透过率将与曝光光强 I 成线性关系，称之为二次方律作用。

事实上，任意 γ 值的正片或负片都能在有限动态范围内得到二次方律作用。由 t—E 曲线很容易看出这一点。图 7-41 给出负片的典型复振幅透过率与曝光量关系曲线。在线性区有

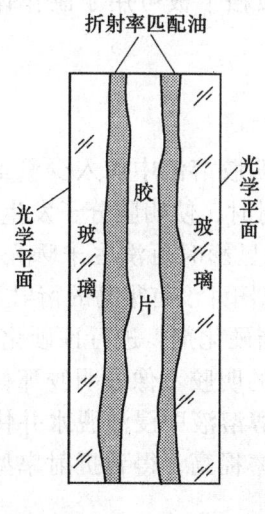

图 7-40　液门

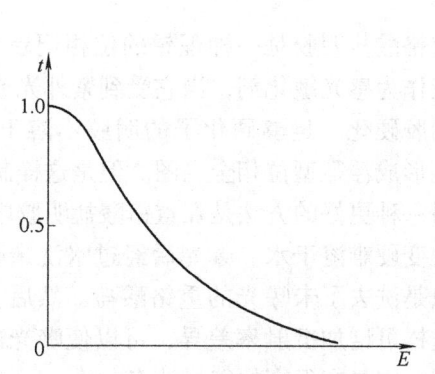

图 7-41　负片的 t—E 曲线

$$t(x,y) = t_0 + \beta E(x,y)$$
$$= t_0 + \beta' I(x,y) \qquad (7\text{-}154)$$

式中，t_0 为常数；β 是曲线的直线区段的斜率，$\beta' = \beta T$。

对于负片，β 和 β' 为负数。通常记录时，控制平均曝光量使胶片"偏置"到 t—E 曲线线性区的一个工作点上，这时有

$$t(x,y) = t_b + \beta'[\Delta I(x,y)] \qquad (7\text{-}155)$$

式中，t_b 为偏置透过率；ΔI 表示光强变化量。

应当指出，能得到最大动态范围的偏置点一般落在相应 H—D 曲线的趾部附近。

3. 全息照相干板

全息照相干板和普通照相胶片虽然都是由卤化银乳胶构成的，但全息照相干板的分辨率要高得多，通常大于 2000 周/mm。普通照相胶片 200 周/mm 已是较高的。当然分辨率高，意味着灵敏度低。因此，需要更大的曝光量（也即能量密度）。

典型的全息干板 Kodak649F 光谱干板是全色干板，用于可见光范围，能记录彩色全息图。分辨率大约 2000 周/mm，干板上乳胶厚度约 15μm，是一般全息干板乳胶厚度的两倍。不过 649F 全息胶片的乳胶厚度为 5μm 左右。通常灵敏度大小是以振幅透过率达到 0.5 所需的能量密度来度量的。649F 的灵敏度约 80μJ/cm^2。Agfa-Gevaert 的 10E75 灵敏波长是 694nm，分辨率小于 2800 周/mm，灵敏度为 1μJ/cm^2。

全息照相干板不仅可用来制作振幅全息图，也可经过漂白工艺把它转化为位相全息图，以提高衍射效率。厚乳胶层的全息照相干板可用于制作体积全息图。

7.10.2 重铬酸盐明胶（DCG）

重铬酸盐明胶是一种理想的位相记录介质。在明胶溶液中加入少量重铬酸盐溶液作为感光敏化剂，当它受到紫外光或蓝光照射时，使明胶分子发生交联，而使明胶硬化。足够硬化了的明胶不溶于水，水洗显影时可洗去未曝光部分，因而能形成浮雕型位相全息图。但是这样制成的全息图并没有很高的衍射效率。

另一种更好的方法是在重铬酸盐明胶中加入适当硬化剂，进行预硬化处理，使明胶变硬难溶于水。曝光后经过水洗未曝光部分的明胶不像软明胶那样被洗掉，只是洗去了未曝光的重铬酸盐。然后，在异丙醇溶液中浸泡脱水并快速干燥，这样可增加折射率差异，可以使曝光部分折射率提高，得到折射率型位相全息图。它具有很高的衍射效率。

重铬酸盐明胶可以涂布成厚度为 1~20μm 的薄膜，可用来制作平面型和体

积型位相全息图，分辨率高，空间频率达到 5000 周/nm，衍射效率可超过 90%。用重铬酸盐明胶作为记录介质，曝光时要用氩离子激光的 515nm 波长和 488nm 波长或者氦-镉激光的 442nm 波长。

这种记录介质由于具有高衍射效率和低噪声的优点，适于制作反射全息图和全息光学元件。但灵敏度低，达 $(50\sim100)$ mJ/cm^2，需要很大曝光量。它的缺点是在高温高湿环境下容易消像，不能长时间存放。通常需经封胶处理，才能长期保存。使用时可自己制备。最简便的方法是将银盐全息干板放在定影液中使卤化银溶解掉，在水中和甲醇中清洗后，再在重铬酸盐溶液中浸泡加以敏化，最后经干燥就得到可供使用的重铬酸盐明胶。

7.10.3 光致抗蚀剂

光致抗蚀剂也即光刻胶，分为正胶和负胶，常采用正胶记录浮雕型位相全息图。其作用机理是：光刻胶在光照下发生光化学反应，其结果是使曝光部分比未曝光部分具有溶解速度快 200 倍的溶解力。曝光后的干板置于稀碱溶液中显影，曝光区便迅速溶解，相比之下未曝光区溶解极其缓慢，使光刻胶表面形成凹凸不平的浮雕条纹，再用水洗掉表面碱溶液，完成后处理过程。

光致抗蚀剂对紫外光灵敏度高，曝光时间可达秒量级。对氦-镉激光（441.6nm）灵敏度降低近一半。用氩离子激光（457.9nm）灵敏度更低，曝光量达 $(50\sim120)$ mJ/cm^2，曝光时间达几百秒乃至几十分钟。

光刻胶分辨率较卤化银乳胶低，一般达 1500 周/mm 以上。

光致抗蚀剂制作浮雕全息图通常用作大批量模压复制全息图的母板，用于全息压印复制。

7.10.4 光致聚合物

光致聚合物是一种感光性高分子材料。作为全息记录介质，它主要用于记录位相全息图，由于涂敷层可以较厚（如 8mm），便于制作厚位相全息图，衍射效率高。

位相全息图记录的机理应考虑两方面：厚度变化和折射率变化。曝光前，受光照的单体和成膜树脂呈均匀分布。曝光时，受光照的单体聚合或交联。随着单体转换成高聚合物发生体积收缩，促使未曝光暗区的单体向曝光区扩散。从而使曝光区单体浓度大，未曝光区单体浓度低。由于成膜树脂和单体的折射率差别大，形成折射率调制，产生全息图像。激光曝光后的均匀曝光和后烘都使单体进一步聚合和扩散，进一步提高曝光区和未曝光区的折射率差（如折射率变化 0.2%～0.5%）以及厚度变化，从而提高衍射效率，并使图像更稳定。

光致聚合物用于制作体积全息图分辨率高，但灵敏度低（在 mJ/cm^2 量级）。

典型产品有美国杜邦（Dupont）公司生产的 HRF 系列和 Omni Dex 系列以及美国 Polaroid 公司的 DMP-128 系列光致聚合物全息记录材料。

7.10.5 光折变材料

许多晶体如铌酸锂（LiNbO₃）、钛酸钡（BaTiO₃）、硅酸铋（BSO）、锗酸铋（BGO）、钽铌酸钾（KTN）、铌酸锶钡（SBN）等具有光折变效应，称之为光折变晶体或光折变材料。

所谓光折变效应是指光致折射率变化的效应。它是发生在电光晶体内部的一种复杂的光电过程。当适当波长的光入射到晶体上时，产生光激发电荷载流子（电子或空穴），由于扩散、漂移、光生伏特等效应单独或综合作用，载流子携带电荷在晶体点阵中迁移，并在新的位置被陷阱重新俘获。经过再激发、再迁移、再俘获，最终离开光照区而在暗区被电子（空穴）陷阱俘获。这导致晶体内空间电荷重新分布，从而形成与光场分布相对应的空间电荷场。由于线性电光效应，晶体内部的空间电荷场将产生相应的空间折射率变化对入射偏振光进行调制。

图 7-42 所示为两单色平面波干涉产生的余弦条纹型光强分布及其所导致的电荷分布、电场分布和折射率分布。由于电荷载流子携带正电荷向光强分布为零的位置迁移，导致电荷分布与入射光强分布位相相差 π（反相）。而电场正比于电荷的空间导数，所以电场分布与电荷分布位相相差 $\frac{\pi}{2}$，也就与入射光强分布相差 $\frac{\pi}{2}$。

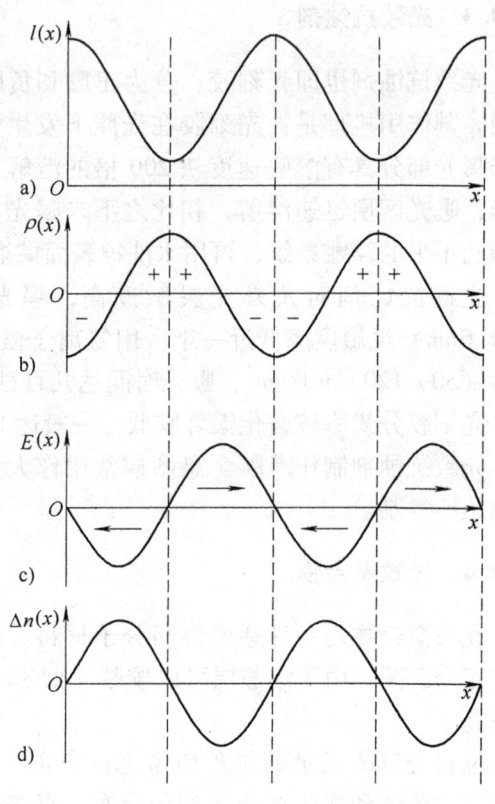

图 7-42　光折变材料中入射余弦光强分布及其产生的电荷分布、电场分布、折射率变化
a) 入射余弦光强分布　b) 电荷分布
c) 电场分布　d) 折射率变化

对于线性电光效应，折射率变化正比于电场。因此，最终生成的折射率变化的

位相光栅与曝光的强度分布位相相差 $\frac{\pi}{2}$ [1]。

折射率位相光栅的调制幅度为

$$\Delta n = -\frac{1}{2}n_0^3 \gamma E \tag{7-156}$$

式中，n_0 是不存在电场时材料的折射率；γ 是材料的有效电光系数；E 是调制光强诱导的空间调制电荷场。

曝光时的条纹图与折射率位相光栅之间存在 $\frac{\pi}{2}$ 的相移，这是光折变光栅与普通全息光栅的重要区别，也是光折变光栅的重要性质，这一性质对在曝光过程中两个干涉光束之间的能量传递起着重要作用，因而在光波耦合、相干光放大、相位共轭等领域有重要应用。

有时需要在光折变晶体上与光栅平面正交的方向施加外部电压以便诱导电荷迁移的漂移成分，这样可提高干涉图中低空间频率成分的晶体衍射效率。不加电压时，低频成分比高频成分衍射效率低。

光折变材料在全息信息存储和光学信息处理中有许多应用。作为全息记录介质，主要问题是激光读出时，所储存的全息图会部分、甚至全部被擦除。从光折变光栅形成机理不难理解，当晶体写入光栅后又被敏感波长的光照射，陷阱中被俘获的载流子再次被激发，并在晶体中重新分布，会使晶体内位相光栅消失，使光折变晶体恢复常态。已研究了各种"固定"技术，延长光折变晶体的存储寿命，并使其对读出光不敏感。

铌酸锂是应用广泛的光折变材料。它容易长成大尺寸的光学质量优良的晶体，其写入和擦除灵敏度受掺杂浓度和外加电压的控制。由于动态范围大，可在晶体中存储大量全息图。它的存储持久性较长，并可"固定"。$LiNbO_3$ 的缺点是灵敏度较低。$BaTiO_3$ 和 SBN 等也是适合全息存储的材料。

7.10.6 光导热塑料

光导热塑料是一种浮雕型位相记录介质。图 7-43 给出其结构。在玻璃片基上先涂布一层透明的导体（如氧化锡）作为电极。再敷上一层光电导体，最上层是热塑料。

图 7-44 示出光导热塑料的整个工作过程。它包括五个步骤：

（1）充电 首先在暗室中将热塑料表面和透明导体之间加上均匀的静电电位，使片子敏化。

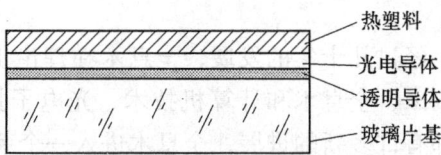

图 7-43 光导热塑料的结构

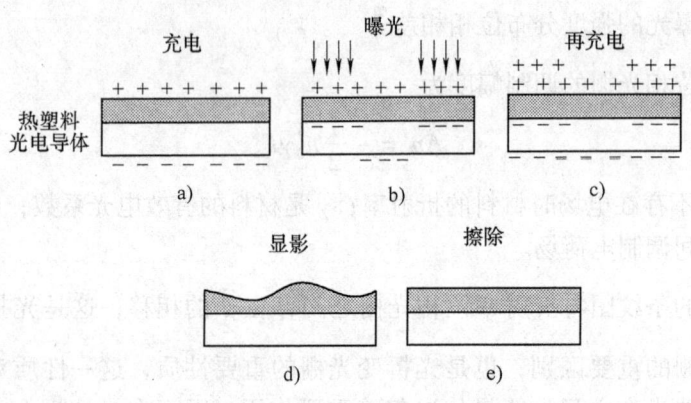

图 7-44　光导热塑料工作过程
a) 充电　b) 曝光　c) 再充电　d) 显影　e) 擦除

（2）曝光　记录全息干涉图形时，曝光部分光电导体放电，在放电面积内，电子沉积到热塑料的底面。在这些部分，热塑料表面上的电位下降，但热塑料的表面电荷密度未发生变化。

（3）再充电　在热塑料表面上再次普遍充电到由电晕装置所决定的原有的电位值。从而在曝光区贮存了附加电荷。原来因曝光引起的表面电位变化才转化为相应的表面电荷密度变化，变成可显影的静电潜影。

（4）显影　对热塑料瞬时加热（60～100℃），使其软化，热塑料受局部电场力而变形。在高电位（曝光区）处变薄，其他部分则较厚。迅速冷却到室温时，变形即冻结，此即定影。形成浮雕型位相全息图。

（5）擦除　对热塑料再加热，温度提高到高于显影温度，使其厚度恢复均匀，然后冷却就消去了全息图。

光导热塑料的优点是衍射效率高，可以擦除后重复使用。它对可见光敏感，是干显影，适合于实时观察。其布拉格效应小，可记录理想的平面全息图。缺点是分辨率低，小于 2000 周/mm，难以制备高质量均匀厚度的薄膜。

7.11　全息术的应用

经过几十年的发展，全息术在理论上已日渐成熟，技术上不断进步。21 世纪以来，全息术和计算机技术、光电子技术结合更加紧密，理论研究和应用领域都有许多新的进展，全息术进入一个新的发展阶段。

全息术的应用主要包括：全息显示、全息干涉计量、全息光学元件、全息显微术、全息信息存储、全息复空间滤波器及在光信息处理中的应用等。

7.11.1 全息干涉计量

全息干涉计量是全息应用的一个重要领域。物体的信息包含在物光波前中，由于全息术可以记录并再现出物光波前，这使我们有可能用一个标准波前与一个变形物体产生的波前相比较而实现干涉计量。普通干涉只能测量抛光的透明物体或反射面；全息干涉可以测量透明或不透明的物体，甚至三维的漫反射表面。还可以由表面的变化检测物体内部的缺陷，实现材料的无损检验。

有许多种全息干涉方法。本节仅介绍常用的单次曝光法、二次曝光法和时间平均法。

1. 单次曝光法（实时法）

单次曝光法是通过一次曝光把物体标准波前记录在全息图上，然后使它再现出来，与另一时刻物体变形后产生的波前进行比较。例如，标准物光波前和参考光在记录底片平面的光场分布为

$$O(x,y) = o_0(x,y)\exp[j\phi_0(x,y)]$$
$$R(x,y) = r_0(x,y)\exp[j\phi_r(x,y)]$$

记录的光强分布为

$$I(x,y) = o_0^2 + r_0^2 + r_0 o_0 \exp[j(\phi_0 - \phi_r)] + r_0 o_0 \exp[-j(\phi_0 - \phi_r)]$$
(7-157)

显影处理后，假定全息图的复振幅透过率与曝光光强成正比，即

$$t(x,y) = t_b + \beta' o_0^2 + \beta' r_0 o_0 \exp[j(\phi_0 - \phi_r)] + \beta' r_0 o_0 \exp[-j(\phi_0 - \phi_r)]$$
(7-158)

全息图精确复位后，用原参考波和物体变形后发出的光波同时照明全息图。见图 7-45，在各项透射光波中，我们关心的是

$$U_t(x,y) = \beta' r_0^2 o_0 \exp(j\phi_0) + (t_b + \beta' o_0^2) o_0 \exp(j\phi_0')$$
(7-159)

式中，第一项是由原参考波再现出的原始标准物波，它在原物体位置产生一个虚像；第二项是物体由于加载或加热等因素产生微小位移或变形后所发出的变形的光波前（假定振幅不变），它在通过全息图时受到衰减。这两项均在同一方向传播，将产生干涉。

干涉条纹的强度分布为

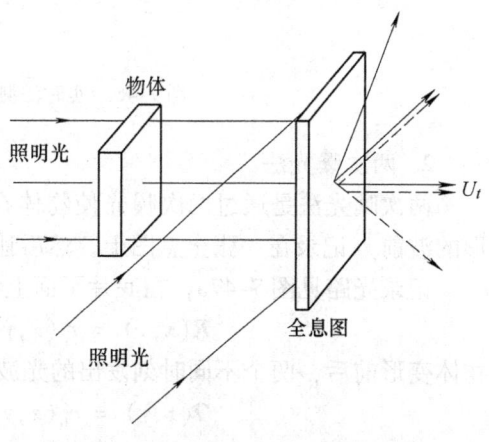

图 7-45 单次曝光法全息图的再现

$$I_t(x,y) = U_t(x,y)U_t^*(x,y)$$
$$= o_0^2[\beta'^2 r_0^4 + C^2 + 2\beta' r_0^2 C\cos(\phi_0 - \phi_0')]$$
(7-160)

式中，$C = t_b + \beta' o_0^2$。

只要记录时参考角选择适当，其他各项衍射光波不会影响干涉场的观察。

当物体表面变化时，干涉图样随之变化，因而可以实时地观察研究物体在不同时刻下的状态，观察到所谓"活"的条纹。也可更换被测物体，故又称为实时法。这种方法的缺点是全息图复位误差以及照相乳胶皱缩都会使再现的标准波前引入误差，影响测量精度。由于相干涉的两束光波振幅很不相同，干涉条纹对比不好。

图 7-46 所示光路可用于测量凹球面误差。M_1 为标准凹面反射镜，用它产生物光，M_2 的反射光作参考光拍摄全息图。显影处理后，精确复位，再放入待检凹面镜 M'。在全息图 H 后方观察干涉条纹，可确定面形误差。

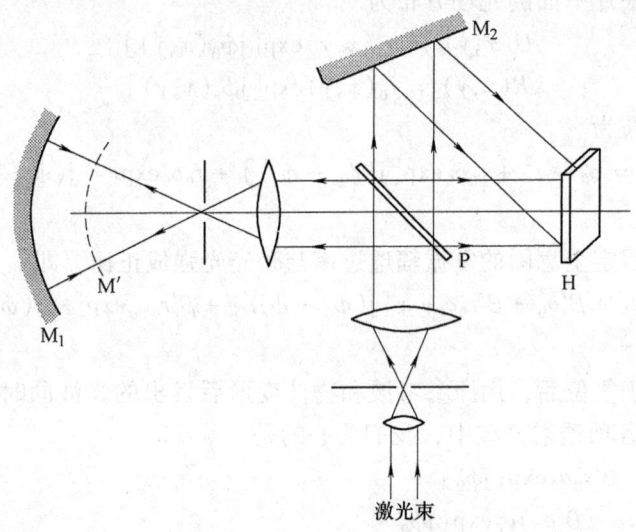

图 7-46 实时法测量凹球面的光路

2. 两次曝光法

两次曝光法是通过两次曝光使物体在不同时刻发出的光波前（标准的和变形的波前）记录在一张全息图上，然后让它们同时再现出来进行比较。

记录光路见图 7-47a，在底片平面上参考波产生的光场分布为

$$\boldsymbol{R}(x,y) = r_0(x,y)\exp[j\phi_r(x,y)]$$ (7-161)

物体变形前后，两个不同时刻发出的光波前为

$$\boldsymbol{O}(x,y) = o_0(x,y)\exp[j\phi_0(x,y)]$$ (7-162)

$$\boldsymbol{O}'(x,y) = o_0(x,y)\exp[j\phi_0'(x,y)]$$ (7-163)

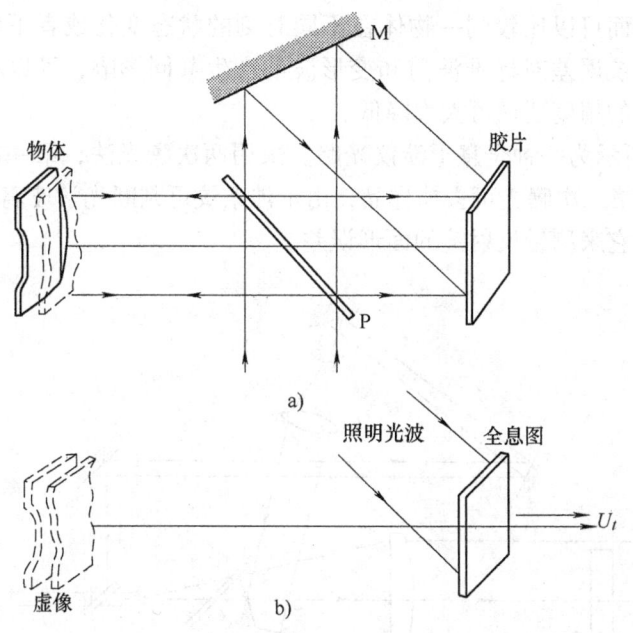

图 7-47 两次曝光法全息图的记录与再现
a) 记录 b) 再现

假定两次曝光时间相同，总的曝光光强为

$$I(x,y) = |O+R|^2 + |O'+R|^2 = 2(r_0^2 + o_0^2) + o_0 r_0 \exp[j(\phi_0 - \phi_r)] +$$
$$o_0 r_0 \exp[-j(\phi_0 - \phi_r)] + o_0 r_0 \exp[j(\phi_0' - \phi_r)] +$$
$$o_0 r_0 \exp[-j(\phi_0' - \phi_r)] \tag{7-164}$$

显影处理后，假定全息图的复振幅透过度正比于曝光光强，则有

$$t(x,y) = t_0 + \beta' I(x,y) \tag{7-165}$$

再现时仅用原参考波照明全息图，在各项衍射光波中我们关心的是再现出的两项原始物光波前（见图 7-47b）为

$$U_t(x,y) = \beta' o_0 r_0^2 \exp(j\phi_0) + \beta' o_0 r_0^2 \exp(j\phi_0') \tag{7-166}$$

这两项在同一方向传播可以干涉。干涉条纹的强度分布为

$$I_t(x,y) = U_t(x,y) U_t^*(x,y) = 2\beta'^2 o_0^2 r_0^4 [1 + \cos(\phi_0 - \phi_0')] \tag{7-167}$$

两次曝光全息干涉法可比较变形前后两个时刻下物体状态的变化。因为变形前后的两个物光波前已永久性记录在全息图中，全息图不需要精确复位。它不能在外界条件变化的同时，实时观察物体状态的变化。由式（7-167）可知干涉条纹对比很好。

不难看出全息干涉法与普通干涉法的区别。普通干涉法采用分振幅法或分波前法，相比较的波前来自两支光路，在同一时刻进行比较。在全息干涉法中标准波前和变形波前均来自同一支光路，只是记录的时刻不同而已，是一种时间分割法。因而可以比较同一物体在不同时刻的状态变化或者不同物体之间的细微差异。系统误差对标准波前和变形波前产生共同影响,可以相互抵消。从而对光学元件的精度要求可大大降低。

图 7-48 所示为一种全息干涉仪光路。采用两次曝光法,第一次曝光时放入样品玻璃 G,第二次曝光可去掉样品,由干涉条纹可判断光学玻璃折射率的不均匀性。也可用它来测量反射镜的面形误差。

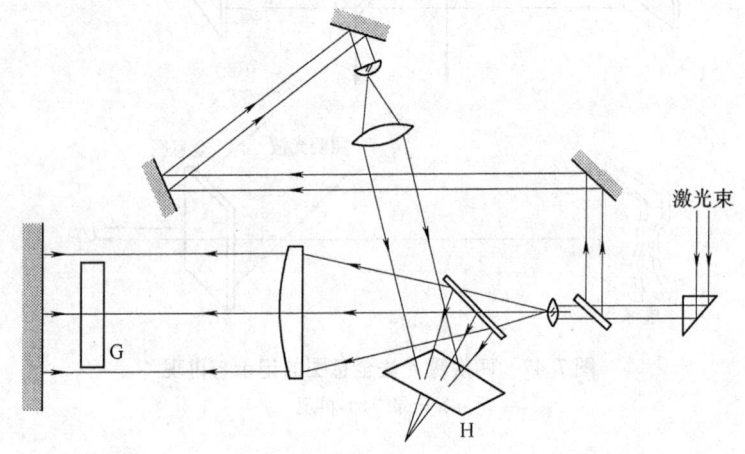

图 7-48　一种全息干涉仪光路

图 7-49 给出两次曝光法用于无损探伤的实例。图中是一个四层轮胎层间脱胶的全息像,箭头所指的圆形干涉条纹处为脱胶部位。

采用脉冲激光器作光源,两次曝光法很适宜于对瞬态现象(如冲击波、流场等)做记录和观测。图 7-50 给出通过两次曝光全息图看见的飞行子弹的像。子弹进入气体室之前,做第一次曝光,子弹通过气体室时做第二次曝光。子弹冲击波区域内气体室内的密度变化,引起通过气体的光程发生变化。全息再现像上产生的干涉条纹,清晰显示出这种变化。

3. 时间平均法

全息干涉法可用来作振动分析。当拍摄振动物体的全息图时,整个连续曝光过程可看作是多次短暂曝光的叠加。每一次短暂曝光记录的是振动物体位于不同位置时所发出的光波前。平均曝光光强等于整个曝光期间,变化的光强分布的时间平均值。由全息图的再现像可观察干涉条纹。由条纹的形状和强度可确定振动的模式及振动物体表面各点的振幅。这种方法就是时间平均法。

以简谐振动为例。如图 7-51 所示,膜片一端被夹紧,振动角频率为 ω。任一点 $P(x)$ 在时刻 t 沿 z 方向位移量为

$$z(x,t) = A(x)\cos\omega t \tag{7-168}$$

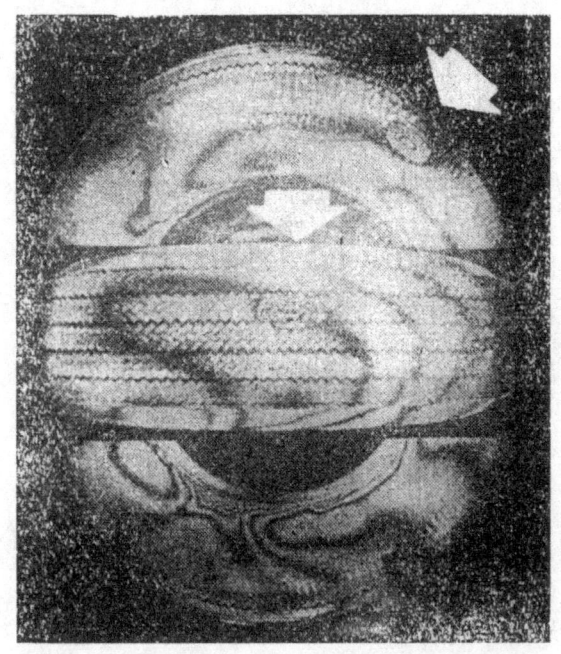

图 7-49 两次曝光全息干涉法用于轮胎检验时的全息像[30]

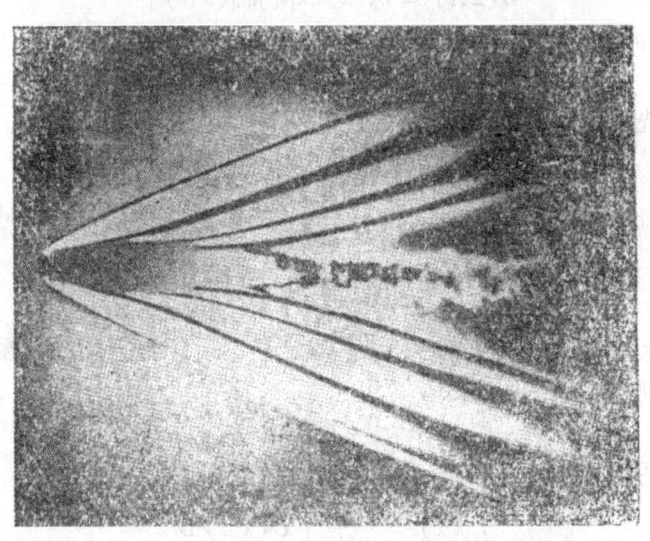

图 7-50 通过两次曝光全息图看见的飞行子弹的像的照片

式中，$A(x)$ 为 P 点的振幅，它是位置坐标 x 的函数。

P 点从平衡位置运动到空间某一位置，引入的位相变化是

$$\phi_0(x,t) = kA(x)\cos\omega t(\cos\alpha_1 + \cos\alpha_2) \tag{7-169}$$

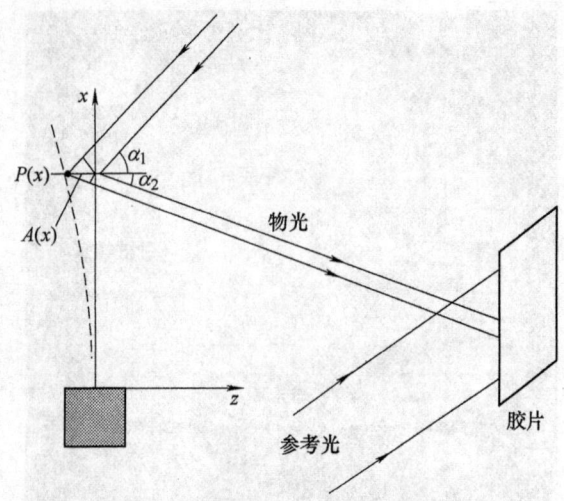

图 7-51 计算振动膜片位相变化的图示

式中，α_1 和 α_2 分别是入射光和反射光传播方向与 z 轴的夹角；$k = \dfrac{2\pi}{\lambda}$。

物光波前则可表示为随空间和时间坐标变化的函数

$$O(x,t) = o_0(x)\exp[j\phi_0(x,t)] \tag{7-170}$$

参考波为平面波 $\boldsymbol{R}$

$$\boldsymbol{R}(x) = r_0\exp[j\phi_r(x)] \tag{7-171}$$

t 时刻底片上光强分布为

$$I(x,t) = r_0^2 + |o_0(x)|^2 + \boldsymbol{OR}^* + \boldsymbol{O}^*\boldsymbol{R} \tag{7-172}$$

假定记录时间比物体振动的周期 $T\left(T = \dfrac{2\pi}{\omega}\right)$ 长得多，对光强分布取时间平均值为

$$<I> = \dfrac{1}{T}\int_0^T I(x,t)\mathrm{d}t \tag{7-173}$$

$<I>$ 即为底片上 x 点的平均曝光光强。假定显影后，全息图的复振幅透过率正比于 $<I>$，即

$$t = t_0 + \beta' <I> \tag{7-174}$$

用原参考光照明全息图，单独考虑再现原始物波的一项是

$$U_t(x) = \dfrac{RR^*}{T}\int_0^T O(x,t)\mathrm{d}t$$

$$= \dfrac{r_0^2}{2\pi}\int_0^{2\pi} O(x,t)\mathrm{d}(\omega t) \tag{7-175}$$

式 (7-170) 代入式 (7-175)，则有

$$U_t(x) = \dfrac{r_0^2 o_0(x)}{2\pi}\int_0^{2\pi}\exp[jkA(x)\cos\omega t(\cos\alpha_1 + \cos\alpha_2)]\mathrm{d}(\omega t) \tag{7-176}$$

利用贝塞尔函数恒等式

$$J_0(a) = \frac{1}{2\pi}\int_0^{2\pi} \exp(ja\cos\theta)\,\mathrm{d}\theta \tag{7-177}$$

则

$$U_t(x) = r_0^2 o_0(x) J_0[kA(x)(\cos\alpha_t + \cos\alpha_2)] \tag{7-178}$$

观察到的强度分布为

$$I_t(x) = r_0^4 \mid o_0(x)\mid^2 J_0^2(v) \tag{7-179}$$

式中，$v = kA(x)(\cos\alpha_1 + \cos\alpha_2)$。

结果表明，物体的原始像上光强按零阶贝塞尔函数的二次方分布。亮暗条纹表示出等振幅线如图 7-52 所示，随着振幅 $A(x)$ 增大，v 增大，$J_0^2(v)$ 的峰值减小，即干涉条纹强度减小。对这一点并不难于理解，因为物体表面振幅小的点所发出的光波，与参考光叠加产生的干涉条纹，相对比较稳定，条纹对比好。再现时也最明亮。相反，振幅大的物点，所发出的光波与参考光干涉产生的条纹最不稳定。连续曝光后，记录的条纹对比最差，再现像中这些点也最不清晰，最暗。因而由时间平均全息图可观察到物体振动的模式。这种方法主要优点是不要求振动物体表面必须光学平滑。它可以研究复杂的振动物体，当振动规律不同时，条纹强度分布规律不同。图 7-53 是由时间平均全息图产生的振动提琴表面图像的照片。

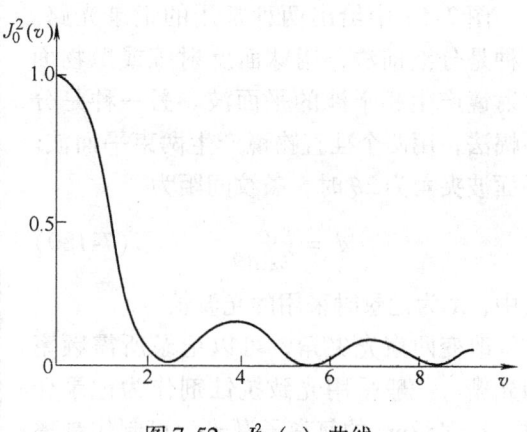

图 7-52　$J_0^2(v)$ 曲线

7.11.2　全息光学元件

用全息图可再现光波的波前，或者说它对入射光波具有位相调制的能力。在某些场合，全息图有可能代替普通透镜、棱镜、光栅，作为成像、转像、准直、分光元件。这种全息图就称为全息光学元件（HOE）。它是用感光记录介质制作的，其功能基于衍射原理，是一种衍射光学元件（DOE）。普通光学元件是用透明的光学玻璃、晶体或有机玻璃制成的，其作用基于光的直线传播、光的反射、折射等几何光学原理。全息光学元件主要有全息光栅、全息透镜、全息扫描器、全息滤波器等。下面重点介绍全息光栅和全息透镜。

1. 全息光栅

光栅具有周期性结构，若光栅频率为 f_0，不考虑有限孔径，其透过率可以展开成傅里叶级数

$$t(x) = \sum_{n=-\infty}^{\infty} C_n \exp(j2\pi n f_0 x) \quad (n = 0, \pm 1, \pm 2, \cdots)$$

显然，在线性记录条件下，只须采用两束或多束平面波干涉就可以综合出所需的全息光栅的透过率函数。通常采用双光束干涉的方法。

图 7-54 中给出两种常用的记录光路。一种是分波前法，用球面反射镜或抛物面反射镜产生相干涉的平面波。另一种是分振幅法，用两个准直物镜产生两束平面波。平面波夹角为 2θ 时，条纹间距为

$$d = \frac{\lambda}{2\sin\theta} \quad (7\text{-}180)$$

式中，λ 为记录时采用的光波长。

改变两束光夹角，可以记录所需频率的光栅。一般采用光致抗蚀剂作为记录介质，$\lambda = 488\text{nm}$ 的氩离子激光，可制作频率高达每毫米数千周的光栅。当然，这要受到记录介质分辨率的限制。

光致抗蚀剂经曝光、显影后产生浮雕型正弦透射光栅。若表面镀铝，可制成反射全息光栅。

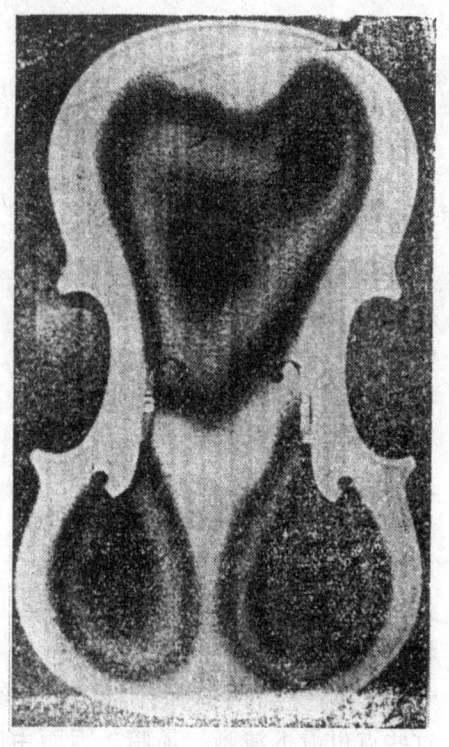

图 7-53 用时间平均全息图产生的振动小提琴表面图像（800Hz）

与刻划光栅或复制光栅相比较，全息光栅的优点是没有周期误差，因而不产生鬼线；杂散光少；作为光学元件它具有有效孔径大、分辨率高、适用光谱范围宽等优点。另外，制作方便，对环境条件的要求一般远没有刻划光栅苛刻。除平面光栅外，还可制作凹面全息光栅。这种光栅不仅用于分光，同时兼有准直和聚焦能力。在光谱仪中不用附加任何光学系统，便可产生光栅光谱。

2. 全息透镜

全息透镜实际就是点源全息图。图 7-55a 是同轴全息图的记录光路，由 O 点发散的球面波和向 R 点会聚的球面波相干涉，在 H 上记录并显影得到全息图。如图 7-55b 所示，用 C 点发出的球面波照明全息图，在 C' 点得到再现的虚像或实像，所以可把这一过程看作是全息透镜的成像。

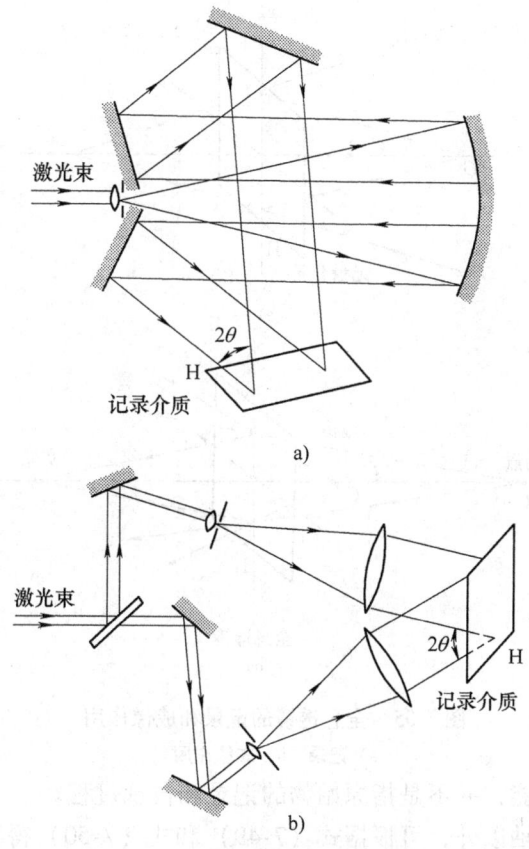

图 7-54 制作全息光栅的光路
a) 分波前法 b) 分振幅法

根据式（7-48），C'点的坐标为

$$\frac{1}{z_i} = \frac{1}{z_c} \pm \frac{1}{z_r} \mp \frac{1}{z_0} \tag{7-181}$$

式中，已假定用于成像时的光波长与记录时的相同。由于 $x_0 = y_0 = x_r = y_r = x_c = y_c = 0$，像点位于光轴上即 $x_i = y_i = 0$。令

$$\frac{1}{z_0} - \frac{1}{z_r} = \frac{1}{f} \tag{7-182}$$

在记录光路中 $z_0 > 0$，$z_r < 0$，所以 f 为正。f 可以称为全息透镜的焦距，它仅决定于记录全息图时两个点源的位置。将式（7-182）代入式（7-181），得到

$$\frac{1}{z_i} - \frac{1}{z_c} = \mp \frac{1}{f} \tag{7-183}$$

这就是全息透镜的成像公式。它和普通透镜的成像公式具有相似形式，只不过全息透镜同时起到正、负透镜的作用。应注意，这里所讲的成像是指全息图作

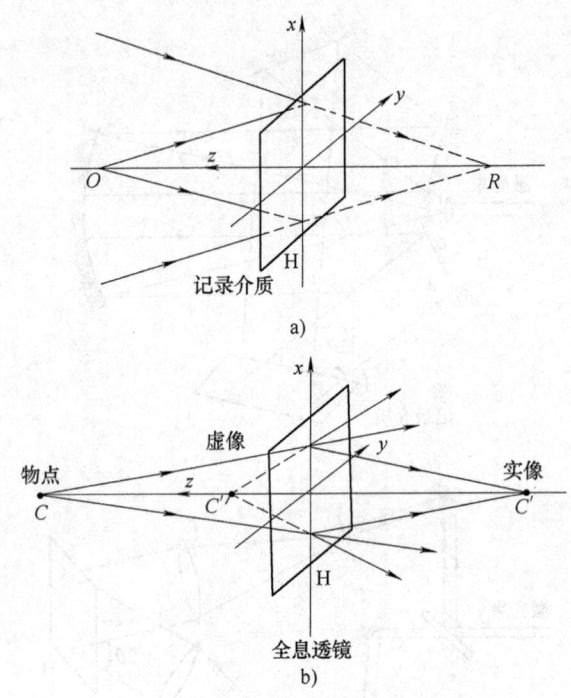

图 7-55 全息透镜的记录和成像作用
a) 记录 b) 成像作用

为透镜使用时的功能,并不是指原始物的记录和再现过程。

若物点位于光轴以外,可根据式(7-49)和式(7-50)得到

$$x_i = \frac{z_i}{z_c} x_c \text{ 和 } y_i = \frac{z_i}{z_c} y_c \tag{7-184}$$

全息透镜的横向放大率为

$$M_H = \left| \frac{z_i}{z_c} \right| \tag{7-185}$$

如果记录时两个点源不在过记录介质中心的法线上,则得到离轴全息透镜。它兼有转像和成像的作用,等效于棱镜和透镜的组合。

全息透镜的像差比普通透镜大,尤其色差不易克服,这种缺点限制了它的使用。但它具有便于制造和容易复制、成本低廉及质量轻等优点。全息透镜可以在记录时利用计算全息图产生的非球面波来校正各种单色像差,或者通过正、负全息透镜色散互补校正色差。HOE 通常用于激光或准单色光的光学系统。全息透镜或者单独作为准直物镜、傅里叶变换透镜、大相对孔径透镜等,或者与普通透镜结合使用,补偿透镜的像差,已经有了很多成功的应用。由于多个全息图可记录在同一张全息干板上,一个 HOE 可能具有多个普通光学元件的功能。有些特殊应用,需要实现透镜的分割组合,以便使一个目标产生多个分开

的像，采用 HOE 容易实现分割。

由球面波干涉、记录的全息图显示出透镜的特性。其透过率中包含有透镜位相变换因子，因而可用来实现傅里叶变换或成像。事实上全息图对于入射光波的变换功能远远超出了这个范畴。用光学方法或计算全息的方法制作所需透过率函数的全息图，有可能对入射波场实现更普遍的变换。也可以如透镜组那样，由几个全息图的适当组合来实现某种变换。

7.11.3 全息显微术

如果照明全息图的光波长 λ_2 比记录光波长 λ_1 要大得多，则可以提高再现像的放大倍率。这正是伽柏发明全息术时的原始想法。由式（7-52），对于 $z_0 = z_r = z_c$ 的特殊情况，放大倍率 $M = \frac{\lambda_2}{\lambda_1}$。如果能用 X 射线（比如 $\lambda_1 \sim 0.1\text{nm}$）记录全息图，而用可见光（$\lambda_2 \sim 500\text{nm}$）再现，则无需特殊的光学系统，就可以得到 5000 倍的放大倍率。当然，全息 X 射线显微镜的成功还取决于 X 射线激光器的开发和利用。

普通显微镜为了获得高的横向分辨率，只能以有限焦深为代价。成像系统的横向分辨率在 λ/NA 量级，NA 为数值孔径。焦深则在 $\lambda/(NA)^2$ 量级。而全息术的三维体积成像本领，可以用来实现超焦深的显微术。例如，观察游动微生物或运动的微粒场，采用普通显微镜，因焦深很小，跟踪运动物体调焦几乎是不可能的。然而，若利用脉冲激光记录三维物场的全息图，相当于使动态物体在时间上被"冻结"起来。然后照明全息图，使三维体积内物体的信息再现出来，就可以在静止状态下逐次在各个深度上进行观测研究。图 7-56 表示出这一过程。

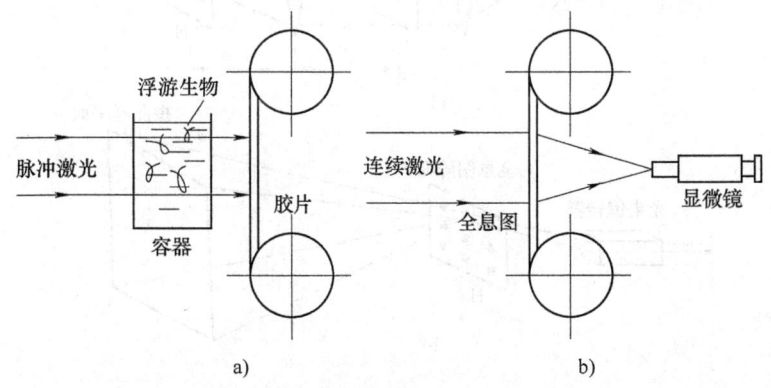

图 7-56 全息超焦深显微术
a) 记录浮游生物的全息图 b) 观察再现像

7.11.4 全息信息存储

全息术可以记录经空间调制而携带信息的物光，信息以干涉条纹的形式存储于全息图中。照明全息图，再现物光波前，可以解调读出其所携带信息。全息信息存储是极具发展潜力的信息存储技术。其主要优点是：

(1) 高冗余度　以全息图的形式存储的信息是分布式的，每一信息单元都存储在全息图的整个表面或整个体积中，所以记录介质局部的缺陷和损伤不会引起信息的丢失或误码。

(2) 存储容量大　采用体积全息图的存储方式，全息术可以实现三维光存储。利用严格的布拉格选择性，可在同一存储体积内存储多幅全息图。体存储密度的理论极限为 $1/\lambda^3$，其中 λ 为写入的光波长。例如 $\lambda=500\text{nm}$，存储密度为 $1\text{TB}/\text{cm}^3$ 的数量级。

(3) 数据传输速率高和寻址速率快　全息存储中，数据是以页为单位并行读写的，故具有极高的传输速率，其极限值主要由输入器件（空间光调制器 SLM）、输出器件（CCD）等决定。通常磁盘和光盘存储系统需要机电式读/写头，而全息存储器由于利用声光偏转器、电光偏转器，在数据检索过程中可实现非机械寻址方式，因而系统的寻址速率很快。

全息信息存储早期主要集中在二维面存储方式上。见图 7-57 给出的例子，

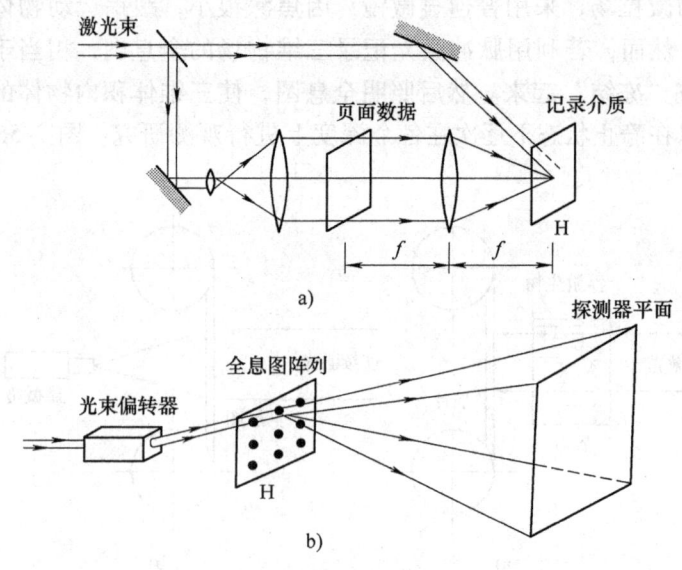

图 7-57　页面全息数据的存储和读出
a) 存储　b) 读出

全息图阵列中的每一个全息图记录了二维分布的二元数据页。激光束经声光偏转器照射选定的某个全息图,在二维探测阵列上将获得对应页面的数据(二元点阵)。通常在记录时采用傅里叶变换全息图。由于傅里叶变换的位移不变性,全息图的偏移只会产生再现像的相移,不会影响像的强度分布及其定位。所以,对傅里叶变换全息图,可降低对光路调整、对准的要求,这对高密度信息存储是十分有利的。

近年来随着光折变晶体、光致聚合物等新型体全息记录材料的研究进展,以及光电子器件(激光器、空间光调制器、光电转换器件等)的技术进步,超高密度体全息存储技术成为十分活跃的研究领域,各种体全息数据存储系统,包括体全息存储光盘日趋成熟,逐步走向实用化。由于体积全息图具有严格的布拉格选择性,可以用很小的参考光的角度间隔存储多重全息图,再现时不发生像的串扰。采用角度复用或波长复用等技术都可实现在同一记录材料体积内全息图的多重记录。图 7-58 所示为采用角度复用的体全息存储系统。物光由空间光调制器 SLM 上记录的二元数据阵列产生,参考光从光折变晶体的侧面入射,它的角度选择与存储的数据页一一对应。记录完一页的全息图,改变参考光方向再记录下一页的全息图。完成记录后,用原参考光照明晶体,可在 CCD 探测阵列上读取数据。不同的参考光方向,再现读出不同页张的数据。

体全息存储如果在读出时不用原参考光,而用携带某幅图像的物光照射角度复用全息图所在的公共体积,将会读出一系列不同方向和光强的"参考光",由光强的大小和分布可判断输入图像与存储图像(数据页)之间的相似程度。从这一特性可看出,全息信息存储具有内容寻址功能。它可以完全并行地进行面向图像(页面)的检索和识别操作。体全息相关器在基于图像相关运算的快速目标识别、车辆自动导航、卫星星图匹配定位、大型数据库的检索和管理等图像识别领域有广阔的应用前景。

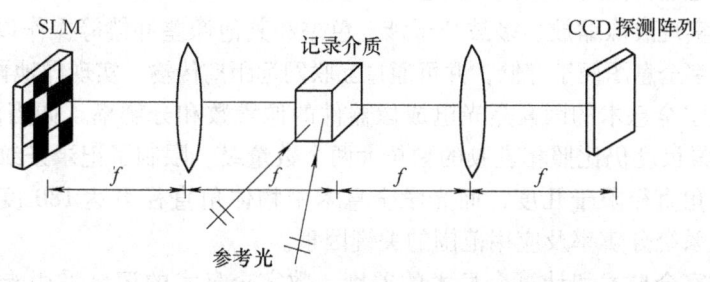

图 7-58 角度复用的体全息存储

7.12 数字全息术[25]

7.12.1 引言

传统的光学全息术采用照相干板或胶片等光敏介质记录全息图，通常需要繁琐的化学处理，并对设备和环境有苛刻的要求，从而限制了大多数应用，特别是生产线产品质量控制等工业实时应用。

1967 年，J. W. Goodman 等人由摄像机记录的傅里叶全息图经数字重建得到物体的像。Schnars 等人于 1994 年，第一次利用 CCD 相机记录全息图，直接送入计算机通过菲涅耳衍射计算得到全息像。随着 CCD 和 CMOS 等光电成像器件的分辨率和解析度的不断提高，以及计算机技术的飞速发展，数字全息术的发展瓶颈已经基本解决。该技术发展迅速，已在三维形貌测量、振动测量、全息显微术等许多领域获得应用。

数字全息术的记录方式与传统光学全息术波前记录基本相同，物光和参考光在全息图平面干涉叠加，产生干涉图；但采用了 CCD 和 CMOS 等数字化光电成像器件对其抽样和数字化，在计算机中以数字阵列的形式保存，称为数字全息图。数字全息图的波前重建，不需要采用光学系统通过光束照明，而是通过计算机计算衍射过程，对全息像进行数字重建。得到的全息像是用复数阵列表示的物体的振幅和位相。这种技术称为数字全息术（Digital Holography, DH）。

数字全息术和光学全息术比较，有很多突出的优点。采用光电成像器件记录全息图，不再需要繁琐的光化学处理。由于相对于照相乳胶，CCD 器件具有高灵敏度，曝光时间少几个数量级，大大降低了对装置机械稳定性的要求；可以实时记录运动物体瞬间的变化，并准实时再现。数字化的全息图便于保存，并通过计算机实现数字重建，获取物体的振幅和相位分布，便于后续处理，用于对物体三维信息进行分析和测量。全息图一旦输入计算机，就可以利用功能强大的数字技术，实现成像缩放、多波长干涉、色差和其他像差补偿等操作以及数字图像处理。数字全息图便于存储，并可通过互联网远距离传输，实现异地再现。

制约数字全息术的因素是光电成像器件的像素数和分辨率。如当前 CCD 和 CMOS 的像素尺度仍比照相乳胶的颗粒大两个数量级。限制了记录条纹的空间频率，物体的角直径限于几度，而光学全息术中物体角直径可达 180 度。这是限制数字全息系统分辨率及应用范围的关键因素。

注意数字全息术和计算全息术的差别。数字全息术的记录采用光学记录装置记录全息图，波前再现通过计算机数字重建。计算全息术则恰恰相反，全息图的记录是对干涉光场经由计算机数字计算、采样和编码，最后打印或成图在真实空间获得的。波前重建需采用光学方法,经光束照明全息图,实际光波的衍射实现。

7.12.2 数字全息术的基本原理

数字全息术的基本装置包括激光光源、干涉系统、CCD 或 CMOS 数字相机以及带有所需程序的计算机。图 7-59 以数字全息显微系统为例给出两种基本的干涉光路[25]:用于反射目标的迈克尔逊干涉系统和用于透射目标的马赫-泽德干涉系统,后者光路调整更具灵活性。两个系统中物体位于 H。干涉系统中也可能包括各种光阑、衰减器和偏振光学器件,用于控制记录光束的参物比。系统中也可以采用各种空间光调制器实现空间信号调制。

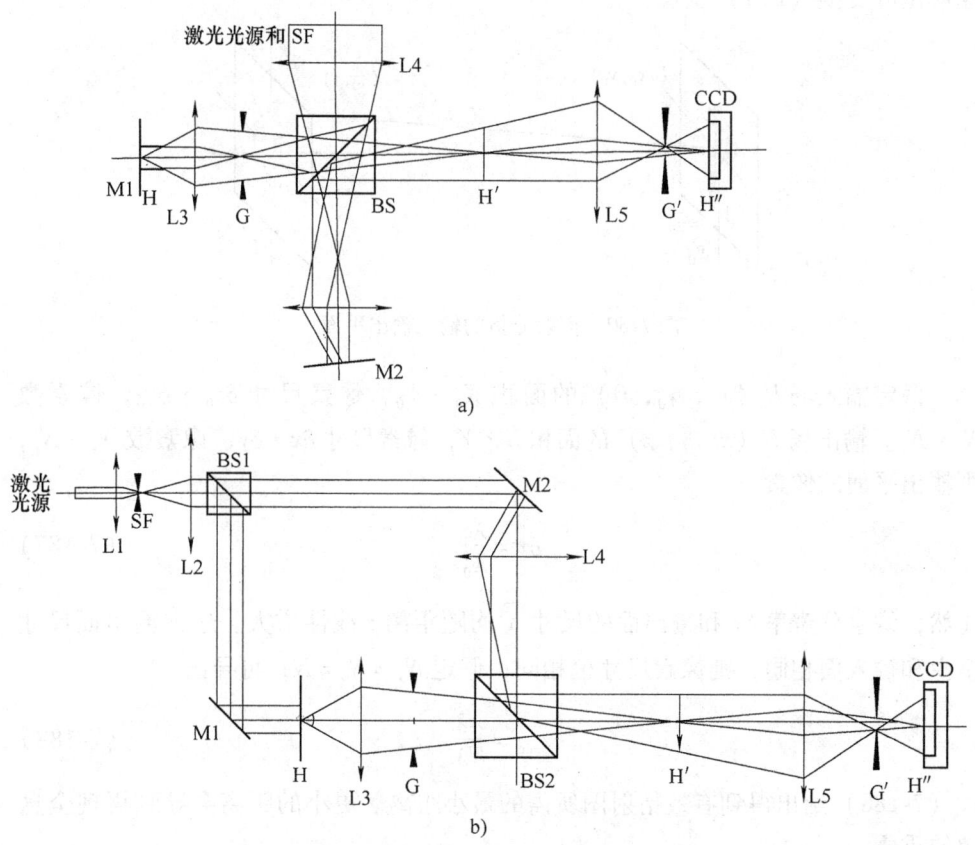

图 7-59 数字全息显微系统的干涉光路
a) 迈克尔逊干涉系统 b) 马赫-泽德干涉系统

1. 数字衍射

对衍射场的数字计算,可称为数字衍射。主要方法有菲涅耳变换法、卷积法和角谱法。三种方法都基于衍射理论。由于计算方法和公式不同，表现出一定差异。

（1）菲涅耳变换法

见图 7-60，菲涅耳近似条件下，光场从 $(x_0, y_0, 0)$ 传播到 (x, y, z) 平面，由公式（3-94），即

$$U(x,y,z) = \frac{1}{j\lambda z}\exp(jkz)\exp\left[j\frac{k}{2z}(x^2+y^2)\right] \times$$

$$\tilde{\mathscr{F}}\left\{U(x_0,y_0,0)\exp\left[j\frac{k}{2z}(x_0^2+y_0^2)\right]\right\}_{f_x=\frac{x}{\lambda z}, f_y=\frac{y}{\lambda z}} \tag{7-186}$$

该式即菲涅耳衍射计算的傅里叶变换法，仅涉及单次傅里叶变换。容易采用快速傅里叶变换（FFT）实现。

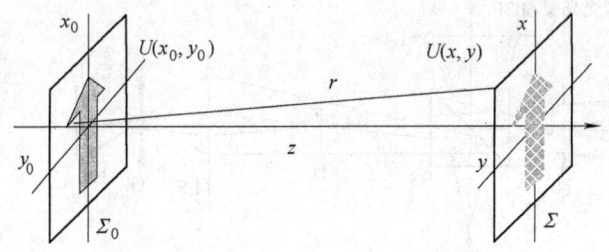

图 7-60　衍射分析的输入输出平面

假定输入场 $U(x_0, y_0, 0)$ 的面积 $X_0 \cdot Y_0$，像素尺寸 $\delta x_0 \cdot \delta y_0$，像素数 $N_x \cdot N_y$。输出场 $U(x, y, z)$ 的面积 $X \cdot Y$，像素尺寸 $\delta x \cdot \delta y$，像素数 $N_x \cdot N_y$，则输出平面的像素

$$\delta x = \frac{\lambda z}{X_0} \tag{7-187}$$

显然，像素分辨率 δx 和输出面的尺寸 $\overline{X}$ 均随距离 z 线性增大。通常输出面尺寸至少和输入面相同，则像素尺寸也相同，假定 $N_x = N_y = N$，可导出

$$z_{\min} = \frac{X_0^2}{N\lambda} \tag{7-188}$$

式（7-188）给出得到有效衍射图所需的最小距离。更小的距离会导致再现全息像的重叠。

（2）卷积法

由式（3-91）

$$U(x,y,z) = U(x_0,y_0,0) * h(x,y,z) \tag{7-189}$$

式中，h 为衍射过程的脉冲响应，在菲涅耳近似条件下

$$h(x,y,z) = \frac{1}{j\lambda z}\exp(jkz)\exp\left[j\frac{k}{2z}(x^2+y^2)\right] \qquad (7\text{-}190)$$

利用卷积定理，先在频域计算后再逆变换回到空间域

$$U(x,y,z) = \mathscr{F}^{-1}\{\mathscr{F}\{U(x_0,y_0,0)\}\cdot\mathscr{F}\{h\}\} \qquad (7\text{-}191)$$

显然，卷积法需要计算 3 次傅里叶变换。衍射的脉冲响应也可以直接采用球面子波的表达式（3-79），不一定采用二次曲面近似。

（3）角谱法

基于角谱理论

$$U(x,y,z) = \mathscr{F}^{-1}\{\mathscr{F}\{U(x_0,y_0,0)\}\cdot H(f_x,f_y)\} \qquad (7\text{-}192)$$

式中，$H(f_x,f_y)$ 为衍射的传递函数。见式（3-68）

$$H(f_x,f_y) = \exp\left[jkz\sqrt{1-(\lambda f_x)^2-(\lambda f_y)^2}\right]\cdot\mathrm{circ}\left(\frac{\sqrt{f_x^2+f_y^2}}{1/\lambda}\right)\bigg|_{\substack{f_x=\frac{x}{\lambda z}\\f_y=\frac{y}{\lambda z}}} \qquad (7\text{-}193)$$

显然，角谱法需要计算 2 次傅里叶变换。由于角谱法基于平面波的传播，通过 CCD 的像素阵列对平面波采样，不随距离 z 变化，因而该方法不受距离限制。

相比较，菲涅耳变换法基于球面波的传播，当 CCD 平面越靠近球面波曲率中心，CCD 平面上局部条纹频率越高，可能高于采样频率要求，所以有最小距离限制。但当距离足够大，条纹周期会大于整个 CCD 阵列，记录不下衍射信息，所以，菲涅耳变换法最大距离限制是

$$z_{\max} = \frac{X_0^2}{2\lambda} \qquad (7\text{-}194)$$

2. 全息图的数字采样

参看图 7-61，若采用点源全息图记录光路，但用 CCD 探测器件代替全息记录干板。CCD 的阵列大小为 $X_0\cdot Y_0$，分辨率为 $N_x\cdot N_y$ 像素，像素大小为 $\delta x_0\cdot\delta y_0$，

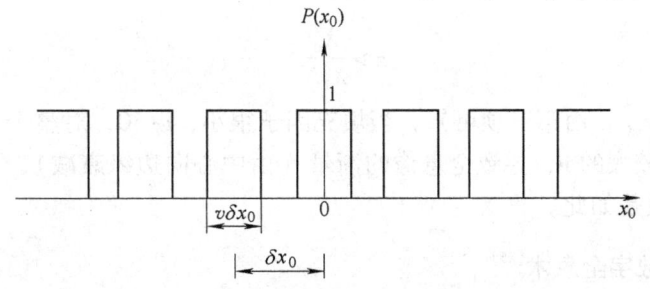

图 7-61　一维 CCD 的采样函数

$$\delta x_0 = \frac{X_0}{N_x} \tag{7-195}$$

考虑填充因子 ν_x 和 ν_y，CCD 像素的光敏面为 $(\nu_x \cdot \delta x_0) \cdot (\nu_y \cdot \delta y_0)$。假定 $\nu_x = \nu_y = \nu$。

为简单起见，讨论一维情况。一维 CCD 采样函数可以表示为

$$P(x_0) = \text{rect}\left(\frac{x_0}{X_0}\right) \cdot \left[\text{comb}\left(\frac{x_0}{\delta x_0}\right) * \text{rect}\left(\frac{x_0}{\nu \delta x_0}\right)\right] \tag{7-196}$$

参考点源全息图 7.4.2 节，线性记录条件下，假定用 $I(x_0)$ 表示记录平面上对全息成像有意义的某一项，即 (7-42) 式后两项之一，则数字全息图可以表示为 $I(x_0) \cdot P(x_0)$。数字衍射重建分析时，可把它作为输入面的函数。

若用波长为 λ_2 的球面波 U_C 照明全息图，则有

$$U(x_0) = U_C(x_0) \cdot I(x_0) \cdot P(x_0) \tag{7-197}$$

参看式 (7-47)，略去常系数，$U_C(x_0) \cdot I(x_0)$ 可以看做向 $Q(x_i, y_i, z_i)$ 会聚或发散的球面波，于是

$$U(x_0) = \exp\left[j\frac{\pi}{\lambda_2 z}(x_0^2 + y_0^2)\right] \exp\left[-j\frac{2\pi}{\lambda_2 z}(x_0 x_i + y_0 y_i)\right] \cdot P(x_0) \tag{7-198}$$

基于菲涅耳衍射，观察平面选择全息像面，得到 $P(x_0)$ 的夫琅禾费衍射图样，中心位于 $Q(x_i, y_i, z_i)$。即

$$U(x) = X_0 \text{sinc}\left[\frac{X_0(x-x_i)}{\lambda_2 z}\right] * \delta x_0 \text{comb}\left[\frac{\delta x_0(x-x_i)}{\lambda_2 z}\right] \cdot \nu \delta x_0 \text{sinc}\left[\frac{\nu \delta x_0(x-x_i)}{\lambda_2 z}\right] \tag{7-199}$$

式 (7-199) 第一项决定像点的横向分辨率为 $\frac{2\lambda_2 z}{X_0}$，取决于 CCD 阵列的数值孔径。由于抽样，像点有周期性重复，周期为 $\frac{\lambda_2 z}{\delta x_0}$，它应大于输出面记录全息像的 CCD 阵列尺寸（假定也为 X_0），则可导出

$$z > \frac{X_0^2}{\lambda_2 N} \tag{7-200}$$

得到最小距离 $z_{\min}$。由第三项可知，当填充因子很小，$\nu \to 0$，对整个像面幅值影响是均匀的。较大的 ν，导致全息像的渐晕（由中心向边缘衰减），尤其对于更短的像距 z，更是如此。

7.12.3 各种数字全息术[25]

1. 离轴菲涅耳全息术

这是数字全息术的主要类型。和光学离轴全息术基本相同，见图 7-62，物

体离开全息图平面有限距离,在菲涅耳区。参考波一般采用平面波。在物体原始位置和全息图的镜像位置,生成全息像。为使两成像光束以及晕轮光能有效分离,参考光与物光需满足最小参考角条件,见式(7-32)。若参考波为球面波,可参考点源全息图 7.4.2 节,确定像的位置和放大率。

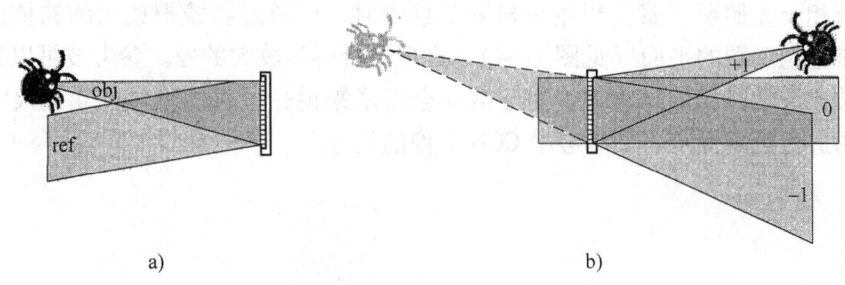

图 7-62 离轴菲涅耳全息术
a) 记录 b) 再现

2. 傅里叶变换全息术

参看图 7-63,记录和再现的光路与傅里叶变换全息图基本相同或采用无透镜傅里叶全息术方法(图 7-63b)记录。数字重建仅仅需要对记录全息图做单次

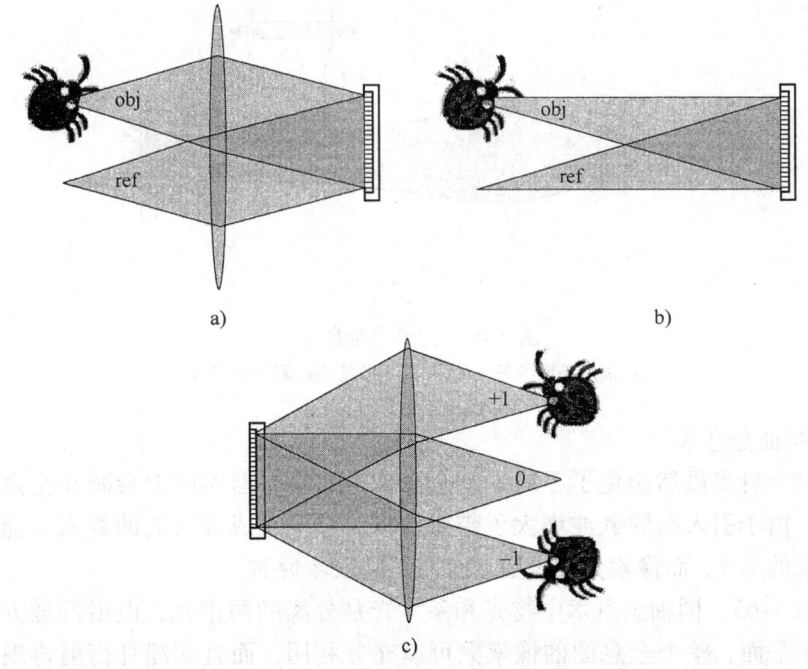

图 7-63 傅里叶变换全息术
a) 利用透镜记录傅里叶变换全息图 b) 记录无透镜傅里叶变换全息图 c) 傅里叶变换全息图的再现

傅里叶变换。若采用无透镜傅里叶全息术，物体可以靠近 CCD 放置，提高了数值孔径和分辨率，但当不符合抽样频率要求，再现时会引入像差。

3. 像全息术

物体靠近全息图平面记录，所成全息像也将靠近全息图平面。这种全息图可用低相干光照明观察。当用于显微全息术时，可通过物镜把放大的物体的像成在靠近全息图的平面（见图 7-64），再现时可得到放大的像。参考波可以选择平面波或波前匹配的球面波。对于数字全息术来说，可根据物体的物理尺寸对全息图进行数字标定，不用考虑 CCD 上像的尺寸。

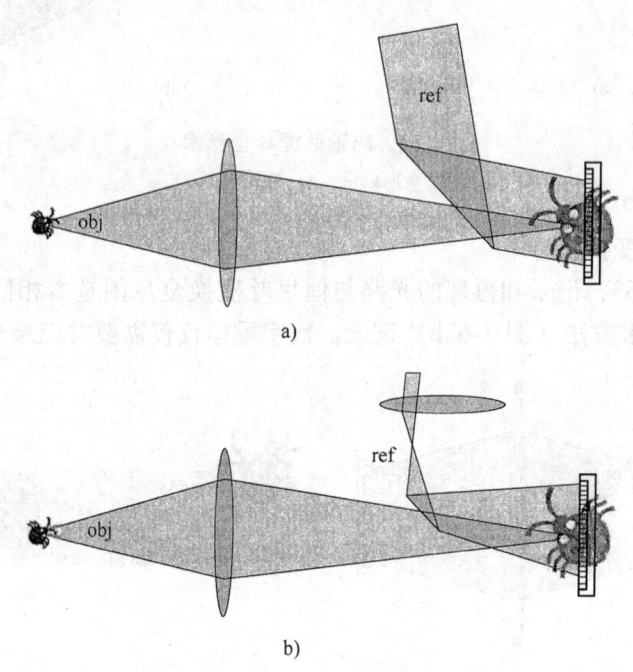

图 7-64 记录像全息图

a）采用平面参考波 b）采用波前相匹配的参考波

4. 同轴全息术

离轴全息术虽然避免了零级光和全息像的重叠，但实际上会减小全息图的信息量，由于引入高频载波增大了带宽要求，对全息成像有效的像素只能达到总像素数的 1/4。而像素数对于数字全息图是很珍贵的。

见图 7-65，同轴全息术中物光和参考光是分离的两束光，但沿同轴方向照射全息图平面，整个全息图的像素数可以充分利用，而且菲涅耳衍射再现的最小距离更短，像的分辨率更高。

同轴全息术需要减小或去除零级光和孪生像的影响。部分抑制零级或直流

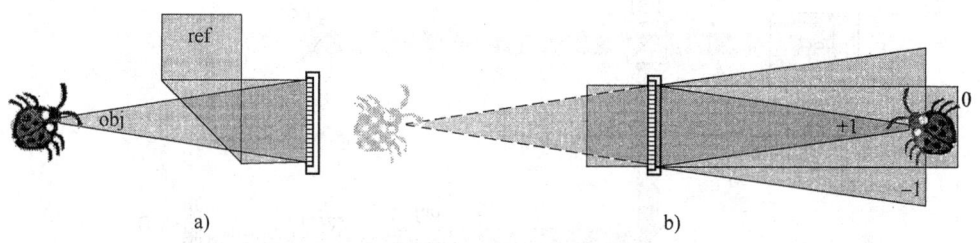

图 7-65 同轴全息术

a) 记录时物光和参考光同轴叠加 b) 再现时零级光和孪生像重叠

项的方法包括：减去整个全息图的平均强度；对全息图函数做傅里叶变换，在频域采用高通滤波器，去掉零频，效果取决于物体的频谱结构；在波前记录之前先对物光和参考光分别曝光，得到各自的光强分布，波前记录后再从全息图函数中减去物光和参考光的强度。去掉孪生像需要采用一些特殊的方法，如相移多次曝光法等。

5. 伽柏全息术

伽柏全息术属于同轴全息术类型。见图 7-66，参考光和物光来自同一光束，没有分离的参考光。物体散射或衍射的那部分光作为物光，其余没有散射或衍射的光作为参考光。物体越小，参考光受到的干扰小，这种方法越有效。由于这个限制条件，而且光路简单，伽柏全息术对于粒子场、细纤维和微生物的全息显微成像特别有用。例如，对运动粒子场或微生物拍摄，连续两个全息图之差可以完全减去背景光，可清晰地显露粒子或微生物的运动。由于对再现像采用显微观察，孪生像完全离焦，可以不考虑。

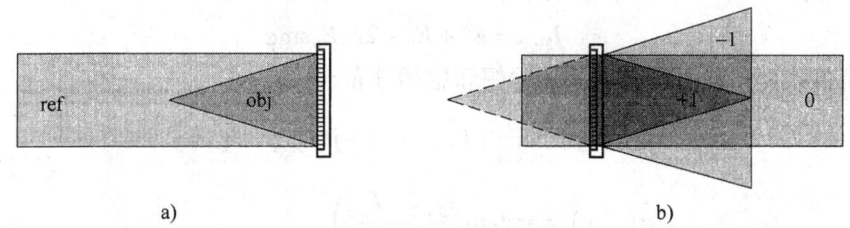

图 7-66 伽柏全息术

a) 记录时参考光和它一部分从点物体散射的光叠加 b) 再现时零级光和孪生像重叠

6. 相移数字全息术

同轴全息术可利用全像素产生全息像，但零级光和孪生像会在像上重叠。采用相移数字全息术可有效去掉这些项（见图 7-67）。通过相移干涉方法得到全息图平面的复数光场，再通过数字衍射方法得到任意平面的复数光场。

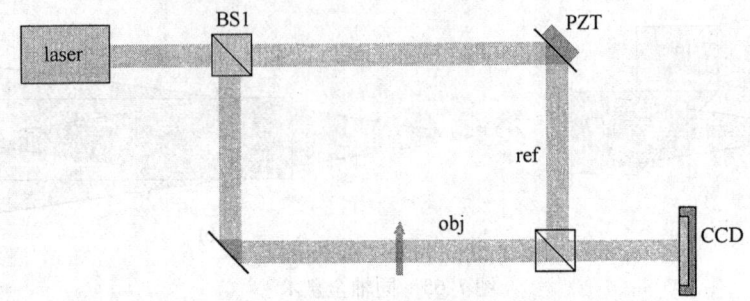

图 7-67 相移数字全息术

为简单起见,假定参考波正入射全息图平面。全息图平面上物光和参考光分别表示为

$$E_0(x,y) = E_0(x,y)\exp[j\varphi(x,y)] \quad (7\text{-}201)$$
$$E_r(x,y) = E_r\exp(j\psi)$$

干涉光强为

$$I(x,y) = |E_0 + E_r|^2 = E_r^2 + E_0^2(x,y) + 2E_rE_0(x,y)\cos[\varphi(x,y) + \psi] \quad (7\text{-}202)$$

通过带反射镜的压电陶瓷驱动器(PZT),可对参考光位相实现精密的相移。假定参考光引入四步相移,$\psi = 0$、$\pi/2$、π、$3\pi/2$ 分别得到 4 个全息图,

$$\begin{aligned}
I_0 &= E_r^2 + E_0^2 + 2E_rE_0\cos\varphi \\
I_{\pi/2} &= E_r^2 + E_0^2 - 2E_rE_0\sin\varphi \\
I_\pi &= E_r^2 + E_0^2 - 2E_rE_0\cos\varphi \\
I_{3\pi/2} &= E_r^2 + E_0^2 + 2E_rE_0\sin\varphi
\end{aligned} \quad (7\text{-}203)$$

通过简单计算,即可得到物光的振幅和位相分布

$$E_0(x,y) = \frac{1}{4E_r}[(I_0 - I_\pi) + j(I_{3\pi/2} - I_{\pi/2})] \quad (7\text{-}204)$$

$$\varphi(x,y) = \arctan\left(\frac{I_{3\pi/2} - I_{\pi/2}}{I_0 - I_\pi}\right)$$

假定全息图平面上的光场分布 $E_0(x,y,0)$,则可依据衍射理论计算离开全息图距离 z 的任意平面上的光场分布 $E(x',y',z)$。这种方法显然完全排除了零级和孪生像的影响。有文献报道三步法、两步法或采用未知或随机相移等不同方法。注意记录全息图时,相移误差会使零级和孪生像的消除不够完全。

相移技术在显微技术、面形测量、彩色全息、散斑测量等许多不同领域获得应用。

7.12.4 数字全息干涉术

传统的光学全息干涉术由于繁琐的物理化学过程，通常不能实现实时和现场测量。数字全息干涉术则大大简化了测量过程，已广泛地应用于现场静态或动态过程的连续测量。

数字全息干涉术通常也采用二次曝光法，引入参考光干涉，经过 CCD 等光电成像器件记录物体变化前后的物光波前，得到的两幅数字全息图强度函数为 I_1 和 I_2。由这两幅全息图提取物场变化信息的途径有 3 种：

1) 与二次曝光全息干涉术类似，两幅全息图的强度分布相加，然后对其进行数字再现。同时再现出的两个物光波前发生干涉，产生干涉图样。由于条纹图样是数字式的，可直接提取物体变化的相位差 $\Delta\phi$。也可以对条纹细分，直接显示细节。

2) 两幅全息图单独进行数字再现，然后将两个再现光波的复振幅相加并取模值的二次方，也可以得到与上面相同的干涉图样。

3) 两幅全息图单独进行数字再现后，直接提取各自的相位分布，再通过相减得到物体相位变化信息。

比较 3 种方法的差别，第 1 种方法只需一次数字再现计算，后两种则需两次数字再现计算。但对于研究物体的动态过程，需连续采集多幅数字全息图，对其分别进行数字再现，并计算物光波之间的绝对相位差，以便比较物体相位的变化，掌握物体状态的动态变化，此时必须选择后两种途径。

习　题

7.1　若一个平面物体的全息图记录在与物体平行的记录介质上，证明再现像将成在与全息图平行的平面内（为简单起见，假定参考波为平面波）。

7.2　用波长为 488nm 的氩离子激光器记录全息图。然后用波长为 632.8nm 的 He-Ne 激光器再现全息像。

(1) 若 $z_0 = 15\text{cm}$，$z_r = z_c = \infty$，求像距 z_i。

(2) 若 $z_0 = 15\text{cm}$，$z_r = 3z_0$，$z_c = \infty$，求像距 z_i 和放大倍率 M。

7.3　若全息记录和再现采用相同波长的激光，证明：

(1) 当 $z_c = z_r$ 时，得到的虚像放大率为 1。

(2) 当 $z_c = -z_r$ 时，得到的实像放大率为 1。

7.4　透明片紧靠变换透镜，记录介质放在透镜后焦面上记录全息滤波器，参考光波应如何选取才能使滤波器透过率不带有二次位相误差？

7.5　记录全息图时，参考波为 $\exp\left[j\dfrac{k}{2z_r}(x^2+y^2)\right]$，为了得到下述结果，照明全息图的光波应如何选取？

(1) 尽可能精确的虚像。

（2）尽可能精确的实像。

7.6 漫射物体的菲涅耳全息图可用细激光束照明全息图某一局部，仍可得到完整的再现像，分析原因。并指出照明光束孔径对再现像的影响。

7.7 为什么记录三维物体的全息图其再现实像是赝视像，即看到的像与原物体凸凹相反？

7.8 利用图 7-4a 所示光路记录离轴全息图，改变 θ 角可在同一胶片上记录两个不同物体 O_1 和 O_2 的全息图。O_1 和 O_2 的最高空间频率分别为 100/mm 和 250/mm。用相同波长（$\lambda = 632.8$nm）的平面波垂直照明全息图，求：

（1）使各个衍射像分离的最小参考角 θ_1、θ_2 以及 $\Delta\theta$。

（2）对记录介质分辨率的要求。

7.9 利用图 7-68 所示光路记录傅里叶变换全息图。光波长 λ 为 632.8nm，透镜焦距为 10cm，对下述两种类型胶片，求出以参考点源为中心的某个圆的半径。对该圆内的物点，全息图可给出再现像。

（1）胶片分辨率为 300/mm。

（2）胶片分辨率为 1500/mm。

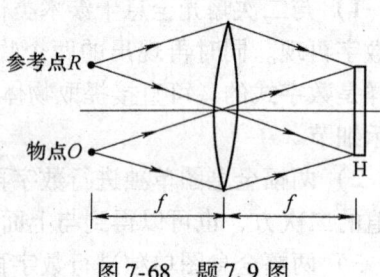

图 7-68 题 7.9 图

7.10 用图 7-69 所示光路记录和再现傅里叶变换全息图。透镜 L_1 和 L_2 的焦距分别为 f_1 和 f_2，参考光角度为 θ。求再现像的位置和全息成像的放大倍率。

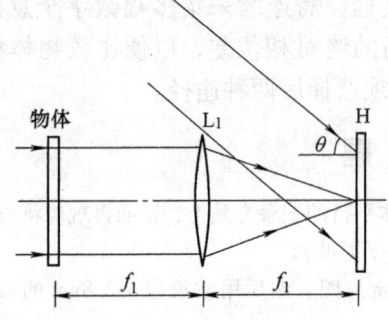
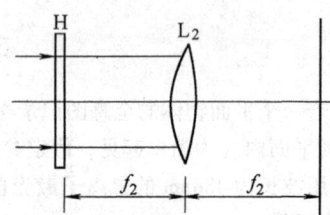

图 7-69 题 7.10 图

7.11 图 7-70 所示为记录离轴全息透镜的光路，A、B 点都在 yz 平面内。求：

（1）线性记录条件下，全息透镜的复振幅透过率。

（2）全息透镜的焦距。

7.12 如图 7-71 所示，点光源位于透镜前焦点。全息图可以记录透镜的像差。证明：用共轭参考光照明全息图，可以补偿透镜像差，在原来点源处产生一个理想的衍射斑（假定全息图精确复位）。

7.13 在拍摄全息光栅时，将涂有光致抗蚀剂的玻璃基片用折射率匹配液贴在一个直角棱镜的弦面上（见图 7-72）。两束平面波从两个直角棱面上入射。棱镜折射率为 n，记录光波在真空中的波长为 λ。试说明可用这种方法提高全息光栅的频率。

7.14 图 7-73 所示为记录并再现产生一个平面透射物体实像的光路。记录波长为 632.8nm，再现波长为 488nm，物体尺寸 2cm×2cm，期望像的尺寸为 4cm×4cm，从全息图到像的轴向距离是 1m，再现光源到全息图的轴向距离为 0.5m。

（1）求所有可能的物距 Z_0 和参考距 Z_r。

（2）记录后在再现前全息图前后面反转 180°，再做上述计算。

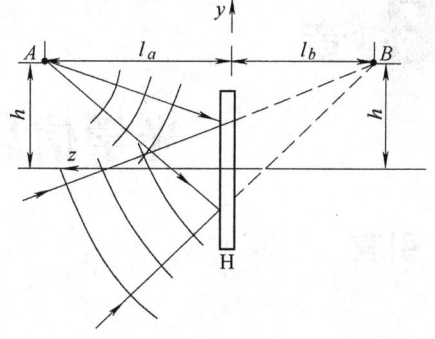

图 7-70 题 7.11 图

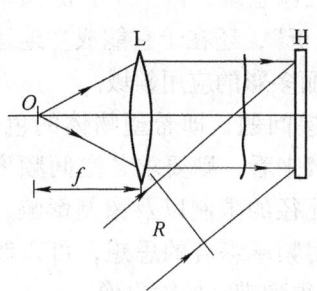

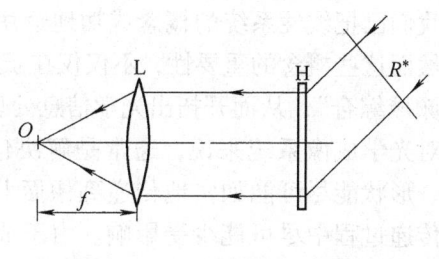

图 7-71 题 7.12 图

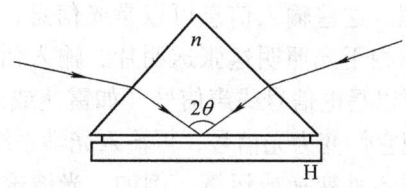

图 7-72 题 7.13 图

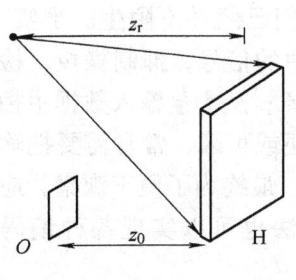

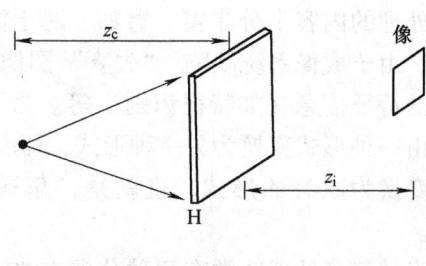

a) b)

图 7-73 题 7.14 图

第8章

光学信息处理

8.1 引言

8.1.1 什么是光学信息处理

我们已把线性系统的概念成功地运用于光学成像系统，讨论了它的频率特性。然而这些概念的重要性，不仅仅在于"频域分析"，还在于它能成功地运用于"频域综合"，从而开拓出光学信息处理这一绚丽多彩的应用领域。

对光学成像系统来说，通常是解决信息的传递问题，即希望物体的色彩、明暗、形状能尽可能如实地传递到像面上。从频域来看，则要求各空间频率成分在传递过程中尽可能少受影响。由于成像系统孔径的限制以及像差影响，使某些频率成分传递时受到限制、衰减或相移。运用频域综合的思想，可以改变系统的孔径，补偿像差，使频率响应更加完善，以得到满意的输出像。

光学信息处理是另一个更为宽广的领域。它主要是指用光学方法实现对输入信息的各种变换或处理。这些输入信息可以是光信息，例如记录在感光胶片上的图像，采用相干或非相干光照明这张透明片，输入信息表现为光的复振幅或强度的空间调制。也可以是电信号或声信号（如雷达或声纳信号），但需要用电光或声光转换器件，把它们变为光信号，再输入光学系统处理。

用光学方法可以实现各种变换或运算。例如，光波透过两张重叠的透明片可实现乘法；菲涅耳衍射可实现菲涅耳变换；利用透镜产生夫琅和费衍射可实现傅里叶变换；成像过程可实现卷积运算。这些我们已经并不陌生。事实上，信息处理的内容十分丰富。譬如，对于混杂在噪声中的信号，抑制噪声，检出信号；由于成像系统缺陷，"失真"图像的改善或复原；从大量输入数据中抽取有用的特征信息（如特征识别）等。为了传递时方便或可靠，常常需要把输入信息由一种形式变换为另一种形式，即所谓"编码"。最终为了便于观察，应把信息变换为原有的形式，也就是"解码"。光学方法也可以实现各种编码和解码。

光学信息处理通常有两种分类方法。一种是根据处理系统是否满足线性叠加性质，而分为线性处理和非线性处理；另一种是根据使用光源的时间和空间相干性分为相干光处理、非相干光处理和白光处理，不同的照明方式，系统将具有完全不同的性质。

8.1.2 简要历史

光学信息处理的早期工作可以追溯到 1859 年佛科（Foucault）刀口检验，在该实验中去除直接透射光，而保留了散射或衍射光。阿贝（E. Abbe）于 1873 年提出的显微镜成像理论，以及他本人于 1893 年、波特（Porter）于 1906 年为验证这一理论所做的实验，科学地说明了成像质量与系统传递的空间频谱之间的关系，成为空间滤波的先导。1935 年泽尼克提出的相衬显微镜是空间滤波技术早期最成功的应用。

1946 年杜弗把光学成像系统看作线性滤波器，成功地用傅里叶方法分析成像过程，发表了他的著名论著《傅里叶变换及其在光学中的应用》，20 世纪 50 年代艾里亚斯（Elias）及其同事的经典论文"光学和通信理论"、"光学过程的傅里叶处理方法"以及奥尼尔（O'Neill）的文章"光学中的空间滤波"为光学与通信科学的结合奠定了坚实的理论基础。人们认识到光学滤波和电路滤波之间存在某种相似性。这种相似性不仅可利用来进行系统分析，还可以用在系统综合上，可采用滤波器实现物像分布间的特定变换。麦尔查（A. Marecha）等利用相干光空间滤波改善照片质量，激发了人们对于光学信息处理的浓厚兴趣。

20 世纪 60 年代由于激光器诞生以及全息术的重大发展，使相干光处理进入蓬勃发展的新时期。卡充纳（Cutrona）及其合作者对综合孔径雷达收集的数据用光学方法绘制高分辨率地形图无疑是光学信息处理最杰出的应用。1963 年范德拉格特（Vander Lugt）用全息技术制作复空间滤波器，1965 年罗曼（A. W. Lohmann）和布劳恩（Brown）使用计算机及计算机控制的绘图仪制作空间滤波器，从而克服了制作复空间滤波器的重大障碍，拓宽了光学处理在特征识别等领域中的应用范围。为了克服相干噪声的影响，非相干光处理、白光处理的研究亦十分活跃。

进入 21 世纪以来，计算机技术和光电子技术飞速发展，特别是大面阵、高分辨率的 CCD 和 CMOS 光电成像器件的巨大技术进步，使得高速、大容量、二维并行处理的光学信息处理和具有高度灵活性和非线性处理能力的计算机数字处理相结合的光电混合处理日益显示出强大的优势。在光学信息处理基础上发展起来的光计算研究也成为活跃的学科方向。

8.1.3 光学处理与数字处理的比较

光学处理是并行处理。由于系统固有的二维性质，当平行光照明时，记录在输入透明片上的所有的数据点可同时输入系统进行处理。因而，它特别适于对图像的快速和实时处理。数字图像处理则是通过对图像扫描,产生时间序列的信号,再经抽样变为数字信号由计算机处理。它是串行逐点处理,从原理上讲是慢速处理。尽管计算机运算速度飞速提高,在需严格实时控制的场合,这一"慢速"缺点仍会暴露出来。

光学处理系统的信息处理容量大;运算速度快,基本上按光速进行。其结构简单,操作方便,尤其适于实现二维傅里叶变换、二维复函数的卷积和相关等运算。

光学处理的主要局限在于缺少灵活性。它不像计算机可以灵活进行各种运算,而且具有可编程、控制、分析和判断的能力。由于光学系统本身质量,以及记录介质的影响,光学模拟运算的精度不高。但对于许多应用,这一缺点并不构成严重的限制。例如输出是供目视观察的像,而人眼区别灰度阶的能力是很有限的,过高的精度要求并没有实际意义。数字计算机运算精度高,当然其分辨率也要受到输入图像时扫描、抽样以及显示输出等环节的限制。

显然,把光学处理和数字处理结合起来,可以取长补短,相辅相成。例如对一幅输入图像,先用光学系统作二维傅里叶变换或者抽取特征信息,然后将信息量大大减少的信号送入计算机作数字运算和判断。可以期望混合系统既具有光学处理器大信息容量和二维并行处理、快速运算的能力,又具有数字计算机运算精度高、灵活性好、便于控制和判断的优点。

随着光电子技术的快速发展,CCD、CMOS 等光电成像器件以及 TFT-LCD、LCOS、DMD、LCLV 等空间光调制器越来越多地应用于光电混合处理系统,利用 CCD、CMOS 器件记录输出光信号,送计算机数字处理;利用空间光调制器 SLM 写入输入信号,或者实现可编程的滤波器操作,极大的提高了光学处理的灵活性和应用范围。

总之,正是光学、光电子学、通信和计算机科学多学科的互相渗透和结合,才使光学信息处理这一领域更加生机勃勃。

8.2 相干滤波的基本原理

首先介绍相干光处理。光源可以采用激光或其他准单色的点光源。系统传递的基本量是复振幅。相干光处理可以在空间域进行,例如用干涉方法实现两个复函数的和与差等。这里将讨论的则是更重要的频率域处理。

8.2.1 阿贝-波特实验

阿贝-波特实验验证了阿贝成像理论,是显示空间滤波原理的富有说服力的实验。图 8-1a 所示为实验装置。采用准直的相干光束照明物体,物体为一幅细丝网格。在成像透镜后焦面上得到周期性网格的频谱。由后焦面向像平面传播过程中，这些频谱分量重新合成，在像平面重建了网格的像。

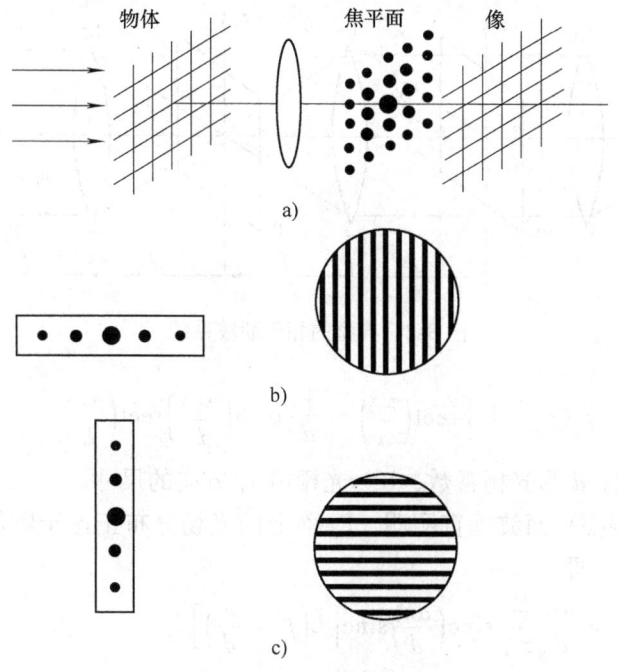

图 8-1　阿贝-波特实验
a) 实验装置　b) 水平狭缝滤波的谱和像
c) 垂直狭缝滤波的谱和像

显然，像和系统传递的空间频谱之间存在一一对应的关系。像和物的相似程度完全取决于物体有多少频率成分能被系统传递到像面。在频谱面上放入狭缝、小孔等光阑改变透射的频谱，输出像的结构将发生变化。例如采用水平狭缝，只允许水平方向分布的一行谱点透过，它们仅代表网格中垂直线条结构的信息，因而相应平面波分量在像平面综合出垂直线条的像（见图8-1b）。由于垂直方向分布的谱点全部挡掉，像面上不再有水平线条结构。若采用垂直狭缝，只允许垂直方向分布的一行谱点透过，像平面仅得到水平线条的像（见图8-1c）。如果在 P_2 面安放可变光阑，当其直径由小变大时，可观察到网格像由低频成分开始，直到高频成分的傅里叶综合。

8.2.2　空间滤波的傅里叶分析

采用图8-2所示的相干滤波系统。L_1 为准直透镜，L_2 和 L_3 为傅里叶变换透镜，焦距均为 f。P_1、P_2、P_3 分别是物面、频谱面和像面。P_3 平面采用反射坐标系。

以一维光栅物体为例作傅里叶分析，以便更透彻地了解改变系统透射频谱

对于像的结构的直接影响。光栅的透过率为

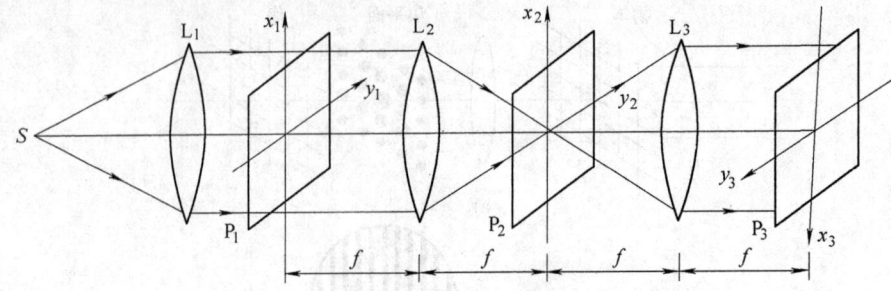

图 8-2　典型的相干滤波系统

$$t(x_1) = \left[\text{rect}\left(\frac{x_1}{a}\right) * \frac{1}{d}\text{comb}\left(\frac{x_1}{d}\right)\right]\text{rect}\left(\frac{x_1}{L}\right) \tag{8-1}$$

式中，a 为缝宽；d 为光栅常数；L 为光栅沿 x_1 方向的尺寸。

采用单位振幅平面波垂直照明，P_2 面上的光场分布正比于物体的频谱 [参见式 (3-124)]，即

$$T(f_x) = \frac{aL}{d}\sum_{n=-\infty}^{\infty}\text{sinc}\left(\frac{an}{d}\right)\text{sinc}\left[L\left(f_x - \frac{n}{d}\right)\right]$$

$$= \frac{aL}{d}\left\{\text{sinc}(Lf_x) + \text{sinc}\left(\frac{a}{d}\right)\text{sinc}\left[L\left(f_x - \frac{1}{d}\right)\right] + \right.$$

$$\left. \text{sinc}\left(\frac{a}{d}\right)\text{sinc}\left[L\left(f_x + \frac{1}{d}\right)\right] + \cdots\right\} \tag{8-2}$$

式中，$f_x = \frac{x_2}{\lambda f}$。假定 $\frac{L}{2} \gg d$，这是为了避免各级谱重叠，以便于对每一级谱实现单独处理。

在 P_2 面上放置下述不同的孔径或屏，作频域处理，将给出完全不同的输出像：

（1）选择适当宽度的狭缝，仅让零级谱通过，挡掉其余频率成分。紧靠狭缝后的透射光场为

$$T(f_x)H(f_x) = \frac{aL}{d}\text{sinc}(Lf_x) \tag{8-3}$$

式中，$H(f_x)$ 为狭缝的透过率函数。注意 sinc 函数分布是无限延展的，因其衰减很快，可认为主要能量集中在有限宽度内，所以能被狭缝所透射。而上式只是一种近似关系。P_3 面上输出场分布为

$$g(x_3) = \mathscr{F}^{-1}\{T(f_x)H(f_x)\} = \frac{a}{d}\text{rect}\left(\frac{x_3}{L}\right) \tag{8-4}$$

图 8-3 表示出全部处理过程。系统仅让零频成分通过。像面上不再有周期条

纹结构。

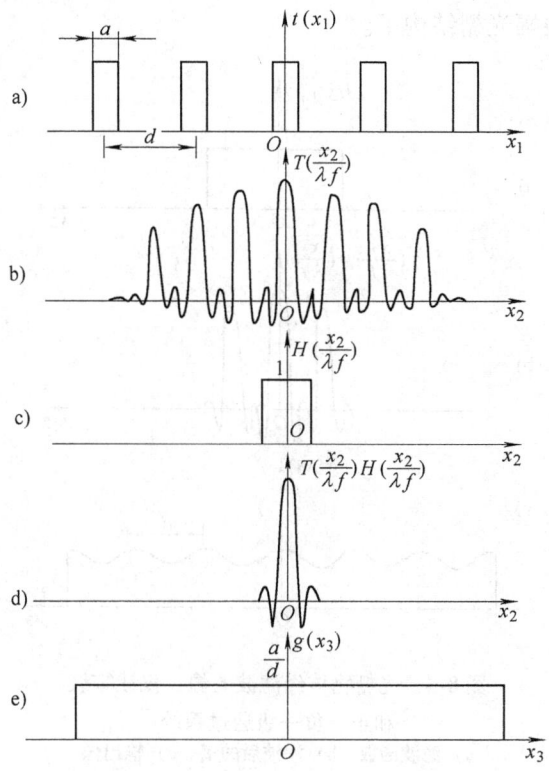

图 8-3 光栅物体经滤波的像：仅让零频通过系统
a) 物体 b) 物体频谱 c) 滤波函数
d) 滤波后的谱 e) 输出像

（2）适当放宽狭缝，仅让零级和正、负一级谱通过。透射频谱为

$$T(f_x)H(f_x) = \frac{aL}{d}\left\{\mathrm{sinc}(Lf_x) + \mathrm{sinc}\left(\frac{a}{d}\right)\mathrm{sinc}\left[L\left(f_x - \frac{1}{d}\right)\right] + \right.$$
$$\left. \mathrm{sinc}\left(\frac{a}{d}\right)\mathrm{sinc}\left[L\left(f_x + \frac{1}{d}\right)\right]\right\} \tag{8-5}$$

P_3 面上输出复振幅分布为

$$g(x_3) = \mathscr{F}^{-1}\{T(f_x)H(f_x)\}$$
$$= \frac{a}{d}\left[\mathrm{rect}\left(\frac{x_3}{L}\right) + \mathrm{sinc}\left(\frac{a}{d}\right)\mathrm{rect}\left(\frac{x_3}{L}\right)\exp\left(\mathrm{j}2\pi\frac{x_3}{d}\right) + \right.$$
$$\left. \mathrm{sinc}\left(\frac{a}{d}\right)\mathrm{rect}\left(\frac{x_3}{L}\right)\exp\left(-\mathrm{j}2\pi\frac{x_3}{d}\right)\right]$$
$$= \frac{a}{d}\mathrm{rect}\left(\frac{x_3}{L}\right)\left[1 + 2\mathrm{sinc}\left(\frac{a}{d}\right)\cos\frac{2\pi x_3}{d}\right] \tag{8-6}$$

图 8-4 给出了这一结果。像面虽然也是周期为 d 的条纹,但已不是线光栅,而是对比不同的余弦振幅光栅结构了。

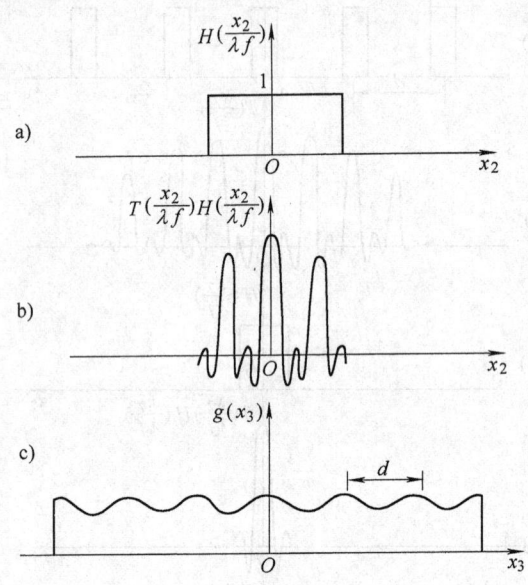

图 8-4 光栅物体经滤波的像:仅让零级
和正、负一级通过系统
a) 滤波函数 b) 滤波后的谱 c) 输出像

(3) 采用双缝,仅让正、负二级谱通过。系统透射的频谱为

$$T(f_x)H(f_x) = \frac{aL}{d}\text{sinc}\left(\frac{2a}{d}\right)\left\{\text{sinc}\left[L\left(f_x - \frac{2}{d}\right)\right] + \text{sinc}\left[L\left(f_x + \frac{2}{d}\right)\right]\right\} \tag{8-7}$$

对应 P_3 面输出场分布为

$$g(x_3) = \mathscr{F}^{-1}\{T(f_x)H(f_x)\}$$
$$= \frac{2a}{d}\text{sinc}\left(\frac{2a}{d}\right)\text{rect}\left(\frac{x_3}{L}\right)\cos\left(\frac{4\pi x_3}{d}\right) \tag{8-8}$$

如图 8-5 所示,像面余弦条纹的周期为 $\frac{d}{2}$,只是物光栅周期的一半。

(4) 采用不透光的小圆屏挡掉零级谱,而让其余频率成分都能通过。透射频谱可表示为

$$T(f_x)H(f_x) = T(f_x) - \frac{aL}{d}\text{sinc}(Lf_x) \tag{8-9}$$

P₃ 面上像场分布为

$$g(x_3) = \mathscr{F}^{-1}\{T(f_x)\} - \mathscr{F}^{-1}\left\{\frac{aL}{d}\text{sinc}(Lf_x)\right\}$$

$$= t(x_3) - \frac{a}{d}\text{rect}\left(\frac{x_3}{L}\right)$$

$$= \left[\text{rect}\left(\frac{x_3}{a}\right) * \frac{1}{d}\text{comb}\left(\frac{x_3}{d}\right)\right]\text{rect}\left(\frac{x_3}{L}\right) - \frac{a}{d}\text{rect}\left(\frac{x_3}{L}\right) \quad (8\text{-}10)$$

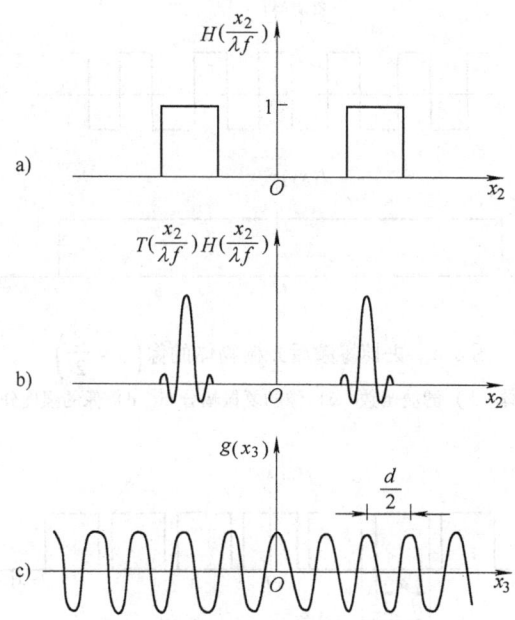

图 8-5 光栅物体经滤波的像：仅让
正、负二级通过系统
a) 滤波函数 b) 滤波后的谱 c) 输出像

处理的结果对于不同结构的光栅是不相同的。例如，当 $a = \dfrac{d}{2}$，缝宽与缝的间隙相等，直流分量为 $\dfrac{1}{2}$。去掉直流后，像的复振幅仍为光栅结构，但强度分布是均匀的，实际上看不见条纹（见图 8-6）。

若 $a > d/2$，即缝宽大于缝的间隙，这时直流分量大于 1/2。去掉直流后，像的分布如图 8-7 所示。注意观察到的强度分布中，亮、暗条纹的位置刚好与原物体情况相反，即出现了对比反转的现象。

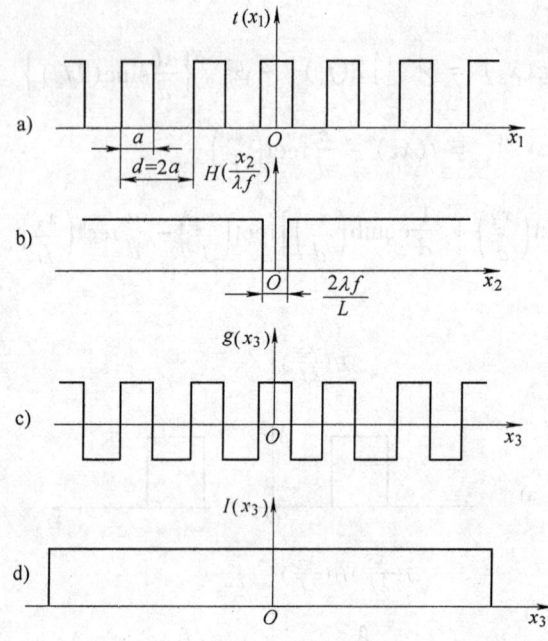

图 8-6 去掉零频后光栅物体的像 $\left(a=\dfrac{d}{2}\right)$
a) 物体　b) 滤波函数　c) 像的复振幅分布　d) 像的强度分布

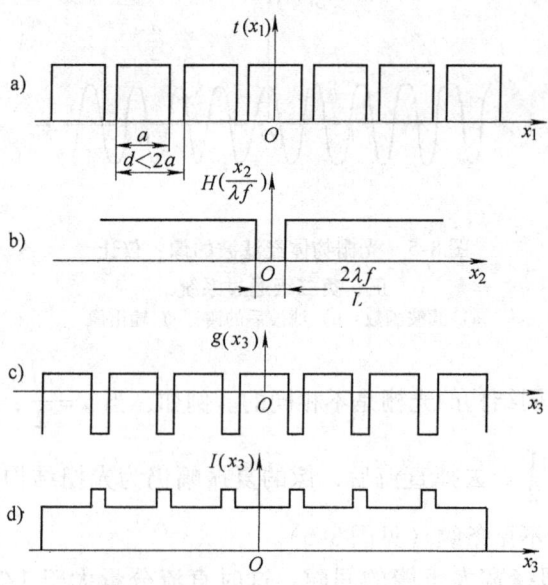

图 8-7 去掉零频后光栅物体的像 $\left(a>\dfrac{d}{2}\right)$
a) 物体　b) 滤波函数　c) 像的复振幅分布　d) 像的强度分布

8.2.3 相干滤波的基本原理和运算

图 8-8 是相干滤波原理的示意图。该图完全可以用来描述相干成像的过程。从输入物到频谱是各种频率成分分解的过程；从频谱到输出像则是各种频率成分重新合成的过程。由于谱面上有限大小的光瞳的限制，系统的传递函数只具有有限通频带，在像面重新合成的频率成分中已失去了超出系统截止频率的高频成分，所以相干成像系统本质上就是一个低通滤波系统。

在成像问题中，希望像与物尽可能相似，考虑的是输入信息的各种频率成分在系统中如何可靠地传递。而对于空间滤波的更为普遍的问题，人们的注意力不在于传递，而在于对输入信息实现所期望的变换，例如去掉噪声；从大量信息中提取特征信息；模糊图像的复原等。假定考虑的是线性变换，可以根据所要求的输入-输出关系，确定系统的传递函数，对输入信息所包含的各种空间频率成分施加振幅和位相调制来实现特定的变换。这就是空间滤波或频域综合（傅里叶综合）的含义。

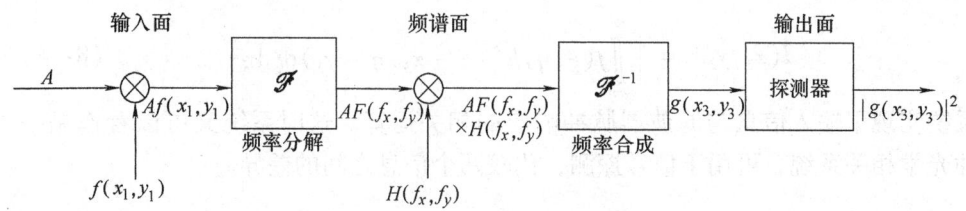

图 8-8　相干滤波系统的框图

利用透镜的傅里叶变换性质，记录输入信息的透明片在相干光照明下，可在一个确定的平面上得到其空间频谱。因而，只要在这个平面安置适当的模片（滤波器），就可以很方便地实现对各种频率成分的振幅和位相调制。再经一次傅里叶逆变换，相对的振幅和位相关系已发生变化的各种频率分量在空间域合成，给出所期望的输出。这就构成了相干光处理系统或相干滤波系统。系统的传递函数（或称滤波函数）简单地正比于滤波器的复振幅透过率。

图 8-2 是最典型的相干滤波系统，常称为 $4f$ 系统。我们来分析该系统所能完成的运算。假定放在 P_1 平面的输入透明片其复振幅透过率为 $f(x_1, y_1)$。用振幅为 A 的相干平面波垂直照明，P_2 平面场分布正比于输入信息的空间频谱 $F\left(\dfrac{x_2}{\lambda f}, \dfrac{y_2}{\lambda f}\right)$。如果在 P_2 平面放置滤波器，其复振幅透过率 $t(x_2, y_2)$ 正比于滤波函数 $H\left(\dfrac{x_2}{\lambda f}, \dfrac{y_2}{\lambda f}\right)$，紧靠滤波器后的光场分布将正比于 $AF\left(\dfrac{x_2}{\lambda f}, \dfrac{y_2}{\lambda f}\right) H\left(\dfrac{x_2}{\lambda f}, \dfrac{y_2}{\lambda f}\right)$。略去

常系数，P_3 平面输出的光场复振幅分布为

$$g(x_3, y_3) = f(x_3, y_3) * h(x_3, y_3) \tag{8-11}$$

式中，h 是 H 的傅里叶逆变换式，常称为滤波器的脉冲响应，它等于 P_1 平面轴上点光源在 P_3 面上产生的复振幅分布。

输出光强分布为

$$I(x_3, y_3) = |g(x_3, y_3)|^2$$

$$= \left| \iint_{-\infty}^{\infty} f(\xi, \eta) h(x_3 - \xi, y_3 - \eta) \mathrm{d}\xi \mathrm{d}\eta \right|^2 \tag{8-12}$$

系统实现了输入信息与滤波器脉冲响应的卷积运算。常根据这一原理实现对输入信息所需的变换或滤波。

假如滤波函数是 $H^* \left(\dfrac{x_2}{\lambda f}, \dfrac{y_2}{\lambda f} \right)$，则滤波后的频谱为 $AF \left(\dfrac{x_2}{\lambda f}, \dfrac{y_2}{\lambda f} \right) H^* \left(\dfrac{x_2}{\lambda f}, \dfrac{y_2}{\lambda f} \right)$，略去常系数，输出光场分布为

$$g(x_3, y_3) = f(x_3, y_3) \star h(x_3, y_3) \tag{8-13}$$

光强分布为

$$I(x_3, y_3) = \left| \iint_{-\infty}^{\infty} f(\xi, \eta) h^* (\xi - x_3, \eta - y_3) \mathrm{d}\xi \mathrm{d}\eta \right|^2 \tag{8-14}$$

系统实现了输入信息与滤波器脉冲响应的相关运算。这时系统又可以看作是一种光学相关系统，可用于信号探测，比较两个信息之间的差异。

8.2.4 系统和滤波器

相干滤波系统需要完成从空域到频域，又从频域还原到空域的两次傅里叶变换以及在频域的乘法运算。系统应该具有与空域相对应的输入、输出平面，以及与频域相对应的确定的频谱面。显然，相干成像系统都可以用来构成滤波系统。物、像面就是输入、输出平面；在频谱面可以安放所需的滤波器。

前面提到的 $4f$ 系统是最基本的相干滤波系统。两次傅里叶变换的任务各由一个透镜分担。它们的焦距（f_2 和 f_3）也可以不相等，仅仅影响输出的横向倍率 $\left(M = \dfrac{f_3}{f_2} \right)$。把准直透镜考虑在内，它是一种三透镜系统。由于透镜前后焦面上存在准确的傅里叶变换关系，分析起来十分方便。后文介绍的多数例子可采用这一系统。

图 8-9 中给出另外三种典型的系统。图 8-9a、b 是双透镜系统。图 8-9a 系统中 L_1 为准直透镜，L_2 同时起傅里叶变换和成像的作用。频谱面在 L_2 的后焦面 P_2 上；输出平面 P_3 位于 P_1 的共轭像面处。图 8-9b 系统中 L_1 既是照明透镜，又是傅里叶变换透镜，频谱面位于点光源的像面处。L_2 则起第二次傅里叶变换

和使输入成像到输出面 P_3 的作用。图 8-9c 是单透镜系统。L 使点光源成像在频谱面 P_2 上,同时又使 P_1 面上的输入成像在输出面 P_3,因此,它具有变换和成像的双重功能。虽然这种系统结构简单,但对透镜的要求苛刻。图 8-9a 系统与 $4f$ 系统相比较,渐晕更大,因为输入平面与变换透镜的距离为后者的 2 倍。注意三种系统在 P_2 面上给出的物体频谱,都附带有球面位相因子,尤其对于远离光轴的位置,它将对滤波带来影响。在图 8-9b、c 的两种系统中,前后移动物面 P_1 的位置,可以改变输入频谱的比例,这种灵活性方便了滤波操作。

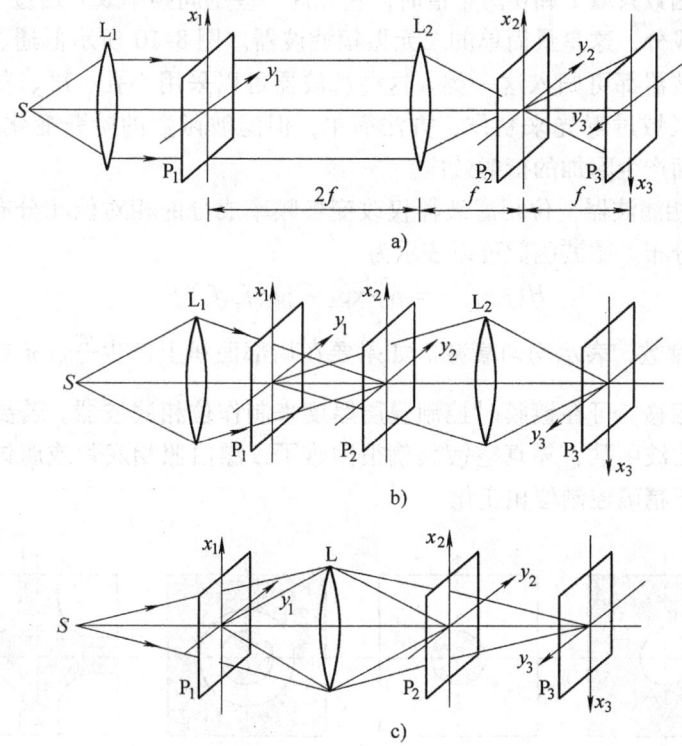

图 8-9 其他的相干滤波系统

类似于相干成像系统,滤波系统的信息处理容量也可用空间带宽积或自由度描述。系统的空间带宽积

$$SW_{系统} = A_0 \cdot A_f \tag{8-15}$$

式中,A_0 为能处理的输入物体的面积;A_f 为系统有限通频带的面积。

$SW_{系统}$ 实际上等于物面上能处理的像素的数目。由于系统线性传递的物理量是复值函数(复振幅),每一个像素可由两个实数确定,系统对于振幅信息和位相信息可以独立传递和滤波,因而自由度实际上为空间带宽积的两倍。注意待处理图像的空间带宽积一般应小于系统的空间带宽积。

滤波函数一般可以是复函数，即

$$H(f_x, f_y) = A(f_x, f_y) \exp[-j\phi(f_x, f_y)] \qquad (8\text{-}16)$$

根据滤波函数的特点，可以把滤波器分为以下几种：

(1) 振幅滤波器　振幅滤波器仅改变各频率成分的相对振幅分布，而不改变其位相分布。滤波函数可仅用 $A(f_x, f_y)$ 表示，其值可在 0~1 范围内连续变化。通常按一定函数控制底片的曝光量分布或者在玻璃片基上控制蒸镀的金属膜来制作这种滤波器。

当滤波函数只取 1 和 0 两个值时，它允许某些空间频率成分透过，而阻挡其余空间频率成分，这是最简单的二元振幅滤波器。图 8-10 所示低通、高通、带通和方向滤波器都可归入这一类。这种滤波器可以采用小孔、屏、狭缝或者在胶片的某些区域过曝光来制作，方法简单，但滤波函数的阶跃变化类似直边，会在输出像面产生附加的衍射效应。

(2) 位相滤波器　位相滤波器仅改变各频率成分的相对位相分布，不改变其相对振幅分布。滤波函数可以表示为

$$H(f_x, f_y) = A_0 \exp[-j\phi(f_x, f_y)] \qquad (8\text{-}17)$$

式中，A_0 为常数，表示均匀衰减。如果要在局部面积上产生 $\frac{\pi}{2}$、π 或其他特定数值的常数相移，可在镀膜时控制膜层厚度来制作位相滤波器。若要产生连续变化的位相滤波函数，靠真空镀膜就很困难了，漂白照相底片或腐蚀透明介质的方法也难于精确控制位相变化。

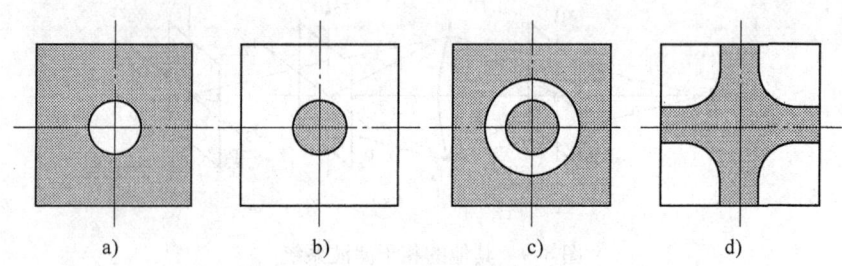

图 8-10　二元振幅滤波器
a) 低通　b) 高通　c) 带通　d) 方向滤波器

(3) 复数滤波器　这种滤波器对各种频率成分的振幅和位相都同时起调制作用，滤波函数是复函数。虽然可以用振幅滤波器和位相滤波器组合成一个复数滤波器，但用镀膜等方法去产生连续变化的位相调制总是极为困难的。幸而用光学方法和计算机制作的全息图可以解决这一困难，全息图的复振幅透过率将具有所期望的振幅和位相调制因子。我们分别称之为全息滤波器和计算全息滤波器。

8.3 简单振幅滤波的例子

8.3.1 低通滤波——消除图像上周期性网格

报纸上的印刷照片常常是由大量的网点组成的,相当于一幅抽样图像。可用相干滤波方法除去图像上的网点。在$4f$系统中,P_1面上放置记录网点图像的透明片,它可以表示为

$$f_s(x_1, y_1) = \text{comb}\left(\frac{x_1}{X}\right)\text{comb}\left(\frac{y_1}{Y}\right)f(x_1, y_1) \tag{8-18}$$

式中,X、Y表示网点沿x_1、y_1方向的间距,我们已忽略了单个网点的大小。P_2面产生的频谱为

$$F_s(f_x, f_y) = XY\text{comb}(Xf_x)\text{comb}(Yf_y) * F(f_x, f_y) \tag{8-19}$$

谱面沿f_x、f_y方向间隔分别为$\frac{1}{X}$和$\frac{1}{Y}$的一些点的周围重复出现$F(f_x, f_y)$。若抽样率足够高,采用开孔适当大小的低通滤波器,只让中心的一个$F(f_x, f_y)$透过,P_3平面将得到没有网点的图像$f(x, y)$。图8-11给出的示意图表明了它的原理。这一实验可以直观地说明抽样定理。注意对于非限带图像或者抽样间隔不满足式(2-42)的要求,低通滤波的结果会使$f(x, y)$中损失一些高频成分。

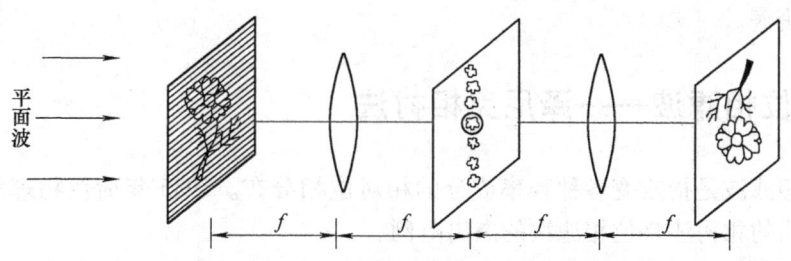

图8-11 通过低通滤波消除图像上的网纹

对于记录下的电视及传真图像、B超声像图,也可用此法去除扫描线。

8.3.2 高通滤波——用于边缘增强

区分一些大不相同的图像往往只需要根据它们的形像轮廓而不需要利用图像本身包含着的全部信息。可以通过微分处理来抽取轮廓(见8.5节),但常常只需要利用一个挡光的小圆屏——高通滤波器,就可以实现边缘增强。图像中透过率起伏变化很小的区域,其信息集中在低频,被滤波器挡掉。而边缘或其

他透过率锐变的区域则包含丰富的高频信息,这同狭缝愈细、产生衍射光的角度愈大是一个道理。只要圆屏的大小适当,仅让高频成分传播到像面,就可以有效突出图像的边缘和透过率锐变的区域。

8.3.3 带通或方向滤波——用于信号或缺陷检测

假如在输入图像上叠加随机噪声,噪声是相加性的,输入场分布则可以表示为

$$f(x_1,y_1) = s(x_1,y_1) + n(x_1,y_1) \tag{8-20}$$

式中,s 和 n 分别表示有用信号及噪声,用 S 和 N 分别表示其频谱,则

$$F(f_x,f_y) = S(f_x,f_y) + N(f_x,f_y) \tag{8-21}$$

只要信号与噪声在频域的分布特点不同,例如信号能量集中在某一频带,噪声能量散布在谱面很宽范围,就可以采用带通滤波器在传递信号的同时,有效抑制噪声,因而大大提高输出信噪比。

同一思想可用在分离不同特征的信息上。例如多信道记录下来的地震波曲线,正常情况下记录下的信息是近似水平的线。当出现异常时,曲线在垂直方向产生大的起伏,用一个方向滤波器(不透明窄条)就可以去掉水平线,而把地震波的异常信号突显出来。

以十字形阻挡光屏为方向滤波器,还可以检验集成电路掩模的疵病。由于集成电路的图形是由规则的相互垂直的矩形线段组成的,其频谱分布在 f_x、f_y 轴附近,而疵病和缺陷的谱带有随机性,方向滤波器可在输出像中抑制掩模图形而突出疵病。

8.4 位相滤波——泽尼克相衬法

位相滤波是指改变各种频率成分的相对位相分布。1935 年荷兰物理学家泽尼克发明的相衬法是位相滤波的杰出范例。

人眼只能感受光强度的变化,不能辨别位相变化。由于位相型物体(如生物切片,油膜、位相光栅等)不改变入射光的振幅,仅因厚度或折射率的变化,改变入射光波的位相分布,人眼就无法观察到它的位相结构。解决这一困难需要把位相变化转化为强度(或振幅)的变化,也就是把空间位相调制的信息变换为空间强度(或振幅)调制的信息。生物学家采用对透明的显微镜标本的染色技术达到这一目的。不幸的是,染色的同时会杀死标本,改变其结构,这使我们不能在显微镜下如实研究标本的生命过程。其他可能的方法还包括干涉测量、暗场法、纹影法。干涉方法把位相信息转化为干涉条纹的位置信息,不便于判读。暗场法采用一个不透明小屏在物镜后焦面挡掉零频分量;纹影法则采

用刀口挡掉中心级一边的所有频谱分量,这些方法的缺点是观察的强度分布与物体位相变化不成线性关系,测量者不能直接得到物体厚度或折射率变化的量值。相衬法克服了这个困难。根据该原理设计的相衬显微镜为生物实验室广泛采用,对于研究有机体的生命机能提供了有力的工具。泽尼克因此在 1953 年获诺贝尔奖。

下面来分析相衬法的原理。采用图 8-9a 所示的滤波系统。透明的位相型物体置于 P_1 平面,忽略物体的平均相移,$\varphi(x_1,y_1)$ 仅表示相位变化。其复振幅透过率为

$$t(x_1,y_1) = \exp[j\varphi(x_1,y_1)] \tag{8-22}$$

单位振幅相干平面波垂直照明时,物场分布为

$$f(x_1,y_1) = t(x_1,y_1) = \exp[j\varphi(x_1,y_1)]$$
$$= 1 + j\varphi(x_1,y_1) - \frac{1}{2}\varphi^2(x_1,y_1) - \frac{1}{6}j\varphi^3(x_1,y_1) + \cdots$$

假定相移很小,$\varphi(x_1,y_1) \ll 1\text{rad}$,上述幂级数表达式中二次方以上的项可以略去,得到

$$f(x_1,y_1) \approx 1 + j\varphi(x_1,y_1) \tag{8-23}$$

P_2 面上得到频谱分布为

$$F(f_x,f_y) = \delta(f_x,f_y) + j\Phi(f_x,f_y) \tag{8-24}$$

式中,$f_x = \dfrac{x_2}{\lambda f}$,$f_y = \dfrac{y_2}{\lambda f}$。若不做滤波,$P_3$ 面上将得到物体的像,像场分布为

$$g(x_3,y_3) = 1 + j\varphi(x_3,y_3) \tag{8-25}$$

观察到的强度分布为

$$I(x_3,y_3) = |1 + j\varphi(x_3,y_3)|^2 = 1 + \varphi^2(x_3,y_3) \approx 1 \tag{8-26}$$

相对于常数项来说,φ^2 很小可以忽略。因而输出近似为均匀的光强分布,看不出位相变化。

由式 (8-23) 可见,物光波实际可看作两部分:直接透射光和由于位相起伏造成的弱衍射光。因子 j 表示这两部分光之间位相差为 $\dfrac{\pi}{2}$。它们相干叠加时干涉项为零。泽尼克认识到这正是在背景光上观察不到衍射光的根本原因。要使像的强度产生可观测的变化,必须改变这两部分之间的位相正交关系。

在谱面上,直接透射光集中在焦点附近,衍射光由于包含较多高频成分,在谱面上能量较为分散。因而最适宜的位置是在谱面上用位相滤波器改变零频与其他频率成分之间的位相关系。

位相滤波器的结构很简单,只要用一块玻璃基片,其上相对于焦平面中心位置镀上一定厚度的膜层,使零频成分通过它后,其位相相对于衍射光位相延

迟 $\pi/2$ 或 $3\pi/2$。滤波函数为

$$H(f_x,f_y) = \begin{cases} \pm j, & f_x = f_y = 0 \text{ 附近} \\ 1, & \text{其他} \end{cases} \quad (8\text{-}27)$$

经滤波后的频谱变为

$$F(f_x,f_y)H(f_x,f_y) = \pm j\delta(f_x,f_y) + j\Phi(f_x,f_y) \quad (8\text{-}28)$$

像面复振幅分布为

$$g(x_3,y_3) = \pm j + j\varphi(f_3,f_3) \quad (8\text{-}29)$$

观察的强度分布为

$$I(x_3,y_3) \approx 1 \pm 2\varphi(x_3,y_3) \quad (8\text{-}30)$$

在均匀背景上出现由 ϕ 产生的强度的亮暗变化。它们之间的关系是线性的，便于由光的强弱直接判断物体厚度或折射率变化。注意这种线性关系是在位相起伏很小的条件下导出的。当公式取加号时，位相值大的部位，光强也强，称为正相衬（或亮相衬）；当公式取减号时，位相值大的部位，光强弱，称为负相衬（或暗相衬）。当然，这取决于移相板中心镀膜的厚度，对于前者，膜的光学厚度为 $\lambda/4$；对于后者，则为 $3\lambda/4$。

由于直接透射光太强，衍射光太弱，像的对比很低。如果使移相板中心膜层在产生相移的同时，也能产生部分吸收，衰减零频的背景光，可以提高像面光强的对比。

泽尼克的成功给了我们重要的启示。光波携带物体信息传播时，信息承载的方式可能是空间的振幅和位相调制、空间强度调制或空间的波长调制，这取决于照明光波的性质以及物体本身的形状、亮暗和色彩等因素。我们不仅可通过滤波或其他方法就每一种调制方式本身做出各种变化，还可以在信息的不同调制方式之间实现变换，也就是改变编码方法。泽尼克利用位相滤波，改变不同频率成分之间的位相关系，使空间位相调制的信息变换为空间强度调制的信息，以便于观测就是一个成功的例子。

8.5 光栅滤波器的应用——图像加减和微分

8.5.1 光栅滤波器——用于图像加减

光栅滤波器是一种振幅滤波器，可用全息方法来制作。把它安放在 $4f$ 系统中的谱面位置上，忽略光栅的有限尺寸，滤波函数为

$$\begin{aligned} H(f_x,f_y) &= \frac{1}{2} + \frac{1}{2}\cos(2\pi \tilde{f}x_2 + \phi) \\ &= \frac{1}{2} + \frac{1}{4}\exp[j(2\pi \tilde{f}x_2 + \phi)] + \frac{1}{4}\exp[-j(2\pi \tilde{f}x_2 + \phi)] \end{aligned} \quad (8\text{-}31)$$

式中,$f_x = \dfrac{x_2}{\lambda f}$;$f_y = \dfrac{y_2}{\lambda f}$;$\phi$表示条纹的初位相,它决定了光栅相对坐标原点的位置;$\tilde{f}$为光栅频率。

在P_1平面沿x_1方向相对原点对称放置图像A和B,它们的中心离开原点距离都等于b。取

$$b = \lambda \tilde{f} f \tag{8-32}$$

输入场分布可以表示为

$$f(x_1, y_1) = f_A(x_1 - b, y_1) + f_B(x_1 + b, y_1) \tag{8-33}$$

式中,f_A和f_B分别表示图像A和B的复振幅透过率。输入频谱为

$$F(f_x, f_y) = F_A(f_x, f_y)\exp(-j2\pi b f_x) + F_B(f_x, f_y)\exp(j2\pi b f_x)$$
$$= F_A(f_x, f_y)\exp(-j2\pi \tilde{f} x_2) + F_B(f_x, f_y)\exp(j2\pi \tilde{f} x_2) \tag{8-34}$$

经光栅滤波后的频谱为

$$F(f_x, f_y)H(f_x, f_y) = \dfrac{1}{4}[F_A(f_x, f_y)\exp(j\phi) + F_B(f_x, f_y)\exp(-j\phi)] +$$
$$\dfrac{1}{2}[F_A(f_x, f_y)\exp(-j2\pi \tilde{f} x_2) + F_B(f_x, f_y)\exp(j2\pi \tilde{f} x_2)] +$$
$$\dfrac{1}{4}\{F_A(f_x, f_y)\exp[-j(4\pi \tilde{f} x_2 + \phi)] +$$
$$F_B(f_x, f_y)\exp[j(4\pi \tilde{f} x_2 + \phi)]\} \tag{8-35}$$

经傅里叶逆变换,P_3面上输出场分布为

$$g(x_3, y_3) = \dfrac{1}{4}\exp(j\phi)[f_A(x_3, y_3) + f_B(x_3, y_3)\exp(-j2\phi)] +$$
$$\dfrac{1}{2}[f_A(x_3 - b, y_3) + f_B(x_3 + b, y_3)] +$$
$$\dfrac{1}{4}[f_A(x_3 - 2b, y_3)\exp(-j\phi) + f_B(x_3 + 2b, y_3)\exp(j\phi)]$$
$$\tag{8-36}$$

考察上式,当$\phi = 0$时,在P_3平面中心部位实现了图像相加。假如光栅的最大透过率偏离光轴$\dfrac{1}{4}$周期,即当$\phi = \dfrac{\pi}{2}$时,因子

$$\exp(-j2\phi) = \exp(-j\pi) = -1$$

则得到图像相减的结果。其他四项分列光轴两侧,中心位于$(\pm b, 0)$和$(\pm 2b, 0)$,它们不会重叠(见图8-12)。

光栅滤波器的作用很明显,透射光波能产生零级和± 1级衍射光,相当于用三个不同方向传播的载波来传递信息,因而它可以使位于P_1面的物体产生三个像。在上述例子中,图像A的$+1$级像和图像B的-1级像恰好在P_3面中心重

叠。若它们位相相同，则实现相加；位相相反，实现相减。相对于光轴移动光栅，可以很方便地控制位相。

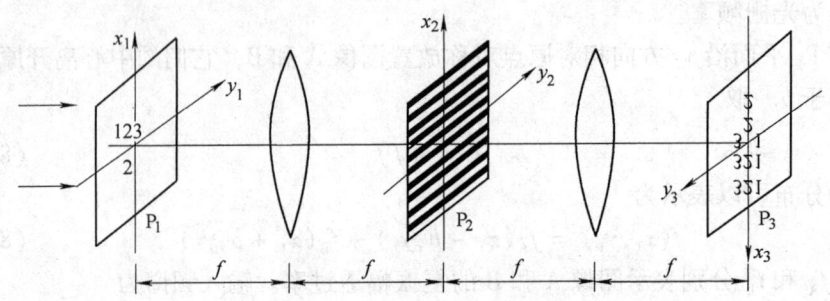

图 8-12　利用光栅滤波器实现图像相减

在记录两幅图像时，应注意把曝光光强线性转换为它们的复振幅透过率。两幅图像相加，突出了两物体的共同结构；相减则可提取二者的差异，这对于研究事物的变化是很有用的。例如，不同时间拍摄两张病理照片，图像相减后，可更直观地发现病情变化。用于军事上，则有利于发现基地新增添的工程设施。

8.5.2　复合光栅滤波器——用于图像微分

用全息方法在一块全息干板上拍摄两个栅线平行、空间频率稍有差别（例如 100 周/mm 和 102 周/mm）的余弦振幅光栅，并使两光栅在原点处位相差为 π，就得到了所需的复合光栅滤波器。拍摄的光路如图 8-13 所示。点光源 S 发出的相干光经透镜 L_1 准直，会聚在透镜 L_2、L_3 的焦点，再经 L_4 产生两束平面波干涉得到全息光栅。改变 L_2 和 L_3 的间距，可以控制光栅的频率。制作复合光栅需要两次或多次曝光，在每次曝光前，适当移动胶片的横向位置，以使各组条纹之间具有不同的初始位相。

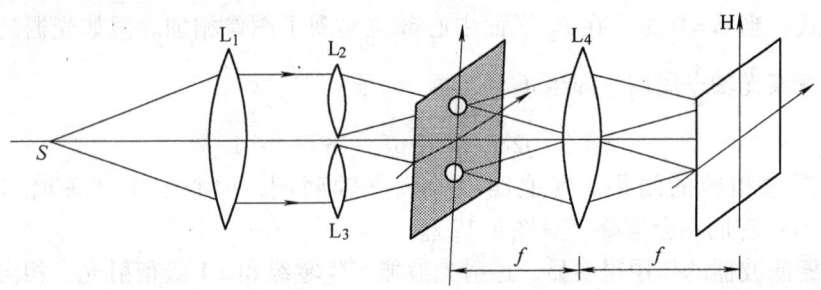

图 8-13　制作复合光栅滤波器的光路

复合光栅滤波器可用于图像微分，使低对比的图像边缘增强。把它放在 $4f$ 系统中的频谱面 P_2 上，滤波函数为

$$H(f_x,f_y) = 1 + \cos 2\pi(b+\varepsilon)f_x - \cos 2\pi b f_x \tag{8-37}$$

式中，$f_x = \dfrac{x_2}{\lambda f}$；$b = \lambda f \tilde{f}$，$\tilde{f}$ 为其中一组光栅条纹的频率。

滤波器的脉冲响应是

$$h(x_3,y_3) = \delta(x_3,y_3) + \frac{1}{2}\{\delta[x_3+(b+\varepsilon),y_3] + \delta[x_3-(b+\varepsilon),y_3]\} -$$

$$\frac{1}{2}[\delta(x_3+b,y_3) + \delta(x_3-b,y_3)]$$

$$= \delta(x_3,y_3) + \frac{1}{2}\{\delta[x_3+(b+\varepsilon),y_3] - \delta(x_3+b,y_3)\} +$$

$$\frac{1}{2}\{\delta[x_3-(b+\varepsilon),y_3] - \delta(x_3-b,y_3)\} \tag{8-38}$$

对于 P_1 面的输入函数 $f(x_1,y_1)$，系统在 P_3 面给出的输出是

$$g(x_3,y_3) = f(x_3,y_3) * h(x_3,y_3)$$

$$= f(x_3,y_3) * \delta(x_3,y_3) + f(x_3,y_3) *$$

$$\frac{1}{2}\{\delta[x_3+(b+\varepsilon),y_3] - \delta(x_3+b,y_3)\} +$$

$$f(x_3,y_3) * \frac{1}{2}\{\delta[x_3-(b+\varepsilon),y_3] - \delta(x_3-b,y_3)\}$$

$$= f(x_3,y_3) + \frac{1}{2}\{f[x_3+(b+\varepsilon),y_3] - f(x_3+b,y_3)\} +$$

$$\frac{1}{2}\{f[x_3-(b+\varepsilon),y_3] - f(x_3-b,y_3)\} \tag{8-39}$$

注意到

$$\lim_{\varepsilon \to 0} \frac{1}{\varepsilon}\{f[x_3\pm(b+\varepsilon),y_3] - f(x_3\pm b,y_3)\} = \frac{\partial f}{\partial x_3} \tag{8-40}$$

因而当 ε 很小时，公式（8-39）的后两项正比于输入函数沿 x_3 方向的微分，它们的中心位置在 $(\pm b, 0)$ 处。图 8-14 中以矩形函数为例表示出 $g(x_3,y_3)$ 和强度分布 $I(x_3,y_3)$。从图中不难看出，为了使两个微分项不与中间输入函数的像相重叠，b 或者光栅频率 $\tilde{f}$ 的取值应根据待处理图像沿 x_3 方向上的宽度来确定。

构成复合光栅的两组光栅条纹，由于频率的差别以及 π 位相差，使得输入物体经系统产生的同一级像（正一级或负一级）位置稍稍错开后相减，从而实现微分。

根据完全类似的分析，制作二维的复合光栅滤波器，使其脉冲响应 h 中包含

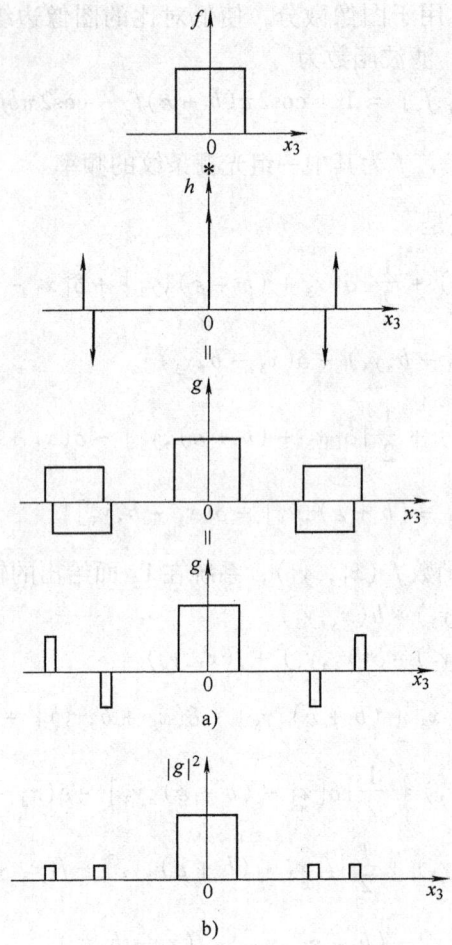

图 8-14 用复合光栅对图像作微分的结果
a) 输出场分布 b) 强度分布

$$\delta(x_3 + b + \varepsilon, y_3) + \delta(x_3 + b, y_3 + \varepsilon) - 2\delta(x_3 + b, y_3)$$

当 $\varepsilon \rightarrow 0$ 时，在输出平面将得到图像的二维微分 $\left(\dfrac{\partial f}{\partial x} + \dfrac{\partial f}{\partial y}\right)$。

8.6 光学图像识别

8.6.1 全息滤波器的制作和工作原理

若希望改变输入频谱中各频率成分的振幅和位相关系，需要采用复数滤波器。1963 年美国密执安大学雷达实验室的 A. B. Vanderlugt 继他的同事提出离轴全息后不久，用全息方法综合出所需的复数滤波器（Vanderlugt 滤波器），从而大大拓宽了相干光学处理的应用范围。

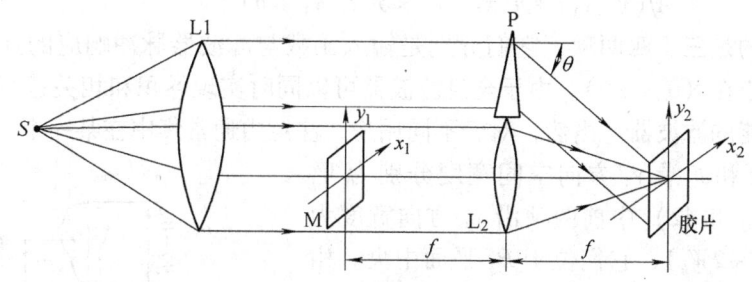

图 8-15　全息滤波器记录光路

全息滤波器的记录光路如图 8-15 所示。不难看出，所记录的实际上就是傅里叶变换全息图。点光源 S 发出的光经透镜 L_1 准直，一部分光照射膜片 M，其复振幅透过率等于所需滤波器的脉冲响应 h。透镜 L_2 对 h 进行傅里叶变换，在胶片上产生场分布 $H(f_x, f_y)$。另一部分光则经棱镜 P，变为振幅为 A 的倾斜平面波入射到胶片上，倾角为 θ。显影处理后，假定胶片的复振幅透过率正比于曝光光强，即

$$t(f_x, f_y) \propto |A\exp(-\mathrm{j}2\pi bf_y) + H(f_x, f_y)|^2$$
$$= A^2 + |H|^2 + AH^*(f_x, f_y)\exp(-\mathrm{j}2\pi bf_y) + AH(f_x, f_y)\exp(\mathrm{j}2\pi bf_y) \quad (8\text{-}41)$$

式中，$f_x = \dfrac{x_2}{\lambda f}$；$f_y = \dfrac{y_2}{\lambda f}$；$b = f\sin\theta$。

式（8-41）的三、四两项包含了所需的滤波函数 H 和 H^*。只要参考光倾角足够大，在滤波运算时，各项的作用互不干扰。

若滤波函数 H 是复函数，具有振幅分布 $\left|H\left(\dfrac{x_2}{\lambda f}, \dfrac{y_2}{\lambda f}\right)\right|$ 和位相分布 $\phi\left(\dfrac{x_2}{\lambda f}, \dfrac{y_2}{\lambda f}\right)$，亦即

$$H\left(\dfrac{x_2}{\lambda f}, \dfrac{y_2}{\lambda f}\right) = \left|H\left(\dfrac{x_2}{\lambda f}, \dfrac{y_2}{\lambda f}\right)\right|\exp\left[-\mathrm{j}\phi\left(\dfrac{x_2}{\lambda f}, \dfrac{y_2}{\lambda f}\right)\right]$$

在 $4f$ 系统的谱面上放置上述全息滤波器（为简单起见，假定变换透镜的焦距 f 与记录时相同），输入函数为 $f(x_1, y_1)$，则 P_3 面上输出复振幅分布为

$$g(x_3, y_3) = \mathscr{F}^{-1}\{F(f_x, f_y)t(f_x, f_y)\} \propto$$
$$\mathscr{F}^{-1}\{A^2 F(f_x, f_y) + F(f_x, f_y)|H|^2 + AF(f_x, f_y) \times$$
$$H^*(f_x, f_y)\exp(-\mathrm{j}2\pi bf_y) + AF(f_x, f_y) \times$$
$$H(f_x, f_y)\exp(\mathrm{j}2\pi bf_y)\}$$

$$= A^2 f(x_3,y_3) + f(x_3,y_3) * h(x_3,y_3) \star h(x_3,y_3) +$$
$$Af(x_3,y_3) \star h(x_3,y_3) * \delta(x_3,y_3-b) +$$
$$Af(x_3,y_3) * h(x_3,y_3) * \delta(x_3,y_3+b) \tag{8-42}$$

我们关心的是三、四两项,它们分别是输入函数与滤波器脉冲响应的互相关和卷积,中心在 (0, ±b)。由于全息滤波器可以同时实现卷积和相关运算,它是一种多功能的滤波器。当然,对于不同用途,注意力通常集中在某一个功能上。

假定 f 和 h 沿 y_3 方向空间宽度分别为 W_f 和 W_h,式 (8-42) 中前两项沿 y_3 方向宽度为 W_f 和 (W_f+2W_h),它们位于 P_3 平面中央。相关和卷积项在 y_3 方向宽度都是 (W_f+W_h)。参看图 8-16,各项完全分离的条件是

$$b > \frac{3}{2}W_h + W_f \tag{8-43}$$

在记录滤波器时,参考光倾角(取小角度近似)应满足

$$\theta > \frac{3}{2}\frac{W_h}{f} + \frac{W_f}{f} \tag{8-44}$$

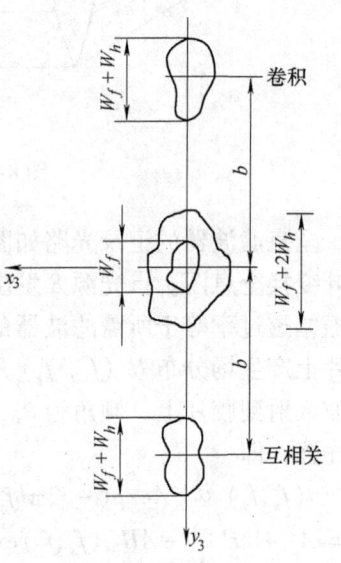

图 8-16 使用全息滤波器后系统各输出项的位置

使用全息方法,用单一吸收膜片就实现了复值滤波函数,克服了制作复杂的位相滤波器的困难。此外,对于指定脉冲响应 h,可用光学方法直接综合出所需的 H 或 H^*,而不必解析计算出滤波函数,这种计算常常较复杂。VanderLugt 滤波器置于系统频谱面时,要求精确定位。由于制作时引入高频载波,所以记录介质应具有更高的分辨率。

应当指出,产生复数滤波器的另一个重要方法是计算全息方法,即用计算机制作复数滤波器。假如我们只有滤波器脉冲响应 h 的数学表达式,而难于得到它的物理图像,此时不便用光学全息方法,计算全息方法就具有明显的优越性。目前,各种计算全息图作为滤波器在图像识别、消模糊、图像微分等方面有了很多应用。

8.6.2 匹配滤波器 (Matched Filter)

图像识别是指检测和判断图像中是否包含某一特定的信息。例如,在大量指纹档案中检查出罪犯的指纹;在病理照片中识别出癌变细胞;在军事侦察照片中检出特定目标;文字识别等。可以用光学相关系统来实现图像识别。

仍用 $4f$ 系统。输入图像中包含待检测的特定信号 $s(x_1,y_1)$ 和噪声或其他

并不关心的信号 $n(x_1, y_1)$，假定它们彼此是相加的，输入场分布为
$$f(x_1, y_1) = s(x_1, y_1) + n(x_1, y_1) \tag{8-45}$$
P_2 面上输入频谱为
$$F(f_x, f_y) = S(f_x, f_y) + N(f_x, f_y) \tag{8-46}$$
式中，S 和 N 分别是待检信号与其他信号或噪声的频谱。

用待检信号 s 制作滤波器，使滤波函数正比于信号的频谱的共轭，即
$$H(f_x, f_y) \propto S^*(f_x, f_y) \tag{8-47}$$
略去常数，经滤波后的频谱为
$$F(f_x, f_y) S^*(f_x, f_y) = SS^* + NS^* \tag{8-48}$$
傅里叶逆变换后，P_3 面上输出复振幅分布为
$$\begin{aligned} g(x_3, y_3) &= f(x_3, y_3) \star s(x_3, y_3) \\ &= s(x_3, y_3) \star s(x_3, y_3) + n(x_3, y_3) \star s(x_3, y_3) \end{aligned} \tag{8-49}$$
式中，第一项为待检信号的自相关，将给出一个峰值输出。第二项为其他信号（噪声）与待检信号的互相关，由于二者的差异，能量是弥散的。因而，可根据输出平面是否出现亮点，判断输入信息中是否包含待检信号 s。

满足式（8-47）的滤波器称为匹配滤波器，它的脉冲响应为
$$\mathscr{F}^{-1}\{H(f_x, f_y)\} = s^*(-x_3, -y_3) \tag{8-50}$$

1943 年曾从最大信噪比准则出发，建立了匹配滤波器理论，证明了它是相加的平稳噪声中检测信号的最佳线性滤波器。这里仅从光学上解释所谓"匹配"的物理含义。假定信号频谱可以表示为
$$S(f_x, f_y) = |S(f_x, f_y)| \exp[j\phi(f_x, f_y)]$$
则滤波函数可以表示成
$$H(f_x, f_y) = |S(f_x, f_y)| \exp[-j\phi(f_x, f_y)]$$
信号频谱经过匹配滤波器后变为
$$\begin{aligned} S(f_x, f_y) H(f_x, f_y) &= |S(f_x, f_y)|^2 \exp[j\phi(f_x, f_y)] \exp[-j\phi(f_x, f_y)] \\ &= |S(f_x, f_y)|^2 \end{aligned}$$
显然，所谓"匹配"实质上是在频域对待检信号的位相补偿。$|S(f_x, f_y)|^2$ 是正的实函数，这意味着一个弯曲的波前经过滤波器变为振幅加权、但位相均匀的平面波前，匹配滤波器在频域消除了信号各种空间频率成分的相对位相变化。携带信息 $|S(f_x, f_y)|^2$ 的平面波前继续传播，在输出面上产生信号自相关光斑。图 8-17 示意出这一过程。

对于其他信号或噪声的频谱 $N(f_x, f_y)$，匹配滤波器不能消除其位相起伏，透射光传播到输出平面时明显弥散开。

用待检信号 s 作为物体，制作傅里叶变换全息图，就得到了全息匹配滤波器。把它插入 4f 系统的谱面上作滤波操作，输出平面以 $(0, \pm b)$ 为中心出现

输入函数与 $s(x,y)$ 的相关和卷积。我们仅关心相关项，与式（8-49）比较，仅是相关输出位置的不同，即

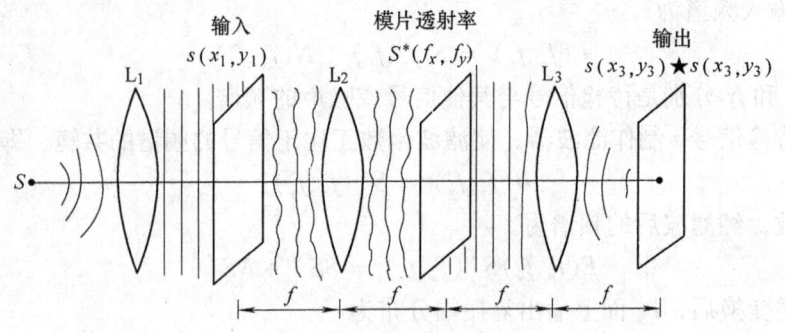

图 8-17 匹配滤波操作的光学解释

$$Af(x_3,y_3) \star s(x_3,y_3) * \delta(x_3,y_3-b)$$
$$= A[s(x_3,y_3) \star s(x_3,y_3) + n(x_3,y_3) \star s(x_3,y_3)] * \delta(x_3,y_3-b) \quad (8\text{-}51)$$

其中既包含信号的自相关，也包含噪声与信号的互相关。可以根据是否出现自相关峰值以及它的位置判断输入信息中是否存在信号 s 及其在输入平面的位置。

为了提高图像或特征识别的可靠性，减少误判，提出了一些改进匹配滤波器的方案。例如，对匹配滤波器仅保留其位相分布，忽略振幅变化，使其成为纯位相滤波器。又如在制作 Vanderlugt 滤波器时，对低频信号采用过曝光，以便抑制在识别过程中低频信息的作用，突出高频信息的作用。因为图像或特征的差异更多源于后者。

8.6.3 体全息相关识别[7]

体全息相关器是基于超高密度全息存储的匹配滤波相关器。图 8-18 为体全息相关识别的示意图。

在体全息记录介质（如光折变晶体）中，利用角度复用技术，以不同的参考光角度存储许多幅图像的频谱的全息图，形成图像库。当一幅待识别图像作为物光照射体全息图，它会与每一幅全息图发生作用，再现出一系列不同方向的参考光。参考光的强度

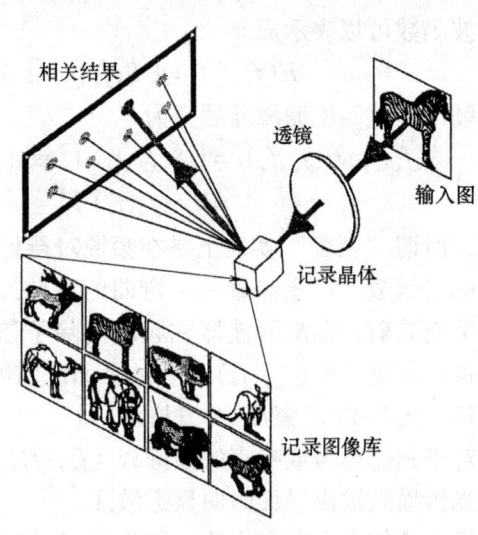

图 8-18 体全息相关识别的示意图[7]

的峰值正比于输入图像和所有库图像的互相关峰大小,并行相关运算的结果在输出平面显示为不同强度的衍射点的阵列,可用 CCD 探测器记录,各点的强度反映输入图像与各个图像间的相似程度。据此可判别目标图像,实现输入图像的检索和识别。整个过程是并行处理,输入图像调制的光照射体全息存储器,发生衍射,在瞬间完成并行相关运算。由于具有大容量、多通道、速度快等优点,体全息相关器可广泛用于人脸识别、指纹识别、自动导航、内容寻址等图像和模式识别领域。

8.6.4 联合变换相关器(Joint Transform Correlator)

联合变换相关器(JTC)是另一种实现卷积和相关运算的相干光处理器,最早是由 Weaver 和 Goodman 提出的。参看图 8-19a,L 为傅里叶变换透镜,它的前焦面 P_1 上并排放置待识别图像和参考图像 $f(x,y)$ 和 $h(x,y)$,它们的中心位于 $(\pm b, 0)$。两个透明片用准直激光束照明,输入函数可表示为

$$g(x,y) = f(x+b,y) + h(x-b,y) \tag{8-52}$$

通过透镜进行傅里叶变换,透镜后焦面 P_2 上的复振幅分布为

$$G(\xi,\eta) = F(\xi,\eta)\exp\left(j\frac{2\pi}{\lambda f}b\xi\right) + H(\xi,\eta)\exp\left(-j\frac{2\pi}{\lambda f}b\xi\right) \tag{8-53}$$

式中,$G(\xi,\eta)$、$F(\xi,\mu)$ 和 $H(\xi,\eta)$ 分别为 $g(x,y)$、$f(x,y)$ 和 $h(x,y)$ 的空间频谱,并称 $G(\xi,\eta)$ 为 $f(x,y)$ 和 $h(x,y)$ 的联合傅里叶谱。

在 P_2 平面用记录介质或其他平方律探测器进行光强记录,得到联合傅里叶变换的功率谱

$$|G(\xi,\eta)|^2 = |F(\xi,\eta)|^2 + |H(\xi,\eta)|^2 + F^*(\xi,\eta)H(\xi,\eta)\exp\left(-j\frac{4\pi}{\lambda f}b\xi\right) +$$

$$F(\xi,\eta)H^*(\xi,\eta)\exp\left(j\frac{4\pi}{\lambda f}b\xi\right) \tag{8-54}$$

在线性记录条件下,忽略透过率函数中的均匀衰减,用单位振幅平面波读出,经相同焦距 f 的透镜 L 进行傅里叶逆变换,在输出平面 P_3 得到的输出为(见图 8-19b)

$$g'(x',y') = f(x',y')\star f(x',y') + h(x',y')\star h(x',y') + f(x',y')\star h(x',y') *$$
$$\delta(x'-2b,y') + h(x',y')\star f(x',y') * \delta(x'+2b,y') \tag{8-55}$$

显然,式中前两项为 $f(x',y')$ 和 $h(x',y')$ 各自的自相关,它们重叠在 P_3 平面中心附近;第三项是 $f(x',y')$ 和 $h(x',y')$ 的互相关,中心位于 $(2b,0)$;第四项是 $h(x',y')$ 和 $f(x',y')$ 的互相关,中心位于 $(-2b,0)$。

若要实现这两个函数的卷积,只需把其中一个函数相对自己的中心取镜面反射的几何位置放置。

为使互相关（或卷积）项与不需要的位于中央的前两项分离，不产生相互干扰，记录时作为输入函数的两个透明片应该有足够的间距（$2b$），读者可自行分析。

为了更好地理解联合变换相关器的原理，假定 f 和 h 是完全相同的图像，两幅图像可看作由水平方向相距 $2b$ 点对的集合构成。考虑傅里叶变换的位移不变性，谱面上得到的联合变换功率谱是加强的杨氏条纹。若再对其做傅里叶逆变换，P_3 平面上的输出将由中央零级光斑（直接透射光）和两侧的 ± 1 级衍射光斑构成，后者即为相关亮斑，表明输入图像 f 和参考图像 h 是完全相同的。

这种滤波器的参考图像或称脉冲响应是和待识别图像同时放入输入平面作记录的，这和 Vander

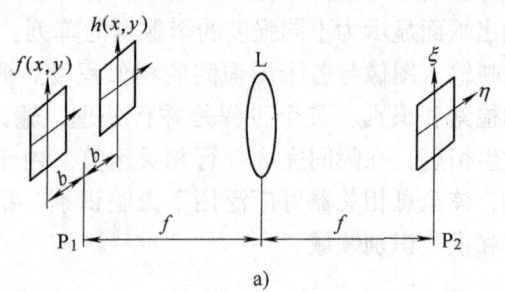
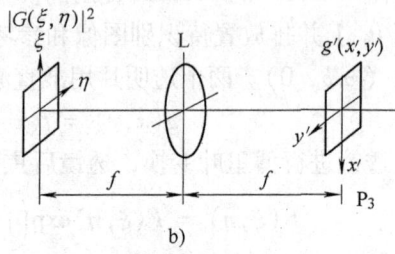

图 8-19　联合变换相关器
a）联合变换功率谱的纪录　b）联合变换功率谱的傅里叶逆变换

Lugt 滤波器明显不同。它不需要后者所必须的精确复位。当采用实时器件时，在快速改变滤波器脉冲响应方面，联合变换相关器具有明显的优点。

采用感光胶片记录联合变换功率谱，经显影、定影处理后，再放入系统，用透镜进行逆变换，获得相关输出。如果有多个目标图像待识别，重复上述过程，十分烦琐。采用实时的空间光调制器取代胶片，才能充分体现联合变换相关器的优越性。

8.6.5　光电混合图像识别系统[9]

1. 光电混合式匹配滤波器

采用光电混合处理系统，在输入平面和频谱面安置空间光调制器，用 CCD 成像器件记录输出信号。经由计算机数字处理实现可编程的傅里叶频域滤波器，同时又具有光学并行快速处理的优点，从而大大扩展了光学处理器的灵活性和应用范围。

图 8-20 给出一种光电混合图像识别系统，其中光学处理部分采用了 $4f$ 系统的结构。可编程的频域滤波器在空间光调制器 SLM_2 上生成，它来源于 CCD 摄

像机采集的参考图像和计算机的数字处理。匹配滤波器滤波函数应是参考图像 $s(x,y)$ 频谱的共轭函数。当 CCD 摄像机采集目标图像 $f(x,y)$ 后,经过计算机写入空间光调制器 SLM_1,$f(x,y)$ 和 $s(x,y)$ 的互相关输出则由 CCD 图像探测器记录并输入计算机分析处理和显示。

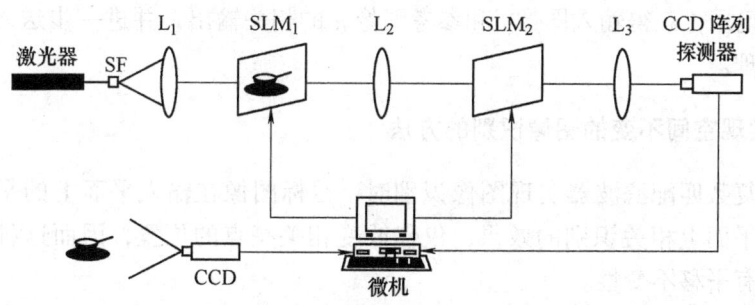

图 8-20 光电混合式匹配滤波器[9]

2. 光电混合式联合变换相关器

采用高分辨、光寻址的实时空间光调制器以及 CCD 等光电图像传感器才能充分显示出联合变换相关器的优越性。图 8-21 是 Yu 等提出的光电混合联合变换相关器的方案[9]。系统中通过 CCD 摄像机获取目标,经由计算机显示在空间光调制器 SLM_1 上,作为待识别图像 $f(x,y)$。计算机同时在 SLM_1 上并列给出参考图像 $g(x,y)$。

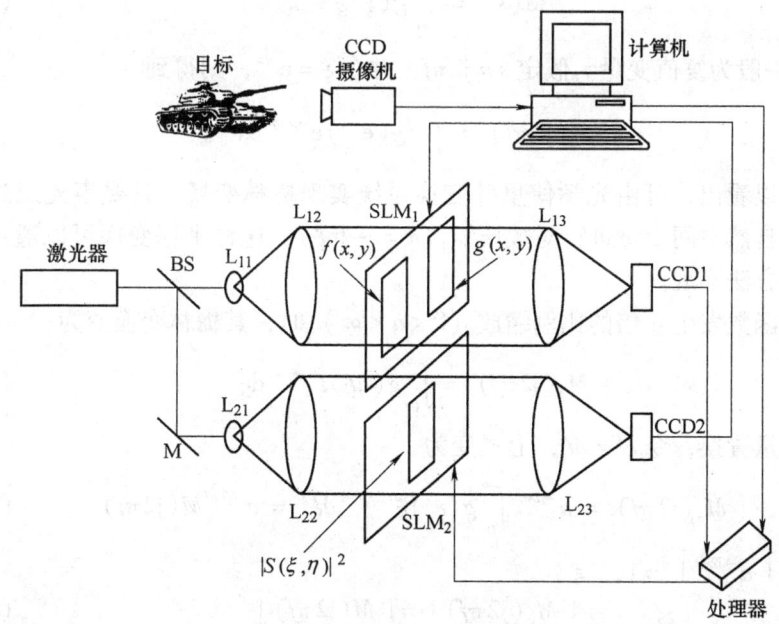

图 8-21 光电混合式联合变换相关器[4]

激光经过分束、扩束和准直，其中一束光照射 SLM_1，经透镜 L_{13} 的傅里叶变换，产生图像 f 和 g 的联合变换的功率谱，由 CCD1 记录并转换为电信号，送入计算机处理。经过数字处理（例如二值化等非线性处理）的功率谱再输入空间光调制器 SLM_2 显示。它则被另一束激光照射后，经透镜 L_{23} 进行傅里叶变换，经 CCD2 记录，获得输入图像 f 和参考图像 g 的相关输出，并进一步送入计算机做识别处理。

8.6.6 实现空间不变的图像识别的方法

采用复数匹配滤波器实现图像识别时，目标图像在输入平面上的平移并不影响输出平面上相关识别的效果，仅仅改变相关亮点的位置，因而这种图像识别系统具有平移不变性。

但是，当目标图像相对于记录匹配滤波器的参考图像比例大小发生变化，或者方位发生旋转时，将导致相关峰值大幅下降。即图像识别系统对比例变化和旋转不具有不变性。已提出了一些方法试图解决这种困难，如梅林变换相关器和圆谐相关器。

1. 梅林变换相关器（Mellin Correlator）

为简单起见，讨论一维形式的梅林变换（Mellin Transform），当然容易推广到二维。函数 $g(\xi)$ 的一维梅林变换定义为

$$M(s) = \int_0^\infty g(\xi)\xi^{s-1}\mathrm{d}\xi \tag{8-56}$$

式中，s 一般为复值变量。假定 $s = \mathrm{j}2\pi f$，并令 $\xi = \mathrm{e}^{-x}$，则得到

$$M(\mathrm{j}2\pi f) = \int_{-\infty}^\infty g(\mathrm{e}^{-x})\mathrm{e}^{-\mathrm{j}2\pi fx}\mathrm{d}x \tag{8-57}$$

由上式可以看出，可由光学傅里叶变换系统实现梅林变换，只要事先经过坐标变换，对自然空间变量进行对数压缩（$x = -\ln\xi$）。这种坐标变换可以通过电子学或光学方法实现。

当原函数发生 a 倍的比例缩放（$0 < a < \infty$）时，其梅林变换变为

$$M_a(\mathrm{j}2\pi f) = \int_0^\infty g(a\xi)\xi^{\mathrm{j}2\pi f - 1}\mathrm{d}\xi \tag{8-58}$$

做变量置换，令 $\xi' = a\xi$，上式变为

$$M_a(\mathrm{j}2\pi f) = a^{-\mathrm{j}2\pi f}\int_0^\infty g(\xi')\xi'^{\mathrm{j}2\pi f - 1}\mathrm{d}\xi' = a^{-\mathrm{j}2\pi f}M(\mathrm{j}2\pi f) \tag{8-59}$$

由于 $|a^{-\mathrm{j}2\pi f}| = 1$，有

$$|M_a(\mathrm{j}2\pi f)| = |M(\mathrm{j}2\pi f)| \tag{8-60}$$

即梅林变换的模与比例缩放无关。因此采用梅林变换相关器可实现比例发

生变化的目标图像的识别。注意在制作匹配滤波器时，参考图像要先进行坐标压缩。在进行相关运算时，也需要先对目标图像进行坐标变换。

Casasent 和 Psaltis[31] 提出同时实现比例和旋转不变的光学图像识别方法：目标函数 g 先要经过极坐标系变换。但不同于通常的 (r, θ) 极坐标系变换，其径向坐标 r 要做对数（压缩）变换。然后再把经过变换的 g 输入光学匹配滤波系统。滤波器也需要在同样坐标变换的条件下来制作。当输入函数比例变化或旋转时，输出平面相关峰值强度不会衰减，仅产生与目标旋转对应的平移。但这样做产生新的问题，它会失去原来具有的平移不变性。为了同时实现具有三个不变性的光学图像识别，可用傅里叶频谱的模 $|G|$ 代替函数 g，由于傅里叶变换的平移不变性，$|G|$ 不受函数 g 位移的影响。然后 $|G|$ 再通过上面指出的变换去实现光学匹配滤波，它将对平移、比例、旋转均具有不变性。图 8-22 示意出整个过程。注意滤波器要按同样变换条件制作。

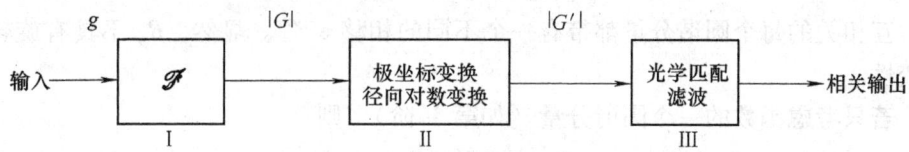

图 8-22 实现平移、比例、旋转不变光学图像识别的过程

注意对第 Ⅱ 步变换，一般可采用数字处理方法实现，当然那会丢失纯光学方法并行处理所固有的快速的优点。

2. 圆谐相关器（Circular Harmonic Correlator）

通常一个极坐标表示的函数 $g(r, \theta)$ 是角变量 θ 的周期函数，周期为 2π，可用傅里叶级数表示

$$g(r,\theta) = \sum_{m=-\infty}^{\infty} g_m(r) e^{jm\theta} \tag{8-61}$$

傅里叶系数是

$$g_m(r) = \frac{1}{2\pi} \int_0^{2\pi} g(r,\theta) e^{-jm\theta} d\theta \tag{8-62}$$

当函数 $g(r, \theta)$ 旋转角度 α 时，所得函数的圆谐展开式变为

$$g(r,\theta-\alpha) = \sum_{m=-\infty}^{\infty} g_m(r) e^{-jm\alpha} e^{jm\theta} \tag{8-63}$$

上式表明，第 m 阶圆谐分量将伴有 $e^{-jm\alpha}$ 的位相变化。

函数 $g(r, \theta)$ 和 $h(r, \theta)$ 的互相关在原点的值由下式计算

$$R(0,0) = \int_0^{\infty} r dr \int_0^{2\pi} g(r,\theta) h^*(r,\theta) d\theta \tag{8-64}$$

考虑 $g(r, \theta)$ 和 $g(r, \theta - \alpha)$ 的互相关，则上式变为

$$R_\alpha = \int_0^\infty r\mathrm{d}r \int_0^{2\pi} g^*(r,\theta)g(r,\theta-\alpha)\mathrm{d}\theta \tag{8-65}$$

对 $g^*(r, \theta)$ 作圆谐展开后有

$$R_\alpha = \int_0^\infty r\Big[\sum_{m=-\infty}^{\infty} g_m^*(r) \int_0^{2\pi} g(r,\theta-\alpha)\mathrm{e}^{-\mathrm{j}m\theta}\mathrm{d}\theta\Big]\mathrm{d}r \tag{8-66}$$

由式（8-62）不难看出

$$\frac{1}{2\pi}\int_0^{2\pi} g(r,\theta-\alpha)\mathrm{e}^{-\mathrm{j}m\theta}\mathrm{d}\theta = g_m(r)\mathrm{e}^{-\mathrm{j}m\alpha} \tag{8-67}$$

所以

$$R_\alpha = 2\pi \sum_{m=-\infty}^{\infty} \mathrm{e}^{-\mathrm{j}m\alpha} \int_0^\infty r\,|\,g_m(r)\,|^2\mathrm{d}r \tag{8-68}$$

互相关的每个圆谐分量都带有一个不同的相移 $\mathrm{e}^{-\mathrm{j}m\alpha}$。显然，$R_\alpha$ 不具有旋转不变性。

若只考虑函数的一个圆谐分量（如第 M 阶），则

$$R_{\alpha,M} = 2\pi\mathrm{e}^{-\mathrm{j}M\alpha} \int_0^\infty r\,|\,g_M(r)\,|^2\mathrm{d}r \tag{8-69}$$

在原点处，相关函数的强度为

$$|\,R_{\alpha,M}\,|^2 = \Big|2\pi\int_0^\infty r\,|\,g_M(r)\,|^2\mathrm{d}r\Big|^2 \tag{8-70}$$

它与函数的旋转角 α 无关，因而是旋转不变的。利用圆谐相关器可实现对发生旋转的目标图像的识别。在制作匹配滤波器时，参考图像要选取一个圆谐分量。在进行图像识别时，目标图像也要仅选同一阶圆谐分量，再进行相关运算。应当指出，极坐标系原点的选择及圆谐分量阶的高低选择都将影响相关识别的效果。通常选择图像的对称中心或大致的中心作为原点，并选取低阶圆谐分量作为参考信号。注意圆谐展开相关峰的强度明显变小，因为它仅利用了函数的一个圆谐分量。

8.7 图像复原

摄影时，由于成像系统的像差、目标和底片之间的相对运动、离焦、大气扰动等因素，记录下的是模糊像。这种模糊是成像过程中传递函数不完善所致。在相干滤波系统中频率平面上采用补偿滤波器，对成像系统传递函数作合理的补偿或修正，改善图像质量以便在输出面上得到清晰像。这一处理称为图像复原或消模糊。

8.7.1 补偿滤波器

例如严重离焦的情况，点目标的像近似为均匀的圆形光斑，光斑大小与离焦量有关。设光斑直径为 l，则几何光学近似下，点扩散函数为

$$h_1(r) = \text{circ}\left(\frac{r}{l/2}\right) \tag{8-71}$$

用 $\mathscr{H}(\rho)$ 表示光学传递函数，则

$$\mathscr{H}(\rho) = \frac{2J_1(\pi l\rho)}{\pi l\rho} \tag{8-72}$$

式中，$\rho = \sqrt{f_x^2 + f_y^2}$。

20 世纪 50 年代初期，巴黎大学光学研究所 A. Marechal 等人采用图 8-23a 所示组合滤波器，放在 4f 系统的谱面上补偿这个带缺陷的传递函数。其中吸收板用来衰减很强的低频峰值，以便提高像的对比，突出细节。移相板使 $\mathscr{H}$ 的第一个负瓣相移 π，以纠正对比反转。图 8-23b 表示出补偿前后的传递函数。输入图像的像质因而获得改善。这一成功曾大大激发了人们对于光学信息处理的兴趣。

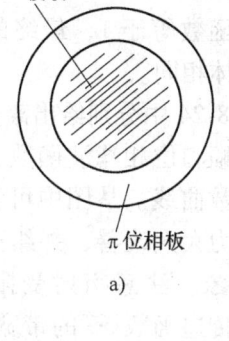

8.7.2 逆滤波器（Inverse Filter）

若 $f_0(x_1, y_1)$ 表示原始物体光强分布，假定成像模糊可视作线性空间不变的变换过程，h_I 为造成模糊像的系统的点扩散函数，则模糊像的强度分布可以表示为卷积形式

$$f(x_1, y_1) = f_0(x_1, y_1) * h_I(x_1, y_1) \tag{8-73}$$

消模糊就是由 $f(x_1, y_1)$ 去恢复 $f_0(x_1, y_1)$，正是解卷积过程。

在空域实现解卷积十分困难，但做频域处理，却异常简单。图像是在非相干条件下拍摄，而在相干光系统中滤波。因此需要对模糊像的记录作线性处理，使胶片复振幅透过率正比于记录时的强度分布。这样得到的输入透明片放在 4f 系统的 P_1 平面，谱面上得到

$$F(f_x, f_y) = \mathscr{F}\{f_0(x_1, y_1) * h_I(x_1, y_1)\} = F_0(f_x, f_y)\mathscr{H}(f_x, f_y) \tag{8-74}$$

式中已略去了常系数。选择滤波函数为

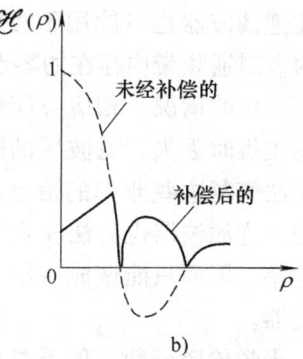

图 8-23 补偿滤波器
a) 滤波器 b) 补偿前后的传递函数

$$H(f_x,f_y) = \frac{1}{\mathscr{H}(f_x,f_y)} \qquad (8\text{-}75)$$

滤波后的谱变为

$$F(f_x,f_y)H(f_x,f_y) = F_0 \cdot \mathscr{H} \cdot \frac{1}{\mathscr{H}} = F_0(f_x,f_y) \qquad (8\text{-}76)$$

透射谱恢复为原始物体的频谱,经傅里叶逆变换,在输出平面得到 $f_0(x_3,y_3)$ 的清晰像。满足式(8-75)的滤波器就称为逆滤波器。逆滤波器可以完全补偿造成模糊的传递函数的 MTF 和 PTF。原始物分布相当于通过成像系统和滤波系统构成的级联系统,它们的传递函数分别为 $\mathscr{H}$ 和 $\frac{1}{\mathscr{H}}$,由相乘律,总的传递函数等于 1,最终的输出应和原始物体相同。

图 8-24 中分别给出离焦的传递函数、振幅和位相滤波函数、补偿后的传递函数曲线。从图中可看出,高频传递能力大大改善,并纠正了对比反转的现象。注意衍射受限的成像系统,其传递函数 $\mathscr{H}$ 的带宽是有限的,因此逆滤波器也只能用于相应的通频带内。对通频带内存在的零点,即 $\mathscr{H}(\rho)=0$ 的情况,相应空间频率成分已在拍摄时丢失,滤波后的图像中自然无法恢复这些频率的信息。在该频率处,逆滤波器也无法实现无穷大的透过率,因而只能做成有限形式的逆滤波器。

光学传递函数一般是复函数,所以逆滤波器是复数滤波器。制作的方法是先利用 h_I 制作一个全息滤波器,滤波函数为 $\mathscr{H}^*$。然后用普通照相方法制作一个振幅滤波器,滤波函数为 $\frac{1}{|\mathscr{H}|^2}$(只要记录 h_I 的功率谱,并使负片的 γ 为 2 就可以做到这一点)。两个滤波器叠合,总的滤波函数为

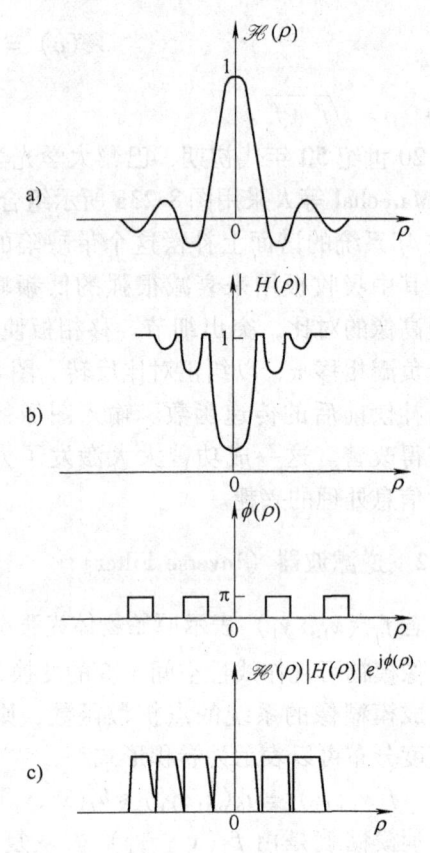

图 8-24 逆滤波器对离焦传递函数的补偿
a) 离焦传递函数 b) 振幅和位相滤波函数
c) 补偿后的传递函数

$$\mathscr{H}^* \cdot \frac{1}{|\mathscr{H}|^2} = \frac{1}{\mathscr{H}} \tag{8-77}$$

就得到所需的逆滤波器。

对于模糊像，要能确定造成模糊的原因和点扩散函数 h_I，才能制作逆滤波器。此外，由于胶片动态范围的限制，不能满足逆滤波器的记录要求，这些原因是相干处理图像消模糊走向实用的主要障碍。

采用光电混合处理方式，可利用计算机图像处理技术，对模糊成像系统的点扩散函数计算其二维傅里叶变换，再做倒数运算得到所需逆滤波器的滤波函数。然后把它加载到空间光调制器上，放置在相干处理系统的谱面上，可实现光学图像消模糊处理。

8.7.3 维纳滤波器（Wiener Filter）

当记录图像伴有噪声时，上述逆滤波器不能改善信噪比，经复原的图像反而会有更多的噪声。

若记录图像带有噪声 $n(x_1, y_1)$，可以表示为

$$f(x_1, y_1) = f_0(x_1, y_1) * h_I(x_1, y_1) + n(x_1, y_1) \tag{8-78}$$

假设噪声可以看作遍历性随机过程，由于物体 f_0 本身有待于从模糊像中复原，故也可以看作是遍历性随机过程。假定两者不相关，并假定已知物体和噪声的功率谱密度分别为 $P_0(f_x, f_y)$ 和 $P_n(f_x, f_y)$。由模糊图像 f 经过处理的复原图像为 f'_0。真实物体和复原图像的均方差定义为

$$MSE = \varepsilon\{|f_0 - f'_0|^2\} \tag{8-79}$$

式中，ε 表示取平均运算。使均方差最小的最佳滤波器的滤波函数是

$$H_w(f_x, f_y) = \frac{\mathscr{H}^*(f_x, f_y)}{|\mathscr{H}(f_x, f_y)|^2 + \dfrac{P_n(f_x, f_y)}{P_0(f_x, f_y)}} \tag{8-80}$$

这种滤波器称为 Wiener 滤波器，或最小均方差滤波器。式中，$\mathscr{H}$ 为导致图像模糊的传递函数。这里为简单起见，略去推导。

当信噪比很高（$P_n/P_0 \ll 1$）时，最佳滤波器就变为逆滤波器

$$H_w \approx \frac{\mathscr{H}^*}{|\mathscr{H}|^2} = \frac{1}{\mathscr{H}}$$

当信噪比很低（$P_n/P_0 \gg 1$）时，则得到的是强衰减的匹配滤波器

$$H_w \approx \frac{P_0}{P_n} \mathscr{H}^*$$

8.8 非相干光处理

非相干光处理是指采用准单色扩展光源产生的非相干光作为信息的载体，系统传递和处理的基本物理量是强度分布。早期的光学信息处理多属于非相干光处理。20世纪60年代以来，由于激光可作为高质量相干光源以及全息术的推动，相干光处理的研究极为活跃。一度曾使非相干光技术相形见绌。然而由于相干光处理的某些固有缺点难于克服，非相干光处理再度受到广泛的重视，加快了研究步伐。本节将比较两种处理的优缺点并介绍两类非相干光处理系统：基于衍射原理和基于几何光学的系统。

8.8.1 相干与非相干光处理的比较

相干光处理系统利用透镜傅里叶变换性质，能在特定平面上提供输入信息的空间频谱，在这个频谱面上安放滤波器，可以方便巧妙地进行频域综合，实现空间滤波。然而却存在几个固有的缺点：首先是相干噪声问题。漫射表面在相干光照明下，会在输出平面产生散斑。光学元件上的灰尘、划痕及其他表面缺陷也会在输出平面产生各种衍射图样。这些噪声明显降低了输出图像的质量。其次是输入和输出上存在的问题。由于信息以光波场的复振幅分布的形式在系统中传递和处理，这就妨碍了普通的阴极射线管（CRT）和发光二极管（LED）阵列作为输入器件。虽然可以用照相胶片作为输入透明片，但为了消除乳胶和片基厚度变化引入的附加位相起伏，应采用专门的装置——液门（由两块光学平板组成，在两块平板之间插入胶片和注入折射率匹配油）。如果采用空间光调制器（SLM）来实现非相干光-相干光转换，对其光学质量和动态范围的要求十分苛刻。此外，在探测相干系统的输出时，由于只能做强度记录，失去了输出的位相信息。这一损失有时也会限制系统的应用。

非相干光处理不产生散斑效应。它对于光学元件上的灰尘或其他表面缺陷的影响也很不敏感。参看图8-25a，在相干系统中，物体被单一方向平面波照明，物体信息承载在一个光学通道上，它对噪声很敏感。例如，透镜表面一粒灰尘，就会挡掉来自物体某一部位射来的光线，使该部位信息丢失，而在输出面产生灰尘的衍射图样。图8-25b为非相干系统，仅画出扩展光源上的两个点源产生两束不同方向的平面波照射物体。如果在某一通道中，由于透镜表面的灰尘挡掉了来自物体某一部位的信息，它还可以从另外的通道传递到输出面。显然，由于采用扩展光源，信息可以有更多的通道传输，增大了系统的冗余度，大大削弱了噪声的影响，提高了信噪比。

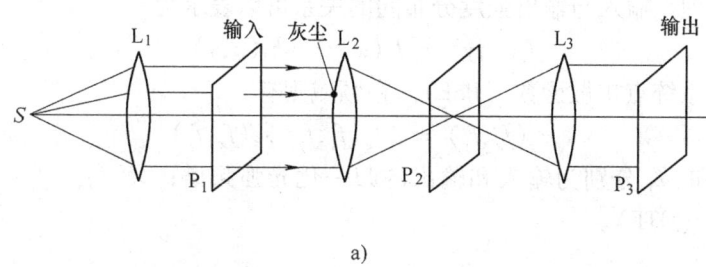

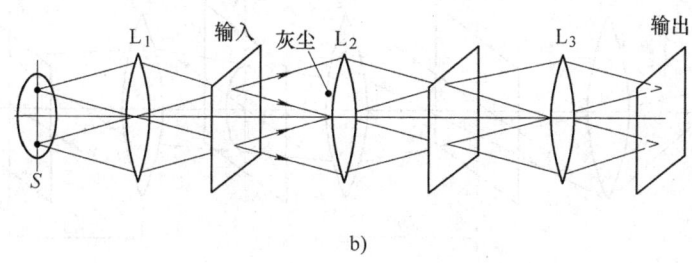

图 8-25 灰尘对于相干和非相干系统的影响
a) 相干系统　b) 非相干系统

非相干系统的输入、输出信息都是光场的强度分布，是实值函数。电视图像、LED 阵列、自发光或漫反射物体（例如印有文字图像的纸张）等都可用作输入。使用胶片时，仅考虑强度透过率，自然不受乳胶和片基厚度变化的影响，不需要使用液门，也不需要更复杂和昂贵的空间光调制器（SLM）做非相干—相干光的转换。这不仅使系统用起来简便，而且大大拓宽了应用范围。一般说来，非相干系统较之相干系统在物理上更容易实现。

但由于输入、输出限于实的非负的函数，这就为非相干系统处理双极性（具有正、负值）函数和复值函数带来了困难。需要采用一些特殊的方法，例如，为了实现双极性运算，一种方法是加足够大的偏置量（均匀光强），使所有负值信号变为非负的。也可以采用多通道综合，即对信号的正、负部分分别按正函数处理，然后再用电子学方法或数字运算相减，这种方法可以推广到处理复值函数。

非相干光处理系统不像相干光处理系统那样有一个频谱面，所以不便于对输入函数的频谱进行直接滤波，这是又一个主要缺点。总的说来，非相干光处理虽然比相干光处理操作简便，但它运算的灵活性远不如相干光处理。

8.8.2　基于衍射的非相干空间滤波——OTF 或 PSF 综合

图 8-26 所示为典型的非相干空间滤波系统。可以类似于非相干成像系统分

析其工作原理。输入与输出强度分布间的关系可以表示为

$$I_i(x,y) = I_g(x,y) * h_I(x,y) \tag{8-81}$$

式中，h_I 为系统点扩散函数（PSF）。在频域则有

$$\mathcal{A}_i(f_x,f_y) = \mathcal{A}_g(f_x,f_y)\mathcal{H}(f_x,f_y) \tag{8-82}$$

式中，$\mathcal{A}_g$ 和 $\mathcal{A}_i$ 分别为输入和输出的归一化光强频谱；$\mathcal{H}(f_x,f_y)$ 为系统光学传递函数（OTF）。

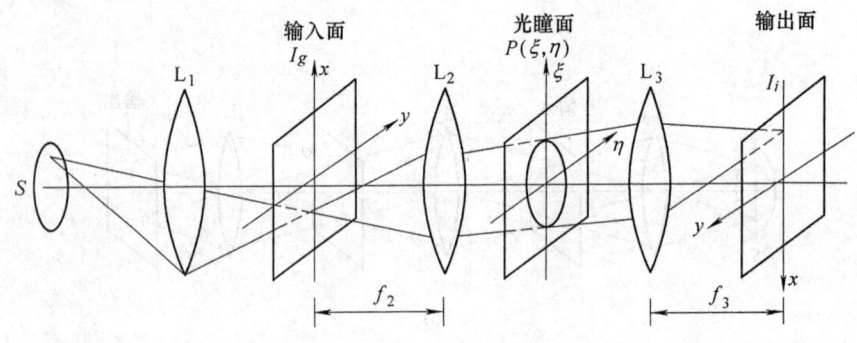

图 8-26 非相干空间滤波系统

非相干空间滤波是改变输入光强频谱中各频率余弦分量的对比和位相关系。只要根据所需的输入-输出关系，在频域综合所需 OTF（等效地在空域综合 PSF），就可以实现各种形式的滤波。从 PSF 和 OTF 的基本概念可知，这种非相干空间滤波是基于衍射的。

OTF 等于光瞳函数的归一化自相关函数，即

$$\mathcal{H}(f_x,f_y) = \frac{P(\lambda d_i f_x, \lambda d_i f_y) \star P(\lambda d_i f_x, \lambda d_i f_y)}{\iint_{-\infty}^{\infty} |P(\xi,\eta)|^2 \mathrm{d}\xi \mathrm{d}\eta} \tag{8-83}$$

因而问题归结为：根据系统所需的 OTF 或 PSF 设计光瞳函数。频域综合仍然可以在光瞳面着手。

相干系统中有一个物理上的实实在在的频谱面，通常光瞳面（或放置其他滤波器的平面）与频谱面重合。非相干系统中关系没有这样直接，瞳函数与传递函数之间通过自相关相联系。若光瞳面上仅有一个简单的孔径，系统就是非相干成像系统，也可看作低通滤波系统。若光瞳面上放置其他形式滤波器，P 应该等于滤波器的透过率函数。对于滤波器的位置精度要求，不像相干系统那么苛刻。非相干系统的频域综合存在两个明显的缺点：首先，由于 OTF 是自相关函数，频域综合只能实现非负的实值脉冲响应；其次，由所需的传递函数确定光瞳函数的解不是唯一的，如何由 OTF 确定最简单的光瞳函数的步骤可能并不

知道。

可以用空间带宽积表示非相干处理系统的信息容量，即

$$SW_{系统} = A_0 A_f$$

式中，A_0 为输入物体的最大处理面积，A_f 为系统有限通频带的面积。$SW_{系统}$ 实际上代表了系统能处理的物面上独立像素的数目。每一个像素由一个实数（光强值）确定，所以系统的自由度等于空间带宽积。

下面举非相干频域综合的例子：

1. 切趾术

具有圆形光瞳的光学系统，其点扩散函数是爱里图样。由于其中央亮斑占有绝大部分能量，根据瑞利判据，系统分辨本领完全决定于中央亮斑的半径。次级亮环的峰值仅是中央峰值的 1.75%，可以忽略它的影响。

但是，这个分辨率判据仅仅适用于分辨两个等强度的物点。若两个物点强度差别很大，像面上亮物点产生爱里图样的次级亮环相对于暗物点爱里斑的峰值，就不再是可以忽略的，它影响我们判断暗物点的存在。例如，观测天狼星附近很弱的伴星；光谱测量中观察很弱的附属谱线，就会遇到这种困难。切趾术正是为克服这一困难而提出的。

由于光瞳边界透过率呈阶跃变化，导致高级衍射环产生。要削去点扩散函数的趾部（次级亮环），应把光瞳的透过率分布改为缓变形式。例如采用高斯型透过率，点扩散函数也将是高斯型分布，就能够满意地消除次级亮环的影响。从 OTF 考察，这是增大低频 MTF 值，削弱高频传递能力的结果。图 8-27 中对切趾前后的瞳函数、点扩散函数和 MTF 曲线做出了比较。

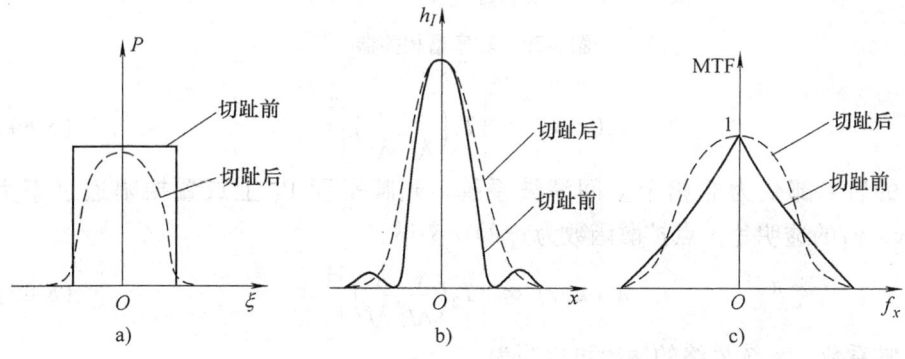

图 8-27 切趾术
a）瞳函数　b）点扩散函数　c）MTF

图 8-28 给出了具体结构。在孔径处安放一片很薄的掩模板，它上面镀上非均匀的吸收膜层，使振幅透过率从中心到边缘逐渐减小，呈高斯分布规律。

注意经切趾术后的系统若用来观察等强度的两个物点，由于点扩散函数中央亮斑增宽，根据瑞利判据规定的分辨率实际上降低。

2. 功率谱相关器

图 8-29 所示为曾用于字符识别的功率谱相关器。系统的前半部是相干的傅里叶变换器。透明片 $t_1(x, y)$（复振幅透过率）放在 P_1 平面，用准单色光相干照明，P_2 面上光场复振幅分布是 t_1 的空间频谱 $T_1\left(\dfrac{x}{\lambda f}, \dfrac{y}{\lambda f}\right)$。用运动漫射体消除光场相干性，$P_2$ 面强度分布正比于 t_1 的功率谱，假定 L_2、L_3 和 L_4 的焦距相同，都为 f。

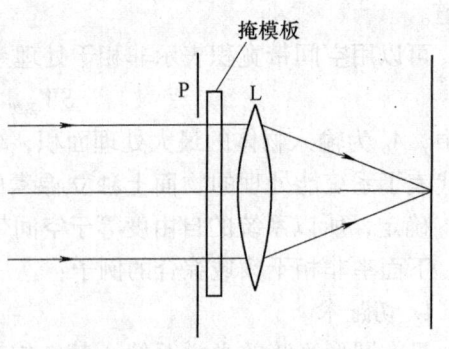

图 8-28 做切趾术的系统光瞳

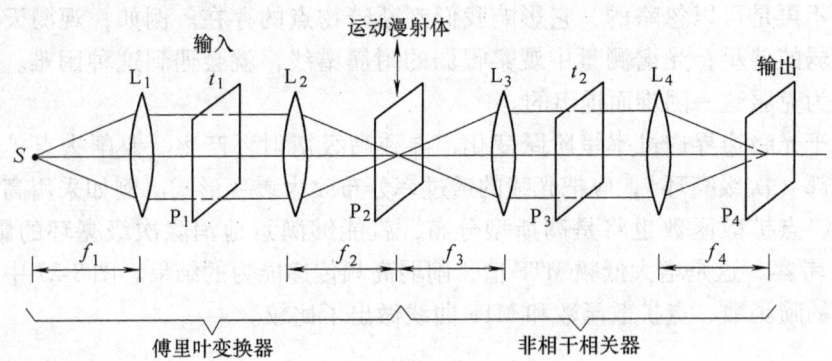

图 8-29 功率谱相关器

$$I_g(x, y) \propto \left| T_1\left(\frac{x}{\lambda f}, \frac{y}{\lambda f}\right) \right|^2 \tag{8-84}$$

系统的后半部变为非相干空间滤波系统。光瞳平面 P_3 上放置振幅透过率为 $t_2(x, y)$ 的透明片，点扩散函数为 t_2 的功率谱，

$$h_1(x, y) \propto \left| T_2\left(\frac{x}{\lambda f}, \frac{y}{\lambda f}\right) \right|^2 \tag{8-85}$$

略去常系数，系统最终的输出可以写为

$$\begin{aligned} I_i(x, y) &= I_g(x, y) * h_I(x, y) \\ &= \iint_{-\infty}^{\infty} \left| T_1\left(\frac{\xi}{\lambda f}, \frac{\eta}{\lambda f}\right) \right|^2 \cdot \left| T_2\left(\frac{x-\xi}{\lambda f}, \frac{y-\eta}{\lambda f}\right) \right|^2 \mathrm{d}\xi \mathrm{d}\eta \end{aligned} \tag{8-86}$$

输出强度分布是 t_1 和 t_2 的功率谱的卷积。如果 t_1 或 t_2 之一取镜面反射的几何位

置放入系统，则得到 t_1 和 t_2 功率谱的互相关

$$I_i(x,y) = \iint_{-\infty}^{\infty} \left| T_1\left(\frac{\xi}{\lambda f}, \frac{\eta}{\lambda f}\right) \right|^2 \cdot \left| T_2\left(\frac{\xi-x}{\lambda f}, \frac{\eta-y}{\lambda f}\right) \right|^2 d\xi d\eta \tag{8-87}$$

由于不同特征的信息功率谱存在差异，功率谱相关运算可实现特征识别。例如 $t_2(x, y)$ 代表已知标准特征的信息，一系列待判断的信息记录在一些透明片上，顺序放入 t_1 的位置。当输入与瞳平面标准特征相同时，输出平面将产生相关峰值。

功率谱相关器的优点在于输入函数 t_1 的位置变化仅在频谱中引入位相因子，对功率谱并没有影响。此外，可以用标准信号作为 t_2 直接放在光瞳平面，这种简单性给我们带来极大方便。缺点是有些字符的功率谱可能十分相似，如数字 "6" 和 "9"，遇到这种情况就难于识别了。

8.8.3 基于几何光学的非相干处理

有一些非相干处理系统完全基于几何光学原理，忽略了衍射效应。

1. 成像法

实现两个函数的卷积、相关是光学信息处理中最基本的运算。由第 1 章我们知道，这两个运算中都包括位移、相乘、积分三个基本步骤。采用图 8-30 所示的非相干系统可以完成这些工作。

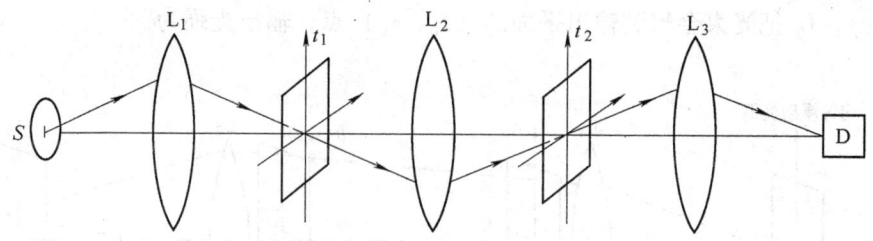

图 8-30 成像法的典型光路

透明片 t_1 和 t_2 的强度透过率分别为 $f(x, y)$ 和 $h(x, y)$。t_1 受到均匀非相干光照明，经透镜成像在 t_2 上，透明片 t_2 后的光强分布正比于两个函数的乘积 $f(x, y)h(x, y)$。最后一个透镜把透射光会聚在探测器上，可称之为积分透镜。输出为

$$g(0,0) = \iint_{-\infty}^{\infty} f(x,y)h(x,y)dxdy \tag{8-88}$$

注意 L_2 对透明片 t_1 成倒像，所以 t_1 应按镜面反射位置放置。上式表示光电流的大小。

为了实现两个函数的一维卷积,透明片 t_1 可不取镜面反射位置放置,并令 t_1 沿($-x$)方向以速度 v 移动,探测器的响应是时间 t 的函数,写成

$$I(t) = k\iint_{-\infty}^{\infty} f(vt-x, -y)h(x,y)\mathrm{d}x\mathrm{d}y \tag{8-89}$$

若 y 方向相对不同的位移($-y_m$)重复上述操作,探测器输出为

$$I_m(t) = k\iint_{-\infty}^{\infty} f(vt-x, y_m-y)h(x,y)\mathrm{d}x\mathrm{d}y \tag{8-90}$$

函数阵列 $I_m(t)$ 表示函数 f 和 h 的二维卷积,当然它在 y 方向是离散的。

当 t_1 任取镜面反射位置放置时,透明片 t_1 沿 x 方向扫描则给出两个函数的一维相关。

2. 投影法

投影法是历史上很早就被采用的一种非相干处理方法。它不要求机械或电子扫描。其典型系统如图 8-31 所示。均匀漫射光源位于透镜 L_1 的前焦面,紧贴 L_1 后面和紧贴 L_2 前面分别放置强度透过率为 $f(x,y)$ 和 $h(x,y)$ 的透明片,两者距离为 d,输出平面位于 L_2 的后焦面,可采用胶片或二维光电探测器记录。光源上某一点($-x_0, -y_0$)发出的光经 L_1 准直成平行光,把第一张透明片投影到第二张透明片上。在第二张透明片后的光强分布为 $f\left(x-\dfrac{d}{f}x_0, y-\dfrac{d}{f}y_0\right)h(x,y)$,$L_2$ 把光束会聚到输出平面的(x_0, y_0)点,输出光强为

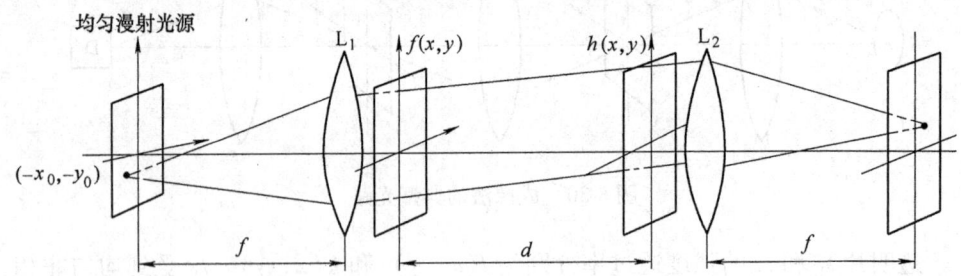

图 8-31 投影法的典型光路

$$g(x_0, y_0) = \iint_{-\infty}^{\infty} f\left(x-\frac{d}{f}x_0, y-\frac{d}{f}y_0\right)h(x,y)\mathrm{d}x\mathrm{d}y \tag{8-91}$$

这样就实现了两个实函数的互相关运算。若第一张输入透明片按镜面反射的几何位置放入,输出光强变为

$$g(x_0, y_0) = \iint_{-\infty}^{\infty} f\left(\frac{d}{f}x_0 - x, \frac{d}{f}y_0 - y\right) h(x,y) \mathrm{d}x\mathrm{d}y \qquad (8\text{-}92)$$

实现了两个函数的卷积运算。

这种系统曾用于图像识别、图像增强等非相干处理。

成像法和投影法并非频域综合方法，两个函数的运算在空域进行。两个函数在同一平面上相乘靠成像或投影来实现，因而必须假定这种过程是完善的，即忽略了衍射效应，系统完全是按几何光学原理设计的。事实上存在的衍射效应必定限制了系统的空间带宽积或信息容量。因为当输入图像尺寸一定时，空间带宽积愈大，意味着空间结构愈精细，通过第一张透明片的光衍射得愈厉害。输出将大大偏离按几何光学规律给出的结果。就衍射影响来看，投影法较之成像法更为严重。

8.9 白光信息处理

相干光学处理因其能对复振幅进行运算而能完成许多复杂的信息处理工作。但其运算结果受到相干噪声的损害，正如伽柏所指出的，相干噪声是光学信息处理的头号敌人。相干光源价格较昂贵，光学处理的环境要求较苛刻，这些因素都限制了相干处理的进一步推广。

非相干处理采用准单色扩展光源，系统线性传递的基本量是光强分布。这样带来两个限制：第一，系统中没有能给出输入频谱的确定的频谱面，滤波操作不够方便、直接；第二，脉冲响应是非负的实函数，实现双极性运算常需与数字处理器结合作混合处理。

白光信息处理采用宽谱带白光光源，它不存在相干噪声，但某种程度上却保留了相干处理系统对复振幅进行处理的能力，运算灵活性好。它特别适于处理彩色图像或信号，近年来受到愈来愈多的重视。

8.9.1 白光处理系统及其工作原理

图 8-32 为典型的白光信息处理系统。它十分类似于图 8-2 所示的 $4f$ 系统。只是光源为白光点光源（在白光光源经聚光镜所成的像上加小孔构成），L_2、L_3 为消色差傅里叶变换透镜，输入透明片的复振幅透过率为 $t(x_1, y_1)$，在它后面紧贴一个衍射光栅 $t_g(x_1)$，

$$t_g(x_1) = 1 + \cos 2\pi f_0 x_1 \qquad (8\text{-}93)$$

式中，f_0 为光栅的频率。假定可以忽略物体本身的色散性质，即认为对于不同波长，透过率不变。对某一波长 λ 的载波，光栅后的复振幅分布为

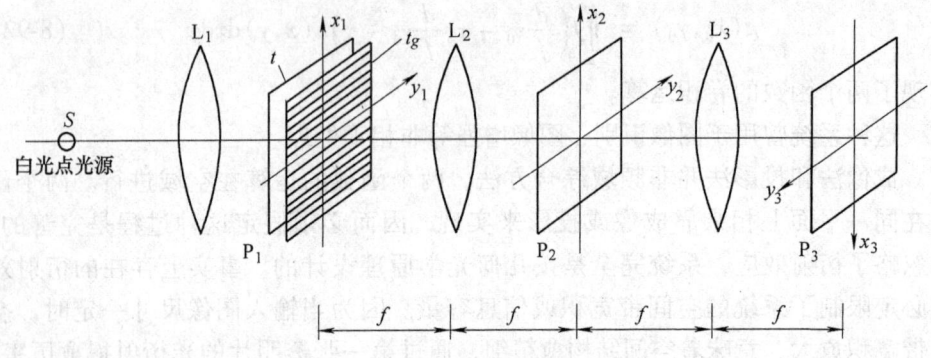

图 8-32 白光处理系统

$$f(x_1,y_1) = t(x_1,y_1)(1 + \cos 2\pi f_0 x_1) \tag{8-94}$$

它在 P_2 平面产生的空间频谱为

$$F(f_x,f_y) = T(f_x,f_y) * \left[\delta(f_x,f_y) + \frac{1}{2}\delta(f_x - f_0,f_y) + \frac{1}{2}\delta(f_x + f_0,f_y)\right]$$

$$= T(f_x,f_y) + \frac{1}{2}T(f_x - f_0,f_y) + \frac{1}{2}T(f_x + f_0,f_y) \tag{8-95}$$

式中，$T(f_x, f_y)$ 为输入信号的复振幅频谱，$f_x = \dfrac{x_2}{\lambda f}$，$f_y = \dfrac{y_2}{\lambda f}$。±1 级谱的中心位于 $(\pm \lambda f f_0, 0)$。假如考虑两种波长 λ_1 和 λ_2，波长间隔为 $\Delta\lambda$，不同色光 ±1 级谱存在的横向偏移量为

$$\Delta x_2 = \Delta\lambda f f_0 \tag{8-96}$$

若输入信号的空间频率带宽为 W_t，不同波长的物体频谱能够分离的条件是

$$\Delta\lambda f f_0 \gg W_t \overline{\lambda} f$$

即

$$\frac{\Delta\lambda}{\overline{\lambda}} \gg \frac{W_t}{f_0} \tag{8-97}$$

式中，$\overline{\lambda}$ 为平均波长。显然，只要光栅频率 f_0 远大于输入信号的带宽 W_t，就可以不考虑各波长频谱间的重叠。从而可以在谱面 P_2 独立对一种或几种取离散值的波长，像相干处理那样进行滤波操作。例如，对波长为 λ_n ($n = 1, 2, \cdots, N$) 的物体频谱，可以采用滤波函数为 $H_n\left(\dfrac{x_2 - \lambda_n f f_0}{\lambda_n f}, \dfrac{y_2}{\lambda_n f}\right)$ 的滤波器。为便于讨论，假定各个滤波器都放在同一衍射级，实现对不同波长的 +1 级谱的处理，同时挡掉其余衍射级。略去常系数，对波长 λ_n，滤波后的谱为

$$T\left(\frac{x_2 - \lambda_n f f_0}{\lambda_n f}, \frac{y_2}{\lambda_n f}\right) H_n\left(\frac{x_2 - \lambda_n f f_0}{\lambda_n f}, \frac{y_2}{\lambda_n f}\right)$$

对于白光光源来说,波长变化是连续的。每个滤波器在 x_2 方向是对准单色光(例如波长范围为 $\Delta\lambda_n$)起作用的。经透镜 L_3 做傅里叶逆变换,对于 λ_n 波长的照明光,输出平面强度分布近似为

$$\Delta I_n \approx \Delta\lambda_n \mid t(x_3,y_3) * h_n(x_3,y_3;\lambda_n) \mid^2 \tag{8-98}$$

式中,h_n 是第 n 个滤波器的脉冲响应。不同波长的输出在 P_3 面上按强度非相干叠加,得

$$I(x_3,y_3) \approx \sum_{n=1}^{N} \Delta I_n \approx \sum_{n=1}^{N} \Delta\lambda_n \mid t(x_3,y_3) * h_n(x_3,y_3;\lambda_n) \mid^2 \tag{8-99}$$

更严格地讨论涉及到部分相干理论,应对每种准单色场,以互强度为系统线性传递的基本量来进行分析。而对于了解白光处理的基本过程,上述近似分析已经足够了。

白光处理系统采用点光源(加小孔光阑)提高空间相干性。利用光栅的色散本领,使各波长产生的信号频谱分离,以便对各波长的谱独立滤波,从而提高了时间相干性。若在信号频谱后加滤色片,还可以进一步改善时间相干性,提高滤波器在 x_2 方向滤波的精度。尽管采用了白光光源,系统的滤波操作十分类似于相干处理系统,只是最终输出是各波长输出分量的强度叠加。正因如此,系统既具有相干系统的运算能力,又没有相干噪声。

从谱面考虑,可供选择的滤波参数不仅包括振幅、位相,还包括不同的波长(时间频率)。由于多波长传输,系统的自由通道数大大增加,这既便于独立使用不同通道,进行各自独立的处理,又增大了系统的冗余度,提高了信噪比。

事实上,几个滤波器不必要都放在同一个衍射级上。由于光栅的多级衍射(采用朗奇光栅或正交光栅),N 个滤波器会有更多的位置可供选择,这相当于进一步增加了可供频域操作的通道数。当然,由于不同衍射级相对能量不同,各波长输出分量叠加时应考虑到不同的比例系数。

8.9.2 假彩色编码

人的视觉对于灰阶的分辨不超过 $15 \sim 20$ 个层次,但对彩色层次的分辨能力却高得多。假彩色编码就是人为地赋予黑白图像以各种色彩的一种技术。它对遥感图像、医学图像的判读和分析有着重要意义。

假彩色编码的实质是把一个光强调制的信号变换为不同波长调制(或者说不同时间频率调制)的信号。信息的内容不变,但存在形式发生了变化。假如直接对信号透明片上不同光密度赋予不同色彩,则是等密度假彩色编码。若对信号所包含的不同空间频率成分赋予不同色彩,则是等空间频率假彩色编码。下面各举例子来说明白光处理系统可以有效地实现图像假彩色化。

1. 等空间频率假彩色编码

将复振幅透过率为 $t(x_1, y_1)$ 的黑白透明片与正交光栅一起放入图 8-32 所示系统的 P_1 平面。正交光栅的透过率可以表示为

$$t_g(x_1, y_1) = 1 + \frac{1}{2}\cos 2\pi f_a x_1 + \frac{1}{2}\cos 2\pi f_b y_1 \tag{8-100}$$

式中，f_a、f_b 分别是光栅在 x_1、y_1 方向的频率。对某一种波长 λ，光栅后的复数场分布为

$$f(x_1, y_1) = t(x_1, y_1) t_g(x_1, y_1) \tag{8-101}$$

P_2 平面相应于该波长的频谱为

$$F(f_x, f_y) = T(f_x, f_y) + \frac{1}{4}[T(f_x - f_a, f_y) + T(f_x + f_a, f_y) +$$
$$T(f_x, f_y - f_b) + T(f_x, f_y + f_b)] \tag{8-102}$$

式中，$T(f_x, f_y)$ 为输入信号 $t(x_1, y_1)$ 的频谱，$f_x = \dfrac{x_2}{\lambda f}$，$f_y = \dfrac{y_2}{\lambda f}$。

白光照明下，沿 x_2、y_2 轴有四个呈彩虹颜色的信号一级谱。如图 8-33 所示安放高、低通滤波器，使某一种颜色的低频成分和另一种颜色的高频成分通过。输出平面上物体的低频和高频信息将呈现出不同颜色。例如，低频和高频分别为蓝色和红色。如果采用各种带通滤波器让不同颜色通过，就可以得到色彩更丰富的假彩色图像。

2. 等密度假彩色编码

黑白透明片和正交光栅仍如上例放在白光处理系统的输

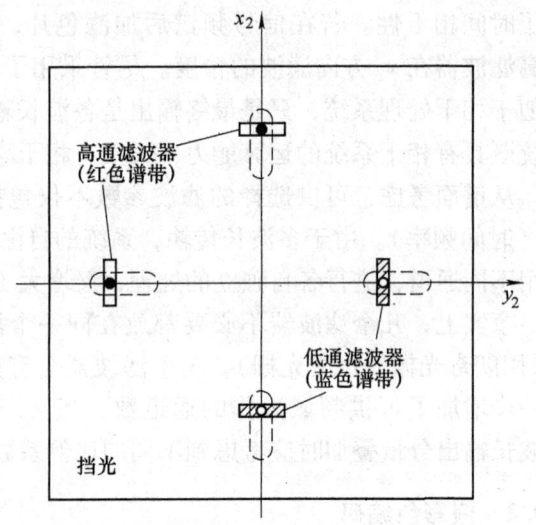

图 8-33 等空间频率假彩色编码的滤波器

入平面 P_1 上，在 P_2 面上两个呈彩虹颜色的一级谱处安放滤波器。参见图 8-34，让红色和绿色波长相应的频谱能通过系统，同时遮挡掉其他波长的信号频谱，并在绿色频谱带中心放置 π 位相滤波器，以产生对比反转的负像。像面 P_3 上，绿色负像和红色的正像重合在一起，强度叠加的结果给出等密度假彩色编码像，并随着密度变化呈现出不同颜色。

下面我们重点介绍另一种等密度假彩色编码方法——图像的位相调制假彩色编码。

记录有输入图像的黑白透明片先用线光栅调制,复制在另一张底片上。光栅的周期为 d,缝宽为 a。所得负片再进行漂白处理。适当控制漂白工艺,使透明片上的光程差变化 Δl 与密度变化 ΔD 成线性关系,即

$$\Delta l = C \cdot \Delta D \quad (8\text{-}103)$$

式中,C 为与漂白工艺有关的常数。Δl 所对应的位相延迟为

$$\Delta\phi = \frac{2\pi}{\lambda}\Delta l = \frac{2\pi}{\lambda}C \cdot \Delta D \quad (8\text{-}104)$$

这样,图像的密度信息就转化为位相信息,我们得到的是由输入图像信息调制的位

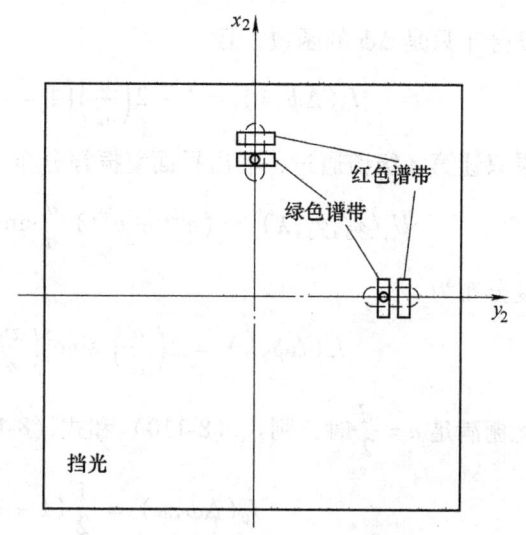

图 8-34 等密度假彩色编码的滤波器

相光栅。由于密度变化速率远低于调制光栅频率,可认为在某一局部,位相延迟 $\Delta\phi$ 相对恒定,因而可近似按矩形位相光栅分析。参见式 (3-140),其复振幅透过率可以表示为

$$t(x_1, y_1) = (e^{j\phi_2} - e^{j\phi_1})\text{rect}\left(\frac{x_1}{a}\right) * \frac{1}{d}\text{comb}\left(\frac{x_1}{d}\right) + e^{j\phi_1} \quad (8\text{-}105)$$

式中,$\phi_2 = \phi_1 + \Delta\phi$,$\phi_1$ 表示均匀位相延迟。把它放在图 8-32 所示的输入平面(不需要另加振幅光栅),参考式 (3-142),对波长为 λ 的入射光,P_2 平面上产生的空间频谱为

$$T\left(\frac{x_2}{\lambda f}, \frac{y_2}{\lambda f}\right) = (e^{j\phi_2} - e^{j\phi_1})\frac{a}{d}\sum_{n=-\infty}^{\infty}\text{sinc}\left(\frac{an}{d}\right)\delta\left(\frac{x_2}{\lambda f} - \frac{n}{d}, \frac{y_2}{\lambda f}\right) + e^{j\phi_1}\delta\left(\frac{x_2}{\lambda f}, \frac{y_2}{\lambda f}\right)$$

$$(8\text{-}106)$$

其中零级谱 ($n=0$) 为

$$T_0\left(\frac{x_2}{\lambda f}, \frac{y_2}{\lambda f}\right) = \left[(e^{j\phi_2} - e^{j\phi_1})\frac{a}{d} + e^{j\phi_1}\right]\delta\left(\frac{x_2}{\lambda f}, \frac{y_2}{\lambda f}\right) \quad (8\text{-}107)$$

第 n 级谱 ($n\neq 0$) 为

$$T_n\left(\frac{x_2}{\lambda f}, \frac{y_2}{\lambda f}\right) = (e^{j\phi_2} - e^{j\phi_1})\frac{a}{d}\text{sinc}\left(\frac{an}{d}\right)\delta\left(\frac{x_2}{\lambda f} - \frac{n}{d}, \frac{y_2}{\lambda f}\right) \quad (8\text{-}108)$$

P_2 平面上放置一个圆孔作为滤波器。如果只让零级谱通过,输出平面复振幅分布为

$$U_0(x_3, y_3; \lambda) = (e^{j\phi_2} - e^{j\phi_1})\frac{a}{d} + e^{j\phi_1} \tag{8-109}$$

强度分布只是 $\Delta\phi$ 的函数，且

$$I_0(\Delta\phi, \lambda) = 1 - 2\left(\frac{a}{d}\right)\left(1 - \frac{a}{d}\right)(1 - \cos\Delta\phi) \tag{8-110}$$

如果只让第 n 级谱通过，输出平面复振幅分布为

$$U_n(x_3, y_3; \lambda) = (e^{j\phi_2} - e^{j\phi_1})\frac{a}{d}\mathrm{sinc}\left(\frac{an}{d}\right)\exp\left(j2\pi\frac{n}{d}x_3\right) \tag{8-111}$$

强度分布为

$$I_n(\Delta\phi, \lambda) = 2\left(\frac{a}{d}\right)^2 \mathrm{sinc}^2\left(\frac{an}{d}\right)(1 - \cos\Delta\phi) \tag{8-112}$$

当光栅满足 $a = \dfrac{d}{2}$ 时，则式 (8-110) 和式 (8-112) 可以简化为

$$I_0(\Delta\phi, \lambda) = \frac{1}{2}(1 + \cos\Delta\phi) \tag{8-113}$$

$$I_n(\Delta\phi, \lambda) = \frac{2}{(n\pi)^2}(1 - \cos\Delta\phi) \quad (n \text{ 为奇数}) \tag{8-114}$$

或者

$$I_0(\Delta l, \lambda) = \frac{1}{2}\left(1 + \cos\frac{2\pi}{\lambda}\Delta l\right) \tag{8-115}$$

$$I_n(\Delta l, \lambda) = \frac{2}{(n\pi)^2}\left(1 - \cos\frac{2\pi}{\lambda}\Delta l\right) \quad (n \text{ 为奇数}) \tag{8-116}$$

在 $a = \dfrac{d}{2}$ 条件下，频谱中缺少偶数级，因而只能选择零级或奇数级。结果表明 P_3 面上光强分布仅取决于 Δl 和 λ。图 8-35 中分别给出零级和一级输出的归一化光强分布随光程差 Δl 变化的曲线。其中 λ_R、λ_G、λ_B 分别表示红、绿、蓝三种光的波长。

由于采用白光光源，输出平面上各种色光按强度非相干叠加，得到

$$I_0(\Delta l) = \int I_0(\Delta l, \lambda)\mathrm{d}\lambda \tag{8-117}$$

或者

$$I_n(\Delta l) = \int I_n(\Delta l, \lambda)\mathrm{d}\lambda \tag{8-118}$$

由于 ΔD 与 Δl 的线性关系，得到的是随 ΔD 变化的彩色输出图像。这种等密度假彩色编码方法，操作简便，光强利用率高，噪声低，输出色彩丰富，可在遥感、生物医学、气象等图像处理中获得应用。

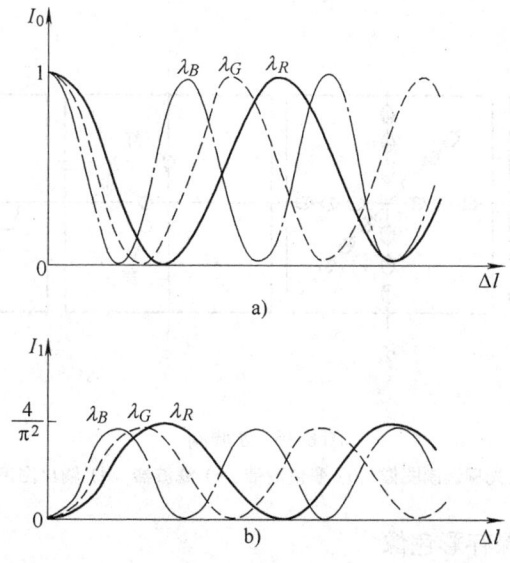

图 8-35 输出光强分布随光程差 Δl 变化的曲线
a) 只取零级谱　b) 只取一级谱

8.9.3　θ 调制

1. 基本原理

θ 调制是指用不同方位角（θ）的光栅分别对输入图像的不同区域预先进行调制。这样制成的输入透明片放入 $4f$ 系统中，若采用单色相干光源照明，在频谱面上与图像各区域相对应的频谱成分出现在不同方位上。用狭缝作滤波器，在不同方位角上可以抽取不同区域的像。若各区域代表不同的灰阶，输出则是等密度切片。如果谱面上所用滤波器的透过率是方位角的非线性函数，则可以改变输出图像中各区域相对灰阶分布，实现非线性处理。

当系统用白光点光源照明时，不同方位的频谱均呈彩虹颜色。如果在滤波器上开一些小孔，在不同的方位角上，小孔可选取不同颜色的谱，将得到一个假彩色化的输出图像。每个区域对应一种色彩。图 8-36 示意出这一过程。

当图像区域较多，编码方向多于 3 时，为了弥补角度自由度的不足，可以改变调制光栅的频率来解决。即图像调制时同时改变光栅的角度和调制频率。

为了提高 θ 调制的衍射效率。增大输出图像的亮度。可将 θ 调制片漂白成位相型透明片。

由于缺乏简单易行的办法对图像的不同灰阶进行光栅编码（尤其是连续灰阶变化的图像），限制了 θ 调制技术在许多方面的应用。尽管如此，θ 调制的原理推广到彩色胶片存储、黑白胶片拍摄彩色图像等应用中，已获得可喜的成绩。

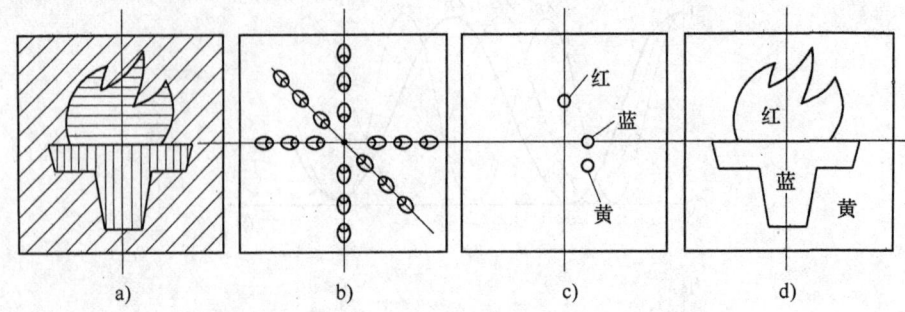

图 8-36 θ 调制
a) 光栅调制图像　b) 彩色谱带　c) 滤波器　d) 输出图像

2. 用黑白胶片保存彩色像

由于彩色胶片使用的化学染料不能耐久而存在褪色问题，这使大量彩色图片资料、电影胶片等的长期保存成为难题。而黑白胶片具有长期保存的能力，如果能将彩色的图像信息用黑白胶片保存，使用时通过光学方法将彩色信息还原，就可以解决彩色信息长期保存的困难。具体做法包括两步：

（1）彩色图像的编码和存储　用取向不同的光栅对颜色进行编码。如图 8-37a 所示，按彩色胶片、滤色片、朗奇光栅和黑白照相底片的顺序密接触曝光。滤色片分别采用红、绿、蓝三色，对每一种滤色片，光栅取不同的方向。三次曝光在同一张黑白底片上，经显影、定影处理后得到一张经彩色编码的黑白胶片，它存储了原彩色胶片上包括颜色在内的全部信息。注意三次曝光过程中，彩色胶片和黑白胶片的相对位置应保持不变。为了便于操作，也可以通过光学成像系统，将彩色胶片上的图像成像到黑白胶片上，或直接采用"三色光栅"（由取向不同的三原色透过率的朗奇光栅构成的复合光栅）简化操作。

（2）彩色图像的还原——解码　如图 8-37b 所示，将黑白编码片放入 $4f$ 系统的输入平面，采用白光点光源经准直透镜照明。由于黑白胶片被三个不同取向的光栅所调制，在频谱面上，其频谱分布在三个不同的取向上，分别载有红、绿、蓝三种颜色的信息。采用的滤波器与 θ 调制类似。在不同的方向开三个通光孔，适当选择它们的位置，令其分别透过红、绿、蓝三种颜色。各个小孔所透过的颜色应与编码记录时一一对应。这样，在输出平面得到合成的原彩色图像，这个过程可看作是解码。因为采用白光处理，频谱面上得到彩色谱带，为了色彩更纯，也可以在三个通光孔处加相应波长滤色片。

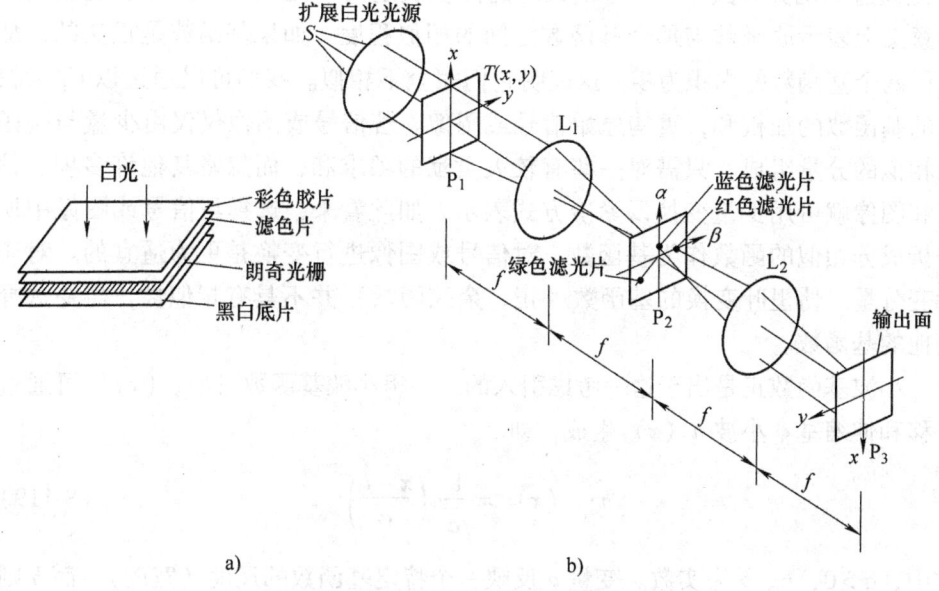

图 8-37 用黑白胶片保存彩色像
a) 彩色图像的编码和存储　b) 彩色图像的还原——解码

8.10 光学小波变换

傅里叶变换采用正、余弦函数作为它的正交基函数,这些函数在时间(或空间)域是无限扩展的,因此傅里叶变换适合于较长区间的稳态信号的处理。而瞬态信号只在一个很短区间内非零,如声纳信号、语音信号、地震波等。与此类似,图像中许多重要特征(例如边缘)也是在空间位置上高度局部化的。它们不同于傅里叶基函数,而且它们的频谱也不是紧凑分布的,故对整体傅里叶频谱的影响较小。这使得傅里叶变换在分析和压缩包含瞬态或局部化成分的信号和图像时,得不到最佳表示。

为了克服这些缺陷,数学家和工程师们开发出若干种使用有限宽度基函数进行变换的方法。这些基函数不仅在频率上而且在位置上都是变化的,它们是有限宽度的波,称之为小波。基于它们的变换称为小波变换(wavelet transforms)。它是一种表达在时域(或空域)及其频域都有限的信号的方法。这种变换对于瞬态信号(包括图像的局部特征)的分析非常有效。

8.10.1 小波变换的定义

回顾正交函数系一节,用基元函数的线性组合表示原函数,每一项的系数

C_i 是通过原函数和其中一个基函数间的内积确定的（见式 (1-56)）。它的值某种意义上表示原函数与那个基函数之间的相似程度。如果基函数是正交的，那么任两个基函数的内积为零，这表明它们完全不相似。我们可以通过以 C_i 为权重的基函数的加权和，重构原始信号或图像。若信号或图像仅仅由少量与基函数相似的分量组成，只需对一些有较大贡献的项求和，而忽略其他许多项。信号和图像就可用少量变换以紧凑方式表示。如此看来，选择与信号或图像中所分析成分相似的函数作为基函数，对信号或图像进行变换是更为适宜的。对于瞬变分量，傅里叶变换的基函数（正、余弦函数）并不具有相似性，需要选择其他的基函数。

小波基函数正是出于这一考虑引入的。一组小波基函数 $\{h_{a,b}(x)\}$ 可通过平移和伸缩基本小波 $h(x)$ 生成，即

$$h_{a,b}(x) = \frac{1}{\sqrt{a}} h\left(\frac{x-b}{a}\right) \quad (8\text{-}119)$$

式中，$a>0$，a、b 为实数。变量 a 反映一个特定基函数的尺度（宽度），而 b 则表明它沿 x 轴的平移位置。对连续小波变换，a、b 的变化是连续的。

基本小波 $h(x)$ 一般是实值函数，其频谱 $H(f)$ 满足允许条件

$$C_h = \int_{-\infty}^{\infty} \frac{|H(f)|^2}{|f|} df < \infty \quad (8\text{-}120)$$

同时有 $H(0)=0$，傅里叶频谱的零频分量为零，基本小波应具有零均值，即

$$\int_{-\infty}^{\infty} h(x) dx = 0$$

一个基本小波是一个当 $|x|\to\infty$ 时以足够快的速度趋于零的振荡函数，其不显著为零的分量只存在于一个很小的区间内。

函数 $f(x)$ 以小波 $h(x)$ 为基的小波变换定义为 $h_{a,b}(x)$ 和 $f(x)$ 的内积

$$W_f(a,b) = \frac{1}{\sqrt{a}} \int_{-\infty}^{\infty} h^*\left(\frac{x-b}{a}\right) f(x) dx \quad (8\text{-}121)$$

式中，$W_f(a,b)$ 是一个双变量（尺度和位置）的函数。上式还可以表示为缩放后的基本小波与信号函数的相关，即

$$W_f(a,b) = \frac{1}{\sqrt{a}} h\left(\frac{b}{a}\right) \star f(b) \quad (8\text{-}122)$$

式中，中心位移 b 是相关函数的变量。

小波逆变换定义为

$$f(x) = \frac{1}{C_h}\int_0^\infty \int_{-\infty}^\infty W_f(a,b)h_{a,b}(x)\frac{1}{a^2}\mathrm{d}a\mathrm{d}b \tag{8-123}$$

式中，C_h 满足允许条件式（8-120）。上式表明可以通过基函数的加权叠加得到原函数 $f(x)$，加权系数为 $W_f(a,b)$。

由小波变换定义及傅里叶变换性质，可推导出小波变换在频域的表达式为

$$W_f(a,b) = \sqrt{a}\int_{-\infty}^\infty H^*(af)F(f)\exp(\mathrm{j}2\pi fb)\mathrm{d}f \tag{8-124}$$

式中，H 和 F 分别是 $h(x)$ 和 $f(x)$ 的傅里叶变换。

小波变换具有局部化的功能，小波函数 h 及其频谱 H 在空间域和频率域都是迅速衰减的，其显著不为零的成分分别位于有限空间窗宽度和频率窗宽度内，基本小波 $h(x)$ 的中心定义为

$$x_c = \frac{\int_{-\infty}^\infty h^*(x)xh(x)\mathrm{d}x}{\int_{-\infty}^\infty h^*(x)h(x)\mathrm{d}x} \tag{8-125}$$

空间窗宽度

$$\Delta w = 2\left[\frac{\int_{-\infty}^\infty (x-x_c)^2 h^*(x)h(x)\mathrm{d}x}{\int_{-\infty}^\infty h^*(x)h(x)\mathrm{d}x}\right]^{1/2} \tag{8-126}$$

小波变换在空间域中的处理局限于如下空间窗

$$-\Delta w \leqslant \frac{x-b}{a} - x_c \leqslant \Delta w \tag{8-127}$$

在频域中，$H(f)$ 的中心 f_c 定义为

$$f_c = \frac{\int_{-\infty}^\infty H^*(f)fH(f)\mathrm{d}f}{\int_{-\infty}^\infty H^*(f)H(f)\mathrm{d}f} \tag{8-128}$$

频率窗宽度

$$\Delta W = 2\left[\frac{\int_{-\infty}^\infty (f-f_c)^2 H^*(f)H(f)\mathrm{d}f}{\int_{-\infty}^\infty H^*(f)H(f)\mathrm{d}f}\right]^{1/2} \tag{8-129}$$

小波变换在频率域中的处理局限于如下频率窗

$$-\Delta W \leqslant a\left(f - \frac{f_c}{a}\right) \leqslant \Delta W \tag{8-130}$$

由式（8-127）和式（8-130）不难看出，当尺度因子 a 变化时，空间窗宽

度 $a\Delta w$ 和频率窗宽度 $\Delta W/a$ 均随之变化，但两者宽窄变化相反，两者乘积即空间-频率窗的面积保持不变。其中心频率与带宽之比 Q 也保持不变，即

$$Q = \frac{f_c/a}{\Delta W/a} = \frac{f_c}{\Delta W} \tag{8-131}$$

小波变换的本质是将 $f(x)$ 和缩放后的基本小波 $h_{a,b}(x)$ 做相关，即比较二者的相似程度，从线性系统的角度来看，小波变换等效于使 $f(x)$ 经一组带通滤波器滤波，各个滤波器的中心频率和带宽随 a 变化。每个滤波器输出函数为选定尺度因子 a 的小波变换，所有滤波器的输出相加得到小波变换的最终结果。

当尺度 a 增大时，中心频率减小，带宽随之减小，相当于在一个加宽的空间窗中，用膨胀的 $h_{a,b}(x)$ 搜索信号或图像中的低频的粗大特征。当 a 减小时，中心频率增大，带宽也增大，相当于在一个变窄的空间窗中，用压缩的 $h_{a,b}(x)$ 搜索局部细节（高频信息）。这里尺度因子 a 类似于地图中的比例因子，大比例（尺度）看全局，小比例尺度看局部细节。这就保证了小波变换以同样的精度去处理不同中心频率的信号。

8.10.2 几种常用的小波函数

1. Haar 小波

$$h(x) = \text{rect}\left[2\left(x - \frac{1}{4}\right)\right] - \text{rect}\left[2\left(x - \frac{3}{4}\right)\right] \tag{8-132}$$

$h(x)$ 的傅里叶变换为

$$H(f) = 2\text{jexp}(-\text{j}\pi f)\left[\frac{1 - \cos(\pi f)}{\pi f}\right] \tag{8-133}$$

图 8-38 给出了 Haar 小波函数 $h(x)$ 和它的傅里叶变换的模 $|H(f)|$。

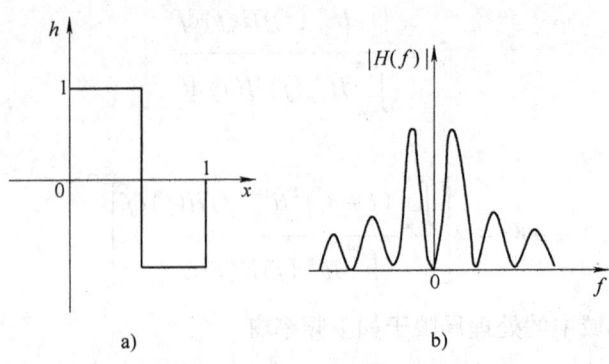

图 8-38　Haar 小波函数 $h(x)$ 及其傅里叶变换的模
a) Haar 小波函数 $h(x)$　b) $h(x)$ 的傅里叶变换的模

2. "墨西哥帽"小波

$$h(x) = (1 - x^2)\exp\left(-\frac{x^2}{2}\right) \tag{8-134}$$

它是高斯函数和二次函数的积，它的傅里叶变换是

$$H(f) = 4\pi^2 f^2 \exp(-2\pi f^2) \tag{8-135}$$

图 8-39 中给出了"墨西哥帽"小波函数 $h(x)$ 和它的傅里叶变换 $H(f)$。

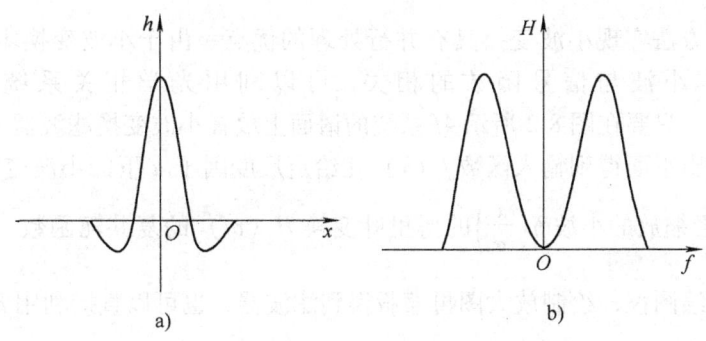

图 8-39 "墨西哥帽"小波函数 $h(x)$ 及其傅里叶变换
a)"墨西哥帽"小波函数 $h(x)$ b) $h(x)$ 的傅里叶变换

3. 实 Morlet 小波

图 8-40 给出一个实 Morlet 小波及其频谱的例子。它是余弦-高斯函数

$$h(x) = \frac{2\cos(2\pi f_0 x)}{\sqrt{2\pi}\sigma}\exp(-x^2/2\sigma^2) \tag{8-136}$$

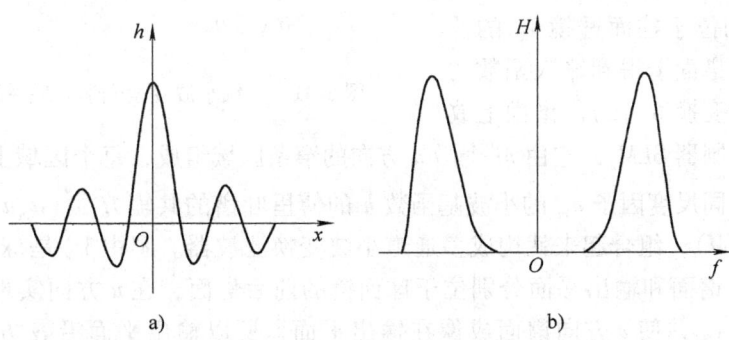

图 8-40 实 Morlet 小波及其傅里叶变换
a) 实 Morlet 小波 b) 实 Morlet 小波的傅里叶变换

其频谱为

$$H(f) = \exp[-2\pi\sigma^2(f-f_0)^2] + \exp[-2\pi\sigma^2(f+f_0)^2] \tag{8-137}$$

不同类型小波适宜提取不同的图像特征。如 Haar 小波比较适合提取图形边缘的"拐角","墨西哥帽"小波更适宜提取图形边缘。应根据所处理的图像特征选择合适的小波类型。一旦小波类型确定后,还应选择适当的尺度因子。

8.10.3 光学小波变换的实现

用光学方法实现小波变换具有并行处理的优点。由于小波变换本质上是缩放后的基本小波与信号函数的相关,可以利用光学相关系统实现。由式 (8-124),只要在图 8-2 所示 4f 系统的谱面上放置小波变换滤波器 $H^*(af)$,就可以在输出平面得到输入函数 $f(x)$ 在给定尺度因子 a 下的小波变换 $W_f(a, b)$。H^* 是经缩放的小波 $h\left(\dfrac{x}{a}\right)$ 的傅里叶变换 $H(af)$ 的复共轭函数。可以通过计算机控制绘图仪,绘制放大图再缩版得到滤波器,也可以直接利用 $h\left(\dfrac{x}{a}\right)$,记录全息滤波器。

在多分辨小波变换分析中,需要一组离散的尺度因子 a 的小波变换滤波器,见图 8-41 所示的一维小波变换光学处理系统。相干的点光源 S 经准直透镜 L_1 产生平行光照明记录有输入信号 $g(x)$ 的空间光调制器 SLM_1。由于输入平面和谱面分别位于柱面透镜 L_2 的前后焦面,在谱面上得到输入函数的一维傅里叶变换 $G(u)$。谱面上放

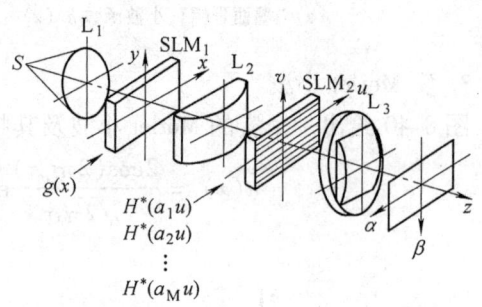

图 8-41 一维小波变换光学处理系统

置空间光调制器 SLM_2,它由 M 个沿 u 方向的窄条区域组成,每个区域上分别记录了具有不同尺度因子 a_m 的小波基函数 h 的傅里叶谱的共轭 $H^*(a_m u)$ ($m = 1, 2, \cdots, M$),组合起来就构成多通道小波变换滤波器。图中 L_3 是球面-柱面复合透镜,谱面和输出平面分别位于球面镜的前后焦面,在 u 方向实现一维傅里叶变换。L_3 并使 v 方向谱面成像在输出平面,所以输出平面沿 α 方向与 uv 平面对应也有 M 个窄条区域,每个区域输出对应 $W_g(a_m, b)$ ($m = 1, 2, \cdots, M$)。位移因子 b 沿水平方向是连续变化的,而尺度因子 a 沿垂直方向是离散的。

输出平面上用面阵 CCD 记录输出信号后除以 $\sqrt{a_m}$ 最终得到小波变换。

二维小波变换定义为

$$W_g(a_x, a_y, b_x, b_y) = \frac{1}{\sqrt{a_x a_y}} \iint_{-\infty}^{\infty} h^*\left(\frac{x-b_x}{a_x}, \frac{y-b_y}{a_y}\right) g(x,y) \mathrm{d}x \mathrm{d}y \quad (8\text{-}138)$$

实现二维小波变换的关键同样是要实现多通道滤波。一种方法是在 4f 系统中利用光栅对输入函数 $g(x,y)$ 进行调制，在谱面上得到一系列的谱 $G_{mn}(u,v)$。在谱面上与它们对应的位置放置滤波器阵列，滤波函数分别为 $H_{mn}^*\exp[\mathrm{j}2\pi(up_m+vq_n)]$，经多通道滤波和傅里叶逆变换，在输出平面上以 (p_m, q_n) 为中心得到空间分离的项，每一项代表不同尺度因子 (a_m, a_n) 的小波变换。

另一种方法是在光学相关系统中，先利用体全息存储的角度复用技术，在光折变晶体等体全息记录介质中用角度编码的参考光记录一系列 $\{h_{mn}\}$ 的全息图，得到 $H^*(a_m u, a_n v)\exp[-\mathrm{j}2\pi(up_m+vq_n)]$。在输入平面上输入函数 $g(x,y)$，经多通道相关运算，在输出平面将得到以 (p_m, q_n) 为中心的一系列空间分离的不同尺度因子的小波变换（见图 8-42）。

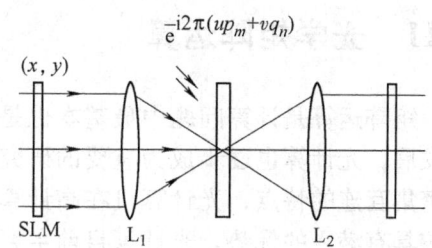

图 8-42 使用体全息的小波变换匹配滤波器实现小波变换

8.10.4 小波变换在光学图像识别中的应用

小波变换在光学图像处理中的应用主要是边缘探测和图像相关识别。后者可以称为小波变换匹配滤波。例如图像函数 f 和 g 作相关识别，其中函数 f 是参考图像。可以通过上面介绍的光学方法获得边缘增强的小波变换 W_f 和 W_g，然后再输入光学相关识别系统，例如 4f 系统，在输出平面产生图像的相关。如图 8-43 所示，滤波函数为 F^*H，H 为所选择小波函数（例如墨西哥帽小波）的傅里叶谱。由式 (8-124)，W_f 和 W_g 的频谱分别为 FH^* 和 GH^*。经滤波后在频域得到 $|FH^*|^2$ 和 F^*GHH^*，再经过傅里叶逆变换在输出平面分别得到 W_f 函数的自相关 $W_f \star W_f$ 以及 W_f 和 W_g 的互相关 $W_f \star W_g$。由自相关峰的亮斑是否存在，可判断是否有目标图像。用这种方法给出的经过边缘增强处理的小波变换函数的自相关峰明显高于其他互相关信号的次峰及噪声，信噪比高，减少了识别错误。

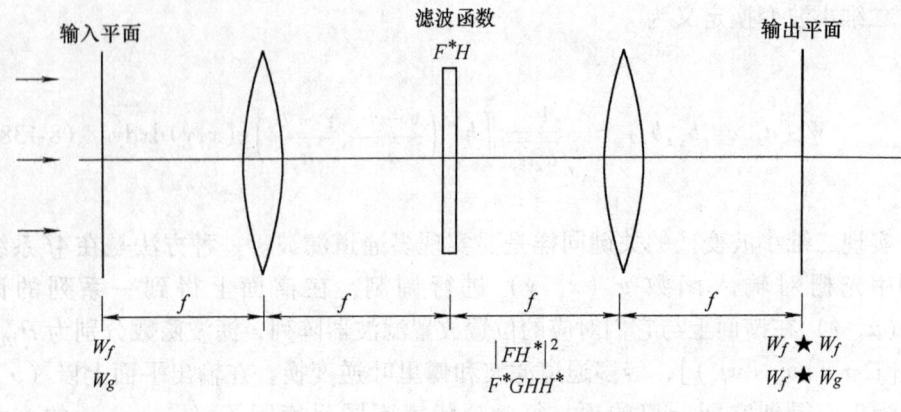

图 8-43 小波变换相关识别系统

8.11 光学矩阵运算[1]

矩阵运算是计算问题中最基本也是最常用的运算。随着光学信息处理技术的发展，光计算也逐步成为重要的研究分支。由于光学具有高度并行和三维空间密集互连的特点，光计算机在高计算速度、微型化等性能上与电子计算机相比较具有潜在的优势。光计算目前主要的研究内容包括光学矩阵运算、光学互连和光学神经网络等。本书将仅讨论光学矩阵运算方法，包括实现矩阵-矢量乘法和矩阵-矩阵乘法的光学处理器。注意本节介绍的光学矩阵运算的方法不局限于二值运算，也可以进行离散的模拟运算。

8.11.1 非相干矩阵-矢量乘法器

一个离散的数据阵列可以表示为矢量（N 个抽样值）

$$x = \begin{bmatrix} x_1 \\ x_2 \\ \vdots \\ x_N \end{bmatrix}$$

在离散信号情况下，描述线性系统的叠加积分就成为矩阵-矢量乘积

$$y = Wx \tag{8-139}$$

式中，W 是 M 行 N 列的矩阵，y 为线性系统的输出。因此

$$W = \begin{bmatrix} w_{11} & w_{12} & \cdots & w_{1N} \\ w_{21} & w_{22} & \cdots & w_{2N} \\ \vdots & \vdots & & \vdots \\ w_{M1} & w_{M2} & \cdots & w_{MN} \end{bmatrix}$$

和

$$y = \begin{bmatrix} y_1 \\ y_2 \\ \vdots \\ y_M \end{bmatrix}$$

完成以上运算需要作 $M \times N$ 次乘法和 $M \times N$ 次加法。

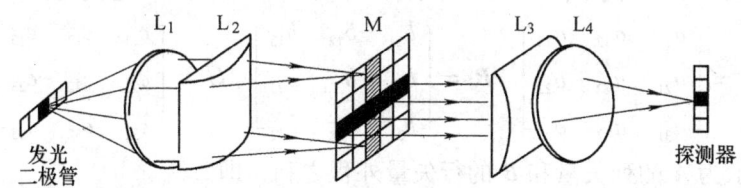

图 8-44 矩阵-矢量乘法器的光学系统

图 8-44 所示为典型的非相干矩阵-矢量乘法器。光源阵列由 LED 或半导体激光器组成。各个光源发出的光强与矢量 x 的各元素 x_i 成正比。矩阵掩模上有 $M \times N$ 个子单元，每个子单元的光强透过率与矩阵 W 的各元素 w_{ij} 成正比。任一单个输入光源所发出的光，经光学系统照明矩阵掩模上与之对应的某一列子单元，前光学系统沿水平方向起成像的作用。从矩阵掩模每一行透射的光再经过后光学系统沿水平方向聚焦到输出探测器阵列相应单元上，后光学系统沿垂直方向起成像作用。由于水平方向和垂直方向完成的操作不同，矩阵掩模前后的光学系统均由球面镜和柱面镜组合构成。注意柱面镜 L_2 和 L_3 放置方位不同。

这种结构可进一步简化为图 8-45 所示的紧凑形式。可不用透镜，采用条型 LED 及条型探测器阵列。条型 LED 也可用空间光调制器 SLM 代替，条型光源均匀照射到掩模板的一列上，而条型探测器则对一行的光强求和。

由于每个输出探测器测量的

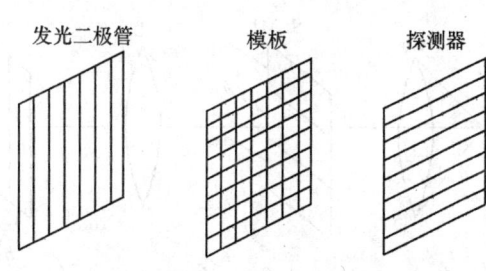

图 8-45 简化的矩阵-矢量乘法器

是输入矢量 x 和矩阵掩模上存储的不同行矢量的乘积，这种处理器又称之为内积处理器。

由于采用并行运算方式，矩阵-矢量乘法器可在一个时钟周期内完成 $N \times M$ 次乘法和加法，时钟周期可以非常短，如 10ns。当然，要实现矩阵掩模子单元（即矩阵元素）的高速更替仍是困难的。采用实时空间光调制器（SLM）是解决的途径。

非相干处理的主要问题仍在于它不能同时处理正数和负数。所以上述矩阵-矢量乘法器仅用于单极性矢量和矩阵。

8.11.2 矩阵-矩阵乘法器

外积处理器用于实现矩阵-矩阵相乘。

假如两个 3×3 的矩阵 A 和 B 相乘，得到 3×3 矩阵 C，它们记为

$$A = \begin{bmatrix} a_{11} & a_{12} & a_{13} \\ a_{21} & a_{22} & a_{23} \\ a_{31} & a_{32} & a_{33} \end{bmatrix} \quad B = \begin{bmatrix} b_{11} & b_{12} & b_{13} \\ b_{21} & b_{22} & b_{23} \\ b_{31} & b_{32} & b_{33} \end{bmatrix} \quad C = \begin{bmatrix} c_{11} & c_{12} & c_{13} \\ c_{21} & c_{22} & c_{23} \\ c_{31} & c_{32} & c_{33} \end{bmatrix}$$

C 可以表示为 A 的列矢量和 B 的行矢量外积之和，即

$$C = \begin{bmatrix} a_{11} \\ a_{21} \\ a_{31} \end{bmatrix} \begin{bmatrix} b_{11} & b_{12} & b_{13} \end{bmatrix} + \begin{bmatrix} a_{12} \\ a_{22} \\ a_{32} \end{bmatrix} \begin{bmatrix} b_{21} & b_{22} & b_{23} \end{bmatrix} + \begin{bmatrix} a_{13} \\ a_{23} \\ a_{33} \end{bmatrix} \begin{bmatrix} b_{31} & b_{32} & b_{33} \end{bmatrix}$$

(8-140)

图 8-46 所示为光学方法实现上述运算的外积处理器。系统中有两个二维空间光调制器（SLM），把它们作为一维 SLM 阵列使用。光源 S 发出的光经由透镜 L_0 准直，照明 SLM1 上一组可独立寻址的行，输出经由透镜 L_1 成像到 SLM2 上，它由一组可独立寻址的列组成。最后，SLM2 透射的光经由透镜 L_2 成像到二维探测器阵列上。

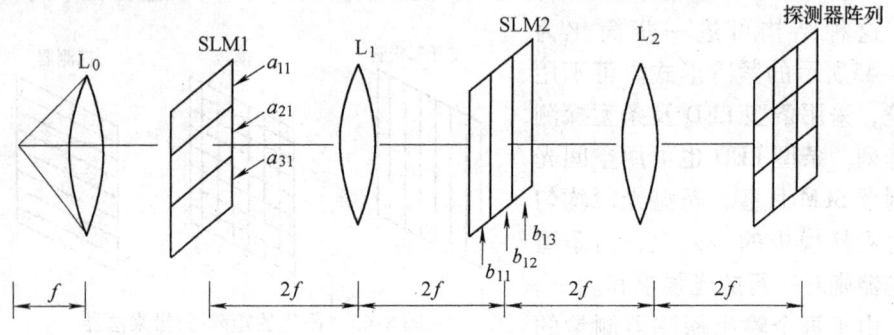

图 8-46 实现矩阵-矩阵相乘的外积处理器

探测器是时间累加探测器。当 A 的第一列矢量写入 SLM1 时，B 的第一行矢量也写入 SLM2，探测器阵列储存的电荷正比于式（8-140）中第 1 项。之后，在 SLM1 上写入 A 的第二列矢量，在 SLM2 写入 B 的第二行矢量，探测器阵列上

接收的光将使其累加上正比于式（8-140）中第 2 项的电荷。重复这一过程，累加上 A 的第三列矢量和 B 的第三行矢量的第三项外积。最终由探测器读出的是正比于矩阵 C 各元素的总的储存电荷阵列。

8.11.3 处理双极性信号和复数数据

由于非相干光信号是实的、非负的，所以运算中的矢量和矩阵的元素均要求是非负的实数。为了处理双极性或复数数据，有两种方法。

一种方法是对双极性信号加足够大的偏置，使输入矢量和系统矩阵所有元素都成为非负的。设经过偏置的输入矢量为 $(x+b)$，系统矩阵为 $(W+B)$。假定偏置矢量各元素相等，偏置矩阵各元素也相等。矩阵-矢量乘法器的输出成为

$$(W+B)(x+b) = Wx + Bx + Wb + Bb \tag{8-141}$$

若偏置矢量、偏置矩阵已知，且不随时间改变，系统矩阵 W 事先也知道，则式（8-141）中后两项可事先计算并通过电子学方法从系统输出中减去。对于矢量 x，事先是不知道的，需要测量它和偏置矩阵行矢量的内积。经过这些处理，就可以从经过偏置处理所得系统输出中得到 Wx。

另一种方法是用两个非负矢量之差或两个非负矩阵之差分别表示输入矢量和系统矩阵，即

$$W = W_+ - W_-$$
$$x = x_+ - x_-$$

式中，W_+ 仅保留 W 中的正元素，其余元素为零；W_- 仅保留 W 中负元素，但取其绝对值转变为正元素，其余元素为零；x_+ 和 x_- 作类似处置。

输出矢量 y 按同法做分解

$$y = y_+ - y_-$$

容易证明

$$y_+ = W_+ x_+ + W_- x_-$$
$$y_- = W_- x_+ + W_+ x_- \tag{8-142}$$

可以看出，在矩阵-矢量乘法器中需要两个通道分别输出两个矢量 y_+ 和 y_-，再通过电子学方法逐个元素相减，最终得到 y。

当矢量和矩阵的元素为复数时，可以把它们分解为正、负实部和正、负虚部进行处理。当然其他分解方法也是可行的。

习　题

8.1　一个有用信号 $s(x)$ 被附加噪声 $n(x)$ 所干扰，

$$s(x) = [0.2\mathrm{comb}(0.2x) * \mathrm{rect}(x)]\cos(60\pi x)$$

$$n(x) = [0.5\text{comb}(0.5x) * \text{tri}(x)]\cos(20\pi x)$$

若输入为

$$f(x) = s(x) + n(x)$$

要求输出中基本不含噪声,即 $g(x) \approx s(x)$。设计一个相干滤波系统,给出滤波函数 $H(f)$。绘出 $H(f)$、$f(x)$、$g(x)$ 及输入、输出频谱的图形。

8.2 光栅的透过率

$$t(x_0) = \frac{1}{2a}\text{rect}\left(\frac{x_0}{a}\right) * \text{comb}\left(\frac{x_0}{2a}\right)$$

在相干滤波系统中仅让零频和 $\pm\dfrac{3}{2a}$ 周/单位长度频率成分通过,而滤除其余频率成分,给出输出结果,并与 $t(x_0)$ 相比较。

8.3 观察位相型物体的所谓暗场法,是在成像透镜后焦面上放一个不透明小光阑以阻挡直接透射光。假定物体的位相延迟远小于1rad,求像面强度分布与物体位相延迟的关系式。

8.4 如果泽尼克相衬显微镜的相移点同时具有部分吸收,其强度透过率为 τ $(0 < \tau < 1)$ 时,求观察到的像强度的表达式。就像的对比度与没有吸收情况做出比较。

8.5 物体复振幅透过率为

$$t(x) = \left(1 + \frac{1}{2}\cos 2\pi f_0 x\right) \cdot \frac{1}{\Delta}\text{comb}\left(\frac{x}{\Delta}\right)$$

式中,$\Delta \ll \dfrac{1}{f_0}$。设计一个相干滤波系统,使输出像中不再有细光栅线,单纯是余弦分布,给出滤波器结构尺寸,用图解法说明系统原理。

8.6 如图 8-47 所示,在激光束经透镜 L_1 会聚的焦点上,放置针孔滤波器,可以提供一个均匀的照明光波。试说明其原理。

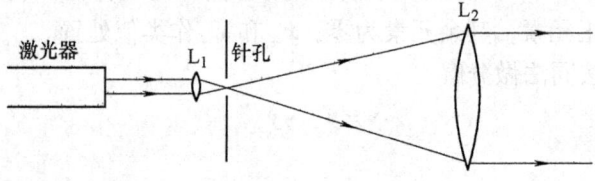

图 8-47 题 8.6 图

8.7 把图 8-48 所示振幅滤波器和位相滤波器叠合在一起,构成合成滤波器。它可以在相干滤波系统中用来实现一维的微分,说明原理。

8.8 在 4f 系统中用复合光栅滤波器实现图像的一维微分 $\dfrac{\partial g}{\partial x}$,若输入图像 g 在 x 方向的宽度为 l,光栅的频率应如何选取?

8.9 证明:在匹配滤波系统中,输入物体的平移仅仅改变相关输出的位置,而不影响匹配滤波操作。

8.10 光栅的复振幅透过率为

$$t(x) = \cos^2 \pi f_0 x$$

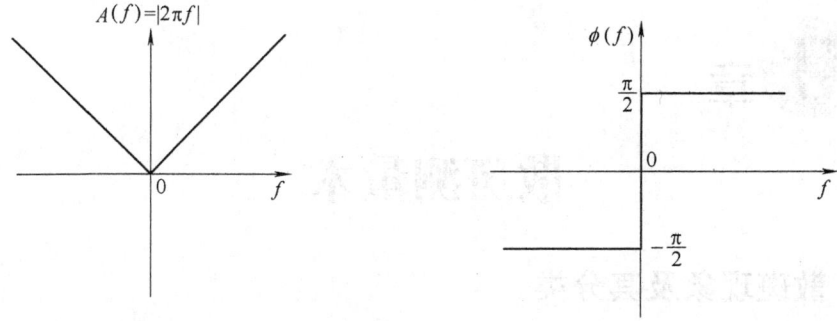

图 8-48 题 8.7 图

把它放在 4f 系统输入平面 P_1 上，在 P_2 平面安放狭缝光阑（见图 8-49）。

(1) 狭缝宽度应为多大，像面上才能得到光栅像？

(2) 在某个一级谱上放一块 $\lambda/2$ 位相板，求像面强度分布。

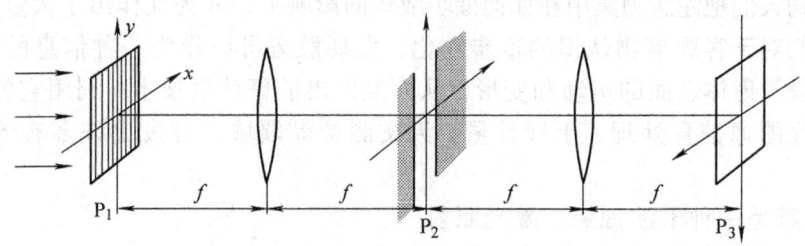

图 8-49 题 8.10 图

8.11 用照相机拍摄某物体时，不慎摄下两个重叠的影像，沿横向错开距离 b。为改善此照片，设计一个逆滤波器。绘出滤波函数图形。

8.12 联合变换相关器中若要使输出平面上各输出项分离，记录联合功率谱的两个函数 f 和 h 在输入平面 x 方向的距离 $2b$ 应满足什么要求？（设两函数在 x 方向宽度分别为 W_f 和 W_h）

8.13 拍照时，相机沿直线运动，速度为 v，曝光时间 T 秒，因而记录图像产生运动模糊。试：

(1) 给出产生模糊的点扩散函数和光学传递函数。

(2) 给出消模糊逆滤波器的滤波函数（幅值），画出曲线。

8.14 采用 4f 相干滤波系统，制作一个滤波器，它可使系统的输入字符 A 转变为输出字符 B，说明滤波函数、滤波器制作方法以及滤波后字符 B 在输出平面的位置。

第9章 散斑测量术

9.1 散斑现象及其分类

当激光照射物体的漫射表面（如纸张、未抛光的金属表面、墙面等），或者通过一个透明的漫射体时，会在其表面以及附近空间产生无规则分布的亮暗斑纹，即激光散斑（Laser Speckle）。在实现相干成像、相干光图像处理以及相干光全息再现时，散斑作为一种有害的"噪声"，出现在输出图像上，降低了像质。最初人们把注意力集中在如何减小散斑的影响上，并为此作出了大量努力。随着人们对于客观事物认识的逐步深化，发现散斑可以作为一种信息的载体，用来表征漫射体表面的运动和变形，从而发展出散斑计量技术。利用它的特殊性质，在图像信息处理、干涉计量、天文测量等领域已开发出许多有价值的应用。

散斑是一种干涉现象。激光照射粗糙表面时，表面上每一点都可看作子波源，产生散射光（子波）。它们彼此间是相干的。在空间某一点相遇时，各子波具有随机相位，产生相长干涉或相消干涉，在空间产生无规则分布的亮暗散斑纹（见图9-1）。所谓散斑场，正是各个散射点源产生的散射光的干涉场。若降低照明漫射体的光束的相干性，散斑的衬度也随之降低，乃至完全消失。

这里所指的粗糙表面，是指表面的颗粒无规则分布，而且颗粒高度的变化远大于光波的波长。因而相干的各散射波之间的振幅和位相是统计无关的。散斑是一种随机现象。严格讨论应从统计分析方法入手。本章中仅介绍一些有用的结果。

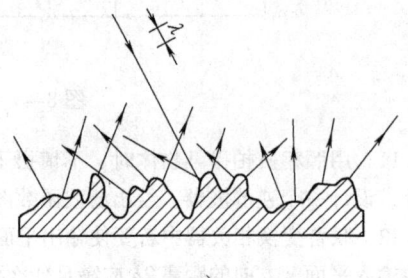

a)

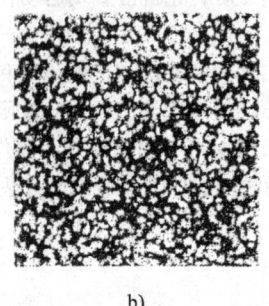

b)

图9-1 相干光照明粗糙表面产生的散斑
a) 光从粗糙表面散射 b) 散斑图

空间散斑场中某一点的相幅矢量 A 可以表示为来自散射表面所有点的相干子波在该点产生的相幅矢量 a_n 的叠加,即随机相幅矢量和

$$A = \frac{1}{\sqrt{N}} \sum_{n=1}^{N} a_n = \frac{1}{\sqrt{N}} \sum_{n=1}^{N} a_n e^{j\phi_n} \tag{9-1}$$

式中,N 表示来自大量点源的子波数目;a_n 和 ϕ_n 分别是这些相干子波在该点的振幅和相位。

假定(1)每个子波的振幅和相位都是统计独立的;(2)相位 ϕ_n 在($-\pi, \pi$)区间均匀分布,J. W. Goodman 曾证明自由空间或经成像系统传播形成的散斑相幅矢量 A 的统计性质服从高斯分布,而且散斑图强度 I 的概率密度函数为

$$P_I(I) = \frac{1}{\langle I \rangle} \exp\left(-\frac{I}{\langle I \rangle}\right) \tag{9-2}$$

式中,$\langle I \rangle$ 是平均强度。式(9-2)表明散斑图强度的统计特性呈负指数分布,强度为零(暗斑纹)概率最大(见图 9-2)。

根据观察方式不同,可把散斑分为两种类型:自由空间散斑和像面散斑。

1. 自由空间散斑

激光照明漫射体(反射或透射体)时,在其附近的自由空间产生的散斑称为自由空间散斑(或菲涅耳型散斑),参见图 9-3a。

观察屏上任一点的光场,来自于整个漫射表面上所有散射点源产生的子波的相干叠加。散斑的平均尺寸与产生散斑的漫射面对观察点的张角 α 有关。距离漫射体为 z 处的散斑的横向平均尺寸为

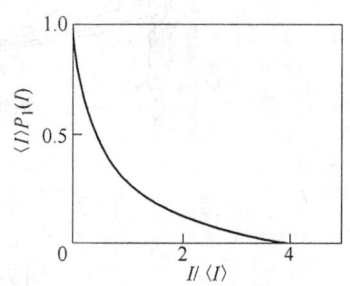

图 9-2 散斑图强度的概率密度函数

$$\delta_x \approx \frac{\lambda z}{L} = \frac{\lambda}{\alpha} \tag{9-3}$$

式中,λ 为光的波长;L 为漫射体上照明光束孔径的线宽度。

散斑的纵向平均尺寸为

$$\delta_z \approx \lambda \left(\frac{z}{L}\right)^2 = \frac{\lambda}{\alpha^2} \tag{9-4}$$

当 α 愈小时,散斑的尺寸愈大。应当强调散斑的平均尺寸与漫射体本身的颗粒度无关。但散斑的细微空间分布却和漫射体的结构有关。照射尺寸相同但结构不同的两个漫射体,在相同距离处产生的散斑虽然平均尺寸相同,但分布完全不同。

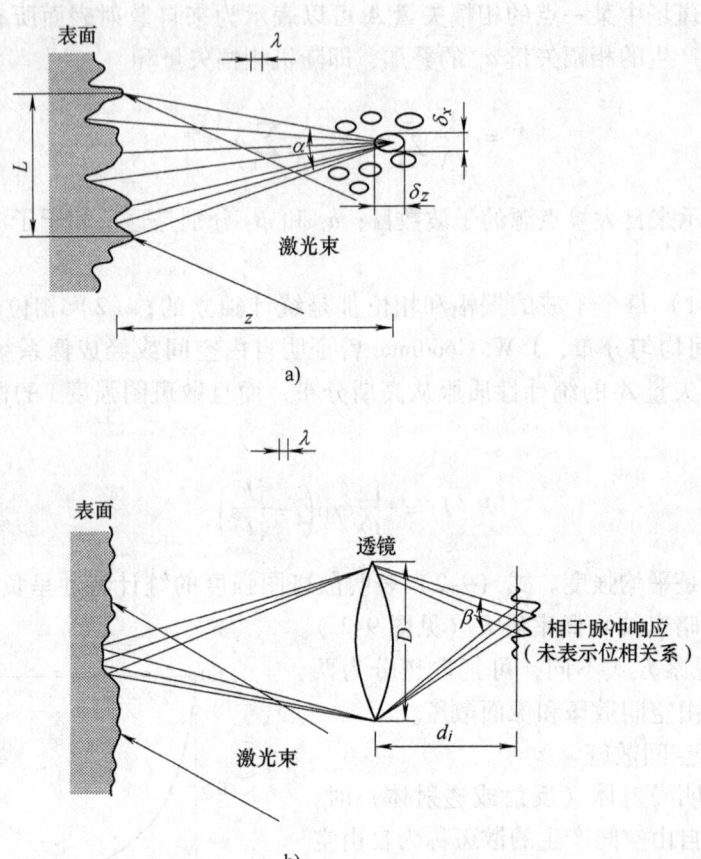

图 9-3 两种类型的散斑
a) 自由空间散斑 b) 像面散斑

2. 像面散斑

漫射体受激光照射，经透镜成像，在像面上产生的散斑称像面散斑（或夫琅禾费型散斑），参见图 9-3b。每一个物点在像面产生一个衍射斑（相干脉冲响应），所有衍射斑相干叠加得到物体的像。叠加时要考虑各点源的随机位相分布，因而在像上产生散斑。当透镜孔径 D 足够大，脉冲响应比较窄时，对像面上任一点光场能产生贡献的，只是物面上以几何物点为中心的一个小区域。可以说，像面散斑的尺寸与漫射体被照明的面积无关，而仅与透镜孔径对观察点的张角 β 有关，散斑的平均横向尺寸为

$$\delta_x \approx \frac{\lambda d_i}{D} = \frac{\lambda}{\beta} \tag{9-5}$$

式中，d_i 为像距。这个尺寸和爱里衍射图样的中央亮斑是同一数量级的，也可

以表示为

$$\delta_x = (1+m)\lambda F \tag{9-6}$$

式中，m 为成像系统放大倍率；F 是透镜 F 数；它和焦距 f 及孔径大小 D 的关系是 $F=f/D$。显然，若减小孔径，散斑尺寸随之增加。

9.2 散斑照相术

9.2.1 散斑照相术原理[3]

用激光照射漫射体，在同一记录材料上两次或多次记录物体不同状态下（位移或形变）的散斑图，然后以某种方法从中提取漫射表面位移或形变的信息，这种技术称为散斑照相术。Burch 和 Tokarski 1968 年最早开展了散斑照相术的研究工作。

散斑照相术包括两步：散斑图记录和散斑图的位移分析。考虑面内位移情况，图 9-4a 为记录光路。相干光照明漫反射的光学粗糙表面，通过透镜成像在

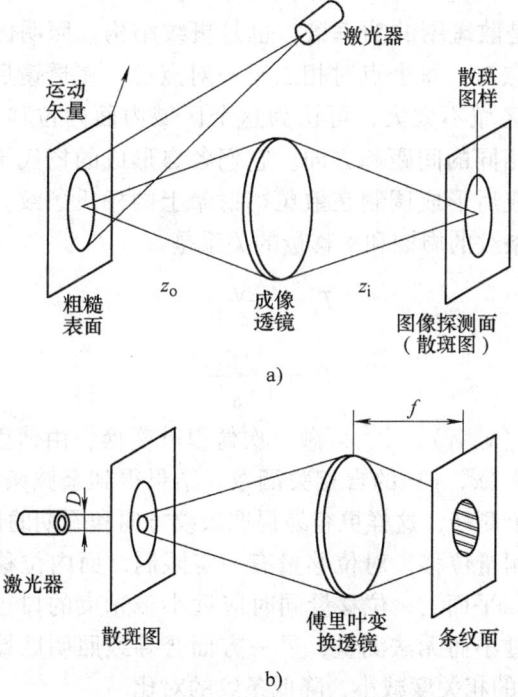

图 9-4 两次曝光的散斑图的记录和处理
a) 散斑图的记录　b) 对散斑图做光学傅里叶变换

xy 像面上（假定成像倍率为1）。第一次曝光，记录散斑图强度分布为 $I_1(x, y)$。物体在自身平面内平移后，进行第二次曝光，记录散斑图强度分布为 $I_2(x-x_0, y-y_0)$。当移动很小时，散斑图只是发生整体平移；而当移动较大时，照明光束内的散射元区域发生变化，I_1 和 I_2 变得部分退相关。总的光强分布为两个散斑图强度之和

$$I(x,y) = I_1(x,y) + I_2(x-x_0, y-y_0) \tag{9-7}$$

若采用照相干板线性记录并处理后，散斑图被直径为 D 的均匀激光束照明，利用透镜做傅里叶变换，在 (u, v) 后焦面上将观察到被散斑晕调制的条纹图样（见图 9-4b），即

$$\mathscr{F}\{I(x,y)\} = \mathscr{T}_1(f_x, f_y) + \mathscr{T}_2(f_x, f_y) \exp[-j2\pi(x_0 f_x + y_0 f_y)] \Big|_{\substack{f_x = u/\lambda f \\ f_y = v/\lambda f}} \tag{9-8}$$

其强度分布为

$$|\mathscr{F}\{I(x,y)\}|^2 = |\mathscr{T}_1|^2 + |\mathscr{T}_2|^2 + \mathscr{T}_1 \mathscr{T}_2^* \exp[j2\pi(x_0 f_x + y_0 f_y)]$$
$$+ \mathscr{T}_1^* \mathscr{T}_2 \exp[-j2\pi(x_0 f_x + y_0 f_y)]$$
$$= |\mathscr{T}_1|^2 + |\mathscr{T}_2|^2 + 2|\mathscr{T}_1||\mathscr{T}_2|\cos[2\pi(x_0 f_x + y_0 f_y) + \phi_1 - \phi_2] \tag{9-9}$$

式中，$\phi_1 = \arg\{\mathscr{T}_1\}$，$\phi_2 = \arg\{\mathscr{T}_2\}$，$\mathscr{T}_1$ 和 $\mathscr{T}_2$ 分别为 I_1 和 I_2 的傅里叶变换。$|\mathscr{T}_1|^2$ 和 $|\mathscr{T}_2|^2$ 是散斑图的功率谱，也是斑纹结构。照明区域内包含大量位移前后记录的散斑点对，每个点对相当于一对点源，在透镜后焦面上产生一组杨氏条纹。当照明区域不太大，可认为这个区域内面内位移或变形是个常量。所有散斑点对具有相同的间距和方向。它们各自形成的杨氏干涉条纹具有相同的周期和取向，合成后形成调制在散斑衍射晕上的杨氏条纹。条纹方向垂直于物体平移的方向；条纹的周期和平移量的关系是

$$T_x = \frac{\lambda f}{|x_0|}$$
$$T_y = \frac{\lambda f}{|y_0|} \tag{9-10}$$

若对功率谱 $|\mathscr{F}\{I(x,y)\}|^2$ 再做一次傅里叶变换，由傅里叶变换自相关定理，将得到散斑图 $I(x,y)$ 的自相关函数。结果得到余弦条纹的傅里叶变换，包含中央主峰和两个侧峰，这样更容易提取条纹方向和周期的信息。

用散斑照相术测量位移，对位移量有一定限制，面内位移应大于散斑的平均尺寸；在 (x,y) 平面上，位移量同时应远小于光束的口径。大位移一方面导致余弦条纹周期过小而无法测量；另一方面会导致照明区域内散射元成分变化大，以致 I_1 和 I_2 的相关度减小，降低条纹的对比。

对两次曝光的散斑图，每次选择一个小窗口区域进行傅里叶分析，逐点观察。对于非刚体，小窗口在物体像的不同位置，可观测到物体不同部分发生位

移或形变的大小和方向,这种方法称为逐点分析法。逐点分析法可以方便地获取物体表面某点位移或形变的数据,但为了获得表面全场变形,需要分析和处理大量的杨氏条纹图,为此,发展了各种光学和数字的方法用于条纹图的自动分析。

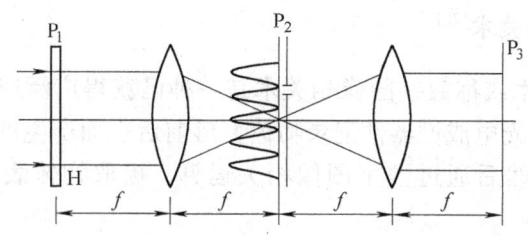

图 9-5　散斑图分析的全场滤波法

另一种分析方法是全场滤波法。参见图 9-5,采用 $4f$ 光学信息处理系统,两次曝光散斑图 H 置于输入面用扩束激光照明,在空间频谱面设置一个滤波孔。平面波照明下,H 上不同子区域将在谱面产生各自的散斑杨氏条纹分布,其周期和取向都取决于子区域中散斑点对的距离和方向。当谱面上滤波孔置于某一暗纹处,H 上对应子区域在输出像面上是暗的;当滤波孔置于某一亮纹处,H 上对应子区域在输出像面上是亮的。通过对条纹的识别,可以得到变形场在滤波方向上的分量信息。滤波孔的位置不同,输出面上得到的亮暗条纹代表的变形量也不同,像面上获得由滤波孔位置决定的全场条纹,条纹场表征了滤波孔所在方向散斑位移的等值线。全场分析法方便快速观察物体表面全场变形,及时发现局部高应变区域,但与逐点法比较,条纹自动化处理较为困难。

与散斑干涉术相比较,散斑照相术不需要参考光即可实现物体表面形变测量,检测系统相对简单,也不需要全息干涉测量那样严格的测量环境。测量精度不如干涉计量高,受到散斑尺寸的限制。

9.2.2　数字散斑照相术

采用 CCD 或 CMOS 光电成像探测器代替照相干板,若空间分辨率足够,记录物体位移或形变前后的两幅散斑图,灰度相加后即得到数字位移散斑图。经数字化处理过程,即对位移散斑图做数字傅里叶变换,取结果的模的二次方,得到功率谱。然后对杨氏干涉条纹进行检测和分析,由条纹的方向和周期得到位移方向和大小。当表面各点位移和形变不同,也可采用逐点滤波和全场滤波方法,后者可给出各点位移等值线的条纹图。

数字散斑技术利用高分辨率光电成像探测器 CCD 或 CMOS 和计算机技术,实现散斑图的记录和分析处理。它摒弃了传统照相干板所需繁琐的物理化学处理和暗室操作,可实现现场测量。采用数字图像处理技术使得散斑图的分析处理更加方便有效。随着光电成像器件分辨率的提高,数字散斑技术测量精度不断提高,包括数字散斑照相术、数字散斑相关术、数字散斑干涉术已获得广泛应用。

9.2.3 数字散斑相关术[26]

数字散斑相关术或称数字图像相关术是一种已获得广泛应用的数字散斑照相术。通过 CCD 等光电成像器件记录物体变形前后表面产生的散斑场的强度并存储在计算机内,然后通过数字图像相关运算,提取物体表面位移场的信息(见图9-6)。

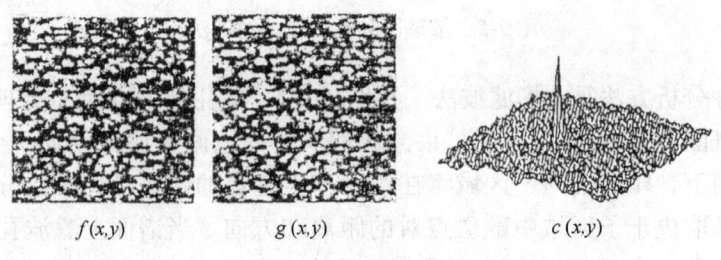

图 9-6 两个散斑图的互相关

若 $f(x, y)$ 和 $g(x, y)$ 是物体变形前后表面散斑场的强度分布,则

$$c(x, y) = \sum f(x + m, y + n) g(m, n) \quad (m, n) \in w \quad (9\text{-}11)$$

式中, c 为相关函数; w 为相关子区。

参见图 9-6,图像相关运算通过计算相关函数判断两幅图像相似程度,两图像越相似,重叠度越大, c 值越大。可由相关函数最大值位置确定目标位置。假定 w 为以 P 点为中心的子区,利用子区的散斑信息 f,在形变后的图像 g 中通过相关运算找到对应位置,从而获得子区上物体对应点 P 的形状变化信息。

式(9-11)中相关运算的函数是乘积方式,也可以采用绝对值相减、相减二次方和、协方差相关等其他方法进行相关运算,获取相关峰值移动矩阵,再通过标定获得物体表面位移场的分布。

对散斑场或相关函数 c 进行插值,即通过亚像素散斑相关可提高检测精度。采用 B 样条插值等适宜的方法,相关峰值移动可分辨到 0.01 像素,位移检测范围从亚毫米到微米量级。由于亚像素技术增加了计算量,提出了一些新的相关算法,如直接寻址相关、傅里叶变换相关、投影相关、矩阵运算等。

在数字散斑相关术中,单个及所有序列散斑场图像可分别存储在计算机中,通过数字相关算法的分析,获得物体位移或变形场的分布,便于快速检测。与数字散斑干涉术比较,装置简单,对检测环境没有苛刻的要求,在工程中获得广泛的应用。因需要后续处理,尚不具备实时性,检测灵敏度也低一个数量级。

9.2.4 白光散斑照相术

若用非相干的白光照明具有颗粒状反射率分布的表面,散射光也在空间形成散斑场结构,通常并不具备这一条件的表面需要进行散斑化处理,即在物体的表面涂敷一层某种白光反射涂料。

白光照明处理过的表面,当表面发生形变时,物体表面变化的信息就包含在散斑场的变化中。从白光照明产生的散斑场的变化提取和测量物体表面变形的方法即白光散斑照相术。它和激光散斑照相术只是散斑场产生的机理不同,在测量方法上是相同的。可采用 CCD 相机采集散斑场强度图,并采用逐点滤波和全场滤波方法来提取信息。

9.3 散斑干涉术[3]

在激光照射漫射体产生的散斑场中,引入另一相干光束,或者另一不同的散斑场与之干涉,就会产生新的散斑场。当漫射表面产生位移、形变、振动时,干涉散斑图样随之变化。根据这一原理可测定物体变化的情况。散斑照相术是散斑图的强度叠加,而散斑干涉术一般是散斑图样的复振幅叠加。这种散斑干涉计量方法是 1970 年由 Leenderz 提出的。

9.3.1 双照明散斑干涉成像系统

图 9-7 所示为 Leenderz 引入的双照明散斑干涉成像系统,可用于测量横向位移。与漫射表面法线成 θ 角的两束倾斜的相干光照明表面,通过透镜它们各自

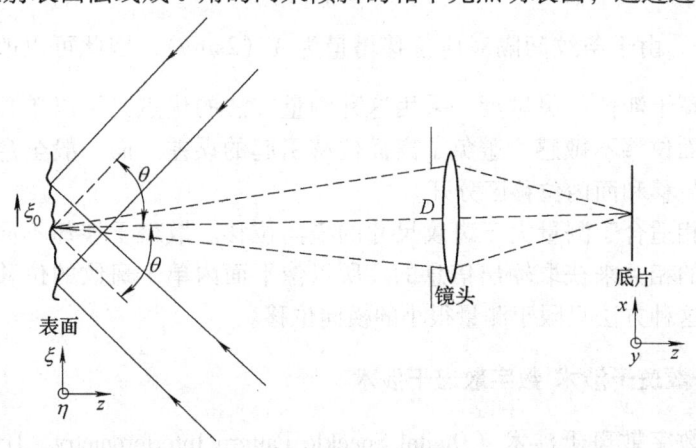

图 9-7 测量横向位移的双照明散斑干涉仪

产生自己的像面散斑图 F_1 和 F_2，在像平面相干叠加得到新的散斑图 F_3，可用底片作照相记录。可变光阑 D 可以调节散斑的大小。假定成像系统放大率为1，并忽略倒像问题。

对于表面沿法线方向（z 方向）的运动，两个干涉光束光程长变化相同，叠加产生的散斑图 F_3 保持不变。表面沿 η 方向运动对 F_3 亦不产生影响。如果表面沿 ξ 方向有微小位移 ξ_0，它小于散斑颗粒尺寸。对于物体表面某一点，一个照明光束光程长增加 $\xi_0 \sin\theta$，另一光束光程长减小同一值。像面上它的像点处干涉相位变化了

$$\Delta\phi = \frac{4\pi}{\lambda}\xi_0\sin\theta \tag{9-12}$$

于是，像面散斑图样随着物体表面的运动信息发生变化。当程差变化为

$$2\xi_0\sin\theta = m\lambda \quad (m\text{ 为整数}) \tag{9-13}$$

位移前后的两个散斑图 F_3 完全相关。不同的 ξ_0 对应不同的相关程度。

漫射物体位移或形变之前照相记录的散斑图 F_3，显影后负片精确复位。物体位移时产生的新的 F_3 投射在负片上，可比较相关程度。对于负片来说，亮斑纹对应部位不透光，暗斑纹对应部位透光。当两个 F_3 完全相关时只有很少光线透过，否则透光将增加。当 $\Delta\phi = (2m+1)\pi$，两个 F_3 具有最小相关时，透光量最大。相关程度的变化作为透光量变化显示出来。若漫射体各部位有不同位移或形变，相关部位不透光，不相关部位透光，像面产生所谓"散斑相关条纹"，这种条纹即等位移线。这是一种"活"的相关条纹，可实时观测物体引起的相位变化。缺点是条纹强度弱，对比差。

散斑相关条纹仅仅表示 ξ 方向的位移分量。画出条纹位置随 ξ 的变化，可得出线应变 $\frac{\partial\xi_0}{\partial\xi}$。由于条纹间隔对应位移增量为 $\lambda/(2\sin\theta)$，因此可以改变光束入射角 θ 以提高干涉仪的灵敏度。采用这种测量方法的优点是可以单独测量面内位移，对离面位移不敏感，避免了离面位移引起的误差。而一般全息干涉计量很难把离面位移和面内位移区分开。

散斑照相适合于测量大于斑纹尺寸的横向位移。散斑干涉却不同，它是靠干涉散斑图的相关来获取输出信息的。所以像平面内单个斑纹的位移应不大于本身直径。这种方法只限于测量很小的横向位移。

9.3.2 电子散斑干涉术 数字散斑干涉术

现代的数字散斑干涉术（Digital Speckle Pattern Interferometry，DSPI）采用 CCD 或 CMOS 光电成像探测器代替照相干板，采集的数据进行数字化，在计算

机中进行信息处理。事实上早在1971年,电子探测器就被引入散斑干涉术,伴随光电探测技术的进步而发展。历史上称这种模拟视频技术为电子散斑干涉术(Electronic Speckle Pattern Interferometry,ESPI)。用CCD摄像机等光电器件代替传统光学照相机采集信息,避免了底片显影处理的麻烦,可实现用电子技术和计算机技术替代光学滤波,构成数字散斑干涉仪,满足现场快速检测的要求。例如用于快速振动分析或产品缺陷检验。由于曝光时间短,外界振动、气流及其他噪声的影响较小。数字散斑干涉仪已成为最有实用价值的散斑干涉系统。

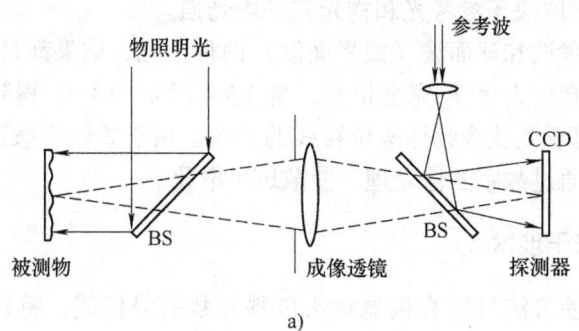

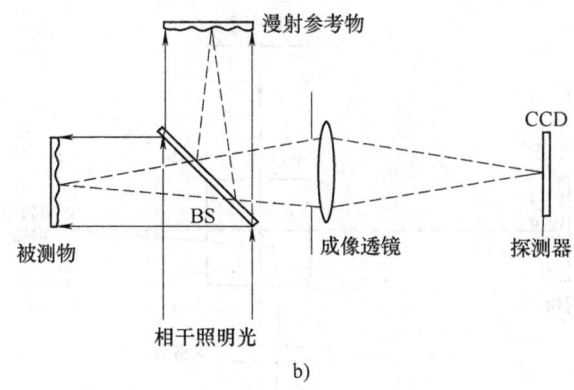

图 9-8 两种散斑干涉测量系统
a) 采用球面参考波 b) 采用散斑参考波

典型的散斑干涉测量系统有两种。如图9-8a所示,由物体表面散射的激光成像到CCD摄像机的光敏面上,漫射体的散斑场与参考光(球面波或平面波)相干涉。如图9-8b所示,待测物体的散斑场与来自另一漫射体的散斑场(作为参考光)相干涉。在某些系统中,参考面也可以是待测物本身。这两种系统的原理是相同的。假定I_r和I_0分别是探测器上参考波和物光波的强度,ϕ_r和ϕ_0为各自的相位,$\Delta\phi$是物体离面位移或变形后在物光波中引起的相位变化。变化前后记录的光强分布分别为I_1和I_2,则有

$$I_1(x,y) = I_r + I_0 + 2\sqrt{I_r I_0}\cos(\phi_r - \phi_0)$$

$$I_2(x,y) = I_r + I_0 + 2\sqrt{I_r I_0}\cos(\phi_r - \phi_0 - \Delta\phi) \tag{9-14}$$

与采用照相干板记录不同，通常用图像相减来观察相关条纹。图像相减后，需要取绝对值并计算均值，得到 $\overline{|I_1 - I_2|}$，它与 $|\sin\dfrac{\Delta\phi}{2}|$ 成正比[3]，即

$$\overline{|I_1 - I_2|} = c\left|\sin\dfrac{\Delta\phi}{2}\right| \tag{9-15}$$

式中，c 为常数，取决于参考光和物光波平均光强。

对于散斑参考波和球面波（或平面波）两种情况，结果都是如此。当 $\Delta\phi = 2m\pi$，得到最小值，I_1 和 I_2 完全相关；当 $\Delta\phi = (2m+1)\pi$，得到最大值（零相关），显示器上可看到代表物体等位移线的条纹。由于条纹有散斑背景，为了提高条纹质量，可通过数字图像处理，使散斑平滑化。

9.3.3 剪切散斑干涉术

剪切散斑干涉方法可以直接显示出位移导数的等值线，特别适合于应变分析，即分析变形场的梯度信息。

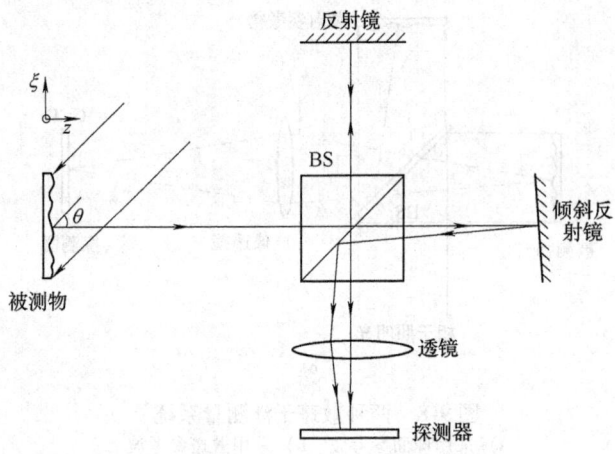

图 9-9　基于迈克尔逊干涉仪的剪切散斑干涉系统

图 9-9 所示为基于迈克尔逊干涉仪的剪切散斑干涉系统。激光照射待测物体的粗糙表面，粗糙面散射光经分束器 BS 到达两个反射镜，反射光再经 BS 和成像透镜到达探测器，生成物体的像。由于右侧反射镜有倾斜，这束光传到探测器时，在空间上产生很小的偏移 δx（x 方向剪切量），实现两个像面散斑场的剪切干涉。

假定经不倾斜的反射镜到达探测器的光复振幅为 $A_u(x,y)$，经倾斜的反射

镜到达探测器的光复振幅为 $A_t(x,y)$，假设伴随的小角度变化对相移的贡献很小，可以忽略，则

$$A_t(x,y) = A_u(x-\delta x, y) \tag{9-16}$$

物体未变形前，第一次曝光记录光强为

$$\begin{aligned}I_1(x,y) &= |A_u + A_t|^2 = |A_u(x,y) + A_u(x-\delta x, y)|^2 \\ &= I_u(x,y) + I_u(x-\delta x, y) + \\ &\quad 2\sqrt{I_u(x,y)I_u(x-\delta x, y)}\cos[\phi_u(x,y) - \phi_u(x-\delta x, y)]\end{aligned} \tag{9-17}$$

式中 $\phi_u(x,y)$ 是 $A_u(x,y)$ 的相位分布。若剪切量 δx 比单个散斑颗粒平均尺寸小得多，则有以下近似：

$$I_u(x,y) \approx I_u(x-\delta x, y)$$

$$\phi_u(x,y) - \phi_u(x-\delta x, y) \approx \frac{\partial \phi_u}{\partial x}\delta x \tag{9-18}$$

则有

$$I_1(x,y) \approx 2I_u(x,y)\left[1 + \cos\left(\frac{\partial \phi_u}{\partial x}\delta x\right)\right] \tag{9-19}$$

当物体受外力变形，在像面产生相位变化为 $\Delta\phi(x,y)$，第二次曝光光强为

$$\begin{aligned}I_2 &\approx 2I_u(x,y)[1 + \cos[\phi_u(x,y) - \Delta\phi(x,y) - \phi_u(x-\delta x, y) + \Delta\phi(x-\delta x, y)]] \\ &\approx 2I_u(x,y)\left[1 + \cos\left(\frac{\partial \phi_u}{\partial x}\delta x - \frac{\partial \Delta\phi}{\partial x}\delta x\right)\right]\end{aligned} \tag{9-20}$$

两幅强度图像经图像相减并求均值为

$$\overline{|I_1(x,y) - I_2(x,y)|} = 2\bar{I}_u(x,y)\left|\sin\left(\frac{1}{2}\frac{\partial \Delta\phi(x,y)}{\partial x}\delta x\right)\right| \tag{9-21}$$

条纹的零点发生在

$$\frac{\partial \Delta\phi}{\partial x} = \frac{m2\pi}{\delta x} \tag{9-22}$$

条纹的峰值发生在

$$\frac{\partial \Delta\phi}{\partial x} = \frac{(2m+1)\pi}{\delta x} \tag{9-23}$$

当反射镜向不同方向倾斜，得到的是 $\Delta\phi$ 在该倾斜方向上的斜率。若成像倍率假定为 1，忽略像的倒置，$\Delta\phi$ 的变化与物体表面位移梯度的关系是

$$\frac{\partial \Delta\phi}{\partial x}\delta x = \frac{2\pi\delta x}{\lambda}\left[\sin\theta\frac{\partial x_0}{\partial x} + (1+\cos\theta)\frac{\partial z_0}{\partial x}\right] \tag{9-24}$$

式中，θ 为物体照明光的角度。

当 $\theta = 0$，采用垂直照明方式，可测量离面位移。条纹零点位置为

$$\frac{\partial z_0}{\partial x} = \frac{m\lambda}{2\delta x} \tag{9-25}$$

条纹峰值位置为

$$\frac{\partial z_0}{\partial x} = \frac{(m+1/2)\ \lambda}{2\delta x} \tag{9-26}$$

随着高分辨、大面阵、高速 CCD 等新型光电成像器件的发展，剪切散斑干涉术已可以在无隔振条件下，对物体表面位移梯度进行全场、高精度和实时检测，已成为现场无损检测的重要技术。

9.3.4 相移散斑干涉术

在散斑干涉术中，通常需要对物体变形前后记录的两个干涉散斑图经过相减后获得一幅条纹图。为了定量确定其中包含的物体变化的信息，需针对条纹等值线图，定出峰值和零值的位置，由于条纹受到散斑的调制，影响了条纹的精确定位。这使实现相位分布的准确测量遇到困难。

1985 年 K. Creath 提出相移散斑干涉术，他通过引入多次相移记录一组干涉图，再通过干涉图的强度计算由于物体变化产生的相位分布。

在电子散斑干涉系统中，使待测漫射体的物光波在与参考波干涉前先经由一个反射镜反射，通过压电陶瓷驱动器（PZT）可精密移动反射镜，使物光波引入不同的相移。如果仍用 I_1 和 I_2 表示物体变化前后两次干涉曝光的光强，对两者之差的平方取均值，得到

$$\overline{(I_1 - I_2)^2} = a\sin^2\left(\frac{\Delta\phi}{2}\right) = \frac{a}{2}(1 - \cos\Delta\phi) \tag{9-27}$$

式中，a 为与平均光强 $\bar{I}_1$ 和 $\bar{I}_2$ 有关的常量。当压电传感器移动产生四个不同的相移 $-3\pi/4$，$-\pi/4$，$\pi/4$ 和 $3\pi/4$，可得到四组与式（9-27）相应的结果，即

$$A(x,y) = \frac{a}{2}(1 - \cos(\Delta\phi - 3\pi/4))$$

$$B(x,y) = \frac{a}{2}(1 - \cos(\Delta\phi - \pi/4))$$

$$C(x,y) = \frac{a}{2}(1 - \cos(\Delta\phi + \pi/4))$$

$$D(x,y) = \frac{a}{2}(1 - \cos(\Delta\phi + 3\pi/4)) \tag{9-28}$$

可以通过这四个量计算 相位分布

$$\Delta\phi = \arctan\left(\frac{C + D - A - B}{A + D - B - C}\right) \tag{9-29}$$

该相位是在（$-\pi$, π）区间上，对模 2π 运算的结果。当然，选用参考波的其他相移增量的方案也是可行的。由于任何相位值包裹在（$-\pi$, π）区间内，还需要做相位展开，最终得到与待测物体表面形变成正比的真实相位分布。关于

相位展开或解包裹的讨论,放在下一章相位测量轮廓术中介绍。

采用相移技术,通过多幅干涉图的强度计算 $\Delta\phi$,可实现相位分布的精确测量。

9.3.5 散斑测量振动

利用散斑干涉可测量粗糙表面振动的振幅和振动模式。参看图 9-10,在一个成像光路中,激光照明物体粗糙表面,引入参考光与物体所成的像干涉,采用 CCD 探测器作光强记录。

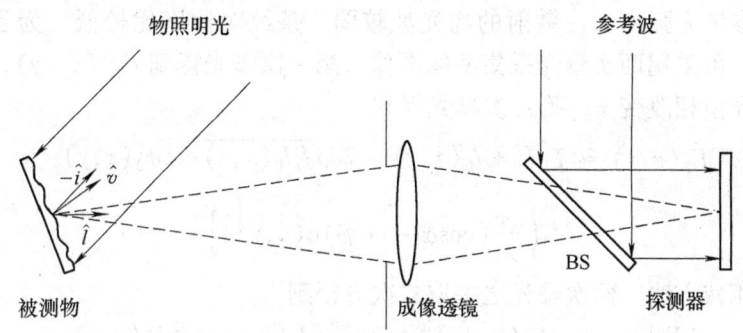

图 9-10 用于振动分析的散斑成像干涉系统

探测器总光强为

$$I_D(x,y;t) = I_r + I_0(x,y) + 2\sqrt{I_r I_0(x,y)} \cos\phi(x,y;t) \tag{9-30}$$

式中,I_r 为参考波的均匀光强;$I_0(x,y)$ 为物体成像的光强,是不随时间变化的散斑分布;$\phi(x,y;t)$ 是参考波与物波的相位差。

假定物体在 $\pm\bar{\nu}$ 方向上以 $a(x,y)\sin\omega t$ 形式振动,$a(x,y)$ 为振幅,ω 为角频率,α 和 β 分别表示振动方向与入射光和成像光轴间的夹角,则

$$\phi(x,y;t) = \phi_0(x,y) + \frac{2\pi}{\lambda}(\cos\alpha + \cos\beta) a(x,y) \sin\omega t \tag{9-31}$$

式中,$\phi_0(x,y)$ 是参考波与物波间的相位差,随空间位置变化,但不随时间变化。

假定记录时间 T 比振动周期 $(2\pi/\omega)$ 长很多,入射光强积分为

$$E_1(x,y) = \int_0^T I_D(x,y;t) \, dt$$

$$= TI_r + TI_0(x,y) + 2\sqrt{I_r I_0(x,y)} \int_0^T \cos\phi(x,y;t) \, dt \tag{9-32}$$

其中,当 $T \gg 2\pi/\omega$,有

$$\int_0^T \cos\phi(x,y;t) \, dt \approx T\cos\phi_0(x,y) J_0\left(\frac{2\pi}{\lambda}(\cos\alpha + \cos\beta) a(x,y)\right) \tag{9-33}$$

式中，J_0 是零阶第一类贝塞尔函数。于是

$$E_1(x,y) \approx T\bigl[I_r + I_0(x,y) + 2\sqrt{I_r I_0(x,y)}\cos\phi_0(x,y)$$
$$J_0\Bigl(\frac{2\pi}{\lambda}(\cos\alpha + \cos\beta)a(x,y)\Bigr)\bigr] \tag{9-34}$$

式（9-34）给出了散斑背景下的条纹图样，该条纹按贝塞尔函数 $J_0\Bigl(\frac{2\pi}{\lambda}(\cos\alpha+\cos\beta)a(x,y)\Bigr)$ 的包络变化，据此可以确定 (x,y) 点的振幅 $a(x,y)$。

由于参考光强度大，散射的物光波较弱，条纹对比度比较低。为了提高条纹对比度，可采用两次曝光采集两幅图像。第一次曝光得到 $E_1(x,y)$，两次曝光间参考光位相改变 π，第二次曝光得到

$$E_2(x,y) \approx T\bigl[I_r + I_0(x,y) - 2\sqrt{I_r I_0(x,y)}\cos\phi_0(x,y)$$
$$J_0\Bigl(\frac{2\pi}{\lambda}(\cos\alpha + \cos\beta)a(x,y)\Bigr)\bigr] \tag{9-35}$$

采用图像相减方法，两次曝光之差取二次方得到

$$(E_1(x,y) - E_2(x,y))^2 \approx 16T^2 I_r I_0(x,y)\cos^2\phi_0(x,y)$$
$$J_0^2\Bigl(\frac{2\pi}{\lambda}(\cos\alpha + \cos\beta)a(x,y)\Bigr) \tag{9-36}$$

条纹对比度获得显著改善。为了减小测量噪声的影响，需要适当选择两束光干涉的参物比。

这里采用了两次曝光图像相减技术，对于散斑测量振动，也可以采用许多别的光路和技术。

习　题

9.1　图 9-11 所示孔径由随机分布的大量的小孔对（N 对）构成。小孔半径为 a，每对小孔中心连线互相平行。在 x_0、y_0 方向两个孔中心相互错开距离分别为 $\Delta\xi$、$\Delta\eta$。采用单位振幅的单色平面波垂直照明，求相距为 z 的观察平面上的夫琅禾费衍射图样的强度分布。

9.2　用散斑照相法测量物体的面内位移。假定两次曝光记录的两个散斑图中心间隔就等于物体位移。用波长 $\lambda=632.8\text{nm}$ 的准直激光束垂直照明显影后的负片，在距离 3m 远的观察屏上观察到的杨氏条纹间隔为 0.5cm。求物体的位移量。

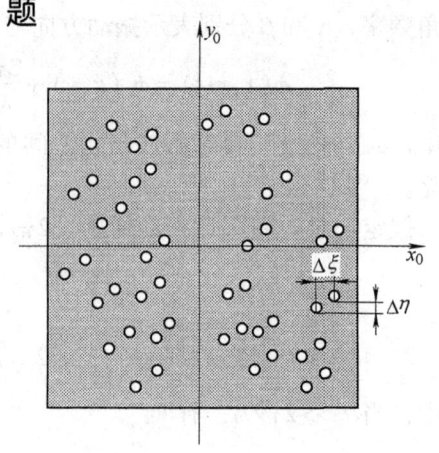

图 9-11　题 9.1 图

9.3 用多次曝光记录物体 A 的散斑调制图,每次曝光之间胶片沿同一方向移动距离 ξ_a,在同一胶片上再用多次曝光记录物体 B 的散斑调制图,每次曝光之间胶片移动距离改为 ξ_b。可以采用什么方法从显影后的透明片中分别检出 A 或 B 的像?

9.4 在底片 H 上记录受斑纹图像调制的透明片 A。没有漫射体时,它在 H 上产生的强度分布可记为 $A = A_0 - \Delta A$,常数 A_0 表示最大均匀光强,ΔA 是可变光强分布。第二次曝光直接用均匀光强 A_0 单独照明漫射体。两次曝光之间底片沿 y 方向作微小位移 ξ_0。说明如何用图 9-5 所示光路实现图像 A 的对比反转像(即去掉均匀背景光 A_0)?

9.5 在图 9-12 所示光路中,先不放物体记录一次散斑图,然后再放入物体记录一次散斑图。若物体是折射率为 n 的具有微小楔角 θ 的平板玻璃,它与胶片之间距离为 l,胶片上记录下错位散斑图。显影后透明片放在图 9-4b 所示系统中,如果杨氏条纹间隔为 Δ,求平板玻璃的楔角 θ 为多少?

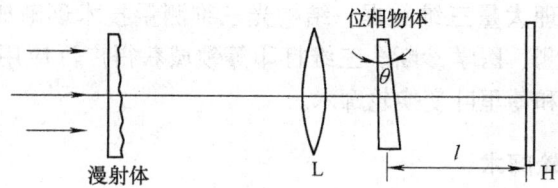

图 9-12 题 9.5 图

第10章 傅里叶光学的其他应用

10.1 结构光三维测量技术[8]

采用投影激光片光或光栅条纹照明物体轮廓，通过 CCD 相机采集图像信息，检测物体三维相位分布及轮廓，即结构光三维测量技术。由于可以较快速的以较高精度获取并处理大量三维数据，结构光三维测量技术逐渐成为一种重要的技术，并在工业检测、医学诊断、三维打印等领域获得广泛应用。本节重点介绍相位测量轮廓术和傅里叶变换轮廓术。

10.1.1 相位测量轮廓术

图 10-1 为结构光三维测量系统。光栅投影器把正弦光栅投影到三维漫反射表面，经过成像系统和 CCD 光电成像探测器采集由于物体变形调制的光栅像，送入计算机处理，从中提取待测物的相位分布，获取其三维轮廓。

变形光栅图像类似"干涉图"，所不同的只是由非相干的白光照明，经光栅投影产生。两种方法的精度和测量范围不同。相位测量轮廓术主要用于粗糙表面的检测，干涉计量可用于光学波面的检测。两种方法都需要从条纹图提取相位分布和重建三维轮廓，因而可采用一些同样的技术，如相移测量技术、傅里叶分析技术和相位展开等。

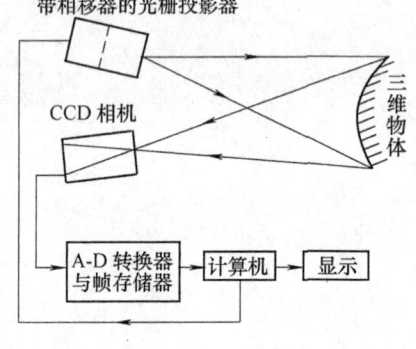

图 10-1 结构光三维测量系统

若记录的变形光栅像的强度分布为

$$I(x,y) = r(x,y)[a(x,y) + b(x,y)\cos\phi(x,y)] \tag{10-1}$$

式中，$r(x,y)$ 是物体表面不均匀的反射率；$a(x,y)$ 表示背景强度；$b(x,y)/a(x,y)$ 是条纹对比；$\phi(x,y)$ 表示物体相位分布，决定物体的轮廓高度。

从条纹图获得物体变形的定量信息，需要从条纹等值线图确定条纹峰值和零值点的位置，难于实现高精度的检测。相移技术提供了精确测定相位的手段，精度可达到几十分之一到几百分之一个条纹周期。例如，采用 4 步相移，每一

步相位移动的增量是 π/2。分别记录的 4 幅条纹图为

$$I_1(x,y) = r(x,y)[a(x,y) + b(x,y)\cos\phi(x,y)]$$
$$I_2(x,y) = r(x,y)[a(x,y) - b(x,y)\sin\phi(x,y)]$$
$$I_3(x,y) = r(x,y)[a(x,y) - b(x,y)\cos\phi(x,y)]$$
$$I_4(x,y) = r(x,y)[a(x,y) + b(x,y)\sin\phi(x,y)] \tag{10-2}$$

由这 4 个方程可以求解出相位函数

$$\phi(x,y) = \arctan\frac{I_4(x,y) - I_2(x,y)}{I_1(x,y) - I_3(x,y)} \tag{10-3}$$

该方法对背景、对比度、噪声变化不敏感。

因为反三角函数主值范围的限制，由式（10-3）计算出的相位分布 $\phi(x,y)$ 是不连续的，被包裹在区间（$-\pi$，π）内，需要把它恢复成真实的连续的相位分布，即相位展开或解包裹（见图 10-2）。最简单的相位展开方法是：沿截断的相位数据二维阵列的行或列的方向展开。在展开的方向上比较截断处相邻两个抽样点的相位值，如果差值小于 π，则后一点的相位值应该加上 2π；如果差值大于 π，则后一点的相位值应该减去 2π。可以先对每一行进行展开，然后再对每一列进行展开。在展开的过程中，实际上已假定两个相邻抽样点之间的非截断相位变化小于 π，即每个条纹至少有两个抽样点，抽样频率大于最高空间频率的两倍，满足抽样定理的要求。只要满足这个条件，相位展开可沿任意路径进行。

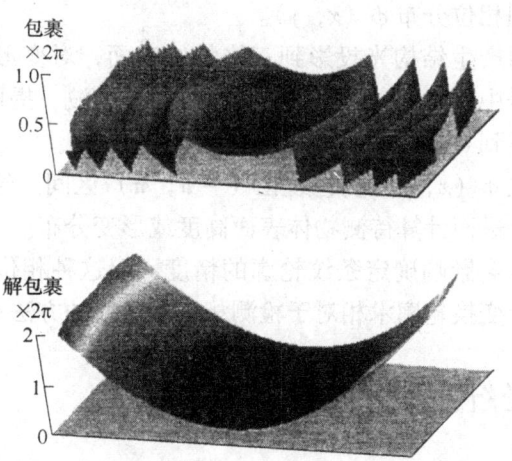

图 10-2　包裹的相位分布展开为连续的相位分布

当物体表面起伏较大，相位条纹图形可能很复杂，例如条纹图形中存在局部阴影，条纹断裂，相邻抽样点之间的非截断相位变化大于 π，对这种非完备条纹图形，相位展开会比较困难。干涉测量中的干涉图分析也面临同样的问题。

已经提出很多方法来解决这一问题，不仅有各种空间相位展开方法，也包括时间相位展开方法。

得到物体表面的相位分布后可利用光栅周期、投影和成像系统的几何结构关系进一步计算出物体轮廓的高度分布。

10.1.2 傅里叶变换轮廓术[3]

1982 年 Takeda 等引入傅里叶变换法用于从记录的条纹图样确定相位分布。该方法不仅适用于干涉条纹的分析，同样也适用于变形光栅条纹的分析。

考虑检测到的条纹图样带有载频 f_0 的项，可以表示为

$$f(x,y) = a(x,y) + b(x,y)\cos[2\pi f_0 x + \phi(x,y)]$$
$$= a(x,y) + c(x,y)e^{j2\pi f_0 x} + c^*(x,y)e^{-j2\pi f_0 x} \quad (10\text{-}4)$$

其中

$$c(x,y) = \frac{b(x,y)}{2}e^{j\phi(x,y)} \quad (10\text{-}5)$$

对某一固定的 y 值，x 方向一维傅里叶变换是

$$F(f_x,y) = A(f_x,y) + C(f_x - f_0, y) + C^*(-(f_x + f_0), y) \quad (10\text{-}6)$$

经过滤波，分离出中心频率在 f_0 的傅里叶谱 $C(f_x, y)$，再对其进行傅里叶逆变换，得到复函数 $c(x, y)$。然后数值计算 $c(x, y)$ 的复对数

$$\ln[c(x,y)] = \ln[b(x,y)/2] + j\phi(x,y) \quad (10\text{-}7)$$

由复对数的虚部得到相位分布 $\phi(x, y)$。

若采用朗奇光栅产生结构光投影到三维物体表面，对变形条纹强度分布进行傅里叶变换，频谱中包含 nf_0 多频率成分，同样经滤波，提取基频 f_0 的分量，再做傅里叶逆变换得到 $c(x, y)$。

计算得到的相位 $\phi(x, y)$ 仍包裹在 $(-\pi, \pi)$ 区间。经过相位展开，获得连续的相位分布，进而计算待测物体表面高度或形变分布。

条纹对比度通常会影响确定条纹轮廓的精度，但这种相位提取方法不受其影响。所以，傅里叶变换轮廓术相对于检测相位等值线的方法更加精确。

10.2 布拉格光纤光栅[1]

布拉格光纤光栅（Fiber Bragg Grating，FBG）折射率沿光纤轴向呈周期性变化，

$$n(z) = n_0 + \Delta n\cos(kz) \quad (10\text{-}8)$$

式中，n_0 是光纤纤芯的平均折射率，Δn 为折射率变化量。光栅的空间周期为 Λ，则 $k = 2\pi/\Lambda$。假定光纤光栅的长度为 l；$\Lambda/l \ll 1$ 和 $\Delta n/n_0 \ll 1$。

1. 记录布拉格光纤光栅的方法

掺锗的硅基玻璃材料在紫外光照射下，会产生很强的光致折射率变化，这种变化能长期稳定地保持不变，利用这一性质可以制作 FBG 器件。

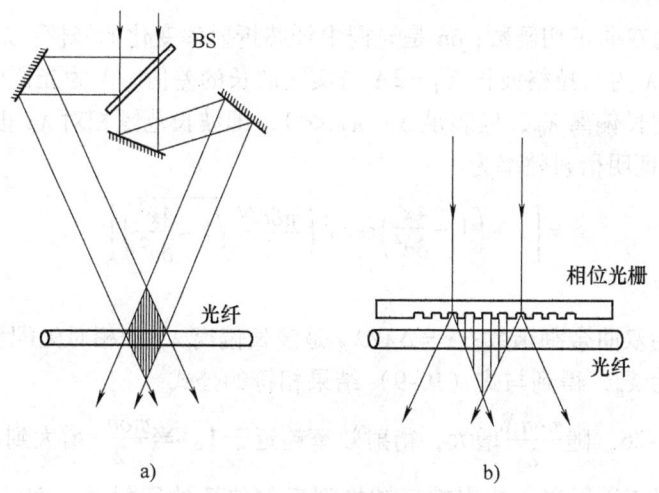

图 10-3 记录布拉格光纤光栅的方法
a) 干涉法 b) 相位光栅法

布拉格光纤光栅是一种记录在玻璃光纤内部的厚相位光栅。在光纤中记录相位光栅有两种方法：直接干涉法和相位光栅法。图 10-3a 为直接干涉法，紫外激光器产生的光被分成两束，从侧面照亮一段光纤，光纤置于干涉场中，使干涉条纹与光纤长轴方向垂直。为使干涉条纹间距与光通信系统中所用近红外光波长匹配，应调节两干涉光束的角度。图 10-3b 为相位光栅法，需要相位光栅母版，可在玻璃平板上蚀刻出凹槽，得到矩形的相位光栅。凸峰与凹槽间的相位差为 π。这种光栅不存在零级和偶数级衍射光。80% 透射光能集中在两束一级衍射光。当采用紫外光照射，两束一级衍射光在光纤中产生干涉。产生的干涉条纹周期为母版光栅周期的 1/2。所以，母版一旦制成，所制作的 FBG 周期即确定了。相位光栅法的优点是降低了记录用激光相干性的要求，生成的条纹周期不受激光波长微小变化的影响。

2. FBG 对光纤中光传播的影响

布拉格光纤光栅本质上是记录在光纤中的厚全息图。其厚相位反射光栅的光栅线与光纤纤芯轴线垂直，波长敏感性最大。如图 7-23 所示，这种情况下，$\theta = 0$，$\psi = \pi/2$。

假定照明角失配量 $\Delta\theta = 0$，光波波长满足布拉格条件，即 $\lambda_B = 2\Lambda$ 时，衍射效率最大，可以表示为（见式 (7-114)）

$$\eta = \tanh^2 \frac{\pi \delta n l}{2\Lambda}$$

$$= \tanh^2 \frac{\pi \delta n N}{2} \qquad (10\text{-}9)$$

式中，tanh 为双曲正切函数；δn 是光栅中纤芯折射率变化的峰值；λ 为光在纤芯中的波长；$\Delta\lambda$ 为布拉格波长 $\lambda_B = 2\Lambda$ 与实际波长的差值；N 为光栅中周期数目。

当光波波长偏离 λ_B，但满足 $\Delta\lambda/\lambda_B \ll 1$，即波长范围相对 λ_B 很小时，可由式（7-113）证明衍射效率为

$$\eta = \left[1 + \left(1 - \frac{4x^2}{\delta n^2}\right)\text{csch}^2\left(\frac{\pi \delta n N}{2}\sqrt{1 - \frac{4x^2}{\delta n^2}}\right)\right]^{-1}$$

$$(10\text{-}10)$$

式中，csch 为双曲余割函数；$x = \Delta\lambda/\lambda_B$ 是波长偏离 λ_B 的相对失配量，若 $x = 0$，即光波波长为 λ_B，得到与式（10-9）结果相符的公式。

参看图 7-26，随 $\frac{\pi \delta n N}{2}$ 增大，衍射效率趋近于 1。当 $\frac{\pi \delta n N}{2}$ 增大到 3，η 已达到 99%，此时对于入射光，功率都已转换到反射传播的衍射波，继续增长光栅长度已不能显著提高衍射效率。据此，可以定义有效栅线数 N_0 和有效光栅长度 l_0 为

$$N_0 \approx \frac{6}{\pi \delta n}$$

$$l_0 \approx \frac{6\Lambda}{\pi \delta n} \qquad (10\text{-}11)$$

参看图 7-27，随着布拉格条件失配量增大，衍射效率震荡下降。图 10-4 中给出自由空间 $\lambda_B = 1550\text{nm}$，$\delta n = 10^{-4}$ 时 4 种不同光栅长度的波长失配量与衍射效率关系曲线。可看出当光栅很短，衍射效率很低，响应曲线很宽，说明波长敏感性小。而当光栅长度足够长（在 1~2cm 时），衍射效率接近 100%，衍射波全部反射回，响应曲线很窄，波长敏感性很大。

3. FBG 的应用

FBG 和光纤系统便于连接或耦合，损耗低，其波长选择性使其适合作为窄带滤波器、色散补偿器等用于光通信系统。

当外界环境（温度、压力等）发生变化，FBG 的栅距随之变化，引起光纤光栅的布拉格波长随之发生线性变化，可以通过测量布拉格波长的变化量，即可确定温度或应变的变化。因而利用光纤光栅可以制成用于检测温度、应力、应变、振动等参量的光纤传感器和传感网。

（1）用于光上下路复用器的窄带滤波器

光上下路复用器是波分复用系统的关键器件，可以对一个或多个波长灵活

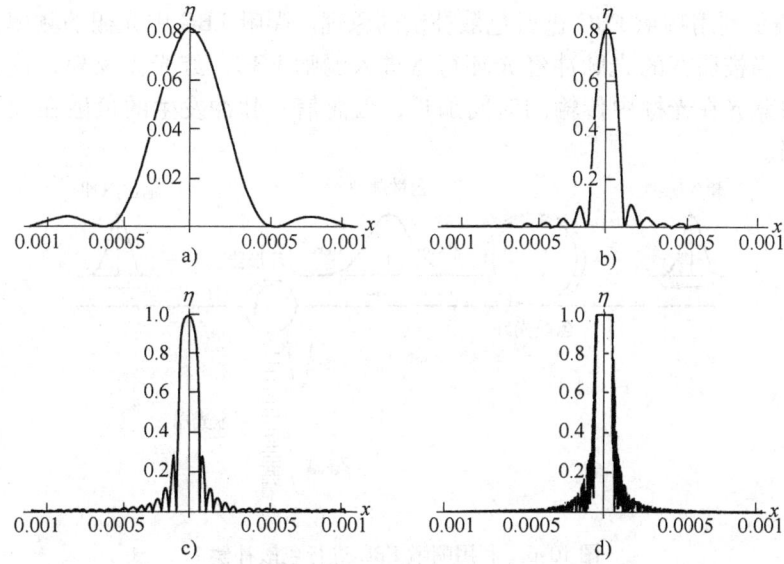

图 10-4　不同长度 FBG 的波长失配量与衍射效率关系曲线
a) 长度 1mm　b) 长度 5mm　c) 长度 1cm　d) 长度 1m

地进行上下路操作，即从光纤提取或向光纤增添一个波长信道，同时不影响其他波长信道的传输。图 10-5 所示为 FBG 光上下路复用器的典型结构。包含多个波长的信号经光环行器 1 输入端输入到达 FBG。FBG 设计为仅反射波长 λ_2 的光波的窄带反射滤波器，波长 λ_2 的光反射经光环行器下路到本地，而其他波长的光信号则可不受干扰通过 FBG，继续向前传播。若一个新的波长 λ'_2 的信道加到环行器 2 的输入端口，传播到 FBG 后反射，再经环行器 2 与前面上路信号合波，继续向前传播。如果两个 FBG 串连在一起，第一个调谐到 λ_2，第二个调谐到 λ'_2，两个波长不必相同。使用多个光纤光栅与光环行器的串接，就可实现多波长信号的上下路操作。

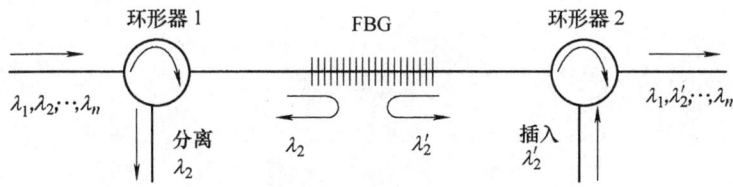

图 10-5　FBG 光上下路复用器的典型结构

（2）FBG 色散滤波器

光脉冲在光纤中传输时，由于色散，不同波长的光有不同的传输时延而被展宽。其中长波长的光（红光）传输得慢，短波长的光（蓝光）传输得快。

图 10-6 表示利用啁啾 FBG 进行色散补偿的原理。啁啾 FBG 中光栅的频率是线性调制的，当被展宽的光脉冲经光环行器进入啁啾 FBG，红光先反射，蓝光后反射，使得蓝光在光栅中传输的时间加长，因而信号脉冲发生的色散在很大程度上被补偿。

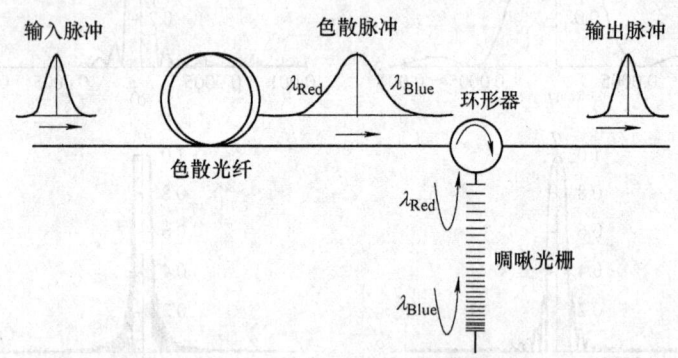

图 10-6　利用啁啾 FBG 进行色散补偿

附录　贝塞尔函数

1. 定义

微分方程

$$x^2 y'' + xy' + (x^2 - n^2) y = 0 \quad (n \geq 0) \tag{附-1}$$

称为贝塞尔微分方程。它的解是一些无穷极数，称为贝塞尔函数。这里只讨论第一类贝塞尔函数 $J_n(x)$。

n 阶第一类贝塞尔函数定义为

$$J_n(x) = \sum_{k=0}^{\infty} \frac{(-1)^k}{k!(n+k)!} \left(\frac{x}{2}\right)^{n+2k} \tag{附-2}$$

当 $n=0$ 时，有零阶第一类贝塞尔函数

$$\begin{aligned} J_0(x) &= \sum_{k=0}^{\infty} \frac{(-1)^k}{k! k!} \left(\frac{x}{2}\right)^{2k} \\ &= 1 - \frac{x^2}{2^2} + \frac{x^4}{2^2 \cdot 4^2} - \frac{x^6}{2^2 \cdot 4^2 \cdot 6^2} + \cdots \end{aligned} \tag{附-3}$$

当 $n=1$ 时，有一阶第一类贝塞尔函数

$$\begin{aligned} J_1(x) &= \sum_{k=0}^{\infty} \frac{(-1)^k}{k!(k+1)!} \left(\frac{x}{2}\right)^{2k+1} \\ &= \frac{x}{2} \left[1 - \frac{x^2}{2 \cdot 4} + \frac{x^4}{2 \cdot 4 \cdot 4 \cdot 6} - \frac{x^6}{2 \cdot 4 \cdot 6 \cdot 4 \cdot 6 \cdot 8} + \cdots \right] \end{aligned}$$

$$\tag{附-4}$$

附图 1 中给出了 $n=0,1,2,3,4$ 的第一类贝塞尔函数曲线。注意 n 为偶数（包括 $n=0$）时，$J_n(x)$ 为偶函数，n 为奇数时，$J_n(x)$ 为奇函数。

利用指数函数的泰勒级数展开式可以证明

$$\exp\left[\frac{x}{2}\left(t - \frac{1}{t}\right)\right] = \sum_{n=-\infty}^{\infty} J_n(x) t^n \tag{附-5}$$

这个指数函数叫做第一类贝塞尔函数的母函数，利用它可以证明贝塞尔函数的许多性质。

2. 性质

（1）递推公式

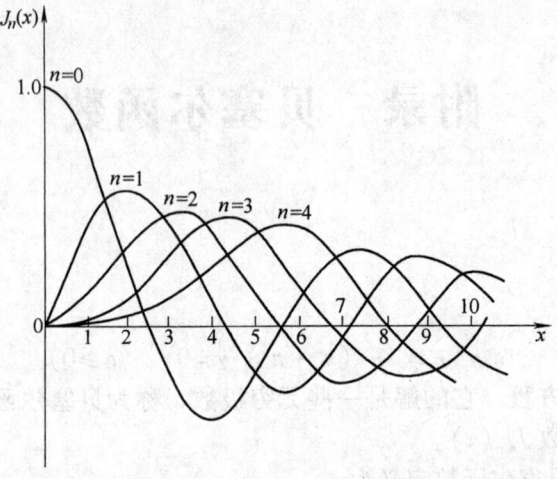

附图 1　贝塞尔函数曲线

$$J_{-n}(x) = (-1)^n J_n(x) \tag{附-6}$$

$$J_n(x) = \frac{x}{2n}[J_{n-1}(x) + J_{n+1}(x)] \tag{附-7}$$

(2) 导数公式

$$J_n'(x) = \frac{1}{2}[J_{n-1}(x) - J_{n+1}(x)] \tag{附-8}$$

$$[x^n J_n(x)]' = x^n J_{n-1}(x) \tag{附-9}$$

例如，当 $n=1$ 时，上式可写为

$$[xJ_1(x)]' = xJ_0(x) \tag{附-10}$$

写成积分关系，则有

$$\int_0^x \xi J_0(\xi) d\xi = xJ_1(x) \tag{附-11}$$

(3) 级数公式

$$\sum_{n=-\infty}^{\infty} J_n(x) = 1 \tag{附-12}$$

$$\sum_{n=-\infty}^{\infty} J_n(x) e^{jn\varphi} = e^{jx\sin\varphi} \tag{附-13}$$

$$\sum_{n=-\infty}^{\infty} j^n J_n(x) e^{-jn\varphi} = e^{jx\cos\varphi} \tag{附-14}$$

(4) 积分公式

$$J_n(x) = \frac{\mathrm{j}^{-n}}{2\pi}\int_0^{2\pi} \mathrm{e}^{\mathrm{j}x\cos\varphi}\mathrm{e}^{\mathrm{j}n\varphi}\mathrm{d}\varphi \qquad (\text{附-15})$$

$$J_n(x) = \frac{\mathrm{j}^{-n}}{2\pi}\int_0^{2\pi} \mathrm{e}^{\mathrm{j}x\cos\varphi}\cos n\varphi\mathrm{d}\varphi \qquad (\text{附-16})$$

$$J_n(x) = \frac{1}{\pi}\int_0^{\pi} \cos(x\sin\varphi - n\varphi)\mathrm{d}\varphi \qquad (\text{附-17})$$

参 考 文 献

[1] JWGoodman. Introduction to Fourier Optics [M]. 3rd ed. Colorado: Roberts & Company Publishers, 2004.
[2] JWGoodman. Statistical Optics [M]. 2nd ed. New Jersey: Wiley, 2015.
[3] JWGoodman. 光学中的散斑现象——理论与应用 [M]. 曹其智, 陈家璧, 译. 北京: 科学出版社, 2009.
[4] 宋菲君, SJutamulia. 近代光学信息处理 [M]. 2版. 北京: 北京大学出版社, 2014.
[5] 陈家璧, 苏显渝. 光学信息技术原理及应用 [M]. 2版. 北京: 高等教育出版社, 2009.
[6] 苏显渝, 吕乃光, 陈家璧. 信息光学原理 [M]. 北京: 电子工业出版社, 2010.
[7] 谢敬辉, 廖宁放, 曹良才. 傅里叶光学与现代光学基础 [M]. 北京: 北京理工大学出版社, 2007.
[8] 苏显渝. 信息光学 [M]. 2版. 北京: 科学出版社, 2011.
[9] Yu F T, SJutamulia, SYin. 光信息技术及应用 [M]. 冯国英, 陈建国, 李大义, 等译. 北京: 电子工业出版社, 2006.
[10] 吕乃光, 陈家璧, 毛信强. 傅里叶光学（基本概念和习题）[M]. 北京: 科学出版社, 1985.
[11] 吕乃光, 周哲海. 傅里叶光学—概念题解 [M]. 北京: 机械工业出版社, 2008.
[12] JD 加斯基尔. 线性系统·傅里叶变换·光学 [M]. 封开印, 译. 北京: 人民教育出版社, 1983.
[13] 金国藩, 严瑛白, 邬敏贤. 二元光学 [M]. 北京: 国防工业出版社, 1998.
[14] 庄松林, 钱振邦. 光学传递函数 [M]. 北京: 机械工业出版社, 1981.
[15] 麦伟麟. 光学传递函数及其数理基础 [M]. 北京: 国防工业出版社, 1979.
[16] 于美文, 等. 光学全息及信息处理 [M]. 北京: 国防工业出版社, 1984.
[17] 虞祖良, 金国藩. 计算机制全息图 [M]. 北京: 清华大学出版社, 1984.
[18] 陶世荃. 光全息存储 [M]. 北京: 北京工业大学出版社, 1998.
[19] 于美文. 光全息学及其应用 [M]. 北京: 北京理工大学出版社, 1996.
[20] SHLee. Optical Information Processing Fundamentals [M]. Heidelberg: Springer – Verlag Berlin, 1981.
[21] 钟锡华. 现代光学基础 [M]. 2版. 北京: 北京大学出版社, 2012.
[22] HP 赫尔齐克. 微光学元件、系统和应用 [M]. 周海宪, 王永年, 程云芳, 等译. 北京: 国防工业出版社, 2002.
[23] 王仕璠. 信息光学理论与应用 [M]. 北京: 北京邮电大学出版社, 2004.
[24] 朱伟利, 盛嘉茂. 信息光学基础 [M]. 北京: 中央民族大学出版社, 1997.
[25] Myung KKim. Principles and techniques of digital holographic microscopy [J]. SPIE Reviews Vol. 1, 2010.

[26] Kjell JGasvik. Optical Metrology [M]. 3rd ed. New Jersey: Wiley, 2002.

[27] PPellat – Finet. Fresnel diffraction and the fractional – order Fourier transform [J]. Optics Letters, 1994, 19 (18): 1388 – 1390.

[28] GB 派仑脱, BJ 汤普逊. 物理光学札记 [M]. 北京工业学院光学教研室, 译. 北京: 科学出版社, 1980.

[29] Thompson BJ, WolfETwo beam interference with partially coherent light [J]. J. Opt. Soc. Am, 1957, 47: 895.

[30] M-Wenyon. Understanding Holography [M]. New york: Arco Publishing Company Inc., 1978.

[31] DCasasent, DPsaltis. New Optical transforms for pattern recognition [J]. Proc. IEEE, 1977, 65: 77 – 84.